ARMBANDUHREN

TECHNIK, FUNKTION UND BEWERTUNG

DAS HANDBUCH FÜR SAMMLER UND EXPERTEN

MIT FOTOGRAFIEN VON PETER MILDE

J. MICHAEL MEHLTRETTER

Motor buch Verlag

Einbandgestaltung: Luis dos Santos unter Verwendung von Fotografien von Peter Milde

Bildnachweis:
Die zur Illustration dieses Buches verwendeten Aufnahmen stammen – wenn nichts anderes vermerkt ist – von Peter Milde.

ISBN 978-3-613-04575-0

3., korrigierte und erweiterte Auflage 2023

Sie finden uns im Internet unter www.motorbuch-verlag.de

Lektor: Hartmut Lange
Innengestaltung und Repro: imagina, 89275 Elchingen
Druck und Bindung: Graspo, CZ-76302 Zlin
Printed in Czech Republic

ROLEX
OYSTER
COSMOGRAPH
DAYTONA
UNITS PER HOUR
PATEK PHILIPPE
GENEVE
DON
JAN
JAEGER-LECOULTRE

1. Inhaltsverzeichnis

2. Vorwort

Tempus Fugit – Die Zeit vergeht, auch auf unserer Lieblingsuhr, ihr Wert bleibt jedoch erhalten.
Diese Aussage trifft allerdings erst dann zu, wenn man die gesuchte Uhr in technisch gutem Zustand und zu einem fairen Preis erwerben konnte.
Das vorliegende Buch soll dabei helfen, dass der Leser beim Kauf seiner nächsten Armbanduhr über ausreichendes Wissen und damit über eine solide Entscheidungsgrundlage verfügt.
Dazu waren jedoch einige Voraussetzungen zu erfüllen.
Der Verfasser ist neben seiner journalistischen Tätigkeit noch als Autor und als Ingenieur der Fachrichtung Maschinenbau tätig. Entwicklung, Konstruktion und Fertigung sind sein tägliches Brot.
Alle technischen und funktionellen Einzelheiten für die Produktion von Maschinen und technischen Anlagen gehören zu seinem Alltag.
Auf den Gebieten Montage- und Verfahrenstechnik verfügt er über zahlreiche Patente.

Auch die Armbanduhr darf als Maschine gelten, wenn auch als eine recht kleine.
Als eine wichtige Voraussetzung für dieses Buch wurde über 25 Jahre lang der internationale Markt von Armbanduhren beobachtet. Ganz am Anfang standen hierbei die Modelle von IWC, Jaeger-LeCoultre, Longines, Omega, Zenith und Universal im Fokus. Schon nach wenigen Jahren erweiterte sich das Interesse noch auf die Marken Patek Philippe und Vacheron & Constantin, vornehmlich für Modelle mit automatischem Aufzug.
Das wesentlich höhere Preisniveau sowie die damit verbundenen größeren Risiken verlangten nach einem noch deutlich präziserem Fachwissen. Noch fehlende Kenntnisse konnten schlussendlich erst durch die praktischen Erfahrungen erlangt werden, die bei der Revision von zahlreichen Uhren gemacht wurden. In den zurückliegenden Jahren ließ der Autor alleine bei Patek Philippe weit über 100 Uhren revidieren. Bei Vacheron & Constantin lag diese Zahl der zur Überholung eingereichten Zeitmesser bei über 50.
Ein auf diesem Weg erarbeitetes Fachwissen lässt sich auch nicht durch ein noch so aufwendiges Literaturstudium ersetzen.
Diese Tatsache macht auch einen der wesentlichen Unterschiede zu anderen Publikationen aus.

Neben dem besonderen Blick auf Patek Philippe und Vacheron & Constantin wurden stets noch zahlreiche Zeitmesser der Hersteller Audemars Piguet, IWC, Jaeger-LeCoultre, Rolex und Omega auf ihre technischen Eigenschaften untersucht und zur Überholung ans Werk oder die zuständige deutsche Niederlassung übergeben. Dabei waren nicht nur die unterschiedlichen Preise, sondern auch die jeweils abweichenden Gangleistungen von Interesse. Mittels Zeitwaagen des Schweizer Herstellers Witschi konnten genaue Gangmessungen sowohl vor als auch nach jeder Revision erstellt und dokumentiert werden. Die hierbei erreichten Ergebnisse dürften so manchen Leser überraschen.

Alle genannten Maßnahmen erforderten zwar einen immensen Aufwand, waren jedoch der effektivste Weg, umfassende Kenntnisse über Technik und Besonderheiten der jeweiligen Uhren zu erlangen.
Dass diese »Weiterbildungsmaßnahmen« als praktischer Ausbildungsprozess teils recht kostspielig ausfielen, ist aus den jeweils aufgeführten Revisionskosten zu ersehen.
In der vorhandenen Literatur ist auch kein vergleichbarer Fall zu finden, bei dem für den interessierten Leser soviel Aufwand getrieben wurde.
Die vielen beruflichen und internationalen Verpflichtungen des Autors ermöglichten auch Besuche von Auktionen in London, New York und Hongkong. Die daraus resultierenden Kenntnisse erweiterten den Horizont über das Know-how von luxuriösen Armbanduhren und deren Preisentwicklung ganz wesentlich.

Eine der ersten Titelgeschichten zu diesem Gebiet erschien bereits 1995 in der Zeitschrift Klassik Uhren. Dieser umfangreiche Artikel befasste sich mit dem Thema »Kaufen und Revidieren von alten Automatikuhren«. Hier ging es nicht um eine pauschale Berichterstattung, sondern um die praktischen Erfahrungen, die man bei Kauf und Revidieren von 10 hochwertigen Armbanduhren gemacht hat. Weitere Artikel dieser Art folgten.
Das Uhrenbuch »Die Noblen aus der Schweiz« erschien im Jahr 2006 und ist heute vergriffen. Der Band »Patek Philippe Armbanduhren – Kultobjekt & Wertanlage« folgte 2011. Dieses Werk liegt auch in englischer Sprache vor. Aus diesen beiden Büchern wurden einige wichtige Inhalte übernommen, die hier nicht hätten fehlen dürfen.

Die zahlreichen vom Verfasser auf anderen Sachgebieten erschienenen Veröffentlichungen können im Internet nachgelesen werden unter www.mehltretter.info.

Ein weiteres Novum dürfte die anonyme Beschaffung neuer Armbanduhren sein. Um die alten mit aktuellen Modellen vergleichen zu können, wurden die Hersteller nicht wie üblich um Testuhren gebeten, sondern die ausgewählten Zeitmesser ganz normal über den Fachhandel bezogen. Dieser etwas unübliche Weg schließt eventuelle Manipulationen aus und garantiert dem Leser jene Objektivität, die bei Tests durch Fachzeitschriften nicht immer sichergestellt ist. Die bei Konzessionären gekauften neuen Uhren der Marken IWC, Jaeger-LeCoultre, A. Lange & Söhne, Patek Philippe und Rolex wurden umfassenden Tests unterworfen und führten zu interessanten und zum Teil auch unerwarteten Ergebnissen.

Der frühere Servicedirektor einer bekannten Schweizer Uhrenmarke sagte einmal wörtlich: »Ein Uhrenbuch zu schreiben, ohne die Uhren vorliegen zu haben, gleicht einem Gerichtsprozess, der keine Zeugen hat. Ein Urteil lässt sich nur auf Indizien stützen.« Darum blieb der Verfasser auch hier seinem Prinzip treu, nur über Uhren zu schreiben, die sich in seinen Händen befanden. Im Klartext bedeutet dies, dass fast alle in diesem Buch aufgeführten Uhren dem Verfasser auch körperlich vorlagen und somit aus direkter Sicht beschrieben und bewertet werden konnten. Das gilt auch für die ganz wertvollen Stücke. Diesem Buch verleiht dieser Umstand ein weiteres Alleinstellungsmerkmal.

Dass dieser aufschlussreiche Weg auch zu manchen Überraschungen führte, wird am Fall der exzellenten Sonderausführung des Kalibers C. 89 von IWC dokumentiert.
Als Starthilfe sind im folgenden Kapitel »3. Einführung« alle wichtigen Themen dieses Buches näher erläutert.

Für den Uhrenfreund, der trotz vielfältig vorhandener Literatur manches noch genauer als bisher wissen will, wurde dieses Buch geschrieben. Wer als Experte seine Kenntnisse noch weiter vertiefen möchte, sollte es stets zur Hand haben. Und selbst der Schöngeist, der weniger an der Technik, sondern mehr an Design und Bekanntheitsgrad einer Uhr seine Freude findet, wird sich dieses wohl einmalig illustrierte Werk stets gerne vornehmen.

Pullach bei München, im Sommer 2021

J. Michael Mehltretter

Noch ein Vorwort – Aus der Sicht des Philosophen

Wahrer Luxus oder Luxus als Ware?

von Prof. Dr. Michael Bordt SJ

Sämtliche Uhren, die in diesem Buch vorgestellt und beschrieben werden, gelten als Luxusartikel. Sie gehen weit über das hinaus, was man von einer Uhr eigentlich erwartet: Dass sie uns anzeigt, wie spät es gerade ist. So etwas können schon Uhren, die es für ein paar Euro in jedem Kaufhaus oder im Internet zu kaufen gibt. Solche Uhren, die es seit den 70er Jahren des letzten Jahrhunderts meist auf der Basis von Quarzschwingungen zu kaufen gibt, erfüllen dabei ihren Zweck, uns verlässlich die Uhrzeit anzuzeigen, manchmal sogar etwas besser als teure mechanische Uhren: Sie sind sekundengenau, zumindest bis die Batterie dann irgendwann einmal erneuert werden muss.
Die in diesem Band vorgestellten Luxusuhren erfüllen zwar den Zweck einer normalen Uhr, aber keiner erwirbt diese Uhren ausschließlich, um sich die Uhrzeit anzeigen zu lassen. Zumal wir im Zeitalter des Smartphones, das uns zuverlässig zeigt, wie spät es ist, eigentlich gar keine Armbanduhren mehr bräuchten. Warum also kaufen wir solch teure Uhren? Warum wächst gerade der Markt mit Luxusartikeln überdurchschnittlich in diesen Jahren?
Eine naheliegende Antwort ist, dass man sich von Luxusartikeln eine sichere und gute Geldanlage oder eine erfreuliche Rendite erhofft. In einer Zeit des billigen Geldes sucht man krisenfeste, inflationsgeschützte Anlagemöglichkeiten und kauft eben auch Luxusgüter, zu denen die besten mechanischen Uhren zweifelsfrei gehören. Wer Uhren als Geldanlage erwirbt, den muss vieles, was in diesem Band ausgeführt ist, nicht interessieren. Die staunenswerten Fertigkeiten eines Ingenieurs, die schlichte oder ausgesprochen ausgefeilte Ästhetik des Zifferblattes, der Aufwand, der mit einem Tourbillon betrieben wird – all das ist für jemanden, der teure Uhren in erster Linie als Geldanlage schätzt, nicht relevant. Er muss nichts davon verstehen. Was er einschätzen können muss, ist die Sicherheit der Geldanlage. Mit sehr teuren Uhren, oft Einzelstücken, die auch schon einmal viele Millionen Euro kosten können, ist er bestens bedient.

Abb. 1
Patek Philippe Ref. 5125 J, die Jubiläumsuhr zum 125-jährigen Bestehen der Firma Wempe in Hamburg. Dieses Prachtstück verfügt über ein Automatikwerk mit Jahreskalender. Sehr gelungen wirkt auch das Gehäuse mit geschützer Krone. Diese Uhr wird nie an Wert verlieren.
Selten wurde das Thema Armbanduhr so perfekt interpretiert wie bei diesem Modell.

Abb. 2
Patek Philippe Ref. 5125 J von der Rückseite gesehen. Das Gehäuse verfügt über einen Schraubboden mit Feingewinde und sechs tiefgezogenen Nuten in allerhöchster Qualität. Durch den Saphirglasboden erkennt man das Automatik-Kaliber 315/203 mit der Nummer 3.360.141 und den schön dekorierten Goldrotor. Von dieser Uhr wurden 125 Exemplare in Gelb-, 125 in Rotgold und 50 in Platin hergestellt.

Abb. 3
IWC Automatik Ref. R 817 A und AD (Automatik ohne und mit Datum) in Edelstahlgehäuse mit Schraubboden. Dieses höchst seltene Modell, welches Ende der sechziger Jahre lanciert wurde, zählt zu den gelungensten Armabanduhren, die bei IWC in Schaffhausen gefertigt wurden. Auch das darin eingeschalte Automatikwerk Kaliber C. 8541 B gehörte zu jener Zeit zu den besten Schweizer Uhrwerken. Die linke Uhr wirkt ohne Datumsfenster fast noch etwas eleganter. Im Vergleich zum gelbgoldenen Wempe-Modell auf der vorherigen Seite brilliert diese Uhr als edles Stück aus Edelstahl.

Wer Luxusuhren für die Geldanlage sucht und erwirbt, wird sie selten am Handgelenk tragen. Viele Luxusuhren sollen aber genau diesen Zweck erfüllen: Wer sie besitzt, möchte sie tragen, um mit ihnen gesehen zu werden. Luxusuhren sind dann nicht in erster Linie Geldanlagen, sondern Statussymbole. Und Statussymbole müssen gezeigt werden, sonst wirken sie nicht. Freilich müssen die Statussymbole auch verstanden werden. Nicht jeder ist in der Lage, Luxusuhren am Handgelenk eines anderen Menschen auch zu erkennen. Wer Uhren als Statussymbol schätzt, der gibt sich einer Gruppe zu erkennen, die wiederum das Statussymbol als solches erkennen kann. Mit einer teuren Uhr zeigt man dann mehr oder weniger auffällig für denjenigen, der es lesen kann, dass man zu dem Kreis dazugehört, der sich auf Luxusuhren versteht. Man ist ein Insider und grenzt sich anderen gegenüber ab. Man identifiziert sich mit denjenigen, die sich Luxusuhren ebenfalls leisten können. Umso ärgerlicher ist es dann natürlich, wenn durch ausgezeichnet gemachte Replika Fälschungen auf den Markt kommen, die nur einen Bruchteil der Originaluhr kosten und auf den ersten, aber auch auf den zweiten Blick kaum von den Originalen zu unterscheiden sind.

Der Grad zwischen Luxus und Angeberei oder Protz kann hier sehr schmal sein. Im Grunde muss man nämlich gar keine Freude an der Uhr selbst haben. Man freut sich nur darüber, dass man sie besitzt, dass man sie sich leisten kann und vor allem, dass andere sehen, dass man sie sich leisten kann. Man freut sich vielleicht auch darüber, in anderen Neid zu erwecken. Man kann solche Zeitgenossen eigentlich nur bedauern, denn wer die Angeberei nötig hat, dem mangelt es an gesundem Selbstbewusstsein. Deswegen hat er es auch nötig, sich über die Zugehörigkeit zu einer Gruppe und über Markenprodukte zu definieren. Und klar: Die Marketingabteilungen der Unternehmen tun sehr viel dafür, dass diese Identifikation auch möglich wird.
Wie dem auch sei: Wer aufwendig produzierte und teure Uhren als Geldanlage oder Statussymbol schätzt, hat eigentlich noch nicht erfasst, worum es beim Luxus eigentlich geht. Für denjenigen, der eine Uhr als Geldanlage oder Statussymbol besitzt, kommt es vor allem auf eines an: den Preis. Die Uhr muss teuer sein. Aber wahrer Luxus ist eigentlich etwas anderes. Wahrer Luxus muss nicht viel kosten. Sich ein Stück Seife zu leisten, die handgeschöpft ist und wunderbar duftet, wird kein Loch

in die Haushaltskasse reißen, aber kann viel Freude im Alltag bereiten. Mancher Luxus kostet gar nichts. Denken wir an Menschen, für die es einen Luxus bedeutet, am Wochenende einen Mittagsschlaf machen zu können. Wenn wir von Luxus sprechen, dann meinen wir nicht, dass man es sich mit einem normalen Verdienst unmöglich leisten kann. Sondern dass wir eine Erfahrung machen. Wahren Luxus muss man als Luxus erfahren können. Aber was ist damit gemeint?
Es gibt nur wenige Wissenschaftler, die sich ernsthafter und jenseits von ökonomischen Erwägungen dem Thema Luxus gewidmet haben. Aber Einigkeit herrscht in der Forschung darüber, dass es beim Luxus immer um etwas geht, das für unser Leben nicht notwendig ist. Schon der erste Philosoph, der über Luxus nachgedacht hat, der griechische Philosoph Platon, hat zwischen den Dingen, die wir notwendig für unser Leben brauchen und dem Luxus unterschieden. Wie viele andere Autoren nach ihm war er der Überzeugung, dass Luxus schlecht für den Menschen ist und er sich mit dem, was für sein Leben notwendig ist, begnügen sollte. Aber dieses Urteil muss man nicht mit ihm teilen.
Es stimmt zwar, dass Luxus nicht notwendig ist, es ist gleichzeitig aber auch mehr – und dieses ‚mehr' kann für uns Menschen von großer Bedeutung sein. Luxus zu erleben bedeutet, für einen Augenblick zumindest den alltäglichen Notwendigkeiten des Lebens enthoben zu sein. Es ist die Erfahrung, dass es ein Leben jenseits der oft grauen, alltäglichen Routine oder eines Lebens im Hamsterrad gibt.
Luxus zu erleben ist ein Protest dagegen, dass das Leben von uns Menschen einfach nur zu funktionieren hat. Immer mehr Lebensbereiche sind von Nutzenerwägungen durchzogen – und Luxus durchbricht alle Kosten-Nutzen-Erwägungen, in die unser Alltag, unser Beruf und oft auch unsere Freundschaften eingespannt sind, denn manche Menschen haben auch den Eindruck, dass sie als Ehepartner oder Ehefrau, als Vater oder Mutter einfach funktionieren müssen. Die Arbeitszeit muss ökonomisch eingeteilt werden, Ergebnisse müssen zielorientiert erreicht werden. Wir müssen zweckorientiert, ‚vernünftig' handeln, alles Überflüssige vermeiden. Nicht nur das Leben von jedem einzelnen von uns, die ganze Gesellschaft funktioniert so. Eigentlich ist für Luxus in unserem Leben kein Platz. Aber mit dem Luxus brechen wir aus den Notwendigkeiten des Lebens aus. Wenn wir die Erfahrung von Luxus machen, dann erleben wir, dass es jenseits von Funktionalität und Ökonomisierung noch etwas anderes im Leben gibt: Zweckfreiheit und Überfluss. Luxusartikel erfüllen zwar immer auch einen Zweck – Luxusuhren sagen uns, wie spät es ist oder in welcher Mondphase wir uns befinden, Taschen von Louis Vuitton sind auch als Tragetaschen zu gebrauchen und Luxuslimousinen bringen uns ebenso wie ein einfacher PKW von einem Ort zum anderen – aber sie erfüllen ihn auf eine Weise, die etwas Verschwenderisches, manchmal sogar Übertriebenes hat. Je mehr man über einen Luxusartikel weiß, desto staunenswerter wird er: Luxusuhren sind Meisterstücke der Ingenieurskunst auf einem Gebiet, in dem man die Ingenieurskunst für den Alltag eigentlich gar nicht bräuchte, weil es viel einfachere und mindestens ebenso verlässliche Uhren als Massenware gibt. Wenn wir uns an dem Luxus der Uhren erfreuen, dann nicht, weil wir eine passende Geldanlage gefunden haben oder uns einer mehr oder weniger elitären Gruppe zugehörig wissen, sondern weil wir davor staunen, dass es Menschen gibt, die so viel Mühe und Zeit in etwas investieren, was jenseits aller Zweckrationalität liegt. Die Erfahrung von Luxus zu machen kann auch in uns wieder eine Sehnsucht nach einem Leben wachrufen, das mehr zu bieten hat als pure Zweckrationalität und die Notwendigkeit funktionieren zu müssen. Wir Menschen gehen nicht in gesellschaftlichen Regeln, moralischen Zwängen und ökonomischen Gesetzen auf. Die vielen Bilder in diesem Band legen davon Zeugnis ab und können uns an unsere ureigene Würde erinnern.

Abb. 4
Prof. Dr. Michael Bordt SJ ist Mitglied des Jesuitenordens und lehrt an der Hochschule für Philosophie in München. Er ist Vorstand des Instituts für Philosophie und Leadership und bietet Beratung, Begleitung und Workshops für Führungskräfte in Spitzenpositionen großer mittelständischer Unternehmen und Konzerne wie der BMW Group, der Deutschen Börse AG oder der ThyssenKrupp AG an. Bordt studierte Philosophie und Theologie u.a. in München und Oxford, wo er promoviert worden ist, und forschte an der Universität Princeton. Von 2005 bis 2011 war er Präsident der Hochschule für Philosophie in München. Er ist Autor zahlreicher Bücher, u.a. »Die Kunst, sich selbst auszuhalten« (2013), »Die Kunst, sich selbst zu verstehen« (2015), »Die Kunst, die Eltern zu enttäuschen« (2017) und »Die Kunst unserer Sehnsucht zu folgen« (2020).

Abb. 5
Ausschnitt des Werkes Kaliber L 951.6 des Chronographen DATOGRAPH FLYBACK, Referenz 405.031, von A. Lange & Söhne in Glashütte in Sachsen.
Im oberen Teil des künstlerisch verzierten Unruhklobens ist die Lagerung der mit sechs Masselotte-Gewichten versehenen Gyromax-Unruh zu sehen. Der achsiale Schutz der Unruhwelle erfolgt über eine Stoßsicherung vom Typ INCABLOC. Die Feinstellung des Ganges wird über Rücker und Mikrometerschraube betätigt (im Bild rechts). Für das letzte »Quäntchen« Ganggenauigkeit sorgen dann die sechs drehbaren, exzentrisch gelagerten Masselotte-Gewichte. Werden die Schwerpunkte dieser Gewichte nach innen verlagert, reduziert sich das Schwungmoment GD^2 und die Uhr läuft schneller. Liegen die Schwerpunkte aussen, geht die Uhr langsamer.

Rechts unten von der Stoßsicherung erkennt man eine Zylinderkopf-Schlitzschraube, mit der die Verstellung des Abfalls, d. h. die Symmetrie des Schwingungssystems, arretiert wird. Warum aber hier für diese einfache Tätigkeit soviel konstruktiver Aufwand getrieben wurde, ist rein technisch nicht nachvollziehbar. Bei Patek Philippe, z. B. beim Kaliber 27-460 M PM (Seite 147), ist der verstellbare Spiralklötzchenträger (französisch »le piton mobile«) wesentlich einfacher, aber nicht weniger effizient ausgeführt. – Schließlich stellt sich noch die Frage, warum bei einem so aufwendig konstruierten Uhrwerk keine Breguet-, sondern nur eine simple Flachspirale zum Einbau kam. Wenn man selbst einem schlichten Handaufzugwerk C. 89 von IWC eine gebläute Breguet-Spirale vergönnt hat, hätte hier eine solche wohl auch gepasst.

3. Einführung

3.1 Abenteuer Armbanduhr

Abenteuerlust und Sammlerleidenschaft, gepaart mit Fachwissen und ausreichender Mobilität, zählen zu den wichtigen Voraussetzungen, um dieses Abenteuer anzugehen. Hinzu kommen noch gute Marktkenntnisse, persönliche Verbindungen zur Uhrenindustrie sowie ein angemessenes Budget.
Mindestens genauso wichtig sind jedoch die glücklichen Zufälle, die hier beschrieben sind und diesem Buch einen besonderen Charakter verleihen.
Von diesen selbst erlebten »Abenteuern« sollen hier drei vorab angesprochen werden, um dem Leser einige Besonderheiten einer international ausgerichteten Sammlertätigkeit näher zu bringen.
Als vor mehr als 25 Jahren man noch zielgerichtet Ausschau nach besonderen Uhren von Patek Philippe hielt, wurde bei Sotheby's New York eine Automatik Ref. 2585 in Edelstahl mit Werk-Nr. 765.932 und Gehäuse-Nr. 694.414 angeboten (Abb. 6). Unter Lot. 256 und einem Aufrufpreis (Estimate) von 5.500 bis 6.000 USD wurde diese Uhr am 28.10.1996 mit 10.000 USD zugeschlagen . Man war damals persönlich vor Ort, hatte jedoch aus Preisdisziplin nur bis 9.000 USD mitgeboten. Fast neun Jahre später tauchte die gleiche Uhr bei Christie's in Genf erneut auf. Am 16.05.2005 wurde sie dort mit 40.000 CHF aufgerufen und nach einem heftigen Bietergefecht mit 104.400 CHF zugeschlagen.

Dass diese Geschichte damit noch längst nicht zu Ende war und dieses seltene Modell noch einige Jahre später einen unglaublichen Höhenflug absolvierte, ist im Kapitel über Patek Philippe zu erfahren.

Abb.6
Patek Philippe Ref. 2585 in Edelstahl
(Werk-Nr. 765.932, Gehäuse-Nr. 694.414).
(Aufnahme Christie's)

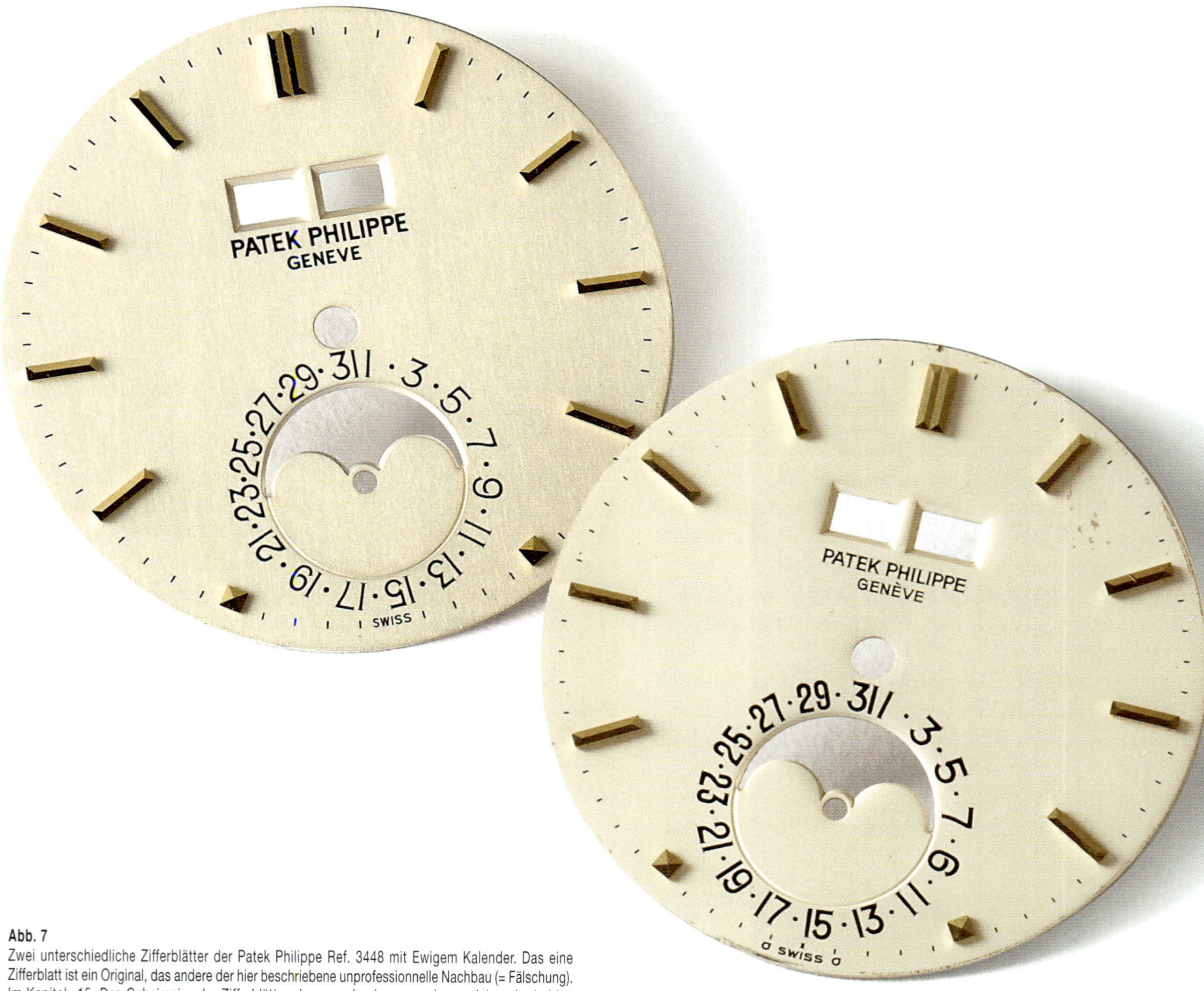

Abb. 7
Zwei unterschiedliche Zifferblätter der Patek Philippe Ref. 3448 mit Ewigem Kalender. Das eine Zifferblatt ist ein Original, das andere der hier beschriebene unprofessionnelle Nachbau (= Fälschung). Im Kapitel »15. Das Geheimniss der Zifferblätter« kann nachgelesen werden, welches der beiden Zifferblätter das echte und das nachgemachte darstellt.

In einem anderen Fall wurde bei einem Auktionshaus, jedoch erst im Nachverkauf, eine wertvolle Patek Philippe Ref. 3448, ein gesuchtes Modell mit Ewigem Kalender, erstanden. Diese Referenz war von 1962 bis 1982 in einer Stückzahl von nur 586 Exemplaren gebaut worden. Der Grund für diesen Kauf lag weniger bei der Werthaltigkeit oder Besonderheit dieser Uhr, sondern beim Umstand, dass das Zifferblatt zwischen den Indizes 1 und 2 Lackabblätterungen aufwies. Der Verdacht lag nahe, dass es sich hier entweder um ein aufgefrischtes oder ein fremd gefertigtes Zifferblatt handeln könnte. Diese Uhr wurde anschließend zur Überholung inklusive Zifferblatt-Austausch zu Patek Philippe nach Genf geschickt. Gleichzeitig wurde die dortige Service-Abteilung darum gebeten, sowohl das auf der Uhr montierte als auch das zum Austausch vorgesehene neue Zifferblatt zwecks Fotoaufnahmen zur Verfügung zu stellen. Dabei kam heraus, dass der zuvor gehegte Verdacht begründet war und das bei dem Verkauf auf der Uhr montierte Zifferblatt ein Fremdbezug (=Fälschung) war. Trotz der profunden Beweislage behauptete der damals bei Patek Philippe verantwortliche Service-Direktor gegenüber dem Auktionshaus sowie dem neuen Besitzer weiterhin, dass das reklamierte Zifferblatt ein Original wäre. Dass diese Geschichte in der Folge fast zu einem Rechtsstreit eskalierte, weil der genannte Service-Direktor auf die mehrfach vorgetragenen und beweissicheren Argumente überhaupt nicht eingehen wollte und damit eine passable Regelung dieses Falles nicht mehr möglich erschien, war selbst für Kenner der Branche in keiner Weise nachvollziehbar.
Uhren dieser Referenz werden heute zwischen 100.000 und 200.000 € gehandelt.
Dass dieser Vorgang ganz unverhofft noch eine nicht erwartete Wendung nehmen könnte, hätte wohl niemand angenommen. Das erfolgreiche Ende dieser spannenden Story ist im Kapitel 8 über Patek Philippe nachzulesen.

Abb. 8
Vacheron & Constantin Chronograph Ref. 6087 in 750 GG, genannt »Cornes de Vache«, auf Deutsch »Kuhhörner« (Werk-Nr. 470.084, Gehäuse-Nr. 373.268).

Abb. 9
Vermutlich einer der beiden schon lange verschollenen Prototypen in Edelstahl, die für den links gezeigten Chronographen gebaut worden waren.

Auch die dritte Geschichte dürfte diesem Buch zu einem besonderen Reiz verhelfen. Mitte der fünfziger Jahre wurde von Vacheron & Constantin in Genf ein neuer Chronograph lanciert, der im Gegensatz seiner Vorgänger mit einem Schraubboden versehen war und damit das Prädikat »wasserdicht« erhielt. Von dieser mit Referenz 6087 benannten Uhr wurden bis Anfang 1960 genau 36 Exemplare ausgeliefert.

Wie ein bereits verstorbener Vertrauter bei Vacheron & Constantin verriet, wurden in der Entwicklungsphase dieses neuen Modells zwei Prototypen gebaut. Bei Ersterem kam zur technischen Funktionserprobung ein schon vorhandenes Schraubbodengehäuse der Schwesterfirma Jaeger-LeCoultre zum Einsatz. Bei Letzterem wurde bereits die vorgesehene Gehäuseform mit den tropfenförmigen Bandanstößen (Cornes de Vache) verbaut, um eine designseitig finale Beurteilung dieser neuen Uhr zu ermöglichen.

In den Folgejahren kam es zu Änderungen der Besitzerverhältnisse, die 1968 schließlich zur Trennung der einstigen Schwesterunternehmen Vacheron & Constantin und Jaeger-LeCoultre führten. Im Rahmen der bei Vacheron & Constantin durchgeführten Neustrukturierung mussten dabei viele Mitarbeiter ihren Arbeitsplatz räumen. Damit ging auch viel Know-how des bereits 1755 gegründeten Unternehmens verloren. Neben vielen anderen Sachwerten wiederfuhr das gleiche Schicksal wohl auch den beiden zuvor genannten Prototypen.

Durch Zufall stieß der Verfasser 2011 auf eine Internet-Offerte aus Lissabon, in der ein Portugiese einen Chronographen von Vacheron & Constantin mit Stahlgehäuse und Schraubboden offerierte.

Nach längeren Gesprächen rückte der Anbieter von seiner Forderung über 10.000 € ab und verkaufte diese Uhr schließlich für 7.500 €, natürlich mit vorher vereinbartem Rückgaberecht. Nach dem Eintreffen und der Begutachtung dieses Chronographen wurde dieser an Vacheron Constantin (jetzt ohne das verbindende »&« geschrieben) in Genf weitergereicht und eine Revision in Auftrag gegeben. Auf Grund der Bedeutung dieser besonderen Uhr übernahm Rudolf Büll, vormals Service-Chef und später Berater des Präsidenten von Vacheron Constantin, die internen Recherchen sowie die Verantwortung für die Revisionsarbeiten.

War dieser stählerne Chronograph nun einer der zwei verschwundenen Prototypen oder nicht?

Warum diese aufregende Entdeckung ein fast schon mysteriöses, aber trotzdem noch gutes Ende fand, kann man im Kapitel 10 über Vacheron & Constantin nachlesen.

3.2 Welchen Nutzen bringt dieses Buch dem Leser?

Der potenzielle Uhrenkäufer, der sich für ein bestimmtes Modell der hier im Buch aufgeführten Uhrenmarken interessiert, benötigt ein gewisses Maß an Fachkenntnis, um eine optimale

Kaufentscheidung treffen zu können. Hierbei ist jedoch nicht nur von Bedeutung, ob die anvisierte Uhr 5.000 oder 50.000 Euro kostet, weil stets die persönliche Neigung und der Geschmack des unterschiedlich betuchten Käufers im Vordergrund stehen. Ersterer hat auf seine Uhr vielleicht einige Jahre fleißig sparen müssen, während Letzterer den Kaufpreis locker von seinem üppig gefüllten Bankkonto bestreiten kann.

Unabhängig von Uhrenmarke und Kaufpreis soll dieses Buch für alle Leser als eine fachlich tiefgehende, verlässliche Informationsquelle dienen und zu einem gern benutzten Nachschlagewerk werden.

Die meisten technischen Inhalte dieses Buches gelten im Prinzip aber auch für alle anderen namhaften Schweizer Uhrenmarken, so dass diese Publikation durchaus als neues Standardwerk für Armbanduhren bezeichnet werden kann. Bei einem Umfang von über 400 Seiten und mit mehr als 700 professionell erstellten Fotografien wird dieser Anspruch glaubhaft hinterlegt.

Wenn ein Automobil-Tester sich einen seidenweich laufenden Achtzylinder eines bayerischen Automobil-Herstellers vornimmt und sowohl vom Fahrverhalten als von der kaum wahrnehmbaren Akustik begeistert ist, wird er einen wohlwollenden Bericht schreiben und damit die Leser seines Magazins begeistern.

Dabei ist jedoch längst noch nicht geklärt, ob dieses äußerlich hervorragende Ergebnis durch eine sauber konstruierte Fahrzeugstruktur oder durch spätere Verbesserungen, z. B. durch den nachträglichen Einbau zahlreicher Tilger, erzielt wurde. Unter Tilger versteht man Gewichte, mit denen man Schwingungsresonanzen abbaut. Eine dem Verfasser bekannte schwere Limousine hat an beiden Hinterachshälften Tilger von je fünf Kilogramm Gewicht montiert und damit nachträglich einen Konstruktions- und Auslegungsfehler kompensiert. Bemerkt hatte diese nachträgliche Verbesserung keiner der meist wohl betuchten Käufer – die Tester übrigens auch nicht.

In vergleichbarer Form kann dies auch Mitarbeitern von Uhrenzeitschriften oder Autoren von Uhrenfachbüchern passieren. Wenn man nicht einen tiefen Einblick in die Technik nehmen

Abb. 10
Unruh mit Breguet-Spirale und Microstella-Feinstellung des Kalibers 3135 von Rolex.

und diese auch nicht aus der Sicht des Ingenieurs verstehen kann, wird man wohl kaum die wirkliche Qualität eines Produkts verstehen und diese auch nicht sicher bewerten können.

Nicht anders läuft dies in der Welt der wertvollen Schweizer Armbanduhren ab.

Um die hier vorgestellten Uhrenmarken in ihrer Gesamtheit kennenzulernen, wurden in den jeweiligen Kapiteln nicht nur alte, sondern auch zum Teil einige neue Modelle vorgestellt. Dieser Weg ermöglicht jeweils einen Einblick in die Entwicklungsgeschichte der hier behandelten Marken und erlaubt, einen Bogen von den alten Uhren zu den neuen Modellen zu spannen. Im 2006 erschienenen Buch »Die Noblen aus der Schweiz« hat man sich schon intensiv mit Schweizer Armbanduhren befasst. Das Werk ist leider vergriffen. Aufgrund seiner Zeitlosigkeit wurden daraus wichtige Inhalte übernommen.

In dem Jahr 2011 erschienenen Werk »Patek Philippe Armbanduhren, Kultobjekt & Wertanlage« wurden technische Themen behandelt, von denen hier noch einige vertieft und erweitert wiederzufinden sind.

3.3 Bewertung der Konstruktion von Werk und Gehäuse

Wie schon mehrfach betont, ist der Verfasser nicht nur seit vielen Jahren als freier Journalist und Buchautor, sondern auch als mittelständischer Unternehmer im Bereich Maschinenbau und Montagetechnik tätig.

Er kann auf den Gebieten neue Technologien, Produktentwicklung, CAD-Konstruktion, Technische Mechanik und

Abb. 11
Ein höchst seltenes Bild: Die ausgebaute Automatikbrücke mit Rotor des Rolex-Kalibers 3135, auf den Kopf gestellt. Deutlich erkennt man die rot- und goldfarben-eloxierten Zahnräder.

Fertigungstechik auf ein breit gestreutes Wissen zurückgreifen. Als Diplom-Ingenieur der Fachrichtung Maschinenbau war er international tätig und hat mit seinen Technologien und Anlagen namhafte Unternehmen beliefert.

Damit kann er auch die Konzeption eines Uhrwerks sowie dessen konstruktiven Aufbau in allen relevanten Details leicht nachvollziehen. Eine gut gelungene Konstruktion erkennt man nicht nur an eindrucksvollen und farblich unterlegten CAD-Übersichtszeichnungen, sondern anhand sauber vermaßter Einzelteil- und

Abb. 12
Automatik-Kaliber 2892 A2 aus dem Hause ETA. Man erkennt die Feinstellung des Ganges über eine Exzenterschraube. Dieses Werk wird von zahlreichen Uhrenherstellern als Ebauche verbaut.

Abb. 13
Marktführer Rolex mit seinem exzellenten Automatikkaliber 3135. Die mit gebläuter Breguet-Spirale arbeitende Unruh wird in einer in der Höhe einstellbaren Brücke gelagert. Am Unruhreif ganz vorne ist noch die rändelförmige Feinstellung »Microstella« zu sehen.

Zusammenstellungs-Zeichnungen. Denn erst aus diesen kann man Funktion und alle relevanten technischen Details genau ersehen und nachvollziehen. Hochwertige Ingenieurarbeit lässt sich dabei leicht von optisch sehenswerten, aber konstruktiv schlichten Lösungen unterscheiden.

Das Werk einer mechanischen Armbanduhr stellt im Prinzip nicht anderes als eine Maschine dar, wenn auch eine sehr kleine. Bis auf die Thermodynamik und die Elektrotechnik gelten auch hier alle bei der Motorentechnik aufgeführten technischen Disziplinen, wobei die Getriebelehre, die Werkstoffkunde, die Technische Mechanik sowie die Schwingungstechnik im Vordergrund stehen. Die hohe konstruktive Kunst für die Entwicklung eines präzise laufenden Uhrwerkes liegt unter anderem darin, dass man die Summe der Widerstände aller sich drehenden Teile möglichst klein hält und dieser Wert sowohl in der waagrechten als auch in der senkrechten Lage nahezu in gleicher Größe ausfällt!
Vom Drehmoment, welches von der Aufzugsfeder aufgebracht wird, wird nur ein Bruchteil zum Betrieb der drei Zeiger einer normalen Armbanduhr benötigt, der Rest wird vom Getriebe und im Schwingungssystem verbraucht.
Der Einbau von zusätzlichen Funktionen, wie z. B. einer Datumsanzeige, eines Ewigen Kalenders, einer Chronographen-Baugruppe und sonstigen Komplikationen, benötigt weitere Leistung, die das Federwerk zusätzlich abdecken muss.
Als Herz einer Uhr gilt das Schwingungssystem, in der Schweiz auch Reguliersystem oder Reglage genannt. Ob eine schlichte, aber bewährte Konstruktion von ETA mit Flachspirale, einfacher Unruh und Gangregulierung über eine Exzenterschraube verbaut oder eine hochwertige Ausführung mit Breguet-Spirale und Gyromax-Unruh ausgerüstet wird, ist stets eine Kostenfrage und vom jeweiligen Hersteller entschieden worden.
Einige wichtige technische Lösungen werden hier vorgestellt und ihre Eigenschaften beschrieben.

Bei der Beurteilung und Auswertung der verschiedenen Konstruktionen kamen Überraschungen zu Tage, die auch den namhaften Experten des betroffenen Herstellers nicht bekannt waren. Bei einem Handaufzugwerk Kaliber C. 89 in einer IWC Yacht Club war das eingebaute Werk dermaßen verfeinert worden, dass es – mit Verlaub gesagt – in seiner technischen Wertung fast schon einem vergleichbaren Handaufzugwerk von Patek Philippe überlegen war (Abb. 14)! Diese Feststellung, die eben nur möglich ist, wenn man die betreffende Uhr auch in den Händen hat, ist im Kapitel »5. IWC« auf Seite 50 nachzulesen.

Von besonderer Bedeutung darf hier das Kapitel »16. Physikalische Grundlagen zur Ganggenauigkeit von Armbanduhren«, verfasst von Dr. rer. nat. Gerhard R. Thoma, sein.

Abb. 14
Ausschnitt eines IWC Handaufzugwerks Kaliber C. 89 in bisher nicht bekannter Sonderausführung, verbaut in einem Modell Yacht Club. Dieses Werk entpuppte sich wegen seines besonders hohen technischen Niveaus als Sensation. Einzelheiten hierzu sind im Kapitel 5. IWC nachzulesen (Werk-Nr. 1.955.875).

Um Sammlern und Experten die theoretischen Grundlagen für die Ganggenauigkeit eines Uhrwerkes näherzubringen, wurde dieses Kapitel verfasst. Als langjähriger Leiter des Bereichs Gesamtakustik eines bayerischen Automobilherstellers hat Dr. Thoma dafür gesorgt, dass gerade die großen Limousinen stets den richtigen Ton angaben und ohne lästige Schwingungsstörungen liefen. Eine derartig tiefgehende Behandlung dieses Themas über Armbanduhren ist in der vorliegenden Literatur nicht zu finden.

Eine der größten Herausforderungen in einer automatisch aufziehenden Uhr stellt der Materialverschleiß dar. Wo Zahnräder aus Metall zusammenwirken, entsteht Abrieb und damit Verschleiß.
Um hier das Verhalten besonders belasteter Zahnräder analysieren zu können, wurden die Zahnräder einer Automatik-Baugruppe eines Genfer Uhrenherstellers näher untersucht. Eine Gruppe von Zahnrädern, die bereits mehr als 20 Jahre im Einsatz waren, wurden baugleichen, aber noch nicht eingesetzten Zahnrädern gegenüber gestellt. Hierzu wurden die zwei Gruppen der zu vergleichenden Zahnräder mit Hilfe eines Rasterelektronenmikroskops (REM) in 200- und 400facher Vergrößerung betrachtet und nach Verschleißerscheinungen untersucht.
Eine genaue Beschreibung dieser Untersuchung und die dabei festgestellten Ergebnisse – eine echte Überraschung – sind mit den zugehörigen REM-Aufnahmen in Kapitel »17. Technische Hinweise – Aus der Sicht des Ingenieurs« genau beschrieben. Diese unerwarteten Ergebnisse werden wohl manche Uhrenhersteller zum Nachdenken anregen!
Im gleichen Kapitel werden auch verschiedene Uhrwerkskonstruktionen analysiert und auf besonders gelungene oder auch verbesserungswürdige Lösungen hingewiesen. Dass nicht in allen beschriebenen Fällen die Regeln der Technischen Mechanik und des Maschinenbaus volle Beachtung fanden, wird wohl nicht nur manchen Leser, sondern auch die angesprochenen Uhrenhersteller interessieren.

Abb. 15
Teilansicht eines Zahnrades aus dem automatischen Aufzugmechanismus einer Rolex in 200facher Vergrößerung, aufgenommen mit einem Rasterelektronenmikroskop (REM). Lassen sich hier vielleicht Verschleißerscheinungen erkennen?

Abb. 16
Automatikbrücke des Kalibers K 1071 von Vacheron & Constantin. Auf den vier sichtbaren Rubinwalzen wird der noch zu montierende Rotor gelagert. Diese neuwertige Automatikbrücke stammt vom amerikanischen Gebrauchtteilehändler francis.antictac aus New York und kostete 500 USD plus 30 USD Transport, somit insgesamt 530 USD (am 14.08.2014 genau 396,10 EUR). Bei Vacheron Constantin in Genf ist dieses Teil nicht mehr zu erhalten.

3.4 Anonymer Kauf von besonderen Armbanduhren zur Feststellung von Qualität und Präzision

Hier wurden Modelle von IWC, Jaeger-LeCoultre, A. Lange & Söhne, Patek Philippe und Rolex beim Fachhandel beschafft und umfassend bewertet.
Wenn Uhrenhersteller Testuhren an Journalisten geben, werden diese Zeitmesser oft vorher einer umfangreichen Kontrolle unterzogen und auf höchstmögliche Ganggenauigkeit justiert. Dieses Glück kann der normale Käufer einer Uhr nicht immer erwarten. Er braucht es aber auch nicht, weil er im Regelfall weder über die notwendigen Fachkenntnisse noch über ein Testlabor mit den entsprechenden Prüfgeräten verfügt. Er freut sich einfach über seine neu erworbene Uhr und vertraut meist vorbehaltlos den Herstellerangaben. Ob diesem Vertrauen in der Praxis auch immer entsprochen wird, sollte hier untersucht werden. Angaben über Qualitäts- und Präzisionszustand müssen meßtechnisch ermittelt und nachgewiesen werden.

Abb. 17
Monatskalendarium mit Mondphase einer Uhr mit Ewigem Kalender.

Abb. 18
Selten zu findende Rolex Oyster Day-Date mit Ice-Blue-Zifferblatt, römischen Ziffern und Platingehäuse.

Um das Präzisionsversprechen des Marktführers Rolex auch statistisch abgesichert überprüfen zu können, wurde hier sogar eine ganze Reihe von Uhren beschafft.
Solche systematischen Tests werden bisher fast nur in der Automobilindustrie praktiziert, aber nicht in der Uhrenbranche. Einzelheiten und Ergebnisse sind gleichfalls im Kapitel »17. Technische Hinweise – Aus der Sicht des Ingenieurs« zusammengefasst.

3.5 Beschaffungswege, Chancen und Risiken

Beim Aufbau der früheren Uhrensammlung sorgten die Kenntnisse über Beschaffungswege, Marktpreise und Privatverkäufe dafür, dass die gesuchten Uhren meistens zu einem käuferfreundlichen Preis beschafft werden konnten. Damit war es oft möglich, manche begehrten Sammlerstücke zu einem weit günstigeren Preis zu erwerben, als man für diese auf internationalen Auktionen und Sammlermärkten hätte bezahlen müssen.

3.6 Nutzwert, Revisionskosten und tatsächlich erreichte Wiederverkaufspreise

Bei allen für dieses Buch fabrikneu erworbenen Uhren standen Nutzwert und ein erzielbarer Wiederverkaufspreis im Vordergrund. Zumal es Uhren von einigen Schweizer Marken gibt, deren Modelle zwar einen sechsstelligen Neupreis besitzen, aber beim Wiederverkauf nur noch einen Bruchteil ihres ursprünglichen Preises erzielen.
Wie bereits schon erwähnt, hat man zahlreiche Uhren dieses Buches bei den Herstellerfirmen umfangreich revidieren lassen. Überholungspreise von mehr als 3.000 Euro und Lieferzeiten bis zu 12 Monaten waren hier keine Seltenheit. Solche für den Sammler wertvollen Informationen sind in anderen Publikationen kaum zu finden.

3.7 Armbanduhren als Wertanlage

Uhren als Wertanlage gelten als besonders delikates Thema. Wie wir später noch sehen werden, sind hier in der Tat recht beachtliche Wertsteigerungen möglich. Diese Einschätzung gilt insbesondere für die Uhren der Marke Patek Philippe. Hier wird der Leser zahlreiche konkrete Beispiele finden.

3.8 Das Geheimnis der Zifferblätter, ein besonders importantes Thema

Wenn ein Leser Genaueres über Zifferblätter erfahren möchte, insbesondere über die auf der Rückseite zu findenden Kennzeichnungen und Punzierungen, wird er in der Literatur vergeblich danach suchen.

Abb. 19
Patek Philippe Chronograph mit Ewigem Kalender und Brilliant-Lümette aus 750 WG Ref. 5270 G. Ein besonders schönes Modell, vornehmlich für den Arabischen Markt prädestiniert.

So findet man in Kapitel »15. Das Geheimnis der Zifferblätter« erstmalig eine äußerst umfangreiche Zifferblattanalyse vor, in der nicht nur die verschiedenen Fertigungsverfahren und Materialien, sondern auch die auf der Rückseite aufgebrachten Kennzeichnungen und Punzierungen dargestellt und erläutert

Abb. 20
Patek Philippe Chronograph mit Ewigem Kalender Ref. 2499 in zwei Gehäuse-Ausführungen, Platin und Gelbgold. Eines der beiden Zifferblätter wurde bei der Herstellung der Uhr montiert und ist damit ein Original. Das andere Zifferblatt ist ein Fremdfabrikat, also nachgemacht, und stammt nicht vom Hauslieferanten CADRAN STERN FRERES SA aus Genf. Eine derart seltene, sehr gesuchte und wervolle Uhr, die aber kein originales Zifferblatt mehr montiert hat, muss beim Verkauf mit erheblichen Preisabschlägen rechnen. Da dieses Thema bisher weder in der gängigen Literatur behandelt wurde noch den Experten der meisten Auktionshäuser bekannt ist, kommt dem Kapitel »15. Das Geheimnis der Zifferblätter« ganz besondere Bedeutung zu. Nach dem Studium dieses Kapitels wird auch der bisher unbedarfte Sammler erkennen können, welches der zwei oben gezeigten Zifferblätter ein Original und welches eine preiswerte Reproduktion ist.

werden. Damit ist sicherzustellen, dass das Zifferblatt zur gleichen Serie gehört und nicht später eingebaut wurde. Die von Schweizer Herstellern verwendeten Kennzeichnungen sowie Hinweise auf eine Echtheitsprüfung sind ebenfalls beschrieben. Derartige Analysen lassen sich nur durchführen, wenn die betreffende Uhr selbst vorliegt und ein Uhrmacher das Zifferblatt abgenommen hat.
Weit über 100 Zifferblätter wurden für diese Dokumentation begutachtet und ausgewertet.
Auch wenn man nicht zur gleichen Meinung kommen sollte, hat ein bekannter Experte diese Arbeit bereits als eine halbe Dissertation bezeichnet.
Dass auf Uhrenauktionen auch sündhaft teure Uhren zum Verkauf kamen, die aber keine originalen Zifferblätter mehr montiert hatten, wird nicht nur den Leser wundern.

3.9 Die Entschlüsselung der Gehäuse-Kennzeichnungen

Ein weiteres Novum besteht in der Entschlüsselung der Punzierung und dem Herstellungsnachweis der jeweiligen Schweizer Gehäusemacher. Jeder Lieferant hatte seine persönliche Kennzeichnung, welche in Verbindung mit einer Nummer den Hersteller des Gehäuses verrät. Diese amtliche Kennzeichnung gilt aber nur für Edelmetallgehäuse und ist im eidgenössischen Finanzdepartement in Bern, Abteilung Edelmetallkontrolle, hinterlegt. Die Zuordnung dieser Punzierungen wurde vom Schweizer Herstellerverband bisher nicht offengelegt, sondern

Abb. 21
Blick auf den Innenboden einer Patek Philippe Automatik Ref. 3445 mit Gehäuse-Nr. 319.604. Ganz unten ist die Punze des Gehäusemachers eingeschlagen. Der Schlüssel mit der Nr. 4 gehört zur Firma Antoine Gerlach SA, Genève. Dieses Unternehmen wurde am 12.09.1934 in die Herstellerliste für Uhrengehäuse eingetragen und wegen Geschäftsaufgabe am 29.08.1977 vom Verband USH-APIC (ASSOCIATION PATRONALE SUISSE DES INDUSTRIES MICROTECHNIQUES ET DE L´HABILAGE HORLOGER USH-APIC) gelöscht.

strikt geheim gehalten. An dieser Stelle sei dem eidgenössischen Finanzdepartement für die vertrauliche Einsichtnahme in diese Unterlagen herzlich gedankt. Seit Herbst 2020 sind diese Verantwortlichkeitsstempel unter Watch-Wiki auch im Internet veröffentlicht.

Bei der Kennzeichnung von Edelmetallen trat mit der Wiener Konvention von 1972 eine wichtige Änderung ein. Auch für diese sind alle wichtigen Details aufgeführt.

Schließlich gibt es noch eine kleine Materialkunde zu finden, die dem Leser die maßgeblichen Eigenschaften der im Uhrenbau verwendeten Metalle erläutert.

3.10 Fotografie und redaktionelle Mitarbeit

Für den größten Teil der hier wiedergegebenen Aufnahmen wurde erstmalig eine Profikamera Hasselblad 6x6 Digital eingesetzt. Mit den Objektiven Makro Planar 120/4 und Makro Planar 135/5,6 von Carl Zeiss und den Digital-Rückteilen CFV 50 und CFV 50c von Hasselblad mit 50 Millionen Pixel (Bildpunkten) können Fotos in einer Abbildungsqualität und Tiefenschärfe erstellt werden, wie dies in der Uhrenfotografie bisher kaum möglich war.

Weil der Verfasser Ingenieur ist und nicht Historiker zum Thema Uhren sein will, hat Gisbert L. Brunner in bewährter Weise die Entwicklungsgeschichte der meisten hier aufgeführten Uhrenunternehmen übernommen und in seinem bekannt amüsanten Stil beschrieben. Keiner hätte dies besser machen können.
Peter Braun, Chefredakteur der Zeitschrift ARMBANDUHREN, hat das Kapitel über die Uhren von A. Lange & Söhne in Glashütte übernommen. Mit seinem feinen Gespür für einen flüssigen Schreibstil hat er den Verfasser sehr unterstützt und diesem Buch zu einer besonderen Note verholfen.
Christian Pfeiffer-Belli, der Altmeister der deutschen Uhrenliteratur, hat auch hier wieder den Verfasser freundschaftlich beraten und manche wertvollen Hinweise gegeben.
Auch Peter Reiser, Unternehmensberater in Köln, hat mit seinem persönlichen Rat dem Verfasser sehr geholfen.
Dr. rer. nat. Gerhard R. Thoma, von Haus aus Physiker und ehemals Leiter der Gesamtakustik BMW AG, hat das Kapitel »16. Physikalische Grundlagen zur Ganggenauigkeit von Armbanduhren« übernommen.
Peter Milde, ein renommierter Uhrenfotograf, konnte auch in dieser Veröffentlichung wieder alle Uhren vorzüglich ins Bild setzen.
Schließlich hat Daniela Sygulla, im Hauptberuf Diplom-Kauffrau und Prokuristin in einem mittelständischen Unternehmen, die Optimierung der Texte dieses Werkes übernommen und den Verfasser auch sonst tatkräftig unterstützt. Ihr gebührt ein ganz besonderes Dankeschön!
Allen hier aufgeführten Mitwirkenden sei für ihre wertvolle Unterstützung nochmals aufs Herzlichste gedankt!

Abb. 22
Daniela Sygulla, Dr. Gerhard R. Thoma und der Verfasser bei einer Hausmesse zum Themenbereich Montagetechnik. Als Repräsentant für BOSCH REXROTH in Südbayern befasst sich FMS Montagetechnik GmbH im Rahmen ihrer zahlreichen Innovationen auch mit Logistik – und manuellen Montagesystemen für die Produktion von Armbanduhren (Foto Stefan Hönig).

Abb. 24

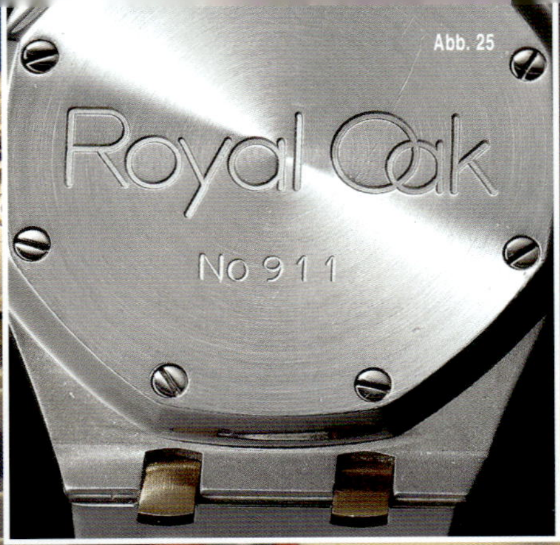

Abb. 25

Abb. 23

4. Audemars Piguet

4.1 Einführung von Gisbert L. Brunner

Top-Uhrmacherei seit 1875 in Le Brassus: Audemars Piguet & Co

Luxusuhren-Manufakturen gibt es etliche in der Uhr-Schweiz. Solche, die älter als 125 Jahre und immer noch im Besitz der Gründerfamilien sind, hingegen nur eine. Und die heißt Audemars Piguet. Wie aus dem Namen unschwer hervorgeht, taten sich zwei ambitionierte Menschen mit Blick auf eine erfolgreiche berufliche Zukunft zusammen. Das geschah im letzten Viertel des 19. Jahrhunderts. Zunächst einmal aber hatte Jules Louis Audemars-Renaud, Jahrgang 1851, sein Glück alleine versucht. Nach dem Abschluss seiner Uhrmacherlehre verdingte er sich als Repasseur. Den Aristokraten unter den Uhrmachern kam die anspruchsvolle Aufgabe zu, Schaltwerke z. B. für Chronographen, Kalender und Repetieruhren so lange nachzuarbeiten, bis sie einwandfrei funktionierten. 1875 richtete er in Le Brassus eine Werkstatt zur Herstellung komplizierter Rohwerke ein. Die Qualität der Arbeit sprach sich bis zu den Genfer Manufakturen herum, welche bald schon Aufträge ins »Tal der Tüftler« schickten. Die termingerechte Ausführung verlangte nach der Beschäftigung zusätzlicher Heim-Uhrmacher. Einer davon hieß Edward Auguste Piguet. Der Spross einer der ältesten Familienstämme dieser Region hatte am 19. Mai 1853 als Sohn des Uhrmachers Georges Eugène Piguet das Licht der Welt erblickt. Er und Jules Audemars kannten sich aus Schule, Sport- und Gesangverein. Wenn sich die beiden beruflich trafen, diskutierten sie immer wieder über ihr Handwerk, über die ausgefallenen Wünsche anspruchsvoller Kundschaft und über Möglichkeiten, feine Uhren zu optimieren. Im Zuge fruchtbarer Gespräche reifte der Entschluss, die komplizierten Zeitmesser gemeinsam herzustellen und zu vermarkten.
Die Unterzeichnung des 15 Artikel umfassenden Gesellschaftsvertrags zur Gründung von Audemars, Piguet & Compagnie erfolgte am 17. Dezember 1881 vor dem Notar des Bezirks La Vallée. Edward Piguet stellte 10.000 Franken Startkapital für die Dauer von sechs Jahren zinslos zur Verfügung. Jules Audemars brachte hingegen 18 komplette oder weitestgehend fertiggestellte Uhrwerke hoch komplizierter Natur in die neue Firma ein. Ein Jahr später ließ das Duo bei der Administration Office Technique d'Edition et Publicité in Bern ein Markenzeichen zur Verwendung auf Uhrwerken und Gehäusen schützen.
Von Anbeginn übernahm Jules Louis Audemars die Rolle des technischen Leiters, während Edward Auguste Piguet als kaufmännischer Chef und Finanzexperte wirkte. Diese Arbeitsteilung bewährte sich so gut, dass man sie auch nach dem Tod der Gründerpersönlichkeiten aufrechterhielt. Mitglieder der Familie Audemars kümmerten sich primär um die technischen, jene der Piguets eher um die finanziellen und administrativen Belange.
1889 weisen die Statistiken der waadtländischen Uhrenindustrie Audemars, Piguet & Cie. als Betrieb mit insgesamt zehn männlichen Beschäftigten und ganzjähriger Produktion aus. Im gleichen Jahr fand die zehnte Weltausstellung statt. Audemars Piguet präsentierte in Paris eine ganze Reihe komplizierter Taschenuhren, darunter auch die »Grande Complication« mit Chronograph-Rattrapante, Ewigem Kalender und Minutenrepetition. Speziell dieses Aufsehen erregende Modell verschaffte Audemars Piguet höchste Anerkennung.
Nachdem sich der erfreuliche Trend auch im frühen 20. Jahrhundert fortsetzte, entstand ab 1907 ein zusätzlicher Neubau mit Platz für 70 Mitarbeiter. In diesem zwischenzeitlich mehrfach vergrößerten und modernisierten Gebäude findet man Audemars Piguet bis heute. Das Stammhaus dient der Manufaktur als Begegnungsstätte zwischen Vergangenheit und Gegenwart, kurz als Museum.

Die zweite Generation übernimmt die Zügel

Im Mai 1917 schlüpfte der Uhrmacher Paul Louis Audemars in die Rolle des Verwaltungsrats-Präsidenten und technischen Direktors. Paul Edward Piguet trat 1919 die Nachfolge seines Vaters an. Die Funktion des kaufmännischen Direktors nahm er anschließend bis 1962 wahr. Zukunftsweisend hatte die Firmenleitung ihre Mitarbeiter schon 1912 an Gewinn oder Umsatz beteiligt. In den folgenden Jahren konnte Audemars Piguet dank konsequenter Qualitäts- und Produktpolitik eine hohe internationale Reputation und bedeutende Kunden wie Dent und Frodsham in London, Tiffany in New York und Paris, Cartier in Paris, Bulgari in Rom, Gübelin in Luzern sowie Dürrstein in Glashütte und Dresden gewinnen.

Abb. 23
Schloss Dürnstein in Dürnstein, Perle der Wachau, wird heute von den jungen Schlossbesitzern Maria-Katharina und Bruder Christian Thiery als besonderes 5-Sterne-Hotel geführt. Dieses Schloss, 1630 von Christoph Wilhelm von Zelking, einem österreichischen Adeligen, erbaut, wurde 1937 von Raimund Thiery erworben. Später haben sein Sohn Johann C. Thiery mit seiner Frau Rosemarie dieses Schloss übernommen und in den 70er Jahren als herausragendes Hotel aufgebaut. Heute wird dieses einmalig gelegene Luxus-Hotel von den Kindern Johannes C., genannt Christian, und seiner Schwester Maria Katharina geführt. Zu dieser noblen Kulisse passt sowohl die Vorder- als auch die Rückseite der Audemars Piguet Royal Oak (königliche Eiche). Während mit der Aufnahme oben links **(Abb. 24)** das Zifferblatt nicht nur die Zeit, sondern auch Monatsdatum, Wochentag und Mondphase verrät, zeigt das rechte Bild **(Abb. 25)** die Rückseite mit Namenszug Royal Oak und der Gehäuse-Nr. 911. Porsche 911 Targa, Schloss Dürnstein und Audemars Piguet Royal Oak mit Gehäuse-Nr. 911, eine stilvolle Vereinigung von Tradition, Innovation und Lifestyle.

Abb. 26
Royal Oak Ref. 25594 BA in 18 K Gelbgold und Anzeige von Wochentag, Monatsdatum und Mondphase.

Ungeahnte Bremswirkung entfalteten der New Yorker Börsenkrach am 24. Oktober 1929, die dadurch ausgelöste Weltwirtschaftskrise und die protektionistischen Maßnahmen vieler Länder. Später 1930 sahen sich alle Uhrenbetriebe im Jouxtal gezwungen, entweder Kurzarbeit anzumelden oder die Fabrikationsstätten zeitweise ganz zu schließen. Manche öffneten ihre Pforten nie mehr.
Als die Krise 1933 allmählich abebbte, stieß der Uhrmacher Jacques Louis Audemars zum Familienunternehmen. Seine Aufgabe bestand ab 1935 darin, neuen Schwung in die darnieder liegende Produktion zu bringen. In jenem Jahr fertigte Audemars Piguet nur noch 116 Uhren, die meisten davon fürs Handgelenk.

Georges Golay prägt die weitere Geschichte

1959 ging die technische Leitung der Manufaktur auf Jacques-Louis Audemars über. Drei Jahre übernahm Georges Golay, der schon seit 1945 zunächst als Buchhalter für Audemars Piguet arbeitete, von Paul Edward Piguet die Funktion des kaufmännischen Direktors. Als Delegierter des Verwaltungsrates und Generaldirektor prägte der Vollblut-Kaufmann die Philosophie und das Erscheinungsbild von 1966 bis zu seinem Tod im Jahr 1987 mit größter Nachhaltigkeit. Mit seinem Namen verknüpft sich das Lancement langfristig erfolgreicher Modelle wie »Royal Oak« (Abb. 26) und »Quantième Perpétuel« (Abb. 27). Auch die Vorstellung der weltweit ersten Serien-Armbanduhr mit automatischem Aufzug und Tourbillon geht auf das Konto von Georges Golay. Daneben startete der externe Chef im Jahr 1973 eine umfassende Restrukturierung und Reorganisation. Im Zuge dieser Maßnahmen erfuhren alle Ateliers eine dringend gebotene Ausweitung. Daneben gründete Georges Golay zu Beginn der 1980-er Jahre eine kleine, aber hochmoderne Fabrik für mikromechanische und elektronische Spezialitäten, AP Technologies genannt.

Abb. 27
AP Automatic Quantième Perpétuel mit Ewigem Kalender in 18 K Gelbgold, Ref. 5548 BA mit Kaliber 2120/2 QP, Werk-Nr. 27.268, Gehäuse-Nr. C [illegible]072.

Ein weiterer Schritt zur Streuung des Firmenvermögens bestand 1978 im Erwerb einer 40-prozentigen Beteiligung am Aktienkapital der renommierten Uhrenmanufaktur Jaeger-LeCoultre in Le Sentier, zu der schon seit Gründung von Audemars Piguet enge und freundschaftliche Geschäftsbeziehungen bestanden hatten. Das Investment machte sich bezahlt, denn 2000 kaufte Richemont International im Zuge der Übernahme von IWC, Jaeger-LeCoultre und Lange Uhren auch Audemars Piguet die Beteiligung wieder ab. Zu diesem Zeitpunkt agierte bereits Jasmine Audemars, die Ur-Enkelin von Jules Louis Audemars als Verwaltungsrats-Präsidentin. Und das tut sie auch gegenwärtig noch.

Innovationen-Schmiede in Le Locle

Die Eröffnung eines kleinen Ein-Zimmer-Ateliers durch Dominique Renaud und Giulio Papi im Jahr 1986 sollte sich später für Audemars Piguet als echter Glücksfall erweisen. Weil die beiden Meister-Uhrmacher mit der Lohnfertigung skelettierter Uhrwerke nicht in gewünschter Weise reüssierten, fokussierten sie ihr Können unter anderem auf Repetitionsschlagwerke. Die Mikro-Mechanismen, einer davon mit lediglich 22,6 mm Durchmesser, tönten bis nach Le Brassus. Und er überzeugte, denn 1992 erwarb Audemars Piguet diese. Bald darauf flatterte der Renaud & Papi SA die Bestellung für eine »Grande Sonnerie«-Armbanduhr ins Haus. Im Zuge weiterer Gemeinschaftsprojekte erwarb Audemars Piguet bis zum Jahr 2000 insgesamt 78,4 Prozent an der innovativen Mechanikschmiede, die keine Herausforderung scheut. Seitdem gehören Basiskaliber, Chronographen, Kalender- und Repetitionsschlagwerke, Tourbillons, neue Materialien sowie die Kombination aus allem zu den Spezialitäten der in Le Locle beheimateten Dependance. Ohne Renaud & Papi hätte es keine ultrakomplizierten Kabinettstücke der Kollektion »Tradition d'Excellence« gegeben, welche seine Synthese aus überlieferten Zusatzfunktionen und zeitgemäßen Technologien verkörpern. Ein Beispiel ist die 2006 vorgestellte »Cabinet Nr. 5« mit dem Handaufzugskaliber 2899, dessen neue Präzisionshemmung deutlich weniger Kraft benötigt als die gute alte Schweizer Ankerhemmung.

Ökologie par excellence

Bei der aufsehenerregenden »Manufacture des Forges« in Le Brassus handelt es sich um eines der ersten Schweizer Industriegebäude, dessen Konzeption die rigiden Vorgaben des Qualitätslabels »Minergie-Eco« für gesunde und ökologische Bauweise einhält. Für die ausschließliche Verwendung schadstofffreier und umweltfreundlicher Materialien erhielt die Familien-Manufaktur im Frühjahr 2010 eine Auszeichnung des eidgenössischen Immobilienmanager-Magazins. Zu den Baustoffen gehören unter anderem Fiberzement für die Fassaden, eloxiertes Aluminium für die Fensterrahmen, FSC-zertifiziertes Holz für die Parkettböden und umweltfreundliche Farben auf Wasserbasis. Eine CO_2-neutrale Holzfeuerungsanlage erlaubt den völligen Verzicht auf fossile Brennstoffe wie Öl oder Gas. Zukünftig wird sie nicht nur die Audemars-Piguet-Betriebsstätte, sondern auch mehr als hundert Häuser der Ortschaft Le Brassus mit Wärme versorgen. An die Stelle herkömmlicher Klimaanlagen trat ein »Free-Cooling«-System, welches optimal auf die klimatischen Bedingungen des abgeschiedenen, rund 1000 Meter hoch gelegenen Jouxtals abgestimmt wurde und die Außenluft zur Kälteerzeugung nutzt. Das moderne Gebäude bietet 300 Mitarbeiterinnen und Mitarbeitern größtmöglichen Komfort sowie einen wunderbaren Blick auf die zauberhafte Flusslandschaft der Orbe. Die 1992 anlässlich des 20. Jubiläums der Royal Oak ins Leben gerufene Fondation Audemars Piguet überwacht das Einhalten der Kriterien zur Minergie-Eco-Zertifizierung. Darüber hinaus engagiert sich die Stiftung für die Rettung bedrohter Wälder.
In besagtem Manufakturgebäude entstehen heute auch visionäre Uhrengehäuse. Nach zwei Jahren intensiver Forschungsarbeit verstanden sich die Techniker erstmals auf die Herstellung von Schalen aus geschmiedetem Karbon. Diesbezügliche Vorbilder gab es bis dahin nämlich nicht. Infolge seiner hohen mechanischen Qualitäten, seiner extremen chemischen Stabilität, seiner vorzüglichen Schlagfestigkeit und seiner besonderen Leichtigkeit eignet sich dieses Material vorzüglich für Uhrengehäuse. Vorausgesetzt, die Zusammensetzung, Werkzeuge und die Verfahrenstechnik stimmen. In diesem Zusammenhang müssen die Formen der achteckigen Royal-Oak-Lünette und des nicht minder komplexen Gehäusekorpus von Anbeginn scharfe Kanten und eine perfekte Oberfläche aufweisen. Werkstücke aus geschmiedetem Karbon lassen sich nämlich nicht nachbearbeiten. Genau dieses Betreten von technischem und uhrmacherischem Neuland durchzieht die Geschichte von Audemars Piguet wie ein roter Faden. Die damit verknüpften Erfolge gaben und geben den Eigentümern in jeder Hinsicht Recht.

4.2 Über die Werke

Kommt man auf die Manufaktur Audemars Piguet zu sprechen, denkt man unwillkürlich an das markendominierende Modell Royal Oak. Nur Insidern ist bekannt, dass Audemars Piguet schon in den 40er, 50er und 60er Jahren hochfeine Armbanduhren besonderer Qualität produzierte. In diesem Kapitel werden über 20 Armbanduhren beschrieben, von denen ein Teil ganz seltene Raritäten darstellen. Gemeint sind hier die frühen Automatics mit den Kalibern P 2498, P 2499 und K 2070. Wenn man einen Blick auf die Produktionszahlen wirft, ist man über die geringen Stückzahlen der jährlich gefertigten Taschen- und Armbanduhren erstaunt. Hierbei darf man nicht übersehen, dass anfangs die Belegschaft nur eine kleine Gruppe von Uhrmachern und Hilfskräften umfasste und eine große Fertigungstiefe bestand. Die vergleichsweise wenigen Uhren, die in den 50er und 60er Jahre die Manufaktur in Le Brassus verlassen haben, sind heute sehr gesucht und wegen ihrer Gestaltungsvielfalt für den Sammler von großem Interesse. Einen Überblick der Produktionszahlen vermittelt die folgende Aufstellung.
Für Armbanduhren besaß Audemars Piguet keine eigene Kaliberproduktion, sondern bezog seine Rohwerke (Ebauches) von Valjoux und Jaeger-LeCoultre im nahegelegenen

Produktionsjahr	Produzierte Uhren / Stück
1892	164
1900	231
1910	310
1930	515
1950	298
1970	5494
1980	14.000
1990	16.000
2000	18.400

Le Sentier. Ab 1960 wurden dann fast nur noch Ebauches von Jaeger-LeCoultre eingeschalt, zumal Audemars Piguet mit 40 % Anteilen an Jaeger-LeCoultre beteiligt war. Einen Überblick der Produktionszahlen und -Zeiträume der in diesem Kapitel vorgestellten Werke vermittelt die obige Tabelle, die von Audemars Piguet für dieses Buch zusammengestellt wurde.

Über die Handaufzugwerke

13''' VZSS und 13''' VZSSC

Diese beiden Kaliber wurden bis zum Jahr 1957 vom Werkelieferant Valjoux bezogen. Die erste Ausführung hat 30,00 mm Werkdurchmesser und 4,00 mm Bauhöhe. Die zweite verfügt über eine Zentralsekunde (SC steht für »Seconde au centre«) und eine Bauhöhe von 5,00 mm. Beide Varianten arbeiten mit 18.000 Halbschwingungen/h, sie sind auf der rechten Seite abgebildet .

2001, 2002 und 2003

Alle drei Werke wurden als Ebauches von Jaeger-LeCoultre bezogen. Sie haben 20,80 mm (9‴) Durchmesser, 18 Steine, 18.000 Halbschwingungen/h und 2,94 mm bzw. 3,44 mm Bauhöhe. Beim Kaliber 2001 arbeitet eine Kleine Sekunde bei »6«, beim 2002 eine Zentralsekunde. Hierbei ist das Sekundenrad auf der Räderwerkbrücke positioniert. Diese beiden Kaliber wurden bei Audemars Piguet ab 1953 eingeschalt. Die

Abb. 28
Valjoux-Kaliber 13‴ VZSS, welches als Rohwerk (Ebauche) von Valjoux bezogen wurde. Mit 30 mm Außendurchmesser und 4,00 mm Höhe war genug Bauvolumen für eine verlässliche Konstruktion vorhanden.

Werk-Nummern aus dem Produktionsjahr 1953 sind hier aufgeführt:

Kaliber 2001: Werk-Nr. 58 000 bis 58.699 (700 Werke)
Kaliber 2003: Werk-Nr. 59 500 bis 59.699 (200 Werke)

Alle drei hier vorgestellten Handaufzugwerke sind in vier Positionen und Temperaturen regliert und verfügen über Chronometergenauigkeit. Das Kaliber 2003, welches in diesem Buch nicht abgebildet ist, wurde 1953 lanciert und war ebenfalls ein Ebauche von Jaeger-LeCoultre. Bei gleichem Durchmesser von 20,80 mm wies es eine Bauhöhe von nur 1,64 mm auf. Der niedrigen Bauhöhe wegen musste auf die Sekundenanzeige verzichtet werden.

Abb. 29
Valjoux-Kaliber 13‴ VZSSC, wobei »SC« für Zentralsekunde steht. Im Vergleich zur links abgebildeten Variante der fast identischen Kaliber kann man hier Sekundenrad und Brücke für die Zentralsekunde erkennen. Aufgrund dieser zusätzlichen Komponenten ist die Werkhöhe auf 5,00 mm gestiegen.

Abb. 30
Kaliber 2001 besitzt nur einen Durchmesser von 20,80 mm, daher der sehr breit ausgeführte Werkhaltering.

Über die Automatikwerke

P 2498 und P 2499

Im Kapitel »12. Neue Automatikwerke aus der Schweiz« wird bereits über dieses Automatikkaliber von Audemars Piguet berichtet. Es kam wiederum als Rohwerk (Ebauche) von Jaeger-LeCoultre und wurde 1953 in zwei Ausführungen lanciert. Das Modell mit kleiner Sekunde erhielt die Kaliberbezeichnung P 2498, das mit Zentralsekunde P 2499. Die

Abb. 31
Kaliber P 2498/2 (2 steht für Rotorkugeln aus Rubin) mit kleiner Sekunde bei 6 wurde als reserviertes Rohwerk (Ebauche) von Jaeger-LeCoultre aus dem nur drei Kilometer entfernten Le Sentier geliefert. Der Rotor verfügt über ein Schwunggewicht aus 18 K Gelbgold und zieht in beiden Drehrichtungen auf. Die Schraubenunruh besitzt bereits eine Stoßsicherung, der Rücker wird über Mikrometerschraube mit Schwanenhalsfeder eingestellt.

ersten Serien dieser beiden Kaliber wurden unter den folgenden Werknummern geführt:

P 2498: Werk-Nr. 61.956 bis 62.055 (100 Werke, 1953)
P 2499: Werk-Nr. 61.396 bis 61.595 (200 Werke, 1953)

Die Basiswerke entsprachen bis auf einige Details ihren Pendants P 1019 und P 1019/1 von Vacheron & Constantin. Bei der Automatikbrücke war die Rotorträgerplatte jedoch mit Genfer Streifenschliff versehen und das guillochierte Schwunggewicht in 18 K Gelbgold gehalten. Dieser Unterschied wird um so deutlicher, wenn man die auf dieser Seite vorgestellten Automatikkaliber P 2498 und P 2499 mit dem auf Seite 252 abgebildeten Kaliber P 1019/1 von Vacheron & Constantin vergleicht. Die AP-Kaliber P 2498 und P 2499 sind von hoher Qualität und in vier Positionen und Temperaturen reguliert. Beide Werktypen sind mit Schraubenunruh und Breguet-Spirale versehen. Die Schlagzahl beträgt 18.000 Halbschwingungen/h. Der Werkdurchmesser kommt auf 29,00 mm, die Werkhöhe auf 5,40 mm. Die Anzahl der Steine liegt bei 21 Rubinen.

Abb. 32
Kaliber P 2499/1; der Rotorträger war bei diesem AP-Kaliber immer mit Genfer Streifenschliff verziert. Die Kaliber P 2498 und P 2499 sind in vier Positionen und Temperaturen reguliert und arbeiten mit 18.000 Halbschwingungen/h. Beide Versionen verfügen über 21 Steine.

K 2070 und K 2071

Bereits sechs Jahre nach Einführung der ersten Automatikwerke kamen 1959 die Nachfolgekaliber zum Zuge. Bei fast gleichgebliebenem Basisuhrwerk wurde die Automatikbaugruppe

Abb. 33
Kaliber K 2070 mit 29 Steinen. Der Rotor wird mit vier Rubinwalzen geführt, die Rotorträgerplatte ist mit Genfer Streifenschliff verziert. Im Vordergrund die Reglage mit Schraubenunruh, Mikrometerschraube und Schwanenhalsfeder.

umfassend überarbeitet. Ganz deutlich kann man den Unterschied an der Rotorlagerung erkennen. Diese besteht nunmehr aus vier Rubinwalzen. Das Schwunggewicht ist in 18 K Gelbgold gehalten und schön guillochiert. Die Sperrklinke ist nunmehr auf einer separaten Brücke angeordnet und von unten an die Federhausbrücke geschraubt. Auch die neue Stoßsicherung (Parechoc »KIF« Réf. Flector) muss erwähnt werden. Hier sind noch die Kenndaten des 1959 erstmalig lancierten Kalibers aufgeführt:

K 2070: Werk-Nr. 74.671 bis 74.770 (100 Werke)
K 2071: Werk-Nr. 75.171 bis 75.270 (100 Werke)

Die Kaliber 2070 und 2071 hatten die gleichen Außenabmessungen. Der Werkdurchmesser liegt bei 29,00 mm, die Bauhöhe bei 5,50 mm. Das Kaliber arbeitet mit 18.000 Halbschwin-

Abb. 34
Kaliber K 2071, auf der Automatikbrücke steht die Gravur »TWENTY NINE (29) JEWELS, ADJUSTED TO HEAT COLD ISOCHRONISM AND FIVE (5) POS«.

gungen/h. Im Gegensatz zu den Werken K 1070 und K 1071 von Vacheron & Constantin sind diese AP-Kaliber nur in vier Positionen und Temperaturen reguliert. Eine Schraubenunruh mit Breguet-Spirale sorgt für die geforderte Präzision. Die Anzahl der Steine war jedoch von 21 bei den Kalibern P 2498 und P 2499 nunmehr auf 29 Rubine gestiegen.

K 2072

Bereits zwei Jahre nach Vorstellung der Kaliber K 2070 und K 2071 folgte die Ausführung mit Datumsanzeige bei 3 Uhr. Sie erhielt die Kaliberbezeichnung K 2072. Der Werkdurchmesser blieb hierbei auf 29,00 mm, die Höhe stieg jedoch auf 6,30 mm an. Die erste Bauserie besitzt die folgenden Daten:
K 2072: Werk-Nr. 85.701 bis 85.800 (100 Werke). Im Vergleich zum Schwesterkaliber K 2071 ist die Zahl der Rubine bei 29 Steinen und die der Halbschwingungen/h bei 18.000 geblieben.

Abb. 35
Kaliber K 2072 mit Schraubenunruh und Feinstellung über Mikrometerschraube und Schwanenhalsfeder. Mit der Integration der Datumsanzeige stieg die Bauhöhe des Werkes von 5,50 auf 6,30 mm.

K 2120 und K 2121

Bereits in den sechziger Jahren war ein Trend zu immer flacher bauenden Uhren erkennbar. Besonderen Schub erhielt diese Entwicklung durch das Aufkommen der Quarztechnologie, welche extrem flache Gehäuse ermöglichte. Diese modisch ausgeprägten Akzente eines superflachen Zeitmessers forderten

Abb 36
Dem Ende der 60er Jahre aufkommenden Trend nach flachen Uhren konnte sich auch Audemars Piguet nicht verschließen. Dafür waren die Konstrukteure in Le Brassus aber gut gerüstet. Stand doch schon ab 1967 ein neues, superflaches Automatikwerk (flachstes Automatikwerk mit Zentralrotor) zur Verfügung, welches als reserviertes Rohwerk (Ebauche) von Jaeger-LeCoultre im nahegelegenen Le Sentier geliefert wurde. Hier die Version ohne Datumsanzeige K 2120 mit einer Bauhöhe von nur 2,45 mm.

Abb. 37
Kaliber K 2121. Berylliumring, Rotorträger und Schwunggewicht sind gemeinsam vierfach verschraubt. Der Berylliumring läuft auf vier vertikal gelagerten Rubinrollen. Der Rotor wird zentrisch von der Innenbohrung des mit dem Rotor vernieteten Triebes geführt, dessen Achse aus einem gut dimensionierten Beryllium-Hohlflansch besteht. Im Vordergrund die dreischenklige Unruh mit verstellbarem Spiralklötzchenträger und Rücker ohne Feinstellung.

gleichfalls flachste Uhrwerke, wie zum Beispiel das zuvor erwähnte Handaufzugkaliber 2003 mit 1,64 mm Gesamthöhe. Im Zuge dieses Trends wurde bei Jaeger-LeCoultre ein Automatikkaliber entwickelt, welches bei 28,00 mm Werkdurchmesser eine Gesamthöhe von nur 2,45 mm aufweist. Im Kapitel »14. Die edlen Sportuhren« wird auf dieses Automatikkaliber mehrfach eingegangen und dessen verschiedene Varianten erläutert. Rein konstruktiv betrachtet, stellt dieses Kaliber eine nahezu geniale Lösung dar. Im Rahmen eines Durchmessers von ca. 21 mm sind Basisuhrwerk und Wechsler untergebracht. Der Rotor wird von der Innenbohrung des vernieteten Triebes geführt, dessen Achse aus einem üppig dimensionierten Beryllium-Hohlflansch besteht. Die Rotoreinheit besteht aus Berylliumring, Rotorträgerblech und goldenem Schwunggewicht und ist vierfach verschraubt. Der im Winkelprofil gehaltene Berylliumring läuft wiederum auf vier Rubinrollen, die senkrecht und radial in der Platine gelagert sind. Zu den weiteren Details gehören »fliegendes« Federhaus, genial einfach und reaktionsschnell arbeitender Wippenwechsler, selbstkompensierende Flachspirale und Gyromax-Unruh. Aus Platzmangel musste auf eine Sekundenanzeige verzichtet werden. Aus der Sicht der Produktion sind bei dieser Konstruktion sehr enge Toleranzen vorgegeben, die sowohl bei der Einzelteilfertigung als auch bei der Montage hohe Anforderungen stellen. Das Kaliber 2120 wurde 1967 lanciert. Die Ausführung K 2121 mit Datumsanzeige folgte 1970. Hier sind die ersten Serien dieser beiden Kaliber aufgeführt:

K 2120: 1. Bauserie Werk-Nr. 102.641 bis 103.640 (1.000 Werke, 1967)

Abb. 38
Kaliber 2123 mit 26,00 mm Einbaudurchmesser, 3,25 mm Bauhöhe, 33 Lagersteinen und 21.600 Halbschwingungen/h, Rohwerk von Jaeger-Le Coultre auf der Basis des Kalibers 889.

K 2121: 1. Bauserie Werk-Nr. 120.801 bis 120.812 (12 Werke, 1970)

Ende des vergangenen Jahrhunderts erlebten diese beiden Kaliber eine Renaissance. Audemars Piguet konnte damals das Kaliber 2120/2121 mit den zugehörigen Werkzeugen, Zeich-

Abb. 39
Kaliber 3120, ein neues Automatikwerk, welches Tradition mit modernster Technik verbindet. Gyromax-Unruh mit 8 Masselotte-Gewichten, eine symmetrische Unruh-Brücke, eine elegant gelöste Einstellung des Abfalles sowie eine ästhetische Gesamtkonstruktion belegen die hohe Innovationskraft von Audermars Piguet.

nungen und den restlichen Lagerbeständen von Jaeger-LeCoultre käuflich erwerben. Im Anschluss wurden die Konstruktionszeichnungen auf CAD (Computer Aided Design) umgesetzt und die Werkzeuge sowie die benötigten Bearbeitungszentren für die Fertigung von Platinen, Brücken und sonstigen Komponenten neu beschafft. Nach Herstellung der ersten Prototypen lief 2005 die Serienfertigung an und gewährleistet somit den Fortbestand dieses eindrucksvollen Automatikkalibers. Nicht verschwiegen werden soll hierbei die Tatsache, dass es sich hier im Vergleich mit anderen Automatikwerken um ein sehr teures Kaliber handelt. Laut Aussage von Audemars Piguet dürfte das von Jaeger-LeCoultre in großer Stückzahl produzierte, weit verbreitete Automatikkaliber 889.1 bei nur einem Drittel der Produktionskosten liegen, welches das wieder neu aufgelegte und nur in kleinen Serien produzierte Audemars Piguet-Kaliber 2120 und 2121 verursacht.

4.3 Über die Referenznummern

Im Produktionszeitraum der hier vorgestellten Armbanduhren hat Audemars Piguet keine Referenznummer in seinen Zeitmessern vorgesehen. Erst Anfang der 60er Jahre ging man an die Konzeption eines Ordnungssystems und führte eine Kennzeichnung der Uhren über Referenznummern ein. Vor dieser Zeit produzierte Uhren erhielten demnach nachträglich diese numerische Zuordnung. Noch später, das heißt erst im Jahr 1973, wurde zur Referenznummer auch die Kennzeichnung des Gehäusematerials eingeführt. So bedeuten die Kürzel BA 750 Gelbgold, BB 750 Roségold, BC 750 Weißgold und damit Farbe und Feingehalt des verbauten Edelmetalls. Wird heute eine ältere Uhr bei Audemars Piguet zum Service eingereicht, erhält man auf der Rechnung die jeweilige Referenznummer aufgeführt.

Abb.40
Druckboden der Audermars Pigiuet Ref. 5007 BA mit außen eingeschlagener Gehäusenummer 8363.

4.4 Über die Gehäusenummern

Bei Audemars Piguet kann man das Schema für die Gehäusenummern leicht nachvollziehen. Alle Gehäuse wurden fortlaufend nummeriert. So führt die Stahluhr auf Seite 32 die Gehäuse-Nr. 2837 und wurde 1953 produziert. Das Pendant mit Goldgehäuse und Zentralsekunde auf Seite 33 besitzt die Gehäuse-Nr. 8363 und entstammt dem Fertigungsjahr 1956. Die auf Seite 35 dargestellte Automatik Referenz 5115 BA gehört zum Produktionsjahr 1961 und besitzt die Gehäuse-Nr. 12.275. Zum Beispiel resultieren aus der Differenz der Gehäusenummer der zuerst und zuletzt aufgeführten Uhr 9445 Exemplare über einen Zeitraum von acht Jahren.

4.5 Über die Uhren

Uhren mit Handaufzug

Die Referenzen 5006 ST, 5007 BA, 5122 BA und 5195 BA

Ältere Armbanduhren von Audemars Piguet sind meistens begehrte Sammlerstücke, die nur ganz wenig am Vintage-Markt vertreten sind.
Schlägt man in dem 1992 erschienenen Buch »AUDEMARS PIGUET« (Callwey Verlag München) das Kapitel Armbanduhren auf, finden sich dort neben Zeitmessern mit Handaufzug nur ganz wenige Uhren mit Selbstaufzug. Damit sind dort auch nur drei der sieben verbauten Automatikwerke fotografisch dokumentiert. Kein Zufall ist es, dass in dem gleichfalls 1992 erschienenen Werk »AUTOMATIC Armbanduhren aus der Schweiz« (ebenfalls Callwey Verlag München) die bereits aus dem zuvor genannten Buch von Audemars Piguet bekannten Automatiks auch hier wieder abgebildet sind. Die Erklärung hierfür lieferte der Herausgeber der beiden Bücher, Christian Pfeiffer-Belli, wie folgt: »Es gibt halt von Audemars Piguet nur ganz wenige Armbanduhren aus jener Zeit.«

In unserem Kapitel über diese noble Marke sind nicht nur alle in jener Zeit eingeschalten Handaufzug- und Automatikwerke zu finden, sondern auch über 20 repräsentative Armbanduhren aufgeführt, die den Werdegang der Zeitmesser von Audemars Piguet über eine Epoche von mehr als einem Vierteljahrhundert dokumentieren.
Die auf Seite 32 mit Abb. 41 vorgestellte Referenz 5006 ST ist mit dem Valjoux-Kaliber 13‴VZSS mit kleiner Sekunde versehen (Werk-Nr. 63.324, Gehäuse-Nr. 2837). Dieses Sammlerstück stammt aus Los Angeles, Kalifornien, USA, und kehrte in fast schrottreifem Zustand in die alte Welt zurück. Für die Überholung verbrachte diese Uhr über ein halbes Jahr in Le Brassus. Neben der fachgerechten Aufarbeitung von Werk und Gehäuse erhielt diese Uhr auch ein neues Zifferblatt. Einschließlich Krokoband und Dornschließe in 750 Weißgold (!) waren für diese Arbeiten genau 3.578,60 Euro zu begleichen. Eine beachtliche Investition, wenn man bedenkt, dass der Kaufpreis dieser schlichten Stahluhr nur rund bei einem Drittel der Revisionskosten gelegen hat.

Abb. 41
Armbanduhren aus den 40er und auch 50er Jahren, die den Markennamen Audemars Piguet tragen, dürfen als ausgesprochene Raritäten angesehen werden. Dies gilt auch für das hier gezeigte Handaufzugmodell Ref. 5006 ST mit kleiner Sekunde und Aufdruck des Konzessionärs »TÜRLER«. In dieser Uhr ist das Valjoux-Kaliber 13''' VZSS eingeschalt, welches als Rohwerk (Ebauche) von Valjoux bezogen wurde. Mit 30 mm Außendurchmesser und 4,00 mm Höhe war genug Bauvolumen für eine verlässliche Konstruktion vorhanden. Diese Uhr in Edelstahl wurde 1953 gefertigt, stammt aus Los Angeles und wurde bei Audemars Piguet in Le Brassus aufwendig für € 3.578,60 revidiert (Werk Nr. 63.324, Gehäuse Nr. 2837).

Abb. 42
Trotz der deutlich erscheinenden Altersspuren verrät diese goldene Uhr Ref. 5007 AB immer noch etwas von Ihrer früheren Schönheit. Sie wurde im Jahre 1956 produziert und hat das Valjoux-Kaliber 13 ''' VZSSC eingeschalt, wobei das »SC« für Zentralsekunde steht. (Werk-Nr. 63.565, Gehäuse-Nr. 8363)

Abb. 43
An diesem Handaufzugsmodell Ref. 5122 BA ist die Gestaltungsvielfalt von Zifferblatt und Gehäuse zu ersehen, die bei Uhren von Audemars Piguet in den 50er und 60er Jahren anzutreffen sind. Als interessant kann die Aufteilung in Pfeil- und Punktindizes bezeichnet werden, wobei die letzteren die Form einer Pyramide aufweisen.

Abb. 44
Im Inneren dieses Zeitmessers arbeitet als Handaufzug Kaliber 2001. Sehr aufwendig gefertigt ist auch der Schraubboden mit Zwölfkant. Diese Konstruktionsweise kam wesentlich teurer als jene mit Druckboden, dafür war aber das Gehäuse auch wasserdicht (Werk-Nr. 65.209, Gehäuse-Nr. 7982).

Abb. 45
Flache Armbanduhren mit Handaufzug fanden schon immer ihre Liebhaber und sind durch ihre zeitlose Eleganz auch heute noch gefragt. Diese hier gezeigte Audemars Piguet Ref. 5195 in 18 K Gelbgold und mit Kaliber 2001 tickte einst am linken Handgelenk des amerikanischen Entertainers Frank Sinatra. Wie es dazu kam und warum dieser Zeitmesser in diesem Buch abgebildet ist, finden Sie im Text näher beschrieben. Von Audemars Piguet ist belegt, dass diese Uhr am 5. Juni 1961 fertiggestellt und am 9. Februar 1962 an die damalige Vertretung in New York geliefert wurde. Der damalige Publikumspreis betrug 1.245 CHF. (Werk-Nr. 77.609, Gehäuse-Nr. 24.518).

Abb. 46
Das Kaliber 2001 misst im Durchmesser 20,80 mm und kommt nur auf 2,94 mm Bauhöhe. Auf eine Feinstellung des Rückers wurde verzichtet.

Auf Seite 33 finden wir auf der Abb. 42 die Kaliberversion mit Zentralsekunde unter der Bezeichnung 13'''VZSSC. Das »SC« steht hier für »Seconde au centre«, somit für Zentralsekunde. Beide Werksausführungen besitzen einen Durchmesser von 30,00 mm sowie eine Bauhöhe von 4,00 und 5,00 mm. Diese Höhendifferenz von einem Millimeter resultiert aus der Brücke für die Zentralsekunde. Beide Werkvarianten sind mit Schraubenunruh, Flachspirale und Rücker-Feinstellung über Mikrometerschraube und Gegenfeder ausgerüstet.
Die Uhr der Referenz 5007 BA wurde am 9.10.1956 an die Niederlassung von Audemars Piguet in New York verkauft und gelangte erst im Jahr 2005 wieder zurück nach Europa (Werk-Nr. 63.565, Gehäuse-Nr. 8363).

Die auf Seite 34 abgebildete Referenz 5122 BA besitzt ein Gehäuse mit Schraubboden und hat das Kaliber 2001 mit kleiner

Sekunde eingeschalt (Werk-Nr. 65.209, Gehäuse-Nr. 7892). Der Schraubboden verfügt über einen Zwölfkant und kann nur mit einem Spezialschlüssel geöffnet werden. Diese Gehäusekonstruktion beweist, dass man trotz geringer Gehäusehöhe einen technisch wirksamen Schraubboden realisieren kann. Das Gehäusemittelteil ist aus einem Stück gefertigt, d. h. aus einem Flachgoldband gestanzt. Der Schraubboden gibt sich innen perliert, Beschriftung und Punzierung erfolgte erst im nächsten Bearbeitungsschritt.

Die Referenz 5195 BA, die wir auf Seite 34 finden, hat ebenfalls das Kaliber 2001 eingeschalt (Werk-Nr. 77.609, Gehäuse-Nr. 24.518). Unerwartete Sensationen sind auch bei Uhren von Audemars Piguet keine Seltenheit. Dieses edle Stück schrieb überraschend Geschichte. Wie uns der Besitzer dieses Zeitmessers informierte, war der amerikanische Entertainer Frank Sinatra Liebhaber von AP-Armbanduhren. So gelangte auch dieser Zeitmesser in seinen Besitz, wenn auch nur temporär. Der aus zweiter Ehe stammende Sohn des damals in Beverly Hills, Kalifornien, wohnende Künstler wurde 1967 von Kidnappern entführt und bald darauf vom FBI wieder befreit. Jener FBI-Agent, der den entführten Sohn persönlich zu Hause ablieferte, erhielt von »Frankie Boy« als spontanes Dankeschön die hier vorgestellte Uhr in die Hand gedrückt. Im Jahr 1999 verstarb dieser ehemalige Bundespolizist und die Uhr ging in die Hand seines Sohnes über. Zwei Jahre später wurde diese Uhr mehrfach im Internet offeriert, ohne zunächst einen Käufer zu finden. Vermutlich waren die geforderten 3.000 USD trotz der besonderen Geschichte zu hoch angesetzt. Nach längerer Diskussion wechselte diese Uhr schließlich für 1.250 USD doch noch den Besitzer und konnte auf diesem Weg für unser Buch zur Verfügung gestellt werden. Von Audemars Piguet in Le Brassus war zu erfahren, dass diese Handaufzuguhr Referenz 5195 BA am 5.06.1961 gefertigt und am 9.02.1962 nach New York, USA, verkauft worden war. Der damalige Verkaufspreis betrugt genau 1.245 CHF.

Uhren mit automatischem Aufzug

Die Referenzen 4161 BA, 5112 BA, 5115 BA, 5116 BC, 5122 BA, 5124 BA, 5195 BA, 5205 BA, 5209 BA, 5273 BA, 5279 BA, 5302 BA, 5402 ST, 5548 BA, 25594 BA, 25594 SA

Automatiks mit den ersten Kalibern P 2498 und P 2499 sowie wasserdichtem Schraubbodengehäuse sind absolute Raritäten. Auf dieser Seite finden wir die Automatik Referenz 5115 BA mit kleiner Sekunde und dem Kaliber P 2498/2 (Werk-Nr. 62.377, Gehäuse-Nr. 12.275). Diese Uhr wurde laut Audemars Piguet 1959 produziert. Auf der nächsten Seite sehen wir eine weitere Automatik Ref. 5115 BA mit zentraler Sekunde und Kaliber P 2499/1 aus dem Produktionsjahr 1956 (Werk-Nr. 61.785, Gehäuse-Nr. 9129).

Als noch rarer gelten aber die Automatiks mit dem Nachfolgekaliber K 2070. Nach diesen Modellen suchte der Autor viele Jahre, aber ohne Erfolg. Das hier gleich zwei verschiedene

Abb. 47
Die Stunde der selbstaufziehenden Armbanduhr schlug bei Audemars Piguet im Jahr 1953 und damit auch zeitgleich mit der ersten Automatik von Patek Philippe. Diese Automatik Ref. 5115 BA besitzt ein zweitteiliges Gehäuse mit Schraubboden. Trotz ihres Alters von über 60 Jahren sieht sie noch immer aus wie neu.

Abb. 48
Das Kaliber P 2498/2 (2 steht für Rotorkugeln aus Rubin) mit kleiner Sekunde bei 6 wurde als reserviertes Rohwerk (Ebauche) von Jaeger-LeCoultre aus dem nur 3 Kilometer entfernten Le Sentier geliefert. Der Rotor verfügt über ein Schwunggewicht aus 18 K Gelbgold und zieht in beiden Drehrichtungen auf. Die Schraubenunruh besitzt bereits eine JLC-eigene Stoßsicherung, der Rücker wird über Mikrometerschraube und Schwanhalsfeder justiert (Werk-Nr. 62.377, Gehäuse-Nr. 12.275).

Referenzen aufgeführt sind, ist einem Zufall zu verdanken. Die auf Seite 36 abgebildete Referenz 5112 BA entpuppte sich als kaum getragenes Erbstück. Das Kaliber K 2070 verfügt über eine Kleine Sekunde (Abb. 52). Auf der Abb. 51 sehen wir das Innenleben sowie das sauber bearbeitete Innere des Schraubbodens (Werk-Nr. 74.754 Gehäuse-Nr. 17.756).
Die zweite Rarität mit dem Kaliber K 2070 sieht man mit Referenz 5124 BA auf Seite 37, Abb. 53. Das Gehäuse dieser Uhr verfügt nur über einen Druckboden und ist somit nicht wie das zuvor genannte Modell wasserdicht. Abb. 51 zeigt uns das

Abb. 49
Die zweite Variante der AP-Automatics aus den 50er Jahren besaß Zentralsekunde und manche auch ein Chronometerkreuz auf dem Zifferblatt. Bei Uhren von Audemars Piguet ist die Gehäusenummer immer außen auf dem Boden eingeschlagen oder graviert. Referenznummern sind dagegen nicht zu finden. Diese können aber unter Angabe von Gehäuse- und Werknummer bei Audemars Piguet in Le Brassus erfragt werden.

Abb. 50
Rotorträger waren bei diesem AP-Kaliber immer mit Genfer Streifenschliff verziert. Das Kaliber P 2499/1 war in vier Positionen und Temperaturen justiert und arbeitet mit 18.000 Halbschwingungen/h. Beide Versionen verfügen über 21 Steine (Werk-Nr. 61.785, Gehäuse-Nr. 9129).

Kaliber K 2070 in voller Schönheit sowie den zugehörigen Druckboden. Die Gehäuse-Nr. 20.592 lässt sich deutlich ablesen. Vom Kaliber K 2070 wurden in den Jahren 1959 bis 1961 genau 140 Werke gebaut. Von den Kalibern K 2071 mit Zentralsekunde und K 2072 mit Zentralsekunde und Datum wurden 800 bzw. 1.200 Exemplare eingeschalt. Die Produktion lief 1965 bzw. 1969 aus.

Abb. 51
Im Jahr 1959 wurde als verbesserte Version des Kalibers P 2498 und P 2499 das neue Automatikwerk K 2070 (Kleine Sekunde bei 6) und K 2071 (Zentralsekunde) eingeführt. Der offensichtliche Unterschied besteht in der Lagerung des Rotors, der nunmehr durch vier Rubinwalzen, die in der Federhausbrücke integriert sind, geführt wird. Die Grundkonstruktion des Werkes war zwar beibehalten worden, die Sperrklinke jedoch auf einer separaten Brücke angeordnet und von unten an die Federhausbrücke geschraubt. Die Zahl der Lagersteine erhöhte sich auf 29 (Werk-Nr. 74.754, Gehäuse-Nr. 17.756).

Abb. 52
Fast wie aus der Fabrik präsentiert sich diese zeitlos schöne Audemars Piguet Automatic Ref. 5112 BA aus dem Jahre 1959. Das originale Zifferblatt ist zweifarbig abgesetzt, Zeigerspiel und Indizes in 750 Gelbgold gehalten. APs mit dem Kaliber K 2070 mit kleiner Sekunde sind nur in geringer Stückzahl produziert worden und schon seit Jahren nicht mehr zu finden (Werk-Nr. 74.754, Gehäuse-Nr. 17.756).

Die Werke-Nummern der beiden Uhren nach Abb. 51 und 54 liegen mit 74.754 und 74.756 nur um zwei Zahlen auseinander!

Auf Seite 38 sehen wir noch ein Potpourri von verschiedenen Automatiks. Abb. 55 zeigt uns eine Referenz 5115 BA im Verkaufsetui mit Garantieurkunde.

Abb. 53
Ein weiteres Exemplar dieses seltenen Automatikkalibers K 2070 arbeitet in dieser seltenen Golduhr mit TÜRLER-Signatur. Wie schon von Zifferblättern von Patek Phillipe und Vacheron & Constantin her bekannt, ist als Herkunftnachweis unter der 6 nur der Aufdruck »SWISS« zu finden.

Abb. 54
Hier die oben vorgestellte Automatik nach Öffnen des Druckbodens. Dieses Gehäuse ist nur spritzwassergeschützt. Beim Anblick des ästhetisch wirkenden Kalibers stellt sich unwillkürlich die Frage, ob man ein Automatikwerk noch schöner bauen kann (Werk-Nr. 71.756, Gehäuse-Nr. 20.592).

Abb. 55
AP-Automatik Ref. 5115 BA in 750 Gelbgold mit Original-Etui und -Garantieschein. Dieser Zeitmesser mit Kaliber K 2071 wurde 1961 produziert, vier Jahre später exportiert und erst am 18. März 1980 durch die Firma Bobelt & Co. G.M.B.H., Hannover, verkauft. Warum 19 Jahre ins Land gehen mussten, bis sich für diese Uhr ein Käufer gefunden hatte, ist bei einem so schönen Stück kaum nachvollziehbar (Werk-Nr. 85.846, Gehäuse-Nr. 12.282).

Abb. 56
Rechts von der bereits oben vorgestellten Automatik Ref. 5115 BA eine Ausführung mit Datumsanzeige bei 3, unter Ref. 5209 BA geführt. In diesem Zeitmesser ist das Kaliber K 2072 mit Datumsanzeige eingeschalt. Es wurde 1961 lanciert und damit zeitgleich mit dem Kaliber 27-460 M von Patek Philippe auf den Markt gebracht. Laut Angaben von Audemars Piguet wurden von dieser Referenz insgesamt 690 Uhren produziert. Das hier gezeigte Exemplar wurde 1961 gefertigt und zwei Jahre später in der Schweiz verkauft (Werk-Nr. 85.856, Gehäuse-Nr. 26.863).

Abb. 57
Dem typischen Design der späten 60er Jahre entspricht die Automatik mit dem auch bei anderen Uhrenmarken bekannten »Spiegelei-Design«. Auch wenn diese Uhr Ref. 5205 BA nicht jedermanns Geschmack entspricht, zählen zumindest ihre inneren Werte in Form des edlen Automatikkalibers K 2072 (Werk-Nr. 95.022, Gehäuse-Nr. 31.500).

Abb. 58
Hier eine Blick auf das Innenleben der oben gezeigten Automatik Ref. 5205 BA. Typisch für das Kaliber K 2072 ist das guillochierte Schwunggewicht in 750 Gelbgold.

Abb. 57 gibt die Referenz 5205 BA wieder mit einem Gehäuse, das auch bei anderen Uhrenmarken als »Spiegelei-Design« bezeichnet wird.
Auf Abb. 56 sehen wir einen Vergleich der beiden Referenzen 5115 BA ohne und der Referenz 5209 BA mit Datum.
Abb. 58 stellt uns das Kaliber K 2072 der in Abb. 57 gezeigten Referenz 5205 BA vor.

Ein Gruppenbild, welches man nur erstellen kann, wenn dem Verfasser alle Uhren vorliegen, ist auf folgenden Seiten 40 und 41 zu finden. In harmonischem Zusammenspiel präsentieren sich die Referenzen 5209 BA in Gelbgold, 5116 BC in Weißgold sowie die Referenz 5112 BA mit kleiner Sekunde, wiederum in Gelbgold. Diese drei Uhren demonstrieren Einigkeit, die aber nur bis zur genauen Analyse der drei Werke blieb. Die drei Uhren verfügen über fast identische Gehäuse-Konstruktionen mit Schraubboden, nur die Bandanstöße weichen etwas voneinander ab. Das rechte Automatikwerk Kaliber K 2070 sowie das in der Mitte befindliche Kaliber K 2C17 sind nur in vier Lagen (Positionen), das Kaliber K 2072 (links) jedoch in fünf Lagen reguliert. Nach dem Öffnen der mittleren Uhr mit dem Gehäuse aus 750 Weißgold gab es jedoch eine Überraschung. Die Automatikbrücke, jenes Bauteil, auf dem der Rotor gelagert ist und das Drehmoment an das Aufzugswerk weiter gibt, besaß die Gravur von Vacheron & Constantin Kaliber 1072/1. Hier hatte wohl ein »freier« Uhrmacher bei einer von ihm durchgeführten Revision die Automatikbrücke ausgetauscht, aber kein originales Bauteil von Audemars Piguet zur Hand gehabt. Da die Kaliber K 2072 von Audemars Piguet und K 1072 von Vacheron & Constantin bis auf die Firmengravuren baugleich sind, können alle relevanten Komponenten miteinander ausgetauscht werden. Nur die Komponenten der Werke von Vacheron & Constantin besitzen noch zusätzlich die Genfer Punze eingeschlagen. Diese Genfer Punze, auch Genfer Siegel genannt, gilt als Herkunftsgarantie für Erzeugnisse aus Genf und hat damit höchste Präzision und Langlebigkeit bestätigt.
Bei allen drei Uhren kam der gleiche Gehäuselieferant Ed. Wenger SA., Genève, zum Zuge. Die Gehäusemacher-Punze besteht aus einem symbolischen Schlüssel mit der Nummer 1. Dieses Unternehmen wurde von der USH-APIC 1992 gelöscht. Hinter dieser Abkürzung steht die »Association patronale suisse des industries microtechniques et de l'habillage horloger«, eine Interessenvertretung der schweizerischen Uhrenindustrie, die nur bis zum 22.11.2010 existiert hat.
Hätte man die weißgoldene Uhr nicht geöffnet, wäre die Überraschung gar nicht offenbart worden. Aus diesem Grund sollte der potenzielle Interessent oder Käufer sich immer das Werk der zum Kauf angebotenen Uhr genau zeigen lassen. Denn solche Überraschungen lassen sich nur vermeiden, wenn die Uhren körperlich vorliegen und dem Betrachter die Gehäuse auch geöffnet werden.

Das superflache Automatikkaliber 2120 aus dem Jahr 1967

Dem Trend der Zeit gehorchend folgte ab 1967 das superflache Automatikkaliber 2120 und ab 1970 die Ausführung mit Datumsanzeige unter der Bezeichnung 2121. Da beide Kaliberausführungen auf eine Sekundenanzeige verzichtet hatten, erfüllen sie auch nicht die Voraussetzungen für eine amtliche Chronometerprüfung. Trotzdem gilt dieses Kaliber als eine epochenmachende Bestleistung, die noch bis heute Gültigkeit hat.
Die Automatik Referenz 5302 BA, Abb. 59, die wir auf Seite 39 finden, verfügt über ein einteiliges Gehäusemittelteil. Dem Schraubboden hat man einen Ringwulst verpasst, in dem die

Abb. 59
Hier die Zifferblattseite dieser 1968 gebauten Automatik (Ref. 5302 BA). Eine Sekundenanzeige war beim Kaliber K 2120 nicht vorgesehen. Die römischen Ziffern werden durch die schwarz lackierten, aber goldenen Bâtonzeiger unterstrichen. Das Gehäuse im »Spiegelei-Design« entspricht zwar nicht mehr dem heutigen Zeitgeschmack, trotzdem kann man diesem Zeitmesser eine gewisse Eleganz nicht absprechen.

Abb 60
Dem Ende der 60er Jahre aufkommenden Trend nach flachen Uhren konnte sich auch Audemars Piguet nicht verschließen. Dafür waren die Konstrukteure in Le Brassus aber gut gerüstet. Stand doch schon ab 1967 ein neues, superflaches Automatikwerk (flachstes Automatikwerk mit Zentralrotor) zur Verfügung, welches als reserviertes Rohwerk (Ebauche) von Jaeger-LeCoultre im nahen Le Sentier geliefert wurde. Hier die Version ohne Datumsanzeige K 2120 mit einer Bauhöhe von nur 2,45 mm. Auch das Gehäuse ist sehr flach gehalten, obwohl es einen Schraubboden besitzt (Werk-Nr. 107.503, Gehäuse-Nr. 47.087).

Abb. 61
Dieses Trio besteht aus drei verschiedenen Automatiks der 60er Jahre. Links die Ref. 5209 BA in 750 GG mit Kaliber K 2072, in der Mitte die Ref. 5116 BC in 750 WG mit Kaliber K 2071 und rechts die Ref. 5112 BA in 750 GG mit Kaliber K 2070. Damit sind alle drei Ausführungen dieses Automatikkalibers vertreten.

Abb. 62
Die links abgebildeten Uhren verfügen über identische Gehäuse mit Schraubboden, nur die Bandanstöße weichen etwas voneinander ab. Das rechte Automatikwerk Kaliber K 2070 sowie das Kaliber K 2071 sind nur in vier Lagen (Positionen), das Kaliber K 2072 (links) jedoch in fünf Lagen reguliert. Nach dem Öffnen der mittleren Uhr mit dem Gehäuse aus 750 Weißgold gab es jedoch eine Überraschung. Die Automatikbrücke, jenes Bauteil, auf dem der Rotor gelagert ist und das Drehmoment an das Aufzugswerk weiter gibt, besaß eine Gravur von Vacheron & Constantin Kaliber 1072/1. Hier hatte wohl ein »freier« Uhrmacher bei einer von ihm durchgeführten Revision die Automatikbrücke ausgetauscht, aber kein originales Bauteil von Audemars Piguet zur Hand gehabt. Da die Kaliber K 2072 von Audemars Piguet und K 1072 von Vacheron & Constantin bis auf die Firmengravuren baugleich sind, können alle relevanten Komponenten ausgetauscht werden. Aber nur die Komponenten der Werke von Vacheron & Constantin besitzen zusätzlich die Genfer Punze eingeschlagen. Diese Genfer Punze, auch Genfer Siegel genannt, gilt als Herkunftsgarantie für Erzeugnisse aus Genf und hat damit höchste Präzision und Langlebigkeit bestätigt. Bei allen drei Uhren kam der gleiche Gehäuselieferant Ed. Wenger SA, Genève, zum Zuge. Die Gehäusemacher-Punze besteht aus einem symbolisierten Schlüssel mit der Nummer 1. Dieses Unternehmen wurde von der USH-APIC 1992 gelöscht. Wäre die weißgoldene Uhr nicht geöffnet worden, wäre dieser Umstand gar nicht entdeckt worden. Aus diesem Grund sollte der potenzielle Käufer immer das Werk der zum Kauf angebotenen Uhr sich zeigen lassen. Denn solche Überraschungen lassen sich nur vermeiden, wenn die Uhren körperlich vorliegen und auch geöffnet sind.

Abb. 63
Zeitlos schön präsentiert sich diese sehr flach gebaute Automatik Ref. 5273/5437 aus dem Jahre 1976 von Audemars Piguet. Trotz ihrer geringen Bauhöhe besitzt das Gehäuse einen Schraubboden und ist damit wasserdicht.

Abb. 64
Ein Blick auf das freigestellte Werk der Ref. 5273/5437 verrät uns, dass hier das Kaliber K 2120 den Antrieb besorgt. Die Seitenansicht des Gehäuses zeigt uns, dass dieses Gehäuse einen Schraubboden mit Zwölfkant besitzt (Werk-Nr. 103.210, Gehäuse-Nr. 46.985).

Abb. 65
Als schöne Automatik im Tonneau-Form präsentiert sich diese Audemars Piguet Ref. 5279 BA, das Gehäuse ist im »Carré«-Muster gehalten. Mit Goldband (Ref. 5279/177) betrug der Publikumspreis dieser Uhr im Mai 1967 genau 3.810,00 CHF.

Abb. 66
Diese Aufnahme zeigt unsere oben vorgestellte Automatik in die drei wichtigen Einheiten zerlegt. Rechts das Automatikwerk Kaliber 2120, oben das Einschalengehäuse und links unten das als tragender Rahmen ausgebildete Gehäusemittelteil. Derartige Gehäusekonstruktionen waren nicht nur zeittypisch, sondern vereinfachten den Herstellungsprozess, weil der Werkhaltering weggelassen werden konnte. Nur durch den größeren Goldanteil des Gehäusebodens verteuern sich wieder die Herstellungskosten (Werk-Nr. 46.080, Gehäuse-Nr. 103.060).

sechs Nuten für den Spezialschlüssel eingezogen sind. Das Automatikkaliber 2120 verfügt über Flachspirale, Gyromax-Unruh und verstellbaren Spiralklötzchenträger. Laut Aussage von Audemars Piguet wurde diese Uhr 1978 hergestellt und in die USA verkauft. Im November 2002 kehrte sie wieder nach Europa zurück und erfuhr im Haus Audemars Piguet eine Generalrevision mit Zifferblatt-Tausch. Einschließlich neuem Krokoband und 750 GG-Stiftschließe schlugen diese Arbeiten mit genau 1.663 Euro zu Buche.

Die vielfältigen Spielarten, die bei Audemars Piguet für das Gehäusedesign Verwendung fanden, werden auf Seite 42 dokumentiert. Während die linke Automatik Ref. 5273/5437 BA nach Abb. 63 mit einem runden Gehäuse und Schraubboden versehen ist, besitzt die rechte Uhr Ref. 5279 BA nach Abb. 65 eine bombierte Rechteckform. Das Gehäuse ist nur gedrückt und damit nicht wasserdicht. Von Audemars Piguet war zu erfahren, dass diese Referenz 5279 BA im Jahr 1967 lanciert wurde. Die gezeigte Uhr besaß ursprünglich ein angelötetes Goldband und wurde unter Referenznummer 5279/177 noch im gleichen Jahr nach Japan geliefert. Als Orientierung mag der Publikumspreis aus dem Jahr 1967 dienen, der genau 3.810 CHF betrug. Durch einen Uhrensammler gelangte dieser Zeitmesser 2001 wieder nach Europa zurück, wobei ein Kaufpreis von 1.300 USD plus Transportkosten, Einfuhrumsatzsteuer und Zollgebühren zu entrichten waren. Die Uhr wurde fachgerecht überholt, das Goldband abgelötet und ein Krokoband mit Goldschließe montiert. Für diese Investition waren – als Sonderpreis – 480 Euro zu entrichten.

Neue Kaliber von Jaeger-LeCoultre

Wie schon berichtet, musste man Ende der 60er Jahre auch bei Audemars Piguet nach zusätzlichen flachen Automatikwerken Ausschau halten. Erst mit solchen Kalibern war die Realisierung weiterer flacher Armbanduhren möglich. Die Lösung dieses Problems ermöglichte wieder Jaeger-LeCoultre im nahe gelegenen Le Sentier in Form des neuen Automatikkalibers 888. Es war 1982 lanciert worden. Bei Audemars Piguet erhielt dieses neue Werk die Kaliberbezeichnung 2123. Mit 26,00 mm Einbaudurchmesser, 3,25 mm Bauhöhe, 33 Lagersteinen und 21.600 Halbschwingungen/h konnte diese Neukonstruktion das bisher verwendete Kaliber K 2072 durchaus ersetzen. Auch hatte sich im Vergleich zum Kaliber K 2072 der Einbaudurchmesser um 3,00 mm und die Bauhöhe um 3,05 mm reduziert. Das Schwingungssystem des neuen Kalibers 2123 besteht jedoch nur aus Flachspirale, dreischenkliger Unruh sowie Triovis-Feinstellung. Auf eine Breguet-Spirale und Gyromax-Unruh hatte man aus Platz- und Kostengründen verzichtet. Dass unter dem Dogma niedriger Bauhöhe auch die Robustheit und Servicefreundlichkeit des neuen Kalibers leiden mussten, steht außer Frage.
Auf der nächsten Seite sehen wir eine flache Audemars Piguet Ref. 4161 BA/002, Abb. 68, die mit dem Kaliber 2123, Abb. 69, ausgestattet ist. Warum bei diesem schönen Stück anstelle eines Schraubbodens ein recht komplizierter Druckboden mit Reißkrone zur Anwendung kam, lag höchstwahrscheinlich an den niedrigeren Hersterstellungskosten.

Nur wenn Gehäusemacher mehr den Forderungen des Designers folgen und Funktionalität und technische Mechanik als zweitrangig ansehen, können solche seltsamen Konstruktionen entstehen.

Die Erfolgsgeschichte der Modellreihe Royal Oak wird in Kapitel »14. Die edlen Sportuhren« beschrieben. Nach wie vor spielt diese Armbanduhr immer noch die erste Geige bei Audemars Piguet. In dem hier gezeigten Gruppenbild, Abb. 70, Seite 45 sehen wir zwei verschiedene Generationen dieses Modells, von den jüngeren Referenzen zwei verschiedene Ausführungen. Die rund 40 Jahre alte Royal Oak in Edelstahl Ref. 5402 ST wies bei ihrer Lancierung im Jahr 1972 einen Publikumspreis von 3.200 CHF auf. Heute ist dieses gesuchte Stück nicht unter 50.000-60.000 Euro zu erhalten. Diese eminente Preissteigerung bewirkte auch eine überdurchschnittliche Preiserhöhung bei den früher nicht so begehrten Referenz 25594 in verschiedenen Ausführungen.
Als weltweit flachste Armbanduhr mit automatischem Aufzug, Ewigem Kalender und Mondphasenanzeige wurde 1978 die Ref. 5548 BA lanciert. Dieses Modell kam noch vor dem Gegenstück von Vacheron & Constantin auf den Markt.
Das Kaliber 2120 hatte einen entsprechenden Kalendermodul erhalten und wurde nunmehr mit Kaliber 2120 QP bezeichnet. Durch diesen Modul war die ursprüngliche Werkhöhe von 2,45 auf 4,05 mm angestiegen. Das Kaliber 2120/2 QP besteht aus genau 292 Einzelteilen. Wie schön das Zifferblatt dieser

Abb. 67
AP Automatikkaliber 2224/2825
Es basiert auf dem Jaeger-LeCoultre Kaliber 889/2 mit beidseitig aufziehendem Rotor und besitzt eine Gangreserve von 38 Stunden. Die Ankerradwelle ist in Deckplättchen gelagert. Auf eine leichte Demontierbarkeit wie beim Kaliber K 2121 hat man verzichtet.

Abb. 68
Typisch für die Automatiks der 70er Jahre präsentiert sich dieser Zeitmesser Ref. 4161 BA/002. Dank des flachen Automatikwerkes Kaliber 2123, wieder ein Rohwerk (Ebauche) von Jaeger-LeCoultre, kann diese Uhr sehr flach gehalten werden.

Abb. 69
Blick auf das neuzeitliche Automatikkaliber der oben gezeigten Automatik. Das Kaliber 888 von Jaeger-LeCoultre hat eine neue Werkgeneration eingeläutet und blieb in seiner Grundkonstruktion bis heute in der Kaliberversion 889/2 erhalten. Die Gehäusekonstruktion bedarf noch einer Erklärung. Das Gehäuse besitzt zwar einen Druckboden, ist aber aufgrund der konstruktiven Auslegung wasserdicht. Bevor dieser Druckboden geöffnet werden kann, muss die Reißkrone herausgezogen werden. Als Reißkrone bezeichnet man eine Krone mit Aufzugswelle, welche geteilt ist und über eine mittig plazierte Kupplung verfügt. Erst dann kann der Gehäuseboden abgehoben werden. Nach der Remontage des Bodens kann die äußere Kupplungswelle wieder hineingesteckt und erneut mechanisch verbunden werden (Werk-Nr. 215.576, Gehäuse-Nr. B 49.064).

Abb. 70
Gruppenbild der drei Audemars Piguet Royal Oak in verschiedenen Ausführungen. Links und Mitte die Royal Oak Day-Date-Moonphase in Stahl/Gold, Ref. 25594 SA, und in Vollgold Ref. 25594 BA aus den 80er Jahren, rechts die als »Jumbo« bekannte Ref. 5402 ST aus den 70er Jahren. In den beiden zuerst genannten Uhren arbeitet das Kaliber 2224/2825 (Basis-Kaliber Jaeger-LeCoultre 889/2), in der rechten Uhr das superflache Kaliber K 2120.
Die beim Kauf damals vier Jahre alte Royal Oak in Edelstahl Ref. 5402 ST wurde bei einem deutschen Auktionshaus für nominal 4.500 DM ersteigert. Mit Aufpreis und Zustellung waren schließlich rund 5.540 DM zu entrichten.
Heute muss man für so ein begehrtes Sammlerstück beim Kauf mindestens 50.000-60.000 Euro auf den Tisch legen. Interessant ist auch die Feststellung, dass auch die anderen Modelle der Royal Oak, die früher nicht so gefragt waren, ebenfalls im Preis deutlich zugelegt haben.

Abb. 71
AP Ref. 5548 BA Automatik mit Ewigem Kalender
Uhren mit sogenanntem Ewigen Kalender fallen sofort durch ihr wohlgefülltes Zifferblatt auf. Angezeigt werden dort Wochentag, Monatsdatum, Monat und Mondphase. Auf der Rückseite des aus 18 Karat Gelbgold gefertigten Gehäuses erkennt man die drei Hilfsdrücker zum Verstellen des Kalendariums sowie die Gehäuse-Nr. C 1072. Unter dem Druckboden arbeitet das Automatikkaliber 2120/2 QP mit Werk-Nr. 227.268.

Abb. 72
Zifferblattausschnitt der AP Ref. 5548 BA.

Automatik mit Ewigem Kalender gearbeitet ist, zeigt uns der Zifferblattausschnitt auf dieser Seite. In dem hier vorgestellten Sammlerstück arbeitet das Kaliber K 2120/2 QP mit Werk-Nr. 227.268. Die Gehäuse-Nr. lautet C 1072, die außen auf dem Druckboden eingeschlagen ist. Mit den drei Hilfsdrückern lässt sich der Ewige Kalender einstellen. Eine Schaltjahresanzeige ist nicht vorhanden.

Bei Erscheinen dieses Buches im Jahr 2021 waren im Internet mehrere Uhren dieses Typs angeboten worden. Der Anbieter der Uhr mit Gehäuse-Nr. 2621 wollte im Sofortkauf 15.000 USD, ein anderer für eine Uhr mit Gehäuse-Nr. C 1115 12.750 USD. Die Preise der in den letzten Jahren bei den Auktionshäusern Christie's und Philipps verkauften Uhren dieser Referenz lagen im Mittel zwischen 10.000 und 12.000 Euro. Eine weißgoldene Ausführung mit der Gehäusenummer 1434 aus dem Jahr 1980 wurde bei Christie's am 28.06.2016 für 11.250 USD versteigert.

Eine Royal Oak Day-Date mit Mondphase Ref. 25594 BA in Vollgold und 25594 SA in Stahl/Gold zeigen uns die Abbildungen 73 und 74. Letztere ist eine absolute Rarität, besitzt sie doch die Gehäuse-Nr. 911. Dieses beliebte Modell der Serie Royal Oak wurde 1983 lanciert und galt als kleiner Bruder der im gleichen Jahr erschienenen Ausführung mit Ewigem Kalender.
Das Design dieser Uhr stammt von Gerald Genta, der unter anderem auch die Gehäuse der Nautilus von Patek Philippe und der 222 von Vacheron & Constantin entworfen hatt.
Der Aufbau des recht aufwendigen Einschalengehäuses ist im Kapitel »14. Die edlen Sportuhren« bereits beschrieben. Das Zifferblatt ist Royal Oak typisch und verleiht durch die Oktogonform des Gehäuses der ohnehin auffälligen Uhr ein zusätzliches Merkmal.
In dem hier aufgeführten Modell ist das Automatikwerk 2224/2825 eingeschalt, als Basis dient das Kaliber 2123, abgeleitet vom Jaeger-LeCoultre Kaliber 889/2.
Heute verwendet Audemars Piguet weitgehend eigene und selbst produzierte Kaliber, wie z. B. das 3120 oder das nun wieder neu aufgelegte und in Eigenproduktion gebaute K 2120 bzw. 2121 mit Datum.
Während die vollgoldene Royal Oak die Nummer 828 führt, trägt die Ausführung in Stahl/Gold die bereits schon hervorgehobene Nummer 911. Mit ihrem sportlichen Auftritt, ihrer Wasserdichtigkeit und der berühmten Gehäusenummer dürfte diese Uhr wohl der Traum jedes Porsche-Fahrers sein! - Zum Schluss noch ein Hinweis zur weiteren Preisentwicklung dieser Modelle. Von Uhrenhändlern war zu hören, dass die eminente Preissteigerung bei der Jumbo-Ausführung Referenz 5402 ST auch eine Preissteigerung bei den anderen Ausführungen der Royal Oak nach sich gezogen hat. Wenn es schon nicht das begehrte Jumbo-Modell in Übergröße sein darf, bereitet eine normale Ausführung dieses gefragten Modells ebenfalls Freude.

Abb. 73
Ein gefragtes Modell dieser Uhrenlegende ist die Royal Oak mit Datum, Wochentag und Mondphase. Schön zu sehen ist hier der unterschiedliche Charakter der Gelbgold-Version (Ref. 25594BA.OO 0789BA.05) und der Gold/Stahl-Version (Ref. 25594SA.OO.0789SA.06). Mit 36 mm Durchmesser ist sie drei Millimeter kleiner als die neue Automatik und wirkt dadurch etwas eleganter, wozu auch die Mondphase beiträgt. Sehr ungewöhnlich ist die mit Anzeige von Datum und Wochentag mittels Zeigern auf Hilfszifferblättern. Im Innern tickt das Automatikkaliber 2224/2825. Es basiert auf dem Jaeger-LeCoultre-Kaliber 889/2.

Abb. 74
An dem Spiel mit den geometrischen Formen hat sich seit dem Entwurf von Gérald Gentas vor mehr als 50 Jahren nichts geändert: Wie die Schrauben der Lünette hat die Krone eine sechseckige Form, wohingegen die Lünette selbst achteckig ist. Die Seiten der Lünette und des Bodens sind abgeschrägt und die Zeiger und Indexe in Stabform sind am Ende rund.

Überblick über die produzierten Kaliber (nach Audermars Piquet)

Jahr	1953	1954	1955	1956	1957	1958	1959	1960	1961	1962	1963	1964
P 2498	100	-	100	100	100	90	-	-	-	-	-	-
P 2499	200	-	100	100	200	100	-	-	-	-	-	-
2001	700	500	500	310	590	400	400	700	700	600	600	400
K 2070	-	-	-	-	-	-	100	-	40	-	-	-
K 2071	-	-	-	-	-	-	100	200	300	-	100	-
K 2072	-	-	-	-	-	-	-	-	100	-	200	400
K 2120	-	-	-	-	-	-	-	-	-	-	-	-
K 2121	-	-	-	-	-	-	-	-	-	-	-	-

Jahr	1965	1966	1967	1968	1969	1970	1971	1972	1973	1974	1975	Σ
P 2498	-	-	-	-	-	-	-	-	-	-	-	490
P 2499	-	-	-	-	-	-	-	-	-	-	-	700
2001	400	500	300	300	400	800	1100	600	3100	2700	3000	19.600
K 2070	-	-	-	-	-	-	-	-	-	-	-	140
K 2071	100	-	-	-	-	-	-	-	-	-	-	800
K 2072	100	-	200	-	200	-	-	-	-	-	-	1200
K 2120	-	-	1000	1500	1000	1300	900	1200	600	1900	1100	10.500
K 2121	-	-	-	-	-	1012	1300	1200	2800	2800	1700	10.812

Abb. 75

Audemars Piguet hat mit der Royal Oak Automatik (Ref. 15300ST.00.1220ST.01) einen Höhepunkt in der 1972 lancierten Linie geschaffen. Das neue automatische Manufakturkaliber 3120, Nachfolger des noch von Jaeger-LeCoultre entwickelten 2120, gehört sowohl konstruktiv wie auch ästhetisch zu den besten Dreizeigerwerken auf dem Markt. Die Brücke für die Unruh, die perfekten Proportionen der Platinen, die Unruh mit dem variablen Trägheitsmoment, der 22-Karat-Gold-Rotor mit den Wappen der Familien Audemars und Piguet und die von Hand anglierten und polierten Kanten, sind durch den Glasboden zu bewundern. Mit 4,25 mm ist es zwar nicht besonders flach, dafür aber robust und auf Langzeithaltbarkeit ausgelegt. So passt es ausgezeichnet zur Royal Oak, denn wie der Klassiker ist es elegant und sportlich-robust zugleich.

Audemars Piguet beließ es aber nicht beim Einbau des neuen Werkes: Auch am Zifferblatt mit dem typischen Tapisserie-Muster feilte Audemars Piguet. Es wirkt übersichtlich. Schaut man sich aber die aufgesetzten Indexe näher an, fällt auf, wie detailreich und kunstvoll alles gestaltet ist und welch hohe Verarbeitungsqualität hier vorherrscht. Dazu gehören auch das Gehäuse und das geschmeidige Stahlband mit seiner kaum sichtbaren Schließe und dem Spiel von satinierten und polierten Flächen. Neben der Stahlversion mit weißem, blauem oder schwarzem Zifferblatt ist auch eine Variante in Rotgold mit Lederband erhältlich, die durch das Lederband einen ganz eigenen Charakter erhält.

Zum Schluss sehen wir noch eine Gegenüberstellung der beiden älteren Modelle der Royal Oak (Abb. 73 und 74 auf Seite 47) und ein aktuelles Modell, Abb. 75. Das neue Manufakturkaliber 3120 verfügt über eine Unruhbrücke, eine Gyromax-Unruh und eine äußerst geschickt konstruierte Einstellung des Abfalls. Hier hat der Konstrukteur bewiesen, dass Innovation und Kenntnisse der technischen Mechanik zu überdurchschnittlich guten Lösungen führen können. Chapeau!

Dass auch eine Mariage einen guten Eindruck machen kann, wenn Werk und Zifferblatt original von Audemars Piguet stammen, zeigt uns diese mit Abb. 76 auf der der rechten Seite aufgeführte Uhr. Wie man in Le Brassus ermitteln konnte, gehörten die beiden Hauptkomponenten, also Zifferblatt und Werk, zu einer Automatikuhr der Referenz 5423 BA mit der Gehäuse-Nr. B 15.757 aus dem Jahr 1977. Diese Mariage wurde im Internet angeboten und wechselte für 1.760 Euro den Besitzer. Kein schlechter Preis für eine Gebrauchsuhr aus Stahl, mit Glasboden sowie einem so besonderen Automatikkaliber.

Abb. 76
Mariage mit Kaliber K 2121 mit Fremdgehäuse aus Edelstahl und Sichtboden
Eigentlich gehört eine Mariage, schon gar nicht im Falle der Vorstellung des Edeluhren-Herstellers AP, zu diesem Kapitel. Hier haben sich sowohl der Gehäuse- als auch der Uhrmacher etwas Besonderes einfallen lassen. Wie Christoph Guhl, wohl der beste Uhrenexperte von Audemars Piguet in Le Brassus, im Archiv herausfand, gehörten Zifferblatt und Kaliber K 2121 Nr. 172.270 ursprünglich zu einer Automatikuhr Ref. 5423 mit Gehäuse-Nr. B 15757 aus dem Jahr 1977. Die Reglage des Kalibers 2121/1 besteht aus einer einfachen Unruh mit Flachspirale und Rücker. Hervorzuheben ist jedoch die aufwendige Stoßsicherung. Heute wird dieses Werk wieder mit Gyromax-Unruh mit Masselotte-Gewichten ausgerüstet.

Abb. 77
Christoph Guhl (links) erläutert kenntnisreich das neue Automatikwerk Kaliber 3120. Georges-Henri Meylan, damals noch Président von Audermars Piguet, und der Verfasser hören aufmarksam zu.

Abb. 79

Abb. 80.

5. IWC

5.1 Einführung von Gisbert L. Brunner

IWC: Probus Scafusia oder Gutes aus Schaffhausen

Die guten Seiten von Pleiten

Man kann die Dinge drehen und wenden wie man will: Die Sache begann mit einer Pleite! Und dennoch: Hätte es den ein wenig mysteriösen Florentine Ariosto Jones nicht gegeben, wäre die Uhrmacherei im Rheinstädtchen Schaffhausen vermutlich niemals heimisch geworden. Doch alles schön der Reihe nach: Irgendwann im Jahre 1868 dachte jener F.A. Jones darüber nach, die in der Neuen Welt immer beliebteren Taschenuhren jenseits des Großen Teichs kostengünstig produzieren zu lassen. Ganz konkret hatte er dabei die Schweiz im Sinn. Unter Verkennung der chronometrischen Strukturen verschlug es den angehenden Unternehmer ins uhrmacherisch bis dahin völlig unbeleckte Schaffhausen. Dort, im beschaulichen Städtchen am Rheinfall entdeckte er die Vorzüge der von Heinrich Moser installierten Wasserkraft-Turbinen zum Antrieb moderner Produktionsmaschinen. Das rechtliche Fundament für die neue Uhrenfirma wurde am 24. April 1871 durch die Gründung der International Watch Co. mit Sitz in Schaffhausen und New York gelegt. Ihr Konzept bestand darin, jährlich mindestens zehntausend Uhren in die USA zu liefern. Zu diesem Zweck startete Jones 1873 eine breit angelegte Werbekampagne mit dem Bild einer pompösen Fabrik, die jedoch nur in der blühenden Fantasie des Amerikaners existierte. Trotz dieses Aufwands rückte das angepeilte Ziel in immer weitere Ferne. Das Geld wurde zusehends knapper. Dann tat die vom Wiener Börsen- und Bankenkrach des Jahres 1873 verursachte Weltwirtschaftskrise ein Übriges. Zu allem Überfluss ergab eine Betriebsprüfung im September 1875, dass Jones unrichtige Produktions- und Lagerbestandsangaben gemacht sowie die Geschäfte des Unternehmens mehr als zweifelhaft geführt hatte. Letzten Endes platzte die schillernde Seifenblase auch, weil sich in Amerika zur lautstark vorgetragenen Devise »Buy American« und einer Kampagne gegen importierte Uhren auch noch 25-prozentige Einfuhrzölle gesellten. Deshalb stand 1875 der erste Konkurs vor der Tür. Dessen unliebsamen Konsequenzen entzog sich Jones schlichtweg durch Flucht.

Die leidtragende Belegschaft sah sich vor dem Aus. Weil der Handelsbank die für Schaffhausen überaus wichtigen Arbeitsplätze ein großes Anliegen waren, erwarb sie für lediglich 143.300 Franken sämtliche Anteile. Im Zuge des Kaufs präsentierten die neuen Eigentümer auch einen neuen Direktor. Ferdinand F. Seeland stammte ebenfalls aus den USA, sprach unglücklicher Weise weder Deutsch noch Französisch, legte aber schon bald nach dem Amtsantritt ein umfangreiches Sanierungskonzept vor. Dieses beinhaltete die Eroberung attraktiver Märkte und die Vorstellung neuer Uhrwerke. Allerdings war dieses Konzept, wie sich bald schon zeigen sollte, nur scheinbar erfolgreich. Nicht zuletzt deshalb gipfelte die Eröffnung des Geschäftsberichts 1878/79 in der lakonischen Feststellung, dass sich der Boss ohne Angabe von Gründen still und heimlich nach Amerika abgesetzt hatte. Nach gewissenhafter Buchprüfung blieb nur der abermalige Gang zum Konkursrichter.
Nach diesem neuerlichen Desaster fackelte der Maschinenfabrikant Johannes Rauschenbach nicht lange. Höchstpersönlich erwarb der Delegierte des Verwaltungsrats für 280.000 Franken das schicksalsgebeutelte Unternehmen. Und damit gelangte die IWC für die nächsten rund einhundert Jahre weitestgehend in Familienbesitz. Durch die Umwandlung in eine Familien-Aktiengesellschaft erfolgte 1971 lediglich eine Änderung der Rechtsform. Erst 1978 verlangten die unerquicklichen Konsequenzen der globalen Quarz-Revolution nach einem neuen Alleinaktionär in Form der Instek AG, einer Tochter des deutschen Tachometer-Herstellers VDO. Letzterer gelangte 1991 unter das Dach des deutschen Mannesmann-Konzerns, der seine chronometrischen Aktivitäten mit Hilfe des erfolgreichen deutschen Managers Günter Blümlein in der Holding »Les Manufactures Horlogères – LMH« zusammenführte. Das vierte und vorläufig letzte Kapitel der turbulenten Firmenbiographie ist schnell erzählt: Ende Juli 2000 kaufte der Richemont-Luxuskonzern des südafrikanischen Milliardärs Johann Rupert die LMH für 2,8 Milliarden Schweizer Franken. Mit Blick auf einen konsolidierten Jahresumsatz von knapp 350 Millionen Schweizer Franken ein zwar beachtlicher, letzten Endes aber durchaus gerechtfertigter Preis. Die IWC selbst hatte 1999 mit rund 360 Mitarbeitern gut 38.000 Uhren hergestellt. Damit erzielten die Schaffhausener einen Umsatz von 115 Millionen Schweizer Franken.

Abb. 78 Mercedes 300 SL Gullwing des IWC Racing Teams, zu erleben in der IWC Flagship-Boutique in Zürich. **Abb 79** IWC Portugieser Ref. IW503404 mit Sieben-Tage-Automatikwerk und Ewigem Kalender in 750 Rotgold. **Abb. 80** IWC Portugieser mit Kaliber 52615 von hinten. Für den Fachmann: Der Gang wird über vier Gewichtsschrauben am Außenring der Unruh sowie zwei Masselotte-Gewichten auf den Unruhstegen justiert. Besser kann man es wohl nicht machen!

Abb. 81
IWC Ingenieur mit Ewigem Kalender in 18 K GG und zugehörigem Goldband. Diese Uhr, die bei der Vorstellung auf der Basler Uhrenmesse 1985 noch die Referenz-Nr. 9240 trug, erhielt 1987 durch die beim Ewigen Kalender sowie beim Werk durchgeführten Modifikationen die neue Referenz-Nr. 9245. Das ab 1987 auch mit Krokoband ausgelieferte Modell hatte die Referenz-Nr. 3540. Das eingeschalte Automatikwerk beruht auf dem ETA-Kaliber 2892 A2, das Kalendermodul war eine IWC-eigene Entwicklung unter Kurt Klaus (Kaliber C. 37582, Werk-Nr. 2.427.535, Gehäuse-Nr. 2.432.137).

Aus der Schaffhausener Manufaktur

Trotz seines teilweise unrühmlichen Wirkens ist Florentine Ariosto Jones untrennbar mit der IWC-Geschichte verknüpft. Immerhin tragen einige wichtige Taschenuhr-Kaliber den Namen des Firmengründers. Ihre Kennzeichen: Dreiviertelplatine, sehr langer Rückerzeiger, bimetallische Unruh, Schweizer Ankerhemmung. Aus einem Inventarverzeichnis des Jahres 1878 geht hervor, dass es bei der IWC wohl insgesamt sieben Basiskaliber »Jones« gegeben haben muss. Erste Prototypen standen 1870 zur Verfügung. Und zwar mit Schlüssel- oder Kronenaufzug, gefertigt in verschiedenen Qualitätsabstufungen mit und ohne geschraubten Chatons, mit Breguet- oder Flachspirale sowie mit unterschiedlichen Ankerformen und Dekorationen. Jones verordnete den Varianten in die Platine gravierte Großbuchstaben. Auch nach der Flucht des Namensgebers verbaute IWC weiterhin Uhrwerke dieses Typs.

Abb. 82
IWC Da Vinci Automatic Chronograph mit Ewigem Kalender. Diese Neuheit wurde ebenfalls auf der Basler Uhrenmesse 1985 vorgestellt, fand aber ein viel größeres Interesse als die zeitgleich präsentierte Ingenieur mit Ewigem Kalender (Abb. 81). Zwar fand das barocke Auftreten dieses Modells nicht jedermanns Geschmack, bedeutete für IWC jedoch einen beachtlichen Image-Zuwachs sowie einen großen Verkaufserfolg. Das Automatikwerk 7750 von ETA lief bei IWC unter Kaliber C. 79261, der Modul für den Ewigen Kalender war wiederum eine Eigenentwicklung von IWC und identisch mit jenem der IWC Ingenieur mit Ewigem Kalender. Die hier vorgestellte Ausführung wirkt auch mit Edelstahlgehäuse sehr elegant. Sie stammt aus dem Produktionsjahr 1998/99 (Kaliber C. 79261, Werk-Nr. 2.584.973, Gehäuse-Nr. 2.726.246).

Am 17. Juni 1884 unterzeichneten Johann Rauschenbach und der Salzburger Uhrmacher Joseph Pallweber einen Vertrag, der den Schaffhausenern die Rechte am so genannten »System Pallweber« einräumte. Gemeint sind Taschenuhren mit digitaler Stunden- und Minutenanzeige durch kleine Zifferblattausschnitte. Die Sekunden stellte weiterhin ein Zeiger dar. Etwa 20.000 Taschenuhren dieser Art verkaufte die IWC in Savonnette- oder Lépine-Bauweise. Ab 1888 rangierten die Kaliber 52 (Lépine) und 53 (Savonnette) in der Verkaufshierarchie ganz oben. Zusammen rund 450.000 Exemplare mit Ankerhemmung und Kronenaufzug brachen bis zur Einstellung in den 1930-er Jahren alle internen Rekorde. Wegen besonders guter Ganggleistungen erkannte die Jury der Mailänder Weltausstellung im Jahr 1906 einen Grand Prix zu. Zu den viel beachteten IWC-Werkeklassikern des 20. Jahrhunderts gehören auch die 37,8 mm großen und 4,43 mm hohen Kaliber 972 und 982, ebenfalls in Lépine- bzw. Savonnette-Bauweise ausgeführt. Letztgenanntes verhalf auch der großen »Portugieser«-Armbanduhr zu chronometrischer Präzision. Liebhaber historischer IWC-Handaufzugs-Armbanduhren erfreuen sich zum Beispiel an dem 10-linigen Kaliber 401, den gleich großen 61 und 86 mit Zentralsekunde, dem tonneauförmigen 87, dem 12-linigen 64, welches die frühen Offiziersuhren beseelte, oder dem 89, welches in der legendären Flieger-Armbanduhr »Mark 11« tickte.

Albert Pellaton und die Automatik

1944 trat der Uhrmacher Albert Pellaton aus Le Locle in die Dienste der IWC. In seiner Funktion als technischer Leiter überzeugte er seine Schaffhausener Arbeitgeber von den Vorzügen einer Aufzugsautomatik. Am 14. Juni 1946 erlangte seine erste Entwicklung, ein Werk mit Pendelschwungmasse, patentrechtlichen Schutz des Eidgenössischen Amts für Geistiges Eigentum. Zur Serienproduktion fehlte ihr allerdings das nötige Maß an Vollkommenheit. Ungeachtet dessen diente diese Konstruktion als Basis für ein legendäres Automatikkaliber, das IWC am 7. Juni 1950 zum Patent anmeldete. Der spektakulärste Unterschied zur Kreation von 1946 bestand in einem unbegrenzt drehenden Rotor. Doch auch die weniger augenfälligen Elemente des Selbstaufzugs waren einem rigorosen Optimierungsprozess unterworfen worden. Die Kaliber 81 sowie vor allem die nachfolgende »85er«- Serie kennzeichneten folgende Merkmale:

1. Effiziente Übertragung der Rotorbewegungen durch eine Kurvenscheibe und ein Schaltklinken-System.
2. Minderung der Reibung durch kleine Rollen an den Enden der Übertragungsgabel.
3. Der konstruktionsbedingte Verzicht auf eine zwischengeschaltete Kupplung ermöglicht eine geringere Bauhöhe. Er mindert zudem die Herstellungskosten und eliminiert daraus resultierende Funktionsstörungen.
4. Der Rotor dreht sich frei um eine schlanke, hochglanzpolierte Lagerwelle, die an einem federnden Stahlkloben befestigt ist. So werden Erschütterungen und Stöße wirkungsvoll aufgefangen.
5. Das gesamte Kaliber besticht durch seine große Wartungsfreundlichkeit: Der Rotor lässt sich nach dem Lösen einer einzigen Schraube und dem Zurückschieben eines Halteriegels entfernen.

Aus dieser Basis resultierte eine erfolgreiche, kontinuierlich weiterentwickelte und bis 1976 gefertigte Kaliberfamilie mit den Repräsentanten 852, 8521, 853, 8531, 854 sowie 8541. Die letzte Ziffer 1 weist jeweils auf das vorhandene Fensterdatum hin.

Diesen Werken verdanken klassische Armbanduhren wie »Aquatimer«, »Yachtclub« oder »Ingenieur« ihr internationales Renommee.

Nach vier Jahren Entwicklungszeit fand das 8541 im 38,2 Millimeter großen Automatikkaliber 5000 mit – rein theoretisch – 204 Stunden Gangautonomie seinen adäquaten Nachfolger aus eigener Manufaktur.

Manufaktur mit Komplikation

Auf ein exklusives Chronographenkaliber für Armbanduhren mussten IWC-Fans bis 2007 warten. Dafür stach die Leistungsbilanz des neuen 89360 dann aber besonders eindrucksvoll ins Auge. Das heute als 89361 oder 89365 bekannte Uhrwerk entpuppte sich nämlich als durchdachter Mix aus Tradition und Moderne.

Die derzeit komplizierteste Armbanduhr in der vielschichtigen IWC-Kollektion entsteht nur auf persönliche Bestellung. Gemeint ist die 2012 vorgestellte »Portuguese Sidéral Scafusia«, deren Manufaktur-Handaufzugskaliber 96 Stunden Gangautonomie sowie Indikationen auf beiden Gehäuseseiten aufweist. Vorne dominiert neben den zentralen Zeigern für Stunden und Minuten der bürgerlichen Zeit ein großes Tourbillon. Die darin verbaute Hemmung agiert mit konstanter, also vom aktuellen Drehmoment des Energiespeichers unabhängiger Kraft. Ein zweites, kleines Zeigerpaar bei 12 bildet die mittlere Sternzeit ab. Zwischen 4 und 5 findet sich auch noch eine Gangreserveanzeige. Rückwärtig ist der kunstvoll gestaltete Sternenhimmel nicht zu übersehen. Er rotiert im Takt der Sternzeit. Weil der jeweils sichtbare Himmel vom Wohnort abhängt, berechnet ein Wissenschaftler das Abgebildete ganz individuell. Dank zweier Polarisationsfilter zeigt sich der Himmel untertags in Grau und nachts in Blau. Eine gelbe Zone markiert den Sichthorizont, eine rote Linie zeigt die Ekliptik. Nach individueller Berechnung verlangen auch die Zeiten des Sonnenauf- und -untergangs. Schließlich bildet die Rückseite nochmals die mittlere Sonnenzeit sowie die Sommerzeit ab. Zum korrekten Einstellen gibt es ein Ewiges Kalendarium, dessen Anzeige sich auf die Zahl der Tage seit Jahresbeginn sowie die Jahre des Schaltjahreszyklus beschränkt. Weil die kostbare Zeit auch im 21. Jahrhundert nicht respektiert, was ohne sie geschaffen wurde, beanspruchte die Entwicklung der komplexen, aus mehr als 520 Komponenten zusammengefügten Mechanik ungefähr zehn Jahre.

5.2 Über die Werke

Die International Watch Co. Schaffhausen zählt aus technischer Sicht nicht nur zu den interessantesten Schweizer Uhrenherstellern, sondern darf sich auch als einzige Nobeluhrenschmiede im deutschsprachigen Raum bezeichnen. Seit ihrer Gründung im Jahre 1868 hat dieses Unternehmen zahlreiche technische Neuerungen verantwortet, jedoch auch viele Höhen und Tiefen erlebt. Zum einen lag dies an der Strategie und Marktausrichtung der jeweiligen Besitzer, zum anderen an der stets schwankenden Weltwirtschaftslage und den marktseitigen Veränderungen. Insbesondere das Aufkommen der Quarztechnologie bedeutete für IWC – auch in Verbindung mit der damals knappen Finanzausstattung – eine sehr ernsthafte Bedrohung, die nur mit viel Fleiß und Glück abgewendet werden konnte. Gemessen an anderen großen Uhrenmarken und am nicht immer offensichtlich hohen IWC-eigenen Niveau kann man zum Eindruck kommen, dass die Schaffhausener Uhrenbauer immer etwas unterschätzt wurden. Die Präsentation von rund 50 verschiedenen Zeitmessern aus Schaffhausen soll dazu beitragen, einen kleinen Überblick zu vermitteln und den echten Wert sowie das hohe Niveau der Produkte von IWC herauszustellen.

Über die Handaufzugwerke

Cal. 52 T 19‴ H6 S.C. (Abb. 83)

Dieses imposante Taschenuhrwerk entstand durch Umbau des Kalibers 52-19‴ H6 von kleiner auf zentrale Sekunde. Mit

Abb. 83

19‴ (42,86 mm) Durchmesser, 6 mm Bauhöhe, 16 Steinen, Mikrometerschraube mit Gegenfeder zur Feinstellung sowie Sekundenstopp erfüllte dieses präzise Werk voll die Anforderungen der Deutschen Luftwaffe im Zweiten Weltkrieg. Laut Jürgen King von IWC wurde 1940 eine Serie von 1.200 Exemplaren hergestellt (Werk-Nummern 1.013.801 bis 1.015.000), von denen 1.000 Werke in die großen Fliegeruhren der Deutschen Luftwaffe eingeschalt wurden.

Cal. 61-10‴ (Cal. 61 - 10 lig.) (Abb. 84)

Mit 23,35 mm Werkdurchmesser und 3,65 mm Höhe eignete sich

Abb. 84

dieses Handaufzugswerk mit Zentralsekunde für alle Herrenarmbanduhren. Es wurde 1938 eingeführt und blieb fünf Jahre in Produktion. Die Unruh arbeitet mit 18.000 Halbschwingungen/h, im Werk sind 16 Rubine verbaut. Die Zifferblattseite der Platine ist fein perliert, auf Brücken und Kloben ist Genfer Streifenschliff aufgebracht. Dieses Kaliber verfügt noch über keine Stoßsicherung.

Cal. 83 - 12‴ (Cal. 83 – 12 lig.) (Abb. 85)

Dieses Kaliber wurde in der hier vorliegenden Ausführung 1930 lanciert und blieb bis 1947 in Produktion. Der Werk-

Abb. 85

durchmesser liegt bei 26,50 mm, die Bauhöhe bei 4,10 mm. Die Kleine Sekunde ist bei der 6 positioniert. Die Unruh arbeitet mit 18.000 Halbschwingungen/h, im Werk sind 15 bis 16 Rubine verbaut. Ab 1943 wurde dieses Werk in einer zweiten Version gefertigt und erhielt dabei erstmalig eine Stoßsicherung (Incabloc). Jene Kaliber, die in der »Spezialuhr für Flieger« eingeschalt wurden, bekamen ein antimagnetisches Schwingungssystem (Unruh und Breguet-Spirale antimagnetisch, Fourniturenliste Teil 8374/8374 J).

Cal. 87 - 10‴ (Cal. 87 – 10 lig., Tonneau) (Abb. 86)

Für Uhren mit rechteckigem Gehäuse war dieses Formwerk vorgesehen. Die Grundabmessung beträgt 20 x 25 mm, die Höhe kommt auf 3,65 mm. Die Unruh arbeitet mit 18.000 Halbschwingungen/h, im Werk sind 15 bis 17 Steine verbaut. Der Fertigungszeitraum lag zwischen den Jahren 1931 bis 1947 mit einer Stückzahl von 18.600. Erwähnenswert sind noch die drei gut sichtbaren Goldchatons sowie der Umstand, dass in der

Abb. 86

Fourniturenliste der Genfer Streifenschliff längs, aber bei dem hier abgebildeten Werk quer ausgeführt ist.

C. 88-12‴ (Cal. 88-12 lig.) (Abb. 87)

Dieses Handaufzugswerk mit kleiner Sekunde wurde im Jahr 1946 eingeführt, die erste Werk-Nr. lautete 1.110.401. Konstruktiv war dieses Kaliber mit der kleinen Sekunde der Vorgänger des später in großer Zahl gebauten Handaufzugwerks mit Zentralsekunde C. 89-12‴. Der Durchmesser dieses Kalibers beträgt 27,10 mm (12‴), die Bauhöhe 3,85 mm, die Anzahl der Steine variiert je nach Ausführung zwischen 15 und 17. Die

Abb. 87

Gangreserve liegt bei 36 Stunden. Das mit 18.000 Halbschwingungen/h arbeitende Werk besitzt eine gebläute Breguet-Spirale, es sind vier Goldchatons verbaut und der Hebungswinkel liegt bei 41°. Von diesem Werk wurden bis 1964 genau 38.400 Exemplare produziert. Warum im Werkeverzeichnis von IWC nur 37.000 Exemplare aufgeführt sind, war nicht zu ermitteln. Das letzte Werk trug die Nummer 1.764.400.
Das hier vorgestellte Werk mit Nummer 1.373.098 aus dem Produktionsjahr 1955 besitzt 17 Steine und eine Incabloc-Stoßsicherung. Bis auf die nicht vorhandene Feinstellung des Rückers über Mikrometerschraube und Schwanenhalsfeder sowie die etwas geringe Gangreserve stand dieses hochpräzise Werk dem vergleichbaren Handaufzugskaliber 12‴-120 von Patek Philippe nur wenig nach.

Cal. 89 - 12‴ (Cal. 89 – 12 lig.) (Abb. 88)

Das wohl meistverbaute Handaufzugswerk von IWC dürfte das Kaliber 89 sein. Davon wurden insgesamt 223.800 Stück produziert. Hohen Bekanntheitsgrad erlangte dieses Kaliber durch die Verwendung für die englische Fliegeruhr Mk 11. Aber in fast allen Uhren mit Zentralsekunde war diese bewährte Konstruktion zu finden.

Abb. 88

Laut Werknummernverzeichnis von IWC wurde das Kaliber C. 89 von 1946 bis 1974 produziert. Der Einbaudurchmesser beträgt 26,5 mm, die Werkhöhe 4,25 mm. Es sind 17 Rubine verbaut und die Unruh arbeitet mit 18.000 Halbschwingungen/h. Bei Fliegeruhren wurden Werke eingebaut, bei denen das Schwingungssystem (Unruh mit Breguet-Spirale, Fourniturenliste Teil 8974) antimagnetisch ausgeführt war. Auf Abb. 88 finden wir eine Fliegeruhr Mark 11, deren Kaliber C. 89 schön zu sehen ist. Kloben und Brücken sind mit Genfer Streifenschliff versehen, die Platine auf der Zifferblattseite weist eine feine Perlage auf.

Cal. 89-12‴ in Sonderausführung (Abb. 89)

Das in der Yacht Club mit Handaufzugwerk, Abb. 109 auf Seite 67, eingeschalte Kaliber C. 89 entpuppte sich als Sensation.

Abb. 89

Nicht nur, weil es mit sieben Suspense-Gummielementen besonders stoßgeschützt im Gehäuse gelagert war, sondern wegen seiner sonstigen technischen Feinheiten. Die Ankerradwelle ist besonders reibungsarm in zwei Deckplättchen anstelle der üblichen Konstruktion in Goldjatons gelagert. Ein spezieller Verschluss sorgt dafür, dass diese Deckplättchen sicher gelagert sind, aber schnell entnommen werden können. Die ohnehin mit einer Breguet-Spirale arbeitende Schraubenunruh verfügt am Ende der beiden Stege über je ein Masselotte-Gewicht und ermöglicht eine besonders präzise Feinstellung des Ganges. Diese hochwertige Technik besaß anfangs nicht einmal das Handaufzugkaliber 27 SC von Patek Philippe!

Über die Automatikwerke

Cal. 85 - 10 ½‴/13 lig. autom.
Cal. 852 - 10 ½‴/13 lig. autom.
Cal. 8521 - 10 ½‴/13 lig. autom. - calendrier

Im Jahre 1950 begann bei IWC das Zeitalter des selbstaufziehenden Uhrwerkes. Neben dem soliden Basiswerk verdient der Pellaton-Aufzugsmechanismus eine besondere Würdigung. Mit dieser nahezu genialen technischen Lösung wurde ein beidseitig wirkender Aufzug geschaffen, der an Betriebssicherheit und Effizienz kaum zu übertreffen ist.
Beim Kaliber 85, welches von 1950 bis 1951 produziert wurde, beträgt der Einbaudurchmesser 29,00 mm und die Werkhöhe 5,45 mm. Es sind 21 Rubine verbaut und die Unruh arbeitet mit 18.000 Halbschwingungen/h. Es ist das erste Automatikwerk von IWC mit Zentralsekunde.
Schon 1952 kam die verbesserte Version in Produktion und erhielt die Kaliberbezeichnung Cal. 852. Die Schlagzahl war auf 19.800 Halbschwingungen/h und die Bauhöhe auf 5,60 mm

Abb. 90
IWC Automatikkaliber C. 852 mit 21 Steinen, Produktionsjahr 1957.

gesteigert worden. Anstelle der Flachspirale fand nun eine Breguet-Spirale Verwendung. Die zum gleichen Zeitpunkt erschienene Ausführung mit Datumsanzeige bei der 3 erhielt die Kaliberbezeichnung Cal. 8521. Die Höhe des Werkes stieg dadurch auf 6,4 mm. Hier folgen die Werknummern der jeweils ersten Bauserie:

Cal. 85: Werk-Nr. 1.216.001 bis 1.217.200
(1.200 Werke, 1950) (2 Chargen à je 600)
Cal. 852: Werk-Nr. 1.247.201 bis 1.248.400
(1.200 Werke, ab 1951)
Cal. 8521: Werk-Nr. 1.269.401 bis 1.270.000
(600 Werke, 1952)

Mit einigen Verbesserungen (neuer Anker, neue Unruh) folgte 1958 die neue Ausführung Cal. 853 ohne und Cal. 8531 mit

Abb. 91
IWC Automatik C. 853.

Abb. 92
Kaliber C. 8531

Datumsanzeige. Sie blieb bis 1963 in Produktion. Die zugehörigen Werknummern der ersten Serie lauten wie folgt:

Cal. 853: Werk-Nr. 1.459.601 bis 1.462.000
(2.400 Werke, ab 1958)
Cal. 8531: Werk-Nr. 1.465.601 bis 1.466.800
(1.200 Werke, 1958)

C. 854 und C. 8541
C. 854 B und C. 8541 B etc.

Die Kaliber-Schreibweise der zuvor aufgeführten Automatikwerke hatte man ab 1964 geändert und die hier wiedergegebene Form verwendet. Aufgrund der gestiegenen Anforderungen und relevanter Fortschritte in der Werketechnologie hatte man eine grundlegende Überarbeitung dieser bewährten Kaliberreihe durchgeführt. Der Außendurchmesser war hierbei auf 28,00 mm und die Werkhöhe auf 4,80 mm reduziert worden (mit Datumsmechanismus 5,90 mm). Entscheidend für die Ganggenauigkeit waren jedoch die Neuerungen im Schwingungssystem. Gang und Abfall ließen sich nunmehr über zwei auf dem Unruhkloben integrierte Exzenterschrauben justieren. Zusätzlich erhielt die dreischenklige Unruh noch drei verstellbare Gewichte mit Schlitz und einseitiger Abfräsung (vergleichbar mit den Masselotte-Gewichten bei der Gyromax-Unruh). Mit dieser Feinstellung konnte ein sekundengenauer Gang erzielt werden, ohne die Symmetrie des Schwingungssystems zu verändern. Produziert wurden von diesen Werken insgesamt 43.200 Stück ohne und 158.400 mit Datumsanzeige. Zur Identifizierung führen wir hier die Nummern der ersten Werke auf:

C. 854: Werk-Nr. 1.710.401 bis 1.711.000
(600 Werke, ab 1963)
C. 8541: Werk-Nr. 1.711.001 bis 1.711.600
(600 Werke, ab 1963)

Auch das Kaliber C. 854 bzw. C. 8541 (mit Datumsanzeige) durchlief im Laufe seiner Produktion mehrere Verbesserungen. So erhielt nach Angaben von IWC die ab 1969 eingeschalte Version unter der Zusatzbezeichnung »B« (C. 8541 B) eine Breguet-Spirale mit Greiner-Spiralrolle. Der Zusatz »E« zeigt an, dass hier speziell für die Ingenieur-Linie eingebauten Anker, Ankerräder und Hebelscheiben antimagnetisches Material verwendet wurde. Der Zusatz »S« war schließlich das Kürzel für die nachträglich in das Kaliber C. 8541 B eingebaute Sekundenstoppvorrichtung. So hält das Uhrwerk an, wenn die Krone in Position »Zeigerstellung« gezogen wird. Weitere Verbesserungen erfolgten auch im Bereich des Pellaton-Aufzugs. So wurden die beiden am Exzenter laufenden Rollen des Aufzugsmechanismus aus Kunstrubinen hergestellt. Hier finden wir die Werknummern der ersten von diesem Kalibertyp gefertigten Werke:

C 854 ES: Werk-Nr. 2.000.201 bis 2.000.800
(600 Werke, 1970)
C 8541 ES: Werk-Nr. 2.005.601 bis 2.006.800
(1.200 Werke, 1970)

Die Kaliber-Bezeichnung sowie die Werknummer sind bei IWC in der Regel in der Platine eingraviert. Viele mit den Kalibern C. 854/8541 ausgerüstete IWC-Uhren gehören bei den Sammlern heute zu den meistgesuchten Zeitmessern überhaupt. Darunter fallen die Modelle wie die Ingenieur, die Golf-Club, die Polo-Club, die Yacht Club sowie die Aquatimer. Obwohl das Kaliber C. 8541 B durchaus noch einige kleine Schwachstellen besaß und der Pellaton-Aufzug verhältnismäßig viel Platz benötigte, gehört dieses Automatikwerk zu den besten seiner Zeit. Schade, dass damals die Optionen für eine weitere Verbesserung nicht genutzt wurden.

Abb. 93
IWC Kaliber C. 8541 B

Abb. 94
IWC-Automatikkaliber C. 8541 B gehörte zu den besten Werken seiner Zeit. Ein Schwingungssystem mit Breguet-Spirale, Unruh mit Masselotte-Gewichten, spezielle, separate Einstellbarkeit von Gang und Abfall sowie der Pellaton-Aufzug verhalten diesem Automatikkaliber zu einem Niveau, wie dies nur bei Werken von Rolex und Patek Philippe zu finden war. Noch ein interssantes Detail: rechts neben der Werknummer erkennt man noch eine Bohrung mit einem Stift. Letzterer ist ein Pin des Zifferblattes, der mit einer querliegenden Schraube fixiert ist. Mit dem zweiten Pin des Zifferblattes wird auf der anderen Seite des Werkes das Zifferblatt gehalten.

C. 3254

Dieses Automatikwerk war das erste IWC-Kaliber mit sehr niedriger Bauhöhe und 28.800 Halbschwingungen/h. Als Basis diente das Automatikwerk Kaliber 900 von Jaeger-LeCoultre

Abb. 95
IWC Kaliber C. 3254. Dieses Werk basiert auf dem Jaeger-LeCoultre Kaliber 900.

aus dem Jahr 1977. Dieses besaß einen Werkdurchmesser von 26,5 mm (11 ½‴) und eine Höhe von 4,35 mm. Das Werk hatte 34 Steine verbaut und arbeitete mit 28.800 Halbschwingungen/h. Die Gangreserve lag bei 38 Stunden. Die Produktionszahl dieses Werkes kam nur auf 3.000 Exemplare.
Interessanter Hinweis: Bei Jaeger-LeCoultre lautete die Chronometer-Ausführung dieses Kalibers 906.
Die auch an Vacheron & Constantin gelieferten Rohwerke wurden dort zu Chronometer-Werken für die letzte Ausführung der Linie Chronometre Royale aufgerüstet und mit einem Rotor mit Goldgewicht versehen. Sie erhielten die Kaliber-Bezeichnung 1096.

C. 884, C. 884/2 (887, 887/2)

Mit dem Auslaufen des Jaeger-LeCoultre Kalibers 900 folgte dort das noch bis heute in Produktion befindliche Kaliber 889/2, welches von IWC als Kaliber 884/2 eingeführt wurde. Mit einem Durchmesser von 25,70 mm (11 ½‴), einer Bauhöhe von 3,25 mm, 34 (36) Steinen und 28.800 Halbschwingungen/h war dieses Kaliber universell einsetzbar. Die Gangreserve liegt bei 38 Stunden.
Die bei IWC unter Kaliber 884 und 887 geführten Werke sind nahezu baugleich, nur wurden beim Kaliber 887 zwei Steine mehr verbaut und alle sichtbaren Bauteile vergoldet, damit eine Nobelausführung.

Abb. 96
Auch hier diente das Kaliber 889/2 von Jaeger-LeCoultre als Ebauche für das IWC Werk C. 884 und 884/2.

Dieses bewährte Kaliber kam auch in der IWC-Fliegeruhr Mk XII zum Einbau und war in seiner konstruktiven Ausführung dem Konkurrenz-Werk 2892 A2 vom Rohwerkelieferant ETA deutlich überlegen.

5.3 Über die Referenznummern

Schon früh waren bei IWC für die Uhrenmodell-Nummern, Referenzangaben oder Modellnamen üblich. Die Vergabe von Referenznummern ist aber nicht immer klar nachvollziehbar. Fest steht, dass schon die Modelle der Serie Ingenieur Referenznummern, z. B. R 666 AD, erhalten hatten. Diese waren anfangs nicht im Innenboden eingeschlagen. Erst bei Uhren, die in den 60er Jahren produziert wurden, finden sich Referenzangaben im Innenboden, aber nicht einheitlich und auch

Abb. 97
Schraubboden einer IWC-Automatik Referenz R 820 AD mit Gehäusenummer 2.051.332.

nicht bei allen. Die Referenznummern bestanden bis zur am 1. Oktober 1971 eingeführten Neureferenzierung aus drei Zahlen. Das zuvor gesetzte R bedeutete die Abkürzung für Referenz, die nachgezogenen Buchstaben A und D standen für automatischen Aufzug und Datumsanzeige. Als Beispiele sollen uns die IWC Ingenieur und IWC Yacht Club dienen. Unter der Bezeichnung Ingenieur R 666 AD konnte sowohl eine Gehäuseausführung in Edelstahl als auch in 750 Gold verstanden werden. Erst um etwa 1960, als die Ingenieur auch mit Goldband angeboten wurde, erhielt dieses Modell die Ref. Nr. 9386. Die Version mit 14-karätigem Gehäusemittelteil und Stahlboden erhielt die Referenz R 766 AD. Auch bei der IWC Yacht Club R 811 AD konnte eine Gehäuseausführung in Edelstahl oder in 750 Gold gemeint sein. Nur die Version mit 14-karätigem Gehäusemittelteil und Stahlboden erhielt die Referenz R 911 AD.
In den 60er Jahren wurden oft auch neue, spezifische Referenz- oder Modellnummern für verschiedene Länder eingeführt. Die Ingenieur R 666 AD wurde in Österreich als ING. 42 angepriesen und die Yacht Club lief unter der Ref. 2200. In England musste man eine Ref. 1088 oder 1065 bestellen, um eine Ingenieur R 666 A in Stahl oder Gold zu erhalten. Auch der kurzzeitige Gebrauch von fünfstelligen Referenznummern (z. B. lief die Ingenieur R 666 A unter der Ref. Nr. 56662) hatte nicht lange Bestand.
Mit der zum 1. Oktober 1971 erfolgten Änderung der Referenznummern wurde auf vierstellige Zahlen umgestellt. Die Umstellung von Referenznummern betraf aber nur jene Modelle, die sich noch in Produktion befanden. Aus der IWC Ingenieur R 866 AD wurde demnach 1808 Ingenieur. Aus IWC Yacht Club R 811 AD und R 911 AD wurden einheitlich 1811 Yacht Club. Die IWC Yacht Club ohne Datum R 811 A und R 911 A wurde einheitlich auf 1911 Yacht Club geändert. Uhren mit Goldband erhielten die Anfangszahlen 99 in Verbindung mit weiteren Ziffern. Z. B. sehen wir auf Seite 68 eine goldene Yacht Club mit Goldband, die hiervon abweichend im Stammbuchauszug mit der Referenz 9205 Yacht Club aufgeführt ist.

5.4 Über die Gehäusenummern

Auch bei der Handhabung der Gehäusenummern ist nicht immer eine klare Systematik erkennbar. In der Regel besitzt bei IWC jedes Uhrengehäuse eine Nummer, die in den Produktionslisten festgehalten ist. Fordert man bei IWC einen Stammbuchauszug an und reicht die betreffende Uhr dazu ein, erhält man grundsätzlich alle relevanten Daten zur Uhr, somit auch die Gehäusenummer. Wie man bei der Ingenieur Ref. R 666 A auf Seite 71 nachvollziehen kann, befindet sich die Gehäusenummer dieses Modells zwischen den Bandanstößen bei der 6. Bei den Folgemodellen Referenz R 866 A (und AD) waren dann die Gehäusenummern im Innenboden zu finden. Betrachten wir als Beispiel einmal ganz konkret die beiden Ingenieur-Modelle auf Seite 72. Im Innenboden der Ausführung mit blauem Zifferblatt ist die Referenzangabe mit »866 A« eingeschlagen und darüber die Gehäusenummer »1.183.480« recht schwach eingraviert. Bei der rechts abgebildeten Version mit versilbertem Zifferblatt befindet sich im Innenboden mit »866 A«

Abb. 98
Innenseite des Schraubbodens einer goldenen IWC-Automatik Ref. 3205 mit Gehäuse-Nr. 2.232.238. Vermutlich ist dem Graveur beim ersten Versuch mit 223228i ein Schreibfehler unterlaufen. Daraufhin hat er die Gehäusenummer noch einmal darüber graviert und diese zur besonderen Kennzeichnung zwischen zwei Nullen gesetzt.

die identische Referenzangabe. Die Gehäusenummer 2.012.103 ist hierbei unter der Referenznummer eingraviert, hier aber viel deutlicher und tiefer. Hinzu kommt jedoch, dass die Gehäusenummer in diesem Falle noch einmal auf der ebenen Partie des Außenbodens eingraviert ist. Was ergibt sich aber für eine Aussage, wenn man noch zusätzlich das IWC-Werknummernverzeichnis und die Stammbuchauszüge zur Hand nimmt? Die auf Seite 72 links abgebildete Uhr besitzt das Werk Nummer 1.918.137 aus dem Produktionsjahr 1969. Sie wurde laut Stammbuchauszug am 11. Januar 1971 an Firma Neslein & Co., Christiana, Norwegen, verkauft. Die rechts abgebildete Ingenieur hat das Werk Nummer 2.037.883 aus dem Produktionsjahr 1971 eingeschalt. Laut Stammbuchauszug wurde diese Uhr am 22. November 1974 an die IWC-Niederlassung in Frankfurt/Main geliefert. An diesen beiden Beispielen lässt sich aus den zeitlichen Abständen zwischen Herstellung und Anlieferung erkennen, dass bei IWC zu jener Zeit die Uhren nicht immer nach vorliegenden Bestellungen, sondern oftmals nach Marktabschätzung auf Vorrat produziert wurden. Im übrigen gibt es auch IWC-Uhren, die keine Gehäusenummer aufgeführt haben.

5.5 Über die Uhren

Zunächst ein paar Worte in eigener Sache. Über Uhren von IWC zu schreiben gestaltet sich oftmals wesentlich schwieriger, als über die Zeitmesser anderer Hersteller zu berichten. Dies liegt einerseits an der großen Modellvielfalt der schon in den 50er und 60er Jahren produzierten Uhren, andererseits an der zum Teil nicht nachvollziehbaren Systematik und Kennzeichnung dieser Uhren. Auch die von IWC selbst initiierten Veröffentlichungen stellen sich nicht immer als ganz verlässlich heraus. So war in diesem Kapitel eine einigermaßen nachvollziehbare Berichterstattung nur möglich, weil dem Autor einerseits alle hier aufgeführten Uhren zur Einsichtnahme vorlagen und er andererseits auch diese Dokumentation zusammen mit verlässlichen Wissensträgern von IWC abstimmen konnte. Ohne die Unterstützung von Jürgen King, ehemals Technischer Leiter von IWC, und Ronald Jäger, bis 2019 Chef der gesamten Produktion, hätte dieses Kapitel nicht so authentisch verfasst werden können. Für das Kapitel IWC wurden über 40 Uhren ausgewählt. Darunter befinden sich nicht nur einige der heute sehr gesuchten Militäruhren, sondern auch andere imposante Modelle aus den Serien Ingenieur, Yacht Club und Aquatimer. Daneben reihen sich nicht ganz so spektakuläre Zeitmesser, die jedoch zum Modellspektrum gehören und das Bild abrunden.

Über die Uhren mit Handaufzug
Die Flieger- und Militäruhren
Die große Fliegeruhr für die Deutsche Luftwaffe

Unser Bilderreigen beginnt mit der großen Fliegeruhr der Deutschen Luftwaffe. Bei einem derartig großen und beeindruckenden Zifferblatt (Durchmesser ganze 50 mm!) war für den Flugzeugführer die genaue Zeit in der Tat nicht zu übersehen. Das dreiteilige Edelstahlgehäuse besteht aus Lünette, Mittelteil und Druckboden. Zusätzlichen Schutz vor Staub und Feuchtigkeit bewirkt der satt eingepasste Innenboden. Auch dieser besteht aus Edelstahl. Anstelle der mattierten Oberflächen, welche das Gehäuse aufweist, herrscht hier – fürs Auge unsichtbar – purer Luxus. Die Außenseite des Innenbodens ist feinstens spiegelpoliert und die Innenseite schön perliert. Vielleicht gehörte es zur Philosophie des Hauses IWC, bei dem unsichtbaren Innenleben einer Uhr nicht nur für hohe Präzision, sondern auch für besondere Ästhetik zu sorgen. Denn ein tiefgezogener Innenboden aus unbehandeltem Edelstahlblech hätte die gleiche Funktion übernehmen können – aber nur viel billiger!

Abb. 99
»Große Fliegeruhr« von IWC, einst im Dienst bei der Deutschen Luftwaffe. Dieser mächtige Zeitmesser wurde von den Flugzeugführern am Unterarm über der Fliegermontur getragen. Das in fünf Lagen regulierte Handaufzugkaliber 52 T 19''' H6 S.C. verfügt über einen Sekundenstopp und entstand aus dem IWC-eigenen Manufakturwerk, dem langjährig erprobten Taschenuhrwerk Kal. 52, welches jedoch eine Kleine Sekunde bei 6 Uhr besaß. Die hier gezeigte Fliegeruhr wurde am 4. Oktober 1940 an Firma Siegfried Heindorf, Lieferant des Reichsluftfahrtministeriums, nach Berlin verkauft (Werk-Nr. 1.013.963, Gehäuse-Nr. 1.033.363). Die große Fliegeruhr von IWC gehört heute zu den gesuchtesten Fliegeruhren.

Nun zurück zu unserer Fliegeruhr. In dieses Präzisionsinstrument wurde das IWC-Kaliber 52 T 19''' H6 S.C. eingeschalt. Es ist in fünf Lagen reguliert, verfügt über einen Sekundenstopp und basiert auf einem IWC-eigenen Manufakturwerk, dem langjährig erprobten Taschenuhrwerk Kaliber 52. Das ursprünglich mit kleiner Sekunde versehene Werk wurde auf Zentralsekunde umgebaut. Auf dieser Seite sehen wir Uhr und Werk dargestellt. Auf der Federhausbrücke wurde noch eine Sekundenradbrücke aufgesetzt, auch das Sekundenrad ist zu sehen. Schraubenunruh mit Breguet-Spirale sorgen in Verbindung mit einer Feinstellung über Mikrometerschraube und Gegenfeder für höchste Ganggenauigkeit. Laut Aussage von IWC wurden genau 1.000 Exemplare dieser Fliegeruhr an die Deutsche Luftwaffe geliefert. Wenn man sich z. B. vorstellt, dass diese Uhren an die Flugzeugführer eines Sturzkampfbomber-Geschwaders mit Maschinen vom Typ Junkers Ju 88 gegangen wären, so hätte diese Einheit genau 72 Uhren erhalten. Wenn man sich des weiteren vorstellt, dass gerade bei der im Herbst 1940 begonnenen Schlacht um England viele Sturzflugangriffe auf Schiffziele im Ärmelkanal geflogen wurden und die deutschen Kräfte hierbei beachtliche Verluste haben hinnehmen müssen, wird einem klar, dass heute bestimmt nicht mehr alle dieser 1.000 Uhren vorhanden sein können. Die in diesem Buch gezeigte große Fliegeruhr wurde laut Stammbuchauszug am 4. Oktober 1940, also zum Zeitpunkt des Beginns der Schlacht um England, an Firma Siegfried Heindorf in Berlin geliefert. Diese Firma war jene Adresse, bei der das Reichsluftfahrtministerium IWC-Uhren bestellte.

Die Spezialuhr für Flieger

Bei der folgenden Uhr legt man bei IWC großen Wert auf die richtige Bezeichnung. »Spezialuhr für Flieger« lautet der offizielle Name der ersten IWC-Fliegeruhr. Bei Sammlern ist häufig auch noch der Begriff Mark IX, richtig Mk 9, üblich. Das in dieser Uhr eingeschalte Kaliber 83 ist in fünf Positionen und Temperaturen (von minus 4 Grad bis plus 40 Grad Celsius) genauestens reguliert, um dem Flugzeugführer oder Navigator eine zuverlässige Zeit vermitteln zu können. Zusätzlich sind die Kaliber, die in der Spezialuhr für Flieger eingeschalt wurden, mit antimagnetischem Schwingungssystem (Unruh mit Breguet-Spirale antimagnetisch) versehen. Dies war jedoch erst der Anfang, weil in jener Zeit die Bordinstrumente oder andere Einbauten keine größeren störenden Magnetfelder verursachten. Das dreiteilige Edelstahlgehäuse dieser Fliegeruhr besteht aus Lünette, Mittelteil und Druckboden. Der ebenfalls aus Edel-

Abb. 100
»Spezialuhr für Flieger« lautet die offizielle Bezeichnung von IWC für diese erste Fliegeruhr von 1936. Unter Sammlern ist sie auch unter der Bezeichnung Mark IX oder Mk IX bekannt. Mit Leuchtmasse belegte große Ziffern und breite Zeiger gewährleisten auch bei Dunkelheit eine sichere Ablesbarkeit. Ein Innendeckel aus Edelstahl sorgt für zusätzlichen Schutz des Werkes vor Feuchtigkeit und Staub. Das Gehäuse ist nicht wasserdicht. Das besondere Merkmal dieses begehrten Stückes sind nebst kleiner Sekunde die drehbare Lünette mit Markierpfeil (Werk-Nr. 962.693, Gehäuse-Nr. 1.057.701). Laut IWC-Stammbuchauszug wurde diese Uhr am 6. März 1942 an Firma Weinstabel verkauft.

Abb. 101
Militäruhr mit stählernem Gehäuse und Druckboden, bei Uhrensammlern unter Mark X oder Mk X bekannt. Auch hier ist das Handaufzugswerk Kaliber 83-12''' eingeschalt. Das Gehäuse ist nicht wasserdicht (Werk-Nr. 1.080.708, Gehäuse-Nr. 1.133.858). Die Bodengravur W.W.W. (watch, wrist, waterproof) trifft auf diese Uhr nicht ganz zu, weil die Gehäusekonstruktion nur Schutz vor Spritzwasser garantiert. Laut IWC-Stammbuchauszug wurde diese Uhr am 21. Feburar 1945 verkauft. Der damalige Kunde konnte jedoch nicht ermittelt werden. Gemäß Jürgen King gibt es die folgende Kontrollmöglichkeit: Die Gehäuse-Nr. abzüglich der Militär-Nr. muss immer die Zahl 1.118.980 ergeben (1.080.708 – 14.878 = 1.118.980).

stahl gefertigte Innenboden schützt das Werk zusätzlich gegen Staub und Feuchtigkeit. Die Lünette hat einen Drehkranz aufgesetzt, der sich in beiden Richtungen bewegen lässt und der mit einem Orientierungsdreieck mit Leuchtmasse versehen ist. Somit können auch bei Dunkelheit Zeitdifferenzen oder Flugabschnitte genau ermittelt werden. Zum Thema Innenboden noch einige Hinweise, die wir in ähnlicher Weise auch im Kapitel Jaeger-LeCoultre gebracht haben. Innenböden aus Edelstahl oder Messing bedeuten immer zusätzlichen Schutz gegen Staub und Feuchtigkeit. Ein Innenboden aus Weicheisen, auch Weicheisenkalotte genannt, dient der Abschirmung von magnetischen Feldern. Da Weicheisen leicht zum Rosten neigt, sind diese Innenböden in der Regel noch mit einer schützenden Oberfläche versehen. Somit können diese Weicheisenkalotten vergoldet oder vernickelt sein. Will es auch ein Uhrenfreund ohne eindeutige Kenntnisse in Werkstoffkunde genau wissen, braucht er nur einen kleinen Magneten zu Hilfe zu nehmen. Bleibt der Innenboden am Magneten hängen, handelt es sich um Weicheisen. Verläuft der Kontakt ohne Reaktion, handelt es sich um normalen Edelstahl oder um ein anderes, nicht magnetisierbares Metall.

Die Militäruhr

Die dritte Militäruhr hat mit der Fliegerei nicht viel zu tun. Auch hier achtet man bei IWC auf die richtige Bezeichnung. Nicht Mark X (Mk X), sondern »Militäruhr« lautet die gewünschte Bezeichnung. Dieser Zeitmesser war im Gebrauch der Britischen Armee. Bei der hier vorliegenden Uhr handelt es sich um ein zweiteiliges Gehäuse, bei der das Mittelteil einschließlich der Bandanstöße aus einem Stück gefertigt ist. Das Edelstahlgehäuse wird mit einem Druckboden verschlossen und ist somit nicht wasserdicht. Auf der Bodenaußenseite finden sich der »Broad Arrow«, die Gravur »W.W.W.« und die Nummer »M 14878«. Die drei W.W.W. stehen für »watch, wrist, waterproof«, obwohl dieses Gehäuse nur spritzwassergeschützt ist. Laut Jürgen King wurden von diesem Modell ca. 6.000 Exemplare gefertigt (Gehäuse-Nr. 1.131.001 bis 1.137.000). Nach dem Stammbuchauszug wurde die hier gezeigte Militäruhr am 21. Februar 1945 verkauft. Der damalige Kunde konnte jedoch nicht ermittelt werden. Aber der historische Hintergrund dieser Militäruhr bzw. ihres Lieferdatums kann beleuchtet werden. So erfolgte der Verkauf genau eine Woche nach den alliierten Bombenangriffen auf das damals als offene Stadt erklärte Dresden. Bei diesem an zwei Tagen durchgeführten Luftangriff verloren weit über 100.000 Zivilisten, Flüchtlinge, Kinder, Frauen und Greise unnötig ihr Leben.

Die Fliegeruhr Mark 11 (Mk 11)

Die Fliegeruhr Mark 11 oder auch Mk 11 benannt, eine kompromisslose Dienstuhr, wurde im November 1949 bei der Britischen Luftwaffe (RAF) eingeführt. Laut Jürgen King wurde bereits 1948 ein erstes Los von 625 Uhren geliefert, erkennbar an der Bodengravur /48. Sie war auch die erste Fliegeruhr, die einen Schutz gegen störende magnetische Felder besaß. Mit dem nun begonnenen Zeitalter der Düsenflugzeuge stieg auch in diesen Maschinen der Anteil der elektrischen Ausrüstung. Bordnetz,

Abb. 102
Fliegeruhr Mark 11 oder Mk 11, eine kompromisslose Dienstuhr, die im November 1949 bei der Britischen Luftwaffe (RAF) eingeführt wurde. Zwar sind auch unter der gleichen Bezeichnung Mark 11 Fliegeruhren von Jaeger-LeCoultre beschafft worden (siehe Seite 105, Jaeger-LeCoultre), aber nur 2.000 Stück, die alle noch 1949 zur Auslieferung kamen. Von IWC hingegen wurden bis 1953 in mehreren Serien und verbesserter Ausführung rund 7.400 Mark 11 an die RAF geliefert. Das in fünf Lagen justierte Handaufzugskaliber C. 89-12''' besaß eine Stoßsicherung und ist gegen magnetische Felder geschützt. Diesen Schutz bewirken Zifferblatt, Werkring und Innenboden (Kalotte) aus Weicheisen. Für die verlangte Wasserdichtigkeit sorgt die Dichtung des zweiteiligen Gehäuses mit stabilem Schraubboden (Werk-Nr. 1.251.890, Gehäuse-Nr. 6B/343, 633/52).

elektromotorische Hilfsantriebe, Funkeinrichtungen und Radargeräte, nur um einige Beispiele zu nennen, können elektromagnetische Felder aufbauen, welche die Gangpartie einer Uhr nachhaltig stören. Aus diesem Grunde erhielt die Fliegeruhr Mk 11 Zifferblatt, Werkring und Innenboden erstmalig einen voll geschlossenen Käfig aus dem schützenden Weicheisen. Das eingeschalte Kaliber C. 89 benötigt deshalb keine besonderen Vorkehrungen, der Weicheisenkäfig übernimmt die geforderte Schutzfunktion. Auch Jaeger-LeCoultre hatte nach den gleichen Spezifikationen der RAF-Fliegeruhren des Typs Mk 11 geliefert. Einzelheiten hierzu können Sie auf Seite 105 erfahren. Bei aller Freude an Fliegeruhren vom Typ Mark 11, die bei verschiedenen Luftstreitkräften des Commonwealth gedient haben, gibt es noch Modelle, die als zivile Ausführung von IWC unter der Referenz-Nr. 2612 geliefert wurden. Hinzu kommen auch noch nicht identifizierbare Nachbauten, die aus Ersatzteilen zusammengefügt wurden.

Die großen IWC Handaufzuguhren mit 38 mm Gehäuse aus Portugal

Neben der Welt der vielbegehrten Fliegeruhren gibt es bei IWC auch noch »schlafende Dornröschen«, die auf einen Weckruf warten. Gemeint sind hier Zeitmesser mit überdimensionalen Gehäusedurchmessern, wie sie schon früher in Portugal gerne getragen wurden. Zwei Beispiele dieser Klientel sehen wir auf dieser Seite abgebildet. Das Lieferdatum nach Portugal kennen wir zwar nicht, aus dem IWC-Werkenummernverzeichnis von Jürgen King ist jedoch das Baujahr der jeweilig eingeschalten

Abb. 103
Diese zwei Schönheiten stammen tatsächlich aus Portugal, obwohl es sich nicht um den Uhrentyp »Portugieser« handelt, und treten mit ihrem 38 mm Gehäusedurchmesser in der Tat groß auf. Nicht zu übersehen sind auch die teilgeschützten Aufzugkronen, wobei es sich bei der linken wohl um eine Ersatzkrone handeln dürfte. Das Zifferblatt links ist in zwei unterschiedlichen Kupfertönen gehalten und verfügt über arabische Ziffern. Das rechte ist versilbert und weist römische Zahlen auf. Edelstahluhren mit dieser Gehäusegröße waren bei IWC eher selten und wurden nur in ausgesuchte Länder exportiert. In der linken Uhr arbeitet das Kaliber C. 83-12''', rechts das Kaliber C. 61-10''' mit Zentralsekunde (links: Werk-Nr. 1.031.891, Gehäuse-Nr. 1.072.593, rechts: Werk-Nr. 1.004 051, Gehäuse-Nr. 1.040.089).

Handaufzugwerke zu entnehmen. Das Kaliber C. 61-10''' mit Werk-Nr. 1.004.051 wurde im Jahr 1939, das Kaliber C. 83-12''' mit Werk-Nr. 1.031.891 im Jahre 1941 produziert. Die ältere Uhr wurde im Juli 2002 im Internet entdeckt und für 783,40 USD einschließlich der Transportkosten erworben. Die zweite IWC wurde ein Jahr später von einem Münchner Kunsthändler auf der Uhrentechnikbörse angeboten und wechselte für 1.250 € den Besitzer. IWC-Uhren aus früher Zeit mit Gehäusedurchmesser von 38 mm sind in der Tat sehr selten, aber am linken Handgelenk sehr beeindruckend!

Die IWC Handaufzuguhren Referenz 521 (Shark Fin)

Ein weiteres IWC-Modell, das eigentlich in keiner Kollektion fehlen dürfte, besitzt die seltenen X-förmigen Bandanstöße und wird im Uhrenjargon auch »Shark Fin« genannt. Zwei dieser Exemplare sind auf dieser Seite zu finden, wobei sich die eine

Abb. 104
Ein »Muss« für jeden IWC-Sammler ist dieser Typ von IWC-Uhr mit den als X-geformten Bandanstößen, im Uhrenjargon auch »Shark fin« genannt. Dieses Modell wurde in zahlreichen Varianten produziert. Neben den hier gezeigten Indizes in Strichform kamen bei der Zifferblattgestaltung auch arabische und römische Ziffern zur Anwendung. Die linke Uhr wurde bei IWC revidiert und erhielt dabei ein neues Zifferblatt. Das rechte Modell wurde in seiner Ursprungsform belassen. Erst beim näheren Hinsehen sind die Korrosionserscheinungen auf dem versilberten Zifferblatt zu erkennen. In beiden Uhren arbeitet das bekannte Kaliber C. 89-12'''. Auch bei IWC haben nicht alle Uhren die jeweilige Referenzbezeichnung in den Gehäuseboden eingeschlagen. Wohl aber bei der revidierten Uhr, welche die Referenz 521 besitzt (links: Werk-Nr. 1.627.763, Gehäuse-Nr. 1.908.943, Ref. 521, rechts: Werk-Nr. 1.722.653, Gehäuse-Nr. 1.790.603). Die linke Uhr wurde laut Stammbuchauszug am 21. August 1969 an Siber & Hegner, Zürich, verkauft.

im unrevidierten Zustand befindet und die andere bei IWC eine Revision erhalten hat.

Die IWC Handaufzuguhr mit Formwerk

Zu den schönsten Armbanduhren der Uhrmacher vom Hochrhein zählen die raren Modelle mit Formwerk. Hier finden

Abb. 105
Eine absolute Schönheit, die keiner weiteren Kommentare bedarf, könnte man diese rechteckige Herrenuhr in 750 Roségold nennen. Selbst die Sekunderie ist in Rechteckform gehalten (Handaufzug Kaliber 87-10''', Werk-Nr. 1.086.130, Gehäuse-Nr. 1.163.005). Laut IWC-Stammbuchauszug wurde diese Uhr am 10. Oktober 1950 an Firma E. Bloch verkauft.

wir eine solche Schönheit. In roségoldenem Gehäuse ist ein Formwerk Kaliber C. 87 eingeschalt. Aus dem Stammbuchauszug entnehmen wir, dass diese Uhr am 10. Oktober 1950 an die Firma E. Bloch verkauft wurde. Das IWC-Werkenummernverzeichnis verrät uns zusätzlich, dass das Werk mit Nummer 1.086.130 bereits im Jahre 1944 hergestellt wurde.

Die IWC Handaufzuguhr mit Schraubboden und kleiner Sekunde

Abb. 106
IWC Handaufzugsuhr mit kleiner Sekunde und Kaliber C. 88, Ref. 6095
Das Gehäuse besteht aus Edelstahl und verfügt über einen Schraubboden. Das Werk trägt die Nummer 1.373.098, das Gehäuse mit Durchmesser 33,5 mm die Nummer 1.391.998. Das Handaufzugwerk wurde 1955 produziert.

Die folgende mit Schraubboden versehene Handsaufzuguhr stellt eine kleine Sensation dar. Das Stahlgehäuse ist wasserdicht und äußerst robust. Dieses Modell mit kleiner Sekunde war der Vorläufer der englischen Fliegeruhr Mk 11. In der gängigen Literatur ist diese Uhr bisher nicht zu finden. Ein Grund mehr, nach ihr Ausschau zu halten.

Die IWC Handaufzugsuhr Ref. 810

Dieser formschönen Armbanduhr mit anthrazitfarbenem Zifferblatt und Gehäuse aus Edelstahl kommt eine besondere Bedeutung zu. Unter dem Schraubboden mit sechs tiefgezogenen Nuten arbeitet das bewährte Kaliber C. 89 mit der Nummer 1.932.243. Das Gehäuse trägt die Nummer 1.978.003. Diese Uhr wurde im IWC-Jubiläumsjahr 1968 lanciert und erlangte besondere Bedeutung als preiswerte Option für die in der Schweiz üblichen Jubilarenuhren. Hier der Originaltext der IWC-Werbeanzeige: »Der Hauptgrund, warum wir diese neue Uhr schufen, ist die zunehmende Beliebtheit der langlebigen IWC-Jubilarenuhr. Die neue Anfangspreislage ermöglicht es, nun auch mit Firmen ins Gespräch zu kommen, die ihren Jubilaren bisher aus Budgetgründen keine IWC schenken konnten.« In der IWC-Preisliste 1970 für Deutschland wird das hier abgebildete Modell aus Edelstahl mit Krokoband mit genau 265 DM ausgewiesen. Dieser Betrag entsprach einem Fünftel des Anfangsgehaltes eines Jungingenieurs zu jener Zeit und war für die Belohnung eines verdienten, tüchtigen Mitarbeiters

Abb. 107
Ref. 810 mit Kaliber C.89 in Edelstahl, eine preiswerte Jubilarenuhr mit Schraubboden (Werk-Nr. 1.932.243, Gehäuse-Nr. 1.978.003.

bestimmt nicht zu hoch angesetzt. Die IWC Ref. 810 gab es auch als Automatikuhr mit der Bezeichnung IWC R 810 A oder R 810 AD (Automatik und Datum)! Das Gehäuse dieses Modells besaß aber nur einen Druckboden.

Abb. 108
IWC Yacht Club mit Handaufzug Ref. R 811 (Werk-Nr. 1.955.875, Gehäse Nr. 2.074.175).

Abb. 109
In der Yacht Club mit Handaufzugwerk Referenz R 811 findet sich noch eine verfeinerte Ausführung des Kalibers C. 89. Anstelle eines dritten Goldchatons wird die Ankerradwelle in zwei Deckblättchen gelagert, bei denen das obere einen abnehmbaren Verschluss besitzt, auch Kombifutter genannt. Diese Konstruktion verbessert die Ölhaltung und reduziert die Reibung. Die zweischenklige Schraubenunruh mit Breguet-Spirale verfügt an jedem Ende der Schenkel noch über ein Masselotte-Gewicht zur genauen Feinregulierung des Ganges. Zusätzlich wird dieses Kaliber noch durch die Lagerung mit sieben Gummielementen, bei IWC »Suspense« genannt, im Gehäuse geführt. Damit können Stöße, die von aussen auf die Uhr wirken, noch besser kompensiert werden. Diese Ausführung des Kalibers C. 89 ist laut Ronald Jäger von IWC eine Sensation.

IWC Yacht Club mit Handaufzugwerk Referenz R 811

Auch die beliebte IWC Yacht Club wurde als sogenannte »Preiswert-Uhr« angeboten (siehe Bild links). Anstelle der üblichen Automatikwerke C. 854 oder C. 8541 (mit Datum) war hier das Handaufzugswerk C. 89 eingeschalt. Weder in der IWC-Preisliste für die Schweiz noch in der DM-Preisliste war dieses Modell aufgeführt. In der Preisliste des Jahres 1970 war die Yacht Club in Edelstahl, Automatikwerk, ohne Datumsanzeige und Krokoband, mit 495 CHF aufgeführt. Der Preis mit Handaufzug dürfte dann wohl um die 300 CHF gelegen haben.

Abb. 110

Stellung der «Suspense»-Blöcke

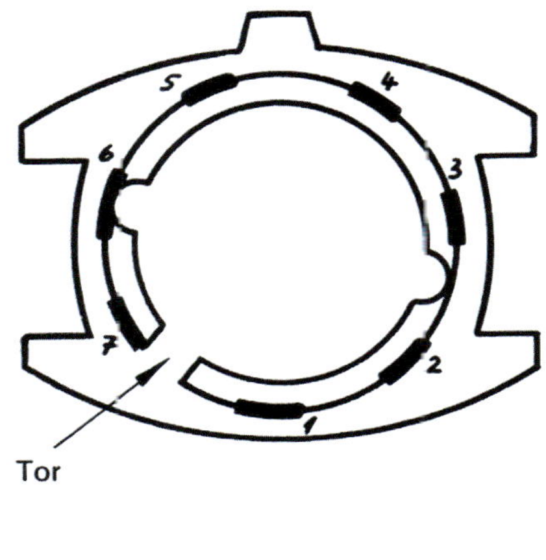

Über die Uhren mit Automatikaufzug
Eine höchst seltene Automatik mit kannelierter Lünette

Eine Automatik mit für IWC-Uhren ungewöhnlicher Lünette wird hier vorgestellt. Als bemerkenswert bei diesem Zeitmesser darf auch das Zifferblatt gelten. Das crèmefarbene Zifferblatt besitzt zwei verschiedene Farbtöne sowie eine Guillochierung im Kreisanteil der Indizes. Eigentlich gehört eine so schöne Uhr ins IWC-Museum, meinte ein profilierter Uhrenfreund aus Schaffhausen.

Abb. 111
Die Besonderheiten von Zifferblatt und Lünette zeichnen diese IWC-Automatik aus. Das Zifferblatt verfügt über zwei verschiedenfarbige Cremetöne sowie eine kreisförmige Guillochierung in Breite der Indizes. Die Lünette ist kanneliert und nur auf der Höhe der Indizes abgesetzt. Das Gehäuse besitzt einen Druckboden (Werk-Nr. 1.229.921, Gehäuse-Nr. 1.329.344). Laut Aussage eines profilierten IWC-Armbanduhrensammlers wäre dieses Modell weder in der Literatur noch in Katalogen von IWC bisher aufgetaucht. Das hier eingeschalte Werk-Nr. 1.229.921 ist im Werkeverzeichnis von IWC als Kaliber 85 aufgeführt, obwohl auf der Platine rechts oben 852 eingraviert ist.

Eine weitere Rarität, sogar mit Schraubboden

Noch eine Besonderheit stellt diese Uhr dar. Dies gilt einerseits für das Zifferblatt, welches zweifarbig abgesetzt ist und über formschöne Indizes verfügt. Andererseits fällt auch das Gehäuse ins Auge, weil es außer der Regel über einen Schraubboden verfügt. Diese wasserdichte Gehäusekonstruktion blieb in der

Abb. 112
Der Rotor dieses IWC-Kalibers lässt sich nur mit dem Lösen einer einzigen Schraube demontieren.

Abb. 113
Kaliber C. 852 10 1/2''' mit 21 Steinen zur links gezeigten Automatik. Die Feinstellung der Reglage erfolgt über Mikrometerschraube und Gegenfeder (Werk-Nr. 1.429.841, Gehäuse-Nr. 1.382.281).

Abb. 114
Die IWC-Automatiks der 50er und 60er Jahre besaßen im Regelfall die preiswerter herzustellenden Gehäuse mit Druckboden. Nur die in der Folge aufgeführten Modelle der Linie Ingenieur, Yacht Club, Golf Club, Polo Club und Aquatimer besaßen aufwendige Gehäuse mit stabilem Schraubboden. Zu den seltenen Ausnahmen, die gleichfalls über Schraubboden verfügten, zählt die hier gezeigte Automatik. Als weitere Rarität darf auch das Zifferblatt gelten. Es ist in zwei Farbtönen ausgeführt und besitzt aufwendig gestaltete Indizes (Werk-Nr. 1.429.841, Gehäuse-Nr. 1.382.281).

Regel der Linie der sportlichen Uhren vorbehalten. Hierzu zählen die Modell Ingenieur, Yacht Club, Aquatimer und andere mehr.

Die IWC Automatik mit 750 K Weißgoldgehäuse

Armbanduhren mit Gehäusen, die aus 750 K Weißgold gefertigt sind, galten in den 50er und 60er Jahren des vergangenen Jahrhunderts fast schon als Exoten und waren höchst selten zu finden. Hierzu ein Zitat eines bereits verstorbenen IWC-Mitarbeiters: »Leute, die unsere Uhren in Weißgold kaufen, müssen über ein ausgeprägtes Selbstbewusstsein verfügen. Auf den ersten Blick könnte es ja auch eine Stahluhr sein!«

Abb. 115
Der Zustand von Gehäuse, Zifferblatt und Zeigerspiel darf als neuwertig bezeichnet werden, auch wenn diese IWC Automatik bereits weit über 70 Jahre alt ist. Das Gehäuse aus 750er Weißgold harmoniert mit dem versilberten Zifferblatt und den gleichfalls aus Weißgold bestehenden Dauphine-Zeigern.

Die hier vorgestellte Rarität mit Kaliber C. 8531 hat zwar keine Referenznummer eingeschlagen, die Werk-Nr. 1.590.676 und Gehäuse-Nr. 1.646.776 sind uns jedoch bekannt. Die fast im Neuzustand erworbene IWC hat wohl die letzten 60 Jahre nur im Safe verbracht. Auch dem Werk sieht man das hohe Alter nicht an. Nach dem Werkeverzeichnis von IWC wurde dieses Kaliber C. 8531 im Jahr 1961 produziert. Im Internet war kein vergleichbarer Zeitmesser angeboten. Als Mindestwert darf für diese Uhr rund 3.000 Euro angesetzt werden.

Abb. 116
Auch nach dem Öffnen des Gehäuses zeigt sich auch das Innenleben dieser Uhr fast im Neuzustand. Die Gummiringdichtung und die spezielle Konstruktion des Druckbodens sorgen dafür, dass das Gehäuse als wassergeschützt gelten darf (Cal. 8531, Werk-Nr. 1.590.676, Gehäuse-Nr. 1.646.776).

Ein IWC-Ingenieur-Fälschungsversuch

Warum auch manche Auktionshäuser nicht davor zurückschrecken, offensichtliche Fälschungen aufzurufen, zeigt uns dieses Beispiel mit einer Möchtegern-Ingenieur der Referenz 666. Diese Uhr wurde von einem Wiener Auktionshaus offeriert und als IWC Ingenieur in 750 RG aufgerufen. Da im Internet nur das hier gezeigte Frontbild zu sehen war, konnte man die Rückseite des Gehäuses nicht einsehen. Auffallend für den Fachmann

Abb. 117
Eine IWC Automatik mit 18 K RG-Gehäuse dürfte in der Sammlerwelt recht selten auftauchen. Nach Übernahme dieser Uhr war der Verdacht schnell bestätigt, dass es sich hier um eine Fälschung handelt. Anstelle einer rechtlich möglichen Rückgabe übernahm der Käufer diese Uhr für 2.200 Euro.

waren die geraden Bandanstöße sowie das Zeigerspiel. Die IWC Ingenieur der Referenz 666 besitzen stärkere, leicht konische Bandanstöße und haben mit wenigen Ausnahmen Dauphine-Zeiger montiert.
Nach erfolgtem Zuschlag konnten sich Käufer und Auktionshaus bei dieser Uhr auf einen Sonderpreis einigen und einem eventuellen Rechtsstreit aus dem Wege gehen.

Abb. 118
Nach dem Öffnen des Gehäuses, das nur einen Druck- anstelle eines Schraubbodens besitzt, entpuppte sich dieses Modell als ganz simple IWC Automatik ohne Referennummer. Das stilvolle Gehäuse aus 750 RG besitzt auch heute noch eine besondere Ausstrahlung, nur das geschmacksarme grüne Kunst-Krokoband sollte bald ersetzt werden (Cal. C.8531, Werk-Nr. 1.715.495, Gehäuse-Nr. 1.625.125). Wie man im Vergleich mit der linken Aufnahme sieht, fehlt bei diesem Gehäuse die Gummidichtung.

Abb. 119
Gruppenbild von drei IWC »Ingenieuren« der ersten Ausführung in verschiedenen Varianten. Links oben die Ref. R 766 AD mit einem Gehäuse aus 14 K GG und Stahlboden (Kaliber C.8531, Werk-Nr. 1.610.885, Gehäuse-Nr. 1.564.149), unten Mitte die Ref. R 666 A in Edelstahl (Kaliber C.853, Werk-Nr. 1.600.927, Gehäuse-Nr. 1.591.467) und rechts oben die Ref. R 9033 in 18 K GG (Kaliber C.8521, Werk-Nr. 1.413.706, Gehäuse-Nr. 1.395.858, Goldgehäuse von Wyss & Cie., Biel/Bienne, Kollektiv Verantwortlichkeitsmarke Nr. 1, Punzen-Nr. 149). – Zwei dieser Uhren haben noch Original-Zifferblätter montiert, bei der dritten wurde das Zifferblatt aufgefrischt. Wer findet heraus welches? Interessant dürften auch die Produktionsjahre dieser drei Kaliber sein. Das Werk der rechts abgebildeten Uhr stammt aus dem Jahr 1957, jenes der mittleren Uhr wurde im Sommer 1961 und das Werk der Ingenieur links oben zum Jahresende 1961 produziert.

Die IWC Ingenieur Ref. 666

Zur Kultuhr ohne gleichen hat sich die frühere Modellreihe »Ingenieur« entwickelt. In der Folge stellen wir fünf verschiedene Uhren dieser gefragten Modellserie vor. Die hier unten gezeigte Ingenieur Referenz R 666 A mit Stahlgehäuse und -Zeigern stammt aus den USA. Im Innenboden sind weder Referenz- noch Gehäusenummer verzeichnet. Letztere findet sich jedoch zwischen den Bandanstößen bei der 6.

Abb. 120
Referenz R 666 A Ingenieur. Das Stahlgehäuse bringt es auf 36,5 mm Durchmesser, für den Sitz der Federstege sorgen Durchgangsbohrungen. Laut Stammbuchauszug wurde diese Uhr am 31 Januar 1964 an Firma Bloch verkauft (Werk-Nr. 1.981.677, Gehäuse-Nr. 1.388.522).

Abb. 121
Die IWC-Ingenieur Referenz R 666 A gilt heute als »Kultuhr« und besonders gesuchtes Sammlerstück.

Abb. 122
Die Ingenieur Referenz R 666 A gab es mit und ohne Datumsanzeige bei der 3. Im rechten Falle lautet die komplette Referenzbezeichnung R 666 AD (R für Referenz, A für Automatik und D für Datum). Das linke Modell hat Indizes und Zeigerspiel in Roségold, das rechte solche in Edelstahl erhalten (links: Kaliber C. 852, Werk-Nr. 1.381.677, Gehäuse-Nr. 1.388.522, rechts: Kaliber C. 8521, Werk-Nr. 1.334.253, Gehäuse-Nr. 1.342.793).

In der Folge werden zwei weitere »Ingenieure« der Referenz R 666 A und R 666 AD vorgestellt. Die erste stammt aus Florida/USA und wurde von einem Uhrenfreund im Dezember 2003 für 2.500 USD erworben.

Das Gehäuse dieser Ingenieur besteht aus Edelstahl, das Zeigerspiel sowie die Indizes aus 585-Roségold. Die rechts daneben abgebildete Version mit Datumsanzeige stammt noch vom Original-Besitzer, der diese Uhr 1958 von seinen Eltern zur bestandenen Reifeprüfung geschenkt bekommen hatte. Aus dem IWC-Werkenummernverzeichnis ist zu entnehmen, dass das eingeschalte Kaliber C 8521 bereits Ende 1954 gefertigt worden war.

Abb. 123
Blick auf die geöffnete Ingenieur R 866 AD in 750 GG
Der Innenboden ist schön perliert, das Hammer-Signet mit der Nummer 183 verrät den Gehäuselieferanten Nouvelle Piquerez SA, Bassecourt. Der Weicheisenboden, der für den Schutz gegen äußere magnetische Felder sorgt, ist stilvoll vergoldet. Die Gehäuse-Nr. 1.835.019 ist nur noch schwach eingraviert und nicht wie früher zwischen den Bandanstößen bei 6 Uhr außen eingeschlagen. Auffällig ist auch die große Krone.

Abb. 124
Mit der Referenz R 866 A wurde 1964 das Nachfolgemodell der IWC Ingenieur lanciert. In gleicher Weise gegen Wasser und magnetische Felder geschützt, wurde das Gehäusedesign geringfügig geändert und das verbesserte Automatikkaliber C. 8541 (ohne Datumsanzeige C. 854) eingeschalt. Diesem folgte ab 1969 das nochmals modifizierte Kaliber C. 8541 B (B steht für Breguet-Spirale mit der Greiner Spiralrolle). Während die obere Ingenieur noch das versilberte Original-Zifferblatt montiert hat, gehört das links gezeigte blaue Zifferblatt zu jenen Exemplaren von Ersatzzifferblättern, die bei IWC Ende der 90er Jahre in einer kleinen Serie neu aufgelegt wurden. Anlässlich einer bei IWC durchgeführten Revision hatte diese Ingenieur ein solches Ersatzzifferblatt erhalten. Wie bei den Zifferblättern der ersten vier Produktionsjahre fehlt auch hier unter der 12 das IWC-Signet. Ab 1969 erhielt die IWC Ingenieur Gehäuse- und Referenznummer auf der Innenseite des Schraubbodens eingeschlagen (links: Kaliber C.8541, Werk-Nr. 1.918.137, Gehäuse-Nr. 1.813.480, oben: Kaliber C. 8541 B, Werk-Nr. 2.037.883, Gehäuse-Nr. 2.012.103). Laut IWC-Stammbuchauszug wurde die linke Uhr am 14. Januar 1971 an Firma Neslein & Co., Christiana, Norwegen, verkauft. Dies wurde auch vom Besitzer bestätigt. Die rechte Ingenieur wurde am 22. November 1974 an die IWC-Niederlassung in Frankfurt am Main geliefert.

Die IWC Ingenieur Ref. 866

Mit dem Erscheinen des neuen Automatikkalibers C. 8541 im Jahr 1964 wurden auch die neuen Ingenieur-Referenzen R 866 A und R 866 AD präsentiert. Das Gehäuse war hierzu etwas modifiziert worden, insbesondere der Schraubboden. Anstelle der sechs Nuten sorgte nun ein Vierzehnkant für das Ansetzen des Bodenschlüssels (IWC-Werkzeug 8 14 P).

Die Zifferblätter fielen etwas prägnanter aus und die Datumsanzeige größer und besser ablesbar. Auch war das Datumsfenster etwas mehr an die 3 gerückt.

Das neue Kaliber war durch Zifferblatt, Werkring und Innenboden aus Weicheisen gegen magnetische Felder geschützt. Beim Öffnen der Uhr kann man auch sehen, dass Werkring und Innenboden einen Korrosionsschutz aus einer dünnen Goldschicht erhalten haben. Der Schutz gegen magnetische Felder beträgt bis 1.000 Oersted (80.000 Ampère/m). Die Wasserdichtigkeit wurde damals mit 12 atü (120 m unter Wasser) angegeben. Ab 1969 erhielt diese Ingenieur einen Sekundenstopp, wie er im Prinzip schon von der Fliegeruhr Mk 11 bekannt war. Laut IWC-Preisliste aus dem Jahr 1970 wurde die Referenz R 866 AD mit folgenden Preisen ausgewiesen: Ausführung in Edelstahl mit Edelstahlband 618 CHF, mit 750-Goldgehäuse, Goldziffern und Krokoband 1.400 CHF, gleiches Modell wie zuvor, aber mit 750-Goldband ab 3.540 CHF (weil hier der Tagespreis von Gold einging).

Abb. 125
IWC Ingenieur Ref. R 866 AD in 18 K GG (ab Oktober 1971 Ref. 1808)
Diese besondere Uhr ist nur selten anzutreffen. Die hier gezeigte Ausführung mit versilbertem Zifferblatt, Indizes aus 18 K GG, Krokoband und 18 K GG-Stiftschließe war in der IWC-Preisliste von 1970 mit 1.400 CHF bzw. mit 1.155 DM aufgeführt (Kaliber C.8541, Werk-Nr. 1.831.052, Gehäuse-Nr. 1.835.019, Goldgehäuse von Nouvelle Piquerez SA, Bassecourt). Als dieses Kapitel verfasst wurde (Anfang 2021), lag weder im Internet noch bei bekannten Auktionshäusern ein Angebot für diese besondere Uhr vor.

Abb. 126
Die mächtige Ingenieur SL Referenz 9232 in 750 Gelbgold gilt als Schwergewicht und bringt mit dem integrierten Goldband genau 285 Gramm auf die Waage. Zum Schutz gegen magnetische Felder sind auch hier Zifferblatt, Werkring und Kalotte aus Weicheisen gefertigt. Das Werk selbst wird durch sieben Gummisegmente (Suspense) elastisch im Gehäuse gelagert und ist für eine Wasserdichtigkeit bis 60 Meter Tiefe (Stahlausführung bis 100 Meter) ausgelegt. Mit der herausgezogenen Krone wird der Sekundenstopp betätigt (Werk-Nr. 2.178.613, Gehäuse-Nr. 2.259.374).

IWC Ingenieur SL, Übersicht zu den gebauten Varianten (nach Ronald Jäger)

Referenz	Gehäuse	Band	Werk	Kaliber	Zifferblatt-Varianten	Verk. Stückzahl
1832	Stahl, Stahl/Gold	Stahl, Stahl/Gold	Automatik	8541 ES	versilbert oder schwarz	543
3003	Stahl, Stahl/Gold	Stahl, Stahl/Gold	Quarz	2405	rhodiniert oder schwarz	335
9232	Gelbgold	Gelbgold	Automatik	8541 ES	vergoldet oder schwarz	55 (45)
9503	Gelbgold	Gelbgold	Quarz	2405	vergoldet oder schwarz	45 (55)
3303	Stahl	Stahl	Quarz	2250	rhodiniert oder schwarz oder weiß	149
3303	Stahl/Gelbgold	Stahl/Gelbgold	Quarz	2250	vergoldet oder schwarz oder weiß	160
9701	Gelbgold	Gelbgold	Quarz	2250	vergoldet oder schwarz oder weiß	56
9720	Gelbgold mit 35 Brillianten auf der Glasfassung	Gelbgold	Quarz	2250	vergoldet oder schwarz oder weiß	4

Die IWC Ingeneur SL, Spitzname Jumbo

Das nächste Modell der Ingenieur wurde 1976 im Rahmen der neuen Kollektion SL lanciert. Das Design von Gehäuse und Band wurde von Gérald Genta geschaffen, den wir bereits von Audemars Piguet, Patek Philippe und Vacheron & Constantin her kennen. Die neue Ingenieur trägt mächtig auf und kam nur mit integriertem Metallband zur Auslieferung. Diese Modellreihe Ingenieur SL (SL steht für »Steel Line«) besaß eine unübersehbare Größe und erhielt alsbald den Spitznamen »Jumbo«. Die Stahlversion bekam die Referenznummer R 1832 AD, die goldene R 9232 AD. In den Preislisten und anderen IWC-Dokumentationen wurden die Buchstaben bei den Referenzbezeichnungen weggelassen. Auf der Seite links wird dieses Modell vorgestellt. Das edle Stück mit Goldband bringt es auf ganze 285 Gramm Gesamtgewicht! Auch diese Ingenieur besitzt den Weicheisenschutz gegen störende magnetische Felder bis 1.000 Oersted. Zusätzlich wurde das Automatikkaliber C. 8541 E über sieben Gummisegmente (Suspense) elastisch und stoßsicher im Gehäuse gelagert. Diese Konstruktion war zuvor auch schon beim Modell Yacht Club angewandt worden. Die Referenz R 1832 AD gab es noch als Mixte-Ausführung in Stahl und 585 Gelbgold. Aus der Tabelle auf Seite 74 können Sie auch entnehmen, dass neben den Automatikkalibern bei diesem Modell auch Quarzwerke zum Einbau kamen. Die Quarzversion der goldenen Jumbo erhielt die Referenznummer 9503. Von beiden Ausführungen waren insgesamt nur 100 Exemplare disponiert, wobei zunächst 45 mit Automatik- und 55 mit Quarzwerk geplant waren.

Laut Jürgen King waren in jener Zeit die Ausführungen mit Automatikwerk schwer zu verkaufen. IWC nahm eine nicht mehr bekannte Stückzahl wieder vom Markt und rüstete diese nachträglich mit Quarzwerken aus. Wegen maßlicher Unterschiede zwischen beiden Kalibern mussten hierzu spezielle Adapter und Zifferblatt-Unterlagen gefertigt werden. Ein zusätzlicher Aufwand entstand bei der Erhöhung des Zeigerwerks. Wie sich Walter Baumann, Meister bei IWC und damals in der Fertigung für diese Uhren verantwortlich, erinnert, kamen auch die auf Quarz umgebauten Uhren irgendwann später wieder zurück und wurden im Anschluss erneut auf Mechanikwerk umgerüstet. Neun dieser Uhren konnte Ronald Jäger identifizieren und die zugehörigen Gehäusenummern festhalten lassen. Sie sollen unseren Lesern nicht vorenthalten werden: Gehäuse-Nr. 2.238.075, 2.247.629, 2.247.630, 2.256.769, 2.259.367, 2.259.368, 2.259.369, 2.259.374 und 2.259.380. Diese Uhren haben im Schraubboden die Ref.-Nr. 9503 aufgeführt, obwohl sie mit einem Automatikwerk versehen sind. Aus der IWC-Preisliste 1979 können wir auch einige Publikumspreise der SL-Kollektion zitieren. So waren für die Ingenieur 1832 in Edelstahl 2.800 DM und für die Mixte (Edelstahl/14 Karat Gelbgold) 5.260 DM zu entrichten. Die Version in 750 Gelbgold war unter der Referenznummer 9232 mit 18.300 DM ausgewiesen.

Die IWC Taucheruhren

Als weitere Objekte der Begierde gelten die Taucheruhren von IWC. Dies gilt besonders für das Modell Aquatimer Ref. R 812 AD, welches wir hier in zwei Ausführungen vorstellen. Diese Taucheruhr wurde 1967 lanciert und blieb bis 1982 im Programm. Aufgabe dieser Uhr war die sichere Handhabung der genauen Tauchzeit. Durch die Krone bei

Abb.127
Auch Taucheruhren von IWC sind heute gesuchte Sammlerstücke. Hier zwei schöne Exemplare der Referenz R 812 AD (später 1812). Dieses Modell wurde 1967 lanciert und bis 1982 produziert. Die Wasserdichtigkeit wurde bis 200 m Tiefe angegeben. In beiden Zeitmessern arbeitet das Kaliber C. 8541 B. Die linke Uhr hat ein Kunststoffband, die rechte eine originales IWC-Stahlband montiert. Mit der unteren Krone werden Aufzug und Zeigerstellung bedient, mit der oberen die Lünette für die Tauchzeitvorgabe. Bei Taucheruhren war die Wasserdichtigkeit oberstes Gebot und wurde von den Konstrukteuren bei IWC besonders ernst genommen. Das Werk Kaliber C. 8541 B der linken Taucheruhr wurde im Jahre 19[illegible]2 produziert und auch diese Uhr laut Stammbuchauszug am 17. November 1975 an Firma Zwyro AG verkauft. Das Werk der rechten Taucheruhr ist vom Kaliber identisch, wurde jedoch ein Jahr früher produziert. In beiden Uhren sind im Schraubboden die Referenzen R 812 AD komplett eingeschlagen, nur in der rechten sind noch zudem Bezeichnungen Super Compressor sowie Brevet + 31753 und Brevet + 337[illegible]62 die Patentnummern aufgeführt (links: Werk-Nr. 2.091.900, Gehäuse-Nr. 1.937.708, rechts: Werk-Nr. 2 036.237, Gehäuse-Nr. 1.937.603). Die Außenseite des Schraubbodens war mit einem stilisierten U-Boot verziert. Neben dieser Referenz gab es noch weitere Modelle der Aquatimer mit den Referenznummern [illegible]816 und 1822.

der 4 wurde das gesamte Uhrwerk, durch die Krone bei der 2 die vorgesehene Tauchzeit durch die drehbare Innenlünette eingestellt. Präzision und Wasserdichtigkeit hießen die lebensbestimmenden Kriterien, wenn sich der Taucher in die Tiefen des nassen Elements begab. Die IWC-Preisliste aus dem Jahr 1970 verrät uns, wie viel Geld der Hobbytaucher für den Erwerb einer Aquatimer Referenz R 812 AD auf den Ladentisch legen musste. So waren für die Version in Edelstahl mit Edelstahlband 620 CHF, für die Version mit Tropical-Band (Kunststoffband) 560 CHF zu begleichen.

Die IWC Yacht Club

Zu den erfolgreichen Armbanduhren, die unsere Spezialisten aus Schaffhausen kreiert haben, gehören die verschiedenen Modelle der sportlichen Yacht Club. Obwohl das Gehäuse dieses Zeitmessers in dem sonst anderswo nicht mehr beliebten »Spiegelei-Design« gehalten ist, suggeriert diese Uhr ihrem Besitzer Sportlichkeit und Dynamik. Mit einer Produktionsstückzahl von über 45.000 Stück, davon etwa 10 % mit Goldgehäuse, stellte die Yacht Club in jener Zeit das meistgebaute Modell von IWC dar. Neben den Gehäusevarianten in Edelstahl sowie in Gelb- und Weißgold fanden sich auch unterschiedliche Zifferblattvarianten. So wurden Zifferblätter der Stahlausführung entweder versilbert oder mit blauem, anthrazitfarbenem oder emailliertem sowie schwarzem Emaillelack versehen. Bei den Ausführungen in Weiß- und Gelbgold waren die Zifferblätter entweder versilbert, vergoldet (champagnerfarben) oder emailliert. Um dieses erfolgreiche Modell gebührend zu würdigen, sind in diesem Buch auf den Seiten 76, 77 und 78 sieben verschiedene Varianten aufgeführt. Darunter befinden sich zwei besondere Raritäten. Die eine gehört zu einer Prototypreihe mit Sonderzifferblatt im Kupferfarbton, die laut Aussage von René Schwarz, IWC, nur in ca. 35 Exemplaren für den Export nach Fernost vorgesehen war. Die andere stellt eine Luxusversion in 750 Gelbgold und Zifferblatt mit 42 Brillianten dar, von der nach Erinnerung eines IWC-Mitarbeiters maximal 24 Exemplare produziert wurden. Die erstgenannte Yacht Club stammt vom Antikuhrenhändler Ralph Silvester, New Haven, Connecticut, USA. Für den Erwerb mussten einschließlich Einfuhrumsatzsteuer und Transport rund 2.700 DM bezahlt werden. Hinzu kamen noch die Revisionskosten bei IWC

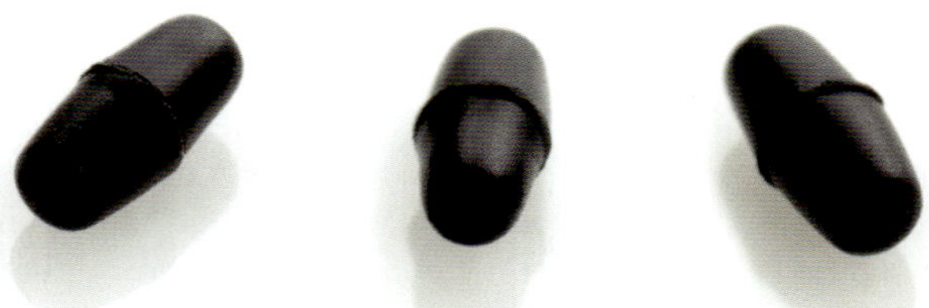

Abb. 129
IWC Suspense System (stark vergrößert)
Mit sieben dieser Gummielemente, deren genaue Position in einer Montagevorgabe beschrieben ist, wird das Kaliber 8541 im Gehäuse der Yacht Club gelagert. Damit ist auch das Werk besonders stoßgeschützt (siehe auch Abb. 110 auf Seite 67).

Abb. 128
Parade von drei verschiedenen Ausführungen des IWC-Modells Yacht Club: Links eine Edelstahlversion Ref. R 811 AD mit blauem Zifferblatt und Metallband, mittig eine Sonderausführung ohne Referenzangabe mit kupferfarbenem Versuchszifferblatt und rechts das Modell Ref. R 811 A ohne Datumsanzeige. Von der mittleren Ausführung wurden als Versuchsserie nur ca. 35 Exemplare für den Export gefertigt. Diese Aussage wurde von einem pensionierten IWC-Mitarbeiter bestätigt, der durch Zufall die IWC-Servicewerkstätte besucht hatte und Ende der 60er Jahre in dieses Projekt involviert war (links: Werk-Nr. 1.941.227, Gehäuse-Nr. 1.928.597, mittig: Werk-Nr. 1.833.256, Gehäuse-Nr. 2.166.151, rechts: Werk-Nr. 1.774.258, Gehäuse-Nr. 1.841.886). Von zwei dieser sportlichen Zeitmesser liegen uns die Stammbuchauszüge von IWC vor. So ging die linke Yacht Club am 5. Oktober 1970 an IWC Frankfurt am Main, die mittige am 30. September 1968 an Firma Steiner in Lagos. Ursprünglich trug das Gehäuse dieser Uhr die Nummer 1.852.779. Anlässlich einer bei IWC Schaffhausen durchgeführten Revision wurde das komplette Gehäuse getauscht und die neue Gehäuse-Nr. 2.166.151 zugeteilt.

Abb. 130
Zu den erfolgreichsten Armbanduhren von IWC zählen die verschiedenen Modelle der sportlichen Yacht Club. Insgesamt wurden von dieser Linie rund 45.000 Uhren gebaut, ca. 10 % davon im Edelmetall Gold. Die Ausführungen in 750 Gold und Edelstahl tragen die Referenznummer 811 (später 9205 und 1811), die in 585 Gelbgold mit Stahlboden 911 (später 1911). Zur Yacht Club in 750 Gelbgold, blauem Zifferblatt und 42 Brillianten liegt uns noch das Original-Garantieheft vor. Aus diesem ist zu entnehmen, dass diese Yacht Club von Firma Metropolitan Store in Alkhobar, Saudi Arabien, am 5. Dezember 1974 verkauft wurde. Der von IWC ausgestellte Stammbuchauszug verrät uns weiterhin, dass diese Uhr am 17. Mai 1974 an die Firma Metropolitan, Alkhobar, gegangen war. Auch die Nummern von Werk und Gehäuse stimmten überein. Im Stammbuchauszug war »Herrenarmbanduhr Ref. 9205 Yacht Club« aufgeführt. Nach Öffnen dieser Uhr konnte man zwar die Kaliberbezeichnung C. 8541 B sowie Werk- und Gehäusenummern finden, nicht jedoch die Referenznummer! Die rechte Yacht Club gehört der Referenz R 911 AD an, bei der das Gehäusemittelteil aus 585 Gelbgold und der Schraubboden aus Edelstahl gefertigt ist. Im guten Zustand befindet sich das Kaliber C. 8541 B, wie auf dem Foto zu erkennen ist. Auch die Daten im Schraubboden sind leicht zu lesen. Dem Stammbuchauszug ist zu entnehmen, dass diese Yacht Club am 18. April 1971 an Firma Andreas Huber in München verkauft wurde. Im Jahr 2001 tauchte sie in einem Münchner Leihhaus auf und wechselte für 850 DM wieder den Besitzer.

Abb. 131
Stoßfangfeder des Automatikwerkes C. 8541
Diese Stoßfangfeder, später auch Automatikbrücke genannt, bildet das geniale und entscheidende Element des IWC-Pellaton-Aufzuges. Der Achszapfen mit zwei unterschiedlichen Lagerdurchmessern nimmt den Rotor auf und erlaubt eine in drei Dimensionen gefederte Aufhängung. Dies bedeutet, dass von außen auf das Uhrengehäuse wirkende Stöße in X-, Y- sowie der Hochachse Z aufgefangen und abgefedert werden können. Auch René Schwarz, der über viele Jahre zuerst als Service-Chef in Schaffhausen und später bei Richemont in München für alle Konzernmarken zuständig war, konnte sich beim Kaliber 8541 an keinen einzigen Bruch der Rotorachse erinnern.

Abb. 133
Achszapfen des aktuellen Rolex-Kalibers 3135
Die Konstruktion dieses Achszapfens ist funktionell identisch mit dem Achszapfen des IWC-Kalibers 8541. Bei Rolex ist der Achszapfen im Rotor gelagert und die beiden Kunstrubinlager fest in der Automatkbrücke eingebaut. Der Achszapfen dreht sich somit in den feststehenden Lagern. Bei IWC sind die beiden Kunstrubinlager fest im Rotor eingebaut und drehen sich in dem stehenden Achzapfen. Streng nach Lehrbuch befindet sich innen der größere, außen der kleinere Lagerdurchmesser. Dazwischen liegt der Bund für die Rotorarretierung. Warum IWC diese Konstruktion fast vor 45 Jahren verlassen hat, aber Rolex diese technische Lösung auch heute noch praktiziert, ist für einen Ingenieur unverständlich. Prinzipiell entspricht diese Lagerung der Radführung eines Automobils.

Abb. 132
IWC Yacht Club in zwei verschiedenen Ausführungen
Dieser Vergleich zeigt zwei verschiedene Ausführungen der IWC Yacht Club mit verschiedenen Zifferblättern und Goldgehäusen. Das linke Modell Referenz R 811 AD besitzt ein versilbertes Zifferblatt und ein aufgesetztes IWC-Signet (Kaliber C.8541 B, Werk-Nr. 1.976.194, Gehäuse-Nr. 1.996.659), das Gehäuse besteht aus 18 K GG. Bei der rechten Yacht Club Referenz R 911 AD ist das Gehäuseoberteil aus 14 K GG, der Schraubboden aus Stahl gefertigt. Am vergoldeten Zifferblatt ohne IWC-Signet erkennt man das ältere Baujahr (Kaliber C.8541 B, Werk-Nr. 1.919.194, Gehäuse-Nr. 1.905.506). Laut IWC-Produktionsliste wurde das Werk der linken Uhr Ende, das der rechten Anfang 1969 gefertigt. Beide Werknummern liegen um 70.688 Exemplare auseinander.

Schaffhausen, für die weitere 485 CHF zu entrichten waren. Von dem diamantgeschmückten Prachtstück liegen uns sowohl das damalige Garantieheft im Original als auch der Stammbuchauszug von IWC vor. Nach diesen Unterlagen wurde diese Uhr von der Firma Metropolitan Store in Alkhobar, Saudi Arabien, am 5. Dezember 1974 verkauft. Was diese Uhr in den Folgejahren alles erlebte, wissen wir aber nicht. Im Herbst 2002 tauchte dieses seltene Stück schließlich beim Antikuhrenhändler Lippincott in Naberth, Pennsylvania, USA, auf und wurde von einem deutschen Uhrenfreund für 3.640 USD erworben. Einfuhrumsatzsteuer sowie eine sachgerechte Revision bei IWC schlugen mit rund weiteren 1.200 € zu Buche. Die auf Seite 77 rechts gezeigte Yacht Club Ref. R 911 AD war zu ihrer Zeit preislich zwischen den Ausführungen in Edelstahl und 750 Gold positioniert. Bei dieser Version bestanden Lünette und Gehäusemittelteil aus 585 Gelbgold und der Schraubboden aus Edelstahl. Laut Stammbuchauszug von IWC wurde diese Uhr am 18. April 1971 an die Firma Andreas Huber in München verkauft. Rund 30 Jahre später tauchte sie in einem Münchner Leihhaus auf und wechselte für 850 DM wieder den Besitzer. Für die werterhaltende Grundüberholung verlangte IWC 420 CHF. Wirft man einen Blick in die IWC-Preisliste von 1970, ist dieses Modell Ref. R 911 AD einschließlich Krokoband mit 950 CHF ausgezeichnet. Neben den verschiedenen Versionen mit Automatikwerk gab es von der Yacht Club auch eine Preiswert-Variante, in der das Handaufzugs-Kaliber C. 89 eingeschalt ist. Dieses Modell wird auf Seite 66 beschrieben.
Wie manchmal Werbung und Wirklichkeit verschiedene Wege gehen können, zeigen wir am folgenden Beispiel. In einer vom Februar 1967 datierten Werbeschrift werden die verschiedenen Vorzüge der IWC Yacht Club herausgestellt. Neben der Krone mit automatischem Druckausgleich (CAT) wird auch der Stoßfänger (YC) vorgestellt. Bei Letzterem wird das Prinzip der Federung des Uhrwerkes im Gehäuse beschrieben, welches auf Kunststoffkissen in Form kleiner Zylinder beruht. Im Originaltext heißt es dort wie folgt: »Die Kunststoffkissen liegen, je drei zusammen, an drei Stellen zwischen dem Gehäuse und dem Uhrwerk.« Dagegen liest man in der IWC-Montageanleitung für Uhrmacher zum Montieren des Systems »Suspense« in das Yacht-Club-Gehäuse u.a. wie folgt: »Das Gehäuse der Yacht Club besitzt sieben Suspense-Blöcke.« Eine Zeichnung gibt vor, dass diese sieben »Suspense«-Blöcke gleichmäßig über den gesamten Gehäuseumfang verteilt zu montieren sind. Auf Seite 67 ist diese Zeichmung abgebildet (Abb. 110). Somit treffen Werbung und Montage sowohl in der Anzahl der Federelemente als auch in deren Position verschiedene Aussagen. Wenn man eine Yacht Club öffnet und der Uhrmacher richtig gearbeitet hat, sieht man die Montageanleitung bestätigt. Ergänzend für den interessierten Sammler sei noch erwähnt, dass vom Modell Yacht Club auch wenige Uhren mit einem Quarzwerk ausgestattet wurden.

Die IWC Golf Club und Polo Club aus der Linie SL

Bei der schon vorgestellten IWC-Linie SL (SL steht für »Steel Line«) gab es neben der Ingenieur SL auch noch weitere sportliche Modelle. Dazu gehören die Versionen Golf Club SL Ref. R 1930 A und 1830 AD und die Polo Club SL Ref. R 1931 A und 1831 AD. Auch sie haben die Kaliberreihe C. 854 B und C. 8541 B eingeschalt, im Gegensatz zur Yacht Club und Ingenieur SL war jedoch aus Platzgründen auf das zuvor beschriebene Stoßschutzsystem »Suspense« verzichtet worden. Dafür waren dort aber ebenfalls, wie bei der Ingenieur R 1832, kratzsichere Saphirgläser montiert worden. Auf eine Besonderheit der Golf Club muss noch hingewiesen werden. Als einzige Sportuhr von IWC ist auch der Name radial auf dem Schraubboden eingraviert: »IWC GOLF-CLUB«. Wie damals diese

Abb. 134
Zur sportlichen IWC-Linie SL (SL steht für »Steel Line«) gehören auch die Modelle Golf Club Ref. R 1829 AD (links) und Polo Club Ref. R 1931 A (ohne Datum rechts). Das Design der letzteren stammt von Gérald Genta. Doch waren diese Uhren robust konzipiert und mit ihrem Kaliber C. 8541 B bzw. C. 854 B sowie wasserdichten Schraubgehäusen für sportliche Ambitionen durchaus prädestiniert. Vorne das Automatikwerk der Golf Club, links daneben der zugehörige Schraubboden. Außen ist die Bezeichnung Golf Club eingraviert (links: Werk-Nr. 2.095.508, die rechte Uhr blieb ungeöffnet).

beiden Modelle offeriert wurden, verrät uns die IWC-Preisliste aus dem Jahr 1976, in dem diese Uhren auch lanciert wurden. Die Golf Club SL Ref. 1830 mit Edelstahlband ist mit 1.250 CHF, die Polo Club SL Ref. 1931 mit Edelstahlband mit 1.190 CHF ausgezeichnet. In beiden Fällen waren die Metallbänder aushängbar, so dass auch ein Lederband Verwendung finden konnte. In beiden Fällen war das Design der Edelstahlgehäuse recht gewöhnungsbedürftig, obwohl diese aus der Sicht der Fertigungstechnik sehr aufwendig ausgefallen waren.

Abb. 136
IWC Ref. 817 AD Rückseite
Beim bekannten englischen Modehaus MARKS & SPENCER LTD., London, war es i den 70er Jahren üblich, verdienten Führungskräften zum 25jährigen Dienstjubiläun eine goldene Armbanduhr zu überreichen. Dass hier mehrmals die Wahl auf ein goldene IWC Automatik Referenz R 817 AD gefallen war, trat erst nach über 40 Jahre zu Tage. Das Auktionshaus Fellows in Birmingham, England, bot in den vergangene Jahren dieses Modell gleich des öfteren an. Auf der hier abgebildeten Uhr lautet di Widmung wörtlich wie folgt: »PRESENTED TO T. WILLIAMSON in Application of 2 Years´ Service 1946-1971 MARKS AND SPENCER LTD.« Dazwischen ist fast etwa klein die Gehäuse-Nr. 1.788.768 zu erkennen. Nachdem dieses Jubiläum mehr als 5 Jahre zurück liegt, dürfte der Verkauf dieser Uhr wohl durch die Erben des Jubilar erfolgt sein (Werk-Nr. 1.976.636, Gehäuse-Nr. 1.788.768, Lieferant des Goldgehäuse war die Firma Oréacle, Manufacture du boîtes SA, La Chaux-de-Fonds).

Abb. 135
IWC Automatik Ref. R 817 AD in 18 K GG
Auch diese Aufnahme belegt die bereits getroffene Aussage wiederum, dass die Automatiks der Referenz R 817 AD zu den schönsten Zeitmessern aus Schaffhausen zählen. Das einfache, aber stilvolle Zifferblatt, das bis ins kleinste Detail aufwendig konstruierte, massiv auftretende Gehäuse sowie das hochpräzise Automatikwerk Kaliber C.8541 B belegen schon am linken Handgelenk des Besitzers dieser Uhr, dass er an alles gedacht hat! Eine bessere Wahl hätte er wohl kaum treffen können! In einem IWC-Katalog 1971 für Japan war die Ref. 1817 (817) in Edelstahl mit 98.000 Yen aufgeführt. Man sieht der sauber gedrehten Fläche des Schraubbodens nicht an, dass hier eine umfangreiche Gravur zugelasert und der Schraubboden daraufhin fachgerecht nachgearbeitet wurde.

IWC Referenz R 817 AD, eine der bemerkenswertesten Automatiks aus Schaffhausen

Nach Ansicht des Autors gehört die IWC Automatik Referenz R 817 AD zu den gefälligsten Uhren, die IWC in jener Zeit produziert hat. Erst bei genauem Hinsehen stellt man fest, welch ein aufwendiges Gehäuse hier verbaut wurde. Das Mittelteil ist aus einem Goldband (Halbzeug) gestanzt und vielfach geformt. Die Bandanstöße sind am Ende gerundet und in Längsrichtung beidseitig satiniert. Die 45°-Brechung der Bandanstöße wurde dagegen diamantiert. Der konische Ansatz auf der Gehäuseunterseite ist diamantiert. Der Schraubboden wurde zweifach konisch abgesetzt und verfügt über sechs Nuten zum wasserdichten Verschließen. Dieses Modell war sowohl in 750 Gelbgold als auch in Edelstahl zu haben. Je nach Wunsch wurde es mit Leder- oder auch Metallband geliefert. In der IWC-Preisliste 1968 werden für die Referenz R 817 AD in der Edelstahlversion 430 CHF, für die Ausführung in 750 Gelbgold 1.040 CHF verlangt. In der deutschen IWC-Preisliste sind diese Uhren im gleichen Jahr mit 485 DM und 1.055 DM aufgeführt. Dieser Preisunterschied resultiert jedoch weniger aus der damaligen Währungsparität, sondern mehr aus der in Deutschland gerade eingeführten Mehrwertsteuer. Warum soll nun die IWC Referenz R 817 AD als eine Besonderheit gelten? Immerhin ist dieses Modell in der einschlägigen Literatur nicht aufgeführt. Recherchen bei IWC sowie bei ehemaligen Mitarbeitern des Hauses führten nur zur Aussage, dass die Referenz R 817 AD an sich keine Besonderheit oder Rarität darstellte. Diese Uhr war vermutlich als »Kampfmodell« vorgesehen, das als preisgünstige Variante der zunehmenden Konkurrenz Marktanteile gewinnen sollte. Sie wurde im Jahr 1968 erstmalig in den IWC-Preislisten aufgeführt, war aber bereits zwei Jahre später dort nicht mehr enthalten. Die Produktionszeit lag somit nur bei ca. zwei Jahren, genaue Fertigungszahlen sind nicht bekannt. Nach Schätzung von IWC soll die Gesamtstückzahl zwischen 1.000 und 2.000 Exemplaren gelegen haben. Wo aber lag zu jener Zeit das Marketingziel dieses Modells? Im Vergleich zu den Produktlinien Yacht Club und Ingenieur, die mit nahezu gleichen Automatik-Kalibern und ähnlich gestalteten Zifferblättern ausgestattet waren, verfügte die Referenz R 817 AD über ein weitaus aufwendiger gestaltetes Gehäuse. Sieht man einmal von der abweichenden Werklagerung der Yacht Club ab, bei der das Kaliber zusätzlich von sieben Gummisegmenten elastisch gehalten wird, findet sich kein überzeugender Grund für die weit auseinander liegenden Preise. So wird in der Preisliste des Jahres 1968 die goldene Yacht Club mit Datum (R 811 AD) mit 1.495 DM, die goldene Referenz R 817 AD mit 1.155 DM ausgewiesen. Im Vergleich zu der schlichten Form des Yacht-Club-Gehäuses war das der Referenz R 817 AD sehr aufwendig gestaltet und besaß eine große Ähnlichkeit mit dem Gehäuse der Rolex Datejust. Bei gleicher Kalkulationsbasis hätte somit der Preis der Referenz R 817 AD mindestens bei dem der Yacht Club oder höher ausfallen müssen. Eine Antwort auf diese Frage konnte uns auch der damalige Produktionsleiter von IWC, Ronald Jäger, nicht geben. Trotz der steigenden Beliebtheit von antiken IWC-Armbanduhren war die Referenz R 817 AD bei den renommierten Auktionshäusern wie Christie's, Sotheby's und Antiquorum in den letzten 10 Jahren nicht aufgerufen worden. Lediglich Henry's Auktionshaus bot in seiner März-Auktion 1996 eine goldene IWC R 817 AD an, die einschließlich Aufgeld für 3.780 DM an den Höchstbietenden, einen japanischen Uhrensammler, ging. Beim Auktionshaus Dr. Crott kamen 2010 gleich mehrere Modelle der Ref. R817 AD zur Versteigerung. Sie stammten aus einer Sammlungsauflösung.

IWC Yacht Club II

Im Gegensatz zum ersten Yacht-Club-Modell war der Nachfolgeversion Yacht Club II kein so großer Erfolg beschert.
Das unter Mitwirkung von Gerald Genta entworfene Gehäuse-Design traf nicht jedermanns Geschmack und wirkte auch nicht »wie aus einem Guss«, wie wir dies z. B. von der Royal Oak aus dem Hause Audemars Piguet her kennen. Die Yacht Club II wurde in drei Versionen und in vier Größen offeriert. Das mit Leder- oder Metallband ausgelieferte Modell gab es in Edelstahl, Mixte (Edelstahl/585 Gelbgold) und in 750 Gelbgold. Anstatt ein eigenes Automatik-Werk zu verwenden, baute man in die größte Version dieser Uhr Ref. 3312 das neue Jaeger-LeCoultre-Kaliber 900/901 ein. Mit nur 3,25 mm Gesamthöhe (C.8541 B mit 5,90 mm) entsprach es den Forderungen seiner Zeit. Die IWC-interne Kaliberbezeichnung lautete C. 3254. Laut Aussage von IWC blieben die Yacht Club II mit mechanischem Uhrwerk die Minderheit, das Gros dieser Modellreihe wurde mit

Abb. 137
Das Design der Yacht Club II Referenz R 3212 AD stammt von Gérald Genta, der auch die Gehäuseformen der bekannten Royal Oak von Audemars Piguet und Nautilus von Patek Philippe geschaffen hat. Im Gegensatz zur Royal Oak wurde diese mächtig auftragende Uhr als sehr gewöhnungsbedürftig empfunden. Den bis heute währenden Erfolg der Royal Oak hat sie nie erreicht und blieb nur wenige Jahre in Produktion. Hinzu kommt noch, dass nur wenige Uhren ein mechanisches Werk erhielten. Die meisten Exemplare wurden mit einem Quarzwerk ausgestattet. Das Automatikkaliber stammt von Jaeger-LeCoultre (Cal. 900/901) und erhielt von IWC die Kaliberbezeichnung C. 3254. Mit einer Gesamthöhe von nur 3,25 mm entsprach dieses den Forderungen der damaligen Zeit, wies aber längst nicht die Robustheit des Vorgängerkalibers C. 8541 B auf. Schraubkrone und Datumschnellverstellung gehörten zu den Neuerungen dieses Kalibers. Die Yacht Club II war mit integriertem Metall- als auch mit normalem Lederband zu erhalten. IWC bot dieses Modell in drei Versionen sowie in vier verschiedenen Gehäusegrößen an. Rechts oben in Edelstahl, darunter die Mixte-Version in 585 Gelbgold und Stahl sowie die nicht gezeigte Ausführung in 750 Gelbgold (links: Werk-Nr. 2.297.338, Gehäuse-Nr. 2.255.836, rechts: keine Angaben, da diese Uhr ungeöffnet blieb). Laut IWC-Stammbuchauszug wurde die linke Uhr am 22. Juni 1979 an IWC in Frankfurt am Main verkauft.

Abb. 138
IWC Automatik Ref. R 820 AD mit 36 mm Edelstahlgehäuse, eine absolute Rarität, die vermutlich nur in Fernost angeboten wurde.

Quarzwerken ausgeliefert. Die Version in Gelbgold mit Gelbgoldband und automatischem Aufzug hatte die Referenznummer 9232 und kostete 1976 genau 9.500 CHF.

Die IWC Automatik Ref. R 820 AD mit Edelstahlgehäuse

Diese IWC Automatik mit 36 mm Gehäusedurchmesser und Schraubboden war Ende der 60er Jahre bis Anfang der 70er Jahre weder im Schweizer noch deutschen IWC-Katalog zu finden. Der Schraubboden war übrigens mit jenem der Modellreihe Yacht Club sowie der Ingenieur Ref. R 866 AD identisch. Zum Öffnen des Schraubbodens passt hier der 14-Kant-Gehäuseschlüssel Nr. 8 14 P von IWC mit 32,5 mm Schlüsselweite. Diese seltene IWC wurde übers Internet am 4. Januar 2008 in Hongkong erworben. Einschließlich der damals mit 19 % berechneten Einfuhrumsatzsteuer, Zoll und Transport waren insgesamt 1.910 USD, damals genau 1.261,20 Euro, zu entrichten (Werk-Nr. 1.982.052, Gehäuse-Nr. 2.051.332).

Anfang 2021 wurde wieder einmal ein Exemplar dieser Referenz bei Ebay Japan für 3.200 USD angeboten. – Dies bestätigt die Vermutung des Verfassers, dass dieses Modell wohl nur für die Märkte in Fernost sowie in den USA vorgesehen war.

Die IWC Automatik Ref. R 1872 AD, auch »TV-Watch« genannt (Seite 84)

Diese IWC besitzt das Gehäuse mit dem höchsten Goldgewicht aller damals von IWC mit dem Kaliber C. 8541 B angebotenen Automatiks. Die hier gezeigte Ausführung in 18 K GG wurde am 25.12.2007 über Ebay von einem Händler aus den USA erworben. Einschließlich Einfuhrumsatzsteuer, Zoll und Transport waren in Summe 2.150 USD, damals 1.460,77 Euro, zu zahlen (Werk-Nr. 2.094.650, Gehäuse-Nr. 2.007.530). Das rund 48 Gramm schwere Gehäuse dieser Uhr wäre nach dem heutigen Goldkurs (Januar 2021) bereits 1.800 Euro wert!

Abb. 139
IWC Automatik in Edelstahl Ref. R 820 AD mit Kaliber C. 8541 B, Werk-Nr. 1.982.052, Gehäuse-Nr. 2.051.332. Oben rechts eine rund 10-fache Vergrößerung der Reglage mit schwingender Unruh. Trotz der Bewegungsunschärfe erkennt man am Unruhsteg noch ein Masselotte-Gewicht.

Abb. 140
IWC-Automatik Ref. R 1872 AD, auch »TV-Watch« genannt.
Das rund 48 Gramm wiegendes Goldgehäuse wäre nach heutigem Goldkurs (Januar 2021) bereits 1.800 € wert!

In einem IWC-Katalog 1971 für Japan war die Referenz 1872 in Edelstahl mit 101.000, in Gelbgold mit 330.000 und in Weißgold mit 360.000 Yen aufgeführt.
Anfang 2021 waren im Internet nur zwei Angebote dieser Uhr präsent. Ein deutscher Privatmann wollte für seine Uhr mit Lederband einen Festpreis von 4.402 USD haben (Werk-Nr. 2.018.406, Gehäuse-Nr. 2.007.248). Der zweite Anbieter, ein Händler aus Italien, wollte seine Preisvorstellung nur auf Anfrage nennen (Gehäuse-Nr. 2.007.573, Werk-Nr. nicht bekannt). In beiden Fällen stammt das Goldgehäuse mit der Kenn-Nr. 109 im Hammer-Kopf von der Firma Oréacle, Manufacture de boîtes SA, La-Chaux-de-Fonds.

Die IWC Ingenieur SL mit Ewigem Kalender Ref. 9240

Dieses Modell wurde auf der Basler Uhrenmesse 1985 erstmals vorgestellt. Das Modul für den Ewigen Kalender wurde bei IWC von Kurt Klaus konstruiert und kam auch für den parallel vorgestellten Chronographen Da Vinci mit Ewigem Kalender zur Verwendung. Viele IWC-Freunde störte jedoch der Umstand, dass in diesem neuen Modell, welches anfangs nur mit Goldband zu haben war, das Automatikkaliber 2892 A2 von ETA verbaut war (siehe auch Seite 420). Das Gehäuse dieser Uhr besaß nur 34,5 mm Durchmesser und konnte ab 1987 auch mit Krokoband geliefert werden. Ein Hit wurde diese Uhr nie und blieb nur bis 1992 im Programm. In der Preisliste diesen Jahres war die später mit Ref. 9245 (mit der zweiten Version des Ewigen Kalendermoduls) bezeichnete Uhr mit 18.000 CHF (ca. 16.202 DM) aufgeführt. Die hier vorgestellte Uhr war mit Krokoband ausgeliefert worden und kommt von einem italienischen Händler. Sie wechselte am 11.04.2007 für 4.032 Euro den Besitzer. Nach einer bei IWC in Schaffhausen durchgeführten Revision erhielt sie nachträglich ein passendes Goldband (Werk-Nr. 2.427.535, Gehäuse-Nr. 2.432.137).

Abb. 141
IWC Ingenieur SL mit Ewigem Kalender Ref. 9240 mit eingehängtem Goldband.

Zum Jahresanfang 2021 offerierte ein Münchner Händler dieses Modell (neue Referenz IW 3540 1) mit Krokoband für 5.690 Euro. Eine Version mit Goldband war zu diesem Zeitpunkt weltweit nicht zu finden.

Der IWC Da Vinci Chronograph mit Ewigem Kalender Ref. 3750 in Edelstahl

Mit der Lancierung dieses Chronographen mit Ewigem Kalender auf der Basler Uhrenmesse 1985 gelang IWC der Einstieg in die »Haute Horlogèrie«, die hohe Kunst der Uhrmacherei. In dieser Uhr tickt das modifizierte Chronographen-Kaliber 7750 von ETA, bei IWC mit C. 79261 bezeichnet. Das eingebaute Modul für den Ewigen Kalender ist identisch mit jenem in der IWC Ingenieur mit Ewigem Kalender Ref. 9240. Die IWC Da Vinci trifft mit ihrem etwas barockem Auftreten nicht

Abb. 142
IWC Da Vinci Chronograph mit Ewigem Kalender Ref. 3750 in Edelstahl.

jedermanns Geschmack, insbesondere wenn man dieses Modell mit Armbanduhren mit Ewigem Kalender von anderen Herstellern vergleicht. Dies gilt insbesondere für die von Audemars Piguet (Seite 25), Patek Philippe (Seite 141) und Vacheron & Constantin (Seite 287). Die Da-Vinci-Modelle werden in größerem Umfang im Internet angeboten. Ausführungen mit Edelstahlgehäuse sind für 6.000-7.000, goldene Modelle mit 18 K Goldgehäuse ab ca. 8.000 Euro offeriert.
Mit Abstand gilt die IWC-Referenz 3750 mit Chronograph und Ewigem Kalender als preiswertester Zeitmesser dieser Klasse.

Abb. 143
IWC Automatik Ref. 3205 in 18 K Gelbgold.

So muss man für den Kauf einer Blancpain Chronograph Perpetual in 18 K Weißgold ab 15.000 Euro aufwärts rechnen. Eine Patek Philippe mit Jahreskalender und Chronograph ist nicht unter 40.000 Euro zu haben. Aber diese IWC Da Vinci stoppt genauso exakt die Zeit und demonstriert das ganze Jahr den richtigen Tag sowie das richtige Datum. Was will man eigentlich mehr (Werk-Nr. 2.584.973, Gehäuse-Nr. 2.726.246)?

Die IWC Automatik Ref. 3205 in 18 K GG

Abb. 144
IWC Automatik Ref. 3205 in 18 K Gelbgold mit geöffnetem Schraubboden. Das Automatikkaliber 3254 basiert auf dem Jaeger-LeCoultre Werk 900. Der Hammerkopf mit der Nummer 136 verrät uns den Gehäusemacher C. R. Spiellmannn SA Chêne-Bourg. Wie schon auf Abb. 98 auf Seite 61 beschrieben, wurde die Gehäusenummer nachträglich korrigiert. Anfangs erteilte der Graveur die Nummer **223228i**. Als dieser Fehler entdeckt wurde, erfolgte darüber eine zweite Gravur mit der korrekten Nummer **2232238**. Zur besonderen Unterscheidung versah der Graveur die richtige Nummer rechts und links je mit einer Null.

Abb. 145
IWC Automatik Ref. 3205, eine sehr flach gebaute Armbanduhr mit einem besonderen Schraubboden, der zum Öffnen einen Spezialschlüssel benötigt (18 Kt).

Beim Anblick dieser Uhr muss man sich fragen, warum ein stilistisch und technisch so gut gelungener Zeitmesser nicht mehr Beachtung fand. Das Automatikwerk Kaliber 3254 basiert auf dem Kaliber 900 von Jaeger-LeCoultre und befand sich damals voll auf der Höhe seiner Zeit. Das vom Gehäusemacher C.R. Spillmann SA, Chêne-Bourg, gelieferte Gehäuse mit Schraubboden ist äußerst flach. Die amtlich geforderte Punze dieses Gehäuseherstellers bestand aus einem Hammerkopf mit der Zahl 136. An die Firma Vacheron & Constantin wurden auch vergleichbare Gehäuse geliefert, erkennbar an dem raffiniert konstruierten Schraubboden mit speziellem Schlüsselansatz. Bei 33,5 mm Gehäusedurchmesser (Werksangabe) und nur 7,3 mm Bauhöhe einschließlich Datumsanzeige und Saphirglas entsprach dieses Modell voll dem Trend der Zeit. Bei manchen Liebhabern fand dieses Modell auch als Damenuhr Verwendung.

Das hier vorgestellte Schmuckstück mit Werk-Nr. 2.282.701 und Gehäuse-Nr. 2.232.281 wurde bei IWC revidiert. Für diese Arbeiten waren trotz eines kleinen Rabatts noch 1.579 Euro zu entrichten, ein stolzer Preis. Die Referenz 3205 mit Goldgehäuse wird selten angeboten. Im Frühjahr 2021 wurde im Internet nur eine Offerte für dieses Modell gefunden. Der deutsche Verkäufer wollte für seine Golduhr einen Festpreis von 3.500 Euro.

Die IWC Portofino Automatik Ref. 3205 in Edelstahl

Wie elegant eine schlichte Stahluhr wirken kann, zeigt uns diese IWC aus den 80er Jahren des letzten Jahrhunderts. Ganz besonders sticht das blaue Zifferblatt ins Auge, das es einem

Abb. 146
Formschön und elegant wirkt diese IWC Automatik Ref. 3205 mit Edelstahlgehäuse und Automatikkaliber 3254. Weil der patentierte Schraubboden sehr fest verschlossen war und kein passender Ringschlüssel zur Verfügung stand, blieb das Gehäuse ungeöffnet.

Abb. 147
Bei mehr als 10-facher Vergrößerung kann man die Gehäuse-Nr. 2.219.306 gut lesen.

Gentleman erlaubt, diese Uhr auch sorglos zu einem dunkelblauen Business-Anzug zu tragen.
In dieser Uhr arbeitet das IWC-Kaliber 3254 mit Datumsanzeige und kleiner Sekunde (Basis-Kaliber 900 von Jaeger-LeCoultre). Laut Jürgen King, ehemaliger Technischer Leiter von IWC, wurden von diesem Automatikwerk ab 1976 genau 3.000 Exemplare gefertigt. Diese Uhr blieb mangels passendem Schlüssel ungeöffnet, so dass hier nur die außen eingravierte Gehäuse-Nr. 2.219.306 aufgeführt werden kann.

Die IWC Fliegeruhr MARK XII, Referenz 3241

Eine Fliegeruhr mit Format, vorzüglichem Automatikwerk und robustem Gehäuse war in den 90er Jahren des vergangenen Jahrhunderts nur bei IWC zu finden.

Die gegen magnetische Felder geschützte und mit 5 bar wasserdichte Automatik wurde im Jahr 1994 lanciert und blieb bis 1998 im Programm. Das Automatikkaliber 884/2 basierte auf dem Jaeger-LeCoultre-Werk 889/2. Mit einem Durchmesser von 25,7 mm (11 ½‴), einer Höhe von 3,25 mm, 36 Steinen, 28.800 Halbschwingungen/h, Sekundenstopp und 38 h Gangreserve war dieses Werk »State of the art«. Dieses Automatikkaliber wurde auch von Audemars Piguet und Vacheron & Constantin verwendet. Dank der Leuchtziffern ist diese Uhr auch nachts einsetzbar.

Abb. 148
IWC Fliegeruhr MARK XII , ein sehr gelungenes Modell.

Abb. 149
Werkansicht der IWC Fliegeruhr MARK XII
Die wesentlichen Funktionskomponenten verraten die Herkunft dieses Kalibers IWC C.884/2 vom Basis-Kaliber 889/2 von Jaeger-LeCoultre. Auf die besondere Veredelung der Oberflächen, die gebläuten Schrauben und das 21 K-Goldsegment am Rotor hatte man bei IWC jedoch verzichtet. Am Ende des Unruhklobens erkennt man noch die Triovis-Feinstellung für die Gangjustage. Diese Feinstellung wurde bei IWC später durch vier verstellbare Gewichtsschrauben am Unruhreif ersetzt (Schwungmoment 3M = GD²).

Abb. 150
IWC ROMAIN Automatik Ref. 3208 in 950 Platin, ein sehr vornehmes Modell.

Das männlich auftretende, dreiteilige Edelstahlgehäuse bringt es auf einen Außendurchmesser von 36,00 mm und eine Bauhöhe von 10,40 mm. Auch die Krone wird verschraubt.
Bei der Lancierung dieser Uhr im Jahr 1994 war die Ausführung in Edelstahl für 3.850 DM, die in 18 K Gelbgold für 6.800 DM zu haben. Bis zum Redaktionsschluss dieses Buches wurde die Edelstahlversion mit 4.000-5.000 Euro offeriert. Die Version mit Goldgehäuse und Lederband wurde im Internet mit 7.174 Euro Festpreis aus Japan angeboten. Ein weiteres Modell aus Gold mit Original-Goldband bot ein Schweizer Händler für einen Festpreis von 12.277 Euro an.

Abb. 151
Rückansicht der IWC Fliegeruhr MARK XII
Der stabile Schraubboden lässt sich nur mit einem Spezialschlüssel öffnen.

Der hier vorgestellte Zeitmesser stammt von einem deutschen Vintage-Uhrenhändler aus Düsseldorf und wurde im Herbst 2019 für diese Dokumentation einschließlich Box zum Sonderpreis von 2.500 Euro verkauft (Kaliber 884/2, Werk-Nr. 2.795.961, Gehäuse-Nr. 2.718.164).
Warum diese äußerlich gelungene und am Markt gefragte Mark XII nur vier Jahre im Programm von IWC blieb, hatte wohl seine Gründe. Sowohl der damalige Chef der Service-Abteilung René Schwarz als auch der für die Produktion verantwortliche Direktor Ronald Jäger meinten übereinstimmend, dass man die Fertigung des Automatikwerkes nicht ausreichend in den Griff bekommen hätte und die zahlreichen Kundenreklamationen nicht länger akzeptabel gewesen wären. Ganz lassen sich diese Vorgänge aus technischer Sicht nicht nachvollziehen, weil das Kaliber 889/2 bis heute in Produktion steht und in zahlreichen Uhren bei Jaeger-LeCoultre selbst und anderen bekannten Marken zufriedenstellend seinen Dienst versieht.

Die IWC ROMAIN Automatik Ref. 3208 in 950 Platin

Eine zurückhaltende Elegance strahlt diese Automatik aus. Das Zifferblatt erinnert etwas an die OMEGA Constellation mit Pie-Pan-Dial, wie dies in den 60er Jahren Mode war. Das Platingehäuse besitzt einen Durchmesser von 34 mm und eine Höhe von 7,5 mm. Der Boden wird mit sechs Linsenkopf-Schrauben fixiert. Das Kaliber IWC 884/2 basiert auf dem Jaeger-LeCoultre-Kaliber 889/2 und arbeitet mit 28.000 Halbschwingungen/h. - Diese Nobeluhr ist dem Verfasser bisher nur ein Mal begegnet, nämlich die hier gezeigte! Im Zeitrahmen Anfang 2021 lagen zu dieser Uhr nur zwei Offerten vor. Ein Händler aus der amerikanischen Hauptstadt Washington DC wollte für dieses seltene Modell 7.999 USD. Ein Verkäufer aus Großbritannien bot diese schöne Uhr zu einem Festpreis von 6.364 Euro an.
Die hier vorgestellte Uhr stammt von einem Händler aus Kalifornien, USA, und hat einschließlich Transport, Einfuhrumsatzsteuer und Zoll 5.521,20 USD gekostet. Zu diesem Zeitpunkt war diese Referenz in der Preisliste von IWC mit 17.500 CHF aufgeführt (Werk-Nr. nicht bekannt, da Uhr ungeöffnet blieb, Gehäuse-Nr. 2.473.841).

5.6 Der IWC-Pellaton-Aufzug aus der Sicht der technischen Mechanik

Um die konstruktiven Details, den Funktionsablauf sowie die technischen Besonderheiten des Pellaton-Aufzugmechanismus verstehen zu können, sind zunächst einige grundsätzliche Regeln der technischen Mechanik und des Maschinenbaus zu erläutern. Albert Pellaton war zwar kein Absolvent einer technischen Hochschule, hatte aber bei der Konstruktion seines neuen Aufzugsystems lehrbuchmäßig alles richtig gemacht. Dies trifft als erstes für die Lagerung des Rotors zu (Abb. 152), der im

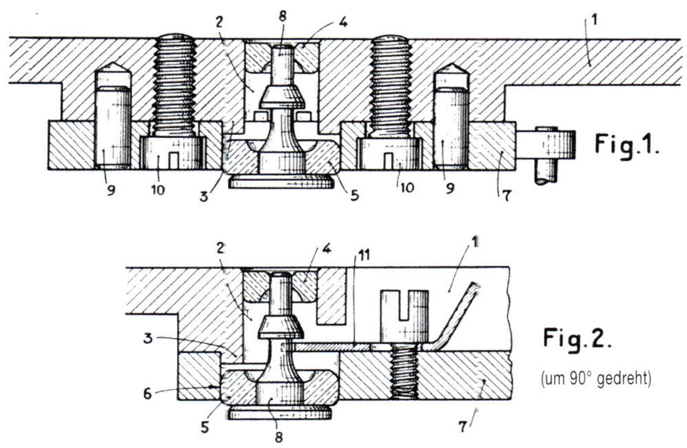

Abb 152
Schnittzeichnung der Aufzugrotorlagerung des IWC-Automatikkalibers 85
Nach dem Lösen der Halteschraube und dem Herausziehen des Gabelriegels (11) kann der Rotor nach oben abgenommen werden. Hierbei sind die beiden Kunstrubine fest im Rotor gelagert. Der Achszapfen (8) ist in der Stoßfangfeder fest eingepreßt (Zeichnung IWC).

Prinzip wie das Rad eines Automobils geführt wird (Abb. 154). Der hier als Patentzeichnung abgebildete Pellaton-Aufzug setzt sich aus zwei dynamisch getrennt arbeitenden Funktionsbereichen zusammen.
Die Hauptaufgabe dieses Aufzugsystems besteht darin,
die Stoßenergie aller auf die Armbanduhr wirkenden Impulse, unabhängig von ihrer Stärke und räumlichen Herkunft, hocheffizient in Aufzugsarbeit umzusetzen

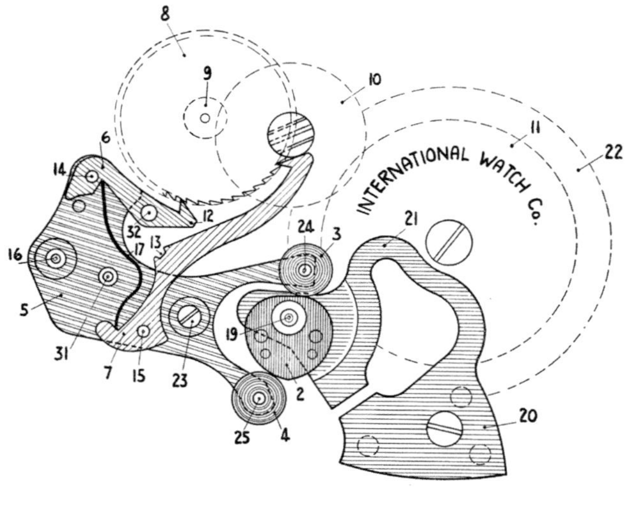

Abb. 153
Schematische Darstellung der Pellaton-Antriebes von IWC (Zeichnung IWC)

Um diese Funktion störungssicher erfüllen zu können, kann man die Konstruktion dieses genialen Systems in zwei getrennt arbeitende Bereiche aufteilen.
Der erste besteht aus der Stoßfangfeder, später Automatikbrücke genannt (20), auf deren Achse (19) der Aufzugsrotor gelagert ist. Das am Rotor verschraubte Lagergehäuse (2) besitzt zwei im Durchmesser unterschiedliche Kunstrubine, die genau auf den zweiteiligen Lagerzapfen abgestimmt sind.
Nach den drei Federkonstanten in x-, y- und z-Richtung dieser Stoßfangfeder befragt, kannte man bei IWC diese Werte nicht.
Der Außenumfang des Lagergehäuses ist als Exzenter (2) ausgebildet. Rotor und Lagergehäuse bilden eine miteinander verschraubte Funktionseinheit, die über einen Gabelriegel mit Feststellschraube auf der Achse der Stoßfangfeder arretiert wird. Die in drei Dimensionen bewegliche Gruppe kann somit Impulse bzw. Stöße aus allen Richtungen aufnehmen und abfangen.
Die Verbindung zum nur in einer Ebene arbeitenden Klinkenträger (5) mit Rollengabel bildet wiederum der am Rotor befindliche Exzenter. Bei simplen Hin- und Herbewegungen folgt die Rollengabel den Drehungen des Exzenters und setzt dessen Dreh- in Linearbewegungen um. Diese Mechanik bildet somit den zweiten dynamischen Bereich dieses Systems.
Erhält nun das Uhrengehäuse in der Ebene des Rotors einen Schlag, bewegt sich die Stoßfangfeder mit dem »angeregten« Rotor zunächst in Schlagrichtung und federt im Anschluss wieder in die Ausgangsposition zurück.
Beide überlagerten, jedoch linearen Bewegungsrichtungen macht die Rollengabel mit und setzt weiterhin die vom sich drehenden Rotor initiierten Drehbewegungen in Linearbewegungen um.
Kommt nun ein senkrechter Stoß auf das Uhrengehäuse und den Aufzugsrotor, wird dieser Impuls von der Stoßfangfeder in axialer, also in Z-Richtung aufgenommen. Diese in Z-Richtung erfolgenden Relativbewegungen kann von der nur in einer Ebene beweglichen Rollengabel dadurch aufgenommen werden, indem sich die beiden Rubin-Rollen (3,4) auf dem Exzenter räumlich »abwälzen«. Sie bewegen sich damit in Kurven über den Umfang des Exzenters. In diesem räumlich ablaufenden Vorgang bleibt die volle Funktion und Aufzugsleistung erhalten. Die beiden hin- und hergehenden Linearbewegungen der Rollengabel bzw. des Klinkenträgers werden im Anschluss über die beiden Klinken (6,7) und das »Automatikrad« (8) weitergegeben und wieder in eine Drehbewegung umgesetzt. Von diesem Automatikrad wird dieses Drehmoment für den Aufzug des Federwerkes weitergegeben.
Damit können alle aus verschiedenenen Richtungen auf das Uhrengehäuse wirkenden Impulse in Aufzugsarbeit umgesetzt werden! Eine geniale Lösung!

Funktionsgerechte Lagerung eines Aufzugsrotors

Ein Autofahrer erwartet von den vier Rädern seines Fahrzeugs, dass diese funktionssicher und reibungsarm laufen, aber leicht austauschbar sind. Das gleiche sollte man auch von einem Aufzugsrotor eines Automatikwerkes annehmen können. Dass vergleichbare Funktionen auch zu ähnlichen Lösungen führen, kann man auch beim Pellaton-Aufzug ersehen. Auf den beiden Abbildungen Abb. 152, Seite 89, erkennt man die Lagerung des Aufzugrotors auf dem Achszapfen der Stoßfangfeder. Das hintere Lager (5) besitzt einen größeren, das vordere (4) einen kleineren Durchmesser. Zwischen beiden liegt in der Mitte ein Bund (2), der den Gabelriegel zur Arretierung des Rotors aufnimmt. Der Durchmesser dieses Bundes ist jedoch kleiner gehalten als der des größeren Lagersitzes (8). Nach dem Zurückziehen des Gabelriegels lässt sich der Rotor so abnehmen, dass sich die zwei Lagersitze aufgrund der unterschiedlichen Durchmesser nicht berühren.

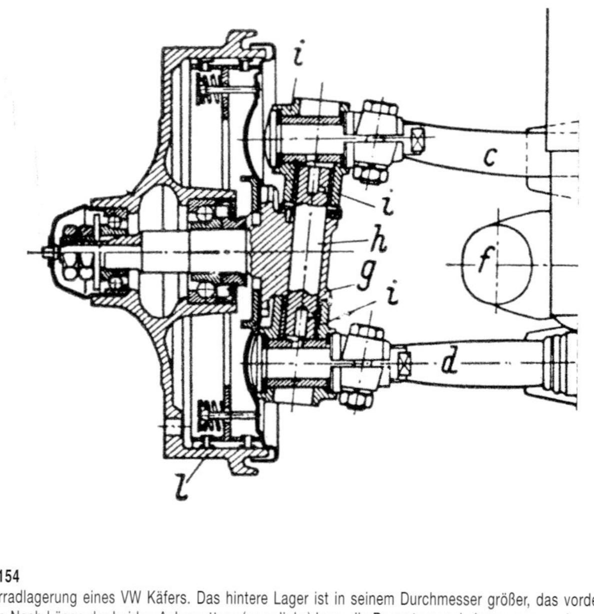

Abb. 154
Vorderradlagerung eines VW Käfers. Das hintere Lager ist in seinem Durchmesser größer, das vordere kleiner. Nach Lösen der beiden Achsmuttern (ganz links) kann die Bremstrommel abgezogen werden. Dreht mann diese Zeichnung im Uhrzeigersinn um 90°, entspricht die Lagerung der Bremstrommel prinzipiell genau jener des Rotors des Pellaton-Aufzugs (Zeichnung VW).

Aus Abb. 154 ersehen wir die Lagerung eines Vorderrades eines Automobils. Das hintere Achslager verfügt über einen größeren,

Abb. 155
Die Aufnahme des IWC-Kalibers C. 8541 B in rund dreifacher Vergrößerung mit demontiertem Rotor darunter. Dieses Bild korrespondiert gut mit der schematischen Darstellung des Pellaton-Aufzugs auf der linken Seite. Beim obigen Kaliber wurde der Rotor ausgebaut und um 180° gedreht darunter positioniert. Nunmehr kann man die Innenseite des Rotors mit dem Exzenter sowie das größere Rubinlager sehen. Der Exzenter wird mit zwei Schrauben am Rotor gesichert. Dieser Exzenter besitzt einen Außendurchmesser von 3 mm und einen Exzenterweg von 1 mm. Rein geometrisch besteht diese Konstruktion aus zwei Kreisen, bei denen der Mittelpunkt des kleineren um 1 mm vom Mittelpunkt des anderen versetzt wurde. Dieser Versatz ist auch der Weg, den die Rollengabel pro 360° Rotordrehung hin- und hergeht. Vor einigen Jahren versuchte der damalige technische Direktor von IWC mittels eines sogenannten Doppelklinkenantriebs die Aufzugsleistung des Pellatons-Systems zu erhöhen, scheiterte aber an einem nicht bemerkten Konstruktionsfehler (siehe Seite 337, Abb. 552). Hätte er den Außendurchmesser des hier beschriebenen Exzenters von 3 auf 4 mm erhöht, wäre die Rollengabel pro Rotorumdrehung nicht um einen, sondern um 2 mm hin- und hergegangen. Mit dieser schlichten Änderung hätte man eine Verdoppelung der Aufzugsleistung erzielt!

Abb. 156
Stoßfangfeder, später Automatikbrücke genannt, vom links abgebildeten Kaliber 8541 B in ca. 9-facher Vergrößerung. Beim Achszapfen erkennt man die zwei unterschiedlichen Lagerdurchmesser.

Abb. 157
Achszapfen am Rotor des Rolex-Kalibers 3135. Auch hier sieht man die zwei unterschiedlichen Lagerdurchmesser.

Abb. 158
Stoßfangfeder bzw. Automatikbrücke des IWC Kalibers 85110 mit einem Achszapfen, der einen durchgehenden Lagerdurchmesser besitzt.

das vordere über einen kleineren Durchmesser. Nach Lösen der beiden Befestigungsschrauben lässt sich die Bremstrommel als Träger des Rades leicht abziehen, ohne dass ein Lagersitz mit dem anderen in Berührung kommt.

Sowohl in der Feinwerktechnik als auch im Maschinenbau gilt es als »Todsünde«, wenn man zwei hintereinander folgende Lagersitze mit gleichen Durchmessern versieht. Man zieht niemals einen Lagersitz gleichen Durchmessers über einen anderen ab! So hat auch Pellaton einst die Lagerung des Rotors mit zwei unterschiedlich großen Rubinen ausgeführt. In gleicher Konstruktion erfolgt auch heute noch die Rotorlagerung des exzellenten Rolex-Kalibers 3135 (Abb. 157 oben rechts).

Warum man bei IWC und auch bei anderen Uhrenherstellern dieser »goldenen Regel« der Mechanik heute keine Beachtung mehr schenkt, aber mit Bravour die zuvor genannte »Todsünde« praktiziert, ist für einen Maschinenbauingenieur kaum nachvollziehbar.
Auch marketingseitig hat man wohl in Unkenntnis der genauen Kinematik des Pellaton-Aufzugs hier eine riesige Chance verpasst!
Mit einer einfachen Vergrößerung des Rotor-Exzenters von 3 auf 4 mm Durchmesser hätte man die Aufzugsleistung dieses Pellaton-Aufzugs verdoppelt! Diese banale Änderung hätte man dann mit der werbewirksamen Aussage »Durch eine wohlüberlegte konstruktive Verbesserung konnte man die

Blick auf die neueren Modelle von IWC

Abb. 159
Zwei Monde kreisen auf dem Zifferblatt der IWC Portugieser Perpetual Calendar (Referenz IW502119). Die Designer und Uhrmacher haben aber nicht zu tief ins Glas geschaut und doppelt gesehen, sondern vielmehr global gedacht: Der Mond erscheint auf der Südhalbkugel anders als auf der Nordhalbkugel. Zwar ist die Mondphase gleich, aber er steht anders herum am Himmel. Zudem ist die Anzeige extrem genau: erst nach 562 Jahren weicht die Mondphasenanzeige um einen Tag ab. Die Mondphase ist aber nicht die einzige Besonderheit dieses Ewigen Kalenders, der auch die Schaltjahre berücksichtigt und alle vier Jahre einen 29. Februar einbaut. Auf dem traditionell großen Zifferblatt der Portugieser finden sich neben der doppelten Mondphase noch die Anzeigen von Datum, Wochentag, Monat, kleiner Sekunde, Stunde, Minute, Gangreserveanzeige und der vierstelligen Jahreszahl, eine sehr selten zu findende Angabe. Genauso spannend wie die Vorderseite ist die Rückseite: Durch den Glasboden kann man das riesige Manufakturkaliber 51612 mit Klinkenaufzug nach Pellaton und skelettiertem Rotor beobachten. Mit dem Basiskaliber kehrte IWC 2000 mit einer limitierten Portugieser in den Kreis der Manufakturen zurück. Die Taktfrequenz wurde inzwischen auf 21. 600 Halbschwingungen/h erhöht, wodurch sich die Genauigkeit weiter steigern ließ. Nicht zu verbessern ist die enorme Gangreserve von sieben Tagen, zu der die IWC-Anzeige textet: »Wenn diese Uhr stehen bleibt, rufen Sie bitte einen Arzt, denn dann haben Sie sich sieben Tage nicht bewegt.« Besonders elegant wirkt sie in 18 Karat Rotgold mit braunem Krokolederarmband.

Aufzugsleistung des Pellaton-Aufzugs verdoppeln!« vorzüglich vermarkten können!
Doch ist noch nichts verloren. Der Verfasser und auch sein Kollege Dr. rer. nat. Gerhard R. Thoma sind gerne bereit, IWC bei den Themen Kinematik und Werkstoffkunde tatkräftig zu unterstützen.

Trotz dieser kleinen Kritik an der Technik wird der Uhrenfreund und Sammler an den schönen Zeitmessern aus Schaffhausen immer seine Freude haben, weil sie auch mit der heutigen Technik ihm stets die korrekte Zeit anzeigen.
Die rund 50 in diesem Kapitel vorgestellten Nobeluhren haben uns verdeutlicht, welcher Gestaltungswille und welch hochwertige Technik hinter diesen Meisterwerken von IWC stecken. Die vielleicht als spektakulär gedachten Modelle von damals, wie z. B. die Golf Club, die Polo Club oder auch die Yacht Club II, gerieten oft zu Ladenhütern und bewirken auch heute nicht immer den verdienten Respekt. Dagegen haben die Militäruhren, die Modellreihen Ingenieur, Yacht Club und Aquatimer zahlreiche Liebhaber gefunden. Die in den letzten Jahren zu verzeichnende Preissteigerung bestätigen diesen Trend. Darum muss es nicht immer eine Rolex oder Patek Philippe sein, die am Handgelenk Freude bereitet. Eine eindrucksvolle Ingenieur, Yacht Club, eine Ref. R 820 AD oder sogar eine Ref. R 817 AD aus Schaffhausen kann dies genauso gut (Abb. 135, Seite 80). Vielleicht nicht ganz hundertprozentig identisch, aber dafür erheblich preiswerter!

Abb. 160
Zu Lande, zu Wasser und in der Luft: Mit der richtigen IWC am Arm kann man sich in jedem Element bewegen. Für die Landpartie am besten geeignet ist die Ingenieur Automatic mit Stahlband (Referenz IW322701), die mit der IWC 2005 seine bekannte Familie wieder neu belebte. Nicht nur weil es eine AMG-Version für Liebhaber von besonders sportlichen Mercedes-Fahrzeugen gibt, sondern vor allem, weil das neu entwickelte Manufakturkaliber 80110 ähnlich wie alte IWC-Kaliber über einen federnd gelagerten Rotor verfügt, der Vibrationen und Erschütterungen den Schrecken nimmt. Die Kraft gelangt wie bei den 5000-er Kalibern über einen Klinkenaufzug zum Federhaus. Wie die historischen Vorgänger ist die Ingenieur gegen Magnetfelder geschützt: Ein Innengehäuse aus Weicheisen hält die schädlichen Einflüsse vom Werk fern. Auch die Fliegeruhren verfügen über den Magnetfeldschutz. Die Spitfire Chrono-Automatic (Referenz IW371702) besitzt wie alle Spitfire-Versionen ein für Fliegeruhren untypisches, silbernes Zifferblatt. Ansonsten verfügt sie aber über alle wichtigen Features, wie das unterdrucksichere Glas, das auch bei einem plötzlichen Druckabfall der Kabine an seinem Platz bleibt. Als Kaliber kommt ein stark überarbeitetes ETA/Valjoux 7750 zum Einsatz. Als Spezialist für das Wasser kann die Aquatimer Automatic 2000 (Referenz IW353804) auch professionelle Ansprüche befriedigen. Dabei hält sie genügend Reserven bereit, denn kein Taucher hat je die Wassertiefe von 2000 Metern erreicht, der sie noch standhält. Ihr Titangehäuse ist trotz der Robustheit leicht und sehr salzwasserbeständig. Die gelbe Farbe des Zifferblattes lässt sich auch im trüben Wasser gut ablesen. Der obligatorische Ring, um die verstrichene Tauchzeit zu messen, liegt bei ihr unter dem Glas und wird über die zweite Krone eingestellt. Im Innern tickt ein modifiziertes ETA-Kaliber 2892 A2.

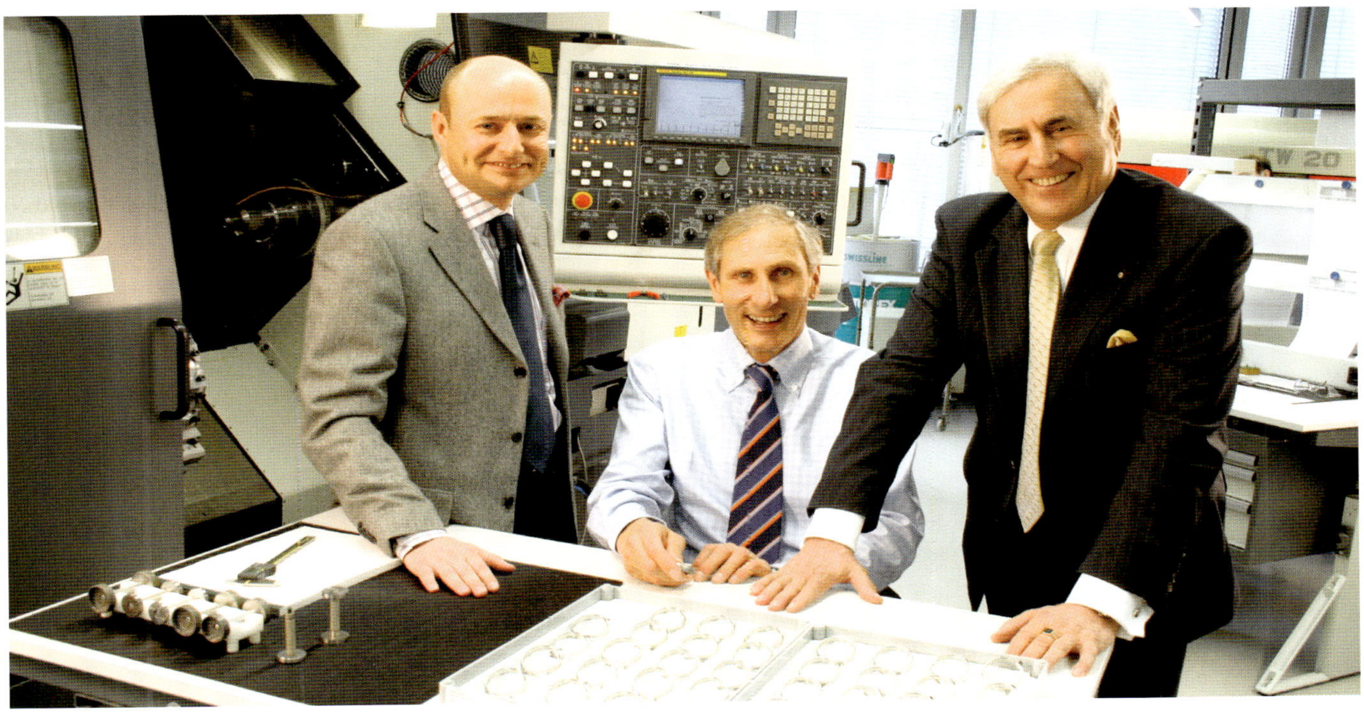

Abb. 161
Blick in die neu eingerichtete Gehäusefertigung, in der auch die schwierig zu verarbeitenden Titangehäuse gefertigt werden. In der Mitte der am 7.4.2020 in Pension gegangene Produktionschef Ronald Jäger, links daneben der damalige CEO von IWC Georges Kern, der heute CEO und Mitgesellschafter bei Breitling ist. Rechts der Autor.

Abb. 163

Abb. 164

6. Jaeger-LeCoultre

6.1 Einführung von Gilsbert L. Brunner, Vorzeige-Manufaktur im Vallée de Joux, Zeit für uhrmacherische Pioniere

Zu Beginn des 19. Jahrhunderts herrschten auch im abgeschiedenen Vallée de Joux noch ganz andere Winter. Monatelanger Schnee und lausige Kälte brachten einerseits jede Menge Einsamkeit mit sich, andererseits aber auch die Muße, intensiv über Verbesserungen auf dem Gebiet der Uhrmacherei nachzudenken. Die geistige Auseinandersetzung galt den Werkzeugen, den Rohwerken oder auch komplexen Zusatzmechanismen wie z. B. Kalendarien oder Schlagwerken. Die Resultate kreativen Schaffens begründeten letztlich den überragenden uhrmacherischen Ruf des Vallée de Joux als »Tal der Tüftler«. Und sie leisteten einen wichtigen Beitrag dazu, dass sich das Hochtal »zu einem wahren Schlaraffenland« entwickelte, »in dem es keinen einzigen Armen mehr gab«. So jedenfalls sah es John-César Piguet, als er 1881 auf die Entwicklung der Uhrenindustrie im Vallée zurückblickte.
Einen ersten, aber bedeutenden Schritt zur mechanisierten Fertigung von Uhrenbestandteilen tat 1810 ein Mann namens Abel Golay. Mit selbst entwickelten Werkzeugen fräste er erstmals Triebe. Diese gleichermaßen hohe wie unverzichtbare Handwerkskunst führte Charles-Antoine LeCoultre ab 1826 zu ungekannter Vollkommenheit. Zusammen mit seinem Bruder Ulysse LeCoultre gründete der Feinmechaniker 1833 in Le Sentier eine Firma, welche die Situation der Uhrenindustrie im Jouxtal revolutionieren sollte. Auf der Grundlage ihrer seit sieben Jahren betriebenen Versuche beschäftigten sich die beiden zunächst fast ausschließlich mit der industriellen Herstellung der in Uhrwerken absolut unverzichtbaren Zahnräder und Triebe. Wenig später gelang dem begnadeten Erfinder die Entwicklung neuer Werkzeuge und Maschinen, mit denen sich beides weitgehend mechanisiert produzieren ließ. 1844 stand im Zeichen des innovativen »Millionometer«. Dieses Feinmessgerät mit einer Genauigkeit von 1/1000 Millimeter führte die Uhrenindustrie in ein neues Zeitalter. Schließlich kann ein Tausendstel dort, wo es um Sekundenbruchteile geht, sehr viel bewirken. Darüber hinaus bewirkte dieses Instrument die Einführung des metrischen Systems bei LeCoultre & Cie. Im Jahr 1851 öffnete die erste Weltausstellung in London ihre Pforten. Dort zeigte auch Antoine LeCoultre seine bemerkenswerten Erzeugnisse, darunter Zahntriebe und -räder, Rohwerke, Taschenchronometer und auch Werkzeuge. Beeindruckt von der uhrmacherischen Präzision und dem Engagement verlieh die Jury Antoine LeCoultre eine der begehrten Goldmedaillen. Gegen 1860 schlitterte das Unternehmen, mit annähernd 100 Beschäftigten bereits größter Arbeitgeber in der abgeschiedenen Region, infolge des ungestümen Wachstums aber auch bedingt durch Missmanagement, in eine schwere finanzielle Notlage. Damit einher ging eine allgemeinene Uhrenkrise. Als Retter für LeCoultre & Cie. erwiesen sich einerseits Antoine Borgeaud, der das Unternehmen als neuer Teilhaber mit frischem Kapital versorgte, und zum anderen ein neues Uhrenkaliber mit Wippenaufzug. Letzteres bescherte dem Unternehmen die zum Überleben in schwierigen Zeiten dringend benötigten Aufträge. 1875 fand das »Goldene Zeitalter« im Vallée de Joux ein vorläufiges Ende. Die Gründe waren vielschichtiger Natur. Einmal hatte die zunehmende Mechanisierung in der Rohwerkefertigung zu einer schwer und nur mit Verlusten absetzbaren Überproduktion geführt. Außerdem drückte die schwierige wirtschaftliche Situation vor allem in Europa das Verlangen nach kostspieligen Luxusuhren mit Zusatzfunktionen. Damit blieben die Orders der Genfer Fabrikanten aus. Spätestens jetzt wurde den Fabrikanten im Jouxtal, darunter auch LeCoultre & Cie. bewusst, dass es falsch gewesen war, die Produktion und Vermarktung kompletter Uhren vernachlässigt zu haben.

Die zweite und dritte Generation zeigt, was in ihr steckt

Einen Schlag ins Kontor brachten das Ausscheiden Borgeauds und seine Forderung einer Abfindung in Höhe von 250.000 Franken. Aber den Optimismus der drei Söhne des Firmengründers konnte dieser Schritt nicht brechen. 1877, mitten in der Krise, traten sie gezwungenermaßen die Flucht nach vorne an. Das Trio reorganisierte die Produktion, forcierte die Konstruktion sowie die Herstellung aufwendiger Uhrenrohwerke.

Abb. 162
Heinz Winkler vor seiner Residenz in Aschau. Bei schönen Uhren und klassischen Automobilen kann auch die Sterne-Küche nicht mehr weit sein. Der gebürtige Südtiroler Heinz Winkler hat es erreicht, mit seiner Residenz Heinz Winkler in Aschau ein Refugium zu schaffen, das wohl als einmalig gelten darf. Die exzellente 2-Sterne-Küche, die sprichwörtliche Freundlichkeit des Personals sowie die Herzlichkeit von Frau Evi Winkler lassen jeden Besuch zu einem unvergesslichen Erlebnis werden. **Abb. 163** (links oben) Höchste Uhrmacherkunst verkörpert die hochkomplexe Reiseuhr von Jaeger-LeCoultre, welche den Namen DUOMÈTRE UNIQUE TRAVEL TIME trägt. Auf dieser Uhr lassen sich nicht nur zwei Zeitzonen einstellen, sondern auch eine Weltkarte sowie eine Tag/Nacht-Anzeige ablesen. Das Gehäuse besteht aus elegantem Rotgold. **Abb. 164** (rechts oben) Der Glasboden der Rückseite erlaubt einen Blick auf das komplizierte Werk dieser Zwei-Zeitzonen-Reiseuhr Oben rechts erkennt man die zwei Federhäuser, auf der Höhe von 7 Uhr das Schwingungssystem bzw. die Reglage.

Abb. 165
Als schlichte und rare Uhr gilt dieses mit dem Namen GEOPHYSIC geführte Chronometer von Jaeger-LeCoultre.
Der mit Referenz E 168 bezeichnete Zeitmesser wurde 1957 lanciert und blieb nur bis 1959 in Produktion. Von den 1.038 mit Stahlgehäuse gebauten Uhren wurde auf der Auktion von Phillips in Genf ein Exemplar aufgerufen und bei 68.750 CHF zugeschlagen (Werk-Nr. 1.331.979, Gehäuse-Nr. 748.201). Die hier gezeigte Uhr hat das Kaliber P 478/BWSbr Nr. 1.391.284 eingeschalt, die Werk-Nr. lautet 748.540. Uns liegt hier noch die originale Verkaufsbox sowie die Garantieurkunde vor. Letztere wurde noch von Roger Le Coultre, Präsident, unterschrieben. Als Verkaufsdatum wurde in die Garantieurkunde der 7. September 1984 eingetragen.

Mit diesem überfälligen Schritt setzte bei LeCoultre & Cie. eine extrem kunstfertige Ära ein, die an Kunstfertigkeit nicht zu überbieten war. Komplikationen, das Salz in der Suppe der feinen Uhrmacherei, erlangten eine überragende Bedeutung in der Firmenbiographie. Ohne Übertreibung lässt sich an dieser Stelle konstatieren, dass es kaum ein Rohwerk mit Komplikation gibt, das von LeCoultre nicht angepackt und gemeistert worden wäre. Chronographen, Kalendarien, Repetitionsschlagwerke, Wecker und auch Tourbillons gehörten zum breiten, von internationalem Erfolg gekrönten Fertigungsspektrum der altehrwürdigen Ebauchesfabrik. Einer werksinternen Statistik zufolge entstanden zwischen 1860 und 1925 allein 60.000 Uhrwerke mit unterschiedlichsten Zusatzfunktionen. Viele davon stellten echte Superlative dar, weil sie die kleinsten oder

Abb. 166
Mit dem Werbespruch »Ein zweites Gedächtnis« wurde 1953 das Modell MEMOVOX lanciert. Während die ersten Ausführungen noch Handaufzugwerke eingeschalt hatten, folgten weitere mit automatischem Aufzug und Datum. Die für den amerikanischen Markt vorgesehenen Uhren wurden in den USA eingeschalt und unter dem Namen LeCoultre vertrieben. Das Gehäuseoberteil dieses Modells nennt man »Goldfilled«, der Schraubboden besteht aus Stahl.

flachsten ihrer Art verkörperten. Beispielsweise sorgte 1903 das konventionell konstruierte, nur 1,38 mm hohe Kaliber 145 mit dem Spitznamen »Rasierklinge« für Furore. Ein Uhrwerk mit Chronograph war lediglich 2,8 mm und eines mit Repetitionsschlagwerk gerade einmal 3,2 mm hoch.
Im frühen 20. Jahrhundert geknüpfte Kontakte zum Elsässer Uhrenfabrikanten Edmond Jaeger sollten die weitere Unternehmensentwicklung entscheidend beeinflussen. Jaeger versorgte u.a. Cartier und die französische Marine mit Zeitmessern und Instrumenten. Durch die Lieferung der Uhrwerke erhielt LeCoultre unmittelbaren Zugang zum Markt der Luxus-Zeitmesser. 1914 startete die Fertigung von Tourenzählern für Flugzeuge sowie Tachometern, Kilometerzählern und Zeitmessern für Automobile. Doch damit nicht genug: Das zweistöckige

»Duoplan«-Kaliber 11 BF von 1926 konnte im Reparaturfall kurzfristig gegen ein frisches ausgewechselt werden. Während der Garantiezeit erfolgte der Tausch selbstverständlich kostenlos. 1929 war das bis heute kleinste mechanische Uhrwerk zur Serienreife gediehen. Das Kaliber 101 misst nur 14 x 4,8 x 3,4 mm. Seine insgesamt 74 Teile einschließlich Zifferblatt und Zeiger wiegen gerade einmal 0,9 Gramm. Dieser zeitbewahrende Winzling wird bis heute hergestellt. Ab 1931 machte die »Reverso« von sich reden, jene legendäre Armbanduhr, bei der das bruchgefährdete Kristallglas in heiklen Situationen kurzerhand nach unten gewendet werden konnte. Und seit 1936 steht die »Atmos« im Ruf, ein Solitär unter den Pendulen zu sein. Dieses Renommee kommt freilich nicht von ungefähr. Luft genügt, um das Drehpendel lautlos und vor allem kontinuierlich in Bewegung zu halten. Manuelles Aufziehen gehört der Vergangenheit an.

Von LeCoultre zu Jaeger-LeCoultre

1937 fusionierten die Uhrenbereiche von Jaeger und LeCoultre zur Uhrenmarke Jaeger-LeCoultre begleitet von der Gründung einer gemeinsamen Verkaufsorganisation mit Sitz in Genf. 1946 präsentierte Jaeger-LeCoultre ein Modell mit einfachem Vollkalendarium und Mondphasenanzeige, in dem das Kaliber 486 tickte. Im folgenden Jahr drauf stellte die Manufaktur mit dem Kaliber 481 eine erste Automatik mit Pendelschwungmasse und Gangreserveanzeige vor. Als Jacques-David LeCoultre 1948 starb, endete die Ära der Gründerfamilie. Die Zukunft sicherte eine Holding namens »SAPIC«, unter deren Dach sich der Rohwerkehersteller LeCoultre, die Uhrenmarke Jaeger-LeCoultre und Teile des traditionsreichen Uhrenherstellers Vacheron & Constantin befanden. Als Delegierter des Verwaltungsrats fungierte der Berner Industrielle und LeCoultre-Großaktionär George Ketterer. Auf die Innovationskraft wirkte sich die Umstrukturierung nicht aus. In den 1950er Jahren gehörte Jaeger-LeCoultre zu den anerkannten Wecker-Pionieren. Das gilt insbesondere für die Kombination aus Alarmfunktion und Selbstaufzug, welche 1956 im Modell »Memovox Automatik« debütierte.

Blick in die Gegenwart

1978 übernahm der deutsche Instrumentenbauer VDO 60 Prozent des Aktienkapitals der Jaeger-LeCoultre SA. Audemars Piguet sicherte sich mit dem Rest eine Minderheitsbeteiligung. Besagter Tachometerhersteller gelangte 1991 unter das Dach des Mannesmann-Konzerns, der seine Uhren-Aktivitäten später in der LMH-Holding (Les Manufactures Horlogères) bündelte. Als Mitglied dieser Gruppierung ging Jaeger-LeCoultre im Juli 2000 an den global agierenden Richemont-Konzern. Den Manufaktur-Aktivitäten tat das keinen Abbruch. Ganz im Gegenteil: Nie zuvor in der Unternehmensgeschichte gab es derart viele neue Uhrwerke, welche das gesamte Spektrum der mechanischen Zeitmessung abdecken. Angefangen bei ultraflachen Kalibern bis hin zur einzigartigen Kombination von Komplikationen beispielsweise in der drei-gesichtigen »Reverso grand complication à tryptique« von 2006. Für die Überhöhung der mechanischen Uhrmacherkunst steht »Hybris Mechanica«. Die Entwicklungsprozesse für die Uhrenlinie »Duomètre« vollzogen sich unter dem einprägsamen Tarnnamen »Doppelflügel«, weil sich zwei völlig unabhängige Räderwerke einen gemeinsamen Gangregler teilen.

Bleiben zum Schluss jene 1000 Stunden oder umgerechnet 41 Tage und 16 Stunden Tage, die jeder Zeitmesser von Jaeger-LeCoultre vor dem Verlassen der Manufaktur auf den Prüfstand muss. Und das ohne jedes Wenn und Aber. Dieser Langzeit-Test gilt nämlich als eine der strengsten Kontrollen überhaupt. Im Gegensatz zur offiziellen Chronometerprüfung der COSC schickt die Manufaktur nur fertig eingeschalte, selbstverständlich mit Zifferblatt und Zeigern versehene Exemplare auf die knallharte Teststrecke. Dort erfolgt der Check abwechslungsweise in sechs Positionen bei verschiedenen Temperaturen nach unmissverständlich definierten Maßgaben. Verschärfend kommt hinzu, dass sich die Testkandidaten zeitweise in Bewegung befinden, dann wieder in völliger Bewegungslosigkeit. Teils stehen sie unter Einwirkung gezielter Stöße, unter dem Einfluss wechselnder Magnetfelder, welche über den allgemein gebräuchlichen Normen liegen, oder schlichtweg unter Druck. Somit gestalten sich ersten 1000 Stunden im Leben einer Jaeger-LeCoultre deutlich härter als später in der Realität am Handgelenk.

6.2 Über die Werke

In den Kapiteln über Audemars Piguet, Patek Philippe und Vacheron & Constantin sind wir dem Namen Jaeger-LeCoultre schon oft als Werkelieferant begegnet. In der Tat hatte man bei Jaeger-LeCoultre, im schweizerischen Jura-Örtchen Le Sentier beheimatet, im Betrachtungszeitraum dieses Buches stets auf mehrere Pferde gesetzt. Erstens wurden anspruchsvolle Armbanduhren verschiedener Ausführungen für den europäischen sowie für den Überseemarkt produziert. Zweitens boomte zu jener Zeit in den USA das Geschäft ganz besonders. Dorthin wurden aber nur Werke geliefert, in amerikanische Gehäuse eingeschalt und unter dem Namen »LeCoultre« vermarktet. Drittens dienten die Fachleute in Le Sentier als Rohwerkelieferant für verschiedene Uhrenhersteller. Speziell reservierte Rohwerke (Ebauches) höchster Qualität gingen auch an die Eingangs aufgeführten Nobeluhrenhersteller Audemars Piguet in Le Brassus und Vacheron & Constantin in Genf. Selbst der Patek Philippe in Genf bezog in den 70er Jahren genau 40.000 Exemplare des superflachen Automatikkalibers 28-255 und 28-255 C.

Aufgrund der Vielzahl der in jener Zeit gefertigten Kaliber kann in diesem Buch nur ein repräsentativer Überblick gegeben werden. Aus damaliger Sicht zählten die 50er und 60er Jahre zu den erfolgreichsten in der Firmengeschichte. Die aufkommende Quarztechnologie bedingte auch bei Jaeger-LeCoultre schwere Umsatzeinbrüche und zwang das Unternehmen dazu, zum Teil auf andere Geschäftsfelder auszuweichen. Als Jaeger-LeCoultre bereits zu VDO gehörte und in der französischen SAPHIR SA-Holding eingegliedert war, wurden die Finanzen so knapp, dass im Jahr 1983 40 % der Firmenanteile an Audemars Piguet in das benachbarte Le Brassus verkauft wurden. Zu jener Zeit besaß Jaeger-LeCoultre ein Stammkapital von 12 Mio CHF, an dem sich auch der Kaufpreis orientierte, damals ganze 4,8 Mio CHF! Ob dies seitens VDO zu jener Zeit die richtige Entscheidung war, lässt sich heute vielleicht anzweifeln.

Über die Handaufzugwerke

10 ½'''-480 und 10 ½'''-800

Das Kaliber 10 ½'''-480 dient als Basisuhrwerk mit kleiner Sekunde. Der Einbaudurchmesser beträgt 23,70 mm, die Bauhöhe 3,65 mm. Je nach Ausführung werden 15 bis 17 Rubine verbaut, die Unruh arbeitet mit 18.000 Halbschwingungen/h. Das Kaliber 10 ½'''-800 stellt die Ausführung mit Zentralsekunde dar. Damit steigt die Bauhöhe auf 4,00 mm. Dieses Kaliber wurde von 1950 bis 1965 in 39.000 Exemplaren produziert, von denen rund 5 % in die USA exportiert wurden.

12 ½'''-449 und 12 ½'''-470

Das Kaliber 12 ½'''-449 gilt als Basisuhrwerk und wurde in verschiedenen Versionen gefertigt. Der Einbaudurchmesser liegt bei 28,80 mm, die Werkhöhe bei 4,00 mm. In der Version 470 mit Zentralsekunde war die Höhe auf 4,55 mm gestiegen. Dieses

Abb 167

Handaufzugswerk wurde in den Jahren 1943 bis 1944 produziert und in englische Militäruhren verbaut. Die Gesamtproduktion umfaßte 5.000 Uhrwerke.

12 ½'''-488

Auch dieses Handaufzugswerk geht auf das Basiskaliber 12 ½'''-449 zurück. Aufgrund des installierten Sekundenstopps beträgt die Werkhöhe 5,00 mm. Dieses Kaliber dient als Antrieb der britischen Fliegeruhr Mark 11, die auf Seite 105 abgebildet ist. Das Kaliber 12 ½'''-488 wurde von 1948 bis 1953 mit insgesamt 2.700 Exemplaren produziert. Genau 2.320 Werke davon wurden in die Uhren der genannten Mark 11 verbaut. Der Sekundenstopp erfolgt durch das Ziehen der

Abb 168

Krone über einen gut sichtbaren Bügel und eine feine Stahlfeder (Tirette). Diese Konstruktion ist auch im Kaliber P 478/BWSbr des Chronometers »Géophysic« von Jaeger-LeCoultre und als Kaliber P 1007/BS und P 1008/BS des Chronometer Royal von Vacheron & Constantin zu finden.

12 ½'''-P 478/BWSbr

Ausgehend vom Grundkaliber 12 ½'''-449 ist das Kaliber 12 ½'''-488 nahezu baugleich mit dem Handaufzugswerk 12 ½'''-P 478/BWSbr, letzteres wurde in das heute sehr begehrte Chronometer »Géophysic« der Referenznummer E 168 verbaut. Vom Kaliber 12 ½'''-478 wurden in den Jahren 1945 bis 1965 genau 83.000 Exemplare gefertigt. In der Zeit von 1957 bis 1959 wurden aus diesem Volumen 2.500 Uhrwerke entnommen

Abb 169

und für die Chronometer der Referenzen E 168 »Géophysic« und E 2985 »Géophysic de luxe« vorgesehen. Von der erstgenannten Referenz E 168 konnten in den Jahren 1957 bis 1959 1.038 Chronometer mit Gehäuse in Edelstahl, 222 mit Gelbgold- und 30 mit Roségold-Gehäuse hergestellt werden. Die nicht wassergeschützte Ausführung Referenz E 2985 kam nur auf ganze 102 Exemplare, von denen 82 Gehäuse in 750 GG und 20 als solches in 750 RG erhielten. Anstelle des armierten Glases, der Weicheisenkalotte und des Schraubbodens verfügte dieses Modell nur über ein normales Glas und Druckboden. Der Publikumspreis einer Géophysic Referenz E 168 mit 750 GG-Gehäuse betrug im Jahr 1961 genau 720,- CHF. Alle eingeschalten Kaliber 12 ½‴-P 478/BWSbr mussten die amtliche Chronometerprüfung mit Auszeichnung bestanden haben. Damit war von den ausgewählten 2.500 Werken nur 1.392 Exemplaren diese Ehrung vergönnt gewesen (Erfolgsquote 56 %). Vergleicht man das auf Seite 99 abgebildete Kaliber 12 ½‴-P 478/BWSbr mit dem auf der gleichen Seite gezeigten Kaliber 12 ½‴-488, fällt der Unterschied in der Finissierung auf. Bei Letzterem sind die Brücken mit Genfer Streifenschliff versehen.

12‴-814

Als Basis für dieses Handaufzugswerk für das Modell Memovox diente das Kaliber 12‴-489. Als Wecker am Handgelenk galt das Modell Memovox als kleine Sensation und wurde mit den folgenden Werbesprüchen lanciert: »Erinnert – Mahnt – Weckt«. Das Werk besitzt einen Einbaudurchmesser von 28,00 mm, eine Bauhöhe von 5,20 mm und arbeitet mit 18.000 Halbschwingungen/h. Es verfügt über zwei Federhäuser, eines für das Uhrwerk, das andere für die Weckerfunktion. Mit der Krone bei der 2 erfolgt die Einstellung der Weckzeit sowie der Aufzug des Weckers. Die Krone bei der 4 dient der Stellung der Zeit sowie dem Aufzug des Uhrwerks. Das Werk verfügt über 17 Rubine und arbeitet mit 18.000 Halbschwingungen/h. In den Jahren 1953 bis 1964 wurden vom Kaliber 12‴-814 genau 115.000 Exemplare hergestellt und 60 % davon in die USA exportiert.

Über die Automatikwerke

12‴-476 und 12‴-481 (Abb. 170)

Die Stunde der Uhren mit Selbstaufzug schlug bei Jaeger-Le Coultre im Jahre 1947. Zur Umsetzung der Bewegungsenergie wurde ein einseitig wirkendes Schwunggewicht mit beschränktem Drehwinkel gewählt, im Volksmund auch »Hammerautomatik« genannt. Der Einbaudurchmesser beträgt 29,56 mm, die Bauhöhe 6,15 mm. Das Werk besitzt 17 Rubine und die Unruh arbeitet mit 18.000 Halbschwingungen/h. Erwähnenswert ist auch die frühe, Jaeger-LeCoultre-eigene Stoßsicherung. Eine Variante des Kalibers 12‴-476 erhielt eine Gangreserve-Anzeige unter der »12« integriert sowie die neue Kaliberbezeichnung 12‴-481. 1948 wurde das bekannte Modell »Powermatic« vorgestellt, in dem dieses Werk eingeschalt ist.–Wichtig für den Uhrenfreund dürfte noch ein Hinweis der

Abb. 170

Uhrmacher aus Le Sentier sein. Wenn beim Kaliber 12‴-476 das Teil 1488 (Roue cliquet complète), bei der modifizierten Ausführung 476-12‴ A Teil 9564, beschädigt sein sollte, kann dieses Teil nicht mehr geliefert werden.

12‴-812

Dieses Kaliber ist eine Weiterentwicklung des ersten Automatikwerkes mit beschränkter Schwungmasse und wurde 1954 lanciert. Diese Tatsache darf als besonders bemerkenswert gelten, hatte jedoch Jaeger-LeCoultre bereits 1953 zwei Automatikwerke mit freidrehendem Rotor herausgebracht. Es waren dies das Kaliber 12‴-498 mit kleiner und 12‴-499 mit Zentralsekunde. Vermutlich hatten sich die Uhren mit »Hammerautomatik« so bewährt, dass man trotz der genannten Alternativen bei dieser Technik noch eine Weile blieb. Im Vergleich zu seinen Vorgängern ist das Kaliber etwas kompakter. Der Einbaudurchmesser beträgt 28,00 mm und die Bauhöhe 4,55 mm. Die Zahl der Rubine bleibt bei 17 Steinen, die Unruh arbeitet bereits schon mit 19.800 Halbschwingungen/h. Von 1954 bis 1960 wurden genau 37.000 Uhrwerke gebaut, von denen 70 % für den US-Markt bestimmt waren.

880 (Seite 101 links oben) und 881 (Seite 101 Mitte)

Ende der 50er Jahre ging Jaeger-LeCoultre dazu über, bei den Kaliberbezeichnungen die früher gebräuchliche Durchmesserangabe in Linien (bei Uhrmachern gebräuchliches französisches Längenmaß, 1‴ entspricht 2,223 mm) wegzulassen. Das Kaliber 880 wurde 1959 lanciert und mit seiner Variante 881 mit Datumsanzeige bei der 3 in zahlreiche Armbanduhren eingeschalt. Das Basiskaliber besitzt einen Einbaudurchmesser von 26,00 mm und eine Werkhöhe von 5,77 mm. 17 Rubine sind verbaut. Die Variante 881 mit Datumsanzeige besitzt eine Werkhöhe von 6,14 mm. Bei diesem Kaliber dreht der Rotor beidseitig auf. Die schraubenlose Glucydur-Unruh mit Nivarox-Spirale arbeitet mit 19.800 Halbschwingungen/h. Desweiteren sind verstellbarer Spiralklötzchenträger und Stoßsicherung Parechoc »KIF«

Abb. 171

Réf. Flector vorhanden. Auf eine Feinstellung sowie einen Rücker wurde verzichtet. Die Kaliberreihe 880 bis 883 gehört nicht nur bei Jaeger-LeCoultre, sondern auch in der gesamten

Abb. 172

eidgenössischen Uhrenbranche zu den erfolgreichsten Automatikwerken ihrer Zeit.

881 G (rechts oben) und 883 S (rechts unten)

Für die Chronometer-Modelle »Géomatic« wurden diese beiden Kaliber besonders modifiziert, bevor sie zur Chronometer-Prüfung eingereicht wurden. Aus der Fourniturenliste der Kaliber 880 G und 881 G sind die zusätzlichen Modifikationen für die Chronometerausführung wie folgt zu entnehmen:

1. Erhöhung der Anzahl der Rubine von 17 auf 23
2. Sekundenstopp-Vorrichtung durch Ziehen der Krone
3. Feinstellung mit Spirator 3

Aus der Fourniturenliste für das Kaliber 882 und 883 sind nur die Änderungen für die Ausführungen 882 S und 883 S zu entnehmen. »S« steht hier für Sekundenstopp. Weitere Angaben fehlen. Die in Le Sentier erbetenen Recherchen führten zu einer maschinengeschriebenen Anlage für die zuvor genannte

Abb. 173

Fourniturenliste. Demnach gab es beim Kaliber 883 S zwei Varianten. Die Chronometer-Ausführung erhielt sechs zusätzliche Rubine: Zwei davon für die Lagerung des Minutenrades, vier für den mechanischen Aufzug, d. h. für Klinken- und Übertragungsräder. Damit entsprach das Kaliber 883 S weitgehend dem Kaliber 881 G, nur die Feinstellung mittels Spirator 3 war weggelassen worden. Laut Angaben von Jaeger-LeCoultre wurden in den Jahren 1962 bis 1971 vom Kaliber 881 G 3.688 Exemplare und vom Kaliber 883 S genau 828 Werke in Chronometer-Ausführung gebaut.

Abb. 174

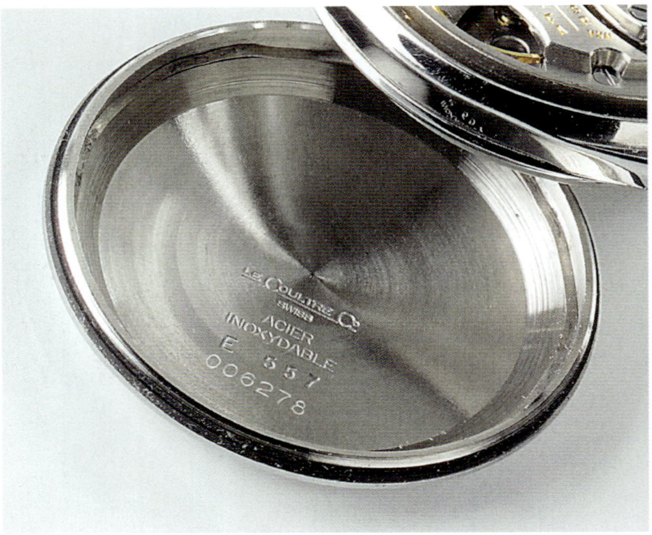

Abb. 175
Schraubboden der Jaeger-LeCoultre »Master Mariner« Ref. E 557 in Edelstahl, Gehäuse-Nr. 1.006.278 Ausnahmsweise ist hier die Gehäusenummer nicht außen eingeschlagen, sondern innen eingraviert. Weil man die »1« vergessen hat, lautet die Nummer 006278.

Abb. 176
Von schlichter Schönheit und äußerst rar ist das Chronometer »GEOPHYSIC«, hier ein Modell in 750 Gelbgold und keramikweißem Zifferblatt mit Chronometerkreuz. Die erste Version des »Chronometre Géophysic« erhielt die Referenz E 168, wurde 1957 lanciert und blieb bis 1959 in Produktion. In diesem Zeitraum verließen genau 1.290 Exemplare dieses begehrten Zeitmessers das Herstellerwerk in Le Sentier (1.038 in Stahl, 222 in Gelbgold und 30 in Roségold).

6.3 Über die Referenz- und Gehäusenummern

In der Regel erhielten die in Le Sentier produzierten Herrenarmbanduhren eine Referenznummer im Innenboden eingeschlagen. Diese bestand aus den Buchstaben E und einer dreistelligen Zahl (siehe Abb. 175 oben mit E 557). Untergruppen eines Modells wurden mit dem Zusatz /1 oder .XY versehen. Das man hier nicht immer einheitlich gehandelt hat, sieht man auf Seite 106. Die goldene Futurmatic gehört zur Referenz E 500, hat aber diese Kennzeichnung nicht im, sondern auf dem Boden aufgeführt. Die Gehäusenummern wurden immer außen auf der ebenen Fläche des Bodens eingeschlagen. Uhren, die das Werk in den USA eingeschalt bekamen, wiesen weder Referenz- noch Gehäusenummern auf. Die Gehäusenummern im vorliegenden Betrachtungszeitraum sind sechs- oder siebenstellig und stets fortlaufend nummeriert.

6.4 Über die Uhren

Über die Handaufzug-, Chronometer- und Fliegeruhren

Von den zahlreichen Modellen, die Jaeger-LeCoultre in unserem Betrachtungszeitraum lanciert hat, stellen wir hier rund 30 repräsentative Sammlerstücke und sonstige Uhren vor. Mit ihrer Vielfalt beim Gehäusedesign und den anspruchsvollen Werken vermitteln sie dem Sammler einen ersten Überblick. Einerseits bewiesen die Techniker aus Le Sentier bei ihren Modellen Powermatic, Futurmatic und Memovox eine hohe Innovationskraft bei ihren hauseigenen Uhren, andererseits belieferten sie andere Uhrenmarken mit Rohwerken allerhöchster Güte, die wegen dieser Reservierung im eigenen Hause gar nicht verbaut werden durften. Abnehmer wie Audemars Piguet aus Le Brassus und Vacheron & Constantin aus Genf schalten über viele Jahrzehnte die von

Abb. 177
Das Öffnen des Schraubbodens und die Entnahme der Weicheisenkalotte erlaubt einen Blick auf das amtlich geprüfte Handaufzugkaliber P 478/BWSbr. Über der Räderwerkbrücke erkennt man einen Bügel, der beim Ziehen der Krone mittels einer kleinen Stahlfeder die Unruh anhält. Im Gegensatz zum Pendant in der Fliegeruhr (siehe Seite 105, Fliegeruhr Mk 11) sind hier die Brücken nicht mit Genfer Streifenschliff verziert (Werk-Nr. 1.331.970, Gehäuse-Nr. 775.561).

Jaeger-LeCoultre gelieferten Werke in ihre Nobeluhren ein. Und auch Patek Philippe bediente sich einmal in hohen Stückzahlen der Rohwerke von Jaeger-LeCoultre, bis die eigenen neuen Automatikkaliber in Serie gehen konnten.

Abb. 178
Jaeger-LeCoultre GEOPHYSIC Ref. E 168 in Edelstahl.

Abb. 180
Chronometer GEOPHYSIC Ref. E 168 aus den 50er Jahren und die neue Géophysic 1958 Ref. 800.85.20 aus der aktuellen Kollektion. Während in der historischen Ausgabe der GEOPHYSIC das Handaufzugkaliber P 478/BWSbr tickt, arbeitet im neuen Modell das Automatikwerk 898/1 mit 43 h Gangreserve. Das Gehäuse links kommt auf genau 35, das rechte auf 38,50 mm Durchmesser. Am Gebrauchtuhrenmarkt, auch Zweitmarkt genannt, erreichte ein Vertreter des linken Modells bei einer Auktion des Hauses Phillips, die am 12.11.2016 in Genf stattfand, einen Rekordpreis von 68.750 CHF. Das neue Modell ist nicht so gefragt und wird im Mittel zwischen 8.000 und 9.000 Euro angeboten. In der Stahlversion wurde dieses Modell auf 800 Exemplare limitiert.

Abb. 179
Chronometer GEOPHYSIC, Werkansicht
Das Chronometer-Kaliber P 478/BWSbr. zählte zu den besten Uhrwerken seiner Zeit. Unter der Kaliberbezeichnung P 1008/BS wurde dieses Werk auch bei der Schwesterfirma Vacheron & Constantin in dem berühmten Modell »Chronometre Royal« verbaut. Auf der Räderwerkbrücke kann man einen bogenförmigen Bügel erkennen. Beim Ziehen der Krone wird dieser Bügel nach rechts gezogen und hält über einen kleinen gebogenen Draht die Unruh an. Diese Mechanik bewirkt somit den Sekundenstopp, der für das genaue Stellen einer Uhr notwendig ist. Die Innenseite des Schraubbodens ist perliert, die Gehäuse-Nr. lautet 748.540, die Werk-Nr. 1.331.284. Rechts oben liegt der Innenboden, der das Werk noch zusätzlich vor Staub schützt.

Abb. 181
Die beiden Schraubböden der alten und neuen GEOPHYSIC
Während dem Boden der Vintage-GEOPHYSIC links ein Medallion mit Namenszug und Weltkugel eingesetzt wurde, wurde beim rechten Boden die Darstellung der Weltkugel sowie das Firmen-Signet spanabhebend hergestellt, somit gefräst und graviert. Für den Verschluss des Schraubbodens wurde der bei Jaeger-LeCoultre übliche 12-Kant jedoch beibehalten, wenn auch mit unterschiedlicher Schlüsselbreite.

Aus dem Blickwinkel des Marketings waren die Produkte von Jaeger-LeCoultre deutlich unter dem Level der zuvor genannten Nobeluhrenhersteller angesiedelt. Gerade auf dem so wichtigen US-Markt stellte man sich ins Mittelfeld und achtete auch stets auf günstige, wettbewerbsfähige Preise. Auf europäischer Ebene sah man sich zwar unter Rolex, aber auf gleicher Höhe wie OMEGA und deutlich über IWC positioniert. In unserem Bilderbogen beginnen wir mit der gelbgoldenen »Géophysic«,

Abb. 182
Ansicht des Kalibers JLC 898/1, das in der neuen Géophysic arbeitet
Im Gegensatz zum Vorgänger-Kaliber 889/2 mit einem Einbau-Durchmesser von 26,00 mm (total 26,60 mm) bringt es das neue Kaliber auf 29,2 mm. Die Bauhöhe von 3,25 mm wurde jedoch beibehalten. Wegen des großen Unterschiedes zwischen dem Gehäusedurchmesser von 38,5 mm und Werkdurchmesser von 29,2 mm (Delta 9,30 mm) musste noch ein gelochter Zwischen- oder Haltering vorgesehen werden.

Abb. 183
Reglage des links unten abgebildeten Kalibers 898/1 in rund 7facher Vergrößerung. Am Reif der zweischenkligen Unruh sind vier Gewichtschrauben zur Regulierung des Ganges angebracht. Die Ankerradwelle wird nur in Kunstrubin-Lagern geführt. Auf die Verwendung von sonst üblichen Deckblättchen wurde verzichtet. Die Stoßsicherung der Unruhachse stammt von KIF.

von der in dieser Ausführung nur ganze 222 Exemplare gebaut wurden.
Dieses heute gesuchte Chronometer wurde 1957 lanciert und war für den Gebrauch von Wissenschaftlern und Ingenieuren vorgesehen. Von der Variante in Edelstahl wurden genau 1.038 Exemplare hergestellt. Durch das amerikanische Atom-U-Boot NAUTILUS (SSN 571), welches unter dem Fregattenkapitän William T. Anderson am 3. August 1958 (23.15 Uhr EDT) den Nordpol unterquert hatte (Operation Sunshine), wurde dieses Chronometer weltbekannt. Als besondere Anerkennung bzw. Auszeichnung für diese historische Tat erhielt Anderson aus der Hand seines Oberbefehlhabers Admiral Hyman G. Rickover eine Jaeger-LeCoultre GEOPHYSIC in Edelstahl überreicht.

Die JLC-Fliegeruhren

Was früher überlebenswichtig war, ist heute sehr beliebt. Gemeint sind die Fliegeruhren, die auch bei Jaeger-LeCoultre stets eine besondere Bedeutung besaßen. Den meisten Uhrensammlern sind die IWC-Fliegeruhren vom Typ Mark 11 (Mk 11) wohl bekannt. Parallel hierzu lieferte auch Jaeger-LeCoultre genaue Zeitmesser für die Flugzeugführer der RAF (Royal Air Force) und andere Luftstreitkräfte des Commonwealth. Drei interessante Beispiele wurden für dieses Kapitel ausgesucht. Als erste Fliegeruhr wird die Mark 11 der RAAF (Royal Australian Air Force) auf Seite 105 aufgeführt. Sie stellt ein Erbstück dar und gehört einem Australier, dessen Vater einst den beliebten Unterschall-Jagd-Einsitzer Hawker Hunter geflogen und dem das genannte Erbstück als Fliegeruhr gedient hat.

Abb. 184
Aus Australien stammt diese ab 1949 gefertigte Fliegeruhr der RAAF (Royal Australian Air Force) Modell Mark 11. Sie erhielt die Referenz-Nr. E 161, besteht aus einem zweiteiligen Stahlgehäuse mit Schraubboden und musste den speziellen Anforderungen der RAF (Royal Air Force) entsprechen (siehe auch Mark 11 von IWC, Seite 64). Rechts neben der Uhr das Militärarmband aus Kunststoff, mit dem dieser Zeitmesser auch über der Fliegermontur getragen werden konnte.

Abb. 186
Das hier gezeigte Kaliber 488 12 ½''' wurde vom Basiskaliber 449 abgeleitet und verfügt über einen Sekundenstopp. Beim Ziehen der Krone wird über den gut sichtbaren Bügel und einer dünnen Stahlfelder die Unruh angehalten (siehe auch Seite 103, Geophysic). Auf der schön finnisierten Brücke ist auch der »Broad Arrow« zu sehen und belegt, dass sich diese Uhr im Besitz ihrer königlichen Majestät befindet. In den Jahren 1948 bis 1953 wurden vom Kaliber 488 genau 2.700 Werke und vom Gehäuse E 161 genau 2.320 Exemplare gefertig (Werk-Nr. 912.529, Gehäuse-Nr. 36B/346 und 46/53).

Abb. 185
Zwei weitere interessante Militär- bzw. Fliegeruhren werden auf diesem Bild vorgestellt. Links ein wasserdichtes Modell mit vergoldetem Kaliber 470 und Gehäuseaufschrift A. M. 6B/159 und 4654/56 aus dem Jahre 1943. A. M. steht für »Air Ministry«. Im Vergleich zur späteren Mark 11 besitzt diese Uhr zwar Schraubboden und Weicheisenkalotte, nicht aber den hohen Schutz gegen magnetische Felder. Links oben im Bild diese Uhr von der Rückseite mit der zuvor schon beschriebenen Kennzeichnung (Werk-Nr. 255.797). Die rechte Uhr stammt von einem Uhrensammler aus Israel, dessen Vater als Flugzeugführer bei der israelischen Luftwaffe gedient hat. Das Gehäusemittelteil besteht aus Neusilber mit mattvernickelter Oberfläche, der Schraubboden aus Edelstahl. Das Kaliber 479 ist mit allen relevanten Komponenten vergoldet, um einen besonders hohen Korrosionsschutz beim Einsatz in Tropengebieten zu erzielen. Zu dieser Vergoldung kommt noch der Genfer Streiferschliff, der diesem Werk ein besonders edles Aussehen verleiht. Neben der Gehäusenummer ist auf dem Schraubboden außen noch der »Broad Arrow«, die Kennzeichnung »W. W. W.« sowie die zusätzliche Nummer »F 17106« zu finden. Ob die letztere Kennzeichnung noch von der israelischen Luftwaffe stammt, konnte nicht geklärt werden (Werk-Nr. 324.933, Gehäuse-Nr. 287.752).

Besonders erwähnenswert dürfte das hier eingeschalte Kaliber 488/Sbr 12 ½‴ sein. Das Kürzel »Sbr« ist auf der Platine zu finden und steht für »spiral breguet«, d. h. Breguet-Spirale. Aus rein uhrmacherischer Sicht dürfte dieses Handaufzugswerk noch etwas über dem Niveau des in großen Stückzahlen gefertigten Pendants Kaliber C. 89 von IWC stehen, meinte ein besonders profilierter Uhrmacher.
Warum dieses Kaliber nicht mit der Jaeger-LeCoultre-eigenen Stoßsicherung versehen wurde, konnte bisher nicht beantwortet werden. Diese Stoßsicherung stand bereits seit 1947 zur Verfügung und wurde auch in den ersten Automatikwerken 12‴-476 und 12‴-481 verbaut.
Auch die zwei auf Seite 105, Abb. 185, vorgestellten Militäruhren weisen einige erwähnenswerte Besonderheiten auf. Beide besitzen vergoldete Werke, wie dies gerade bei Einsätzen in Tropengebieten üblich war. Die links gezeigte Militäruhr mit der oberen Kennzeichnung A.M. für »Air Ministry« stammt ebenfalls aus Australien. In ihr wirkt das Kaliber 12 ½‴-470, das mit Breguet-Spirale arbeitet (Fournituren Nr. 722). Das Edelstahlgehäuse verfügt über Weicheisenkalotte und Schraubboden. Zu diesem Thema hier noch ein spezieller Tipp für den Uhrenfreund: Will man genau wissen, ob der Innenboden einer Uhr als reiner Staubschutz dient oder eine Weicheisenkalotte ist, nimmt man einfach einen kleinen Magneten zur Hand. Bleibt der Innenboden am Magneten hängen, handelt es sich um eine Weicheisenkalotte zur Abschirmung gegen magnetische Felder. Wenn aber der Innenboden nicht reagiert, handelt es sich um einen Staubschutzboden aus nicht magnetisierbarem Edelstahl, Messing oder einem anderen nicht magnetisierbarem Metall.
Die letzte und rechte Uhr auf Abb. 185 besitzt wiederum ein Gehäuse aus Neusilber mit mattvernickelter Oberfläche, der Schraubboden besteht aus Edelstahl. Das Kaliber 12 ½‴-479 ist vom Basiskaliber 12 ½‴-449 abgeleitet und wird entweder mit Flach- oder Breguet-Spirale versehen. Es verfügt über einen Einbaudurchmesser von 28,80 mm und eine Höhe von 4,00 mm. In der vorliegenden Ausführung sind 17 Rubine verbaut, die Unruh arbeitet mit 18.000 Halbschwingungen/h. Wie zuvor schon beschrieben, ist das gesamte Werk mit allen Komponenten vergoldet, die Brücken mit Genfer Streifenschliff versehen. Die Uhr stammt aus Israel und wurde vom früheren Besitzer für 535 USD erworben. Wie der ehemalige Inhaber gerne berichtet, handelt es sich bei diesem Zeitmesser um ein persönliches Erbstück. Sein Vater hatte schon in den 50er Jahren als Flugzeugführer bei der israelischen Luftwaffe gedient und diesen Zeitmesser als Dienstuhr erhalten. Unter anderem ist er das französische Flugzeugmuster Dassault Super-Mystère geflogen. Die lange Dienstzeit war der Uhr anzusehen und verlangte eine umfassende Revision von Werk und Gehäuse. Diese Arbeiten wurden zwar von erstrangigen Profis durchgeführt, einschließlich der zuvor genannten Arbeiten sowie der Auffrischung des Zifferblattes waren aber nicht mehr als 500 € zu entrichten – ein guter Preis.

6.5 Über die Automatik-Uhren

Die JLC Futurmatic

Das 1953 auf den Markt gekommene Modell »Futurmatic« galt als Sensation und wurde gerade auf dem US-Markt bestens

Abb. 187
Als Jaeger-LeCoultre im Jahr 1953 das neue Automatikmodell Futurmatic lancierte, galt dies auf dem Uhrenmarkt als Sensation. Die bei der 3 üblichen Krone war entfallen, aufgezogen wurde nur noch durch die Bewegungen des Handgelenkes. Die hier gezeigte Ausführung gehört zur Referenz E 500 und hat ein Gehäuse in 750 Gelbgold. Sie entstammt dem Produktionsjahr 1955. Das Zifferblatt rechts war anlässlich einer Revision getauscht worden.

angenommen. Die für den europäischen Konsumenten vorgesehene Version hatte entweder ein Stahl- oder ein Goldgehäuse mit Schraubboden. Die in den USA angebotenen Modelle waren zumeist in Goldfilled-Gehäusen eingeschalt und auch wesentlich billiger. Die auf dieser Seite oben vorgestellte Futurmatic

Abb. 188
Die hochwertigen Ausführungen der Futurmatic besaßen Gehäuse mit verschraubtem Boden. Mit der Flachkrone wird nur die Zeit gestellt. Drückt man diese in Richtung Bodenmitte, bleibt der Sekundenzeiger stehen und die gewünschte Zeit kann durch Drehen dieser Flachkrone gestellt werden. In dieser Uhr arbeitet das Kaliber 497 12‴, ein Automatikwerk mit drehbeschränkter Schwungmasse (Werk-Nr. 999.231, Gehäuse-Nr. 616.322).

Abb. 189
Auch die Ausführung der Futurmatic mit Edelstahl ist sehr gesucht (Werk-Nr. 1.216.282, Gehäuse-Nr. 649.501).

stammt von einem deutschen Auktionshaus und wurde für 2.500 € erworben. Weil sowohl Werk als auch Zifferblatt erheblichen Reparaturbedarf aufwiesen, konnte der neue Besitzer nicht von einem günstigen Kaufpreis sprechen.

Die JLC Powermatic

Ein kritischer Uhrenfreund hatte sich mit seiner gelbgoldenen Powermatic nicht verkauft. Er hatte diese für ca. 1.310 USD im Internet erworben und die gut erhaltene Uhr seinem persönlichen Uhrmacher anvertraut. Durch die Einschaltung eines

Abb. 190
Die erste Uhr mit automatischem Aufzug lancierte Jaeger-LeCoultre bereits 1948. Aus diesem Jahr stammt auch das hier gezeigte Modell, Powermatic genannt. Unter der 12 lässt sich die Gangreserve ablesen, im Bild hier noch genau zehn Stunden.

Abb. 191
Links oben das Schraubgehäuse in 750 Roségold, vorne das Automatikkaliber 481. Das drehbegrenzte Schwunggewicht wird mit zwei Spiralfedern gestoppt. Interessant auch die Schraubenunruh sowie die frühe Jaeger-LeCoultre-eigene Stoßsicherung (Werk-Nr. 834.183, Gehäuse-Nr. 588.168).

begabten Poliseurs, der auch das Gehäuse auf Neuzustand brachte, hielten sich die Überholungskosten mit insgesamt 350 € in Grenzen.

Die JLC Master Mariner und andere Automatiks

Die Armbanduhren-Modellreihe »Master Mariner« war in den USA sehr beliebt und wurde in verschiedenen Qualitätsstufen

Abb. 192
Der Schraubboden dieser Master Mariner trägt die Nummer 780.434. Nur die in Le Sentier eingeschalten Uhren sind durchgehend mit Gehäusenummern versehen, die stets außen eingeschlagen sind. Schön im Bild ist auch das Automatikkaliber 880 zu sehen (Werk-Nr. 1.417.125).

Abb. 193
Die Automatikmodelle der Linie Master Mariner gehörten zu den erfolgreichsten, die Jaeger-LeCoultre auf dem für diese Marke so bedeutenden US-Markt platzieren konnte. Diese Zeitmesser wurden mit »Goldfilled« sowie in 585 und 750 Gold angeboten. Die in den USA eingeschalten Uhren besaßen nur Gehäuse mit gedrückten, die in Le Sentier gefertigten jedoch mit geschraubten Böden. In allen Fällen war aber auf dem Zifferblatt der Name LeCoultre aufgedruckt. Das hier gezeigte Exemplar gehört zur Referenz E 385 und wurde 1959 in der Schweiz für den US-Markt gefertigt. Das mit Breguet-Ziffern versehene Zifferblatt sieht aus wie neu und darf als ausgesprochene Rarität gelten.

angeboten. Die in den USA eingeschalten Modelle besaßen in der Regel nur Gehäuse in 14-karätigem Gold, in »Goldfilled« oder in Stahl und hatten auch nur einen gedrückten Boden. Damit waren diese Uhren nur spritzwassergeschützt.
Ein ganz besonderes Modell aus dieser erfolgreichen Serie finden wir oben abgebildet. Die Kombination von versilbertem Zifferblatt mit Breguet-Ziffern, verschraubtem Stahlgehäuse sowie einem Kaliber 880 verschaffen diesem Modell eine einmalige Exklusivität. Ein konsultierter Auktionator, der wie der Autor dieses Modell zum ersten Mal sah, schätzte dessen Wert auf Anhieb nicht unter 3.500 €!

Auch die ganz normalen Automatiks, die von Jaeger-LeCoultre in den 60er Jahren auf den Markt gebracht wurden, finden bei den Uhrenfreunden noch heute großen Anklang. Auf der Seite gegenüber sind drei derartige Armbanduhren aufgeführt. Neben der zeittypischen Automatik Ref. E 393/1 (Abb. 196) gesellt sich links daneben ein Modell der Serie »Club« Ref. E 392 (Abb. 194),

Abb. 194
Eine von Jaeger-LeCoultre gefertigte Automatiklinie erhielt den Titel »CLUB« und wurde in verschiedenen Ausführungen aufgelegt. Interessant sind die ersten Modelle mit Schraubbodengehäuse und manufaktureigenen Werken. Spätere Modelle, insbesondere jene mit Wochentag- und Datumsanzeige, erhielten Kaliber von ETA und Gehäuse mit Druckboden. Die hier aufgeführte »CLUB« Referenz E 392 wurde 1962 produziert (Kaliber 880, Werk-Nr. 1.544.511 Gehäse-Nr. 885.230).

Abb. 196
Typisch für die Automatiks der 60er Jahre präsentiert sich diese Referenz E 393/1 mit Datumsanzeige und Schraubbodengehäuse in 750 Gelbgold. Dieser 1967 produzierte Zeitmesser hat das robuste Kaliber 883 eingeschalt und wurde nach Israel verkauft (Werk-Nr. 1.877.868, Gehäuse-Nr. 1.178.936).

beide mit Schraubbodengehäuse aus 750 Gelbgold. Für den Antrieb sorgen die bewährten Automatikwerke Kaliber 883 und 880. Unten wird eine weitere Ausführung des Modells »Master Mariner« vorgestellt. Dieses Modell gehört zur Referenz E 557 und erhält seinen Antrieb über das Kaliber 881. Die Kombination mit einem Stahlband aus der aktuellen Masterserie unterstreicht das gelungene Design, welches bei JLC bereits schon vor mehr als 40 Jahren kreiert wurde.

Abb. 195
Im Programm von Jaeger-LeCoultre gab es auch Modelle der Linie »Master Mariner«, die nicht nur für den US-Markt vorgesehen waren. Die hier vorgestellte Ausführung Referenz E 557 trug auf dem Zifferblatt den Firmenaufdruck »Jaeger-LeCoultre«. Um den Lesern zu zeigen, wie zeitlos schön diese vor rund 50 Jahren gebauten Uhren auch noch heutigen Design-Vorstellungen entsprechen, wurde dieser Zeitmesser mit einem Stahlband der aktuellen Master-Linie versehen (Kaliber 881, Werk-Nr. 1.781.565, Gehäse-Nr. 1.006.278).

Abb. 197
Reglage des Kalibers 880 mit Unruhkloben der oben links gezeigten JLC Modell »CLUB« in rund zehnfacher Vergrößerung. Der Rücker ist recht schlicht ausgeführt, die Stoßsicherung ist von KIF.

Abb. 198
Zu den populärsten Uhren von Jaeger-LeCoultre gehören die Armbandwecker, welche unter dem Name Memovox schon seit Jahrzehnten vertrieben werden. Das erste Modell der Linie Memovox wurde 1953 lanciert und noch von dem Handaufzug-Kaliber 489 12''' angetrieben. Zeitanzeige und Weckmechanismus werden über zwei getrennt betriebene Mechanismen gesteuert, die auch ein eigenes Federhaus besitzen. Mit der Krone bei 4 wird die Uhrzeit gestellt und das Werk aufgezogen, mit der Krone bei 2 die Weckzeit gewählt und die Feder für den Wecker gespannt. Aber nicht nur für das morgendliche Aufstehen macht es sich diese »kleine Komplikation« nützlich. Ob Parkzeit, Schnellzugabfahrt oder wissenschaftliche Beobachtungen, immer war die Memovox mit dabei. Von einem Automatikmodell Referenz 875.42 aus dem Produktionsjahr 1974 sehen wir einen Ausschnitt des Zifferblattes. Der drehbare Innenkreis, der zur Einstellung der gewünschten Zeit dient, erinnert an ein »Milchstraßen-Design« (Werk-Nr. 2.149.377, Gehäuse-Nr. 1.438.935).

12

Die JLC Memovox

Mit dem Werbespruch »Ein zweites Gedächtnis« wurde der Armbandwecker Memovox lanciert. Ein weiterer Werbeslogan lautete »Erinnert – Mahnt – Weckt«. Die erste Ausführung besaß noch ein Handaufzugswerk Kaliber 12‴-814 und wurde 1953 auf den Markt gebracht. Weitere Modelle folgten mit automatischem Antrieb und erhielten die Kaliber 815, 825 und 916 eingeschalt. Obwohl das gesamte Design dieser Modellreihe nur schwer einen Schönheitswettbewerb gewinnen könnte, sind sie unter Sammlern sehr beliebt. Hier sind drei unterschiedliche Modelle versammelt, um auch die verschiedenen Stilrichtungen jener Zeit demonstrieren zu können.

Abb. 199
Das vielfältige Erscheinungsbild der Linie Memovox verdeutlicht uns diese Gruppenaufnahme. Links ein frühes Handaufzugsmodell ohne Referenzbezeichnung mit dem Kaliber 814 12''', welches nur für den US-Markt gedacht war und in den Staaten auch eingeschalt wurde. Das Gehäuse ist nur vergoldet und mit einem Stahlboden und Ringmutter verschlossen (1961 produziert, 1962 verkauft, Werk-Nr. 1.567.876, keine Gehäusenummer). Memovox-Modelle mit automatischem Antrieb waren weltweit beliebt und sehr verbreitet. In der Mitte eine Ausführung in Edelstahl Ref. 875.42 mit originalem Edelstahlband, die schon auf den beiden vorherigen Seiten zu sehen war. Das Stahlmodell rechts gehört zur Referenz E 875, wird vom Kaliber 916 angetrieben und entstammt dem Produktionsjahr 1971. Das einheitlich in blau gehaltene Zifferblatt besitzt eine Innenscheibe, deren Indizes mit Leuchtmasse versehen ist. Daher auch der Hinweis bei 6, »T SWISS MADE T« steht hier für Tritium (Werk-Nr. 2.109.706, Gehäuse-Nr. 1.311.434).

Die JLC Géomatic

Neben dem bereits beschriebenen Chronometer-Modell Géophysic gehört auch die 1962 lancierte Serie »Chronometre Géomatic« zu den gesuchtesten Uhren von Jaeger-LeCoultre. Sie erschienen in der neuen Reihe »DE LUXE« und zeugen von höchster Schweizer Uhrmacherkunst. Während die beiden runden Ausführungen Referenz E 398 (Goldgehäuse) und E 399 (Stahlgehäuse) schon einmal hier oder da auf Uhrenbörsen angeboten wurden, tauchte nach Kenntnis des Autors das Modell E 560 mit Rechteckgehäuse in Tonneau-Form bisher nicht auf. Damit haben wir es hier fast mit einer Premiere zu tun. Zunächst wollen wir die einzelnen Modell näher vorstellen. Von der Ausführung mit rundem Gehäuse gibt es zwei Referenzen. Bei der Referenz E 398 wurden Gehäuse in 750 Gelb- und Rotgold verwendet. Verbaut wurde darin nur das Automatikka-

Abb. 200
Die Zeitmesser der Chronometer-Modelle GEOMATIC gehörten zu den feinsten Uhren, die Jaeger-LeCoultre von 1962 bis 1973 auf den Markt brachte. Sie wurden in nur geringen Stückzahlen gefertigt und gehören heute zu den gesuchtesten Sammleruhren. Auf dieser GEOMATIC-Parade sind alle drei lancierten Modelle abgebildet. Aus der Linie »DE LUXE« sehen wir in der Mitte die GEOMATIC Referenz E 399/1 in Edelstahl mit Kaliber 883 S, daneben die goldene Ausführung Referenz E 398 mit Kaliber 881 G und als Dritte von links die gleichfalls goldene Referenz E 560 mit Kaliber 883 S.

Abb. 201
Hier sind die Rückseiten der drei Chronometer mit dem GEOMATIC-Logo zu sehen. Die zwei runden Gehäuse besitzen Schraubböden, weisen jedoch unterschiedliche Gehäusekonstruktionen auf. Das Gehäuse aus Gold verfügt über 36 mm Außendurchmesser und angelötete Bandanstöße. Beim Stahlgehäuse wurde das Mittelteil aus einem Stück gefertigt und der Durchmesser auf 36,5 mm festgelegt. Das bombierte Rechteckgehäuse (Tonneau-Form) der Referenz E 560 ist zweiteilig ausgeführt und nur spritzwassergeschützt. Der aufwendig konzipierte Boden wird über vier Gewindestifte fixiert, die im 45°-Winkel positioniert sind.

Abb. 202
Hier die Werke der beiden runden GEOMATICs. In der goldenen arbeitet das Kaliber 881 G. G steht für Erhöhung der Steinezahl von 17 auf 23, für Sekundenstopp und für die Spirator 3-Feinstellung für besonders feine Regulierung des Ganges. Im Stahlgehäuse daneben ist das Kaliber 883 S eingeschalt. S steht für Sekundenstopp, der Rücker ist vom Typ Spirator 1 und hat keine aufwendige Feinstellung. Das Werk Kaliber 883 S besitzt laut Furniturenliste nur 17 Steine, obwohl auf dem Rotor »23 Jewels« vermerkt ist. Die im Stammhaus in Le Sentier durchgeführten Recherchen ergaben, dass es für dieses Kaliber 883 S zwei Varianten gab. Jene Automatikwerke, die in das Modell GEOMATIC eingeschalt sind, wurden besonders modifiziert. Von den zusätzlich sechs eingebauten Steinen wurden zwei für das Minutenrad und vier für den mechanischen Aufzug (für Klinken- und Übertragungsräder) verwendet. Damit entsprach das Kaliber 883 S weitgehend dem Kaliber 881 G, nur auf die besondere Feinstellung Spirator 3 war verzichtet worden.

liber 881 G. Das zweiteilige Gehäuse misst im Durchmesser 36 mm und besitzt einen Schraubboden mit dem Géomatic-Logo. Die Bandanstöße sind schmal gehalten und angelötet. Die erste Serie wurde von 1962 bis 1968, die zweite mit der Referenz E 398/1 von 1969 bis 1971 produziert. Bei letzterer kam jedoch das Kaliber 883 S zum Einbau. Die Variante in Edelstahl führt die Referenznummer E 399 und besitzt ein zweiteiliges Gehäuse mit Schraubboden. In diesem ist das Géomatic-Logo aus 585 Gelbgold eingesetzt. Das Gehäusemittelteil besteht mit den Bandanstößen aus einem Teil, welches aus einem Flachstahl (Halbzeug) gestanzt wurde. Der Gehäusedurchmesser liegt bei 36,5 mm. Diese Ausführung wurde von 1962 bis 1968, das Nachfolgemodell E 399/1 von 1969 bis 1971 produziert. Ersteres bekam das Kaliber 881 G, letzteres das Kaliber 883 S eingeschalt. Für den Uhrmacher sei noch vermerkt, dass die Goldgehäuse mit Schlüsselnummer 51, die Stahlgehäuse mit Nummer 52 zu öffnen sind. Als sehr selten gelten die Chronometer der Referenz E 560 mit gelbgoldenem Tonneau-Gehäuse. In den Jahren von 1962 bis 1971 wurden nur ganze 165 Exemplare gefertigt. Auch der Verfasser hat dieses schöne Stück nur einmal zu Gesicht bekommen. Selbst die Uhrmacher in München und Le Sentier hatten dieses Modell noch nie gesehen. Im Gegensatz zu den wasserdichten Gehäusen der runden Uhren ist diese Tonneau-Form nur spritzwassergeschützt. Bei diesem Modell wird der mit Géomatic-Logo versehene Boden mit vier im Winkel von 45° positionierten Gewindestiften

Chronometre Géomatic, Zahlen und Daten

	Referenz	Bauzeit	Material	Stückzahlen	Kaliber
1	E 560 Géomatic	1962 - 1971	750 GG	165	881 G, 883 S
2	E 398 Géomatic	1962 - 1968	750 GG, 750 RG	1100, 773	881 G
3	E 398/1 Géomatic	1969 - 1971	750 GG	478	883 S
4	E 399 Géomatic	1962 - 1968	Stahl	1700	881 G
5	E 399/1 Géomatic	1969 - 1971	Stahl	300	883 S

Abb. 203
Jaeger-LeCoultre Master Mariner Chronometer Ref. 24.000 in Edelstahl, auf dem Zifferblatt ist bei der neun das Emblem von Saudi Arabien aufgedruckt. Von diesem Modell wurden genau 520 Exemplare gefertigt. Das vorliegende Chronometer stammt aus dem Produktionsjahr 1975 (Werk-Nr. 2.210.461, Gehäuse-Nr. 1.399.237) und erhielt bei der deutschen Niederlassung von Jaeger-LeCoultre eine umfassende Revision. Der Verkaufspreis dieser Uhr lag im Jahr 1975 bei genau 750 CHF.

Abb. 204
Jaeger-LeCoultre Chronometer mit Lederband, jedoch ohne eingeschlagene Referenz- und Gehäusenummer. In dieser Uhr arbeitet das Kaliber 906, Werk-Nummer 2.208.827. Diese Version verfügt über eine Datums- und Wochentaganzeige. Das Design dieser Uhr würde den heutigen Geschmack nicht umbedingt treffen. Das Pendant von Vacheron Constantin ist unter Abb. 460 auf Seite 284 zu finden.

gehalten. Der Boden weist nicht nur rechteckig abgerundete Formen auf, sondern ist auch zusammen mit dem angepassten Gehäuse mehrfach bogenförmig ausgebildet. Diese Konstruktion stellt hohe Anforderungen an die Teilebearbeitung und kann aufgrund der teilweise sphärisch ausgebildeten Flächen nur auf einem dreidimensionalen Lehrenbohrwerk (heute Bearbeitungszentrum) gefertigt werden. Eine derartig aufwendige und kostenintensive Bauweise ist dem Autor dieses Buches nur ganz selten begegnet. In der Referenz E 560 kamen die Kaliber 881 G und 883 S zum Einbau. Die fünf Géomatic-Referenzen sind mit allen relevanten Daten auf der linken Seite in einer Tabelle zusammengefasst.
Nun noch einige Informationen zur Herkunft dieser drei wertvollen Stücke. Die goldene E 398 stammt aus Israel und wurde auf der Münchner Uhrentechnikbörse für 1.650 € erworben. Die stählerne E 399 hatte ein Uhrenfreund aus Neuseeland im Internet angeboten und für 1.505 USD verkauft. Die goldene E 560 stammt schließlich aus Australien und wechselte für 1.302 USD den Besitzer. Auch wenn die beiden letztgenannten Preise recht günstig klingen, muss noch an die fälligen Revisionskosten gedacht werden. Bei Jaeger-LeCoultre dürften für die Überholung von so alten Chronometern heute schon einmal 1.500 bis 2.000 € gerechnet werden müssen.

6.6 JLC Uhrenmodelle aus den 70er und 80er Jahren

Jaeger-LeCoultre Chronometer Ref. 24.000 Master Mariner in Edelstahl

Die Hauptabmessungen des damals neuen Kalibers 900 (ohne Sekunde), 901 (mit indirekter Zentralsekunde) und 902/903 (ohne Kalender) waren identisch. Der Einbaudurchmesser liegt bei 26,00 mm und die Höhe bei 3,25 mm. In den Jahren 1973 bis 1975 wurden ca. 7.000 Exemplare des Chronometer-Kalibers 906 produziert, wovon 3.060 Exemplare in die Referenzen 24.000, 24.001 und 24.002 verbaut wurden.

Abb. 205
Nach dem Öffnen des Schraubbodens sehen wir das superflache und sparsam konstruierte Chronometer-Kaliber 906. Mit dem Ziehen der Aufzugskrone wird der schon sehr bemerkenswert ausgeführte Sekundenstopp betätigt. Das giftgrüne Kunststoff-Spritzgußteil, welches durch die Zylinderkopf-Schlitzschraube drehbar gelagert ist, wird mit dem Ziehen der Krone über eine Hebelmechanik im Gegenuhrzeigersinn gedreht und drückt mit dem Ende dieses Spritzgußteils auf den Außenring der Unruh. Damit wird diese angehalten. An der Unruh selbst erkennt man noch die Triovis-Feinstellung für den Gang. Die Stoßsicherung der Unruhwelle kommt von KIF. Dieses Werk wurde auch an Vacheron & Constantin geliefert und dort im Modell Chronometer Royal als Kaliber 1096 verbaut. Das hier gezeigte Spritzgußteil wurde bei Vacheron & Constantin durch ein rhodiniertes Messingteil mit einer Stahlfeder ersetzt (siehe Seite 284, Abb. 461)

Von der hier vorgestellten Ref. 24.000 wurden genau 520 Exemplare gefertigt. Einen Schönheitspreis hätte dieses Modell wohl nicht erhalten. Die Ausführung in Edelstahl besitzt einen Gehäusedurchmesser von 36 mm sowie einen Schraubboden mit Feingewinde und sechs Nuten. Das integrierte Edelstahlband besteht aus recht großen, leicht gebogenen Gliedern. Die mit Originalpapieren und -box ausgestattete Uhr wurde auf einer Münchner Uhren-Technik-Börse für 2.100 Euro für dieses Buch erworben, insbesondere wegen des bemerkenswerten Sekundenstopps. Hier kommt ein giftgrünes Spritzgußteil zum Einsatz, mit dem der Sekundenstopp an der Unruh betätigt wird.
Auf einer am 28. November 2017 in Hongkong stattgefundenen Uhrenauktion erhielt ein solches Modell einen Zuschlag von umgerechnet 1.918 Euro.

Jaeger-LeCoultre Automatik Ref. 5000

So schön dieses Uhr auch aussieht, liegt uns hier jedoch eine »Preiswertuhr« vor. Das Material des Gehäuses besteht zwar aus 18 K Gelbgold, aber nur aus tiefgezogenem Blech und nicht wie üblich aus einem Goldblock, aus dem durch Drehen und Fräsen das Uhrengehäuse entsteht (Abb. 206).
Als dieses Modell geplant und lanciert wurde, musste auch Jaeger-LeCoultre unter der damaligen Quarzkrise leiden, konsequent sparen und sich auf einfache Herstellungsprozesse einstellen.
Als Antrieb dieser Uhr dient das superflache Kaliber 900 ohne Sekunde. Trotz der einfachen Herstellungsweise darf das Design dieses Modells schon als ansprechend gelten, nicht nur wegen des tonneauförmigen Gehäuses, sondern auch durch das gelungene Zifferblatt und die im Gehäuse integrierten Krone.

Abb. 206
Die Referenz 5.000 macht auf den ersten Blick durchaus Eindruck, obwohl sie eigentlich eine »Preiswertuhr« ist. Das Gehäuse besteht aus tiefgezogenem Goldblech, der Boden ebenfalls. Mit dem gut sichtbaren Innenblech aus Stahl sind beide Teile verschraubt.
Auf diesem Bild sind auch alle relevanten Komponenten des Schwingungssystems des Kalibers 900 zu sehen. Die Feineinstellung des Ganges erfolgt über das TRIOVIS-System am Unruhkloben, die Stoßsicherung stammt von KIF.
Am gleichen Bauteil ist außen das Ende der Flachspirale festgeschraubt. Die Ankerradwelle wird in Deckplättchen gelagert (rechts oben von der Unruh).

Abb. 207
Ausschnitt des damals neuen JLC-Kalibers 900/901 der auf der Seite zuvor gezeigten Automatikreferenz 5000. Die hier abgebildete Kaliberausführung 901 verfügt über keine Zentralsekunde. Die Reglage mit Unruh, Flachspirale und Feinverstellung ist gut zu erkennen. Die Stoßsicherung der Unruhwelle kommt von KIF (Elastor BS), schräg rechts oben davon erkennt man das rote Deckplättchen der Ankerradwelle. Bei 26,00 mm (11 ½''') Außendurchmesser, 3,25 mm Werkhöhe und 28.800 Halbschwingungen/h stellt dieses Werk eine moderne Konstruktion dar. In ihm sind 28 Steine verbaut, der Hebewinkel beträgt 53°.

Auch der Gehäuseboden ist tiefgezogen. Für die Stabilität der Uhr sorgt ein Innenblech aus Stahl, mit dem Werk und die beiden Gehäuseteile verschraubt sind. Die sehr selten zu findende Uhr wurde bei einem deutschen Auktionshaus für 2.500 Euro erworben.

Jaeger-LeCoultre Automaik Ref. 5003 »VOGUE«

Unsere auf dieser Seite vorgestellte Automatik gehört zur Serie »Vogue« und mit dieser Zifferblattvariante zur Referenz

Abb. 208
Im Kampf gegen die Invasion der Quarzuhren setzte man bei Jaeger-LeCoultre auf besonders flache Armbanduhren. Diese goldene Herren-Automatik Ref. 5003 gehört zur 1976 lancierten Linie »VOGUE« und wurde 1978 produziert. Durch die geringe Bauhöhe war für die Sekundenanzeige kein Platz mehr vorhanden. Diese Uhr stammt aus Houston, Texas, USA.

Abb. 209
Die neue Generation von Automatikwerken läutete bei Jaeger-LeCoultre das 1976 eingeführte Kaliber 900/901 ein. Mit 26,00 mm (11 ½''') Außendurchmesser, 3,25 mm Bauhöhe, 28.800 Halbschwingungen/h und Datumsschnellschaltung entsprach es den Forderungen jener Zeit. Konstruktion und Design dieses Werkes hat Maßstäbe gesetzt, die auch in späteren Automatikwerken von Jaeger-LeCoultre zu finden sind (Werk-Nr. 2.237.910, keine Gehäusenummer).

5003.21. Sie stammt aus den USA und wurde von einem Händler in Houston/Texas für 739 USD verkauft. Zuvor hatte er dieses schöne Stück über Wochen zu überhöhten Preisen im Internet angeboten, ohne jedoch Erfolg zu haben.

Jaeger-LeCoultre Master Control 1000 h in 18 K WG

Die Modellreihe Master Control 1000 h, die im Jahr 1992 lanciert wurde, brachte der Manufaktur in Le Sentier den lange schon erwarteten Erfolg. Die hier vorgestellte Ausführung ist ein Sondermodell für Herren und Damen aus 750 K Weißgold. Indizes, Zahlen und Zeigerspiel aus Roségold verleihen dieser Uhr eine ganz besondere Ausstrahlung. Von diesem seltenen Modell 145.3.89 wurden laut Jaeger-LeCoultre in Le Sentier nur 45 Exemplare gefertigt. Mit 34,5 mm Gehäusedurchmesser und seiner besonderen Ausstrahlung passt diese Uhr auch an jedes Damen-Handgelenk (Abb. 210).

Die Jaeger-LeCoultre Master Control Perpetual in Edelstahl Ref. 140.8.80 S

Die Krönung der 1992 eingeführten Modelreihe Master Control 1000 h waren zweifellos die verschiedenen Ausführungen mit Ewigem Kalender. Die hier vorgestellte Uhr besitzt ein Gehäuse aus Edelstahl und hat die Referenznummer 140.8.80 S auf der Rückseite eingraviert. Mit Stahlgehäuse und ihren 37 mm Gehäusedurchmesser wirkt diese Uhr recht männlich. Die weiteren Varianten sind mit Gelb-, Rosé- oder Weißgold-Gehäuse zu haben.

Abb. 210
Die weißgoldene Master Control 1000 h mit ihren Zahlen und ihrem Zeigerspiel aus 750 K Roségold stellt eine Besonderheit dar, der man höchst selten begegnet und von der nur genau 45 Exemplare produziert wurden. Dieser herausragende Zeitmesser wurde im Stammwerk in Le Sentier im Schweizer Jura fachgerecht überholt. Die wichtigsten Komponenten, die bei dieser Revision ausgetauscht wurden, sind der Uhr beigelegt.
Hier ist dem beauftragten Uhrmacher ein kleiner Fehler unterlaufen. Er hat bei der Rücksendung versehentlich das Zeigerspiel einer anderen Uhr beigelegt. Hinter der Uhr erkennt man noch die völlig entspannte Aufzugsfeder.

Abb. 211
Jaeger-LeCoultre Master Control mit Ewigem Kalender
Wenn auch nur mit Gehäuse aus Edelstahl, hinterlässt diese gelungene Uhr einen ganz besonderen Eindruck. Die Aufteilung mit Datumskreis links, Wochentage rechts, Monatskreis oben und Mondphase unten verleiht dem Zifferblatt ein ausgewogenes Design. Die Jahreszahl ist im Monatskreis zu finden und beschränkt sich nur noch auf zwei Stellen. Die Ausbrüche an den beiden Zeigern nahe der Zeigerwellen sorgen dafür, dass auch in der Zeigerstellung 11.05 und 12.55 Uhr die rote Warnphase eingesehen werden kann, bei der das Kalendarium nicht verstellt werden darf.

Kurz vor Redaktionsschluss dieses Buches wurden im Internet diverse Exemplare dieses Modells angeboten. Bei Ebay wollte ein Inserent aus den USA für eine Master Control Perpetual in Roségold 17.711,71 Euro. Für eine neuwertige Stahlversion aus der Türkei wurden 13.888 USD verlangt. Bei diesen Preisen müssten noch die Einfuhrumsatzsteuer, Zoll und die Transportgebühren berücksichtigt werden. Dadurch ist mit einem ungefähren Aufschlag von 24 bis 27 % auf den jeweiligen Kaufpreis zu rechnen.

Abb. 212
Dank des Glasbodens kann man auch das Automatikwerk Kaliber 889-440/2 mit 50 Steinen in Augenschein nehmen, im Basiskaliber 889/2 sind nur 36 Rubine verbaut.
An der Reglage erkennt man die Stoßsicherung vom Typ KIF-Ultraflex sowie die Spirofin-Feinregulierung. Auch das rote Deckblättchen für die Ankerradwellenlagerung ist rechts oben von der Unruh zu ersehen.
Diese Uhr blieb ungeöffnet.

Abb. 213
Trotz des etwas verspielten und teils barocken Auftretens kann diese Geographic beeindrucken. Für einen Vorstandsvorsitzenden dürfte bei Geschäftsterminen vielleicht eine Rolex GMT-Master besser passen. Am Wochenende sollte jedoch diese Uhr getragen werden. Im Gegensatz zum neuen Modell Master Geographic und zu anderen Traveller-Uhren besitzt dieses Modell links von der zweiten Zeit noch über ein 24-Stunden-Zifferblatt, was durch die Tag- und Nachtunterscheidung die Reiseplanung noch einfacher machen dürfte. Diese Uhr wurde nicht geöffnet.

Jaeger-LeCoultre Geographic Ref. 169.1.92 in 750 GG

Nicht nur der Weltreisende, sondern auch der termingeplagte Manager hätte an dieser praktischen, aber auch geschmackvollen Uhr seine Freude. Im Gegensatz zum neuen Modell Master Geographic wirkt diese Uhr etwas barocker. Sie gehört zur Linie Odysseus mit Ref. 169.1.92 und besitzt ein 750 GG Gehäuse. Das praktische an dieser Uhr ist die Zeiteinstellung für den jeweiligen Ort, an dem man sich gerade aufhält oder hinreisen möchte. Über 12 Uhr kann man in einem Städtefenster die benötigten Städte durch Drehen der Krone aufrufen und am kleinen Zifferblatt über der 6 die dortige Zeit ersehen. Anstelle einer Tag-/Nachtanzeige, wie dies das Nachfolgemodell besitzt, verfügt diese Uhr noch über eine 24-Stunden-Zifferblatt, so dass stets eine verlässliche Terminplanung möglich ist. Diese Uhren sind öfter im Zweitmarkt zu finden. Zum Zeitpunkt der Schlussredaktion dieses Buches im Frühjahr 2021 waren bei Ebay ein gelbgoldenes Modell aus Deutschland für 7.600 Euro, eine roségoldene aus den USA für 8.053 Euro angeboten.

Abb. 214
Die Jaeger-LeCoultre Master Geographic in 750 Roségold verdeutlicht eine gelungene Symbiose zwischen einem professionellen Aussehen und einem uhrmacherischen Kunstwerk. Auch die Bedienung fällt recht einfach aus. Mit der rechten Krone zieht man in Null-Stellung das Uhrwerk auf. Nach dem ersten Ziehen der Krone kann man auf dem Hilfszifferblatt den Stundenzeiger verstellen. In der zweiten Position dieser Krone erfolgt die Justage der genauen Uhrzeit, wobei jene auf dem Hilfszifferblatt synchron mitläuft. Mit der Krone bei 10 kann die ausgesuchte Stadt angefahren werden. Der nächsten Fernreise kann somit nichts mehr im Wege stehen!

Jaeger-LeCoultre Master Geographic Roségold Ref. 142.2.92

Mit der Einführung der neuen Produktlinie Master Control wurde auch das bisherige Modell Geographic erneuert und dem aktuellen Design angepasst. Der Leser kann selbst entscheiden, welches der beiden Uhrenmodelle ihm besser zusagt. Natürlich wurde auch das Innenleben der Master Control neu gestaltet. Hier arbeitet jetzt das Kaliber 929/3 mit 28.800 Halbschwingungen/h und 38 Steinen. Wie schon beim Vorgängermodell lässt sich hier leicht die als Reiseziel bestimmte Stadt einstellen und auf dem Hilfszifferblatt die dortige Ortszeit ablesen. Durch das professionelle Design dieser Uhr fällt die Master Geographic auch nicht mehr so barock aus wie das Vorgängermodell. Anstelle eines festen Schraubbodens, wie dies die Ausführung in Edelstahl besitzt, verfügt dieses Modell über einen eleganten Klappdeckel, der einen Blick auf das Kaliber 929/3 erlaubt. Eine Armbanduhr mit viel praktischem Nutzen, aber mit Stil!

6.7 Einige neuere Modelle von Jaeger-LeCoultre

Abb. 215 (von links nach rechts)
Dass man bei einer Reverso von Jaeger-LeCoultre das Werk betrachten kann, kommt eher selten vor. Die auf 500 Exemplare limitierte Septantieme (Ref. 300 24 20) lässt aber durch das Saphirglas auf der Rückseite Blicke auf das rotvergoldetete, symmetrisch aufgebaute Handaufzugskaliber 879 mit Schwanenhalsfeinregulierung zu. Aber auch das fein guillochierte Zifferblatt mit Gangreserve, Tag/Nacht-Anzeige, Großdatum und kleiner Sekunde hat einiges zu bieten. Die auf der Vorderseite bis auf die Gangreserve gleich ausgestattete Reverso Grande GMT (Ref. 302 84 20) verbirgt auf ihrer Rückseite ein zweites Zifferblatt, auf dem die zweite Zeitzone mit Stunden und Minuten abzulesen ist. Die Drücker am Gehäuse erlauben ein Verstellen der Zeit in Stundenschritten. So lässt sich die Zeit beim Überqueren der Zeitzonen einfach korrigieren. Eine 24-Stunden-Anzeige verrät, ob es Tag oder Nacht ist. Auf einem weiteren kleinen Hilfszifferblatt kann die GMT abgelesen werden. Die Restlaufzeit des Acht-Tage-Kalibers gibt die Gangreserveanzeige an.
Auch die rotgoldene Master Calendar (Ref. 151 24 2A) informiert über Gangreserve und Datum. Statt eines Großdatums im Fenster griff Jaeger-LeCoultre hier aber auf das Zeigerdatum aus dem Zentrum zurück. Dazu kommen in perfekter Symmetrie Wochentag und Monat im Fenster, Mondphase, Gangreserve und Kleine Sekunde. Der Vollkalender wird vom neuen Automatikkaliber 924 angetrieben, das durch den Saphirglasboden zu sehen ist. Wie alle neuen Master-Modelle, wirkt die Calendar durch das größere Gehäuse, die breitere Lünette und die neuen Delta-Zeiger moderner.

Abb. 216
Mit dem Master Compressor Extreme World Chronograph (Ref. 176 84 70) stellte Jaeger-LeCoultre einen wahrhaft robusten Revolutionär vor. Sein 46 mm großes zweiteiliges Gehäuse aus Edelstahl und Titan (limitiertes Modell in Platin/Titan) ist so konstruiert, dass es Erschütterungen und Vibrationen über eine Luftfederung eliminiert. Zudem sorgt das Kronensicherungssystem für leichte Bedienbarkeit und hohe Wasserdichtigkeit. Mit einer Vierteldrehung der Kronenschlüssel verschließt man die Krone und die Drücker wasserdicht und sorgt dafür, dass sie nicht unter Wasser aus Versehen betätigt werden können und so Wasser ins Gehäuse eindringt.
Das neue Bandwechselsystem erlaubt zudem, die Uhr dem Anlass entsprechend umzurüsten:
So montiert man das feine Krokolederband für elegante Abendveranstaltungen oder das ebenfalls mitgelieferte Kautschukband, wenn es zum Sport geht. Auf jeder Seite des Bodens sorgt ein Drücker dafür, dass sich die Bandteile einfach ausklinken und die neuen von unten einrasten lassen. Das funktioniert sehr schnell und trotzdem hält das Band extrem sicher.
Nicht zuletzt ist die Uhr der erste automatische Chronograph der Neuzeit. Das dafür entwickelte automatische Kaliber 752 verfügt über die elegante Schaltradsteuerung und lässt den Stoppsekundenzeiger dank einer vertikalen Kupplung ruckfrei anlaufen. Unter den Chronographenzählern befindet sich statt einer kleinen Sekunde eine rot-weiße Scheibe als Funktionsanzeige und die Weltzeitskala auf der die Zeiten in allen Zeitzonen abgelesen werden kann.

Abb. 217
Jérôme Lambert (Bildmitte), damals noch CEO von Jaeger-LeCoultre in Le Sentier, im Gespräch mit dem Verfasser, links die PR-Mitarbeiterin Bénédicte Ferlet. Heute leitet Jérôme Lambert mit viel Fingerspitzengefühl als CEO den Luxus-Konzern Richemont, der dem Südafrikaner – und großem Weinfreund – Johann Rupert gehört. Im vergangenen Geschäftsjahr (2020) hat dieser Konzern rund 14 Milliarden Umsatz generiert.

A. LANGE & SÖHNE
GLASHÜTTE I/SA

7. A. Lange & Söhne

Von Peter Braun

7.1 Einleitung

Die Geschichte der Uhrenmarke A. Lange & Söhne teilt sich in eine historische und eine neuzeitliche Epoche, denn die politischen Umstände zwangen die Familie Lange tatsächlich, ihre eigene Firma zweimal zu gründen: am 7. Dezember 1845 und am 7. Dezember 1990.

Vor über 175 Jahren verzichtete Ferdinand Adolph Lange auf ein gesichertes Auskommen als Königlicher Hofuhrmacher in Dresden und zog mit 15 Lehrlingen nach Glashütte, um in dem strukturschwachen Gebiet am Rand des Erzgebirges eine arbeitsteilige Uhrenproduktion zu etablieren. Die während ihrer Lehrzeit von allen finanziellen Verpflichtungen entbundenen Lehrlinge mussten sich bereit erklären, nach Ende ihrer Ausbildung fünf Jahre lang für einen relativ bescheidenen Lohn ausschließlich für Lange zu arbeiten. So entstand in Glashütte eine »Hausindustrie« mit hoch qualifizierten Zulieferern – der Schlüssel zum Erfolg der präzisen Zeitmesser aus Deutschland, die um die letzte Jahrhundertwende einen weltweiten Qualitätsmaßstab setzten – für Taschenuhren.

Ferdinand Adolph Langes Söhne und Enkel führten die Firma im Sinne ihres Gründers weiter und navigierten durch die schwere Zeit des Ersten Weltkriegs und die Wirtschaftskrise in den 1920er Jahren. Als Hersteller von Marinechronometern und Beobachtungsuhren für die Rüstungsindustrie wurde die Firma Lange nach dem Zweiten Weltkrieg demontiert, und nach der Gründung der DDR verschwand Glashütte hinter dem »Eisernen Vorhang«. Mit der Enteignung am 20.4.1948 endete die Selbstständigkeit der Firma A. Lange & Söhne und damit auch die Selbstbestimmung über Qualität und Sortiment der produzierten Uhren, die noch bis 1951 unter der Markenbezeichnung »Lange VEB« verkauft wurden.

Vor etwas über dreißig Jahren begann das Kapitel »Neuzeit« in der Geschichte der Firma A. Lange & Söhne. Die Wiedervereinigung hatte die Neugründung der Lange Uhren GmbH als Schwesterunternehmen von IWC und Jaeger-LeCoultre unter dem gemeinsamen Dach des Mannesmann/VDO-Konzerns extrem beschleunigt und die kühnsten Träume von Walter Lange beflügelt. Der Urenkel des Firmengründers konnte das Familienerbe antreten und das Vermächtnis der Uhrmacherdynastie fortführen. Die Deutsche Treuhandanstalt unterstützte das Projekt, Mannesmann/VDO finanzierte die Entwicklung einer Uhrenkollektion sowie die Beschaffung von Produktionsmitteln und die Schwestermarken halfen bei der Fertigung der Teile aus und brachten die neu eingestellten Mitarbeiterinnen und Mitarbeiter aus Glashütte und Umgebung auf den neuesten Stand westlicher Uhrmachertechnik.

Die Koordination dieser beispiellosen Manufaktur-Neugründung oblag Günter Blümlein, der darüber hinaus auch sehr klare und detaillierte Vorstellungen von den neuen Lange-Armbanduhren, ihrer Technik und ihrer Qualität hatte. Seine Aufgabe war gigantisch: Es ging um nichts weniger als die Definition, ja: die Neuerfindung der deutschen Luxusuhr.
Während in Glashütte eine Belegschaft aufgestellt wurde und man die jungen Uhrmacherinnen und Uhrmacher zur Schulung nach Schaffhausen (IWC) und Le Sentier (Jaeger) schickte, traf Günter Blümlein sich mit Walter Lange, den Konstrukteuren Hartmut Geyer und Annegret Fleischer sowie dem Ingenieur und Designer Reinhard Meis, um die technischen und gestalterischen Eckpunkte der neuen Kollektion zu besprechen. Sie hätten es sich leicht machen können und wären in der allgemeinen Wiedervereinigungs-Euphorie wohl auch mit leicht modifizierten Jaeger-Werken und nostalgisch geprägten Goldgehäusen durchgekommen.

Ein Glück, dass Günter Blümlein hier anderer Meinung war: Jedes neue Modell verdiente ein neues, eigenes Uhrwerk und eine ausgefallene technische Besonderheit. Den Begriff »Nostalgie« verabscheute er, und ein klassisch gestaltetes Detail hatte vor seinen Augen nur Bestand, wenn es einem Zweck

Abb. 218
Wilhelm Schmid, Geschäftsführer/CEO der Uhrenfabrik A. Lange & Söhne, Glashütte i. Sachsen, in seinem englischen Sportzweisitzer AC Ace Bristol, Baujahr 1957, im Hintergrund das Hauptgebäude von A. Lange & Söhne. Mit Schmid kehrten bei Lange industrielles Management, Dynamik und besondere Innovationskraft ein.

diente oder eine technische Notwendigkeit beinhaltete. Design und Charakter der Uhren mussten sich so weit wie möglich vom Schweizer Luxusuhren-Mainstream fernhalten. Dafür gestattete er den von Reinhard Meis kongenial umgesetzten Armbanduhren etwas mehr Volumen und – vor allem – ein substanzielles Gewicht. Sein Beispiel von der beruhigenden Massivität und dem satten Schließgeräusch einer Mercedes-Tür machte rasch die Runde und wird auch heute noch gern zitiert, wenn es um den Unterschied zwischen Schweizer Haute Horlogerie und feiner sächsischer Uhrmacherkunst geht.

Und so ging die erste deutsche Luxusuhrenmarke A. Lange & Söhne am 24. Oktober 1994 mit vier massiven Golduhren, vier neu konstruierten Uhrwerken, vier außergewöhnlichen technischen Details und vier unverbrauchten Uhrengesichtern an den Start.

In den nicht einmal vier Jahren Vorbereitungszeit zwischen der erneuten Unternehmensgründung (am 7. Dezember 1990, auf den Tag genau 145 Jahre, nachdem Ferdinand Adolph Lange in Glashütte seine Werkstatt eröffnet hatte) und der Präsentation der ersten Uhrenkollektion war es den Nachfolgern des Gründervaters gelungen, einen kompletten Katalog von technischen und gestalterischen Kriterien zu definieren. Dieser wird nicht nur innerhalb der Lange-Uhrenkollektionen bis heute streng beachtet, sondern genießt geradezu universelle Anerkennung als Standardverzeichnis »typisch« Glashütter Designmerkmale.

Dabei gab es, bevor die ersten neuen Uhren von A. Lange & Söhne auf dem Markt waren, in der Armbanduhrenwelt weder Dreiviertelplatinen noch verschraubte Goldchatons oder handgravierte Unruhkloben. Naturbelassenes Neusilber war als Material für die Gestellteile (heute üblicherweise aus Messing) völlig überholt, und an Goldanker, polierte Schraubenköpfe und den Sonnenschliff auf Sperr- und Kronrad erinnerten sich bestenfalls noch Taschenuhrensammler. In den neuen Armbanduhrmodellen von A. Lange & Söhne feierten die früher bereits hoch geschätzten Dekore und Bearbeitungsformen fröhliche Urständ und formulierten den Standard für alle kommenden Uhrenkollektionen aller zukünftigen Glashütter Uhrenmarken.

Anfangs steckte noch viel produktionstechnisches Know-how aus der Schweiz hinter den sächsischen Ideen, weil sich der Aufbau der Teilefertigung mit ihren kapriziösen Werkzeugmaschinen und den speziellen Anforderungen an die Bausubstanz über mehrere Jahre hinzog. Die Konzernschwestern IWC und Jaeger-LeCoultre lieferten einen Großteil der Uhrwerkteile, die in Glashütte finissiert und montiert wurden. Beim Tourbillon »Pour le Mérite« nahm man die Unterstützung des Schweizer Spezialitätenateliers Renaud & Papi in Anspruch. Doch mit jeder Modellgeneration emanzipierte sich die junge Manufaktur ein Stück weiter und sicherte sich das Know-how für immer kompliziertere Konstruktionen.

1997 kam in der Langematik das erste Automatikwerk, das sich getreu dem Leitgedanken der Produktentwicklung als außergewöhnliches technisches Detail einen »Dreiviertelrotor« aus geprägtem Gold leistete. Das »Zero-Reset« genannte System der automatischen Sekundenzeiger-Rückstellung beim Ziehen der Aufzugskrone avancierte zum meistbeachteten funktionellen Detail – neben dem patentierten Großdatum selbstverständlich, das in der Mitte der 1990er Jahre die allgemeine Diskussion über die Ablesbarkeit von Uhren-Zifferblättern anheizte und einen unumkehrbaren Trend zu großen Datumsanzeigen ins Leben rief.

Der nächste Quantensprung der technischen Entwicklung gelang der Konstruktionsabteilung 1999 mit dem Datograph, der als erster komplett neu entwickelter mechanischer Chronograph der Oberklasse seit zwei Uhrmachergenerationen Geschichte schrieb. Ausgeklügelte Isolator-Mechanismen, exakt springende Totalisatoren, Schleppzeiger- und Flyback-Funktionen brachten die Schweizer Edelmanufakturen unter Zugzwang, die im anbrechenden 21. Jahrhundert noch immer mit Uralt-Konstruktionen von Lémania operierten.

Einen weiteren Coup landeten die Sachsen mit der Vorstellung eines Tourbillons, das sich zur exakten Zeiteinstellung mit einem zierlichen Bremshebel anhalten lässt. Dieser greift nicht am Käfig des Drehgestells an, weil die Hemmung noch ein paar Takte weiterschwingt, bevor sie zum Stillstand kommt und – vor allem – nicht sofort wieder anläuft, wenn man die Bremse aufhebt. Später wurde die 2008 im Cabaret Tourbillon präsentierte Vorrichtung um eine Zero-Reset-Funktion erweitert, die im 1815 Tourbillon den kleinen Sekundenzeiger im Zentrum des Tourbillons rückstellt, sobald man die Unruh durch ein Ziehen der Krone anhält.
Mit der Lange 31, die als Handaufzugsuhr eine Gangdauer von einem ganzen Monat aufweist, machte A. Lange & Söhne 2007 den Zwischenaufzug (franz. »Remontoir«) wieder salonfähig und thematisierte den Einfluss der Gangreserve auf den Isochronismus der mechanischen Hemmung. Über ein ähnliches Remontoir verfügt auch die 2009 vorgestellte Lange Zeitwerk, die den Zwischenaufzug als Kraftspeicher für die digitalen springenden Anzeigen von Minuten und Stunden nutzt.

Als interessantes Betätigungsfeld hatten die Konstrukteure von A. Lange & Söhne schon früh die Mondphasenanzeige entdeckt, die in den letzten 15 Jahren immer wieder neu interpretiert wurde. Die Verbesserung der Anzeigegenauigkeit auf einen Tag Fehlweisung in 122 Jahren geht ebenso auf ihr Konto wie die charmante Variation einer »verkehrt herum« drehenden Mondscheibe zur Illustration der Mondphasen auf der südlichen Hemisphäre. Nach der Verpflanzung der Mondphasenanzeige in das Zentrum des Hauptzifferblatts der Großen Lange 1 Mondphase im Dezember 2013 folgte bereits im Januar 2014 die Präsentation der Richard Lange Ewiger Kalender Terraluna, bei der die außergewöhnlich anschauliche und exakte Anzeige der Mondkonstellation auf die Rückseite des Uhrwerks verlegt werden musste.

7.2 Über die Werke

Eine Uhr, ein Werk: Mit dieser Herangehensweise unterscheidet sich A. Lange & Söhne von allen Mitbewerbern. In der Tat wird bis zum heutigen Tag kein einziges Uhrwerk für zwei verschiedene Modelle verwendet. und so ist die Zahl der seit 1990 entwickelten Manufakturkaliber mittlerweile auf 67 gestiegen – das entspricht zwei neuen Uhrwerken pro Jahr.

Einer der Gründe für den Erfolg der Uhren von A. Lange & Söhne scheint zu sein, dass man in Glashütte den Mut und die Muße aufbrachte, Uhren zu bauen mit Zutaten, die vergessen waren. Die heute niemand mehr verwendet, weil keine Uhr sie mehr braucht – wie Goldchatons oder eine Schwanenhals-Feinregulierung.
Günter Blümlein, damals Chef der LMH-Gruppe (»Les Manufactures Horlogères«), zu der neben der Lange Uhren GmbH auch IWC und Jaeger-LeCoultre gehörten, hat sich dazu einmal in einem Interview geäußert: »Vor dem Krieg waren Lange-Uhren immer handgemachte, sehr hoch entwickelte, kultivierte und individuelle Stücke. Wir setzen diese Tradition fort, wir machen sehr kleine Serien, individuelle Uhren. Jedes Uhrwerk wird von Hand zusammengesetzt und hat Bestandteile mit freien Handgravuren, ist also einmalig. Wir haben einige sehr anachronistische Teile in unseren Uhrwerken, wie beispielsweise die Dreiviertelplatine. Es gab früher dafür eine Begründung. Heute sind die Werke so hoch entwickelt, dass man solche Elemente nicht mehr braucht. Aber man liebt sie, wenn man sie sieht.«
In der Premieren-Kollektion debütierten neben dem außergewöhnlichen Handaufzugswerk der Lange 1 mit Doppelfederhaus und dezentral angeordneten Anzeigen auch ein konventioneller gezeichnetes Handaufzugswerk mit zentral orientiertem Zeigerwerk im Modell Saxonia sowie ein überaus knapp geschnittenes Formwerk für die Damenuhr »Arkade«, bei dem das zweistellige Großdatum besonders prominent zur Geltung kam. Das Tourbillon »Pour le Mérite« tanzte schon damals ein wenig aus der Reihe, begründete aber die Tradition der komplizierten Uhren aus der sächsischen Manufaktur, die im Laufe der folgenden Jahrzehnte die verschiedensten Funktionen und Anzeigen aufweisen sollten. Nicht wenige davon wurden später auch von anderen Uhrenherstellern – oftmals Schwestermarken aus der Richemont-Gruppe – aufgegriffen und verwendet.
Zu den technischen Besonderheiten und Komplikationen, mit denen die Uhren von A. Lange & Söhne die Uhrenwelt bereicherten, zählen neben dem zweistelligen Großdatum unter anderem die »astronomische Mondphase« mit einer Anzeigegenauigkeit von 122 Jahren (Lange 1 Mondphase, 2002), die Darstellung der Mondphase über der südlichen Erdhalbkugel (Lange 1 Luna Mundi, 2003), der »Zero Reset«-Mechanismus zur automatischen Nullstellung des Sekundenzeigers beim Ziehen der Aufzugskrone (Langematik, 1997), der exakt springende Chronographen-Minutenzähler (Datograph, 1999), der Schleppzeigermechanismus für den Minutenzähler (Double Split, 2004) und für den Stundenzeiger (Triple Split, 2018), ein Handaufzugswerk mit 31 Tagen Gangreserve und Remontoir (Lange 31, 2007) sowie eine digital anzeigende mechanische Uhr mit Sprungziffern (Zeitwerk, 2009) mit Viertel- und Stundenschlag (Zeitwerk Striking Time, 2011) oder dezimal – wie die Zeitanzeige – schlagender Minutenrepetition (Zeitwerk Decimal Strike, 2015).
Auf den folgenden Seiten werden exemplarisch sechs Armbanduhren aus der Kollektion von A. Lange vorgestellt, die natürlich nur Schlaglichter werfen auf das komplexe und umfangreiche Oeuvre der Erben von Ferdinand Adolph Lange.

7.3 Lange 1 (1994, 2015)w

Die Lange 1 ist seit ihrer Lancierung im Jahre 1994 das Aushängeschild der Manufaktur A. Lange & Söhne und gilt als Symbol der sächsischen Uhrmacherkunst.

Man kann wohl mit Fug und Recht behaupten, dass mit der Lange 1 ein Stück Uhrengeschichte geschrieben wurde. Die Besonderheit dieser Uhr ist dabei nicht nur ihre exzentrische Erscheinung und ihre zum Teil bahnbrechende Technik. Bemerkenswert war auch, dass bei ihrer Lancierung 1994 niemand erwartet hatte, dass die neuen Uhren von A. Lange & Söhne so nahtlos an die Qualität der historischen (Taschen-)Uhren von A. Lange & Söhne anknüpfen würden. Ganz so, als habe es die Zwangspause hinter dem Eisernen Vorhang nie gegeben.
Der Erwartungsdruck, der auf den Uhren-Ingenieuren in Glashütte lastete, war gewaltig, denn die Vorfahren von Walter Lange hatten die Sprunglatte in die höchste Kerbe gelegt. Diese Latte galt es erneut zu überspringen. Alles darunter wäre von Uhrenbranche und Enthusiasten nur schadenfroh kommentiert worden.

Abb. 219
Lange 1 in 750 Gelbgold, eine außergewöhnliche Uhr.

Die Lange 1 hat im Gegensatz zu einer konventionellen Armbanduhr eine exzentrische Anzeige für Stunden und Minuten, was auch einen exzentrischen Werkaufbau bedingt. Schon beim Ur-Kaliber L901.0 von 1994 dreht sich das Minutenrad nicht wie gewohnt in der Mitte des Werkes, sondern wurde außerhalb des Zentrums platziert. Weit entfernt davon verrichtet die Kleine Sekunde am Rande des Zifferblattes ihren Dienst. Allein um dies zu ermöglichen, musste eine zusätz-

Abb. 220
Lange 1 in 750 GG mit Handaufzugwerk Nr. 119.533 und Gehäuse-Nr. 219.026. Der Gehäuseboden ist mit sechs Zylinderkopfschrauben fixiert. Erwähnenswert auch die Gyromax-Unruh mit sechs Masselotte-Gewichten sowie einer zusätzlichen Feinstellung des Ganges über Rücker, Mikrometerschraube und Schwanenhalsfeder. Hier wollte man es eben ganz genau wissen.

liche Räder-Verbindung geschaffen werden, denn die Nutzung des Sekundenrades im Räderwerk, das den kleinen Zeiger üblicherweise trägt, war wegen der ungewöhnlichen Zifferblattaufteilung nicht möglich.
Gleich über dem Hilfszifferblatt für die Sekundenanzeige sitzt der große Zeiger für die Gangreserve-Anzeige, der den Weg vom »AUF« zum »AB« in etwa drei Tagen zurücklegt. Damit verweist er auf ein wichtiges konstruktives Merkmal der Lange 1: die lange Gangdauer. Diese wird durch den Einbau von zwei Federhäusern erreicht, deren Federn in Serie geschaltet sind und so die Gangautonomie im Vergleich zu üblichen Uhrwerken mit Handaufzug mehr als verdreifachen. Unübersehbar über dem Zeiger für die Gangreserve befindet sich das Großdatumsfenster, das Markenzeichen der neuen »A. Lange & Söhne«, welches inzwischen zahlreiche Nachahmer gefunden hat.

Beim Blick durch den Saphirglasboden der Lange 1 fällt die Dreiviertelplatine ins Auge, ein Konstruktionsmerkmal der frühen Taschenuhren von A. Lange & Söhne. Die flächige Platine aus naturbelassenem Neusilber erinnert mit ihrem Glashütter Bandschliff an den Panzer eines prähistorischen Tieres, mit dem dieses die empfindlichen Teile in seinem Innern schützt. Aber nicht nur die mit 21.600 Halbschwingungen pulsierende Unruh und das unter seinem eigenen Kloben drehende Ankerrad, sondern auch die neun goldenen Châtons, die die Lagersteine der Uhrwerksräder fixieren, lassen vermuten, welche spannenden mikromechanischen Vorgänge sich wohl unter der Werkplatte abspielen.
Tiefblaue Schraubenköpfe erfreuen das Auge, und auch das polierte Deckplättchen auf dem oberen Ankerradzapfen sowie die Schwanenhals-Feinregulierung auf dem handgravierten Unruhkloben machen das Uhrwerk zur Augenweide. Mit einem Durchmesser von 30,4 mm und einer Bauhöhe von 5,9 mm ist das Kaliber L901.0 solide dimensioniert.

Zwanzig Jahre nach der Präsentation der Lange 1 wurde das Handaufzugswerk komplett überarbeitet. Das 50. neu entwickelte Kaliber aus der Lange'schen Uhrenmanufaktur trägt die Bezeichnung L121.1 und ist in vielen Details eine konsequente technische Evolution des Ur-Kalibers. So schaltet die exakt springende Anzeige des Großdatums nun pünktlich um Mitternacht weiter. Die Kraft zur Weiterschaltung wird dabei langsam über einen Zeitraum von mehreren Stunden aufgebaut. Außerdem erhielt das Werk eine Gangpartie mit – nach wie vor recht klein gehaltenen – Exzenterunruh und frei schwingender Unruhspirale aus eigener Fertigung. Diese oszilliert auch weiterhin mit einer Frequenz von 21.600 Halbschwingungen pro Stunde unter einem handgravierten Unruhkloben. Geblieben ist auch das bewährte Doppelfederhaus mit seiner Gangreserve von 72 Stunden.

7.4 Lange 1 Daymatic (2010)

Die Ähnlichkeit ist wirklich frappierend. Erst auf den zweiten Blick bemerkt der Betrachter, dass ihm die charakteristische Asymmetrie des Lange-1-Zifferblatts spiegelverkehrt entgegenblickt und dass der kleine Sektorzeiger statt der Gangreserveanzeige die sieben Wochentage anzeigt. Der grösste Unterschied bleibt indes unter dem Zifferblatt verborgen: Die Lange 1 Daymatic verfügt nämlich über einen automatischen Aufzug.

Seit ihrer Premiere vor über 20 Jahren ist die Lange 1 das unverwechselbare »Gesicht« von A. Lange & Söhne. Mit ihrer dezentralen Zifferblattgestaltung und ihrer patentierten Großdatumsanzeige wurde sie zur Designikone mit hohem Wiedererkennungswert. Zugleich ist sie einer der erfolgreichsten Zeitmesser der sächsischen Manufaktur. Ihr Erfolg beflügelte die Entwicklung einer kompletten Lange-1-Familie mit insgesamt

Abb. 221
Kaliber L 0211 mit abgenomenem Zifferblatt. Interessant die innovative Konstruktion der Datumsanzeige. Die rechte Stelle des Monatsdatums von 0 bis 9 wird auf eine Drehscheibe gesetzt. Die Ziffern links 0 bis 3 werden auf einem Wendekreuz positioniert, erkennbar an dem etwas höheren Niveau.

Abb. 222
Lange 1 Daymatic in 750 GG mit Kaliber L0211, Werk-Nr. 88.924, Gehäuse-Nr. 196.392, mit Goldrotor, Gyromax-Unruh und vielen weiteren Feinheiten. Für den Ingenieur: Die Ankerradwelle wird von einem Deckstein geführt, dessen Halteplättchen von innen verschraubt ist (Bild rechts oben). Beim Kaliber 27-460 M von Patek Philippe wird das Halteplättchen montagefreundlich von oben verschraubt. Den Grund für diesen Unterschied wird wohl nur der Konstrukteur kennen. Diese Uhr wurde anonym im Fachhandel erworben. Sie brilliert mit chronometerfähigen Gangwerten.

sechs Modellen. Diese hatten jedoch bis 2010 stets ein Handaufzugswerk mit Doppelfederhaus und drei Tagen Gangreserve – der Selbstaufzug war den konventioneller, symmetrisch gestalteten Modellen Langematik und 1815 Automatik vorbehalten.
Die Daymatic ist die erste und einzige Lange 1 mit automatischem Aufzug, und mit dem eingangs beschriebenen Design-Trick mit der spiegelverkehrten Umgestaltung der Anzeigen – inklusive dem zweistelligen Großdatum – beweisen die Konstrukteure des Kalibers L021.1 den viel zitierten sächsischen Humor. Für die Mehrheit der Uhrenfreunde, die ihren Zeitmesser am liebsten am linken Handgelenk trägt, hat die Anordnung des Stundenzifferblatts an der rechten Seite den Vorteil, dass der Blick beim Zurückschieben der Hemdmanschette zuerst auf die wichtigste Information fällt: die Zeitanzeige. Im Gegenzug wurde das Großdatum von seinem Stammplatz rechts oben auf die linke Seite umgesetzt. Es findet seine nützliche Ergänzung in der darunter befindlichen, retrograden Wochentagsanzeige, die die bei einer Automatikuhr entbehrliche Gangreserveanzeige ersetzt. Datum und Wochentag lassen sich über zwei Drücker komfortabel und unabhängig voneinander korrigieren, d. h. weiterschalten.

An der Harmonie, die schon das Zifferblatt der Lange 1 ausstrahlt, ändert die Spiegelung nichts. Auch bei der Lange 1 Daymatic liegen die Mitte des Großdatums sowie die Zeigerachsen von Wochentags- und Sekundenanzeige auf einer senkrechten Linie. Diese bildet die Basis eines gleichschenkligen Dreiecks, dessen Spitze exakt die Mitte des Hauptzifferblatts trifft.
Das in Gelbgold, Rotgold oder Platin erhältliche Gehäuse der Lange 1 Daymatic ist im Durchmesser gegenüber Handaufzuguhr um einen Millimeter auf 39,5 Millimeter gewachsen. In seinem Innern arbeitet eine komplette Neuentwicklung. Das Automatikkaliber mit der Nummer L021.1 hat mit dem eingangs erwähnten Sax-O-Mat-Uhrwerk der Langematik nur den Selbstaufzug gemein.
Für dessen Effizienz sorgt ein schwerer, mit dem »A. Lange & Söhne«-Schriftzug geprägter Zentralrotor mit Platin-Schwung-

Abb. 223
Lange 1 Daymatic mit abgeschraubtem Gehäuseboden.

Abb. 224
Automatik-Kaliber L 0211 ausgeschaltet, hier dominiert der Rotor aus 21 K Gelbgold.

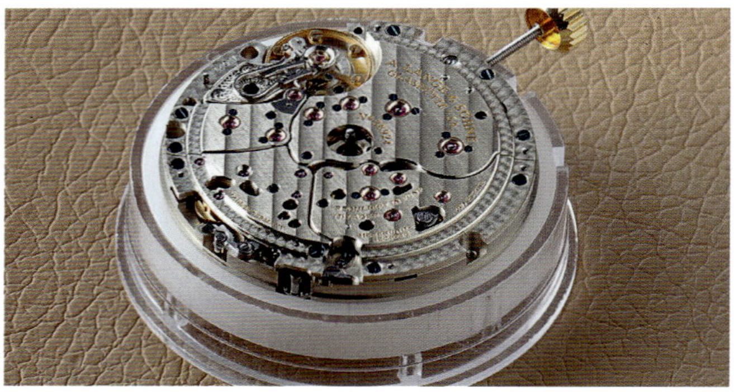

Abb. 225
Nach der Demontage des Rotors erkennt man die diversen Brücken. Das Werk ist in 5 Lagen reguliert. 67 Rubine sind darin verbaut.

Abb. 226
Nach Abbau von Räderwerk- und Federhausbrücke ist das gesamte Innenleben des Kalibers L 0211 zu sehen. Dominant wirkt hier auch das graufarbene Federhaus rechts.

masse, der den gesamten Durchmesser des Werkes von 31,6 Millimetern überstreicht. Nach Vollaufzug steht eine Gangreserve von 50 Stunden zur Verfügung.

7.5 Datograph (1999) / Double Split (2010)

So unglaublich es auch klingen mag: Der Datograph von A. Lange & Söhne war 1999 die erste Chronographen-Neukonstruktionen seit Jahrzehnten. Das Gros der Schweizer Uhrenhersteller setzte noch immer auf das in den 1970er Jahren entwickelte »Valjoux«-Kaliber, das von der Firma ETA, einer Tochter der Swatch Group, komplett montiert oder als so genannter »Teile-Kit« zu günstigen Preisen bezogen werden konnte. Daneben wurde nur das »El Primero« genannte Automatikkaliber von Zenith in nennenswerten Stückzahlen produziert, wobei hier auch die von Rolex in der Daytona verwendete, in einigen Details modifizierte Kalibervariante mitzuzählen ist. Die Genfer Edelmanufakturen nutzten dagegen um die Jahrtausendwende auch für ihre komplizierten Chronographen mit astronomischen Anzeigen als Basis noch immer Rohwerke von Lémania, deren Konstruktion in die Zeit kurz nach dem Zweiten Weltkrieg zurückreichte.

Der 1999 auf der Weltmesse für Uhren und Schmuck in Basel als Weltneuheit vorgestellte Datograph setzte in Optik und Technik neue Maßstäbe für Chronographen. Schon 1868 fertigte Ferdinand Adolph Lange die ersten Taschenuhr-Chronographen in der damals so genannten Kolonnenrad-Bauart. Dieser Begriff leitet sich von dem französischen Wort »colonne« (Säule) ab, weshalb man auch von Säulenrad-Chronographen spricht. Heute hat sich der Begriff des Schaltrads durchgesetzt. Dieses Schaltrad erteilt bei Betätigung des Startdrückers der Chronographenkupplung abwechselnd das Kommando »einrasten« und »ausrasten« und dirigiert damit den Eingriff zwischen dem Übertragungsrad auf der Kupplung und dem Chronographenrad (Sekundenzählrad).

Bei den meisten Chronographen wird das Minutenzählrad, das sich unter dem 30-Minuten-Totalisator des Zifferblattes dreht, von einem Mitnehmer am Sekundenzählrad um eine Teilung weitergeschaltet, wenn dieses sich einmal gedreht hat. Im Datograph-Kaliber L951.1 vollzieht sich diese Schaltung schlagartig, so dass man hier von einem springenden Minutenzähler sprechen kann. Eine Stufenschnecke auf der Welle des Sekundenzählrads hebt im Verlauf einer Umdrehung (60 Sekunden) den Schalthebel des Minutenzählers kontinuierlich an, um ihn dann plötzlich freizugeben, woraufhin eine Feder den Minutenzähler um eine Teilung weiterdreht.

Eine weitere Chronographenfunktion, die durch den Datograph 1999 wieder salonfähig wurde, ist die so genannte Flyback-Schaltung. Die laufende Zeitmessung des Kalibers L951.1 lässt sich jederzeit »aus vollem Lauf« auf Null zurücksetzen und läuft nach dem Loslassen des Rückstelldrückers automatisch wieder an. »Retour en vol« heißt die Funktion in der Sprache der französischen Uhrmacher, und ihre deutschen Berufskollegen machten daraus »Rückstellung im Flug«. Damit lassen sich mehrere einzelne Zeitmessungen verlustfrei hinter-

Abb. 227
A. Lange Chronogaph DATOGRAPH FLYBACK in 750 RG mit Großdatum, Sekunden- und 30-Minutenzähler.

Abb. 228
Ausschnittvergrößerung des DATOGRAPH FLYBACK Kalibers L 951.1 Werk-Nr. 87.294 mit 46 Rubinen und in 5 Lagen reguliert. Dieses feinmechanische Wunderwerk zeugt von höchster Uhrmacherkunst. Unten links das Schaltrad, über das alle Chronographenfunktionen ausgeführt werden.

einander schalten, denn das umständliche Stoppen, Rückstellen und Neustarten wird auf einen Tastendruck verkürzt.

Die Funktionalität des Schleppzeiger-Chronographen geht noch einen ganzen Schritt weiter und gilt technisch als eine der Spitzenleistungen der Uhrmacherei, oft in einem Atemzug genannt mit dem Tourbillon oder der Minutenrepetition. Er bietet dem Nutzer die Möglichkeit zur Ermittlung von Zwischenzeiten während einer laufenden Zeitmessung.
Dazu verfügt der im Englischen »Split Seconds« genannte Chronograph über einen zweiten Sekundenzeiger, der normalerweise deckungsgleich mit dem Haupt-Sekundenzeiger seine Runden dreht. Über einen dritten Chronographendrücker lässt sich der zweite Zeiger anhalten, während der Hauptzeiger weiterläuft. Nach dem Notieren der Zwischenzeit genügt ein weiterer Druck auf den Knopf, und der angehaltene Zeiger springt seinem inzwischen vorausgeeilten Kollegen hinterher und holt ihn ein. Man spricht daher auch von einem »Einholzeiger« oder auf Französisch einem »Chronographe à Rattrapante« (rattraper = einholen).
In der Tradition der Firma Lange hieß ein solcher Zeitmesser einst »Doppelchronograph«. Doppelt sind bei diesen Uhren stets die Chronographen-Sekundenzeiger und die dazu gehörenden Räder, wobei sich die Welle des ersten Rades (Chronographenrad) in der durchbohrten Welle des Minutenrades dreht und die des zweiten Rades (Rattrapante-Rad) in der ebenfalls aus einem Rohr bestehenden Welle des ersten.

Der im Jahr 2010 präsentierte Double Split bot nun als erster Chronograph die nützliche Schleppzeiger-Funktion gleich in doppelter Ausführung – für den Sekunden- und den Minutenzähler. In mehrjähriger Entwicklungsarbeit war es den Konstrukteuren gelungen, auch den 30-Minuten-Zähler mit zwei Zeigern auszustatten, die sich unabhängig voneinander – aber stets synchron zu den Sekundenzeigern – starten, stoppen und wieder synchronisieren lassen. Der Double Split erlaubt nun die übliche Messung von 30-Minuten-Intervallen, aber daneben auch die Ermittlung von Zwischenzeiten bis zu einer Dauer von 29 Minuten und 59 Sekunden.

Bei aktivierter Schleppzeiger-Funktion schleift normalerweise der Herzhebel auf dem Schaltherz, was zu Kraftverlusten im Uhrwerk und infolgedessen zur Verkleinerung der Unruhschwingung führt. Nicht so beim Double Split: Sowohl die Räder des Sekunden- als auch die des Minutenzählers sind mit einer Vorrichtung ausgestattet, die den Herzhebel einen Augenblick nach dem Stoppen des Schleppzeigers von der Herzscheibe trennt. Diese »Isolator-Schaltung« erlaubt so die beliebige Verwendung der Schleppzeiger-Funktion ohne zusätzlichen Kraftverlust für Räderwerk, Hemmung und Unruh.
Natürlich verfügt auch das Kaliber L001.1 aufgrund seiner konstruktiven Verwandtschaft zum Datograph über eine Flyback-Schaltung. Beim Double Split ist die Nutzung dieser Funktion darüber hinaus sogar bei gestoppten Schleppzeigern möglich, die dabei ihre Stellung behalten.
Der Blick durch das Saphirglas im Boden des Double Split fällt auf ein fazinierendes Schauspiel, aufgeführt von unzähligen Hebeln, Federn und Rädchen. Fast der gesamte Rattrapante-Mechanismus für Sekunden- und Minutenzähler musste auf der eigentlichen Chronographen-Kadratur angeordnet werden. Dabei entstand ein Uhrwerk von erstaunlich luftigem Aufbau und der imposanten Höhe von 9,45 mm.
In der Frontansicht des Double Split ist die Verwandtschaft zum Datograph offensichtlich, wenngleich ihm die markante Großdatumsanzeige fehlt, auf die man aus technischen Gründen verzichten musste. Der frei gewordene Platz wird auf dem zweiteiligen Zifferblatt aus massivem Silber von einer winzigen Gangreserveanzeige eingenommen. Die für Lange-Uhren typische Zifferblattaufteilung, bei der jeweils drei Anzeigen die Eckpunkte eines gleichseitigen Dreiecks bilden, bleibt somit auch beim Lange Double Split erhalten.

Abb. 229
A. Lange Schleppzeiger-Chronograph mit Werknummer 867.856 mit 46 Rubinen und in 5 Lagen reguliert. Er erlaubt die Ermittlung von Zwischenzeiten, die gerade im Rennsport gefragt sind. Auch dieses Kaliber stellt eine uhrmacherische Meisterleistung dar, wie man dies nur noch vom Hause Patek Philippe kennt.

7.6 1815 Tourbillon (2014)

Das Tourbillon (franz.: Strudel, Wirbelwind) wurde Anfang des neunzehnten Jahrhunderts von Abraham-Louis Breguet erfunden. Breguet versuchte mit seiner Erfindung den negativen Einfluss der Erdanziehung auf den Gang einer Uhr zu kompensieren, der durch die unvermeidliche Unwucht des Schwingsystems (Unruh mit Spirale) entsteht. Breguets Idee war von genialer Einfachheit, aber auch äußerst aufwendig in der technischen Umsetzung: Man muss diesen Schwerpunkt »wandern« und damit wirkungslos werden lassen.
Im so genannten Käfig (Drehgestell) eines Tourbillons, auf dessen Welle das Sekundentrieb sitzt, arbeiten die Hemmung (Ankerrad und Anker) und das Schwingsystem. Da sich der Käfig mit dem Sekundentrieb einmal in der Minute um seine eigene Achse dreht, wandert auch eine eventuell vorhandene Unwucht binnen einer Minute einmal im Kreis und kompensiert sich dabei quasi im Alleingang.

Der von deutschen Uhrmachern einst »Drehgang« genannte Mechanismus spielt in der jungen Geschichte der neuen Armbanduhren von A. Lange & Söhne von Anfang an eine wichtige Rolle. Schon in der Startkollektion von 1994 war das Tourbillon »Pour Le Mérite« das Prunkstück der Sammlung, und über die Jahre hat sich die delikate Drehganguhr zu einem komplizierten Schleppzeiger-Chronographen mit Tourbillon entwickelt, dem »Tourbograph Pour le Mérite«.
Beide »Pour le Mérite«-Tourbillons sind überaus kostbare und technisch sehr aufwendige Kunstwerke – nicht nur wegen des Drehgangs, sondern auch wegen so außergewöhnlicher konstruktiver Finessen wie einer Zugkraftregulierung mit Kette und Schnecke. Dieser Mechanismus war Uhrenkennern im Zusammenhang mit hochwertigen Präzisions-Taschenuhren ein Begriff, doch auf Armbanduhr-Dimensionen hatte vor A. Lange & Söhne noch niemand Kette und Schnecke verkleinert. Das Schneckenrad, das ein Planetenrad aus 38 Bauteilen beherbergt, hat einen Durchmesser von nur 10 Millimetern. Die 15 Zentimeter lange Stahlkette hat über 50 Glieder, deren Bolzen mit einem nicht messbaren, lediglich erfühlbaren Spiel vernietet werden.

Erst 2014 präsentierte A. Lange & Söhne ein konventionell konstruiertes Tourbillon, eingebaut in das schnörkellose Gehäuse des Modells 1815 – so benannt nach dem Geburtsjahr des Formengründers Ferdinand Adolph Lange. Doch auch die vermeintlich »abgespeckte« Kalibervariante L102.1 kann mit ein paar außergewöhnlichen Besonderheiten aufwarten.
Ein Uhrwerk mit Tourbillon ist ja per se schon auf höchste Präzision, Gangstabilität und Genauigkeit ausgelegt. Leider können die meisten Tourbillonwerke nicht exakt eingestellt werden, denn der Drehgang lässt sich nicht präzise anhalten. Wenn man nur den Käfig blockiert, pendelt die Unruh noch ein paar Mal hin und her, bevor sie ganz ausschwingt und stehenbleibt. Beim Freigeben dauert es wieder ein paar Sekunden, bis sie ihre konstante Schwingfrequenz aufgenommen hat. 2008 gelang es den Konstrukteuren bei A. Lange & Söhne, die Unruh im Inneren des rotierenden Tourbillonkäfigs direkt und ohne Verzögerung abzubremsen. Das Ziehen der Krone löst einen komplexen Hebelmechanismus aus, der eine beweglich gelagerte V-förmige Feder auf den Unruhreif senkt und die Unruh augenblicklich anhält. Die Lange-Uhrmacher gingen sogar noch einen Schritt weiter und kombinierten den Stoppmechanismus mit dem ebenfalls patentierten »Zero Reset«-Mechanismus: Beim Ziehen der Krone wird der Sekundenzeiger nicht nur angehalten, sondern augenblicklich auf die Nullposition

Abb. 230
A. Lange Tourbillon 1815 mit Kaliber L 102.1, Werk-Nr. 106.760, Gehäuse-Nr. 207.206 in 950 Platin. Die Gravur »Limited 000/100« verrät uns, dass von diesem Modell nur 100 Exemplare gefertigt wurden.

zurückgestellt. So wird der Minutenzeiger präzise über einem Minutenstrich positioniert und die Uhr kann sekundengenau neu gestartet werden.

7.7 Lange Zeitwerk (2009)

Sie ist auf den ersten Blick ganz klar als eine »Lange« zu erkennen: Die Gehäuseform, die charakteristisch typografierten Skalen von Kleiner Sekunde und Gangreserveanzeige und auch der Markenschriftzug »A. Lange & Söhne« lassen keine Zweifel aufkommen. Selbst die großen, etwas verschnörkelten arabischen Ziffern in der Fenstereinfassung wirken vertraut – vom Großdatum, das vor 15 Jahren als eines der wichtigsten Stilelemente und technischen Features der Lange 1 Furore machte. Aber diese Uhr mit dem Namen »Zeitwerk« hat keine Zeiger.

Abb. 231
Detailvergrößerung des Unruhklobens. An Stelle einer Stoßsicherung hat man hier einen Brillianten verbaut. Gut erkennbar auch die aufwendige Mechanik des Tourbillons. Den Grund für die U-förmige Aussparung am Unruhkloben unten kennen nur der Konstrukteur und der Verfasser.

Stunden und Minuten werden in zwei weit auseinander liegenden, mit kissenförmiger Kontur eingerahmten Anzeigefenstern dargestellt. Die sich wie zwei Schwingen ausbreitende Maske, die auch die Skala der Kleinen Sekunde umfängt, erstrahlt in strichgeschliffenem Neusilber, denn sie ist in der Tat ein Bestandteil des Uhrwerks: Das rechte Pendant zum linken Schlitzschraubenkopf ist ein Diamantdeckstein, unter dem sich der Zapfen der Scheibenachse dreht. Zehner und Einer der Minutenanzeige sind nicht durch einen Mittelsteg getrennt, sondern lassen den Höhenversatz erkennen.

Hinter der vermeintlich simplen digitalen Zeitanzeige verbirgt sich ein hoch komplizierter Mechanismus. Zur Bewegung der drei Anzeigescheiben ist sehr viel Kraft nötig, die von einer ungewöhnlich starken Feder ins Uhrwerk gespeist wird. Eine normale Hemmung würde unter solcher Last glatt blockieren, denn mit konventionellen Mitteln lassen sich diese Brachialkräfte nicht weit genug reduzieren, um einen filigranen Anker auszulösen.

Ein ähnliches Problem hatte sich den Konstrukteuren bereits beim Uhrwerk der Lange 31 gestellt, wo die Federkraft so groß sein musste, um das Uhrwerk 31 Tage lang in Gang zu halten. Ähnlich wie dort setzen sie auch in der Digitaluhr ein Remontoir oder Nachspannwerk ein, eine Art Kraft-Zwischenspeicher. Dieser ist in Form einer Spiralfeder zwischen den beiden Etagen eines doppelten Kleinbodenrads angeordnet und treibt – mit moderater Kraft – über das untere Rad die Hemmung an. Die Speicherfeder wird jede Minute nachgespannt, und zwar immer, wenn die Zeitanzeige schaltet. Diese bezieht ihre Kraft

Abb. 232
A. Lange Zeitwerk, eine optisch und technisch außergewöhnliche Armbanduhr. Die Stunden werden links, die Minuten rechts angezeigt. Der Blick auf das Werk verdeutlicht die komplizierte Konstruktion und Funktion dieser Uhr. Die Stundenanzeige links benötigt eine Drehscheibe mit 12 Ziffern, die Minutendarstellung rechts zwei Drehscheiben mit 6 und 10 Ziffern. Das hier verbaute Kaliber L 043.1 ist in 5 Lagen reguliert und verfügt über 66 Rubine (Werk Nr. 67.882, Gehäuse-Nr. 187.454).

im selben Moment direkt vom Federhaus, und der Impuls ist so stark, dass ein Windflügelrad – eine Art Wirbelstrombremse – die nach dem Schalten der Scheibenanzeigen übrige gebliebene Bewegungsenergie abbauen muss. Andererseits bedarf es eines solch starken Impulses, um beim Wechsel der Stunde alle drei Scheiben gleichzeitig und präzise zu schalten. Und das passiert schließlich 24 Mal am Tag.
Da die beiden Systeme über das doppelte Kleinbodenrad miteinander gekoppelt sind, kann man den Kraftimpuls mit absoluter zeitlicher Präzision steuern. Sechs Sekunden vor dem Zeitsprung spannt ein großer Anker den Mechanismus vor (erkennbar an einer winzigen Vorwärtsbewegung der Einer-Minuten-Scheibe), indem er nach einer Richtung ausschwenkt und eine kleine federnde Schaltnocke eine Umdrehung ausführen lässt. Wenn der Anker in die andere Richtung schwenkt, gibt er für einen Moment die geballte Kraft des Federhauses frei, bis er, von einem langen Federarm unterstützt, wieder in seine Ausgangsposition zurückschwenkt. Der ganze Vorgang dauert nur den Bruchteil einer Sekunde und erzeugt ein charakteristisches, wenn auch ganz dezentes Geräusch, das der Zeitwerk einen zusätzlichen Charme verleiht.
Neben dem Remontoir ist auch der Aufzugsmechanismus des Kalibers L043.1 zum Patent angemeldet, genauer gesagt die konstruktive Besonderheit, dass die Rollen von Federhaustrommel und Federkern vertauscht wurden. Nicht zuletzt wegen der hohen Federkräfte von knapp 4 Kilopond (üblich sind Werte deutlich unter 1 kp) verwendeten die Konstrukteure besondere Sorgfalt auf dieses hoch belastete Bauteil und stellten dabei fest, dass die allgemein übliche Bauweise nicht der Weisheit letzter Schluss sein kann. Beim Aufziehen der Uhr wird üblicherweise der Federkern gedreht, und beim Ablaufen der Uhr dreht sich das Federhaus. Nun ist zwar der Federkern in Rubinen gelagert, das Federhaus aber oft nur in einer Stahlbuchse – Probleme mit dem gleichmäßigen Rundlauf und Abrieb sind vorprogrammiert. Bei der Zeitwerk hat man die Verhältnisse umgedreht: Bei Spannen der Feder wird das Federhaus an seiner Außenverzahnung gedreht, und beim Ablaufen geht durch das Drehen des sauber gelagerten Federkerns keine Energie verloren.

7.8 Richard Lange 2006

Die nach Ferdinand Adolphs Sohn Richard Lange benannten Kollektion von schlichten Präzisionsuhren knüpft an die Tradition der Beobachtungsuhren von Lange an, für die es aus der Zeit zwischen den Weltkriegen berühmte Vorbilder gibt. Diese hochwertigen, größtenteils in Handarbeit gefertigten Taschenuhren waren schon in der zweiten Hälfte des 19. Jahrhunderts wegen ihrer außerordentlichen Ganggenauigkeit begehrte Gebrauchsuhren in der Wissenschaft und im Verkehrswesen.
Vor allem wurden Beobachtungsuhren jener Art auch auf Schiffen verwendet. Dort dienten sie quasi als Medium zur Zeitübertragung zwischen hoch präzisen Schiffschronometern im Schiffsinnern, nach denen sie eingestellt wurden, und den Offizieren auf der Kommandobrücke oder dem Achterdeck (daher auch die ebenfalls übliche Bezeichnung »Decksuhren«) die zur Navigation auf genaue Uhrzeit angewiesen waren. Auch auf der ersten deutschen Südpolar-Expedition in den Jahren 1901 bis 1903 kamen an Bord des Forschungsschiffes »Gauss« sechs Präzisions-Taschenuhren aus dem Hause A. Lange & Söhne zum Einsatz.
Später wurden über einen Zeitraum von 20 Jahren (1917 bis 1937) in Glashütte 15 Exemplare der »Großen Beobach-

Abb. 233
Richard Lange Herrenarmbanduhr, eine ganz besondere Präzisionsuhr. Das aus 199 Teilen bestehende Kaliber L 041.2 ist in 5 Lagern reguliert und hat 43 Rubine verbaut (Werk.Nr. 119.5[illegible]3, Gehäuse-Nr. 219.026).

tungsuhr« hergestellt, die mit einem Uhrwerk von stolzen 57 Millimetern Durchmesser ausgestattet waren und an so renommierte Adressen wie die Gesellschaft für Zeitmesskunde in Berlin, die Zeppelin-Werft in Friedrichshafen oder das Physikalische Institut der Bergakademie Clausthal-Zellerfeld geliefert wurden.

Die Größe der Uhren war nicht nur der guten Ablesbarkeit geschuldet, die auch unter bisweilen schlechten Sichtverhältnissen gewährleistet sein musste. Sie diente ebenso der besseren und genaueren Einstellbarkeit, die natürlich durch ein großflächiges Zifferblatt und lange Zeiger erleichtert wird.

Richard Lange (1845-1932) verstand es wie kaum ein anderer, wissenschaftliche Erkenntnisse in seine konstruktiven Überlegungen einfließen zu lassen. Dabei galt sein besonderes Interesse der Unruhspirale als einem entscheidenden Teil des Regulierorgans. Ende der zwanziger Jahre wurde eine wissenschaftliche Untersuchung über Nickel-Beryllium-Legierungen veröffentlicht, in der die vergütende Eigenschaft eines geringen Zusatzes von Beryllium beschrieben war. Richard Lange erkannte als Erster die Nutzbarkeit dieser Forschungsergebnisse für die Produktion von Unruhspiralen. Er stellte fest, dass sich durch Beimischung von Beryllium in Nickel-Stahl-Legierungen die Empfindlichkeit der Spirale gegenüber Temperaturschwankungen und Magneteinflüssen verringerte und sich gleichzeitig ihre Elastizität und Härte steigern ließen. Im Jahre 1930 meldete er das Ergebnis seiner Forschungen unter der Bezeichnung »Metalllegierung für Uhrenfedern« zum Patent an.

Als Hommage an Richard Lange wurde die nach ihm benannte Uhr 2006 mit einem besonderen Uhrwerk ausgestattet. Das aus 199 Teilen bestehende Handaufzug-Kaliber L041.2 mit Grundplatine, Brücken und Kloben aus naturbelassenem Neusilber wurde nach höchsten Qualitätskriterien hergestellt und weitgehend von Hand dekoriert und montiert.

Ein zusätzlicher Rädersatz, der sich unter einer Brücke auf der rückwärtigen Dreiviertelplatine dreht, sorgt für die Rotation des außerhalb vom Uhrwerk gelagerten Sekundenrades (indirekte Zentralsekunde). Das Uhrwerk kann zur genauen Einstellung der Uhrzeit angehalten werden.

Das massiv silberne Zifferblatt wird für die Platinversion der Richard Lange rhodiniert, zur Verwendung in den Goldgehäusen versilbert und mit schlanken römischen Ziffern bedruckt. Die Minutenskala, deren Einteilung weitere fünf Teilstriche trägt, dient dem Zentralsekundenzeiger aus gebläutem Stahl zur Anzeige von Sechstelsekunden (21.600 Halbschwingungen pro Stunde bzw. eine Schwingfrequenz von 3 Hertz entsprechen drei vollen oder sechs halben Amplituden).

Die große Unruh wird durch Verdrehen von Exzentern auf ihrem Reif reguliert, auf einen Spiralschlüssel mit Rücker wurde verzichtet. Das äußere Ende der in Eigenentwicklung hergestellten Unruhspirale ist mit einer zum Patent angemeldeten, verschraubten Klemmvorrichtung am Unruhkloben befestigt. Die auf dem von Hand gravierten Unruhkloben verschraubte Schwanenhals-Feinregulier-Vorrichtung dient einzig dazu, den sogenannten Abfall, die Stellung der Unruh zur Hemmung, durch Drehen der dazugehörigen Feingewindeschraube präzise einstellen zu können.

Abb. 235
Abb. 236

8. Patek Philippe

8.1 Einführung
von Gisbert L. Brunner

Patek Philippe: 175 Jahre und kein bisschen alt

Was wäre gewesen, wenn …?

Interessant wäre sie schon, die Fiktion, das bunte Treiben auf unserem blauen Planeten unter verschiedenen Gesichtspunkten pro- und retrospektiv betrachten zu können. Dann und nur dann wüsste man zum Beispiel, was sich historisch und geographisch ohne die Polen-Politik des Zaren Nikolaus I. getan hätte, der von 1825 bis 1855 das Russische Reich regierte. Unter diesen leider völlig unrealistischen Umständen gäbe es auch Klarheit darüber, ob der 1812 geborene Antoni Norbert Patek de Prawdzic auch ohne die politischen Wirren im sogenannten »Kongresspolen« und ohne Flucht seinen Weg nach Genf gefunden hätte, wo er eine der weltweit renommiertesten Uhrenmarken ins Leben lief. Aber zum Glück hat sich – wie sooft im unwägbaren Leben – alles letzten Endes bestens gefügt.
So oder so begegnete man dem 23-Jährigen wie auch vielen anderen polnischen Emigranten 1835 in der Schweiz. Patek hatte sich in die Ortschaft Versoix nahe Genf begeben, wo er am 10. Juli 1839 die Kaufmannstochter Marie Adelaide Elizabeth Thomasine Denizart ehelichte. Einer der Trauzeugen hieß František Czapek. Der 1831 ebenfalls geflohene polonisierte Böhme hatte sich, weil Uhrmacher von Beruf, in seinem Metier zuerst mit dem Onkel der jungen Ehefrau Pateks zusammengetan. Durch Antoni Norbert de Patek, der als Dritter im Bunde dazu stieß, war es bereits am 1. Mai 1839 zur Gründung von Patek, Czapek & Co. mit Sitz in Genf gekommen. Czapek brachte in die kleine Firma seine fachliche Kompetenz ein, die beiden Partner jeweils 8.000 Schweizer Franken. Bei der Einlage Pateks dürfte es sich um die Mitgift der Gattin gehandelt haben.

Sand im Getriebe

Anfänglich funktionierte die vereinbarte Arbeitsteilung gut: Czapek verantwortete die Uhrenfertigung, Patek kümmerte sich um den Verkauf der jährlich rund 200 Zeitmesser. Und der Onkel hielt sich als stiller Teilhaber ganz zurück. Die Klientel, zum großen Teil entwurzelte Polen, fühlten sich im Ladengeschäft am Genfer Quai des Berges Nr. 29 jedenfalls bestens aufgehoben. Hier ließ sich in angenehmer Atmosphäre über die guten alten Zeiten im Osten und ganz nebenbei auch über edle Zeitmesser plaudern.
Erste Zerwürfnisse zeigten sich 1844. Geblendet vom bemerkenswerten Erfolg kultivierte Czapek einen verschwenderischen Lebensstil. Dieser und ausgedehnte Reisen in seine alte Heimat führten die junge Firma nahe an den Rand des Ruins. Die Bilanzen wiesen noch ein flüssiges Kapital von lediglich einem Franken und 86 Cent aus. Weitere Aktivposten: einige fertige Uhren, verschiedene Außenstände und Werkzeuge. In dieser misslichen Situation stießen Bitten um dringend nötige Kredite schlichtweg auf taube Ohren.
Im Dezember 1844 fuhr Patek notgedrungen per Kutsche nach Paris. Im Gepäck befanden sich einige Uhren mit Kronenaufzug nach dem 1833 vorgestellten System von Louis Audemars. Selbige hoffte er während einer Industrieausstellung an den Champs-Élysées verkaufen zu können. In der Seine-Metropole fand Patek heraus, dass auch Gutes seine Feinde hat. Das Bessere präsentierte sich in Gestalt flacher schlüsselloser Taschenuhren des Uhrmachers Jean-Adrien Philippe. Sein moderner Kronenaufzug und Zuerkennung einer Medaille durch die Jury beeindruckte Patek so stark, dass er dem Franzosen eine gemeinsame Zukunft an der Rhône offerierte.

Starker Partner aus Frankreich

Der Lockruf nach Genf fruchtete. Dort angekommen stürzte sich Jean-Adrien Philippe ab 1845 zuerst als technischer Direktor von Patek & Co. mit Verve auf die Installation selbst konstruierter Maschinen. Im Fokus stand ferner der bereits patentierte Kronenaufzug, welcher sich im Laufe der Jahre regelmäßiger Optimierung erfreute. Die logische Konsequenz herausragenden Engagements bestand 1851 in der Gründung von Patek, Philippe & Co.
Ganz ohne Risiko war der Bruch mit Czapek übrigens nicht gewesen. Mit finanziellem Support durch Juliusz Gruzewski, einer führenden Figur der polnischen Diaspora in Genf, stellte sich der Geschasste unternehmerisch neu auf. Auf diese Weise verlor Patek an Czapek eine wichtige Klientel. Aber am Ende

Abb. 234
Fabrice Kieffer und seine charmante Frau Katrin vor dem Eingang ihres Zwei-Sterne-Restaurants »Les Deux« in München. Kieffer ist Elsässer und stammt aus einer Winzer-Familie.
Nicht nur die exzellente Küche, sondern auch die besondere Begabung von Patron Fabrice Kieffer, seinen Gästen stets ein echtes Heimgefühl zu vermitteln, lässt jeden Besuch zu einem unvergesslichen Erlebnis werden. Zu diesem hohen Niveau passt auch der BMW M550i xDrive, dessen V8-Triebwerk den neuesten Stand der Motorentechnologie demonstriert. Das Gleiche gilt auch für Antrieb und Fahrwerk, die höchste Fahrstabilität und bestmögliche Traktion bieten. **Abb. 235** Von gleich hohem technischen Niveau zeugt die Patek Philippe Referenz 5270G G-001 mit Chronograph, Ewigem Kalender und 18 K Weißgoldgehäuse. Das kleine runde Fenster zwischen vier und fünf Uhr dient dem Schaltjahreszyklus, jenes zwischen sieben und acht Uhr der Tag/Nacht-Anzeige. **Abb. 236** In dem links gezeigten Chronographen arbeitet das von Patek Philippe selbst entwickelte Handaufzugwerk CH 29-535 PS Q. Dieses Kaliber misst im Durchmesser 32 mm, in der Höhe 7 mm und besteht aus 456 Einzelteilen. Die Reglage besteht aus einer Gyromax-Unruh, einer Breguet-Spirale sowie einem verstellbaren Spiralklötzchenträger. Im Werk sind 33 Steine verbaut, das System arbeitet mit 28.800 Halbschwingungen/h.

Abb. 237
Zu den schönsten Uhren, die jemals in der Schweiz gefertigt wurden, gehören die Dreizeiger-Automatiks Referenz 2526 von Patek Phillipe. Hier zwei höchst seltene Ausführungen. Links mit schwarzem, rechts mit cremefarbenen Emaille-Zifferblatt. Das rechte Modell besitzt zu dem noch Breguet-Ziffern, eine Variante, die selbst im Museum vom Patek Phillipe in Genf nicht vorhanden ist.

siegten doch die Besseren, denn Patek und Philippe konnten, unterstützt durch Vincent Gostkowski, einen weiteren polnischen Emigranten, am heiß umkämpften Markt mit ihren innovativen Erzeugnissen überzeugen. Aus der Partnerschaft zwischen Patek und Philippe erwuchsen nämlich großartige Taschenuhren, welche das gesamte Spektrum der Präzisionszeitmessung auf höchstem technischen und handwerklichen Niveau repräsentieren. Die Palette reichte von schlichten flachen Exemplaren bis hin zu unterschiedlichen Großen Komplikationen. Rohwerke fertigte Patek, Philippe & Co. ebenso wie die Mitbewerber selber nicht. Ebauches lieferten Victorin Piguet und LeCoultre aus dem Vallée de Joux. In Genf erfolgten Finissage, Assemblage, Regulierung, Einschalung und natürlich der Verkauf in alle Länder, insbesondere aber in die Neue Welt jenseits des Großen Teichs. 1851 erwarb Königin Victoria von England eine Taschenuhr mit dieser Signatur. Und viele namhafte Kunden folgten diesem Vorbild. Taschenuhren von Patek Philippe, Exemplare ohne und mit jeglicher Art von uhrmacherischer Komplikation waren fortan bei Adel und wohlhabendem Bürgertum zu finden.

Die Philippes machen weiter

Nach dem Tod Norbert Antoine de Pateks im Jahr 1877 zeigte weder der 20jährige Sohn Léon Mecyslas Vincent de Patek noch seine Schwester Marie Edwige, Jahrgang 1859, irgendein Interesse, in die sehr großen Fußstapfen ihres Vaters zu treten. Ergo begnügte sich das Geschwisterpaar anfänglich mit einer stillen Teilhaberschaft. 1901 wandelten die Eigentümer Patek Philippe & Co. in eine Kollektivgesellschaft namens Ancienne Manufacture d'Horlogerie Patek Philippe & Co. SA um. Nun veräußerten die beiden Pateks ihre Namensrechte an die längst von der Familie Philippe dominierte Firma. Die wiederum schloss 1904 mit der Familie LeCoultre im Vallée de Joux ein Abkommen über die Lieferung von jährlich 4.000 Rohwerken,

Abb. 238
Die erste Uhr mit Ewigen Kalender und automatischen Aufzug erhielt von Patek Phillipe die Referenz 3448. Sie wurde 1962 lanciert und blieb bis 1934 im Programm. Anfangs war dieses Modell nicht so gefragt und galt fast schon als Ladenhüter. Heute bringt sie auf Auktionen Zuschlagpreise bis zu einer halben Milion Dollar.

darunter auch speziell konstruierte für die berühmten »Chronometro Gondolo«. Der südamerikanische Juwelier Gondolo & Labouriau in Rio de Janeiro gehörte damals nicht nur zu den wichtigsten Kunden, sondern besaß auch Anteile an Patek Philippe. In die USA, wo der Importeur ebenfalls zum Kreis der Aktionäre zählte, flossen ebenfalls viele der feinen Zeitmesser. Nach dem Börsencrash an der New Yorker Wall Street hielten sich die Menschen in Nord- und Südamerika beim Kauf neuer Uhren sehr zurück. Und Gondolo & Labouriau zahlte aus mehreren Gründen die offenen Rechnungen nicht. Im Verwaltungsrat, dem ab 1931 auch Jacques-David LeCoultre angehörte, folgte eine Krisensitzung auf die andere. Im Zuge wachsender finanzieller Not diente das Gremium dem Rohwerkelieferanten und seiner Holding SAPIC die Aktienmehrheit bei Patek Philippe an. Aber bei der Bewertung des vorhandenen Vermögens, zu dem neben unfertigen Uhren auch das prachtvolle Gebäude an der Genfer Rue de Rhône gehörte, schieden sich schon einmal die Geister. Dieser Sachverhalte und andere inakzeptable Forderungen ließen den Deal platzen.

In dieser misslichen Situation, als gelegentlich auch das Wort Konkurs fiel, übernahmen die langjährigen Geschäftspartner Charles und Jean Stern als Eigentümer der Fabrique de Cadrans Stern Frères sukzessive alle Aktien. Die unverzügliche unternehmerische Entscheidung, den einschlägig erfahrenen CEO Jean Pfister mit der Entwicklung und Produktion eigener Rohwerke zu beauftragen, erwies sich 1933 als absolut richtig und zukunftsweisend.

Mit der Familie Stern in die Zukunft

Seitdem wird Patek Philippe und Co. als Familienunternehmen von den Mitgliedern der Familie Stern geleitet. Bis Oktober 2009 steuerte Philippe Stern, Jahrgang 1938 als Präsident in dritter Generation die Geschicke des Unternehmens. Seitdem ist

Sohn Thierry an der Reihe, das großartige Familienunternehmen in eine glorreiche Zukunft zu lenken.
Mechanische Uhrwerke haben durch Jean Adrien Philippe und seine Nachfolger entscheidende Verbesserungen erfahren. Zum Beispiel beeinflusste der bereits erwähnte Kronenaufzug die Genese der Armbanduhr ganz maßgeblich. Ähnliches gilt für die so genannte »freie« Antriebsfeder. Ein loses Ende verhindert das Abreißen der Zugfeder bei Vollaufzug. Besondere Bedeutung erlangte dieses System in Automatik-Armbanduhren. 1951 erwirkte Patek Philippe patentrechtlichen Schutz für die innovative »Gyromax«-Unruh mit variablem Drehmoment, welche die Verwendung einer völlig frei schwingenden Unruhspirale erlaubt. 1996 machte ein patentierter Jahreskalender von sich reden, der nur jeweils Ende Februar einer manuellen Korrektur bedarf. Schließlich gehörte Patek Philippe ab 2005 zu den Pionieren der Silizium-Technologie in mechanischen Uhren. Dieser leichte und amagnetische Werkstoff repräsentiert eine echte Revolution auf dem traditionsreichen Gebiet der mechanischen Zeitmessung.
Ohne solche und andere Höchstleistungen hätte Patek Philippe den Olymp der ultimativen Uhrmacherei niemals erklimmen können. Aus dem noblen Genfer Familienunternehmen stammen viele der kompliziertesten Taschen- und Armbanduhren überhaupt. Hinzu gesellen sich bedeutende Erfindungen, welche die feine Uhrmacherei nachhaltig beeinflusst haben. Beispielsweise entstand 1925 die weltweit erste Armbanduhr mit Ewigem Kalender und springenden Anzeigen. 1937 gingen aus der engen Kooperation mit dem genialen Genfer Uhrmacher Louis Cottier die ersten Weltzeit-Armbanduhren hervor. Und 1941 startete die Serienfertigung von Armbanduhren mit Ewigem Kalender. 1962 präsentierte Patek Philippe abermals eine Weltpremiere auf dem Sektor der immerwährenden Kalendarien: die erste Armbanduhr dieses Typs mit automatischem Aufzug. Das 1989 lancierte »Kaliber 89« kann mit 1728 Komponenten und 33 verschiedenen Funktionen als aufwendigstes Taschenuhrwerk überhaupt gelten. Seit November 2009 entstammen ausnahmslos alle mechanischen Uhrwerke des Hauses Patek Philippe eigener Manufaktur. Das gilt auch für Chronographen.
Bis zu besagtem Jahr 2009 zeichnete das Genfer Siegel die tickenden Zeitmesser aus. Seitdem verwendet das Familienunternehmen den eigenen Poinçon Patek Philippe, der auf einem sehr umfassenden und deutlich strengeren Kriterienkatalog basiert. Das und nur das entspricht den hohen Ansprüchen der Familie Stern an ihre Uhren.

8.2 Über die Werke

Über die Handaufzugwerke

Bis in die 30er Jahre bediente sich unsere Genfer Uhrenmanufaktur der Rohwerke (Ebauches) fremder Hersteller, z. B. von Jaeger-LeCoultre aus Le Sentier. Erst die zukunftsträchtige Entscheidung von Jean Pfister, ab 1933 eigene Uhrwerke herzustellen, brachte für unsere Genfer Marke den großen Durchbruch. Und mit dieser entscheidenden Epoche beginnen wir die folgende Aufstellung der Handaufzugwerke.

12‴-120 (12-120)'

Abb. 239
Handaufzugwerk Kaliber 12‴-120 mit kleiner Sekunde, dieses Werk besitzt keine Kaliberbezeichnung (Werk-ø 26,75 mm, Höhe 4,00 mm, 18.000 A/h, 18 Steine).

Interessant für den Sammler sind jene Armbanduhren, die ab dem Jahre 1935 produziert wurden und in denen das erste eigene Handaufzugkaliber 12‴-120 tickt. Mit 26,75 mm (12‴) Außendurchmesser, 4,00 mm Höhe, 18 Steinen, 18.000 Halbschwingungen/h und rund 40 Stunden Gangreserve wurde es in vier Serien gefertigt und blieb bis 1953 in Produktion. Hier folgt eine Zusammenstellung der vier Bauserien:

1. Bauserie: Werk-Nr. 826.892 bis 829.999 (3.108 Werke, 1935 bis 1940)
2. Bauserie: Werk-Nr. 920.000 bis 929.999 (10.000 Werke, 1940 bis 1950)
4. Bauserie: Werk-Nr. 938.000 bis 939.079 (1.080 Werke, 1952 bis 1953)
3. Bauserie: Werk-Nr. 960.000 bis 969.999 (10.000 Werke, 1947 bis 1952)

In der ersten als Calatrava bezeichneten Herrenarmbanduhr mit Referenz 96, die bereits 1932 lanciert wurde, war ab 1935 das Kaliber 12‴-120 eingeschalt. Bei der Einführung der Referenz 96 fand zunächst ein Kaliber 12‴ mit 15 Steinen, bimetallischer Unruh und Flachspirale Verwendung, welches als Rohwerk (Ebauche) von Jaeger-LeCoultre geliefert wurde.

12‴SC (12 SC)

Bereits drei Jahre nach Einführung des Grundkalibers 12‴-120 folgte die Variante mit indirekt angetriebener Zentralsekunde. Diese erhielt die Kaliberbezeichnung 12‴ SC und wurde in fünf Serien produziert:

Abb. 240
Handaufzugwerk Kaliber 12''' SC mit Zentralsekunde, Umkonstruktion des Kalibers 12'''-120 auf Zentralsekunde.

1. Bauserie: Werk-Nr. 828.812 bis 828.835 (24 Werke, 1938 bis 1939)
2. Bauserie: Werk-Nr. 828.920 bis 828.943 (24 Werke, 1939)
3. Bauserie: Werk-Nr. 829.238 bis 829.261 (24 Werke, 1939 bis 1940)
4. Bauserie: Werk-Nr. 861.704 bis 863.995 (2.292 Werke, 1939 bis 1948)
5. Bauserie: Werk-Nr. 864.002 bis 864.994 (993 Werke, 1948 bis 1950)

Das Werk 12'''SC verfügt über eine aufgesetzte und aufwendige Konstruktion für den indirekten Sekundenantrieb Sie stammt von der Firma Victorin Piguet. Mit Hilfe der geänderten Räderwerkbrücke und einer kleinen Aufsatzbrücke bringen drei zusätzliche Zahnräder den Sekundentakt von der Position der kleinen Sekunde ins Zentrum.
Beim Vergleich der jeweiligen Gesamtstückzahlen von 24.188 Werken beim Kaliber 12'''-120 und 13.358 Werken beim Kaliber 12''' SC darf der Schluss gezogen werden, dass in jener Zeit Uhren mit kleiner Sekunde wohl gefragter waren.
Im Laufe ihrer Produktionszeit durchliefen beide Kaliber zahlreiche Änderungen, hierzu zählt auch der Ersatz der Flach- durch eine Breguet-Spirale.

10'''-200 (10-200)

Mit dem 1946 lancierten Handaufzugwerk wurde die Möglichkeit geschaffen, auch kleinerere Herrenuhren mit einem Werk neuzeitlicher Konstruktion auszustatten. Mit 22,7 mm Durchmesser und 3,65 mm Bauhöhe konnte es mit und ohne Kleine Sekunde eingeschalt werden. Das Kaliber 10'''-200 besaß 18 Steine, eine Breguet-Spirale und arbeitete mit 19.800 Halbschwingungen pro Stunde. Es wurde in zwei Serien aufgelegt und blieb bis 1965 in Produktion:

1. Bauserie: Werk-Nr. 950.000 bis 959.999 (10.000 Werke, 1946 bis 1953)
2. Bauserie: Werk-Nr. 740.000 bis 751.199 (11.200 Werke, 1953 bis 1965)

Bei quadratisch- oder rechteckig geformten Uhrengehäusen erhielt das Kaliber 10'''-200 eine spezielle Werkaufnahme. Diese bestand aus einem Messingring, der auf ein Messingblech gesetzt und verlötet wurde. Im Anschluß erhielt diese Halterung noch eine Schutzschicht aus Rhodium.

12'''-400

Als Nachfolger für das Kaliber 12'''-120 erschien 1950 das Handaufzugwerk 12'''-400. Mit 26,75 mm Durchmesser und 4,00 mm Bauhöhe besaß es die gleichen Außenabmessungen wie sein Vorgänger.
Es wurde nur in einer Serie aufgelegt und blieb elf Jahre in Produktion:
Werk-Nr. 720.000 bis 729.999 (10.000 Werke, 1950 bis 1961).

27 SC

Das Ersatzkaliber für 12''' SC erschien 1949 und erhielt die Bezeichnung 27 SC. Bei gleichbleibendem Durchmesser von 26,75 mm wurde die Bauhöhe auf 4,95 mm festgelegt. Das Kaliber 27 SC wurde in zwei Serien hergestellt und blieb bis 1970 in Produktion:

1. Bauserie: Werk-Nr. 700.000 bis 712.699 (12.700 Werke, 1949 bis 1970)
2. Bauserie: Werk-Nr. 888.000 bis 888.178 (179 Werke, 1953 bis 1965)

Rein optisch lassen sich die beiden Kaliber leicht unterscheiden. Das Werk 12''' SC verfügt über eine aufgesetzte und aufwendige Konstruktion für den indirekten Sekundenantrieb, der von der Firma Victorin Piguet beigesteuert wurde. Das Kaliber 27 SC stellt eine sauber gegliederte Eigenkonstruktion dar, bei der das Sekundenrad elegant unter die Räderwerkbrücke positioniert ist. Die Federhausbrücke wurde dabei verkleinert und die Kronradbrücke separat ausgeführt.

27-AM 400

Für Uhren, die der Gefahr vom magnetischen Feldern widerstehen sollen, wurde aus dem Kaliber 12'''-400 die Variante 27-AM 400 entwickelt. Hierbei kamen Gyromax-Unruh und Breguet-Spirale zum Einbau, wobei Unruh, Anker und weitere Komponenten aus amagnetischem (eidgenössisch für antimagnetisch) Material hergestellt sind. Die Schlagzahl wurde hierbei von 18.000 auf 19.800 Halbschwingungen/h erhöht. Die Kennzahlen der zwei Bauserien lauten:

1. Bauserie: Werk-Nr. 730.000 bis 735.239 (5.240 Werke, ab 1958)
2. Bauserie: Werk-Nr. 739.700 bis 739.799 (100 Werke)

Der Unterschied zwischen diesen beiden Serien liegt zunächst im Durchmesser der Spiralrolle, der zunächst 0,55, dann 0,45 mm betrug. Ab Werk-Nr. 732.700 wurde auch die Dicke des Unruh-Reifens von 0,70 auf 0,50 mm reduziert. Diese Kaliber kamen vornehmlich in die Modelle »Amagnetic« mit den Referenzen 2570/1 (1958), 3417 (1960, siehe auch Seite 186) und 3460 (1962) zum Einbau. Sie wurden aber auch in andere Modelle eingeschalt, wie z. B. in die Referenzen 3420, 3418 und 3419 (siehe auch Seite 187).

23-300

Für besonders flach gehaltene Armbanduhren wurde 1956 das Kaliber 23-300 lanciert. Mit 22,70 mm Durchmesser und 3,00 mm Bauhöhe stand es mit und ohne Kleine Sekunde zur Verfügung. Mit 18 Steinen und 19.800 Halbschwingungen/h versehen, war dieses Kaliber trotz seiner niedrigen Bauhöhe von Anfang an mit Breguet-Spirale und Gyromax-Unruh ausgestattet. Ab Werk-Nr. 1.148.400 kam noch ein verstellbarer Spiralklötzchenträger zum Einbau. Damit konnten mit dieser doch recht kompakten Konstruktion erstaunlich gute Gangleistungen erzielt werden. Das Kaliber 23-300 blieb bis zum Jahr 1977 in Produktion und wurde in den folgenden drei Serien gefertigt:

1. Bauserie: Werk-Nr. 780.000 bis 799.999 (20.000 Werke, 1956 bis 1966)
2. Bauserie: Werk-Nr. 1.140.000 bis 1.159.999 (20.000 Werke, 1966 bis 1971)
3. Bauserie: Werk-Nr. 1.210.000 bis 1.228.549 (18.550 Werke, 1971 bis 1977)

Im Vergleich zu den fünf bisher beschriebenen Handaufzugwerken, die in der Summe eine Gesamtmenge von 65.765 Exemplaren erreichen, darf mit einer Gesamtstückzahl von 58.550 Werken das Kaliber 23-300 als das meistgebaute Handaufzugwerk von Patek Philippe gelten. Aufgrund seiner geringen Abmessungen kam es auch bei Schmuckuhren sowie bei Modellen mit quadratischem oder rechteckigem Gehäuse zu Anwendung. In nur drei Exemplaren wurde es mit einem Modul für einen Ewigen Kalender versehen und in dieser Bauform als Kaliber 23-300 Q bezeichnet. Dieses Werk wurde 1961 in die Referenz 3449 eingeschalt.

9‴-90

Schließlich soll hier noch das Formwerk 9‴-90 beschrieben werden, welches rund 34 Jahre lang in Produktion stand. Die Einbaumaße für Breite x Länge betragen 18 x 26,60 mm, für die Bauhöhe 3,65 mm. Das Werk verfügt über 18 Steine, 19.800

Abb. 241
Handaufzug-Formwerk Kaliber 9‴-90 mit Kleiner Sekunde (Abmessung 26,20 auf 18,70 mm, Höhe 3,65 mm, 19.800 A/h, 18 Steine).

Halbschwingungen/h und bei den Ausführungen ab 1954 eine Breguet-Spirale mit Gyromax-Unruh. Die zwei Bauserien gliedern sich wie folgt:

1. Bauserie: Werk-Nr. 830.000 bis 839.999 (10.000 Werke, 1934 bis 1950)
2. Bauserie: Werk-Nr. 970.000 bis 977.889 (7.890 Werke, 1947 bis 1967)

Dieses Kaliber kam in diversen Luxusuhren mit rechteckförmigen Gehäusen zum Einbau. Zu den bekanntesten Modellen zählt die Referenz 2441 (auch »Tour Eiffel« oder »Eiffelturm« genannt) sowie die Referenz 2469 (siehe Seite 161, Abb. 260).

In diesem Kapitel sind nur für den Sammler relevante Handaufzugwerke aus dem Hause Patek Philippe beschrieben. Auf die Vorstellung der Kaliber 10‴-105 und 10‴-110 wurde hier verzichtet. Wegen ihres Einbaudurchmessers von 21,78 mm fanden sie nur bei Modellen mit recht kleinen Uhrengehäusen Anwendung, die heutzutage bei Sammlern nicht so sehr gefragt sind.

Über die Automatikwerke

Im Vergleich zu anderen Uhrenherstellern begann bei Patek Philippe das Zeitalter des automatischen Aufzugs verhältnismäßig spät. Erst im April des Jahres 1953 präsentierte die Nobelmarke aus Genf auf der 24. Schweizerischen Uhrenmesse in Basel ihre »berühmte automatische Uhr«, wie auf dem Verkaufsprospekt zu lesen war. Die Schweizer Uhrenmesse war damals noch recht überschaubar und eine Untermesse der Schweizer Mustermesse. 1953 wurde diese Messe von 11. bis 21. April abgehalten. Das neue mit 12‴-600 AT benannte Automatikkaliber kam zwar später als jene der anderen renommierten Marken, wie z. B. IWC, Jaeger-LeCoultre, Rolex und Vacheron & Constantin, wartete aber mit so vielen technischen und innovativen Neuerungen auf, dass es auf Anhieb alle zuvor genannten Mitbewerber auf die Plätze verwies. Worin lag aber das späte Erscheinen dieses Meisterwerkes begründet? Zum einen hatte die Entwicklung des ersten Uhrwerks mit Selbstaufzugs mehrere Jahre benötigt. Zum anderen waren in jener Zeit die Armbanduhren von Patek Philippe mit manuellem Aufzug so gefragt, dass man zunächst noch keine Notwendigkeit gesehen hatte, Automatikuhren herzustellen. In den ersten sieben Jahren der Produktion von automatischen Armbanduhren wurden von diesem ersten Automatikwerk nur 7.100 Werke gebaut und eingeschalt. Damit nahm die Uhr mit Selbstaufzug nur einen Anteil von etwa 20 % der gesamten Produktion ein.

12‴-600 AT

Mit diesem Meisterwerk wurde bei Patek Philippe 1953 das Zeitalter der Automatikuhren eingeläutet. Das Werk beinhaltete technische Attribute, wie Breguet-Spirale, Gyromax-Unruh, Mikrometer-Feinreglage mit Schwanenhalsfeder, Aufzug mit kugelgelagertem Exzenter, guillochiertem Goldrotor und vieles mehr. All das zusammen verleiht diesem Werk ein einmaliges Niveau. Die aus Ziffern und Buchstaben bestehende Kaliberbezeichnung 12‴-600 AT – das gilt übrigens für die meisten Werke von Patek Philippe – verrät dem Eingeweihtem bereits die wichtigsten Daten über Durchmesser, Bauhöhe und Funktionsweise: 12‴ bedeutet 12 Linien, ein in der Uhrmacherei verwendetes altes französisches Längenmaß, welches den Durchmesser des Werkes angibt (1‴ = 2,223 mm, 12 x 2,223 = 26,676 mm). Die Ziffer 600 steht für die (gerundete) Bauhöhe von 6 mm. In Wirklichkeit beträgt der Werkdurchmesser genau 27,00 und die Bauhöhe 5,40 mm. »AT« bezeichnet schließlich den automatischen Aufzug.

Ein Automatikwerk lässt sich in zwei Baugruppen unterteilen: Nämlich in das eigentliche Uhrwerk (Basiswerk) und die meist aufgesetzte Automatikbaugruppe. Das Basiswerk verfügt über eine zweischenklige Gyromax-Unruh mit acht Masselotte-Gewichten, Breguet-Spirale, Super-Schock-Stoßsicherung, einen kugelgelagerten Exzenter-Wechsler für beidseitigen Aufzug sowie 30 Steine und arbeitet mit 19.800 Halbschwingungen/h. Guillochierter Goldrotor, Genfer Streifenschliff, anglierte Kanten und Genfer Siegel unterstreichen das hohe uhrmacherische Niveau dieses Meisterwerkes (siehe auch Seiten 171/172 und 183).

Abb. 242
Kaliber 12‴- 600 AT mit automatischem Aufzug (Werk-Ø 27,00 mm, Höhe 5,40 mm, 19.800 A/h, 30 Steine).

Obwohl für höchste Ansprüche konzipiert, erfolgten auch beim Kaliber 12‴-600 AT verschiedene Verbesserungen, die der Erhöhung von Präzision und Gebrauchstüchtigkeit dienten. Ab dem Werk mit der Nummer 760.300 wurde die bisher verwendete Schraubenunruh aus Beryllium durch die von Patek Philippe patentierte Gyromax-Unruh ersetzt. Bis zum Werk-Nr. 760.950 ergaben sich insgesamt noch weitere zehn relevante Änderungen. Hierzu gehören u.a. eine verstärkte Rotorachse, eine modifizierte Rotorbefestigung, Ersatz des Exzenterrad-Nockens durch ein Kugellager und die Erhöhung der Werkbefestigung von zwei auf drei Schrauben. Ab der Werk-Nr. 760.951 waren alle zuvor genannten Verbesserungen in die Fertigung eingeflossen. Die bis zur Nummer 760.950 gebauten Werke wurden von Patek Philippe auf den neuesten Konstruktionsstand umgerüstet, wenn sie später zur Revision nach Genf kamen.

Entwicklung und Produktion dieses meisterlichen Kalibers erfolgte unter der Gesamtverantwortung des damaligen Produktionsdirektors Françoise Cart. Das Kaliber 12‴-600 AT zählt auch heute noch zu den schönsten und besten Automatikwerken, die je gebaut wurden. Es besitzt den folgenden Nummernkreis: Werk-Nr. 760.000 bis 767.099 (7.100 Werke, 1953 bis 1960)

Wie ein pensionierter Mitarbeiter von Patek Philippe zu berichten wusste, wurden weitere 31 Exemplare dieses Kalibers als Ersatzteile vorgehalten.

Die erste Armbanduhr von Patek Philippe, welche das Kaliber 12‴-600 AT eingeschalt bekam, war auch das erste Exemplar der begehrten Referenz 2526 mit Emaillezifferblatt. Die Werk-Nr. lautet demnach 760.000, die Gehäuse-Nr. 674.938. Dieser Erstling wurde im März 1953 produziert und laut Schreiben des US-Konzessionärs »The Henri Stern Watch Agency, Inc.« in New York am 27. Juli des gleichen Jahres an den Amerikaner J. B. Champion in Dallas, Texas, USA, geliefert.

Die mehrfach beschriebene Gyromax-Unruh von Patek Philippe bedarf hier noch einiger Erläuterungen. Im Gegensatz zur herkömmlichen Schraubenunruh benötigt diese Konstruktion weder Rücker noch sonstige Einrichtungen zur Feinregulierung. Die zweischenklige Unruh trägt auf ihrem Reif in der Regel acht zylinderförmige Klötzchen, die mittig eine Bohrung besitzen und einseitig geschlitzt sind. Diese Klötzchen lagern drehbar in Stiften, die in Aussparungen senkrecht auf dem Unruhreif positioniert sind. Dreht man die Schlitze dieser Klötzchen, auch Masselotte-Gewichte genannt, zum Zentrum der Unruh, erhöht sich das Schwungmoment (GD2) der Unruh und die Uhr geht langsamer. Dreht man die Schlitze der Klötzchen nach außen, reduziert sich das Schwungmoment und die Uhr läuft schneller. Diese Reglierung vollzieht sich in feinsten Schritten und ohne Veränderung der Unruhmasse sowie der Funktionslänge

Abb. 243
Kaliber 27-460 mit automatischem Aufzug. Nachfolger des Kalibers 12‴-600 AT (Werk- Ø 27,00 mm, Höhe 4,60 mm, 19.800 A/h, 37 Steine).

der Spirale. Damit wird die Symmetrie des Schwingungssystems, bestehend aus Spirale, Unruh, Anker und Ankerrad, beibehalten. Diese Gyromax-Unruh ist eine Erfindung von Patek Philippe und wurde mehrfach patentiert. Das erste und grundsätzliche Patent zur Gyromax-Unruh trug die Patent-Nr. 261.431, wurde am 26. März 1947 hinterlegt und am 16. August 1949 vom Eidgenössischen Amt für geistiges Eigentum veröffentlicht. Ein weiteres Patent zur Gyromax-Unruh mit Nr. 280.067 wurde zum 18. August 1949 eingereicht, zum 1. April 1952 veröffentlicht und betraf verschiedene weitere konstruktive Verbesserungen am Unruhreif sowie an den Masselotte-Gewichten.

27-460 und 27-460 M

Trotz des durchschlagenden Erfolgs des Kalibers 12'''-600 AT waren Ende der 50er Jahre bei Armbanduhren zwei neue Trends zu erkennen: Einerseits tendierte man zu einer flacheren Gesamtbauweise, andererseits dazu, die Uhren mit einer Datumsanzeige auszustatten. Dieser Richtung entsprach auch Patek Philippe und brachte 1960 das Nachfolge-Kaliber 27-460 heraus. Ein Jahr später folgte die Ausführung mit Datum und der Bezeichnung 27-460 M, das »M« steht für Monodate. Beim fast gleichgebliebenen Basisuhrwerk mit 27,00 mm Durchmesser und 19.800 Halbschwingungen/h konnte durch die modifizierte Automatikbaugruppe die Gesamthöhe auf 4,60 mm (mit Datumsanzeige 5,30 mm) reduziert werden. Rein äußerlich ließen sich die beiden Nachfolgekaliber von ihrem Vorgänger dadurch unterscheiden, dass sie keinen in Gleitlagern geführten, guillochierten Goldrotor besaßen, sondern der ebenfalls massiv goldene Rotor in einem Kugellager geführt und mit Genfer Streifenschliff versehen ist (siehe auch linke Seite, Abb. 243). Der zweite Unterschied besteht in der Ausführung ohne Feinregulierung mittels Mikrometerschraube und Schwanenhalsfeder. Die Anzahl der Steine war von 30 auf 37 Rubine erhöht worden. Auch die Werke dieser Kaliberfamilie durchliefen während ihrer Produktionszeit verschiedene Modifikationen. Ab Werk-Nr. 1.116.899 wurde das Kaliber 27-460 mit einer geänderten Gyromax-Unruh aus Berylliumbronze ausgestattet. Die früher in der Mitte des Unruhreifens angeordneten acht Masselotte-Gewichte wurden in der Folge an die Innenseite dieses Reifens verlagert. Die letzte Version des Kalibers 27-460 M erhielt einen verstellbaren Spiralklötzchenträger sowie die Bezeichnung 27-460 M PM (PM steht für »Piton Mobile«, auf deutsch »verstellbarer Spiralklötzchenträger«) und blieb bis 1975 in Produktion. Die folgende Aufstellung erläutert die Werk-Nummern dieser Kaliber:

1. Kaliber 27-460, Werk-Nr. 1.110.000 bis 1.116.899 (6.900 Werke, 1960 bis 1970)
2. Kaliber 27-460 M, Werk-Nr. 1.120.000 bis 1.129.999 (10.000 Werke, 1961 bis 1970)
3. Kaliber 27-460 M, Werk-Nr. 1.116.900 bis 1.119.999 (3.100 Werke, 1970 bis 1986)
4. Kaliber 27-460 M PM, Werk-Nr. 1.230.000 bis 1.234.999 (5.000 Werke, 1970 bis 1975)

Das Kaliber 27-460 M wurde in der Regel mit, in einigen Ausführungen ohne Kleine Sekunde produziert. Das Kaliber 27-460 erhielt in der Version 27-460 Q ein Modul für einen Ewigen Kalender aufgesetzt und wurde in die Referenzen 3448 und 3450 eingeschalt. Die zuletzt genannte Referenz war an der Schaltjahresanzeige nahe der 3, zu erkennen.
Bei der 3. Serie hat man 1970 auf den Nummernkreis des Kalibers 27-460 zurückgegriffen und diesen von der Werk-Nr. 1.116.900 bis 1.119.999 weitergeführt.
Beim Kaliber 27-460 M PM hatte man auf einen Nummernkreis zurückgegriffen, der ursprünglich für ein Taschenuhrwerk reserviert worden war. Dieses Taschenuhrwerk wurde jedoch nur in 35 Exemplaren gebaut, so dass die Nummern 1.230.000 bis 1.230.034 bereits vergeben waren. Trotzdem dürfte diese bei 35 Werken vorhandene Doppelbelegung kein Problem darstellen, weil ein Werk für Taschenuhren leicht von einem für Armbanduhren zu unterscheiden ist.

350 und 1-350

Mit dem Aufkommen der Quarztechnologie in den 60er Jahren änderten sich Design und Bauform von Armbanduhren ganz entscheidend. Der Trend ging eindeutig zu immer flacher gebauten Modellen und ließ den Kurs der bisher gefertigten, recht hoch ausgeführten Automatikwerke fallen. Auch Patek Philippe blieb von diesem Wandel nicht verschont und begann bereits Mitte der 60er Jahre mit der Entwicklung eines neuen Automatikwerkes. Die Arbeiten, die von dem damaligem technischen Direktor Eric Jaccard geleitet wurden, führten 1969 zur Vorstellung des Kalibers 350. Der Werkdurchmesser wurde auf 28,00, die Bauhöhe auf 3,50 mm festgelegt. Die Unruh arbeitet mit 21.600 Halbschwingungen/h und das Werk verfügt über 28 Steine. Um die Forderungen nach niedriger Bauhöhe erfüllen zu können, wurde eine völlig neue Konstruktion gewählt. Anstelle des bisherigen Zentralrotors übernahm nun ein Außenrotor mit Kugellager und Zahnkranz die Aufzugsarbeit. Das Uhrwerk

Abb. 244
Kaliber 350 mit automatischem Aufzug, eine Konstruktion mit außen gelagertem Rotor (Werk-Ø 28,00 mm, Höhe 3,50 mm, 21.600 A/h, 28 Steine).

Abb. 245
Kaliber 1-350 mit automatischem Aufzug, eine überarbeitete Version des Kalibers 350. Neben der geänderten Kaliberbezeichnung auf der Federhausbrücke erkennt man den Unterschied am Goldsegment des Außenrotors. Beim Kaliber 350 hatte man noch eine Sparversion aus Schwermetall gewählt.

selbst wurde innerhalb dieser Lagerung angeordnet. Die bisherige Krone entfiel und manueller Aufzug sowie Stellen der Zeiger erfolgte nunmehr über eine im Schraubboden angebrachte Flachkrone. Im Grunde genommen war hier das System der Futurmatic von Jaeger-LeCoultre übernommen worden. Der Wegfall der Krone bei 3 erlaubte den Designern interessante, ansprechende Gehäuseformen, die anfangs gerade in den USA großen Zuspruch fanden. Eine Jaeger-LeCoultre Futurmatic konnte sich dort fast jeder leisten, eine Patek Philippe blieb jedoch nur einem kleinen Kreise vorbehalten.
Nach einem scheinbar guten Start stellte sich beim Kaliber 350 nicht der erhoffte Erfolg ein. Das Kugellager des Drehkranzes erwies sich als sehr störanfällig, der Wechsler für den Aufzug in beiden Richtungen des Rotors schaltete recht träge und verhalf der Uhr nur zu einer sehr bescheidenen Gangreserve. Nicht nur die Erfahrungen am Markt, sondern auch die zwischenzeitlich vom Patek-Philippe-Service gewonnenen Erkenntnisse machten eine Weiterentwicklung dieses Kalibers dringend erforderlich. Im Jahr 1979 erschien die neue Version mit der Bezeichnung 1-350. An die Stelle des Schwermetallgewichtes war nunmehr ein 18-karätiges Goldsegment getreten. Ein neues Kugellager, der Wegfall des Wechslers und die Verbesserung des Handaufzugs- und Stellmechanismus erbrachten nicht nur Vorteile für den Benutzer der Uhr, sondern auch für deren Servicebedingungen. Ganz zufrieden war man mit diesem Kaliber jedoch nie, die Produktion lief 1985 aus. Hinzu kam noch der Nachteil, dass dieses Kaliber rein konstruktiv keine Datumsanzeige erlaubte. Hier führen wir die Nummern der zwei Bauserien auf:

1. Bauserie, Werk-Nr. 1.180.000 bis 1.189.999 (10.000 Werke, 1969 bis 1979)
2. Bauserie, Werk-Nr. 1.490.000 bis 1.499.999 (10.000 Werke, 1979 bis 1985)

Die mit diesen Kalibern ausgestatteten Modelle waren gerade in den USA mit dem Titel »Backwinder« bekannt geworden. René Schwarz, bis 2020 Servicechef von Richemont in München, war 12 Jahre lang bei Patek Philippe in New York beschäftigt. Wie kaum ein anderer kannte er die Problematik dieser beiden Kaliber. Laut seinen Aussagen häuften sich die Reklamationen mit dem neuen Kaliber so massiv, dass Patek neue Uhren einfach wieder zurücknahm und gegen andere Modelle tauschte.

Kaliber 28-255 und 28-255 C

1976 lancierte Patek Philippe sein neues Modell Nautilus am Markt. Für diese neue sportliche Stahluhr, für deren Design Gerald Genta verantwortlich zeichnete, stand jedoch kein eigenes, verlässliches Automatikwerk zur Verfügung. Auch das Kaliber 1-350 kam hier nicht in Frage, weil es nicht ausreichend robust gebaut war und auch über keine Datumsanzeige verfügte. Eine Lösung bot sich durch die Kooperation mit dem Werkelieferanten Jaeger-LeCoultre an. Dort hatte man ein super flaches Automatikwerk Kaliber 920 entwickelt, welches aber nicht für eigene Uhren vorgesehen war. Das bei Patek Philippe mit Kaliber 28-255 ohne und 28-255 C mit Kalendarium ausgerüstete Automatikwerk hatte sich seit 1972 in den sportlichen Uhren der Nobelmarken Audemars Piguet Royal Oak und später auch bei der Vacheron & Constantin in der Referenz 222 bewährt. Bereits bei seinem Erscheinen im Jahr 1967 galt dieses Kaliber als weltweit flachstes Automatikwerk. Mit 28 mm Durchmesser, Einbauhöhe 2,45 mm und 19.800 Halbschwingungen/h war dieses Ebauche die willkommene Überbrückung

Abb. 246
Kaliber 28-255 C mit automatischem Aufzug, ein superflaches Werk mit außengelagertem Rotorring (Werk-ø 28,00 mm, Höhe 3,15 mm, 19.800 A/h, 36 Steine).

jener Zeit, in der Patek Philippe noch kein eigenes verlässliches Automatikkaliber zur Verfügung stand. Der konstruktive Aufbau des Kalibers 28-255 ist übersichtlich und servicefreundlich gestaltet. Der Rotor zieht in beiden Richtungen auf und wird auf einem Kupferberylliumreif mit vier Rubinrollen geführt. Das an der Rotoraußenseite befestigte Schwunggewicht aus 22 karätigem Gold verstärkt die Aufzugleistung. Der konstruktiv vorzüglich gelöste Wechsler erlaubt nicht nur den Aufzug in beiden Rotorrichtungen, sondern verfügt über äußerst kurze Umschaltzeiten und damit über eine sehr hohe Effizienz. Bereits nach wenigen Stunden am Beweger ist das Federhaus aufgezogen. Die ausgereifte Konstruktion des Werkes wird dadurch belegt, dass während der zehnjährigen Bauzeit nur wenige Änderungen vorgenommen wurden, wie z. B. Umrüstung auf einen verstellbaren Spiralklötzchenträger und eine Datumsanzeige (Bauhöhe 3,01 mm).
Wie bereits erwähnt, galt dieses Kaliber von Jaeger-LeCoultre als reserviertes Rohwerk für Vacheron & Constantin und Audemars Piguet. Die Bauhöhen dieses Kalibers lagen ohne Datum bei 2,45 mm, mit Datum bei 3,05 mm. Damit durfte sich dieses Kaliber das weltweit flachste Automatikwerk nennen. In der Literatur ist ausreichend beschrieben, dass dieses Kaliber als reserviertes Rohwerk (Ebauche) nur an die Firmen Audemars Piguet und Vacheron & Constantin geliefert wurde. Diese Reservierung für Audemars Piguet und Vacheron & Constantin stand zunächst einer Geschäftsverbindung mit Patek Philippe im Wege. Wie ein pensionierter Werkekonstrukteur dem Autor verriet, hatte sein Kollege die besondere Idee, das Schwunggewicht um 0,1 mm dicker zu machen und damit die Bauhöhen ohne Kalender auf 2,55 mm und mit Kalender auf 3,15 mm zu verändern. Damit war der Werkelieferant Jaeger-LeCoultre elegant aus seiner vertraglichen Verpflichtung entlassen, das weltweit flachste Automatikwerk nur an die beiden zuvor genannten Firmen liefern zu können. Zwar waren jetzt die geänderten Werke jeweils ein Zehntel Millimeter höher als jene von Audemars Piguet und Vacheron & Constantin, liefen aber genauso gut. Die Kalibervarianten tragen die folgenden Produktionsnummern:

1. Kaliber ohne Datumsanzeige, Werk-Nr. 1.280.000 bis 1.299.999 (20.000 Werke, 1970 bis 1980)
2. Ausführung mit Datum, Werk-Nr. 1.300.000 bis 1.319.999 (20.000 Werke, 1970 bis 1980)

Die beiden aufgeführten Kaliber haben sich bei Patek Philippe sehr bewährt und stellen auch heute noch eine werthaltige Investition dar.
1999 kaufte Audemars Piguet von Jaeger-LeCoultre alle Rechte, Zeichnungen und Werkzeuge dieses Kalibers und begann im Jahr 2005 mit einer eigenen neuen Produktion. Die ersten Uhren mit diesem neuen Werk kamen noch im gleichen Jahr auf den Markt.

8.3 Über die Gehäuse-Nummern

Ein logisches Schema für die Festlegung der Gehäusenummern kann bei Patek Philippe nicht ausgemacht werden. Während in den 30er und 40er Jahren die Gehäusenummern noch sechsstellig waren, kamen ab Mitte der 50er Jahre auch siebenstellige Nummern zur Anwendung. Dies steht in Verbindung mit der Bestellprozedur bei den Gehäuselieferanten. Wurde von Patek Philippe für eine bestimmte Referenz eine Serie neuer Gehäuse bestellt, hatte der beauftragte Gehäusemacher diese nach genauen Vorgaben mit kompletter Nummerierung und Punzierung zu liefern. Als Beispiel kann die auf Seite 169 abgebildete Referenz 2526 dienen: Mit Werk-Nr. 763.637 und Gehäuse-Nr. 696.013 versehen, entstammt sie dem Produktionsjahr 1956. Ein im Folgejahr hergestelltes identisches Modell weist die Werk-Nr. 764.962, jedoch die Gehäuse-Nr. 2.604.085 aus. Mehr als zehn Jahre später gefertigte Uhren können auch wieder sechsstellige

Gehäusenummern besitzen, wie sich dies auf Seiten 200 und 201 an den Referenzen 3541 und 3542 nachvollziehen lässt.
Zusammenfassung: Die Gehäusenummern sind sechs- oder siebenstellig und immer am Innenboden eingeschlagen. Gravierte, das heißt spanabhebend hergestellte Gehäusenummern gibt es bei Patek Philippe nicht! Ein Beispiel für einen manipulierten Boden findet sich auf Seite 156, Abb. 253.
Uhren der Referenzen 3439/1 und 3561 besitzen Böden mit Saphirglaseinsätzen. Wie man dort die Gehäusenummer anbrachte, erfahren wir bei Referenz 3561 auf Seite 202.

8.4 Über die Referenznummern

Die Referenznummer darf als Typkennzeichen einer Uhr verstanden werden. Zu welchem Zeitpunkt bei Patek Philippe eine systematische Kennung der Armbanduhren eingeführt wurde, lässt sich heute nicht so einfach nachvollziehen. Fakt ist, dass die Anfang der 40er Jahre gebauten Uhren nur in Ausnahmefällen eine Referenznummer eingeschlagen haben.
Von einem längst verstorbenen Mitarbeiter stammt der folgende Hinweis. Nach Einführung eigener Kaliber wurden die Listen der Referenznummern handschriftlich geführt und waren mit der Fotonummer, d. h. mit dem jeweiligen Bild einer Uhr, identisch. Im Archiv von Patek Philippe gibt es diese Registrierung heute noch, auch wenn schon seit langem alle Daten über EDV erfasst sind.
An einigen in diesem Buch aufgeführten Uhren lässt sich nachweisen, dass erst ab dem Jahr 1948 die Referenznummer planmäßig im Boden aufgeführt wurde. Ein Beispiel finden wir bei Uhren der Referenznummer 96, die wir mit und ohne Referenznummer einsehen können (siehe Seite 153). Nach der Referenz 96 folgten dreistellige Referenznummern mit 100er, 400er und 500er Ordnungskreisen. Anschließend wurden vierstellige Referenznummern eingeführt. Diese erhielten im Laufe der Folgejahre die Referenzkreise 1400, 1500, 2400, 2500, 3400 und 3500 zugeteilt. Als Beispiel seien die Seiten 162 und 191 genannt, auf der man in den Böden deutlich die Referenznummern 2481 und 3444 erkennen kann. Bei der auf den Seite 157 vorgestellten Stahluhr aus dem Produktionsjahr 1939 sucht man dagegen vergeblich nach der Referenznummer 592.
Nur bei komplizierten Uhren wurden zum Teil schon vor 1948 Referenznummern im Gehäuseboden eingeschlagen. In der folgenden Tabelle sind einige Beispiele aufgeführt, die mit und ohne Referenznummer hergestellt wurden.
Auf der Seite 192 kann man anhand der geöffneten Uhr die komplette Nummerierung und Punzierung eines Innenbodens nachvollziehen. Bei der Referenz 3445-6 bedeutet die 6 die sechste und letzte Variante dieses Modells.
Fassen wir zusammen: Schon bei der Produktion der Armbanduhren wurden diese unter der jeweiligen Referenznummer intern gelistet, bis auf die genannten Ausnahmen ist die Kennzeichnung jedoch fabrikseitig erst ab dem Jahr 1948 im Gehäuseboden aufgeführt. Die Referenznummer selbst ist immer am Innenboden und nie außen eingeschlagen.
Ab und zu kam es bei alten Uhren vor, dass ein Boden beschädigt war und neu angefertigt werden musste. Auch wenn die

Abb. 247
Bei Patek Philippe wurden alle Modelle unter Referenznummern geführt, diese aber erst ab 1948 planmäßig in den Innenböden eingeschlagen. Bei komplizierten Uhren hatte man diese Kennzeichnung der Uhren zum Teil schon früher praktiziert, jedoch ohne nachvollziehbare Logik. Diese Tabelle zeigt einige interessante Beispiele für die teils widersprüchliche Handhabung der Referenznummern.

Referenz	Komplikation	Baujahr	Werk-Nr.	Gehäuse-Nr.	Referenz-Eintrag
1436	Doppelchronograph	1942	862.420	630.552	nein
1436	Doppelchronograph	1943	863.057	646.703	ja
1463	Chronograph (Walser Wald)	1946	863.724	640.561	nein
130	Chronograph	1948	867.454	655.062	ja
1527	Chronograph mit Ewigem Kalender (siehe auch Seite 195)	1943	863.247	634.687	nein
1518	Chronograph mit Ewigem Kalender	1943	863.195	633.139	nein
1518	Chronograph mit Ewigem Kalender	1947	867.243	646.599	nein
1518	Chronograph mit Ewigem Kalender	1951	868.004	663.680	ja
1526	Ewiger Kalender mit Mondphase	1942	864.271	652.371	ja
1526	Ewiger Kalender mit Mondphase	1948	963.263	657.232	ja
1415	Weltzeituhr	1945	929.694	647.130	ja

betreffende Uhr aus der Zeit vor 1948 stammte, erhielt sie in diesem Falle die Referenznummer im Boden vermerkt.

8.5 Über die sonstigen Kennzeichnungen – Zeichen, Punzen und Stempel

Will man eine Uhr nicht nur als vorzeigbares Schmuckstück, sondern auch als potentielle Wertanlage erwerben, sollte man sich auch die gesamte Dokumentation im Innenboden gründlich ansehen. Neben den wichtigen Aussagen des Herstellers bestätigen die eingeschlagenen Punzen, das heißt amtliche Kennzeichnungen, den Feingehalt des verwendeten Edelmetalls. In der Schweiz überwachen 13 Prüfungsämter unter der Direktion in Bern die Echtheit der Materialangaben. Für den Mindestfeingehalt von 750/1000 Gold steht die Helvetia, ein nach links schauender Frauenkopf mit Haarschmuck. Die Helvetia ist ein künstlich geschaffenes Nationalsymbol der Eidgenossenschaft, vergleichbar mit der Deutschen Germania. Man unterscheidet zwischen kleiner und großer Helvetia. Die Punze der kleinen findet meistens an der Außenseite eines Uhrengehäuses, die große in deren Innenboden Verwendung. Um die Vielzahl der Variationen der Kennzeichnungen im Innenboden demonstrieren zu können, sind in diesem Buch auch die Innenböden unserer Uhren abgebildet. Auf Seite 175 können wir im Innenboden die relevanten Angaben zur roségoldenen Automatik Ref. 2540 einsehen (Produktionsjahr 1957). Im oberen Gehäuseteil finden sich in drei Reihen untereinander die Schriftzüge »PATEK-PHILIPPE & Co«, »– GENEVE–« und »SWISS«. Hierbei findet man auf dem »E« von »GENEVE« kein accent grave, sondern nur rechts und links je einen Gedankenstrich. Einschlag »SWISS« weist am Ende keinen Punkt auf. Im unteren Drittel der Bodenfläche sehen wir links die Punze des Gehäusemachers, in der Mitte den amtlichen Stempel für »18 K/0.750« Feingehalt und rechts die große Helvetia. Darunter befindet sich die Gehäusenummer »699 844« und zum Schluß die Referenzbezeichnung. Letztere ist mit »RÉF. 2540« eingeschlagen. Das »É« besitzt einen accent circonflex und das »F.« einen Punkt.
Bei der Beschriftung des Innenbodens der Automatik Ref. 3445 (Produktionsjahr 1970) auf Seite 192 findet sich wieder eine andere Variante. Ganz oben befindet sich die große Helvetia, darunter die amtliche Kennzeichnung für »18 K/0.750«. Darunter folgen in drei Reihen die Schriftzüge »PATEK, PHILIPPE & Co«, » ≡GENEVE≡« und »SWISS«. Darunter finden sich in drei Reihen die Gehäusenummer 328637, die Referenzbezeichung 3445 und die Punze des Gehäusemachers. Folgende Unterschiede lassen sich feststellen: Zwischen den Namen PATEK und PHILIPPE befindet sich kein Bindestrich wie zuvor, sondern ein Komma. Das im ersten Fall dahinter folgende »C$^{\underline{o}}$« wurde durch ein »Co« ersetzt. Der Ortsnachweis » ≡GENEVE≡« verfügt nun auf jeder Seite über drei Gedankenstriche. Der Nationalnachweis »SWISS.« hat in diesem Fall einen Schlusspunkt erhalten. Schließlich ist die Referenzbezeichnung ohne das bisherige »RÉF.« ausgeführt. Beim Lesen dieses Buches werden wir auf diesem Sektor noch etliche weitere Varianten finden und erläutern.

Uhren mit 950er Platingehäuse haben eine Punze in Form eines nach rechts schauenden Gemsenkopfes mit ovaler Einrahmung eingeschlagen. Wie bei der Helvetia finden auch hier zwei verschiedene Größen Verwendung. Die kleinere Punze wird meistens außen eingeschlagen, die größere im Regelfall nur innen.
Die Genfer Punze, auch Genfer Siegel genannt, gilt heute als Herkunftsgarantie, höchste Präzision, Langlebigkeit und uhrmacherische Expertise. Nur wenige Uhrenmanufakturen zählen zum Kreis der Auserwählten, die dieses Gütesiegel erhalten.
Die drei Grundvoraussetzungen zum Erhalt dieses Siegels sind wie folgt:

- Das Kaliber muss zunächst von acht vereidigten Mitgliedern des staatlichen Prüfungsausschusses von Genf genehmigt und anerkannt werden.
- Die ausschließlich mechanischen Uhrwerke müssen zumindest im Kanton Genf montiert und reguliert worden sein.
- Jedes Kaliber muss die 12 technischen Kriterien des Reglements hinsichtlich seiner Entwicklung, Merkmale, Herstellungsqualität und Endbearbeitung erfüllen.

Um den Handel sowie die Ausfuhr von Gegenständen aus Edelmetall zu erleichtern, wurde im Jahr 1972 von den dama-

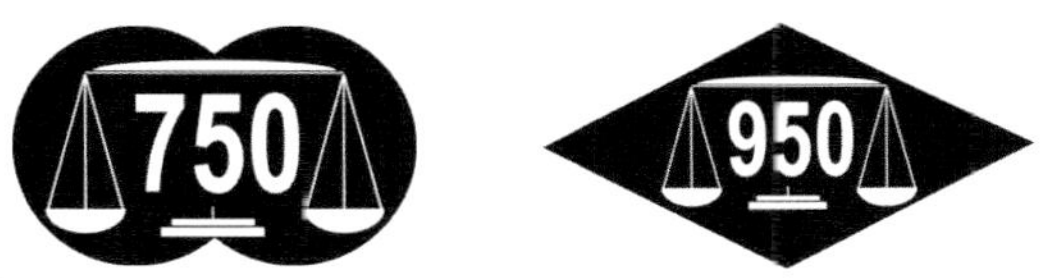

Abb. 248
Links die Punze für Gold, rechts die für Platin nach der Wiener Konvention aus dem Jahr 1972.

ligen EFTA-Ländern ein internationales Übereinkommen zur Prüfung und Kennzeichnung von Edelmetallen getroffen (Wiener Konvention). Darin wurde auch für Gold und Platin eine gemeinsame Punze festgelegt. Für 18-karätiges Gold besteht diese aus einer symbolisierten Waage, die mittig die Zahl 750 ausweist und von einem Doppelkreis umrahmt wird. Bei 950er Platin befindet sich die Waage in einer Raute und ist mit der Zahl 950 gekennzeichnet. Bei den neueren Uhren von Patek Philippe sind diese Punzen im Innenboden und an der Außenseite eingeschlagen.
Mit dem Edelmetallkontrollgesetz (EMKG) führte die Schweiz ab 1. August 1995 ein neues Reglement für den Verkehr mit Edelmetallen und Edelmetallwaren ein. Der neue amtliche Stempel »Bernhardinerkopf«, liebevoll auch »Bello« genannt, ersetzt hiermit die bis dato gültige Helvetia.

Fassen wir zusammen: Die Uhrenmarke Patek Philippe verwendet bei ihrem Gehäuse nur zwei Edelmetalle, 750er Gold oder 950er Platin. Bei Stahlgehäusen entfällt diese Kennzeichnung, die sonstigen Angaben sind jedoch weitgehend identisch. Beim Kauf einer alten oder neuen Uhr dieser Marke sollten alle Kennzeichnungen genauestens eingesehen und geprüft werden. Im Zweifelsfall kann die Deutsche Niederlassung in München oder das Stammhaus in Genf weiterhelfen.

Werkstoff	Spezifisches Gewicht γ kg/mm³	Elastizitätsmodul E kg/mm²	Schmelztemperatur °C
Gold (Au)	19,32	7.900	1063
Kupfer (Cu)	8,96	12.500	1083
Platin (Pt)	21,45	17.320	1774
Silber (Ag)	10,49	8.160	960
Stahl X 10 Cr 13	7,75	22.000	1500

Abb. 249
Tabelle der wichtigsten Kenndaten der eingesetzten Metalle.

8.6 Edelmetall oder Edelstahl – Eine kleine Materialkunde

Bei 750er Gold kennen wir Gelb-, Rot- und Weißgold. Neben dem Anteil von 750/1000 Gold entsteht Gelbgold durch die Beimischung von Silber (125/1000) und Kupfer (125/1000). Bei Rotgold werden Silber (45/1000) und Kupfer (205/1000) jedoch in geänderter Verteilung beigemischt. Bei Weißgold finden z. B. Silber (200/1000) und Nickel (50/1000) Verwendung. Häufig wird hier das Gold auch mit Palladium legiert, insbesondere wegen der durch Nickel bedingten Hautempfindlichkeit. In ganz besonderen Fällen werden von Patek Philippe auch Gehäuse aus Platin verbaut. Platin darf nur mit einen Mindestfeingehalt von 950/1000 punziert werden. Mit dem reinen Platin dürfen höchstens 50/1000 Anteile aus Kupfer, Gold, Rhodium, Iridium und Palladium verschmolzen werden. Die wichtigsten physikalischen Eigenschaften aller beschriebenen Metalle sind in obiger Tabelle aufgeführt.

Neben Platin verfügt Edelstahl, ein mit Chrom legierter und damit rostfreier Stahl, über die besten Voraussetzungen für die Fertigung von Uhrengehäusen. Nicht umsonst sind Stahluhren heute besonders beliebt. Bei den spanabhebenden Bearbeitungsvorgängen, wie z. B. Drehen, Fräsen und Schleifen, liegen die jeweiligen Bearbeitungszeiten bei Stahl jedoch rund acht Mal höher als bei Gold. Ähnlich wie Edelstahl lässt sich auch Platin schwer verarbeiten. In einer Gesamtkalkulation muss noch beachtet werden, dass Platin rund 40 % mehr kostet als Gold! Sollte bei der Beschaffung einer neuen Patek Philippe nicht die Eitelkeit oder das Budget im Vordergrund stehen, wären Uhren mit Gehäusen aus Edelstahl oder Platin die beste Wahl.

8.7 Über die Uhren

Es gibt nur wenige Investitionen, die man mit doppeltem Elan angehen kann. Zum einen, weil man sich über ein zeitloses Design und eine perfekte Technik einer Armbanduhr unserer Marke immer freuen kann. Zum anderen, weil man im Regelfall einen börsenunabhängigen Gegenstand erwirbt, der mittel- und langfristig an Wert gewinnt. Damit auch ein Neueinsteiger dieses ihm bisher fremde Feld mit der nötigen Sachkenntnis betreten kann, werden wir uns alle in diesem Buch aufgeführten Armbanduhren genauer ansehen. Wie schon im Vorspann hervorgehoben, hatte der Autor für diese Dokumentation zahlreiche Raritäten von ihren jeweiligen Besitzern zur Verfügung gestellt bekommen.
Blättert man in dem heute schon vergriffenen Werk »PATEK PHILIPPE GENÈVE« von Martin Huber und Alain Banbery, findet man dort weit über 200 verschiedene Armbanduhren abgebildet. Die Vielzahl der Gehäusevarianten geben nicht nur den damaligen Zeitgeschmack wieder, sondern weisen auch auf die geringen Stückzahlen der damaligen Modelle hin. Weil weniger oftmals mehr bedeuten kann, haben wir bei der Auswahl der hier vorgestellten Uhren uns nur auf fast 80 Uhren konzentriert. Sie beinhalten jedoch interessante technische Aspekte, entsprechen weitgehend auch dem heutigen Zeitgeschmack und sind preislich oft noch erschwinglich. In Ergänzung zur bisherigen Literatur haben diese Zeitmesser eine so detaillierte Beschreibung erhalten, dass sich jetzt auch ein bisher unsicherer, aber gut betuchter Investor an den Kauf einer wertvollen Patek Philippe wagen kann.

Die Beschreibung der folgenden Uhren läuft in der Regel nach dem gleichen Schema ab. Zunächst werden die Nummern von Werk und Gehäuse aufgeführt. Dann folgt die Beschreibung von Zifferblatt, Gehäuse und Werk. Einen großen Stellenwert wird der Beschriftung und Punzierung des Gehäuses sowie des Innenbodens eingeräumt.
Anschließend werden die Geschichte der jeweiligen Uhr sowie die Preise der Beschaffung und Überholung beschrieben. Zum Schluss werden oft Ergebnisse bzw. Preise aufgeführt, welche diese Uhren bei Verkäufen oder auf Auktionen erzielt haben.
Weil die Referenznummern der Uhren immer als Überschrift hervorgehoben sind, kann der Leser sich leicht orientieren und die gesuchten Informationen schnell finden.
Sicher sind die folgenden Fachtexte nicht immer leicht zu lesen. Aber wenn es um viel Geld geht, ist dem Leser weder mit blumenreichen Texten noch mit spannend formulierten Stilproben gedient.
Technische Beschreibungen und Börsenberichte haben vieles gemeinsam. Hier sind nicht Rhetorikübungen, sondern genaue und richtungsweisende Sachaussagen gefragt, nach denen ein Investor oder Spekulant die ins Auge gefassten Käufe sicher

planen und erfolgreich durchführen kann. Mit dieser Zielvorgabe wurden auch die folgenden Beschreibungen verfasst.

Ein besondere Hinweis, der nur im Kapitel Patek Philippe vorhanden ist

Damit Neulinge, Uhrensammler und Kapitalanleger eine zwar rechtlich unverbindliche, jedoch dem Trend der Zeit entsprechende Empfehlung erhalten können, wurden die hier vorgestellten Uhren nach den drei Kriterien »Zum Tragen«, »Zum Sammeln« und »Als Wertanlage« gekennzeichnet. Die drei Benotungen wurden mit »gut (+)«, »sehr gut (++)« oder »exzellent (+++)« bewertet.
Selbstverständlich kann man bei allen drei Kriterien unterschiedlicher Meinung sein, wichtig ist jedoch, dass jeder Leser seine individuelle Wertung findet und auf dieser Basis seine Investitionsentscheidung trifft. Trotz aller Meinungen und Diskussionen dürfte eines ganz sicher sein: Eine Armbanduhr von Patek Philippe bedeutet im Regelfall eine sichere Wertanlage. Dies gilt für die meisten alten und viele der aktuellen Modelle. Bei Uhren als Kapitalanlage ist auch die Frage entscheidend, welchen Geschmack der nächste Interessent hat, der die schöne Uhr kaufen möchte. Dabei kann der Autor mit seiner mehr als 30jährigen Erfahrung dienen und zur richtigen Entscheidung beitragen.

Die Klassiker von Patek Philippe
Die heimlichen Favoriten des Verfassers

Referenz 96 »Calatrava«

Die erste von Patek Philippe in großer Stückzahl lancierte Herrenarmbanduhr kam im Jahr 1932 mit der Bezeichnung »Calatrava« auf den Markt. Sie erhielt die erste vergebene Referenznummer 96 und war zunächst mit einem 12‴ Handaufzugwerk von Jaeger-LeCoultre ausgestattet. Erst gegen Ende des Jahres 1934 (offiziell ab 1935) erhielten diese Modelle das manufaktureigene Kaliber 12‴-120. Letzteres lässt sich vom ersteren leicht unterscheiden. Beim Werk von Jaeger-LeCoultre fehlt am Rücker die Feinstellung mittels Mikrometerschraube und Schwanenhalsfeder, beim Zentrumrad das Rubinlager. Weiterhin vermisst man bei der Ankerradlagerung das Deckplättchen und auf allen Brücken und Kloben den Genfer Streifenschliff. Schließlich hatte man dem 12‴ Kaliber von Jaeger-LeCoultre nur 15, dem 12‴-120 von Patek Philippe aber 18 Steine vergönnt.
Die Referenz 96 wurde in vielen Zifferblattvarianten produziert. Mit Kleiner Sekunde, also mit dem Kaliber 12‴-120, sind dem Autor mehr als 26 verschiedene Ausführungen bekannt.
Drei Jahre später, somit 1938, kam vom Kaliber 12‴-120 auch eine Ausführung mit Zentralsekunde auf den Markt. Diese Variante mit indirekt angetriebener Zentralsekunde besitzt ein von Victorin Piguet konstruiertes Zwischengetriebe, welches das Sekundenrad über ein Zwischenrad mit dem neu installierten Sekundenrad im Zentrum verbindet (siehe auch Seite 143). Vergleicht man dieses Kaliber mit dem Nachfolger 27 SC, erkennt das technisch geschulte Auge diese über elf Jahre in Fertigung gebliebene, nicht so elegant erscheinende Behelfskonstruktion. Auch diese Variante der Ref. 96 mit Zentralsekunde fand ihre Liebhaber. Mehr als acht verschiedene Zifferblattausführungen sind dem Autor bisher begegnet. Trotz ihres eher kleinen Gehäusedurchmessers von nur 30,5 mm (frühere Versionen mussten sogar mit 30,0 mm auskommen) blieb die Referenz 96 fast 30 Jahre in Produktion und wurde durch das Nachfolgemodell Ref. 3796 abgelöst. Auch heute findet diese klassische »Calatrava« noch viele Verehrer, auch wenn sie jetzt unter Referenz 5196 geführt wird und der Gehäusedurchmesser

Abb. 250
Ende des Jahres 1934 (offiziell ab 1935) wurde die hier gezeigte Herrenarmbanduhr Ref. 96 lanciert. Sie war die erste »Calatrava« mit dem manufaktureigenen Handaufzugkaliber 12‴-120. Die obere Ausführung mit Roségoldgehäuse und schwarzem Zifferblatt entstammt dem Produktionsjahr 1942 (Werk-Nr. 922.307, Gehäuse-Nr. 997.660). Im Innenboden fehlt die Referenzangabe. Das gelbgoldene Modell wurde 1951 produziert, im Innenboden ist die Referenz-Nr. 96 eingeschlagen (Werk-Nr. 968.921, Gehäuse-Nr. 303.990).

auf stattliche 37 mm angewachsen ist. Unter der Referenznummer 5296 kann man sie heute sogar mit automatischem Aufzug haben! Schon in den 30er Jahren kamen in geringer Stückzahl weitere Varianten der Referenz 96 auf den Markt. Diese besaßen Vollkalender mit Mondphase bei der 12 oder einen Ewigen Kalender mit retrograder Datumsanzeige, Kleiner Sekunde und Mond-

phase bei der 6. Eine Ausführung mit Platingehäuse kann heute im Patek Philippe Museum in Genf besichtigt werden.
Aber nun zu den Schmuckstücken dieses Buches, zwei Ausführungen der Referenz 96. Nach den Stammbuchauszügen von Patek Philippe stammt der erste Zeitmesser aus dem Jahr 1942, der zweite von 1951. Das Gehäuse der Referenz 96 ist dreiteilig und besteht aus aufgesprengter Lünette, Gehäusemittelteil und Druckboden. Das Gehäusemittelteil ist aus dem Vollen gestanzt und besteht mit den vier Bandanstößen aus einer Einheit. Die Löcher für die Federstege sind als Durchgangsbohrungen ausgeführt und damit von außen sichtbar.
Als Gesicht einer Uhr sehen viele das Zifferblatt an, und dies mit Recht! Dass bei der roségoldenen Uhr das Zifferblatt aufgefrischt ist, kann man nur behaupten, wenn man den bei der Herstellung der Uhren jeweils verwendeten Originalaufdruck kennt. Dieser lautete bis 1952 und somit bei beiden Uhren »PATEK, PHILIPPE & Co«. Erst im Lauf des Jahres 1952 wurde die verkürzte Form eingeführt und auf den bisherigen Hinweis »& Co« verzichtet. Der accent grave auf dem zweiten »È« der Herkunftsbezeichnung »GENÈVE« sowie der Aufdruck »SWISS« unter der 6 wurden beibehalten. Bei dieser zeitlichen Angabe muss noch beachtet werden, dass man bei Patek Philippe damals nur 400 bis 500 Uhren pro Monat fertigte und die Zifferblätter immer frühzeitig disponiert wurden. So konnte es vorkommen, dass bei einem in geringerer Stückzahl aufgelegten Modell die auf Lager befindlichen Zifferblätter schon einmal für einige Jahre reichten. Das Produktionsjahr einer Uhr und das eines Zifferblatts konnten somit in der Tat ein oder mehrere Jahre auseinander liegen.
Bei der Revision beider Uhren wurde das Zifferblatt der roségoldenen Ref. 96 bei Firma Causemann in Frechen aufgefrischt und in der Ausführung ab 1952 bedruckt. Das Zifferblatt der gelbgoldenen Ref. 96 entspricht noch der Originalausführung, hat aber deutlich unter der Zeit gelitten. Nach durchgeführter Revision präsentieren sich beide Kaliber 12‴-120 nahezu im Neuzustand. Die jeweiligen Werk-Nummern 922.307 und 968.921 weisen uns auf den Produktionszeitraum 1942 und 1951 hin. Die »Kleine Helvetia« findet sich bei der roségoldenen Ref. 96 am Gehäusemittelteil außen auf Höhe der 4, bei der gelbgoldenen Uhr an der Unterseite des Bandanstoßes bei der 11. Im Innenboden stellen wir bemerkenswerte Unterschiede fest. Bei der roségoldenen, also älteren Ausführung mit Gehäuse-Nr. 997.660, findet sich noch der Materialstärkehinweis 4/10 für 0,4 mm Goldblechdicke sowie die eingerahmte Firmenpunze »PP.C°«. Die Referenznummer fehlt. Bei der gelbgoldenen Ausführung mit Gehäuse-Nr. 297.660 finden sich am unteren Bereich die gleichen Firmenangaben, aber zusätzlich die Zahl 96 für die Referenz. Beim Herkunftsnachweis »-GENÈVE-« wurde der zugehörige rechte Gedankenstrich vergessen, der Nationalnachweis »SWISS.« besitzt in beiden Fällen aber einen Punkt. Beim Blick auf die geöffneten Kaliber erkennt man noch einen weiteren kleinen Unterschied. Bei der roségoldenen Version befindet sich auf der Achse Kronezentrumrad der Genfer Streifenschliff in einem Winkel von 60°, bei der gelbgoldenen in einem von 30°. Konnte hier der Poliseur mangels genauer Vorgaben nach eigenem Gutdünken handeln?

Fazit: Mit ihrem Gehäusedurchmesser von 30,5 mm entspricht die Referenz 96 nicht mehr ganz unserem heutigen Zeitgeschmack. Das hohe Niveau von Werk und Gehäuse setzt trotzdem noch Maßstäbe. Auch am Handgelenk einer hübschen Lady kann dieses Schmuckstück immer noch die aktuellen Modelle vieler Mitbewerber ausstechen.
Uhren der Referenz 96 in Gelbgold mit Breguet-Ziffern (siehe auch Seite 157) kommen selten in den Handel und werden nicht unter 10.000 € angeboten. Modelle mit Stahlgehäuse sind noch gesuchter und werden zwischen 10.000 und 30.000 € offeriert.
Die hier vorgestellte Gelbgoldversion erwarb ein Sammler im Jahr 2008 für 4.650 USD (ca. 2.982,87 €) in den USA und investierte noch 1.650,53 € für eine Revision bei Patek Philippe. Die separate Aufarbeitung des Gehäuses schlug mit weiteren 150 € zu Buche. Die Montage eines neuen Zeigerspiels wurde von Patek Philippe in München mit 75,40 € berechnet.
Das rotgoldene Modell wechselte im Frühjahr 2009 auf der Münchner Uhrentechnikbörse trotz seines desolaten Zustands für 4.500 € den Besitzer. Für die Revision des Werks und die Aufarbeitung des Gehäuses verlangten Pforzheimer Fachleute komplett 480 €. Die deutsche Firma Causemann in Frechen frischte das Zifferblatt nach genauen Vorgaben auf und berechnete hierfür 201,70 €.
Alles in allem können beide Uhrenbesitzer mit der Bilanz der Gesamtkosten zufrieden sein. Nur wenige Uhren des Modells Referenz 96 dürften in diesem hervorragenden Zustand am Markt zu finden sein. Somit kann in beiden Fällen von einer sicheren Investition die Rede sein. Auch in wirtschaftlich weniger guten Zeiten wird eine vorzüglich erhaltene Ref. 96 immer einen neuen Verehrer finden.

Zum Tragen: + Zum Sammeln: + Als Wertanlage: +

Zwischen den Referenzen

Von den zahlreichen Modellen, die sich zwischen der Referenz 96 und der folgenden 565 reihen, sollten einige noch erwähnt werden. An erster Stelle steht wohl der Chronograph Referenz 130. Mit nur 33 mm Gehäusedurchmesser und dreiteiligem Gehäuse inklusive Druckboden entspricht er nicht mehr dem heutigen Zeitgeschmack. Das Werk hatte die Manufaktur Valjoux mit der Kaliberbezeichnung 23 beigesteuert, die Chronographen-Bedienung erfolgte über zwei rechteckige Flachdrücker. Das Gehäuse wurde in Stahl, Gelb- und Rotgold sowie in der Kombination Stahl/Rotgold aufgelegt. Dem Autor sind mehr als 33 verschiedene Ausführungen bekannt. Diese 1938 lancierte Uhr befand sich noch 1961 im Programm. Der damalige Verkaufspreis für die gelbgoldene Ausführung lag bei genau 1.710 DM. Auch als heute noch aktuell gilt das gleichfalls 1938 lancierte Nachfolgemodell Ref. 530. Mit 37 mm Gehäusedurchmesser, 20 mm Breite zwischen den Bandanstößen und den flachen Drückern entspricht dieses Modell rein optisch fast dem 2010 lancierten neuen Chronographen Ref. 5170. Auch dieser Chronograph kam mit Stahl-, Gelbgold- und Rotgoldgehäuse in den Handel. Dem Autor sind sechs verschiedene Ausführungen begegnet.

Referenz 565

Im Jahr 1938 lancierten die Genfer Nobeluhrmacher die erste wasserdichte Uhr des Hauses. Sie erhielt die Referenz-Nr. 565 zugeteilt. Ein damals opulenter Gehäusedurchmesser von fast 35 mm (genau 34,8 mm), ein innerer Staubschutzdeckel sowie ein massiver Schraubboden verhalfen dieser Neuerscheinung zu einem sportlich maskulinen Auftritt. Auch im Alter von mehr als 80 Jahren hat dieser Klassiker seine attraktive Erscheinung nicht verloren und gilt immer noch als echter Eye-Catcher.

Abb. 251
Im Jahr 1938 brachte Patek Philippe die erste wasserdichte Uhr auf den Markt. Unsere Bildkomposition zeigt dieses gesuchte Sammlerstück von vorne und – geöffnet – von hinten. Die hier gezeigte Uhr wurde 1952 hergestellt. Das eingeschalte Kaliber 12‴-120 besitzt zwei Genfer Punzen, einmal auf der Grundplatine nahe der Unruh sowie auf der Federhausbrücke nahe des Werkhalterings mit Aufschrift »METAL« (Werk-Nr. 938.562, Gehäuse-Nr. 667.674).

Die hier beschriebene Uhr gehört zu den ganz seltenen Ausführungen mit einem Original-Zifferblatt in schwarzer Farbe. Der dortige Aufdruck lautet »PATEK PHILIPPE & Co«, bei der 6 findet sich der Hinweis »SWISS«. Laut Stammbuchauszug mit Werk-Nr. 938.562 und Gehäuse-Nr. 667.674 wurde dieser Zeitmesser 1952 hergestellt und am 2. Dezember des gleichen Jahres verkauft. Das zweiteilige Gehäuse besteht aus dem Mittelteil mit integrierter Lünette sowie dem Schraubboden. Das Mittelteil wurde aus dem Vollen gestanzt, tiefgezogen, gefräst und gedreht. Die meisten Oberflächen sind diamantiert. Ein Staubschutzdeckel garantiert zusätzlichen Schutz. Der Schraubboden schließt mit einem Feingewinde und Zehnkant. Die kleine Helvetia wurde am Gehäusemittelteil bei der 4 sowie am Bandanstoß unten bei der 11 eingeschlagen. Neben dem Patenthinweis finden sich untereinander die Einträge »PATEK-PHILIPPE & Co«, »-GENÈVE-« und »SWISS«, hier ohne Punkt. Neben Feingoldhinweis, großer Helvetia und Punzen vom Gehäusemacher (Kollektiv Verantwortlichkeitsmarke Nr. 5, Schlüssel Nr. 11, Manufacture Taubert, Genève, 1974 gelöscht) sind Referenz- und Gehäusenummer zu sehen. Das »REF.« verfügt zwar noch über einen Punkt, aber über keinen accent circonflexe. Der Innenboden erhielt eine perlierte Oberfläche. Vom Zuschrauben hat dort aber der Staubschutzdeckel seine Spuren hinterlassen.

Das Kaliber 12‴-120 zeigt sich nahezu im Bestzustand. Die Unruhwelle verfügt über keine Stoßsicherung. Die Genfer Punze ist auf der Grundplatine nahe der Unruh sowie auf der Federhausbrücke eingeschlagen. Die hier vorgestellte Rarität wurde auf der Auktion von Sotheby's in New York am 17.10.2003 unter Lot. Nr. 316 aufgerufen. Als Schätzpreis wurden im Katalog 7.000-8.000 USD aufgeführt.

Ein deutscher Interessent bot hier telefonisch mit und erhielt mit 7.500 USD den Zuschlag. Inklusive Aufgeld (Premium) von 20 % belief sich der Gesamtpreis auf 9.000 USD. Zuzüglich Transport und Einfuhrumsatzsteuer waren für diesen Kauf letztendlich genau 7.891,30 € zu bezahlen.

Diese seltene Uhr wurde Patek Philippe für eine Revision anvertraut. In den Gesamtkosten, die sich auf 2.172,68 € beliefen (Rechnung vom 06.08.2004), war die Restaurierung mit 1.437 € die größte Position. Für zwei goldene Federstege wurden 66 €, für den Stammbuchauszug 86,50 € berechnet.

Als »Kultuhr« gehört die Ref. 565 zu den gesuchtesten Sammlerstücken. Mit Gelbgoldgehäuse werden diese zwischen 15.000 und 25.000 USD versteigert, mit Stahlgehäuse oft zum doppelten Preis. Ein mit unserer Uhr vergleichbares roségoldenes Modell mit schwarzem Zifferblatt kam am 16.11.2009 bei Christie's in Genf zum Aufruf und wurde mit 62.500 CHF (ca. 62.202 USD) zugeschlagen (verkauft von Freccero, Werk-Nr. 938.728, Gehäuse-Nr. 667.705). Bei der gleichen Auktion wurde auch eine Stahlversion mit Breguet-Ziffern, Zentralsekunde sowie Stahlband offeriert und mit 93.000 CHF (ca. 92.557 USD) verkauft (Werk-Nr. 700.276, Gehäuse-Nr. 562.276). Eine weitere stählerne Version mit zweifarbigem Zifferblatt und Verkäufer-Signatur »GÜBELIN« wurde bei Antiquorum New York am 14.06.2006 angeboten und mit 82.000 USD zugeschlagen!

Zur Wiedereröffnung des umgebauten Stammhauses am Quai du Rhône in Genf wurde 2006 eine Wiederauflage der Ref. 565 in Stahl produziert. Diese erhielt die Referenz-Nr. 5565 und wurde auf 300 Exemplare limitiert. Diese sofort vergriffenen Sammlerstücke tauchten bereits in den Folgejahren auf Auktionen auf und erreichten erstaunlich hohe Preise. Bei Antiquorum in New York wurde am 14.06.2007 ein Exemplar der Referenz 5565 aufgerufen und mit 45.600 USD zugeschlagen (Werk-Nr. 3.559.510, Gehäuse-Nr. 4.409.445). Vom gleichen Auktionshaus wurde am 16.10.2008 eine weitere Uhr offeriert und für 49.200 USD verkauft.

Zum Tragen: ++ Zum Sammeln: ++ Als Wertanlage: ++

Referenz 570 mit Kleiner und Zentralsekunde

Als weitere Kultuhr mit hohem Beliebtheitsgrad gilt die Referenz 570. Sie wurde sowohl mit Kleiner als auch mit Zentralsekunde ausgeliefert. Die Gehäusedurchmesser können unterschiedlich ausfallen und bei 35, 35,6 oder 35,8 mm liegen. Im Katalog von Patek Philippe wird ein Durchmesser von 35 mm aufgeführt. Bei der Überprüfung der beiden hier beschriebenen

Abb. 252
Als Kultuhr mit hohem Beliebtheitsgrad gilt die Referenz 570. Die erste Ausführung mit Kleiner Sekunde wurde 1938 vorgestellt, das Modell mit Zentralsekunde folgte ein Jahr später. Die hier gezeigte Uhr besitzt ein roségoldenes Gehäuse mit genau 35,30 mm Durchmesser. Das ursprüngliche Maß müsste bei 35,60 mm gelegen haben. Die auf Höhe der »4« auf dem Gehäusemittelteil eingeschlagene »Kleine Helvetia« ist kaum noch zu erkennen und belegt damit die später erfolgte Nacharbeit des Gehäuses. In dieser Uhr arbeitet das Handaufzugswerk Kaliber 12'''-400 (Werk-Nr. 723.856, Gehäuse-Nr. 306.726).

Uhren wurden 35,3 mm bei der roségoldenen und 35,6 mm bei der gelbgoldenen gemessen. Die roségoldene Uhr wird vom Kaliber 12'''-400 angetrieben und besitzt somit eine Kleine Sekunde. Die Unruhwelle wird durch eine frühe Stoßsicherung von Jaeger-LeCoultre geschützt. Die Werknummer lautet 723.856, die des Gehäuses 306.726. Letzteres ist dreiteilig konstruiert und besteht aus aufgesprengter Lünette, aus einem in nur einem Stück gefertigten Gehäusemittelteil und Druckboden. Bei vier Uhr am Gehäusemittelteil und am linken oberen

Abb. 253
Referenz 570 mit Zentralsekunde und Handaufzugswerk Kaliber 27 SC. Die Referenz 570 besitzt grundsätzlich ein Gehäuse mit Druckboden. Damit ist sie nur spritzwassergeschützt. Einen besonderen Hinweis verdienen die beiden Druckböden. Der vordere besteht aus Gold und ist im Sandgußverfahren entstanden, also eine Manipulation. Der neue Boden wurde als Drehteil gefertigt und dient als offizieller Ersatzboden (Werk-Nr. 708.105, falsche Gehäuse-Nr. 708.105, berichtigte Gehäuse-Nr. 4.178.999).

Bandanstoß unten finden sich die Punzen der »kleinen Helvetia«. Die gelbgoldene Ausführung mit Kaliber 27 SC ist jüngeren Datums. Die Nummer des Werks lautet 708.105, die des Gehäuses zuerst 708.105, später 4.178.999. Der Boden mit der zuletzt genannten Nummer hatte sich bei der Revision in Genf als Fremdfabrikat entpuppt und wurde durch einen neu angefertigten Druckboden ersetzt. Die neu erteilte Gehäusenummer ist auch im Stammbuch vermerkt. Für den Fachmann dürfte die Punzierung der beiden Druckböden interessant sein. Der Boden unserer roségoldenen Uhr wurde als Tiefziehteil gefertigt, also unter hohem Druck in Form gebracht. Der bemängelte Boden der gelbgoldenen Ausführung wurde aus einem Gußkörper gedreht. Man erkennt dies an den bei einfachem Sandguß entstehenden »Oberflächenschlieren«, die trotz des Oberflächenschliffs außen und der Perlierung innen nicht zu verheimlichen sind. Der neue aus dem Vollen gedrehte Ersatzboden besitzt eine Wandstärke von genau 0,5 mm, der fremdgefertigte hatte nur eine von 0,4 mm. Die Innenbeschriftung des letzteren ist fast perfekt nachgeahmt, die obligatorische »große Helvetia« aber vergessen worden. Die Punzierung des Innenbodens unserer roségoldenen Referenz 570 fällt korrekt aus, nur wurde bei »-GENÈVE-« wieder der rechte Gedankenstrich vergessen. Auch fand sich dort ein Reparatureintrag mit »Cm 26831 6/61«. Zum Schluss werfen wir noch einen Blick auf die beiden Zifferblätter. Jenes des roségoldenen Gehäuses verfügt über einen emaillierten Schriftzug und wurde danach lackiert. Das Zifferblatt der anderen Uhr ist versilbert und mit einem Strahlenschliff versehen. Auch hier bestehen die Buchstaben des Schriftzugs aus Emaille. Fertigungstechnisch fast ein Wunder, es sei denn, der Strahlenschliff wurde mit einer Schleifbürste aufgebracht. Die feinen Stahldrähte dieser Schleifbürste können dem harten Emaille kaum etwas antun.

Die gelbgoldene Uhr wurde von einem deutschen Sammler am 15.07.2002 für 7.000 USD (ca. 5.930 €) gekauft. Mit Transport und Einfuhrumsatzsteuer waren für diese Uhr rund 8.200 € zu investieren. Die bei Patek Philippe in München durchgeführte Revision schlug mit weiteren 2.898,26 € zu Buche (Rechnung vom 29.07.2003). Die Werksrevision mit 1.376 € sowie der in Genf neu gefertigte Boden mit 1.010 € waren die höchsten Einzelpositionen in dieser Rechnung.

Der Verkäufer dieser Uhr, ein koreanischer Bauingenieur aus Marina del Rey nahe Los Angeles, Kalifornien, USA, freute sich zwar nicht über den fremd gefertigten Boden, übernahm jedoch die Kosten für den neuen Boden. Damit reduzierten sich die Revisionskosten um 1.171,60 auf 1.726,66 €.

Die roségoldene Referenz 570 mit Kleiner Sekunde wechselte am 29.04.2009 für 6.766 USD (ca. 5.100 €) den Besitzer. Das Antikgeschäft »Rocky´s Gold & Silver« in Weyers Cave, Virginia, USA, hatte diese Uhr versehentlich mit der Angabe »Gelbgold« sowie mit einem sehr mäßigen Foto bei Ebay offeriert. Die Nachfrage bleib entsprechend gering und kam über drei Bieter nicht hinaus. Für das wertvolle Sammlerstück hatte der neue Besitzer einschließlich Transport und Einfuhrumsatzsteuer nur exakt 6.135,89 € investieren müssen!

Auf Auktionen stoßen Uhren der Referenz 570 stets auf große Nachfrage. Eine Ausführung in Roségold wurde bei Sotheby's in Genf mit 19.200 CHF, eine in Weißgold bei Antiquorum mit 34.220 CHF zugeschlagen. Bei Christie's in New York wurde am 12.04.2000 eine roségoldene, mit Breguet-Ziffern versehene Ref. 570 aufgerufen und für 14.100 USD verkauft. Den Rekord brach jedoch ein Modell mit Stahlgehäuse, welches bei Sotheby's in Genf am 17.05.2005 für 110.400 CHF versteigert wurde!

Zum Tragen: ++ Zum Sammeln: ++ Als Wertanlage: ++

Referenz 592

Zu den kleinen Sensationen unserer Uhrenauswahl zählt die Stahlversion der Referenz 592. Mit deutlich größerem Gehäusedurchmesser als das Standardmodell Ref. 96, Breguet-Ziffern und Kleiner Sekunde gilt dieses Modell als sehr selten und war dem Autor nur ein einziges Mal begegnet. Das Kaliber 12‴-120 trägt die Nummer 829.476, das Gehäuse 506.760. Die Referenz-Nr. 592 fehlt im Druckboden, weil die Uhr nach Stammbuchauszug bereits 1939 gefertigt und am 19.04.1941 verkauft wurde. Das Stahlgehäuse besteht aus Mittelteil einschließlich Lünette und dem Druckboden. Der Gehäusedurchmesser beträgt genau 32,5 mm. Das Gehäusemittelteil entstand zunächst als Drehteil. Im Anschluss wurden vier Nuten eingefräst, in denen jeweils die Bandanstöße verlötet wurden. Eine preisliche Bewertung dieser Rarität ist bestimmt nicht

Abb. 254
Als seltenes Sammlerstück gilt die Referenz 592 in Edelstahl und Zifferblatt mit Breguet-Ziffern. Dieses Modell wurde 1938 eingeführt. Die im Bild zu sehende Ausführung gehört zum Produktionsjahr 1939. Im Vergleich zum Vorgängermodell Referenz 96 hatte das Gehäuse nicht 30,5 mm, sondern 32,5 mm Durchmesser zu bieten (Kaliber 12‴-120 mit Werk-Nr. 829.476, Gehäuse-Nr. 506.760).

einfach, zumal diese Version bisher nicht auf Auktionen angeboten wurde. Wegen ihres größeren Gehäusedurchmessers wird sie womöglich über den Preisen für die stählerne Version der Referenz 96 liegen!
Die hier vorgestellte Uhr wurde von einem europäischen Uhrensammler beim Antik-Uhrenhändler FGW (Feel Good Watches) in Scottsdale, Arizona, USA, für 7.000 USD erworben. Im Anschluss wurde sie Patek Philippe in Genf übergeben und eine Revision beauftragt. Die Gesamtkosten dafür lagen bei 1.213,36 €, wovon die Werksüberholung mit 383,50 € und die Restaurierung des Zifferblatts mit 545 € die größten Positionen ausmachten (Rechnung vom 08.10.2002).
Bei Antiquorum in New York wurde am 17.09.2009 eine Referenz 592 in Stahl aufgerufen und für 19.200 USD zugeschlagen. Diese Uhr besitzt ein schwarzes Zifferblatt mit arabischen Zahlen (Werk-Nr. 921.243, Gehäuse-Nr. 507.497).

Zum Tragen: + Zum Sammeln: ++ Als Wertanlage: ++

Referenz 1491 mit kleiner Sekunde

Von einer recht interessanten Geschichte weiß der Verfasser bei der nächsten Armbanduhr zu berichten. Ein Uhrenfreund erwarb dieses seltene Sammlerstück Ref. 1491 in Roségold bei der Londoner Niederlassung von Sotheby's. Für dieses schöne Stück musste er rund 5.000 € bezahlen. Mit Kaliber 12‴-120, Werk-Nr. 968.379 sowie Gehäuse-Nr. 664.108 war dieser Zeitmesser in Genf registiert und bekannt. Nach erteiltem Zuschlag schrieb unser Uhrenfreund Patek Philippe in Genf an und erkundigte sich nach einem Stammbuchauszug dieses neu erworbenen Sammlerstücks. Schon nach kurzer Zeit lag die Antwort auf dem Tisch. Die Uhr wäre als gestohlen gemeldet

Abb. 255
Die Referenz 1491 zählt zu den Uhren mit auffälliger Gehäusegestaltung. Die Bandanstöße sind aus einem Stück gefertigt und nach außen eingerollt. Dass diese Bandanstöße auch bei roségoldenen Gehäusen mit Gelbgoldlot angelötet wurden, hat die damalige Qualitätskontrolle wohl nicht gestört. Die Referenz 1491 wurde sowohl mit Kleiner als auch mit Zentralsekunde gefertigt. Das hier vorgestellte Modell mit Roségoldgehäuse und Kleiner Sekunde kann von einer besonderen Geschichte berichten. Diese beginnt auf dieser Seite (Werk-Nr. 968.379, Gehäuse-Nr. 664.108).

und der betroffene Besitzer umgehend vom Auftauchen dieses edlen Stücks sowie von der Anfrage und Adresse des neuen Besitzers informiert worden. Ob in diesem Falle die gesetzlichen Regeln des Datenschutzes korrekt eingehalten wurden, müsste noch ein Anwalt prüfen. Jedenfalls meldete sich schon nach kurzer Zeit per Brief und in vorzüglichem Deutsch der mutmaßlich Bestohlene und verlangte recht selbstbewusst die kostenlose Rückgabe dieser Uhr. Nach kurzem schriftlichem Intermezzo kontaktierten sich beide Parteien per Telefon und diskutierten den Fall. Der frühere Besitzer, seiner Aussage nach ein hoher Verwaltungsbeamter aus Tel Aviv, verlangte die Uhr zurück, weil sie ein Erbstück seines Vaters und bei einem Einbruch entwendet worden wäre. Nach längerer Diskussion stellte sich heraus, dass die Uhr tatsächlich bei einem Einbruch gestohlen worden war. Es gab weiterhin die Aussage, dass ein polizeiliches Protokoll erstellt und dieser Fall an die betreffende Versicherung gemeldet worden war. Auch eine Versicherungszahlung von 10.000 USD wurde nach längerer Diskussion zugegeben. Der bestohlene Israeli wurde auch über das englische Recht informiert. Dieses besagt unter anderem, dass mutmaßliches Diebesgut über eine öffentliche Versteigerung rechtlich einwandfrei wieder erworben werden kann.

Nach einem schriftlich formulierten Angebot, dieses Erbstücks nach Entrichtung der angefallenen Kosten wieder zurückzukaufen, blieb eine Antwort aus. Anscheinend war das anfangs vorhandene Interesse, das geliebte väterliche Erbstück wieder zurückzuholen, mangels Abwicklung zum Nulltarif plötzlich wieder verflossen.

Bei der Überholung des Gehäuses wurde festgestellt, dass der Druckboden an seiner Außenseite überarbeitet worden war. Der mit der Feile ausgeführte Materialabtrag lag bei rund 1/10 mm. Der Boden wurde im Anschluss fachgerecht nachgedreht. Vermutlich wurde hier eine Inschrift entfernt, die auf einen früheren Besitzer hätte schließen lassen können.

Die beiden Ausführungen der Referenz 1491 mit Kleiner und Zentralsekunde waren zu ihrer Zeit recht beliebt und gefragt. Das zweiteilige Gehäuse (Durchmesser 34 mm) besteht aus dem Mittelteil einschließlich Lünette sowie einem Druckboden. Besonders markant fallen die Bandanstöße auf, die aus einem Stück gefertigt und schneckenförmig gerollt sind. Bei der hier vorgestellten Version sind Schriftzug, die Striche der Kleinen Sekunde sowie der Aufdruck »SWISS« emailliert, das Zifferblatt selbst lackiert. Interessante Hinweise enthüllt auch die Beschriftung des Druckbodens. Oben beginnen sie mit dem Schriftzug »PATEK, PHILIPPE & Co«, das »Co« aber jetzt ohne die zwei bisherigen Striche unter dem »o«. Der Ortsnachweis »≡GENÈVE≡« ist rechts und links mit drei Gedankenstrichen eingerahmt. Ganz zum Schluss folgt der Typ-Nachweis »REF: 1491«, hier ohne accent circonflex, dafür aber mit Doppelpunkt. Die noblen Zeitmesser mit Referenz-Nr. 1491 sind nicht zu oft auf Auktionen zu finden. Die Preise bewegen sich in den letzten Jahren zwischen 10.000 und 28.000 CHF, je nach Ausführung, Zustand und Historie. Nachdem neuerdings auch Damen Herrenuhren tragen, gäbe eine Ref. 1491 am Handgelenk einer hübschen Dame bestimmt ein ganz besonderes Schmuckstück ab! Bei Antiquorum in Genf kam am 15.10.1989 ein Modell in Roségold zum Aufruf und wurde mit 10.800 CHF zugeschlagen. Elf Jahre später wurde am 16.10.2008 bei Antiquorum in New York eine gelbgoldene Version angeboten und mit 12.000 USD verkauft. Bei Christie's in Genf wurde am 14.05.2007 eine gelbgoldene Uhr offeriert und für 16.800 CHF (13.835 USD) zugeschlagen.

Zum Tragen: ++ Zum Sammeln: ++ Als Wertanlage: ++

Referenz 1491 mit Zentralsekunde

Als Ergänzung zur Referenz 1491 mit Kleiner Sekunde wird noch eine Version mit Zentralsekunde vorgestellt. Auch diese Uhr besitzt ein Gehäuse aus Roségold. In diesem Sammlerstück arbeitet das Kaliber 12''' SC, eine Konstruktion, die auf dem Kaliber 12'''-120 aufbaut. Diese Modifikation stammt nicht von Patek Philippe, sondern wurde von der Firma Victorin Piguet erarbeitet. Die Werk-Nr. lautet 864.993, die Gehäuse-Nr. 645.221. Das Zifferblatt ist schwarz lackiert und verfügt über Goldindizes und aufgedruckten Minutenring. Die Gehäuseform entspricht der zuvor geschilderten Uhr. Der Druckboden

Abb. 256
Es bleibt wohl immer eine Frage des persönlichen Geschmacks, ob eine im Gehäuse identische Uhr mit Kleiner oder Zentralsekunde besser aussieht. In diesem Fall fällt auch das Modell Ref. 1491 mit Zentralsekunde besonders auf, vielleicht wegen des schwarzen Zifferblatts (Werk-Nr. 864.993, Gehäuse-Nr. 645.221).

besitzt eine Dicke von 0,5 mm. Die etwas gewöhnungsbedürftige Werkskonstruktion von Victorin Piguet kann auf Seite 143 besonders gut eingesehen werden. Die Punzierung des Innenbodens entspricht bis auf die Gehäusenummer der zuvor betrachteten Referenz 1491. Die hier vorgestellte Uhr wurde am 14.11.2009 bei Auktionen Dr. Crott in Frankfurt/Main aufgerufen, aber nicht verkauft. Der vorgegebene Aufrufpreis von 15.000 bis 20.000 € war wohl etwas zu hoch angesetzt, das Unterangebot von 13.500 € nicht akzeptiert worden. Bei Antiquorum in Genf wurde am 16.11.2002 eine gelbgoldene Ausführung angeboten und für 12.500 CHF verkauft.

Zum Tragen: + Zum Sammeln: + Als Wertanlage: ++

Referenz 2449

Zu den gefälligen Herrenarmbanduhren des Referenzkreises 2400 zählt die höchst selten angebotene Ref. 2449. Eingeschalt ist das Kaliber 12'''-400 mit Werk-Nr. 726.775, das Gehäuse führt die Nummer 670.660. Laut Stammbuchauszug wurde diese Uhr in Roségold 1955 produziert und am 8.12.1957 verkauft. Auch das roségoldene Zifferblatt in 18 Karat ist dort vermerkt. Das Gehäuse mit 35,1 mm Durchmesser und 20 mm breiten Bandanstößen wirkt ästhetisch und männlich. Bandanstöße mit 20 mm Innenmaß sind bei Patek Philippe bei dieser Gehäusegröße selten und untypisch. Hatte der Gehäusemacher

Abb. 257
Referenz 2449 in 18 K Roségold. Auf dem 2001 in Genf aufgefrischten Zifferblatt dieser Uhr hat man bei GENEVE den accent grave leider vergessen.

in diesem Fall keine genauen Vorgaben erhalten? Der tiefgezogene Druckboden schützt nur vor Spritzwasser. Das Werk wird von einem soliden Lagerring eingefasst. Die Unruhwelle besitzt noch keine Stoßsicherung. Auf die Frage, warum auf der Grundplatine sowie der Federhausbrücke keine Genfer Punze zu finden ist, hatten selbst die Spezialisten von Patek Philippe keine Antwort. Die Punzierung des Gehäusemittelteils entspricht dem damaligen Standard. Die kleine Helvetia wurde auf der Seite bei der 4 und auf der Unterseite des linken oberen Bandanstoßes eingeschlagen. Im nahezu jungfräulichen Innenboden finden sich untereinander die große Helvetia und der Feingoldnachweis »0,750«. Erst ab Bodenmitte folgen der Firmenschriftzug »PATEK-PHILIPPE & C$^{\underline{o}}$«, »-GENÈVE-«, »SWISS« und »RÉF.«. Hier wurde das »É« mit accent circonflex versehen und ein Abkürzungspunkt verwendet. Nach der Gehäusenummer hat der Gehäusemacher seine Punze eingeschlagen (Kollektiv Verantwortlichkeitsmarke Nr. 5, Schlüssel Nr. 9, Emile Vichet SA, Genève, gelöscht 1960). Diese Uhr wurde am 12.04.2000 von Christie's New York aufgerufen und von einem Uhrenfreund für 6.462,50 USD erworben. Kostspielig fiel die komplette Revision bei Patek Philippe in Genf aus, für die 2.453,40 DM (ca. 1.254,40 €) zu entrichten waren. In dieser Generalreparatur waren die Restaurierung des Zifferblatts mit 1.120 DM und die Werküberholung mit 365 DM die größten Positionen (Rechnung vom 25.01.2002). Betrachtet man jedoch das neu bedruckte Zifferblatt sowie die Vielzahl der getauschten Komponenten einschließlich Zeigerspiel, darf fast wieder von einem Neuzustand gesprochen werden.
Uhren der Referenz 2449 sind schwer zu finden. Antiquorum in Genf offerierte am 20.04.2001 eine gelbgoldene Version und verkaufte diese trotz aufgefrischtem Zifferblatt für 6.480 CHF. Bei Antiquorum in New York wurde am 23.03.2005 ein roségoldenes Modell aufgerufen und für 8.040 USD zugeschlagen. Beim Internet-Auktionshaus »Life Auctioneers« wurde mit Lot. 121 eine roségoldene Version der Referenz 2449 für 13.000 CHF angeboten. Ob sie auch zu diesem Preis verkauft wurde, ist jedoch nicht bekannt.

Zum Tragen: ++ Zum Sammeln: ++ Als Wertanlage: +

Abb. 258
Bei den geöffneten Referenzen 2449 (links) und 2451 (rechts) erkennt man die verschiedenen Gehäusekonstruktionen. Die roségoldene Uhr besitzt ein zweiteiliges Gehäuse mit Druckboden und ist nur spritzwassergeschützt. Das gelbgoldene Modell hat einen aufwendigen Schraubboden und einen Staubschutzdeckel. Das Maß zwischen den Bandanstößen beträgt bei der linken Uhr 20 mm, bei der rechten nur 17 mm. Die Referenz 2449 wurde 1955, die 2451 im Jahr 1952 produziert. In der linken Uhr ist ein Kaliber 12'''-400, in der rechten ein Kaliber 10'''-200 eingeschalt. (Ref. 2449: Werk-Nr. 726.775, Gehäuse-Nr. 670.660, Ref. 2451: Werk-Nr. 958.667, Gehäuse-Nr. 668.790).

Referenz 2451

Als interessantes Pendant zur Ref. 2449 tritt mit wesentlich bescheidenerem Durchmesser eine gelbgoldene Vertreterin der Ref. 2451 auf. Mit nur 30,5 mm Gehäusedurchmesser weist sie die gleiche Größe wie die Ref. 96 auf (siehe Seite 153), verfügt aber über eine recht aufwendige Gehäusekonstruktion. Unsere Ref. 2451 hat das Handaufzug-Kaliber 10‴-200 mit Werk-Nr. 958.667 eingeschalt, das Gehäuse trägt die Nummer 668.790. Laut Stammbuchauszug wurde diese Uhr 1952 produziert und am 5. Dezember des gleichen Jahres verkauft. Das Zifferblatt ist versilbert und in Längsrichtung feingebürstet. Der Namensaufdruck entspricht dem ab 1952 eingeführten Standard, hinzu kommt noch der Name des amerikanischen Handelshauses und Konzessionärs »TIFFANY & CO«. Während der Herstellername aus emaillierten Buchstaben besteht, ist der Schriftzug

Abb. 259
Referenz 2451 in 18 K Gelbgold mit dem Konzessionär-Aufdruck »TIFFANY & CO«

für den Händler nur aufgedruckt. Dieser Unterschied lässt darauf schließen, dass das Zifferblatt dieser Uhr nicht von vorne herein für TIFFANY bestimmt war und der Firmenname erst später aufgedruckt wurde. Das Gehäuse kann trotz seiner bescheidenen Größe mit einigen Besonderheiten aufwarten. Lünette und Gehäusemittelteil gehören zusammen und wurden einschließlich der Bandanstöße in einem Teil aus dem Vollen gestanzt, gedreht, gefräst und poliert. Ein Staubdeckel schützt das Werk zusätzlich. Der stabile Schraubboden ist tiefgezogen und wurde als Drehteil fertiggestellt. Für die Federstege sind Durchgangsbohrungen angebracht. Als besonders erwähnenswert darf der Zehnkant des Schraubbodens gelten. Dieser Zehnkant ist hinterstochen, d. h. zwischen ihm und dem Gehäuseboden eine Nut eingedreht. Damit kann der Zehnkantschlüssel frei und sicher aufgesteckt werden. Dem Autor ist keine weitere Patek Philippe bekannt, welche eine derartig aufwendige Bodenkonstruktion aufweist. Beim Blick in die geöffnete Uhr sind alle Einzelheiten des Kalibers 10‴-200 zu erkennen. Auch dieses schön dekorierte Werk weist Chronometer-Qualitäten auf. Die Unruhwelle arbeitet noch ohne Stoßsicherung. Auf der Grundplatine sowie auf der Federhausbrücke sind die Genfer Punzen zu erkennen – wenn auch etwas klein. Der stabile Werkhaltering hat einen kleinen Flansch angedreht, welcher den Staubschutzdeckel aufnimmt. Die Punzierung des Gehäuses entspricht dem Standard von Patek Philippe. An der Gehäuseseite bei der 4 und auf der unteren Seite des linken oberen Bandanstoßes finden wir die »kleine Helvetia«. Der Gehäuseinnenboden wartet mit einer perlierten Oberfläche und zahlreichen Informationen auf. Von oben beginnen diese mit Patenthinweis und Schweizer Kreuz. Dann folgen »PATEK, PHILIPPE & C$^{\underline{o}}$«, »-GENEVE-« und »SWISS«, vorletzteres ohne accent grave sowie letzteres ohne Punkt! Auf Durchmessermitte sind dann links der Feingoldhinweis »18K/0750«, mittig die »große Helvetia« und rechts die Punze des Gehäusemachers plaziert (Kollektiv Verantwortlichkeitsmarke Nr. 5, Schlüssel Nr. 7, Fabior, Oliver Indas, Gimel). Dann folgen darunter die Kennung »REF. 2451« und die Gehäusenummer. Ein Vergleich der bisher vorgestellten Uhren von Patek Philippe zeigt uns, wie vielfältig und zeitlich oft nur schwer datierbar die Punzierung der Innenböden ausfiel. Die hier vorgestellte Ref. 2451 wurde von einem deutschen Sammler für ca. 6.600 € erworben, für die Revision von Werk und Gehäuse mussten rund weitere 1.600 € investiert werden. Wegen des Händleraufdrucks TIFFANY & CO, kann dieses exzellent erhaltene Stück höher als normale Ausführungen eingeschätzt werden. Sollte es seine Zeit nicht ständig im Safe verbringen wollen, gäbe es bestimmt eine hochelegante Damenuhr ab!
Die Modelle der Referenz 2451 sind des öfteren auf Auktionen und Uhrenbörsen zu finden und trotz ihres bescheidenen Durchmessers von nur 31 mm gefragt. Zunächst drei Beispiele von Antiquorum in Genf. Am 14.10.1990 wurde ein Modell mit Roségoldgehäuse angeboten und trotz des nicht korrekt aufgefrischten Zifferblatts für 8.400 CHF verkauft. Am 14.10.2007 wurde ein Modell in Gelbgold für 9.600 CHF, am 10.05.2009 eine Version in Stahl für 6.600 CHF verkauft.
Bei Christie's in Hongkong kam am 3.12.2008 eine Uhr in Gelbgold zum Aufruf und wurde mit 9.721 USD zugeschlagen.

Zum Tragen: + Zum Sammeln: + Als Wertanlage: +

Referenz 2469 in Gelb- und Roségold

Zu den besonders stilvoll auftretenden Modellen der 50er Jahre gehören die Uhren der Referenz 2469. Mit ihrem tonneauförmigen Gehäuse, gebogenem Gehäuseboden und ihrem ansprechenden Zifferblatt gelten sie am Handgelenk einer Dame als besondere Hingucker. Nicht zu vergessen das wunderschöne Formkaliber 9‴-90, von dem wir zwei unterschiedliche Ausführungen vorstellen. Laut Stammbuchauszug wurde die

Abb. 260
Gegenüberstellung zweier verschiedener Ausführungen der Referenz 2469. Die gelbgoldene Uhr wurde 1952, die rotgoldene 1954 produziert. Am unterschiedlichen Firmenschriftzug auf den Zifferblättern erkennt man die 1952 erfolgte Änderung, links die alte, rechts die neue Version.

gelbgoldene Version mit Werk-Nr. 974.777 und Gehäuse-Nr. 668.045 im Jahre 1952 gebaut und am 17. Februar des Folgejahres verkauft. Das Zifferblatt besitzt abwechselnd punkt- und strichförmige Indizes sowie eine quadratische Sekunderie.
Die rotgoldene Ausführung mit Werk-Nr. 976.035 und Gehäuse-Nr. 682.468 stammt laut Stammbuchauszug aus dem Produktionsjahr 1954 und wurde am 16. November 1955

Abb. 261
Die geöffneten Gehäuse erlauben einen Blick auf die beiden Formwerke Kaliber 9'''-90 und deren aufwendige Werkhalterungen. Im links abgebildeten Werk arbeitet noch eine Schraubenunruh, im rechten bereits eine Gyromax-Unruh. Bemerkenswert auch die umfangreiche Beschriftung des rechten Werks (Ref. 2469 links: Werk-Nr. 974.777, Gehäuse-Nr. 668.045, Ref. 2469 rechts: Werk-Nr. 976.035, Gehäuse-Nr. 682.468). Weitere Hinweise sind hier im Text nachzulesen.

verkauft. Auch Zeigerspiel, Indizes und die drei arabischen Zahlen sind in Rotgold gehalten. Im Gegensatz zum gelbgoldenen Pendant hat sie keine Minuterie aufgedruckt und wirkt damit noch gefälliger. Das Gehäuse der Ref. 2469 stellt eine sehr aufwendige Konstruktion dar. Es besteht aus dem Außenrahmen, einem recht kompliziertem Schließrahmen und der Werkhalterung. Die beiden ersten Komponenten sind aus Goldblech gestanzt, gebogen und zusammengelötet. Die Werkhalterung aus Messingblech nimmt das Kaliber 9'''-90 passgenau auf, die Oberflächen sind rhodiniert. Interessant fällt der Vergleich der Werke aus. Mit den Nummern 974.777 aus dem Fertigungsjahr 1952 und Nummer 976.035 von 1954 liegen diese Kaliber 1259 Exemplare auseinander. Bis auf die Schraubenunruh bei der ersteren und der Gyromax-Unruh bei der letzteren sind die Werke nahezu identisch. Das hier im Produktionsjahr 1954 noch keine Stoßsicherung eingebaut wurde, ist zunächst etwas verwunderlich. Doch war die Bauhöhe der damals von Jaeger-LeCoultre übernommenen Konstruktion schlichtweg zu hoch ausgefallen und hätte damit nicht in das Gehäuse gepasst.
Auffällig im Vergleich zur gelbgoldenen Ausführung wirkt der üppige Regulierungsnachweis und die sonstige Beschriftung der Federhausbrücke des zweiten Modells. Dort lesen wir »ADJUSTET TO HEAT, COLD, ISOCHRONISM. AND FIVE (5) POSITIONS, EIGTHTEEN (18) JUWELS, PATEK, PHILIPPE & CO.« etc. sowie die Genfer Punze.
Bei den Gehäusen findet sich außen auf der Höhe der 4 die Goldpunze (kleine Helvetia). Mehr verrät uns aber der Innenboden und die teilweise unterschiedliche Beschriftung. Bei der gelbgoldenen und älteren Ausführung trennt der Schriftzug »Patek Philippe & Co« ein symbolisiertes Komma, bei der roségoldenen Version ein Bindestrich. Ansonsten fällt bis auf die Gehäusemitte die restliche Beschriftung identisch aus. Fünf Uhrmacherzeichen in der älteren Uhr deuten auf regen Gebrauch hin. Die rotgoldene Ausführung darf fast noch als jungfräulich gelten, dort sind keinerlei Signaturen zu finden!
Die gelbgoldene Ref. 2469 hat ein Uhrenfreund bei einem Antik-Uhrenhändler in Phoenix, Arizona, USA, erworben. Er musste hierfür 7.600 USD auf den Tisch legen. Transportkosten und Einfuhrumsatzsteuer kamen noch hinzu. Die roségoldene Uhr wurde in Deutschland für 6.144 € verkauft. Das gelbgoldene Modell erhielt bei Patek Philippe in Genf eine Revision, die mit 2.738,76 DM zu Buche schlug (Rechnung vom 19.02.2002). Als wichtigste Positionen waren darin die Werküberholung mit 750 DM, die Zifferblatt-Restaurierung mit 1.120 DM und das Krokoband mit 267 DM enthalten.
Vertreter der Ref. 2469 sind nur schwer am Markt zu finden. Am 14.05.2006 wurde bei Antiquorum in Genf ein mit unserer roségoldenen Version vergleichbares Modell angeboten und für 16.200 CHF zugeschlagen (Werk-Nr. 976.845, Gehäuse-Nr. 682.655). Die im Katalog gemachte Angabe für das Produktionsjahr »Made in the 1980's« war wohl etwas danebengegriffen! Bei Sotheby's in New York wurde am 19.04.2010 eine Uhr in Roségold aufgerufen und mit 11.250 USD zugeschlagen (Werk-Nr. 974.071, Gehäuse-Nr. 668.058).

Zum Tragen: + Zum Sammeln: ++ Als Wertanlage: +

Referenz 2481 in zwei Ausführungen, eine mit Gehäusemodifikation

Als weitere Kultuhr gilt die Referenz 2481, schon wegen ihres überdimensionierten Gehäusedurchmessers von fast 37 mm! Im Katalog von Patek Philippe ist der Durchmesser dieser Uhr mit 36.6 mm vermerkt. Dieses Modell wurde 1950 lanciert und in zahlreichen Modellen aufgelegt. Von dieser Referenz stellen wir zwei verschiedene Modelle vor. Das erste stammt aus den USA, beinhaltet das Kaliber 27 SC mit Werk-Nr. 707.889 und

Abb. 262
Zu den begehrtesten Modellen in den 50er Jahren gehörte die Referenz 2481. Mit einem Gehäusedurchmesser von fast 37 mm (genau 36,6 mm) zählte sie damals zu den »großen« Uhren von Patek Philippe. Beim Saudi-Arabischen Königshaus war dieses Modell besonders gefragt. Aber auch bei anderen Fürstenhäusern war diese Uhr begehrt und erhielt oft Zifferblätter mit dem Konterfei des jeweiligen Herrschers. Diese Bildkomposition zeigt die Referenz 2481 mit allen Details. Diese Uhr wurde 1958 produziert. Das Handaufzugkaliber 27 SC verfügt über die erste Stoßsicherung, die bei Patek Philippe ab 1953 eingeführt wurde. Ankerradkloben und Räderwerkbrücke sind elegant abgehoben, um die Zahnräder für den Zentralsekundenantrieb unterbringen zu können (Werk-Nr. 707.889, Gehäuse-Nr. 2.607.790).

Gehäuse-Nr. 2.905.524. Die zweite, nicht ganz fehlerfreie Uhr, stammt von einem Stuttgarter Antik-Uhrenhändler. Mit Werk-Nr. 707.656 und Gehäuse-Nr. 2.607.790 wurde sie laut Stammbuchauszug 1958 gefertigt und am 12.05.1959 verkauft. Die Nummern beider Kaliber 27SC liegen nur 233 Exemplare auseinander. Auch wurden beide Uhren mit Lederband ausgeliefert. Mittels Stereomikroskop kann man sehen, dass die erstgenannte Uhr noch ein Zifferblatt im Originalzustand, die zweite ein ordentlich aufgefrischtes montiert hat.
Nun einige Worte zur Gehäusekonstruktion. Der beeindruckende und für damalige Verhältnisse übergroße Lünettendurchmesser von fast 37 mm (Werksangabe 36,6 mm) stellt eigentlich eine kleine Mogelpackung dar. Dreht man das Gehäuse nämlich um, kommt der darunter liegende zylindrische Teil des Gehäuses mit nur noch 35,5 mm Durchmesser zum Vorschein.

Das Kaliber 27 SC wurde bereits mehrfach erwähnt. In beiden Fällen ist dieses Werk sehr gut erhalten. Auf der Grundplatine nahe der Kaliberbezeichnung sowie auf der Räderwerkbrücke ist die Genfer Punze eingeschlagen. Auffällig wirkt die Größe des Werkhalteringes, der das Werk sicher schützt. Die Punzierung beider Uhren fällt gleich aus, auch wenn die genannten Gehäusenummern weit auseinander liegen. Die Punzierung beginnt im Gehäuseboden oben und hat in drei Reihen »PATEK, PHILIPPE & Co«, »≡GENÈVE≡« und »SWISS« eingeschlagen. Im Anschluss folgt die »große Helvetia«, dann der Feingoldnachweis »18 K/0,750«, die Referenz-Nr. »2481«, die Gehäusenummer und die Punze des Gehäusemachers. Der Hammerkopf mit der Zahl 171 gehört zur Kollektiv Verantwortlichkeitsmarke Nr. 1. Dahinter steht die Firma Bernard Dubois, La Chaux-de-Fonds, die 1987 gelöscht wurde. Auf die Angabe der Materialstärke wurde verzichtet, wir haben diese aber mit 0,4 mm ermittelt.
Die erstgenannte Ref. 2481 stammt von einem amerikanischen Sammler. Er hatte diese für 7.563 USD (ca. 5.957,47 €) erworben und im Tausch an einen europäischen Interessenten weitergegeben. Für die Einfuhrumsatzsteuer waren weitere 854 € zu investieren. Eine fachgerechte Revision von Gehäuse und Werk stand nur zur Diskussion, weil dem Besitzer die Kosten noch zu hoch waren.
Das zweite Exemplar wurde durch einen Stuttgarter Antik-Uhrenhändler mehrfach angeboten, fand trotz reduziertem Preis aber keinen Käufer! Ein Uhrenfreund aus München fand zumindest den einen Grund für die geringe Nachfrage heraus. Die vorhandenen Bandanstöße stimmten nicht mit der Originalkonstruktion überein. Erst als der besagte Händler auf diesen Missstand angesprochen wurde, waren weitere Einzelheiten zu erfahren. Laut Stammbuchauszug besaß diese Ref. 2481 bei Auslieferung ein Krokoband montiert. Ein späterer Besitzer ließ die Bandanstöße entfernen und ein massives Goldband anlöten. Dem nächten Besitzer wiederum gefiel wohl dieses angelötete Band nicht. Er ließ dieses entfernen und das Gehäuse wieder mit vier Bandanstößen versehen. Leider hatte der mit dieser Aufgabe betraute Gehäusemacher kein Muster der Ref. 2481 zur Hand. Somit brachte er Phantasie-Bandanstöße an, die der Patek Philippe Ref. 2482 oder jenen des Chronographen Ref. 1579 ähnlich sehen. Der Münchner Uhrenfreund kaufte diese Uhr schließlich für 4.500 €. Nach kurzer Eingangs- und Echtheitsprüfung wurde diese Ref. 2481 zusammen mit einer originalen Ausführung an einen Pforzheimer Gehäusemacher gesandt und diesen um ein Angebot für einen korrekten Rückbau gebeten. Wie diese Geschichte weiterging, erfahren wir durch die Bildunterschrift (Abb. 263).

Abb. 263
Aus zwei mach drei, könnte das Motto dieser Aufnahme lauten. Dank neuzeitlicher Bilddatenverarbeitung sind derartige Darstellungen erst möglich geworden. Die linke Handaufzuguhr Ref. 2481 wurde bereits auf der linken Seite vorgestellt. Die mittlere Uhr gleicher Referenz besitzt zwar Bandanstöße, aber die falschen. Diese wurden später von einem Gehäusemacher abgenommen und nach vorliegendem Muster neu hergestellt und angelötet. Das Ergebnis dieser Arbeit sehen wir an der rechten Uhr. Dieses Beispiel zeigt uns, dass auch eine Uhr mit falschen Bandanstößen kein hoffnungsloser Fall sein muß (linke Ref. 2481: Werk-Nr. 707.889, Gehäuse-Nr. 2.905.524, rechte Ref. 2481: Werk-Nr. 707.656, Gehäuse-Nr. 2.607.790).

Die Modelle der Patek Philippe Ref. 2481 waren zu ihrer Zeit auch bei Fürsten- und Königshäuser sehr beliebt. So verschenkte der Saudi-Arabische König Saud (Herrscher von 1953 bis 1958), der Nachfolger des berühmten Königs Ibn Saud (geboren am 24.11.1880 in Riad, gestorben am 09.11.1953 in Taif) gerne die Referenz 2481 in Sonderausführung. Mit dem Konterfei seines Vorgängers und Rubin-Indizes auf dem Zifferblatt erhielten diese Uhren ausländische Staatsgäste, verdiente Untertanen oder Führer der zahlreichen im Lande nomadisierenden Beduinenstämme. 1958 dankte der hochverschuldete König Saud ab und übergab die Regierungsgewalt seinem Halbbruder Faisal. Damit gingen auch die damals guten Geschäfte mit Patek Philippe wieder zurück.
Im Katalog von Patek Philippe aus dem Jahr 1961 ist die Ref. 2481 noch aufgeführt. Der Durchmesser des Gehäuses ist dort mit 36,6 mm benannt, der Preis mit 1.295 DM.
Neben den Sonderausführungen für Fürsten- und Königshäuser kam die Ref. 2481 auch mit speziellen Emaillezifferblättern auf den Markt. Die mit Cloisonné-Emaillezifferblatt ausgestatteten Uhren galten damals schon als wertvolle Einzelstücke und wurden nur in geringer Stückzahl hergestellt. Bei diesen Cloisonné-Zifferblättern dienten Palmenlandschaften, Kontinentdarstellungen und ähnliche Motive als Vorbild. Bei der Herstellung der Zifferblätter wurden mittels dünnem Golddraht zunächst die Umrisse und Formen der abzubildenden Motive dargestellt und verlötet. Im Anschluß wurden die abgegrenzten Felder und Formen mit verschieden farbenem Emaillepulver gefüllt und gebrannt. Der Schriftzug »PATEK PHILIPPE« wurde im oberen Bogen unter

der 12, »GENÈVE« im unteren Bogen über der 6 plaziert und mit Email eingebrannt. Selbst der accent grave auf dem zweiten E von GENÈVE sollte nicht fehlen!
Eine mit Cloisonné-Emaillezifferblatt versehene Patek Philippe Ref. 2481 kam am 16.12.1990 bei Antiquorum in Tokio zur Versteigerung. Die mit einem Palmenmotiv-Zifferblatt versehene Uhr wurde mit 10.160.000,- CHF zugeschlagen (Werk-Nr. 702.041, Gehäuse-Nr. 668.415). Bei Christie's in New York wurde am 23.06.1998 eine andere Referenz 2481 mit Cloisonné-Emaillezifferblatt offeriert und mit 178.500 USD (ca. 319.515 DM) verkauft. Auch das Zifferblatt dieser Uhr war mit dem bekannten Palmenmotiv versehen (Werk-Nr. 703.043, Gehäuse-Nr. 678.621). Eine Ref. 2481 mit dem Konterfei von König Ibn Saud in Gelbgold und Gelbgold-Band (»Klötzli-Band«) wurde bei Antiquorum am 16.11.2002 versteigert und mit 54.000,- CHF verkauft (Werk-Nr. 704.978, Gehäuse-Nr. 689.414). In den Jahren 2007 bis 2009 kamen rund ein Dutzend normale Exemplare der Ref. 2481 zum Aufruf und wurden zwischen 9.600 und 12.000 USD versteigert.
Neben ihren inhaltlichen Werten darf eine Ref. 2481 auch mittel- und langfristig als gute Wertanlage gelten.

Zum Tragen: ++ Zum Sammeln: ++ Als Wertanlage: ++

Referenz 2483

Zu den ältesten Konzessionären in Südamerika gehört die Firma Freccero S.A., Montevideo, Uruguay. Dorthin wurde auch die hier vorgestellte Patek Philippe Ref. 2483 geliefert. Das Kaliber 12‴-120 führt die Nummer 968.697, das Gehäuse die Nummer 661.631. Feccero zählt auch zu den ausgesuchten Vertragshändlern, die auf dem Zifferblatt den Namen aufgeführt bekamen. Roségold schien bei den vermögenden Südamerikanern damals in hoher Gunst zu stehen. Somit sind auch bei unserer Ref. 2483 Zifferblatt, Indizes sowie Dauphin-Zeiger aus 18 Karat Rotgold gefertigt. Durch die Einbindung des gleichfarbigen Gehäuses tritt diese Uhr sehr vornehm und elegant auf. Das Zifferblatt wurde nach dem Reglement ab 1952 mit »PATEK PHILIPPE, GENÈVE«, beschriftet. Natürlich fehlt auch nicht das »SWISS« unter der 6, auch wenn es von der übergreifenden Lünette verdeckt wird.
Das massive, zweiteilige Gehäuse besitzt einen Schraubboden und ist sehr aufwendig gefertigt. Das Mittelteil mit integrierter Lünette wurde in einem Vorgang aus dem Vollen gestanzt, tiefgezogen, gedreht und gefräst. Der Durchmesser liegt bei 32,5 mm. Lünette und Bandanstöße oben sind diamantiert, die restlichen Flächen satiniert und poliert. Das Kaliber 12‴-120 ist

Abb. 264
Auf diesem Bild zeigt die roségoldene Handaufzuguhr Ref. 2483 alle ihre Details. Das massiv roségoldene Zifferblatt trägt die Aufschrift »FRECCERO«. Dies ist der Name der Firma FRECCERO SA, Montevideo, Uruguay, die auch heute noch Konzessionär von Patek Philippe ist. Einen derartigen Namensaufdruck erhielten nur ausgesuchte Vertragshändler. Links sieht man das geöffnete Schraubbodengehäuse mit dem Kaliber 12‴-120. Auf dem rechten unteren Bandanstoß sind die Zahlen 631 eingeschlagen. Sie stellen die letzten drei Ziffern der Gehäuse-Nummer 661.631 dar und erlauben eine sichere Zuordnung von Gehäuse und Schraubboden. Diese Uhr wurde 1952 produziert, das Zifferblatt entspricht dem in diesem Jahr eingeführten neuen Reglement (Werk-Nr. 968.697, Gehäuse-Nr. 661.631).

fast neuwertig, die Genfer Punze ist jedoch nicht zu finden. Die Unruh verfügt über keine Stoßsicherung. Die Punzierung fällt interessant und zum Teil abweichend aus. Dies liegt vielleicht auch am Gehäusemacher, der zur Kollektiv Verantwortlichkeitsmarke Nr. 1 gehört (Hammerkopf mit der Nummer 10, Cédex, Charles Dubois SA, Le Locle, gelöscht 1982). An der Unterseite des Bandanstoßes bei der 2 ist die »kleine Helvetia«, beim Bandanstoß bei der 8 die Nummer 631 eingeschlagen. Von der sechsstelligen Gehäusenummer sind dies die letzten drei Zahlen. Mit dieser speziellen Kennzeichnung wurde einer Verwechslungsgefahr vorgebeugt und stets das jeweilige Gehäuse mit dem richtigen Boden verschraubt. Aus Sicht der Fertigungstechnik besaß diese Kennzeichnung jedoch noch einen anderen Grund. Die Fertigbearbeitung von Gehäuse und Schraubboden erfolgte auf separatem Wege. Dies galt auch für das Drehen des Feingewindes (Innengewinde) im Gehäuse und das Drehen des Außengewindes am Schraubboden. Im Anschluss probierte man die verschiedenen Gehäuse mit den unterschiedlichen Schraubböden aus und wählte dabei die leichtgängigsten Paarungen aus. Um Verwechslungen auszuschließen, erhielten dann die Gehäuse jeweils die letzten drei Gehäusenummern eingeschlagen.

Der schwere Gehäuseboden ist gedreht und inklusive der sechs Nuten tiefgezogen. Er ist genau 0,5 mm dick, die Innenfläche perliert. Im oberen Drittel beginnt die Beschriftung mit »PATEK, PHILIPPE & Co«, »–GENEVE–« und »SWISS«. Darunter stehen in einer Reihe die Punze des Gehäusemachers, der Feingehaltsnachweis »18K/0,750« sowie die »große Helvetia«. Danach folgen untereinander die Nummern für Referenz 2483 und Gehäuse 661.631. Die hier gezeigte Uhr stammt aus den USA und wurde am 12.08.2002 für 5.750 USD verkauft. Einschließlich Transport und Einfuhrumsatzsteuer mussten rund 6.757 € investiert werden. Für die aufwendige Revision bei Patek Philippe waren weitere 693,45 € zu entrichten. Dass die Referenz 2483 stets mit Staubschutzboden ausgeliefert wurde, hatte der neue Besitzer nicht gewusst. Bei dieser Uhr war der zusätzliche Schutz nicht vorhanden.

In Uhren der Referenz 2483 wurde auch das Kaliber 27 SC mit Zentralsekunde verbaut. Die Modelle mit Kleiner Sekunde sind sehr selten und schwer zu finden. Eine rotgoldene Ausführung mit Kaliber 12'''-120 kam bei Antiquorum in Tokio am 16.12.1990 zum Aufruf und wurde mit 10.800 CHF zugeschlagen. In den Jahren 2006 bis 2009 waren nur wenige dieser Modelle in Gelbgold angeboten und zwischen 7.800 und 15.000 CHF verkauft worden. Auch dieses wasserdichte Modell gäbe eine wunderschöne Dameuhr ab!

Zum Tragen: ++ Zum Sammeln: ++ Als Wertanlage: ++

Referenz 2508 in Edelstahl

Als weitere, heute sehr gefragte Uhr stellen wir die Referenz 2508 vor. Diese 1950 lancierte Handaufzuguhr war im deutschen Katalog von Patek Philippe 1961 noch aufgeführt und im Gelbgoldgehäuse mit 1.335 DM angeboten. Dieses Modell war wasserdicht, besaß einen Staubschutzdeckel sowie einen Schraubboden mit Zehnkant. Die Gehäuse konnten in Gelb- und Rotgold bestellt werden (Gehäusedurchmesser 34,8 mm). Die damalige »Preiswertversion« war sogar mit Stahlgehäuse erhältlich.

Zunächst wollen wir die Stahlausführung betrachten Die mit Kaliber 27 SC ausgestattete Uhr hat die Werknummer 708.505 und die Gehäusenummer 2.614.125. Neben dem Schraubboden, der vor Wasser schützt, ist noch ein Staubschutzdeckel eingebaut. Das Zifferblatt ist versilbert, bedruckt und besitzt 12 Indizes. Bei 12, 3, 6 und 9 Uhr sind diese keilförmig ausgebildet, bei den restlichen Stunden in winziger

Abb. 265
Die Handaufzuguhr Ref. 2508 mit Edelstahlgehäuse gehört zu den gesuchtesten Sammlerstücken. Die Ausführung mit Goldgehäuse ist im deutschen Verkaufskatalog 1961 mit einem Preis von 1.355 DM aufgeführt. Die als »Preiswertuhr« lancierte Stahlversion war für 900 DM zu haben. Durch die fünf einzeln aufgenommenen Bilder kann man die Uhr einschließlich Schraubboden und Staubschutzdeckel mit allen Details erkennen. Interessant auch die Bleidichtung um den Werkhaltering, die später durch eine Kunststoffdichtung ersetzt wurde. Das Handaufzugswerk Kaliber 27 SC ist bis in alle Details zu erkennen. Dies gilt auch für die Werk-Nr. 708.505 auf der Federhausbrücke rechts oben und die Gehäuse-Nr. 2.614.125 im Innenboden rechts unten. Diese Uhr wurde im Frühjahr 2009 für 28.500 € verkauft. Beim Auktionshaus Antiquorum in Genf war am 13.05.2007 bereits eine Referenz 2508 in Edelstahl offeriert und mit 44.840 CHF (27.198,83 €) veräußert worden (Werk-Nr. 710.519, Gehäuse-Nr. 2.614.135, Produktionsjahr 1963).

Pyramidenform aufgesetzt. Der Firmenaufdruck »PATEK PHILIPPE, GENÈVE« ist in Großbuchstaben ausgeführt. Die Dauphine-Zeiger korrespondieren harmonisch mit Zifferblatt und Gehäuse. Das Gehäuse besteht aus einem Mittelteil, in dem die Lünette integriert ist. Es ist aus dem Vollen gestanzt, gedreht, gefräst und oberflächenbearbeitet. Neben dem Schraubboden, der für Wasserdichtigkeit sorgt, gibt es noch zusätzlich einen Staubschutzdeckel. Der Innenboden ist wie bei dem goldenen Gehäuse perliert. Der Boden wird mittels eines Zehnkants verschlossen. Bei älteren Uhren findet noch eine Bleidichtung Verwendung, bei neueren eine Dichtung aus Kunststoff. Das eingeschalte Kaliber 27 SC zeigt sich rein optisch in bester Verfassung, eine Revision bei Patek Philippe hätte ihm jedoch gut getan. Auf der Grundplatine neben der Kaliberbezeichnung

Abb. 266
Diese Aufnahme zeigt das Zifferblatt der Referenz 2508 mit Stahlgehäuse und im Vergleich zu Abbildung 267 die verschiedenen Herstellungsarten der Zifferblätter. Dieses Zifferblatt wurde zunächst lackiert, dann die Minutenstriche und der Firmenname gedruckt und im Anschluss die stählernen Indizes aufgesetzt und vernietet. Dieses Zifferblatt befindet sich noch im Originalzustand. Da Stahluhren fast ein Drittel günstiger waren als die gleiche Referenz in Edelmetall (Gold), musste auch am Zifferblatt gespart werden.

Abb. 267
Das Zifferblatt der gelbgoldenen Referenz 2508 wurde aufwendiger als das links gezeigte Pendant produziert. Firmenname und Minutenstriche sind in Emaille gebrannt. Erst im Anschluss wird das Zifferblatt lackiert. Bei eben positioniertem Zifferblatt fließt hierbei die Farbe, bedingt durch die Erdbeschleunigung, von den erhöhten Buchstaben und Minutenstrichen ab. Im Anschluss werden die Indizes aufgesetzt und vernietet. Bei einer Auffrischung des Zifferblatts sind nur die Indizes zu demontieren und der Lack abzubeizen. Im Anschluss wird das Zifferblatt neu lackiert und die Indizes wieder aufgesetzt. Bei dem hier abgebildeten Zifferblatt erkennt im Regelfall nur der Experte, dass es aufgefrischt wurde. Die fast vierfache Vergrößerung lässt jedoch auch den Laien kleine Abweichungen erkennen, z. B. bei den Buchstaben des Firmenaufdrucks sowie bei den Minutenstrichen. Wäre diese Zifferblatt nicht in den USA, sondern von einer Fachfirma in der Schweiz aufgefrischt worden, hätte man die Überarbeitung wohl nicht bemerkt (Werk-Nr. 703.890, Gehäuse-Nr. 680.970). Diese Uhr wurde 1954 produziert.

sowie auf der Räderwerkbrücke finden wir die Genfer Punze eingeschlagen. Die Beschriftung des perlierten Innenbodens fällt im Vergleich zur vorher beschriebenen Uhr etwas anders aus. Untereinander aufgeführt gibt es den Patentnachweis, dann die Beschriftung »VACUUM«, »PATEK, PHILIPPE C$^{\underline{o}}$ «, »–GENEVE–« »ACIER INOXYDABLE«, »REF. 2508« und die Gehäusenummer 2.614.125.
Die Uhr gehörte zuerst einem deutschen Uhrenfreund, der diese im Frühjahr 2007 von einem schwedischen Sammler für 8.000 € erworben hatte. Zwei Jahre später veräußerte der Deutsche das schöne Stück an einen US-Bürger. Trotz fehlender Revision hatte der Amerikaner ganze 28.500 € für diese Stahluhr bezahlt!

Zum Tragen: ++ Zum Sammeln: ++ Als Wertanlage: +++

Referenz 2508 in Gelbgold

In der zweiten PATEK PHILIPPE Ref. 2508, dem Pendant in 750 Gelbgold, arbeitet auch ein Kaliber 27 SC. Es trägt die Werknummer 703.890, die Gehäusenummer lautet 680.970. Das Zifferblatt wurde aufgefrischt, d. h. in diesem Fall neu lackiert. Da Namenszug und Minuterie in Emaille ausgeführt sind, blieben diese im Original erhalten. Insgesamt würde diese Auffrischung kaum auffallen, wenn der damit beauftragte Zifferblattmacher nicht das »SWISS« unter der 6 vergessen und zwei der 12 Indizes nicht passgenau aufgesetzt hätte!
Die Konstruktion des Goldgehäuses entspricht seinem Pendant in Stahl. Dies gilt auch für die durchgebohrten Federsteglöcher, den Staubschutzdeckel sowie den Zehnkant des Schraubbodens. Die Dicke des Schraubbodens beträgt genau 0,5 mm. Das Kaliber 27 SC ist auch identisch, nur das Werk liegt mit seiner Nummer im Vergleich zur Stahluhr 4.615 Exemplare zurück und ist damit rund acht Jahre älter. Die Beschriftung der Federhausbrücke stimmt mit der zuvor betrachteten Uhr überein. Es weicht nur die zweite Genfer Punze ab, die nicht auf der Räderwerk-, sondern auf der Federhausbrücke eingeschlagen ist.
Beim Gehäusemittelteil finden wir die »kleine Helvetia« an der Unterseite des linken oberen Bandanstoßes sowie an der Seite bei der 4. Die Beschriftung des perlierten Innenbodens weicht im Detail auch vom Vorgänger ab. In Reihen untereinander finden sich der Patenthinweis mit Schweizer Kreuz, »PATEK, PHILIPPE & C$^{\underline{o}}$« mit symbolisiertem Komma, »–GENEVE–« und »SWISS«. In der Mitte sind Feingehaltnachweis »18K/0,750«, »große Helvetia“ und die Punze des Gehäusemachers eingeschlagen (Kollektiv Verantwortlichkeitsmarke Nr. 5, Schlüssel Nr. 11, Manufacture Taubert, Genève, gelöscht 1974). Dann folgen »REF. 2508« und Gehäusenummer »689.970«.
Diese Uhr hatte ein Sammler für 8.065,78 USD (ca. 6.077,06 €) in den USA erworben und auch die Einfuhrumsatzsteuer von rund 1.155 € entrichtet. Eine Revision bei Patek Philippe wurde nicht durchgeführt, hätte aber bei diesem günstigen Einkaufspreis durchaus noch im Budget enthalten sein können!
Uhren der Referenz 2508 sind sehr gefragt. Auf der Auktion von Antiquorum in Genf wurden am 16.03.2008 gleich zwei goldene Modelle angeboten. Ein gelbgoldenes Modell mit schwarzem Zifferblatt und eingehängtem Milanaise-Goldband wurde für 38.400 CHF verkauft (Werk-Nr. 706.435, Gehäuse-Nr. 696.830). Eine roségoldene Ausführung mit versilbertem Zifferblatt und Lederband brachte 23.400 CHF (Werk-Nr. 702.866, Gehäuse-Nr. 677.478).

Zum Tragen: ++ Zum Sammeln: ++ Als Wertanlage: ++

Abb. 268
Zu den beliebtesten Modellen gehören auch die Uhren der Referenz 2509. Mit der Kleinen Sekunde sehen sie fast noch eleganter als das Vorgänger-Modell 2508. Auf diesem Bild sind zwei verschiedene Uhren dargestellt, eine mit Gelbgold- und eine mit Roségoldgehäuse.

Referenz 2509 in Rosé- und Gelbgold

Zu den gesuchten und beliebten Modellen zählen die Uhren der Referenz 2509. Diese Referenz wurde im Jahr 1950 lanciert und blieb über 15 Jahre im Programm. Mit ihrer Kleinen Sekunde wirkt sie fast noch eleganter als das zuvor beschriebene Modell Ref. 2508. Im deutschen Katalog von 1961 ist der Gehäusedurchmesser mit 34,8 mm und der Preis mit 1.245 DM aufgeführt. Aufgrund der Beliebtheit dieses Modells haben wir eine gelb- und eine roségoldene Uhr für dieses Kapitel ausgesucht. In der ersten mit Gelbgoldgehäuse arbeitet das Kaliber 12‴-120 mit Nummer 938.783, das Gehäuse ist mit 575.731 nummeriert. Diese Uhr wurde demnach rund drei Jahre früher gefertigt als das in der Folge beschriebene Pendant in Roségold. Dem Gehäuse sieht man an, dass diese Uhr auch getragen wurde. Doch die noch sehr tiefliegenden Punzen am Gehäusemittelteil bei der 4 sowie am oberen linken Bandanstoß unten lassen darauf schließen, dass dieses Gehäuse wohl ganz selten überarbeitet worden war. Dies verrät uns auch die auf der Unterseite zu sehende Rotfärbung des Goldes, Goldoxid genannt.
Die Auffrischung des Zifferblatts erkennt nur ein geschultes Auge. Der emaillierte Schriftzug »PATEK PHILIPPE, GENÈVE« sowie das ebenfalls emaillierte Fadenkreuz für die Kleine Sekunde blieben erhalten. Nach Demontage der goldenen Indizes wurde das Blatt ablackiert und die darunter liegende Silberschicht in Längsrichtung gebürstet. Damit ging auch das nur aufgedruckte »SWISS« unter der 6 verloren. Warum das Fadenkreuz zur 6 hin etwas kürzer gehalten wurde, konnte nicht herausgefunden werden. Bei einem anderen Modell der Ref. 2509, die an FRECCERO, Montevideo, geliefert wurde, war das Fadenkreuz für die Kleine Sekunde in ähnlicher Form ausgeführt (Werk-Nr. 720.057, Gehäuse-Nr. 672.126, Gehäuse in Roségold). Nach der Zifferblattauffrischung hätte man die Goldindizes etwas sauberer und gleichmäßiger aufsetzen können.

Abb. 269
Die verschiedenen Ansichten geben das roségoldene Modell mit allen relevanten Details wieder. Dazu gehören das Werkkaliber 12‴-120, das Gehäuse von hinten, der Innenboden mit Beschriftung und Punzen sowie einen Teil des Staubschutzdeckels. Das Kaliber 12‴-120 hat zwei Genfer Punzen eingeschlagen, einmal in der Grundplatine nahe der Unruhe und einmal auf der Federhausbrücke, hier jedoch mit Goldbronze unterlegt. Die Unruh besitzt noch keine Stoßsicherung. Der Innenboden ist fein perliert, alle Inschriften und Punzen sind leicht zu erkennen. Diese roségoldene Uhr ist recht prominent und gehörte einst dem bekannten amerikanischen Entertainer Chuck Barris.

Das Gehäuse der Referenz 2509 besteht aus zwei Teilen und verfügt innen noch über einen Staubschutzdeckel. Die Bandanstöße besitzen durchgehende Bohrungen. Das Gehäusemittelteil wurde in einem Zug gestanzt, tiefgezogen, gedreht, gefräst und mit den gewünschten Oberflächenstrukturen versehen. Der Schraubboden ist gedreht und tiefgezogen und verfügt außen über einen Zehnkant mit 29 mm Schlüsselweite. Die Dicke des Bodens wurde mit 0,5 mm gemessen.
In der Referenz 2509 kamen zwei verschiedene Kaliber zum Einbau. Zunächst fand das bekannte Kaliber 12‴-120 Verwendung, ab 1950 auch das Nachfolgekaliber 12‴-400. Das hier eingeschalte Kaliber 12‴-120 Nummer 938.783 wurde 1953 produziert, noch ohne Stoßsicherung für die Unruhwelle. Die Genfer Punze ist sowohl auf der Grundplatine nahe der Unruh als auch auf der Federhausbrücke eingeschlagen. Trotz seines Alters von rund 60 Jahren sieht dieses Handaufzugwerk fast

noch neuwertig aus. Dass im Innenboden keine Uhrmacherzeichen zu finden sind, unterstreicht diese Feststellung. Die Inschriften im perlierten Innenboden entsprechen jenen der zuvor beschriebenen gelbgoldenen Ref. 2508. Auch hier hatte die Manufacture Taubert, Genève, das Gehäuse geliefert. Im Gegensatz zu der noch zu beschreibenden roségoldenen Ausführung fehlt hier der Namenszug »VACUUM«.
Dieses schöne Sammlerstück wurde von einem deutschen Uhrenfreund für 7.000 USD bzw. 5.000 € in den USA ersteigert, hinzu kamen noch Einfuhrumsatzsteuer von ca. 800 €. Die Entscheidung, bei diesem günstigen Preis auch noch in eine Revision bei Patek Philippe zu investieren, war nicht zu erfahren.

Das roségoldene Pendant war früher im Besitz des bekannten amerikanischen Entertainers Chuck Barris. Barris war für Rundfunk und Fernsehen tätig. In den 70er Jahren gehörte die TV-Serie »The Gong Show« zu den beliebtesten Sendungen in den USA. Diese Uhr wurde für 6.037 USD (ca. 10.806,23 DM) bei Christie's New York am 22.06.1998 versteigert. In diesem Schmuckstück arbeitet das Kaliber 12‴-400 mit Nummer 726.820, das Gehäuse ist mit 693.707 nummeriert. Aus dem Stammbuchauszug ist zu erfahren, dass diese roségoldene Uhr im Jahr 1955 produziert und am 18.11.1957 verkauft wurde. Roségoldene Ausführungen der Referenz 2509 mit lumineszierenden Zeigern und Indizes sind selten zu finden. Wie ein Insidern von Patek Philippe dem Autor verriet, wurde diese Version nur 50 Mal produziert.
Unser besonderes Interesse beginnt beim Zifferblatt. Der Stammbuchauszug verrät uns, dass diese Uhr mit einem schwarzen Zifferblatt zur Auslieferung kam. Das heute montierte Zifferblatt verfügt zwar über die früheren Leuchtzeiger und Indizes in Roségold, hat aber eine versilberte Oberfläche. Auch der Aufdruck »0 SWISS 0« verrät uns das spätere Fertigungsdatum nach 1968. Weil die Uhr nach einer Revision bei Patek Philippe einen recht fest zugeschraubten Boden hatte, konnte der Mitarbeiter des Ulmer Konzessionärs diesen für das Fotostudio nicht öffnen. Auch die Beschreibung und Ablichtung des Innenlebens musste somit verzichtet werden. In einem Artikel der Zeitschrift Chronos 3-2003 wurde diese Uhr beschrieben und abgebildet. Der perlierte Innenboden trägt auch die Inschrift »VACUUM«, die Kollektivmarke 5 mit Schlüssel Nr. 11 verrät uns den Gehäusemacher Manufacture Taubert, Genève.
Uhren der Referenz 2509 waren schon immer beliebt. Bei Antiquorum in Genf wurde am 25.02.1990 eine gelbgoldene Version offeriert und für 8.400 CHF verkauft. Am 14.11.1999 kam im gleichen Auktionshaus eine Referenz 2509 mit Stahlgehäuse zum Aufruf und wurde mit 14.400 CHF zugeschlagen. Ein roségoldenes Modell wurde auch bei Antiquorum in Genf am 16.03.2008 angeboten und für 24.000 CHF abgegeben (Werk-Nr. 725.448, Gehäuse-Nr. 689.652). Eine stählerne Referenz 2509 wurde am 26.10.1998 bei Christie's in New York aufgerufen und für 8.970 USD (ca. 14.710,80 DM) verkauft (Werk-Nr. 962.863, Gehäuse-Nr. 2.605.631).

Zum Tragen: ++ Zum Sammeln: ++ Als Wertanlage: ++

Referenz 2526 Calatrava mit cremefarbenem und schwarzem Emaillezifferblatt

Das Automatikkaliber 12‴-600 AT verleiht dieser Uhr ein Niveau, wie dies von anderen Marken nur selten erreicht wird. Auf der rechten Seite sehen wir ein ganz besonders schönes Exemplar in 750 Gelbgold, welches vom Erben des Erstbesitzers aus Portland, Oregon, USA, erworben wurde. Die Referenz 2526 wurde mit Gehäusen in 750 Gelb-, Rosé- und Weißgold ausgeliefert. Hinzu kamen noch besondere Ausführungen in Platin. Dass diese Uhren zu jener Zeit nicht als unerschwinglich gelten dürfen, entnehmen wir dem Katalog von Patek Philippe aus dem Jahr 1961. Hier wird das Nachfolgemodell der Referenz 2526, die Referenz 3428, vorgestellt und mit einem Verkaufspreis von 3.880 DM ausgezeichnet. Wegen der besonderen Bedeutung der Referenz 2526 stellen wir in diesem Buch vier verschiedene Varianten vor. Das erste Modell besitzt ein cremefarbenes Zifferblatt und gelbgoldenes Gehäuse. Es handelt sich hier um die besagte Uhr aus Portland/Oregon, USA. Laut Stammbuchauszug wurde diese Automatik mit Kaliber 12‴-600 AT, Werk-Nr. 763.637 und Gehäuse-Nr. 696.013 im Jahr 1956 gefertigt und am 28. Juni 1957 verkauft. Diese Aussage stimmt auch mit den Angaben bzw. Dokumenten des Erstbesitzers überein, der diese Uhr zu dem zuvor genannten Datum persönlich im Stammhaus von Patek Philippe am Quai du Rhône erworben hat. Zehn Jahre später reist er wieder nach Genf und ließ seine Uhr erstmalig revidieren. Das Zifferblatt, der eigentliche Blickpunkt dieser Uhr, strahlt im makellosen Emaille und hat die letzten 63 Jahre gut überstanden. Auch die Dauphine-Zeiger sowie die Indizes haben nicht an Glanz eingebüßt.
Der Gehäusedurchmesser liegt laut Herstellerkatalog bei 35,6 mm. Das Gehäuse besteht aus Gehäusemittelteil mit integrierter Lünette und einem Schraubboden. Das Gehäusemittelteil wurde aus dem Vollen gestanzt, tiefgezogen, gedreht, gefräst und die Oberflächen hergestellt. Der Schraubboden wurde zunächst als Drehteil gefertigt und anschließend tiefgezogen. Der Schraubboden hat innen noch einen Stahlring eingepreßt. Dieser nimmt einen Federring auf, der beim Zuschrauben wiederum auf den Werkhaltering drückt. Bei diesem Federring ist zu beachten, dass die beiden Federenden stets dem Stahlring zugeordnet sind. Andernfalls wirken die scharfen Enden beim Zudrehen wie ein Drehstahl und beschädigen den Werkhaltering. Die weiteren Bearbeitungsgänge sind mit dem Gehäusemittelteil identisch.
Das Automatikwerk befindet sich in einem makellosen Zustand und wurde bei Patek Philippe revidiert. Sowohl in technischer als auch in ästhetischer Hinsicht zählt es zu den besten und schönsten Uhrwerken, die dort je gebaut wurden.
Die Punzierung des Gehäuses, d. h. das Einschlagen der »kleinen Helvetia«, fiel bei Uhren der Referenz 2526 unterschiedlich aus. Bei der ersten der drei hier beschriebenen Versionen war diese zwischen den beiden Bandanstößen unten, d. h. bei der 6, zu finden. Bei einer anderen Uhr dieses Modells war die »kleine Helvetia« gleich zwei Mal eingeschlagen, zwischen den Bandanstößen wie gehabt sowie auf der Unterseite des oberen linken Bandanstoßes. Bei einer dritten Uhr war wiederum nur noch die letztgenannte Stelle gepunzt.

Werfen wir jetzt noch einen Blick auf den Innenboden. Zunächst ist hier die perlgestrahlte Oberfläche zu erkennen. Die Beschriftung erfolgt wieder untereinander mit »PATEK, PHILIPPE & Co.«, »–GENEVE–« und »SWISS«. Dann folgen in einer Reihe von links nach rechts die Punze des Gehäusemachers, der Feingehaltsnachweis und die »große Helvetia«. Darunter sind Gehäuse- und Referenznummern eingeschlagen. Der Gehäuselieferant F. Baumgartner SA., Genève, war bei der Kollektiv Verantwortlichkeitsmarke Nr. 5 unter der Schlüssel Nr. 2 registriert. Die Marke wurde 1973 gelöscht.
Die hier vorgestellte Uhr wurde über das Internet am 24.01.2001

Abb. 270
Als Wunschziel vieler Uhrenfreunde gilt diese Patek Philippe Ref. 2526 Calatrava auch »Die mit dem Emaillezifferblatt« genannt. Der hier gezeigte Zeitmesser stammt noch aus Erstbesitz und wurde fast nur im Safe deponiert (Werk-Nr. 763.637, Gehäuse-Nr. 696.013).

Abb. 271
Im Gegensatz zur links abgebildeten Calatrava, ein ganz seltenes Exemplar mit Emailliezifferblatt und Breguet-Ziffern. Sie wäre es wert, im Museum vom Patek Philippe im Genf ausgestellt zu werden.

für 12.100 USD verkauft und inklusive Transport und Einfuhrumsatzsteuer rund 14.870 € bezahlt. Diese Uhr befand sich in einem so guten Zustand, dass die bei Patek Philippe in München durchgeführte Revision nur 568,40 € kostete (Rechnung vom 21.02.2003).
Zu den schönsten Ausführungen der Referenz 2526 gehören jene Modelle, die anstelle des cremefarbenen Emaillezifferblatts ein schwarzes montiert haben.
In internationalen Auktionskatalogen von Antiquorum, Sotheby's und Christie's werden schon seit zwei Jahren Produktionszahlen der Referenz 2526 zitiert. Demnach sollen insgesamt 580 Exemplare hergestellt worden sein. 480 in Gelbgold, 50 in Roségold, 30 in Weißgold sowie 20 in Platin Von dieser Gesamtzahl sollen wiederum je 10 Uhren mit Gelb- und Roségoldgehäuse Zifferblätter in schwarzem Emaille erhalten haben. Ob diese Angaben zutreffen, könnte uns nur der damalige Produktionsdirektor François Cart oder heute der Verwalter des Archivs von Patek Philippe sagen. Doch François Cart weilt heute längst nicht mehr unter den Lebenden und die Wächter des Patek-Philippe-Archivs kennen nur absolutes Stillschweigen!
Die zuvor gemachten Zahlenangaben hat bereits vor vielen Jahren ein Mitarbeiter von Patek Philippe, der heute schon verstorben ist, dem Autor anvertraut. Nur unter Vorbehalt wurden diese Angaben zitiert, weil sie sich nicht durch persönliche Recherchen des Autors verifizieren ließen.
Zifferblätter mit Emaillebeschichtung können über Jahrhunderte ihr Aussehen behalten. Nur schockartige Temperaturschwankungen und mechanische Belastungen werden nicht schadenfrei überstanden.
Ein ganz wichtiger Punkt zu dieser Referenz ist die Frage nach Ersatzzifferblättern. Doch diese Frage wird vom Patek Philippe Service stets negativ beschieden. Anfang der 60er Jahre wurde nochmals eine kleine Serie von Ersatzzifferblättern aufgelegt. Hier fiel die Zahl 100, wenn auch nicht belegt. Man kann diese Zifferblätter jedoch an ihrer Farbe erkennen. Sie entsprechen nicht ihren cremefarbenen Vorgängern, sondern sind mehr klinisch weiß ausgefallen.
Beim Kauf einer Uhr der Referenz 2526 kommt dem Zifferblatt primäre Bedeutung zu. Handelt es sich um ein gut erhaltenes Original-Zifferblatt, ein originales Ersatzzifferblatt oder wurde ein Lackzifferblatt als Ersatz montiert? Letzteres erkennt man nicht nur am schwächeren Glanz, sondern auch an der fehlenden Einschnürung an der Bohrung für die Kleine Sekunde. Gerade

Abb. 272
Zum Traum jedes Uhrensammlers gehört die erste Automatik von Patek Philippe aus dem Jahre 1953. Sie erhielt die Referenz-Nr. 2526. Das cremefarbene Emaillezifferblatt verleiht dieser Uhr ein besonders edles Aussehen. An der Bohrung für den kleinen Sekundenzeiger erkennt man die »Einschnürung« der Emailleschicht. Das Gehäuse wurde mit einem Durchmesser von genau 35,60 mm produziert. Rechts die Gusskrone mit dem PP-Signet, welche bis ins Jahr 1964 bei allen Uhren mit automatischem Aufzug montiert wurde (Werk-Nr. 763.637, Gehäuse-Nr. 696.013).

Abb. 273
Noch besser steht der Referenz 2526 ein schwarzes Emaillezifferblatt. Nach Aussage eines Mitarbeiters von Patek Philippe wurden von der Referenz 2526 genau 580 Exemplare gefertigt. 480 in Gelb-, 50 in Rosé- und 30 in Weißgold sowie 20 in Platin. Je 10 Stück in Gelb- und Roségold sollen schwarze Emaillezifferblätter erhalten haben. Das hier abgebildete Modell dürfte dazu gehören.

dieses Merkmal ist für die Emaille-Beschichtung typisch. Genaue Informationen zu diesem Thema findet man im Kapitel »15. Das Geheimnis der Zifferblätter«.
Für Uhren der Referenz 2526 im guten Zustand kann man heute auf Auktionen für die Version Gelbgold 40.000 bis 50.000 €, für Roségold 50.000 bis 60.000 € veranschlagen. Eine seltene Ausführung in Roségold mit schwarzem Emaillezifferblatt wurde auf einer Auktion am 11.10.2003 in Genf sogar mit 157.500 CHF (ca. 102.000 €) zugeschlagen (Werk-Nr. 761.735, Gehäuse-Nr. 687.422).
Bei Antiquorum in New York kam am 18.06.2008 eine gelbgoldene Ref. 2526 mit schwarzem Emaillezifferblatt zum Aufruf und wurde mit 61.200 USD zugeschlagen (Werk-Nr. 762.329, Gehäuse-Nr. 689.066). Am 22.09.2004 kam dort auch eine roségoldene Ref. 2526 inklusive Goldband (Klötzliband) zum Aufruf und wurde für 60.000 USD verkauft (Werk-Nr. 762.624, Gehäuse-Nr. 691.288). Einen Rekordpreis erzielte ein weißgoldenes Modell mit eingehängtem »Klötzliband«. Es wurde am 13.11.2006 bei Christie's in Genf offeriert und für 156.000,- CHF zugeschlagen (Werk-Nr. 762.700, Gehäuse-Nr. 688.740).
Uhren mit Platingehäuse erzielen noch höhere Verkaufspreise. Bei Antiquorum in New York wurde am 24.03.2004 eine solche angeboten und mit 78.000 USD verkauft (Werk-Nr. 761.518, Gehäuse-Nr. 687.558). Bei Antiquorum in New York wurde am 14.06.2007 eine weitere Referenz 2526 mit Platingehäuse aufgerufen und mit 138.000 USD zugeschlagen (Werk-Nr. 761.412, Gehäuse-Nr. 687.561).
Wie wertvoll die Emailleblätter der Ref. 2526 eingeschätzt werden, hatte auch ein Ebay-Anbieter aus Texas, USA, erkannt. Er offerierte ein intaktes, cremefarbenes Zifferblatt zunächst für 20.000, später für 15.750 USD (Ebay-Item 290412971446, Providence Golf 1157). Sein Angebot endete am 11.04.2010, ohne dass sich ein Käufer gemeldet hatte.
Weitere Details sind im Kapitel »15. Das Geheimnis der Zifferblätter« zu finden.

Zum Tragen: +++ Zum Sammeln: +++ Als Wertanlage: +++

Referenz 2533

Im Referenzkreis 2500 gibt es so manche herausragenden Uhren. Hierzu gehören auch die Referenzen 2532 und 2533, die im Gehäuse identisch sind. Das mit integrierter Lünette konstruierte Gehäusemittelteil und der Schraubboden machen diese Uhr wasserdicht. In der Referenz 2532 arbeitet das Kaliber 12'''-120 mit Kleiner Sekunde, in der Referenz 2533 das Kaliber 27 SC mit Zentralsekunde. Die letztere Variante wird hier vorgestellt. Für unsere gelbgoldene Patek Philippe liegt ein Stammbuchauszug vor. Dort ist das Kaliber 27 SC mit Werk-Nr. 705.194 und Gehäuse-Nr. 691.533 registriert. Die Uhr wurde 1956 gebaut und am 28. August des gleichen Jahres verkauft. Sie wurde mit weißem Zifferblatt, goldenen Indizes und Lederband ausgeliefert.
Das cremeweiße Zifferblatt entspricht der für Patek Philippe typischen Gestaltung. Die Striche für die Minuterie sind noch mit vier weiteren Strichen für je 12 Sekunden unterteilt.

Abb. 274
Eine Uhr für jeden Tag und jede Tageszeit dürfte die wasserdichte Patek Philippe Referenz 2533 sein. Die beiden Referenzen 2532 und 2533 besitzen das gleiche Gehäuse, aber unterschiedliche Werke. Erstere beinhaltet das Kaliber 12'''-120 mit Kleiner Sekunde, letztere das Kaliber 27 SC.

Für Stunden- und Minutenangabe dienen Dauphine-Zeiger, wie die Indizes aus 750 Gelbgold. Der Firmenaufdruck entspricht dem ab 1952 gültigen Reglement und lautet »PATEK PHILIPPE, GENEVE«, letzteres ohne accent grave. Das Gehäusemittelteil bildet mit der Lünette eine Einheit. Es wurde aus dem Vollen gestanzt, tiefgezogen, gedreht, gefräst und die gewünschten Oberflächen hergestellt. Der mit einem Zehnkant versehene Schraubboden ist ebenfalls aus einem Stück gestanzt, tiefgezogen, gedreht, gefräst und oberflächenbearbeitet. Die Dicke des Bodens beträgt wieder genau 0,5 mm. Der Innenboden ist perlgestrahlt. Insgesamt hat das im Durchmesser 34,5 mm große Gehäuse über Jahrzehnte keine neue Politur mehr erhalten und durch das Goldoxid bereits eine ins rötlich gehende Oberflächenfarbe angenommen.
Das Handaufzugkaliber 27 SC, geschützt durch einen Staubschutzdeckel, verdient das Prädikat neuwertig. Die Stoßsicherung stammt von Jaeger-LeCoultre. Die Genfer Punze ist auf der Grundplatine und der Federhausbrücke zu finden. Erstaunlicherweise wurde auch erstere goldfarbig ausgelegt, d. h. mit Goldbronze gestrichen. Die »kleine Helvetia« ist auf der Unterseite des rechten oberen Bandanstoßes, die letzten drei Zahlen der Gehäusenummer (533) auf der Unterseite des linken unteren Bandanstoßes zu finden.
Die Beschriftung des Innenbodens ist sehr unauffällig ausgeführt und lautet untereinander folgend »PATEK, PHILIPPE & Co«,

Abb. 275
Blick auf das Werk der Referenz 2533. Das Kaliber 27 SC verdient das Prädikat »neuwertig«.

»-GENEVE-« und »SWISS«. In einer Reihe sind dann Gehäusemacherpunze, Feingehaltsnachweis »18K/0,750« und die »große Helvetia« eingeschlagen. Darunter sind dann Gehäuse- und Referenznummer zu finden. Zwei Uhrmacher-Reparaturzeichen lassen – wie auch der gute Gehäusezustand – auf einen seltenen Gebrauch dieser Uhr schließen.
Die Gehäusemacherpunze der Kollektiv Verantwortlichkeitsmarke Nr. 1, ein Hammerkopf mit der Zahl 170, verrät uns den Gehäusemacher. Dies war die Firma Cédex, Charles Dubois SA, Le Locle. Sie wurde 1982 gelöscht. Hier handelt es sich um den gleichen Gehäusemacher wie bei der Referenz 2483 auf Seite 164 .
Diese Patek Philippe wurde am 12.04.2000 bei Christie's in New York für 5.875 USD ersteigert, für die in Genf ausgeführte Überholung mussten weitere 4.424,24 DM bzw. 2.262,07 € entrichtet werden. Die zwei größten Einzelpositionen dieser Generalreparatur machten Werksüberholung mit 2.535 DM und Restaurierung des Zifferblatts mit 1.125 DM aus (Rechnung vom 25.01.2002).
In den letzten Jahren wurden Uhren der Referenz 2533 nicht oft angeboten. Bei Antiquorum in Genf wurde am 16.10.2005 eine gelbgoldene Ausführung mit 13.800 CHF verkauft

Zum Tragen: ++ Zum Sammeln: ++ Als Wertanlage: ++

Referenz 2540

Die zweite Armbanduhr mit automatischem Aufzug erhielt die Referenz-Nr. 2540 und wurde 1954 lanciert. Sie erhielt den Spitznamen »TV Patek Philippe«. Die hier vorgestellte Ausführung besitzt ein roségoldenes Gehäuse, das Kaliber 12'''-600 AT und befindet sich in einem absolut neuwertigen Zustand. Die Werk-Nr. ist mit 764.811, die Gehäuse-Nr. mit 699.844 nachzulesen. Laut Stammbuchauszug wurde diese Uhr 1957 gefertigt und am 28.05.1958 verkauft.
Das Zifferblatt ist silberfarben und besitzt Baton-Zeiger und Strichindizes in Roségold. Das quadratische Gehäuse hat eine Grundabmessung von 31,5 x 31,5 mm und angelötete Bandanstöße. Der quadratische Boden ist tiefgezogen, gedrückt und weist an der dünnsten Stelle eine Materialstärke von 0,4 mm auf. Die Gehäuseoberfläche ist rundum poliert, lediglich der Boden ist satiniert. Das Kaliber 12'''-600 AT ist in einem außen quadratischen, sehr aufwendig konstruierten, dreifach abgestuften Werkhaltering gelagert (siehe nächste Seite). Er wird mit vier Zylinderkopfschrauben mit dem Gehäusemittelteil verschraubt. Das Werk selbst ist im Werkhaltering mit drei Schrauben gesichert.
Am linken oberen Bandanstoß findet sich an der Unterseite die »kleine Helvetia«. Die Firmenkennzeichnung im Inneren des Bodens besteht aus »PATEK-PHILIPPE & C$^{\underline{o}}$ «, »-GENEVE-« und »SWISS«. Im unteren Drittel findet sich in einer Reihe die Punze des Gehäusemachers, der Feingehaltsnachweis »18K/0,750« und die »große Helvetia«. Darunter sind Gehäuse- und Referenz-Nr. mit Vorspann »RÉF.« zu finden. Die Punze des Gehäusemachers entspricht der Kollektiv Verantwortlichkeitsmarke Nr. 5, der Schlüssel trägt die Nr. 26. Er gehörte der Firma Ponti, Gennari & Cie., Genève, die 1969 gelöscht wurde.
Bei Antiquorum in Genf wurde am 13.11.2005 eine gelbgoldene Uhr für 16.800 CHF, eine roségoldene für 22.800 CHF versteigert.
Das hier vorgestellte Modell stammt aus den USA und wurde dort für 12.500 USD erworben. Eine Revision bei Patek Philippe in Genf schlug mit weiteren 1.877,46 € zu Buche. Alles in allem ein gutes Geschäft, das zeigt, dass solch außergewöhnliche Uhren auch in Zukunft stets gefragt sind.
Damit es beim aufmerksamen Interessenten und engagierten Sammler nicht zu Irritationen kommen kann, dürfen wir noch auf die Referenzen 2540/1 und 2540/2 eingehen. Beide Modelle erhielten ein Handaufzugwerk. Die Referenz 2540/1 ist mit dem Kaliber 12'''-400 mit Kleiner Sekunde ausgerüstet. In der Referenz 2540/2 tickt das Handaufzugwerk 27 SC mit Zentralsekunde.
Beide Varianten werden sehr selten angeboten. Bei Christie's in Genf wurde am 17.11.2008 eine gelbgoldene Referenz 2540/1 offeriert und für 20.000 CHF (16.771 USD) zugeschlagen (Werk-Nr. 727.470, Gehäuse-Nr. 694.485). Bei Antiquorum in Hongkong wurde am 27.05.1991 eine gelbgoldene Version der Referenz 2540/2 aufgerufen und mit 38.400 CHF verkauft (Werk-Nr. 706.642, Gehäuse-Nr. 694.540). Noch eine Werteinschätzung erlaubt eine Auktion von Sotheby's New York.

Abb. 276
Wer sich an Uhren begeistern möchte, muss eine von Patek Philippe haben. Die Referenz 2540 ist das zweite Modell, das bei der Genfer Manufaktur ein Werk mit automatischen Aufzug erhielt. Wunderschön auch die Gußkrone, mit der bis zum Jahre 1964 alle Uhren mit automatischem Antrieb ausgestattet wurden. Alle weiteren Informationen zur Referenz 2540 sind hier nachzulesen.

Abb. 277
Die geöffnete Referenz 2540 gibt den Blick frei auf das Kaliber 12‴-600 AT sowie auf den Innenboden. Das Werk wird von einem aufwendig konstruierten Werkhaltering aufgenommen, der wiederum mit vier Zylinderkopfschrauben mit dem Gehäuse verschraubt ist (Werk-Nr. 764.811, Gehäuse-Nr. 699.844).

Dort wurde am 14.04.2005 eine gelbgoldene Referenz 2540/2 angeboten und mit 12.000 USD (Kaliber 27 SC, Nr. 705.799) veräußert.

Zum Tragen: ++ Zum Sammeln: +++ Als Wertanlage: ++

Referenz 2551 in zwei verschiedenen Zuständen

Zweifellos gehören die Uhren der Referenz 2551 zu den schönsten Kreationen von Patek Philippe. Dieses Modell wurde 1954 lanciert. Aus diesem Grund stellen wir zwei Uhren vor. Die eine darf fast als jungfräulich gelten, die andere hat bereits einige Überarbeitungen hinter sich gebracht. In der Folge stellen wir beide Uhren parallel vor und erwähnen auch eventuelle Unterschiede. Der Einfachheit halber nennen wir die fast noch fabrikneue Uhr die erste, die andere die zweite. Beide Uhren sind mit dem Kaliber 12‴-600 AT ausgerüstet. Die erste hat die Werk-Nr. 766.071 und die Gehäuse-Nr. 2.608.560. Laut Stammbuchauszug wurde sie 1958 produziert und am 9.10.1959 verkauft. Die zweite Uhr besitzt die Werk-Nr. 766.216 und die Gehäuse-Nr. 2.608.524. Somit folgte das Werk um 145 Exemplare später, das Gehäuse liegt um 36 Exemplare voraus. Nach welchem Ordnungsprinzip damals bei Patek Philippe Werke, Zifferblätter und Gehäuse verbaut wurden, lässt sich heute nicht mehr nachvollziehen. Jedenfalls weisen beide Uhren das gleiche Baujahr 1958 auf. Interessant sind die Unterschiede bei den Zifferblättern. Bei der ersten hatte man sich bei den Indizes und den Zeigern für die Stabform entschieden. Auch ist dieses Zifferblatt noch original. Dies erkennt man am Firmenaufdruck »PATEK PHILIPPE, GENÈVE« sowie »SWISS« unter der 6. Die zweite Uhr besitzt keilförmige Indizes sowie Dauphine-Zeiger. Das Zifferblatt ist aufgefrischt. Die versilberte Oberfläche ist in senkrechter Richtung feingebürstet und Firmenname, Fadenkreuz für die Kleine Sekunde sowie Nationalnachweis zum Teil zu groß oder zu fett aufgedruckt. Weil diese Arbeiten, rein handwerklich gesehen, sauber ausgeführt sind, dürften die Unterschiede nur dem Fachmann oder im direkten Vergleich auffallen.
Das zweiteilige Gehäuse der Referenz 2551 ist sehr aufwendig gestaltet. Das Gehäusemittelteil mit integrierter Lünette entstand als Drehteil, die als Druckgußteile hergestellten Bandanstöße sind profiliert angelötet, d. h. genau der Außenform des Gehäuses angepasst. Der Schraubboden wurde aus dem Vollen gedreht, tiefgezogen, noch einmal gedreht und diamantiert. Der Gehäusedurchmesser der ersten Uhr liegt bei 36,0 mm, bei der zweiten bei 35,8 mm. Die Materialstärke des Schraubbodens misst bei der ersten 0,5 mm, bei der zweiten 0,45 mm. Die ursprünglich diamantierte Bodenfläche wurde bei der zweiten Uhr nachgedreht. Hieraus resultiert auch der Unterschied in der Materialdicke. Generell erkennt man an den noch scharfen Kanten der ersten Uhr, dass das Gehäuse noch seine ursprüngliche Form behalten hat. Die Werke beider Uhren wurden in Genf revidiert und nahezu auf Neuzustand gebracht. Die Gangwerte fallen exzellent aus.
Die Punzierung des Gehäuses ist nur noch auf der ersten Uhr vorhanden. An der Außenseite des rechten unteren Bandanstoßes ist die »kleine Helvetia« eingeschlagen. Bei der zweiten Uhr wurde diese Punze schon abpoliert. Die Oberfläche des Innenbodens wurde bei der Herstellung perlgestrahlt. Warum hier beide Böden mit Schmirgelpapier nachgearbeitet wurden, konnte nur bei der ersten Uhr nachvollzogen werden. Wollte

Abb. 278
Mit 36 mm Gehäusedurchmesser gehörte der Referenz 2551 in den 50er Jahren zu den größten Uhren von Patek Philippe. Das aufwendig profilierte Gehäuse entstand als Drehteil, die Bandanstöße sind eingelötet. Das rechts abgebildete Modell befindet sich noch im besten Originalzustand und wurde wohl noch nie überarbeitet. Die linke Uhr besitzt ein aufgefrischtes Zifferblatt. Im Vergleich mit der rechten Ausführung sieht man deutlich, dass bei der linken Uhr der Firmenname zu groß und zu fett aufgedruckt wurde. Die Zifferblattoberfläche ist versilbert und vertikal gebürstet (Uhr rechts: Werk-Nr. 766.071, Gehäuse-Nr. 2.608.560, Uhr links: Werk-Nr. 766.216, Gehäuse-Nr. 2.608.524). Bei diesen beiden Uhren fällt auf, dass die zwei Werke nur 145 und die Gehäuse nun 36 Nummern auseinander liegen.

man bei der zweiten eventuell vorhandene Reparaturmarken entfernen? Die Kennzeichnungen im Innenboden beider Uhren sind identisch, stammen die Gehäuse doch vom gleichen Gehäusemacher. Von oben nach unten sind die »große Helvetia«, der Feingehaltsnachweis »0,750“, »PATEK-PHILIPPE & C$^{\underline{o}}$ «, »-GENEVE-« und »SWISS« aufgeführt. Darunter folgen die Referenz-Nr. »RÉF 2551«, Gehäusenummer und die Punze des Gehäusemachers. Dieser gehörte zur Kollektiv Verantwortlichkeitsmarke Nr. 5 mit Schlüssel Nr. 1, Firma Ed. Wenger SA, Genève, im Jahr 1992 gelöscht. In der ersten Uhr ist auch noch ein Uhrmacher-Reparaturzeichen mit »W 8215439« eingeritzt. Laut Aussage des Besitzers dieser Uhr wurde deren Werk im März 1994 bei dem Münchner Fachgeschäft Antike Uhren Eder überholt. Rund zehn Jahre später wurde sie noch einmal bei Patek Philippe in Genf revidiert.
Die zweite Ref. 2551 stammt von einem anderen Sammler, der seine Uhr in den 90er Jahren für 12.500 DM erworben und zehn Jahre später für 1.024,40 € bei Patek Philippe in Genf hatte überholen lassen.
Auf Auktionen sind die Uhren der Referenz 2551 sehr gefragt. Bei Antiquorum in New York wurde am 07.12.2006 eine Ausführung mit Platingehäuse angeboten und zu 66.000 USD verkauft. Ein Monat zuvor wurde am 12. November 2006 bei Antiquorum in Genf ein Modell mit Roségoldgehäuse offeriert und für 36.000 CHF zugeschlagen. Bei späteren Gelegenheiten konnten gelbgoldene Uhren zwischen 20.000 und 30.000 CHF erworben werden.

Zum Tragen: ++ Zum Sammeln: +++ Als Wertanlage: ++

Referenz 2552 in zwei unterschiedlichen Ausführungen

Im Jahr 1955 lancierte Patek Philippe mit der Referenz 2552 eine weitere Uhr mit automatischem Aufzug. Durch die breite, zweifach abgestufte Lünette wirkt diese Uhr sehr groß, obwohl sie mit 36 mm den gleichen Gehäusedurchmesser aufweist wie die zuvor beschriebene Referenz 2551. Wegen der Bedeutung dieser Automatik stellen wir auch hier wieder zwei Modelle vor. Die erste Uhr hat die Werk-Nr. 762.058, die Gehäuse-Nr. 688.312 und wurde 1955 produziert. Die zweite Uhr weist die Werk-Nr. 762.428 und die Gehäuse-Nr. 689.767 auf. Laut Stammbuchauszug wurde sie 1955 gefertigt und am 14. Mai 1956 verkauft. Somit liegen die Nummern der Werke um 370 Exemplare, die Gehäuse um 1.455 Stück auseinander. Die Referenz 2552 wurde mit Gehäusen aus Gelb-, Rot- und Weißgold sowie in Platin aufgelegt.
Das Zifferblatt besteht aus Gold, wurde galvanisch versilbert und lackiert. Der Firmenname, die Teilstriche und das Fadenkreuz für die Kleine Sekunde sind emailliert. Der Nationalnachweis »SWISS« unter der 6 ist aufgedruckt. Bei der ersten hier vorgestellten Uhr befindet sich das Zifferblatt noch im Originalzustand. Die Indizes sind aus 18 K Gold gefertigt und vernietet. Die montierten Dauphine-Zeiger runden den eleganten Auftritt dieser Uhr ab.
Bei der zweiten Uhr wurde das Zifferblatt aufgefrischt, aber nicht authentisch. Anstelle der Sekunderie mit Fadenkreuz und acht Teilstrichen wurde ein ungleichmäßiges Fadenkreuz mit zu kurzem Sekundenzeiger montiert. Die Service-Abteilung von Patek Philippe in Genf konnte sich erst im zweiten Anlauf von der richtigen Ausführung dieses Zifferblatts überzeugen lassen. Das Gehäuse mit integrierter Lünette ist als Drehteil gefertigt. Die Bandanstöße angelötet. Die Lünette ist zweifach abgestuft, die Gußkrone halb versenkt. Das beste Erkennungszeichen dieses Modells stellt die zweifach abgestufte Lünette dar. Der

Abb. 279
Auch die Referenz 2552 zählt zu den damals großen Uhren von Patek Philippe, ihr Gehäusedurchmesser beträgt genau 36 mm. Das Gehäuse entstand als Drehteil, die Bandanstöße sind eingelötet. Zum Schutze ist die Krone halb versenkt montiert. Das Zifferblatt der linken Uhr ist noch original, das der rechten Uhr aufgefrischt. Versehentlich wurden die Teilstriche der Kleinen Sekunde nicht typgemäß ausgeführt. Ein solches »Fadenkreuz« ist auf dem Zifferblatt der Referenz 2551 angebracht. Auch der Zeiger für die Kleine Sekunde ist nicht typgemäß (Uhr links: Werk-Nr. 762.058, Gehäuse-Nr. 688.312, Uhr rechts: Werk-Nr. 762.428, Gehäuse-Nr. 689.767).

Schraubboden wurde aus dem Vollen gedreht und tiefgezogen. Die sechs Nuten sorgen für sicheres Verschließen. Das ganze Gehäuse ist diamantiert, nur die ebene Bodenfläche gedreht. Die Materialstärke des Bodens liegt bei der ersten Uhr nur noch bei 0,40 mm anstelle der bauseitigen 0,50 mm. Entweder wurde hier eine Widmungsgravur entfernt oder der Boden aus sonstigen Gründen nachgearbeitet.
Das Werk Kaliber 12‴-600 AT befindet sich in einem sehr guten Zustand. Die Uhr erhielt bei Patek Philippe in München eine komplette Revision. An der Außenseite des rechten unteren und linken oberen Bandanstoßes wurde die »kleine Helvetia« eingeschlagen. Leider sind beide Punzen nur noch als Relikt erkennbar. Zu oft und auch vielleicht unprofessionell wurde dieses Gehäuse aufpoliert. Die Beschriftung der Innenböden beider Uhren ist bis auf die Gehäusenummer identisch, wurden doch beide Gehäuse vom gleichen Gehäusemacher geliefert. Im Innenboden ganz oben sind untereinander die »große Helvetia« sowie der Feingehaltsnachweis »0,750« eingeschlagen.

Weiter folgen der Firmenname »PATEK-PHILIPPE & Cº«, »-GENEVE-« und »SWISS«. Im unteren Drittel des Bodens finden sich die Referenz-Nr. »RÉF. 2552« und die Gehäusenummer. Ganz unten ist die Punze des Gehäusemachers zu finden. In beiden Fällen gehört dieser zur Kollektiv Verantwortlichkeitsmarke Nr. 5 mit Schlüssel-Nr. 1. Dieser gehört zur Firma Ed. Wenger SA, Genève, die 1992 gelöscht wurde. Der Innenboden der ersten Uhr wurde vermutlich noch einmal perlgestrahlt, wohl nach der zuvor geschilderten Reparatur des Bodens. Es sind insgesamt drei Uhrmacher-Reparaturzeichen eingeritzt. Der Innenboden der zweiten Uhr wurde ausgeschmirgelt, so dass weder die perlgestrahlte Oberfläche noch eventuelle Uhrmacher-Reparaturzeichen zu erkennen sind. Die Materialstärke des Bodens beträgt gemessene 0,50 mm. Die zuerst aufgeführte Referenz 2552 hat ein deutscher Uhrenfreund für 15.000 DM erworben. Die zweite Ausführung stammt aus den USA und hat 5.569,99 USD (4 655,24 €) gekostet. Im Anschluss wurde diese an Patek Philippe in München weitergereicht und eine komplette Revision in Auftrag gegeben. Einschließlich der Auffrischung des Zifferblatts wurden hierfür 2.291,94 € berechnet. In dieser Summe machten die Werksrevision mit 1.140 € und die Zifferblatt-Restaurierung mit 530 € die höchsten Positionen aus.

Abb. 280 und 281
Zu den extravaganten Uhren gehört die Uhr 2554, unter Liebhabern auch »Manta-Ray« genannt. Das imposante Design fand auch beim Jubiläumsmodell Referenz 5100 »10 Jours« Anwendung. Anlass war der Beginn des zweiten Jahrtausends. Diese Uhr hat nicht nur ein besonderes Design, sondern auch eine sehr aufwendige Gehäusekonstruktion. Eindrucksvoll wirkt das seit 1934 gebaute Formwerk 9‴-90, welches in einer speziellen Halterung gelagert ist. Gut zu sehen ist auch die Gyromax-Unruh mit den verstellbaren Masselotte-Gewichten. Der Druckboden wird so geschlossen, dass die vorne sichtbare »Nase« als Halblager für die Unruhwelle dient (Werk-Nr. 976.999, Gehäuse-Nr. 696.927).

Uhren der Referenz 2552 sind bei Uhrenfreunden sehr beliebt und werden auch öfters auf internationalen Auktionen angeboten. Diese Uhr wird auch gerne »Disco Volante« genannt. Bei Antiquorum in Genf kam am 15.10.2006 ein Modell mit Weißgoldgehäuse zum Verkauf und wechselte für 50.400 CHF den Besitzer (Werk-Nr. 762.442, Gehäuse-Nr. 690.970). Am 11.11.2007 wurde vom gleichen Auktionshaus eine Uhr mit Gelbgoldgehäuse und Zifferblattaufdruck »TIFFANY & CO« offeriert und mit 22.200 CHF verkauft (Werk-Nr. 762.586, Gehäuse-Nr. 689.840). Bei Antiquorum in New York wurde am 16.10.2008 eine seltene Ausführung in Platin mit 60.000 USD aufgerufen, fand aber keinen Käufer (Werk-Nr. 761.840, Gehäuse-Nr. 688.392). Vielleicht hatte die damals schon beginnende Wirtschaftskrise potentielle Interessenten zur Zurückhaltung veranlaßt.

Zum Tragen: ++ Zum Sammeln: ++ Als Wertanlage: ++

Referenz 2554

Zu den extravaganten Herrenuhren gehörte die Referenz 2554. Das spezielle Design wird vom rechteckigen Zifferblatt und den geschwungenen Gehäuseseiten bestimmt. Nicht von ungefähr wurde dieses Design rechtzeitig wiederentdeckt und für das Jubiläumsmodell zur Feier des zweiten Jahrtausends unserer Zeitrechnung verwendet. Unter Referenz 5100 »10 Jours« verfügt diese Handaufzugsuhr über eine Gangautonomie von ganzen 10 Tagen.
Die Herrenarmbanduhr Ref. 2554 mit Kaliber 9‴-90 wurde 1955 lanciert. Das hier vorgestellte Modell hat die Werk-Nr. 976.999 und die Gehäuse-Nr. 696.927. Laut Stammbuchauszug wurde diese Uhr 1956 produziert und am 16.09.1957 verkauft. Diese Uhr war mit Gehäusen in Gelb-, Rot- und Weißgold oder

auch in Platin zu haben. Im deutschen Patek-Philippe-Katalog aus dem Jahr 1961 war sie in Gelbgold mit einem Preis von 1.285 DM aufgeführt. Das Modell in Weißgold war mit 1.475 DM, das in Platin mit 2.740 DM zu bezahlen.
Das Zifferblatt ist silberfarben lackiert und besitzt stabförmige Indizes. Passend hierzu sind auch Baton-Zeiger montiert. Das Gehäuse ist zweiteilig und sehr aufwendig gefertigt. Auch der Boden fällt recht kompliziert aus und wurde aus mehreren Teilen zusammengelötet. Das am Druckboden angesetzte Halbschalenlager verleiht der Aufzugswelle Führung und Stabilität. Das Werk zeigt sich in neuwertigem Zustand. Es wird von einer speziellen Werkhalterung passgenau aufgenommen und geführt. Am Gehäuse außen finden sich keine Punzen. Im Gehäusemittelteil ist innen auf der Höhe der 8 die Zahl 27, die letzten zwei Zahlen der Gehäusenummer, eingeschlagen. Die Kennzeichnungen im Innenboden weichen etwas von den bisherigen Ausführungen ab. In Querrichtung finden sich von oben nach unten zunächst in einer Reihe der Feingehaltsnachweis »0,750«, die »große Helvetia« und die Gehäusemacherpunze. Anschließend folgen »PATEK, PHILIPPE & C$^{\underline{o}}$«, »-GENEVE-« und »SWISS«. Darunter stehen dann die Gehäuse-Nr. 696.927 und »REF 2554«. Die Bodenoberfläche ist perlgestrahlt. Die Uhrmacherpunze gehört zur Kollektiv Verantwortlichkeitsmarke Nr. 5 und trägt den Schlüssel Nr. 7. Lieferant war die Firma Fabior, Olivier Judas, Gimel, die auch heute noch tätig ist.
Die hier gezeigte Uhr hatte ein Uhrensammler für 8.800 € bei einem Hamburger Kunstauktionshaus erworben. Für eine Revision waren weitere 1.396,64 € zu entrichten. Alles in allem ein gutes Geschäft sowie eine ordentliche Kapitalanlage!
Uhren der Referenz 2554 tauchen auf Auktionen des öfteren auf. Bei Antiquorum in Genf wurde am 2.04.2000 eine rotgoldene Uhr für 40.800 CHF verkauft. Das gleiche Auktionshaus in New York versteigerte eine gelbgoldene Ausführung am 7.12.2007 für 25.200 USD.

Zum Tragen: + Zum Sammeln: ++ Als Wertanlage: +++

Referenz 2583

Im Referenzkreis 2.500 gibt es nach den Referenzen 2551 und 2552 nur noch drei weitere Modelle mit automatischem Aufzug. Von diesen besitzen die Referenzen 2583 und 2584 einen Gehäusedurchmesser von 36 mm und Druckboden. Modell Referenz 2585 gibt es nur in Stahlgehäuse, Durchmesser 35 mm und Schraubboden. Die Uhren der Referenz 2583 sind schwer zu finden. In der hier vorgestellten Uhr arbeitet das Kaliber 12‴-600 AT mit Werk-Nr. 763.399, das Gehäuse führt die Nummer 697.241.
Das mit rund 32 mm Durchmesser recht große Zifferblatt ist versilbert, in senkrechter Richtung feingebürstet und mit aufgesetzten goldenen Strich-Indizes versehen. Nur die 12 wird arabisch dargestellt. Dazu sind die passenden Baton-Zeiger montiert.
Der Firmenaufdruck »PATEK PHILIPPE, GENEVE« sowie die Teilungsstriche für die Kleine Sekunde sind in Emaille ausgeführt. Lediglich der für das zweite »E« von »GENEVE« aufgetragene accent grave hat die Zifferblattauffrischung nicht

Abb. 282
Die Referenz 2583 (links) und 2584 (rechts) gehören zu den Uhren mit automatischem Aufzug, die einen Gehäusedurchmesser von 36 mm aufweisen. Rechts oben sieht man die Referenz 2583 von hinten und den mit einer kleinen Nase versehenen Druckboden. Durch eine geschickte Konstruktion und eine spezielle Gummidichtung sind beide Uhren wasserdicht (Referenz 2583 links: Werk-Nr. 763.399, Gehäuse-Nr. 697.241, Referenz 2584 rechts: Werk-Nr. 765.654, Gehäuse-Nr. 2.606.355). Die rechte Uhr trägt auf dem Zifferblatt unter dem Zentrum den Aufdruck »KOCH«. Dies war der Name des damaligen Konzessionärs in Frankfurt am Main.

schadlos überstanden. Für das Gehäuse dieser Referenz 2583 hat man viel Aufwand betrieben. Die Lünette ist als Drehteil ausgeführt und am Gehäusemittelteil aufgesprengt. Auch letzteres ist als Drehteil gefertigt. Die massiven Bandanstöße sind profiliert angelötet. Der Druckboden ist tiefgezogen, die Materialstärke liegt bei 0,5 mm. Eine angesetzte kleine Nase erleichtert das Öffnen dieses wasserdichten Gehäuses. Letztere Tugend wird durch eine geschickte Konstruktion und eine Gummidichtung erreicht. Der Abstand zwischen den Bandanstößen beträgt 20,2 mm, bei Patek an sich unüblich.
An der Außenseite des rechten unteren Bandanstoßes ist die »kleine Helvetia« eingeschlagen. Mehr verraten uns die Informationen im Innenboden. Ganz oben beginnen die Kennzeichnungen mit »PATEK, PHILIPPE & C$^{\underline{o}}$«, »-GENEVE-« und »SWISS«. Dann folgen in einer Reihe die Punze des Gehäusemachers, der Feingehaltsnachweis »18 K/0,750« und die »große Helvetia«. Mit weitem Abstand sind dann Gehäuse- und Referenznummer eingeschlagen. Die Oberfläche des Innenbodens ist perlgestrahlt. Insgesamt sieben Uhrmacherzeichen sind eingeritzt und zeugen vom regen Gebrauch dieser Uhr. Die Signatur »W.E. WARDMAN, 1958« am Außenboden verrät uns den wohl ersten Besitzer dieser Uhr.
Dieses Sammlerstück wurde bei Patek Philippe komplett überholt, entsprechend neuwertig zeigt sich auch das Kaliber 12‴-600 AT.
In den vergangenen Jahren hat der Autor nur ganze zwei Exemplare dieser Referenz zu Gesicht bekommen. Am 15.10.2006 kam bei Antiquorum in Genf eine solche Uhr zum Aufruf und wurde mit 18.000 CHF verkauft.

Die hier gezeigte Uhr hatte ein Sammler für 5.609 USD (4.739,53 €) in den USA gekauft. Einfuhrumsatzsteuer und die Revision bei Patek Philippe schlugen mit weiteren 758,32 € zu Buche. Trotz allem handelt es sich hier um eine seltene und gefragte Uhr, die auch in Zukunft Wertsteigerungen erwarten lässt.

Zum Tragen: ++ Zum Sammeln: ++ Als Wertanlage: ++

Referenz 2584

Zu den groß auftretenden Uhren gehört auch das Modell Referenz 2584. Die hier vorgestellte Uhr verrät durch den kleinen Zifferblattaufdruck »KOCH« unter dem Zentrum den früheren Konzessionär Juwelier R. Koch, Kaiserstraße 25, Frankfurt am Main. Heute gibt es in der Mainmetropole nur noch die Großisten Wempe und Bucherer. Aus dem Institut für Stadtgeschichte von Frankfurt am Main, Firmenarchive W1, erfahren wir Näheres über die Geschichte des späteren Patek-Philippe-Konzessionärs: »1879 eröffnete Robert Koch ein Juweliergeschäft, in dem sein Bruder Louis Partner wurde. Schon bald erwarben sie sich internationalen Ruhm. In Baden-Baden wurde eine Filiale eröffnet. Zu ihren Kunden gehörten zahlreiche Fürstenhäuser, darunter auch das Haus Hohenzollern, so dass sich die Gebrüder Koch um die Jahrhundertwende den Titel Hofjuwelier erwarben. Auch nach dem Tod der Gebrüder Koch behielt das Geschäft seine exklusive Ausrichtung. Das Geschäft bestand bis 1986.«

Abb. 283
Referenz 2584 mit dem Konzessionärsaufdruck »KOCH« in Frankfurt am Main.

Das Kaliber 12‴-600 AT hat die Nummer 765.654, das Gehäuse die Nummer 2.606.355. Laut Stammbuchauszug wurde diese Uhr 1958 produziert und am 12.03.1959 verkauft. Das lackierte Zifferblatt ist noch original und strahlt trotz seines Alters von rund 56 Jahren immer noch im alten Glanz. Firmenaufdruck sowie die Teilstriche der Sekunderie sind in Emaille gehalten, auch der accent grave auf dem zweiten »È« des Ortsnachweises gibt sich wie neu.
Selbst das Gehäuse mit der Gußkrone zeigt sich fast makellos. Lünette und Gehäusemittelteil bilden eine Einheit. Der Druckboden ist tiefgezogen, gedreht und diamantiert. Seine Konstruktion kann als sehr aufwendig bezeichnet werden. Ein Schraubboden wäre wohl nicht sehr viel teurer ausgefallen. Der Abstand zwischen den Bandanstößen beträgt 19,5 mm.
Zum Zustand des Werkes passt nur das Prädikat neuwertig, eine andere Beurteilung wäre nach der Komplettrevision bei Patek Philippe in München auch nicht in Frage gekommen. Die Punzierung mit der »kleinen Helvetia« finden wir an der Außenseite des linken oberen Bandanstoßes. Die gleiche Punze ist auch am Gehäusemittelteil auf der Höhe der 6 eingeschlagen. Im Innenboden sind von oben nach unten »PATEK, PHILIPPE & Cº«, »– GENEVE –« und »SWISS« eingeschlagen. In der Mitte finden sich in einer Reihe die Punze des Gehäusemachers, der Feingehaltsnachweis »18K/0,750« sowie die »große Helvetia«. Darunter kommen Gehäuse- und Referenznummer. Die Oberfläche des Innenbodens ist nicht nachgearbeitet. Die Punze des Gehäusemachers gehört zur Kollektiv Verantwortlichkeitsmarke Nr. 5 und hat die Schlüssel Nr. 2. Diese Nummer steht für Firma F. Baumgartner SA, Genève, die 1973 gelöscht wurde.
Die hier vorgestellte Uhr gehört einem deutschen Sammler. Er hatte sie im Internet für 7.200 USD erworben. Für die komplette Revision mussten weiterer 2.999,76 € beigesteuert werden. In dieser Summe waren die Restaurierung des Werks mit 1.140 € sowie die Auffrischung des Zifferblatts mit 530 € die größten Positionen (Rechnung vom 10.12.2008).
Auf internationalen Auktionen sind Uhren der Referenz 2584 nicht oft zu finden. Bei Antiquorum in Genf wurde am 13.05.2007 eine gelbgoldene Ausführung der Referenz 2584 für 20.400 CHF verkauft. Ob sich diese Uhr jedoch in einem vergleichbaren Zustand wie unser hier vorgestelltes Musterstück befunden hat, lässt sich nicht sagen.

Zum Tragen: ++ Zum Sammeln: ++ Als Wertanlage: ++

Referenz 2585 in Edelstahl

Eine weitere und ganz besondere Rarität von Patek Philippe stellen wir mit der Referenz 2585 in Edelstahl vor. Selbst der Autor kannte zunächst nur das hier gezeigte Exemplar, auch wenn ihm dieses bereits zwei Mal auf Auktionen begegnet ist.
Laut Stammbuchauszug wurde dieses seltene Stück im Jahr 1958 produziert und am 04.11.1960 verkauft. Das Kaliber 12‴-600 AT besitzt die Nummer 765.932, das stählerne Schraubbodengehäuse die Nummer 694.414.
Das Zifferblatt ist versilbert, hat stählerne Indizes und Dauphine-Zeiger aus dem gleichen Material. Das Gehäuse ist zweiteilig gehalten und besteht aus Mittelteil mit integrierter Lünette und einem Schraubboden. Das Gehäusemittelteil ist aus dem Vollen gestanzt, tiefgezogen, gefräst, gedreht und mit den jeweiligen

Abb. 284
Zu den ganz seltenen Uhren dieses Buches gehört die Referenz 2585 in Edelstahl. Wie viele Exemplare von dieser Rarität produziert wurden, kann außer Patek Philippe niemand sagen. Mehr als vier oder fünf Stück werden es wohl nicht gewesen sein, schätzt der Autor. Die mehr als interessante Geschichte der hier abgebildeten Uhr ist hier zu finden (Werk-Nr. 765.932, Gehäuse-Nr. 694.414). Bei Patek Philippe gab es früher nur wenige Uhren mit automatischem Aufzug und wasserdichtem Stahlgehäuse. Neben der Referenz 2585 gehören noch die Referenzen 3466 und die Nautilus Referenz 3700/1 dazu (Aufnahme Christie's).

Oberflächen versehen. Der Gehäusedurchmesser beträgt genau 35,0 mm, die Gehäusekonstruktion ist mit jener der Referenz 2577 R-SCI, eine der wenigen Uhren mit Emaille-Zifferblatt, nahezu identisch. Diese Ähnlichkeit erkennt man auch an den kleinen Nuten, die zwischen den Bandanstoßoberseiten und dem zylindrischen Teil des Gehäuses eingestochen sind. Das Kaliber 12‴-600 AT ist dreifach verschraubt. Die Beschriftung des Innenbodens entspricht bis auf die Referenz- und Gehäusenummer jener der Referenz 3417 (siehe Seite 186).
Sowohl für den Leser als auch für den Verfasser verfügt dieses seltene Uhr über eine besonders interessante Geschichte. Noch in den 80er und den frühen 90er Jahren sammelte der Verfasser selbst einmal Armbanduhren. Als Ziel hatte er sich nur solche mit automatischem Aufzug und Schraubboden vorgenommen. Hierbei waren auch nur die edlen Fabrikate von Patek Philippe und Vacheron & Constantin gefragt.
Auf einer Auktion von Sotheby's, welche am Montag, den 28.10.1996 in New York stattfand, war auch der Verfasser anwesend. Unter Lot. Nr. 256 wurde die hier abgebildete Referenz 2585 aufgerufen. Bis zu 9.000 USD bot der Verfasser mit, die Uhr stieg im Preis jedoch weiter und wurde schließlich mit 10.000 bzw. 11.500 USD (inkl. 15 % Aufgeld) zugeschlagen. Bedauerlich für den Autor, wie wir später erfahren werden. Denn neben der Patek Philippe Referenz 3454 (siehe Seite 194) war dieses Modell das einzige, welches in der damaligen Kollektion noch fehlte!
Fast neun Jahre später tauchte dieselbe Uhr wieder bei Christie's in Genf auf und wurde bei der Auktion am 16.05.2005 mit 40.000 CHF aufgerufen. Nach einem heftigen Bietergefecht ging diese Uhr schließlich für genau 104.400 CHF (ca. 85.194 USD) an den neuen Besitzer! In knapp neun Jahren hatte sich der Wert dieser Uhr um ganze 73.695 USD, d. h. um 740 %, erhöht! Die Überraschung war groß, als diese Uhr am 10. Mai 2015 bei einer Auktion von Phillips in Genf wieder auftauchte und mit einem Aufrufpreis von 80.000 bis 120.000 CHF offeriert wurde. Zwar hatte man bei der Beschreibung dieser Uhr seltsamerweise die Werk- und Gehäusenummern nicht genannt, den Verfasser jedoch diskret wissen lassen, dass es sich um jene Uhr handeln würde, die am 16.05.2005 bei Christie's Genf versteigert wurde. Auch lag dem Verfasser noch ein zweiter Beweis zur Identität dieser Uhr vor. Nach langem, heftigen Bietergefecht fiel für diese Uhr schließlich bei unglaublichen 785.000 CHF der Auktionshammer!
Dass der zuvor beschiebene Kaufpreis wohl ein Einzelfall war, belegt das Angebot noch einer anderen Patek Philippe Ref. 2585 auf einer Auktion von Phillips am 11./12. November 2017. Bei einem Aufrufpreis von 50.000 bis 100.000 CHF ging diese Uhr für 100.000 CHF an den neuen Besitzer (Werk-Nr. 762.967,

Gehäuse-Nr. 694.408). Mit den Gehäusenummern 694.408 und 694.414 liegen diese nur sechs Zahlen auseinander. Ist daraus der Schluss zu ziehen, dass von dieser Referenz nur sechs Exemplare gefertigt wurden?
Sicher gehören diese Fälle zu den besonderen Beispielen von Wertsteigerungen. Jedoch sind auch bei weniger spektakulären Fällen beachtliche Renditen zu erwirtschaften, wie wir noch in diesem Kapitel erfahren werden.

Zum Schluss noch zwei Worte zur Stückzahl der Referenz 2585. Der Verfasser selbst kennt mittlerweile drei, der Uhrenexperte Dr. H. Crott vier dieser raren Uhren. Man kann gespannt sein, wann wieder eines dieser seltenen Exemplare auf Auktionen auftreten wird.

Zum Tragen: ++ Zum Sammeln: ++ Als Wertanlage: +++

Referenz 3403

Der Referenzkreis 3400 enthält viele interessante Armbanduhren. Die erste erwähnenswerte davon ist die Referenz 3403, eine wasserdichte Golduhr mit automatischem Aufzug. Dem Stammbuchauszug ist zu entnehmen, dass diese Uhr im Jahr 1956 gefertigt und am 30. August 1958 verkauft wurde. Das Kaliber 12‴-600 AT hat die Nummer 764.061, das Gehäuse die Nummer 309.891. Das im Stammbuchauszug mit 1956 aufgeführte Fertigungsjahr ist etwas erstaunlich, wurde laut Angabe von Patek Philippe die Referenz 3403 erst im Jahr 1958 lanciert. Das Zifferblatt der hier vorgestellten Uhr ist cremefarben lackiert und befindet sich noch im Originalzustand. Die leicht angesetzte Patina stört hierbei nicht. Der Firmenaufdruck »PATEK PHILIPPE, GENÈVE«, der Konzessionärshinweis »TIFFANY & CO.« sowie die Teilstriche der Kleinen Sekunde sind emailliert. Dass auch der Konzessionärshinweis emailliert ist, ist ein Novum. Normalerweise wurden die Namen der bevorzugten Konzessionäre nach Fertigstellung der Zifferblätter nachträglich aufgedruckt.
Kräftige, profilierte Indizes und Dauphine-Zeiger vermitteln dem Träger dieser Uhr die genaue Zeit. Das harmonisch wirkende Gehäuse misst im Durchmesser genau 32,5 mm. Dieser mit der Schieblehre ermittelte Wert steht im Widerspruch zu manchen Literaturangaben, in denen oft 32 oder 33 mm genannt werden. Das Gehäuse besteht aus einem massiven Mittelteil mit integrierter Lünette. Es ist aus dem Vollen gestanzt, gedreht, tiefgezogen, gefräst und oberflächenbearbeitet. Der stabile Schraubboden ist ebenfalls tiefgezogen und gedreht. Er ist mehrstufig abgesetzt und besitzt einen Schraubverschluss mit einem Zehnkant. Als erwähnenswert darf auch die aufwendig gestaltete Geschenkgravur auf dem Schraubboden genannt werden. Die Firma FOREST OIL schenkte ihrem Manager Ralph. E. Warner 1958 diese Uhr. Forest Oil Corporation wurde 1916 in den USA gegründet und gehört heute zu den größten und noch unabhängigen Unternehmen für Exploration, Produktion, Vermarktung von Öl und Gas. Nach einer kompletten Überholung bei Patek Philippe in Genf strahlt auch das Werk wie im Neuzustand. Die Genfer Punze wurde sowohl auf der Grundplatine als auch auf der Wechslerbrücke plaziert, in beiden Fällen mit Goldfarbe hinterlegt. Für viele Uhrenfreunde gilt auch hier das Kaliber 12‴-600 AT als das schönste Automatikwerk, das je gebaut wurde.
An der Gehäuseseite auf Höhe der 4 finden wir die »kleine Helvetia« eingeschlagen. Unter dem Stereomikroskop betrachtet, erkennt man unter dem Kopf der Helvetia den Buchstaben »G« für das Prüfungsamt Genf. Weiter gelangt man zum Eindruck, dass dieses Gehäuse nicht nachgearbeitet wurde. Die Kennzeichnungen im Innenboden weichen von der bisher beschriebenen Praxis etwas ab. Im oberen Teil finden sich untereinander die »große Helvetia«, der Feingehaltsnachweis »0,750« und die Punze des Gehäusemachers. Im unteren Teil sind »PATEK, PHILIPPE & C$^{\underline{o}}$«, »-GENEVE-« und »SWISS.« eingeschlagen. Bei »GENEVE« fehlen accent grave sowie ein rechter Gedankenstrich, dem »SWISS« hat man wieder einen Punkt vergönnt. Darunter steht die Referenz-Nr. 3403 ohne Vorspann. Die Oberfläche des Innenbodens scheint ganz wenig perlgestrahlt zu sein, da sich die Drehriefen vom Ausdrehen noch etwas erkennen lassen. Die Kollektiv Verantwortlichkeitsmarke Nr. 5 mit Schlüssel Nr. 4 verrät uns den Gehäusemacher Antoine Gerlach SA, Genève. Diese Firma wurde 1977 gelöscht.
Die hier vorgestellte Uhr stammt von Christie's in New York und wurde am 24.10.2001 für 14.100 USD erworben. Für die bei Patek Philippe in München durchgeführte Revision mussten einschießlich Stammbuchauszug 1.052,17 € bezahlt werden. Darin machten die Werksrevision mit 445 € und der Goldrotor im Austausch mit 260 € die größten Positionen aus (Rechnung vom 11.11.2002).
Uhren der Referenz 3403 werden selten angeboten. Bei Antiquorum in Genf wurde am 12.10.2003 eine gelbgoldene Version offeriert und für 16.800 CHF verkauft. Bei Antiquorum in New York wurde am 01.12.2004 ein Modell in Gelbgold aufgerufen und für 16.800 USD veräußert.
Auf der gleichen Auktion wurde eine weitere Referenz 3403 mit Zifferblattaufdruck »TIFFANY & CO« sowie der Geschenkgravur der Firma Forest Oil Corporation aufgerufen und für 14.400 USD zugeschlagen (Werk-Nr. 764.444, Gehäuse-Nr. 309.897). Unsere hier vorgestellte Referenz 3403 liegt mit der Gehäuse-Nr. 309.891 nur sechs Zahlen davor. Die bei Antiquorum versteigerte Uhr war bereits drei Jahre zuvor schon einmal im Internet verkauft worden. Der Antikhändler Hess Fine Art in Tampa-St. Petersburg, Florida, USA, hatte genau dieses Sammlerstück bei Ebay offeriert und am 28.04.2001 für 13.355 USD verkauft. Bringt man vom Auktionsergebnis von 14.400 USD die Einlieferungsgebühren und das Aufgeld in Abzug, hat der Verkäufer rund 2.500 USD Verlust gemacht!

Zum Tragen: + Zum Sammeln: +++ Als Wertanlage: ++

Referenz 3415

Bei der nun zu beschreibenden Referenz 3415 haben wir auf der Seite 184 wieder zwei Exemplare aufgeführt. Neben den unterschiedlichen Gehäusen in Rosé- und Gelbgold weichen

Abb. 285
Gegenüberstellung der Referenz 3403 in Gelbgold (rechts) und 3415 in Roségold (links). Beide Uhren werden vom Automatikkaliber 12‴-600 AT angetrieben und verfügen über ein wasserdichtes Gehäuse mit Schraubboden. Nur im Gehäusedurchmesser unterscheiden sich die zwei Uhren. Die rechte bringt es auf 32,5, die linke auf 35 mm. Beide Uhren haben noch die originalen Zifferblätter. Die rechte trägt die Verkäufersignatur »TIFFANY & CO«. Das Zifferblatt der Referenz 3415 birgt noch einige Besonderheiten in sich. Die Stundenanzeige für die 12, 3, 6 und 9 erfolgten mittels aufgesetzten Indizes. Die restlichen Stundenanzeigen sind facettiert. Beim Facettieren wird in das Zifferblatt mit einem Diamantstahl spanabhebend eine keilförmige Vertiefung gezogen. Damit tritt unter dem Lack das Gold des Zifferblattes wieder zu Tage. Weitere Einzelheiten zu dieser nur selten verwendeten Arbeitstechnik finden sich auf dieser Seite.

diese beiden Uhren auch in weiteren Details voneinander ab. Und sie beinhalten beide spannende und für den Sammler lehrreiche Details, die beim Kauf solcher wertvoller Sammlerstücke bares Geld wert sind. Selbst für erfahrene Fachleute und Händler sind die hier beschriebenen Einzelheiten und Fakten von hohem Wert – sowohl für den An- als auch für den Verkauf von wertvollen Armbanduhren dieser Marke.

In beiden Uhren arbeitet das Automatikkaliber 12‴-600 AT. Die Werknummer lautet in der roségoldenen Uhr 766.091, in der anderen 766.095. Sie liegen somit nur vier Nummern auseinander und dürften am gleichen Tag produziert worden sein. Die Gehäusenummer der roségoldenen Uhr lautet 2.608.806, die der gelbgoldenen 2.608.696. Die Gehäusenummern liegen um 110 Stück auseinander. Beide Gehäuse wurden vom gleichen Gehäusemacher geliefert. Von der gelbgoldenen Referenz 3415 liegt uns ein Stammbuchauszug vor. Nach dessen Aussage wurde die Uhr 1958 produziert und am 29. September 1959 verkauft. Beginnen wir mit der vegleichenden Beschreibung der Zifferblätter. In beiden Fällen befinden sich diese noch im Originalzustand. Wie bei Patek Philippe üblich, sind diese zwei Zifferblätter aus 750 Goldblech gefertigt. Bei der ersten kam jedoch Roségold, bei der zweiten Gelbgold zur Anwendung. Wie wichtig diese Unterscheidung ist, ersehen wir bei der Gestaltung der beiden Zifferblätter. Der Firmenname »PATEK PHILIPPE, GENÈVE« und die Teilstriche der Kleinen Sekunde sind emailliert, die Oberfläche mit leichtem Rosé- bzw. Gelbgoldton cremefarben lackiert. Stundenanzeigen 3, 6 und 9 sind mit je einem, die 12 mit zwei Indizes versehen. Die restlichen Stunden sind facettiert. Beim Facettieren wird mit einem Diamantstahl (spitzer Winkel mit 60° oder 90°) in das Zifferblatt spanabhebend eine keilförmige Vertiefung gezogen. Diese nur selten verwendete Arbeitstechnik erfolgt nach dem Lackieren des Zifferblatts. Hierzu wird das Zifferblatt von einem Teilkopf aufgenommen und im richtigen Winkel sowie der gewünschten Länge facettiert. Damit die Oberfläche dieser keilförmigen Vertiefung nicht oxidiert, muss, wie schon zuvor erwähnt, das Zifferblatt aus 18karätigem Gold bestehen. Der Aufdruck »SWISS« unter der 6 ist nicht zu erkennen. Ob dieser überhaupt vorhanden ist, kann erst beim nächsten Zerlegen der Uhr geklärt werden. Bei der gelbgoldenen Uhr wurde

Abb. 286
Reglage des Kalibers 12'''-600 AT in rund 20facher Vergrößerung. Nicht nur der Uhrmacher erkennt alle relevanten Bauteile. Zunächst ein Hinweis zur Gyromax-Unruh. Bei der ersten Bauform waren die Masselotte-Gewichte in Aussparungen des Unruhreifes positioniert. Gut erkennbar sind auch Breguet-Spirale, Spiralklötzchenträger, Rücker und Mikrometerschraube. Auch erkennt man diverse weitere Details, z. B. den Umstand, dass die Schwanenhalsfeder zweifach von unten verschraubt ist.
Zur Justierung des Ganges kann man entweder einen Rücker, der die Schwingugslänge der Spirale begrenzt, oder eine Gyromax-Unruh, die das Schwungmoment GD^2 zu steuern erlaubt, einsetzen.
Hier sind beide Möglichkeiten installiert, das System ist somit doppelt gemoppelt, wie man im Volksmund sagt. Bei den späteren Werken von Patek Philippe hatte man nur noch eine Gyromax-Unruh eingebaut.

Abb. 287
Die Referenzen 3415 und 3429 sehen sich auf den ersten Blick zum Verwechseln ähnlich. Das Gehäusemittelteil mit integrierter Lünette ist identisch, nur die Gehäuseböden weichen in kleinen Details voneinander ab. Als sicheres Unterscheidungsmerkmal dient das Zifferblatt. Jenes der Referenz 3429 hat nur aufgesetzte Indizes, das der Referenz 3415 die bei Abbildung 288 erläuterte Facettierung. Bei den zwei unteren Uhren kann man bei der rechten die Facettierung deutlich erkennen. Diese Referenz 3415 in Gelbgold trägt den Konzessionärsaufdruck »WILH. SCHAAFF, HEIDELBERG«. Dieses Geschäft wurde bereits Anfang der 80er Jahre geschlossen. In der oberen Reihe befindet sich die roségoldene Referenz 3415 auf der linken, die Referenz 3429 auf der rechten Seite. Dass in den beiden Referenzen auch verschiedene Kaliber ticken, erkennt man erst nach dem Öffnen des Bodens: In der Referenz 3415 das 12'''-600 AT, in der 3429 das Nachfolgekaliber 27-460.

Abb. 288
Der rechte untere Bandanstoß einer gelbgoldenen Referenz 3415 hat die »große Helvetia« eingeschlagen. Beim genauen Hinsehen sieht man links noch das »G« für das Prüfungsamt Genf. An den diversen Kratzern und den Materialverwerfungen an der Nut des Schraubbodens erkennt man den regen Gebrauch dieser Uhr. Die Tiefe der Punze erlaubt uns auch die Vermutung, dass dieses Gehäuse wohl noch nie nachgearbeitet wurde.

Abb. 289
Auch dieser Bandanstoß gehört zu einer Referenz 3415, jedoch zu einer roségoldenen. Wer hier unsachgemäß gearbeitet hat, lässt sich bei einer Uhr aus dem Jahre 1958 heute nicht mehr nachvollziehen. Fakt ist, dass hier 2 bis 3 Zehntel Millimeter wertvolles Gold sinnlos abgetragen, aber die ursprüngliche Oberflächenstruktur nicht beachtet wurde. Denn ab Werk war das gesamte Gehäuse mit der Referenz 3415 nur diamantiert. Die Überarbeitung eines Uhrengehäuses sollte immer wohl überlegt sein.

mit »WILH. SCHAAFF, HEIDELBERG« noch der Name des Konzessionärs aufgedruckt. Der Juwelier Wilh. Schaaff, Hauptstraße 34, Heidelberg, ist im deutschen Katalog von Patek Philippe für das Jahr 1961 aufgeführt. Er war damals einer der insgesamt 15 Konzessionäre in Deutschland. Laut Aussage einer Verwandten dieses längst verstorbenen Juweliers bestand das Geschäft bis in die 80er Jahre. Heute gibt es für unsere Marke in Heidelberg keinen Konzessionär mehr. Das Gehäuse der Referenz 3415 besteht aus zwei Teilen, dem Gehäusemittelteil mit integrierter Lünette und dem Schraubboden. Das Gehäusemittelteil ist als Drehteil gefertigt. Die Bandanstöße sind eingelötet. Der massive Schraubboden wurde gestanzt, tiefgezogen, gedreht und die runden Partien diamantiert. Im geraden Bereich weist der Schraubboden eine Materialstärke von gemessenen 0,5 mm auf. Der Durchmesser des Gehäuses misst 35,0 mm. Im Bereich der Lünette ist das Gehäusemittelteil zwei Mal leicht konisch abgesetzt. Die Außenseite ist zylindrisch gehalten und unten mit einem kleinen Absatz und einem konischen Abschluss versehen. Eine derartige Gehäusekontur kann man nur mit Drehen realisieren.

Von hohem Wert sind die Aussagen über die hier ursprünglich vorhandenen Oberflächen. Das Gehäuse des gelbgoldenen Exemplars hat zwar deutliche Gebrauchsspuren, verfügt aber noch über die werksseitig erstellten Oberflächen. Alle Flächen des Gehäusemittelteils sind ausnahmslos diamantiert. Die »kleine Helvetia«, die an der Außenseite des rechten unteren und linken oberen Bandanstoßes eingeschlagen ist, liegt noch tief versenkt, auch das »G« für das Prüfungsamt Genf ist noch zu erkennen. Der mit sechs Nuten versehene Schraubboden wurde in seinem runden Bereich diamantiert, der ebene Teil des Bodens ist gedreht. Beim Gehäuse des roségoldenen Exemplars verfügte der verantwortliche Poliseur nicht über diese genauen Vorgaben und ging nach eigenem Gutdünken vor. So wurde der zylindrische Teil des Gehäuses in Längsrichtung satiniert, die abgestufte Lünette sowie der untere konische Teil des Gehäuses korrekt diamantiert. Auch die Außenflächen der Bandanstöße erhielten in senkrechter Richtung eine Satinage, von der aber die dort eingeschlagene »kleine Helvetia« ganz schön mitgenommen wurde. Sie ist kaum noch erkennbar (siehe Abb. 289). Der Schraubboden erhielt jedoch die korrekten Oberflächen.

Die roségoldene Referenz 3415 absolvierte bei Patek Philippe in München eine Revision, entsprechend fällt der Zustand des Werkes aus. Abgesehen von der mangelnden Schmierung befindet sich auch das Werk der zweiten Uhr in einem guten Zustand. Spannend fällt auch der vergleichende Blick auf die beiden Innenböden aus. Der des roségoldenen Exemplars verfügt noch über seine ursprüngliche Oberfläche. Nach dem Einschlagen aller Informationen wurde dieser Innenboden ganz fein perlgestrahlt. Als einzige Zusatzinformation hat noch ein Uhrmacher mit feinem Filzstift das Kürzel »L.F.« vermerkt.

Beim Innenboden des gelbgoldenen Gehäuses sieht es etwas anders aus. Hier wurde der Boden in das Futter einer Drehbank eingespannt und die Innenfläche mit Schmirgelpapier nachgearbeitet. Unter dieser unsachgemäßen Behandlung haben auch die eingeschlagenen Informationen leiden müssen. Im Regelfall muss man bei solchen Nacharbeiten davon ausgehen, dass man damit früher angebrachte Uhrmacherzeichen entfernen wollte. Eine Uhrmachersignatur war mit »9674 RPU+« erst nach der genannten Behandlung mit Schmirgelpapier eingeritzt worden. Bis auf die Gehäusenummer stimmen die im Innenboden vorhandenen Informationen bei diesen zwei Uhren überein. An manchen Details ist nachzuvollziehen, dass hier der gleiche Gehäusemacher tätig war. Von oben nach unten sind die »Helvetia«, der Feingehaltsnachweis »0,750«, »PATEK, PHILIPPE & C$^{\underline{o}}$ «, »-GENEVE-« und »SWISS« eingeschlagen. Mit Abstand folgen darunter »REF 3415«, die Gehäusenummer und die Gehäusemacher-Punze. Der Gehäusemacher gehört zur Kollektiv Verantwortlichkeitsmarke Nr. 5 mit Schlüssel Nr. 1. Dahinter steckt die Firma Ed. Wenger SA, Genève, die 1992 gelöscht wurde.

Die roségoldene Referenz 3415 stammt vom Münchner Antik-Uhrenhändler Bachmann & Scher und wurde mit 10.400 € bezahlt. Der Autor kennt Thomas Bachmann schon seit über 20 Jahren und schätzt ihn als seriösen und kompetenten Fachmann. Die bei Patek Philippe in München durchgeführte Revision schlug mit 497,90 € zu Buche. Die gelbgoldene Ausführung wurde bei Henry's Auktionshaus in Mutterstadt für 7.198,18 € ersteigert. Eine Revision war jedoch noch nicht erfolgt.

Bei Antiquorum in Genf wurde ein solches Modell am 23.04.1995 für 6.840 CHF versteigert. Zehn Jahre später wurde dort am 16.10.2005 eine roségoldene Version für 15.000 CHF verkauft (Werk-Nr. 766.165, Gehäuse-Nr. 2.608.800). Das im Auktionskatalog mit 1960 aufgeführte Produktionsjahr dürfte wohl nicht ganz richtig gewesen sein, stammt diese Uhr aus dem gleichen Jahr wie unsere beiden hier vorgestellten Exemplare.

Zusammenfassend darf hier betont werden, dass man Uhrengehäuse, die sich noch im ursprünglichen Zustand befinden, auch so belassen sollte. Denn kleine Gebrauchsspuren am noch originalen Gehäuse stören weit weniger als eine äußerlich nicht korrekt aufgearbeitete Uhr. Wie im vorliegenden Fall die beiden Uhren der Referenz 3415 bewiesen haben.

Zum Tragen: ++ Zum Sammeln: ++ Als Wertanlage: ++

Referenz 3417 Amagnetic

Zu den heute gesuchtesten Uhren unseres Genfer Herstellers gehört die nur mit Stahlgehäuse gelieferte Referenz 3417 Amagnetic. Im deutschen Katalog von Patek Philippe für das Jahr 1961 war sie auf Seite 11 aufgeführt. Der damalige Preis lag bei 900 DM. Heute werden Uhren dieser Referenz für das 50- bis 80fache angeboten. In unserem hier vorgestellten Sammlerstück arbeitet das Kaliber 27-AM 400 mit Werk-Nr. 732.829. Das Gehäuse hat die Nummer 2.633.182. Die Uhr stammt aus dem Jahr 1963. Das Zifferblatt ist silberfarben lackiert, Herstellername und die Teilstriche für Minuten sind aufgedruckt. Nicht jedes der noch originalen Zifferblätter trägt bei der 6 den Aufdruck »SWISS«. Außer der 12, die arabische Ziffern hat, werden die Stunden bis auf die 6 mit Indizes in Balkenform markiert. Dazu passen auch bestens die montierten Baton-Zeiger. Das Gehäuse ist sehr aufwendig konstruiert, damit eventuelle magnetische Felder den genauen Gang der Uhr nicht stören können. Dafür sorgen ein besonderes Zifferblatt, ein Werkhaltering sowie ein spezieller Innenboden, die alle aus Weicheisen vom Typ Permalium gefertigt sind. Das Außengehäuse besteht aus Gehäusemittelteil mit integrierter Lünette

Abb. 290
Zu den heute gesuchtesten Uhren unserer Genfer Manufaktur gehört die nur mit Stahlgehäuse gelieferte Referenz 3417 Amagnetic. 1961 war diese gegen elektromagnetische Felder geschützte Uhr für 900,- DM zu haben. Heute muss das 50- bis 80fache bezahlt werden. Die Referenz 3417 wurde in zwei Serien aufgelegt. Nur bei den Uhren der ersten Serie ist der Schriftzug Amagnetic zu finden, sie erzielen auf Auktionen auch oftmals höhere Preise. Uhren, die gegen elektromagnetische Felder geschützt sind, werden nur von wenigen Berufsgruppen benötigt. Anlagebanker gehören hier bestimmt nicht dazu. Vielmehr sind es Führer von elektrischen Lokomotiven oder Starkstromelektriker in Kraftwerken, die solche Uhren in der Tat benötigen. Weitere Informationen zu dieser Uhr finden sich auf dieser Seite (Werk-Nr. 732.829, Gehäuse-Nr. 2.633.182).

und einem sehr stabilen Schraubboden, beide aus Edelstahl. Das Gehäusemittelteil ist aus dem Vollen gestanzt, gedreht, gefräst und oberflächenbearbeitet. Der Durchmesser beträgt 35,0 mm. Der Boden entstand als Drehteil und verfügt über sechs tiefgezogene Nuten. Die Materialstärke beträgt gemessene 0,5 mm. Der Innenboden ist aus dem Vollen gedreht und greift kartuschenartig in den Weicheisenring des Werks ein. Zwei kleine Einfräsungen sorgen für freien Durchgang von Aufzugswelle und Fixierstift für die genaue Position des Werkes. Das Kaliber 27-AM 400 weicht vom Kaliber 12‴-400 in vielen Details ab. Die Komponenten des Schwingungssystems sind aus antimagnetischem Material gefertigt (Anker aus vergoldeter Berylliumbronze, Hebelscheibe aus Messing, Hemmungsrad aus Durochrom). Beim Kaliber 27-AM 400 sind die Welle für den Sekundenzeiger sowie das Minutenrohr auch länger als beim Kaliber 12‴-400, um die größere Dicke des Weicheisenzifferblattes zu kompensieren.

Die Referenz 3417 wurde in zwei Serien aufgelegt. Bei der zweiten Serie wurde auf den Aufdruck Amagnetic verzichtet und auch die Sekunderie einfacher ausgeführt. Warum manche Zifferblätter den Aufdruck »SWISS« tragen und andere nicht, konnte bei Patek Philippe in Genf nicht geklärt werden.

Im Gegensatz zu Gehäusen aus Edelmetall fällt die Beschriftung des Innenbodens wesentlich einfacher aus. Von oben nach unten sind Firmenhinweis »PATEK, PHILIPPE & Co«, »≡GENEVE≡« und »SWISS« eingeschlagen. Im Anschluss folgen ohne Zusatzbezeichnung Gehäuse- und Referenznummern. Die Oberfläche ist perliert, insgesamt sind drei Uhrmacherzeichen eingeritzt. Die hier vorgestellte Uhr hatte ein Sammler für 10.700 USD in Los Angeles, Kalifornien, USA, erworben. Für die fachgerechte Revision bei Patek Philippe in Genf mussten weitere 1.090,40 € entrichtet werden. Alles in allem eine gute Investition.
Bei Antiquorum in New York wurde am 24.03.2004 eine Uhr der Referenz 3417 mit 18.400 USD zugeschlagen. Bei Sotheby's in Genf wechselte am 16.05.2006 eine Uhr der Referenz 3417 der zweiten Bauserie (ohne Aufdruck »Amagnetic«) für 32.400 CHF den Besitzer.
Bei Christie's in Genf wurde am 16. November 2009 eine Referenz 3417 mit eingehängtem Milanaise-Stahlband aufgerufen und für 42.500 CHF verkauft (Werk-Nr. 728.934, Gehäuse-Nr. 2.610.407, Baujahr 1960).

Zum Tragen: ++ Zum Sammeln: ++ Als Wertanlage: +++

Referenz 3419

Eine weitere raffinierte Konstruktion hatten sich die Entwicklungsingenieure von Patek Philippe in Genf mit der nur in Stahl gebauten Handaufzugsuhr Referenz 3419 einfallen lassen. In

Abb. 291
Die Referenz 3419 wurde wie die Referenz 3417 nur mit Stahlgehäuse gefertigt. Vom Vorgängermodell 3418 ist sie nicht leicht zu unterscheiden. Das hier vorgestellte Modell verfügt über das im oberen Bild vorgestellte Bandwechselsystem. Am besten sind diese beiden Referenzen an der Krone zu unterscheiden, die nur bei der Referenz 3419 leicht versenkt ist. Das hier gezeigte Modell ist in allen Teilen noch original, auch das Zifferblatt mit facettierten Stundenbalken. In diesem Falle wurde das Zifferblatt erst nach dem Facettieren versilbert, damit die Vertiefungen nicht oxidieren können (Werk-Nr. 730.715, Gehäuse-Nr. 2.619.877).

Abb. 292
Die Referenz 3419 verfügt über ein integriertes Wechselsystem für das Armband. Das Gehäusemittelteil besitzt im Bereich der zwei Bandanstöße über spezielle Ausfräsungen, welche je nach Ausführung die Anschlüsse für ein Leder- oder ein Stahlflechtband aufnehmen. Sind die zwei Passstücke eingesetzt, werden diese über eine Ringmutter festgehalten, die über ein Feingewinde am Gehäuse verschraubt wird. Auf diesem Bild ist der Boden des Gehäuses wieder zugeschraubt.

Ergänzung des Vorgängermodells Ref. 3418, welches ebenfalls nur mit Stahlgehäuse zu haben war, sollte auch bei der Referenz 3419 ein integriertes Wechselsystem für den Gebrauch von Leder- oder Stahlflechtbänder realisiert werden. Auf den ersten Blick sind die Uhren dieser beiden Referenzen nicht zu unterscheiden. Nur der Fachmann erkennt den kleinen Unterschied. Das Gehäuse der Referenz 3419 ist rechts für die Krone leicht angesenkt, d. h. die Krone sitzt im Gehäuse leicht vertieft. Für die hier vorgestellte Referenz 3419 liegt uns ein Stammbuchauszug vor. Das Kaliber 27-AM 400 hat die Werknummer 730.715, das Gehäuse die Nummer 2.619.877. Die Uhr wurde 1962 produziert und am 13. April des gleichen Jahres verkauft. Wie auf den Bildern zu sehen, wurde sie mit Lederband ausgeliefert. Das Zifferblatt ist versilbert. Firmenname, die Teilstriche für die Minuten und die Kleine Sekunde sowie der Nationalnachweis »SWISS« sind aufgedruckt. Bis auf die 6 sind alle Stundenindizes facettiert, bei der 12 jedoch zwei Mal. Passend hierzu sind Baton-Zeiger montiert. Das Gehäuse besteht aus Edelstahl und hat laut Prospekt einen Durchmesser von 34,4 mm. Die Konstruktion dieses Gehäuses ist aufwendig gestaltet. Das Gehäusemittelteil mit integrierter Lünette besteht aus zwei ineinander gesetzten Drehteilen. Der äußere Ring hat auf den Seiten der 6 und der 12 die speziellen Ausfräsungen, welche je nach Anwendung die Anschlussstücke für das Leder- oder das Stahlflechtband aufnehmen. Der innere Teil ist zylindrisch gehalten und hat an der Außenseite das Feingewinde für die Ringmutter angedreht. Das innere Gehäuse nimmt das Werk auf und wird über einen mit sechs Nuten versehenen Schraubboden verschlossen. Wenn man die zuvor beschriebenen

Bandansschlüsse in das Außengehäuse einlegt, kann die Ringmutter auf- und festgeschraubt werden. Für das Festziehen der Rundmutter wird ein spezieller Ringschlüssel benötigt, dessen Mitnehmerstifte in die zwei radialen Einfräsungen der Ringmutter greifen. Das Kaliber 27-AM 400 wird in einem Weicheisenring gelagert, der in seiner Konstruktion jenem in der Referenz 3417 entspricht. Da diese Uhr in Genf revidiert wurde, entspricht auch das Werk fast einem Neuzustand. Die Genfer Punze ist auf der Federhausbrücke und auf der Grundplatine nahe der Unruh eingeschlagen. Eine Flachdichtung sorgt für die garantierte Wasserdichtigkeit.
Die Ausführung und Beschriftung des Innenbodens entspricht im Prinzip jenem der Referenz 3417. Die hier beschriebene Referenz 3419 stammt aus den USA und wurde von einem deutschen Sammler für 4.950 USD erworben. Weitere 1.111,28 DM waren für die komplette Revision zu begleichen (Rechnung vom 25.06.2001).
Auf Auktionen werden diese Modelle selten angeboten. Beim Auktionshaus Antiquorum in Genf wurde am 13.04.1997 eine Ref. 3419 für 5.040 CHF verkauft. Sieben Jahre später versteigerte das gleiche Auktionshaus am 24.03.2004 in New York ein Exemplar für 6.960 USD. Beim Auktionshaus HERITAGE in Dallas, Texas, USA, wurde am 10.05.2010 ein revidiertes Exemplar aufgerufen und für 15.535 USD zugeschlagen (Werk-Nr. 729.198, Gehäuse-Nr. 2.606.134).

Zum Tragen: + Zum Sammeln: ++ Als Wertanlage: +

Abb. 293
Eine besonders spannende Geschichte erzählen uns die beiden Armbanduhren der Referenz 3425. Dieses Modell ist eine elegante Herrenarmbanduhr mit automatischem Aufzug und 33 mm Gehäusedurchmesser. Im Jahr 1960 eingeführt, waren einige Uhren der ersten Produktionsserie noch mit dem Kaliber 12'''-600 AT, alle folgenden mit dem Nachfolge-Kaliber 27-460 ausgestattet. Hier geht es um einen Vergleich einer neuwertigen mit einer stark mitgenommenen Ausführung sowie den Weg, wie man letztere wieder auf fast Neuzustand bringen kann. Dies betrifft sowohl das Zifferblatt als auch das Gehäuse. Zusammen mit der neuwertigen Uhr wurde das in den USA aufgefrischte Zifferblatt der Uhrenfabrik Bethge & Söhne in Ispringen übergeben und die Neuanfertigung des Zifferblattes in Auftrag gegeben. Das Ergebnis war so gelungen, dass selbst der Experte die beiden Zifferblätter kaum unterscheiden kann. So ist links die Uhr mit fehlerhaft aufgefrischtem, rechts mit dem von Firma Bethge & Söhne korrekt bedruckten Zifferblatt abgebildet.

Referenz 3425 in zwei lehrreichen Beispielen

Das dritte Modell von Patek Philippe, das mit dem neuen Kaliber 27-460 ausgerüstet wurde, ist die Referenz 3425. Mit einem Gehäusedurchmesser von 33,5 mm tritt sie zwar rein äußerlich etwas bescheiden auf, zeigt aber schon nach kurzem Kennenlernen ihre wahren Stärken.
Von diesem Modell stellen wir wieder zwei Exemplare vor. Zum einen, weil das erste nahezu neuwertig und in allen Kriterien original erhalten geblieben ist, zum anderen, weil das zweite Exemplar böse mitgenommen und recht verunstaltet worden war. Neben dieser vergleichenden Gegenüberstellung zeigen wir mit allen Details, wie die zweite Uhr trotz aller Handicaps aufwendig überholt und wieder fast auf Neuzustand gebracht wurde.
Besonders spannend wird dieser Vergleich aus dem Umstand heraus, dass Patek Philippe in Genf eine derartig umfangreiche und aufwendige Restaurierung im Normalfall nicht anbietet. Das erste Exemplar der Referenz 3425 beinhaltet das Kaliber 27-460 mit Werk-Nr. 1.114.454 und Gehäusenummer 2.639.270. Wie der Zifferblattaufdruck uns verrät, wurde diese Uhr an den Konzessionär Hausmann & Co in Rom geliefert. Im zweiten Exemplar arbeitet das Werk Nummer 1.114.987, die Gehäusenummer lautet 2.666.201. Damit liegen die Automatikwerke um 533, die Gehäuse um 26.931 Nummern auseinander.
Unsere erste Automatik ist noch neuwertig erhalten geblieben. Ein italienischer Uhrenfreund hatte sie am 08.12.2002 bei einem Händler in New York für 4.500 USD erworben. Für eine später bei Patek Philippe durchgeführte Revision mussten weitere 1.470,30 € netto investiert werden (Rechnung vom 26.08.2003).

Abb. 294
Auf dieser Aufnahme ist unten die aus den USA stammende Referenz 3425 abgebildet. Die umfangreiche Inschrift war sicher gut gemeint, macht aber die Uhr schwer verkäuflich. Nach dem Vorbild der neuwertigen Ausführung wurde der Boden abgenommen und von einem Pforzheimer Spezialisten überarbeitet. Mittels Laser und Golddraht wurden alle Inschriften aufgefüllt und im zweiten Schritt überdreht und diamantiert. Die obere Uhr zeigt das Ergebnis – einen nahezu neuwertigen Schraubboden (Werk-Nr. 1.114.987, Gehäuse-Nr. 2.666.201)!

Die Uhr wurde im Jahre 1966 in Rom beim Juwelier Hausmann & Co. erworben. Hausmann & Co. gehört zu den ältesten Konzessionären von Patek Philippe in Italien und konnte 1994 sein 200jähriges Firmenjubiläum feiern. Der Firmenname verrät uns, dass dieses Juweliergeschäft deutsche Wurzeln hat. Die zweite Uhr stammt aus den USA und wurde von einem deutschen Uhrenfreund über das Internet erworben. Dass diese Patek Philippe in den letzten 40 Jahren viel erdulden musste, erfahren wir nun in der vergleichenden Beschreibung. Vorab soll noch darauf hingewiesen werden, dass die Referenz 3425 im deutschen Katalog 1961 von Patek Philippe aufgeführt und in Gelbgold für 1.755 DM zu haben war.

Das Zifferblatt dieser Referenz ist silberfarben lackiert. Der Firmenname »PATEK PHILIPPE, GENÈVE«, die Teilstriche für die Minuten, die Kleine Sekunde, der Konzessionärsname »HAUSMANN & Co.« sowie der Nationalnachweis »SWISS« sind in einem Durchgang gedruckt. Die Indizes sind in Balkenform gehalten und aufgenietet. Die montierten Baton-Zeiger passen genau zu diesem Design.

Bei der zweiten Uhr wurde das Zifferblatt aufgefrischt, jedoch mit einigen Mängeln. Der Firmenaufdruck ist etwas zu groß ausgefallen und der accent grave beim zweiten »È« von »GENÈVE« vergessen worden. Die Anordnung der Teilstriche der Sekunderie stimmt weder im Durchmesser noch in der Strichstärke mit dem Original überein. Auch wurde das »SWISS« unter der 6 weggelassen.

Dieses etwas außer der Reihe fallende Zifferblatt wurde der Zifferblattfabrik Bethge & Söhne nahe Pforzheim eingereicht und unter Vorlage des Originalzifferblatts der ersten Uhr fachgerecht überarbeitet. Für diese Arbeit wurden 280,- € berechnet. Nach Remontage dieses gelungenen Zifferblatts waren dann beide Uhren für den Laien nicht mehr zu unterscheiden. Einem Fachmann wäre im direkten Vergleich höchstens die etwas hellere Farbe des Neudrucks aufgefallen. Das Gehäuse der Referenz 3425 ist zweiteilig und mit einem Schraubboden verschlossen. Das Gehäusemittelteil mit integrierter Lünette wurde als Drehteil gefertigt, die vier Bandanstöße sind eingelötet. Die Lünette ist kehlförmig abgesetzt, das Gehäusemittelteil zylindrisch ausgebildet. Der Schraubboden ist tiefgezogen, gedreht, diamantiert und mit sechs Nuten versehen. Er ist außen zweifach konisch abgesetzt und in der Mitte eben. Die dortige Wandstärke beträgt 0,50 mm.

Das Gehäuse des zweiten und hier beschriebenen Exemplars fällt im Prinzip identisch aus. Nur der Schraubboden ist mit einer umfangreichen Inschrift versehen. »50 YEARS OUTSTANDING SERVICE, PRESENTED TO C. S. WHITE-SPUNNER, DECEMBER 1969 BY TURNER SUPPLY CO.« lautet die komplette Gravur. Die Firma Turner Supply Co. hat ihren Sitz in der Stadt Mobile, Alabama, USA, und wurde 1905 gegründet. Als Distributor vertreibt Turner heute Industrieprodukte führender Hersteller, wie 3M, NORTON, SANDVIK und viele andere.

Da eine Patek Philippe mit einem derartig »verschönten« Gehäuse nur mit deutlichem Preisabschlag verkäuflich ist, wurde das Gehäuse einem Pforzheimer Gehäusemacher zur Überholung eingereicht und die erste Uhr als Muster vorgelegt. Der Schraubboden wurde von einer speziellen Aufnahme geführt und alle Inschriften per Laser mit Gold aufgefüllt. Im Anschluss wurde der Boden gedreht, diamantiert und in den Ursprungszustand zurückversetzt. Die vergleichende Darstellung auf Seite 188 bestätigt die gelungene Arbeit des Gehäusemachers. Für diese Arbeiten wurden 214,80 € bezahlt.

Abweichend von anderen Uhren fand sich am Gehäuse der Referenz 3425 außen keine Goldpunze. Der Beschriftung des Innenbodens war zu entnehmen, dass beide Gehäuse vom gleichen Lieferanten stammen. Von oben nach unten folgen die »große Helvetia«, der Feingehaltsnachweis »18 K/0,750«, der Firmeneindruck »PATEK-PHILIPPE & C$^{\underline{o}}$ «, »-GENEVE-« und »SWISS«, die Kennzeichnung »RÉF. 3425«, die Gehäusenummer sowie die Punze des Gehäusemachers. Letztere gehört zur Kollektiv Verantwortlichkeitsmarke Nr. 5 mit Schlüssel Nr. 1. Dahinter steht die Firma Ed. Wenger SA, Genève, die 1992 gelöscht wurde. Die Oberfläche des Innenbodens der ersten Uhr ist fein perlgestrahlt und weist keine Uhrmacherreparaturzeichen auf. Der Innenboden des überarbeiteten Exemplars wurde nach Überholung des Schraubbodens ebenfalls noch einmal perlgestrahlt, wenn auch etwas grobkörniger als ursprünglich.

Uhren der Referenz 3425 sind eigentlich immer gefragt. Ob für den Alltagsgebrauch oder als Sammlerstück behalten sie immer ihren Wert. Bei Antiquorum in Genf wurde am 20.10.1991 eine Uhr für 7.200 CHF verkauft. Beim gleichen Auktionshaus in New York wurde am 20.06.1998 eine Referenz 3425 in Gelbgold für 6.348 USD zugeschlagen. Schließlich kam wieder bei Antiquorum in Genf am 29.03.2009 ein Exemplar in Weißgold zum Aufruf und brachte es auf 9.600 CHF (Werk-Nr. 1.113.274, Gehäuse-Nr. 2.636.947).

Zum Tragen: ++ Zum Sammeln: ++ Als Wertanlage: +

Referenz 3429

Abb, 295
Die Referenz 3429 gehört zu den besonders gefälligen Armbahnuhren unserer Genfer Manufaktur. Bis auf die zum Teil facettierten Indizes sieht sie der Referenz 3415 sehr ähnlich. Der Schraubboden der Referenz 3429 ist zweifach konisch abgesetzt, jener der 3415 rund bzw. ballig diamantiert. Anstelle des Kalibers 12'''-600 AT arbeitet hier das Nachfolgekaliber 27-460 (Werk-Nr. 1.113.443, Gehäuse-Nr. 2.644.656).

Eine weitere beliebte Automatik ist die Referenz 3429. Sie wurde mit Gelb- und Roségoldgehäuse produziert. Das Gehäusemittelteil mit integrierter Lünette entspricht dem Gehäuse der Referenz 3415, nur der Schraubboden ist nicht rund oder ballig diamantiert, sondern zweistufig konisch abgesetzt. Auf den ersten Blick könnte sie leicht mit der Referenz 3415 verwechselt werden, wenn letztere nicht auf dem Zifferblatt facettierte Indizes hätte. In dieser Uhr arbeitet das Kaliber 27-460 mit Werk-Nr. 1.113.443 und Gehäuse-Nr. 2.644.656.
Das Zifferblatt der Referenz 3429 besteht aus Gelbgold, der Firmenaufdruck, die Teilstriche für die Minuten und die Kleine Sekunde sind emailliert. Im Anschluss an diese Vorarbeiten

Abb. 296
Bei Patek Philippe wird auch auf das kleinste Detail geachtet. Hier sehen wir die hier vorgestellte Referenz 3429 mit abgenommenen Krokoband (genau: Louisiana-Aligator-Band). Dieses Band ist handgenäht und wird allgemein Umbugg-Band genannt. Daneben liegen Dornschließe und Federsteg – beide aus 18 Karat Gelbgold gefertigt. Will man das Band vom Gehäuse lösen, nimmt man ein passendes Werkzeug von Patek Philippe oder auch einen präparierten Zahnstocher, um den Pin nach innen zu schieben und das Band herauszunehmen. Das Gehäuse der Referenz 3429 entstand als Drehteil. Die eingelöteten Bandanstöße sind gut zu erkennen. Die Stegbreite beträgt 18 mm.

wurde das Zifferblatt galvanisch versilbert und mit einem Sonnenschliff versehen. Die goldenen Indizes in Balkenform sind aufgenietet, bei der 12 zwei nebeneinander. Hierzu sind die passenden Baton-Zeiger montiert. Der Nationalnachweis »SWISS« unter der 6 ist aufgedruckt.
Laut Verkaufskatalog von 1961 hat das Gehäuse der Referenz 3429 einen Durchmesser von genau 35 mm. Das Gehäuse der ersten Uhr hat an der Gehäuseseite in Höhe der 4 eine »kleine Helvetia« eingeschlagen. Werksseitig sind alle Gehäuseoberflächen bis auf den gedrehten Boden diamantiert!
Die Uhr mit Kaliber 27-460 wurde bei Patek Philippe in München überholt und optisch wieder auf Neuzustand gebracht. Das Modell mit Werk-Nr. 1.113.443 befand sich in einem so guten Zustand, dass sich die Revisionskosten in Grenzen hielten und von Patek Philippe in München nur mit 750,52 € berechnet wurden (Rechnung vom 13.12.2002).
Nach diesen Arbeiten erreichte die Uhr wieder Chronometer-Gangwerte.
Die hier beschriebene Referenz 3429 wurde am 22.08.2002 von einem Antikuhrenhändler in New York für genau 4.785 USD (ca. 4.800 €) gekauft. Die goldene Stiftschließe, die goldenen Federstege sowie das Original-Krokoband waren an dieser Uhr noch vorhanden. Nach dem deutschen Katalog von Patek Philippe aus dem Jahr 1961 kostete eine gelbgoldene Referenz 3429 genau 1.755 DM, eine weißgoldene 1.930 DM. Beim Auktionshaus Antiquorum in New York wurde am 14.06.2006 eine gelbgoldene Ausführung für 9.000 USD, am 28.05.2007 eine weißgoldene für 26.400 USD verkauft (Werk-Nr. 1.115.296, Gehäuse-Nr. 2.644.740).

Zum Tragen: ++ Zum Sammeln: ++ Als Wertanlage: ++

Referenz 3433

Zu den Uhren des 3400-Referenzkreises, die es auf einen Gehäusedurchmesser von 36 mm bringen, gehören auch jene der Referenz 3433. Im deutschen Katalog von Patek Philippe aus dem Jahr 1961 ist sie auf Seite 14 aufgeführt und der Gehäusedurchmesser mit 36 mm angegeben. Die gelbgoldene Version ist mit 1.855 DM ausgewiesen. Diese Referenz wurde aber auch mit Gehäusen aus Platin gefertigt, vielleicht aber in Deutschland nicht angeboten.

Abb. 297
Das Modell Referenz 3433 wird nur selten angeboten. Es gilt als Nachfolger der Referenz 2551 und bringt es auch auf einen Gehäusedurchmesser von 36 mm. Von außen ist sie nur am Schraubboden zu unterscheiden. Bei der Referenz 2551 ist der Boden rund bzw. ballig diamantiert, bei der Referenz 3433 zweifach konisch abgesetzt. Warum die tiefgezogenen Nuten viel kleiner als üblich ausgeführt sind, war nicht zu ergründen.

Die hier vorgestellte Automatik gilt als Nachfolgemodell der Referenz 2551 und sieht dieser sehr ähnlich, wird aber vom Kaliber 27-460 angetrieben. Das Werk hat die Nummer 1.112.899, das Gehäuse die Nummer 2.626.193. Das Zifferblatt wurde anlässlich einer Revision bei Patek Philippe in München getauscht. In der jetzigen Ausführung ist es cremefarben lackiert und mit abgerundeten Balken-Indizes, die vernietet sind, versehen. Der obere Teil dieser Indizes ist schwarz lackiert. Bei der 6 ist der Index wegen des Sekundenkreuzes gekürzt, bei der 12 sind drei Indizes aufgenietet. Passend hierzu sind Baton-Zeiger montiert.
Das Gehäuse besteht aus zwei Teilen. Im Gehäusemittelteil ist die Lünette integriert, beide sind als Drehteil gefertigt. Die vier Bandanstöße sind profiliert angelötet, d. h. genau dem Gehäuseprofil angepasst. Der Boden ist tiefgezogen, gedreht und oberflächenbearbeitet. Wie schon der Schraubboden der

Referenz 3429 ist er zweifach konisch abgesetzt, der ebene Bodenbereich gedreht. Warum die tiefgezogenen sechs Nuten deutlich kleiner als bei der Referenz 3425 und 3429 ausgefallen sind, ist nicht mehr nachzuvollziehen.
Diese Uhr erhielt bei Patek Philippe in München eine komplette Revision. Für diese Überholung wurden 3.031,20 € bezahlt. In diesem Betrag waren 1.400 € für die Restaurierung, 635 € für das Ersatzzifferblatt 132,50 € für das Minutenrad mit Minutenrohr sowie 122 € für das Kugellager für den Goldrotor die größten Positionen (Rechnung vom 17.05.2006). Nach diesen Arbeiten präsentiert sich das Werk fast wieder im Neuzustand. Genauso gut fallen wieder die Gangwerte aus.
Die Beschriftung des Innenbodens verrät wieder die Handschrift des Gehäuselieferanten. Von oben nach unten sind nacheinander die »große Helvetia«, der Feingehaltsnachweis »0,750«, der Firmenname »PATEK PHILIPPE«, »-GENEVE-« und »SWISS« eingeschlagen. Im Anschluss folgen »REF 3433«, die Gehäusenummer sowie die Punze des Gehäusemachers. Mit der Kollektiv Verantwortlichkeitsmarke Nr. 5 und Schlüssel Nr. 1 entpuppt sich dieser wieder als Firma Ed. Wenger SA, Genève. Leider wurde diese Punze und damit diese Firma 1992 gelöscht. Die hier vorgestellte Automatik gehört einem deutschen Sammler. Die aus Italien stammende Uhr wurde auf der Uhren-Technik-Börse in München für genau 4.800 € erworben.
Uhren der Referenz 3433 tauchen am Markt nicht zu oft auf. Bei einer Auktion von Christie's in Genf wurde am 13.11.2006 ein gelbgoldenes Exemplar für 16.800 CHF verkauft. Ein Jahr davor wurde am 10.07.2005 von Antiquorum in Hongkong ein Modell mit Platingehäuse aufgerufen und mit 600.000 HKD, rund 60.000 €, zugeschlagen (Werk-Nr. 1.111.112, Gehäuse-Nr. 2.616.375). Eine weitere Ausführung mit Platingehäuse wurde am 12.05.2008 von Christie's in Genf offeriert und mit 85.000 CHF (81.284 USD) verkauft (Werk-Nr. 1.232.822, Gehäuse-Nr. 2.626.268).

Zum Tragen: ++ Zum Sammeln: ++ Als Wertanlage: ++

Referenz 3444

Vor der nun zu beschreibenden Automatik Referenz 3444 soll noch das Automatikmodell Ref. 3440 erwähnt werden. Dieses Modell hat ein Gehäuse mit 35,0 mm Durchmesser und Schraubboden. Angetrieben wird es vom Kaliber 27-460. Das Design dieses Modells ist jedoch für die meisten Uhrensammler etwas gewöhnungsbedürftig, weil das Gehäusemittelteil u.a. doppelt-V-förmig profiliert ist.
Das Modell Referenz 3444, welches wir hier vorstellen, gehört zu den recht selten angebotenen Automatiks. Aus dem Stammbuchauszug kann man ersehen, dass diese Uhr 1961 produziert und am 2. Oktober des gleichen Jahres verkauft wurde. Das Kaliber 27-460 hat die Werk-Nr. 1.111.024, das Gehäuse die Nummer 2.619.254. Das Zifferblatt ist noch im Originalzustand erhalten und eine Augenweide. Der Firmenname »PATEK PHILIPPE, GENÈVE«, die Teilstriche für die Minuten sowie die Kleine Sekunde sind emailliert. Nach diesem Arbeitsgang wurde das goldene Zifferblatt galvanisch versilbert und mit

Abb. 298
Die Referenz 3444 ist sehr selten zu finden. Gehäuse und Bandanstöße sind sehr aufwendig gefertigt. Auch der Schraubboden entspricht nicht den bisher gesehenen Konstruktionen. Interessant auch ein kleines Detail im Schraubboden. Im Zentrum hat eine der drei Zylinderkopfschrauben, mit den der Rotor verschraubt ist, ihre Spuren hinterlassen. Da sie nicht ganz hineingeschraubt war, hat sie am Boden gestreift und Schaden angerichtet. Wäre sie noch etwas weiter herausgedreht gewesen, wäre wohl der Rotor blockiert worden. Weitere Informationen zu dieser Uhr finden sich auf dieser Seite (Werk-Nr. 1.111.024, Gehäuse-Nr. 2.619.254).

Sonnenschliff versehen. Im Anschluss wurden die Indizes aufgenietet. Bei den Positionen 12, 3, 6 und 9 sind diese leicht keilförmig ausgebildet. Die restlichen acht Stunden verfügen über Indizes, die sich nach beiden Enden hin verjüngen. Diese Form von Stundenzeichen war an den bisher vorgestellten Uhren nicht zu finden.
Unter der 6 kann man noch schwach den Nationalnachweis »SWISS« erkennen. Das Gehäuse der Referenz 3444 ist sehr aufwendig gestaltet. Das Gehäusemittelteil mit integrierter Lünette ist mehrfach abgestuft, gerundet und als Drehteil aus dem Vollen gefertigt. Die auffallend kräftigen Bandanstöße sind profiliert angelötet. Der Schraubboden ist tiefgezogen, konisch abgesetzt und mit sechs Nuten zum Öffnen versehen. Alle Flächen sind diamantiert.
Diese Uhr hatte bei Patek Philippe in München eine komplette Revision erhalten. Damit glänzt auch das Werk nahezu im Neuzustand. Auch der Goldrotor wurde im Austausch ersetzt. Am Innenboden ist ein kleiner, kreisförmiger Abrieb festzustellen. Diese Spuren resultieren aus einer von dreien nicht festgezogenen Zylinderkopfschrauben der Rotorbefestigung, die noch zu weit herausschaute und am Boden ihre Spuren hinterlassen hat (spanabhebende Bearbeitung).
Wohl mangels geeigneter Einschlagflächen besitzt das Gehäuse außen keine kleine Helvetia. Interessant fällt aber die Beschriftung des Innenbodens aus. Im oberen Teil ist

der Herstellernachweis mit »PATEK, PHILIPPE & Co«, »≡GENEVE≡« und »SWISS« eingeschlagen. Im Zentrum finden sich Gehäusemacherpunze, Feingehaltsnachweis »18K/0,750« und die »große Helvetia«. Abweichend von bisherigen Versionen ist die Gehäusemacherpunze senkrecht nach oben ausgeführt. Im unteren Teil des Innenbodens sind untereinander Gehäuse- und Referenznummer, letztere ohne Zusatz, vermerkt. Der Innenboden ist feinperlgestrahlt, es sind zwei Uhrmacherreparaturzeichen eingeritzt. Die Gehäusemacherpunze gehört zur Kollektiv Verantwortlichkeitsmarke Nr. 5 und trägt die Schlüssel Nr. 4. Diese Punze gehört zur Firma Antoine Gerlach SA, Genève, die 1977 gelöscht wurde.
Die hier vorgestellte Uhr wurde von einem Sammler beim Juwelier TNS Diamonds Inc. in Philadelphia, Pennsylvania, USA, für 7.000 USD erworben. Der im Laden ausgeschilderte Preis lag zunächst aber bei 12.950 USD und konnte nach längerer Diskussion auf 7.000 USD reduziert werden. Für die Revision mussten noch weitere 778,26 € bezahlt werden (Rechnung vom 10.12.2008).
Auf Auktionen sind Vertreter der Referenz 3444 nur selten zu finden. Bei Antiquorum in New York kam am 28.03.2007 ein solches Modell zum Aufruf und wurde für 12.500 USD verkauft (Werk-Nr. 1.111.096). Bei Christie's in Genf wurde am 13.11.2006 eine Referenz 3444 angeboten und mit 22.800 CHF zugeschlagen (Gehäuse in Gelbgold, Werk-Nr. 1.112.096, Gehäuse-Nr. 2.628.014).

Zum Tragen: ++ Zum Sammeln: ++ Als Wertanlage: +++

Referenz 3445 in verschiedenen Ausführungen

1961 erschien bei Patek Philippe die erste Automatik mit Datumsanzeige. Sie erhielt die Referenz-Nr. 3445 und wurde zunächst vom Kaliber 27-460 M und in der letzten Bauserie vom Kaliber 27-460 M PM angetrieben. »M« steht hier für »Monodate«, »PM« für »Piton Mobile«, auf deutsch »verstellbarer Spiralklötzchenträger«. Letzteres Kaliber ist leicht zu

Abb. 299
Im Jahre 1961 erschien bei Patek Philippe die erste Uhr mit Datumsanzeige. Sie erhielt die Referenz-Nr. 3445. Die hier vorgestellte Uhr hatte ein Interessent vom Leihhaus Bodenhagen GmbH in Mönchengladbach erworben und 3.710,- € bezahlt. Zu diesem Zeitpunkt war noch das rechts unten abgebildete Zifferblatt montiert. Eine Überprüfung der Zifferblatt-Kennnummer »93Y3514A« ergab, dass dieses Zifferblatt gar nicht zu dieser Referenz 3445 gehörte, sondern zu einer Uhr der Referenz 3514, ein späteres Modell. Aber auch in dieser Referenz 3514 ist das Kaliber 27-460 M verbaut und besitzt damit die gleichen Zifferblatt-Einbaumaße. An dem falsch plazierten Zifferblatt waren weiterhin Schäden an den römischen Ziffern »IV«, »X« und »XI« manuell ausgebessert worden, aber nicht professionell. Anlässlich einer bei Patek Philippe durchgeführten Revision wurde auch ein neues, aber diesmal richtiges Zifferblatt, montiert. Für diese Revision waren 1.307,90 € zu bezahlen (Werk-Nr. 1.118.030, Gehäuse-Nr. 328.637).

Abb. 300
Zwei besonders eindrucksvolle Exemplare der Referenz 3445 in Weißgold. Auch sind die Zifferblätter beider Uhren aus Weißgoldblech hergestellt und mit Sonnenschliff versehen. Im Anschluss erhielt das rechte Modell eine blaue Lackierung und weißgoldene Indizes. Selbst der aufgesetzte Rahmen für das Datumsfenster ist in Weißgold gehalten. Die linke Ausführung erhielt eine graue Lackierung und römische Ziffern aufgedruckt. Dieser Speziallack wirkt fast wie emailliert. In gleicher Farbe sind auch die weißgoldenen Zeiger lackiert. Die Lünette dieser Uhr ist ziseliert, d. h. mit Schmuckmustern versehen, die mit einem Stahlstichel aufgebracht wurden. Beide Uhren stammen aus Japan und wurden später bei Patek Philippe revidiert. Der Gehäusedurchmesser beträgt genau 35,0 mm. Als Schutzmaßnahme sind die Kronen halb versenkt (Uhr links: Werk-Nr. 1.230.402, Gehäuse-Nr. 329.656, Uhr rechts: Werk-Nr. 1.230.663, Gehäuse-Nr. 318.158).

erkennen, beginnt doch die siebenstellige Werknummer immer mit den drei Zahlen 123. Bei der Referenz 3445 handelt es sich um das in den 60er Jahren am meisten gefragte Modell. Es wurde mit Gehäusen in Gelb-, Rosé- und Weißgold sowie in Platin verbaut. Aufgrund der hohen Stückzahlen einerseits und den zahlreichen Zifferblattvarianten andererseits stellen wir hier drei verschiedene Modelle vor.

Bevor wir auf die einzelnen Varianten eingehen, beschreiben wir die Konstruktion dieser Automatik-Armbanduhr. Das Zifferblatt ist je nach Gehäuse aus Gelb- oder Weißgold gefertigt. Falls Indizes vorgesehen sind, werden die hierzu benötigten Bohrungen ausgeführt und im Anschluss das Zifferblatt galvanisch versilbert. Im weiteren Schritt wird der Sonnenschliff und eine eventuelle Lackierung aufgebracht. Als nächster Schritt werden Firmenname und die Teilstriche für die Kleine Sekunde aufgedruckt, dann folgt zum Schluss die Schutzlackierung.

Das Gehäuse ist zweiteilig und besteht aus Gehäusemittelteil und Schraubboden. Die Lünette ist integrierter Bestandteil des Gehäusemittelteils und ist zweistufig abgesetzt. Das Gehäusemittelteil ist zunächst zylindrisch und nach unten konisch ausgebildet. Es entstand als Drehteil aus dem Vollen. Die schlicht gehaltenen Bandanstöße sind eingelötet. Von Haus aus sind alle Flächen diamantiert. Der Schraubboden ist gleichfalls aus dem Vollen gedreht und gefräst. Ein kräftig gehaltener Zehnkant sorgt für sicheren Verschluss. Die Ansatzflächen des Zehnkants sowie die restliche Fläche bis zum Feingewinde hin sind perlgestrahlt. Die ebene Fläche des Bodens ist gedreht, der gerundete Übergang zum Zehnkant diamantiert. Der Gehäusedurchmesser beträgt 35,0 mm, die Gesamtlänge mit Bandanstößen 41,5 mm und die Höhe rund 10 mm.

Zuvor wurde bereits erwähnt, dass bis Ende der 60er Jahre das Kaliber 27-460 M und im Anschluss die modifizierte Variante 27-460 M PM zum Einbau kamen. Neben der Beschriftung auf der Grundplatine erkennt man die Unterschiede auch am Unruhkloben. Dort befindet sich ein zur Unruhwelle radial angebrachtes Langloch, mit dessen Zylinderkopfschraube der Spiralklötzchenträger gelöst und verstellt werden kann. Damit lässt sich der »Abfall«, d. h. die Symmetrie des Schwingungssystems, genau einstellen.

Die Beschriftung sowie die Oberflächen der Innenböden sind bei allen vier vorliegenden Uhren identisch. Sie stammen nämlich vom gleichen Gehäusemacher. Wie schon bei der zuvor beschriebenen Referenz 3444 ist dieser unter der Kollektiv Verantwortlichkeitsmarke Nr. 5 unter Schlüssel Nr. 4 geführt. Dahinter steckt die Firma Antoine Gerlach SA, Genève, die 1977 gelöscht wurde. Wir beschreiben somit nur einen der drei Innenböden (siehe auch Bild 299 auf Seite 192). Ganz oben ist die »große Helvetia« eingeschlagen. Darunter folgend der Feingehaltsnachweis »18 K/0,750«, der Firmenname »PATEK, PHILIPPE & Co«, »≡GENEVE≡« und »SWISS.«. Darunter sind Gehäusenummer, Referenznummer und die Gehäusemacherpunze aufgeführt.

Die erste hier vorgestellte Referenz 3445 hat die Werk-Nr. 1.118.030 und die Gehäuse-Nr. 328.637. Laut Stammbuchauszug, der uns vorliegt, wurde diese gelbgoldene Uhr 1970 produziert und am 5. Mai 1971 verkauft. Nach 41 Wanderjahren, deren Etappen wir nicht kennen, landete sie schließlich im Jahr 2002 beim Leihhaus Bodenhagen GmbH in Mönchengladbach. Die im Internet angebotene Automatik wurde schließlich verkauft und ging am 12.06.2002 für 3.710 € an einen deutschen Uhrenfreund (siehe Seite 192). Bei der Eingangsprüfung der frisch erworbenen Uhr wurden die schon vom Verkäufer genannten Mängel überprüft und bestätigt. Beim noch im Ursprungszustand befindlichen Zifferblatt mit römischen Ziffern waren per Hand die Schäden an den Zahlen »IV«, »X«, und »XI« ausgebessert worden, wenn auch nicht meisterlich. Anlässlich einer Revision bei Patek Philippe in München wurde auch das Zifferblatt gegen ein weit schöneres getauscht. Das neue ist versilbert und mit Sonnenschliff versehen. Auch vermitteln die größer gehaltenen römischen Ziffern in Verbindung mit dem versilberten Zifferblatt einen wesentlich gefälligeren Gesamteindruck. Die Revision einschließlich der Erstellung eines Stammbuchauszugs wurde mit 1.307,90 € berechnet. Darin waren die Werksrevision mit 445 € und der Austausch des Zifferblatts gegen eine alte originale Version mit 290,50 € die größten Positionen (Rechnung vom 07.08.2002).

Die nächsten hier vorgestellten Automatikuhren Ref. 3445 sind beide im Weißgoldgehäuse eingeschalt. Die erste hat die Werk-Nr. 1.230.663 und die Gehäuse-Nr. 318.158. Beeindruckend fällt das Zifferblatt aus. Das Zifferblatt hat einen Sonnenschliff und wurde in Anschluss noch dunkelblau lackiert. Der Nationalnachweis »0 SWISS 0« unter der 6 lehrt uns, dass dieses Zifferblatt goldene, in unserem Fall weißgoldene Indizes aufgenietet hat. Wie schon in Kapitel »15. Das Geheimnis der Zifferblätter« beschrieben, kam diese Regelung erst ab dem Jahr 1968 zum Tragen. Diese Uhr stammt aus Japan und wurde von einem deutschen Uhrenfreund am 31.08.2001 für 4.550 USD (ca. 5.056 €) erworben. Weitere 1.424,48 € wurden bei Patek Philippe in München für eine komplette Revision entrichtet. Neben 400 € für die Werksüberholung waren darin der Goldrotor im Austausch mit 196 € und das Zifferblatt im Austausch mit 271 € die wichtigsten Positionen (Rechnung vom 22.01.2003).
Die zweite weißgoldene Ref. 3445 hat die Werk-Nr. 1.230.402 und die Gehäuse-Nr. 329.656. Laut Stammbuchauszug, der uns vorliegt, wurde diese Uhr 1972 produziert und am 10. Juni des gleichen Jahres verkauft. Die mit Sonnenschliff versehene Oberfläche wurde grau lackiert und mit cremeweißen römischen Ziffern bedruckt. Beim ersten Betrachten kann man zur Meinung kommen, dass die römischen Ziffern emailliert sind. Firmenname und Teilstriche für die Kleine Sekunde sind in gleicher Weise gedruckt.
Abweichend ist die ziselierte Lünette, die möglicherweise erst nachträglich ausgeführt wurde. Auch diese Uhr kommt aus Japan und wurde von einem europäischen Uhrenfreund für 7.000 USD (ca. 5.000 €) erworben. Die bei Patek Philippe in München durchgeführte Revision kostete weitere 1.650 €. Trotz allem ein gutes Geschäft, weil auf Auktionen diese Variante der Referenz 3445 selten auftaucht und unter 12.000 bis 15.000 € wohl nicht zu haben ist! Die Innenböden beider weißgoldenen Uhren befinden sich noch im Originalzustand und weisen keinerlei Reparatureintragungen auf.
Modelle der Referenz 3445 werden auf Auktionen schon des öfteren angeboten. Bei Antiquorum in New York wurde am 18.06.2008 eine Version im Weißgoldgehäuse und versilbertem Zifferblatt angeboten und mit 19.200,- USD verkauft. Sicher hat diesen Preis auch der Revisionshinweis von Patek Philippe beeinflusst. Am 10.05.2009 kam bei Antiquorum in Genf ein gelbgoldenes Modells zum Aufruf und wurde mit 15.600,- CHF zugeschlagen. Interessant für den Sammler sind auch die Angebote, die im Internet über www.chrono24.com zu finden sind. Oftmals werden dort zehn oder mehr Exemplare der Referenz 3445 offeriert. Bei einer Stichprobe des Autors stellte sich heraus, dass keine der zwischen 8.500,- und 13.500,- € angebotenen Uhren noch alle originalen bzw. werkseitigen Gehäuseoberflächen aufwiesen.

Zum Tragen: ++ Zum Sammeln: ++ Als Wertanlage: ++

Referenz 3454, eine fast unbekannte Uhr

Zu den Sensationen dieses Buches gehört die hier präsentierte Automatik Ref. 3454. Dieses Modell wurde bisher in der Literatur nicht erwähnt und ist auch im Museum von Patek Philippe

Abb. 301
Eine weitere Sensation stellt die hier gezeigte Referenz 3454 dar. Fakt ist, dass dieses Modell nur vier oder fünf Mal gebaut wurde und im Museum von Patek Philippe in Genf nicht vorhanden ist. Selbst Oswaldo Patrizzi hat in seinen diversen und umfangreichen Büchern diese Uhr nicht aufgeführt. Hinzu kommt, dass unser hier präsentiertes Exemplar eine wechselreiche Geschichte erlebt hat. Die ganze Story ist hier aufgeführt (Werk-Nr. 1.112.614, Gehäuse-Nr. 312.558).

Abb. 302
Auf der Auktion von Antiquorum war an der Referenz 3454 der auf dem rechten Foto abgebildete Saphirglasboden montiert, jedoch mit zwei primären Fehlern. Erstens war dieser Zusatzboden nicht aus Gelbgold, sondern aus Roségold gefertigt, zweitens wurde bei richtigem Zuschrauben der Rotor blockiert. Beim Ausmessen der Innenhöhe hatte sich der »Gehäusespezialist« wohl um 0,3 mm verschätzt.

Abb. 303
Die Referenz 3454 mit dem neu angefertigten Glasboden, auf dem linken Foto der ab Manufaktur montierte Boden. Dieser wies deutliche Bearbeitungsspuren auf. Durch die Überprüfung der Materialstärke war nachzuweisen, dass der ursprünglich 0,5 mm starke Boden nur noch 0,4 mm Dicke aufwies. Der neue Glasboden wurde von einem Pforzheimer Gehäusemacher geliefert. Anstelle der tiefgezogenen Nuten hat dieser sechs mit dem Schaftfräser gefertigte Nuten angebracht. Der ursprünglich feinperlgestrahlte Innenboden wurde nachträglich geschmirgelt, wohl um unliebsame Spuren zu vertuschen.

in Genf nicht zu finden. Auch dem Autor begegnet dieses Schmuckstück erst zum zweiten Mal.

Von dieser Uhr liegt uns ein Stammbuchauszug vor. Das Kaliber 27-460 hat die Werk-Nr. 1.112.614, das Gehäuse die Nummer 312.558. Die Uhr wurde 1962 produziert und am 16. Oktober 1963 verkauft. Das Zifferblatt ist cremefarbig lackiert und befindet sich noch im Originalzustand. Der Firmenname, die Teilstriche für die Minuten, das Fadenkreuz für die Kleine Sekunde sowie der Nationalnachweis »SWISS« sind gedruckt. Besonders geformte Balken-Indizes stehen für die Stunden, wobei jene für die 12, 3, 6 und 9 eine doppelte Breite aufweisen. Dazu sind die passenden Baton-Zeiger montiert.

Das Gehäuse misst im Durchmesser 34,6 mm und ist zweiteilig ausgeführt. Die schmale, teilweise kannelierte Lünette ist integriert, die vier Bandanstöße profiliert angelötet. Das Gehäusemittelteil wurde aus dem Vollen gedreht, hat nur eine kurze zylindrische Höhe und ist unten konisch abgesetzt. An diese Form passt sich der zweifach konisch abgestufte Schraubboden gut an. Er ist aus dem Vollen gedreht, tiefgezogen und mit diamantierten und gedrehten Oberflächen versehen.

Der Schraubboden lag der Uhr nur bei, weil diese mit einem nachträglich gefertigten Saphirglasboden verschlossen war. Auf diesen Umstand werden wir später eingehen.

Das Gehäusemittelteil befindet sich noch im ursprünglichen Zustand. Das Gehäuse hat an seinen Außenflächen keinerlei Punzen eingeschlagen. Wie schon die Gehäuse der vier zuvor beschriebenen Automatiks Ref. 3445 wurde auch dieses Gehäuse von Firma Antoine Gerlach SA, Genéve, geliefert. Bis auf die Referenznummer fällt die gesamte Beschriftung des Innenbodens identisch aus. Die ursprünglich fein perlgestrahlten Oberfläche des Innenbodens wurde unsachgemäß nachgeschmirgelt. Weiterhin sind noch zwei Uhrmacherreparaturzeichen zu erkennen.

Dieses seltene Stück kam am 2.04.2006 bei Antiquorum in Genf zur Versteigerung und wurde mit 21.600,- CHF zugeschlagen.

Nach Erhalt dieser Uhr suchte der neue Besitzer den Autor auf und bat diesen um eine Stellungnahme. Als erstes wurde die Uhr selbst, dann die beiden Schraubböden inspiziert. Bei der Uhr fiel zunächst das nicht korrekt aufgefrischte Zifferblatt auf, auch die Ganggenauigkeit ließ zu wünschen übrig. Weitere Erkenntnisse lieferten die beiden Schraubböden. Die originale Ausführung, die lose beigelegt war, ließ auf ihrer Innenseite kleine Dellen und Spuren von Nacharbeiten erkennen. Die Außenfläche war nachgedreht. In solchen Fällen darf auf die Reparatur einer Beschädigung oder die Beseitigung einer Inschrift geschlossen werden. Aufschluss brachte das Nachmessen der Bodendicke, die von original 0,5 auf 0,4 mm abgedreht worden war.

Auch der zusätzlich angefertigte Saphirglasboden wies Gebrauchs- und Schönheitsfehler auf. Hier war dessen Innenhöhe zu knapp bemessen, so dass beim Zuschrauben das Saphirglas den Goldrotor touchiert und letztendlich blockiert. Als Schönheitsfehler darf die Wahl des Materials reklamiert werden, weil anstelle von Gelbgold der Boden in Roségold gefertigt ist. Diese seltene Automatik wurde zunächst Patek Philippe in München anvertraut und eine Revision in Auftrag gegeben. Für diese Leistung wurden 1.658,27 € bezahlt (Rechnung vom 02.03.2007). Darin waren die komplette Überholung mit 560 € und das Ersatzzifferblatt im Austausch mit 664 € die größten Einzelpositionen.

Später wurde bei einem Pforzheimer Gehäusemacher noch ein neuer Saphirglasboden disponiert und für diesen optischen funktionell korrekten Verschluss 1.030 € bezahlt.

Einschließlich Einfuhrumsatzsteuer, neuem Band und goldener Stiftschließe sowie allen hiermit verbundenen Werttransportkosten addierte sich die Gesamtinvestition für diese Uhr auf rund 17.800 €. Alles in allem eine sichere und werthaltige Investition. Insbesondere darum, weil diese Uhr auch nicht im Museum von Patek Philippe in Genf zu sehen ist.

Weil die Referenz 3454 als höchst selten gilt, hat der Autor nach dieser Uhr intensiv recherchiert und ist dabei auf seltsame Vorgänge gestoßen. Bei Ebay wurde im Dezember 2001 eine gelbgoldene Automatik Referenz 3454 für 10.000 USD offeriert, ohne dass der Anbieter aus West Hollywood, Kalifornien, USA, einen Käufer fand. Am 15.11.2004 bot Christie's in Genf eine Referenz 3454 an und verkaufte diese für 14.340 CHF (ca. 12.276 USD). Auf diese Uhr konzentrierte der Autor seine weiteren Recherchen, weil bei ihr trotz anderem Aussehen die Nummern von Werk und Gehäuse mit jener der in diesem Buch vorgestellten Referenz 3454 identisch waren. Was war hier geschehen?
Erste Erkenntnisse brachte die Beschreibung dieser Uhr im Katalog von Christie's. Über das Zifferblatt war dort nachzulesen, dass dieses über Baton-Indizes sowie einen Konzessionäraufdruck mit »B. D. HOWES & SON« verfügt. Auf der Rückseite bzw. auf dem Schraubboden war eine ellenlange Widmung eingraviert, die wir hier nur in Klammer wiedergeben (Los Angeles Realty Bord, Service Watch Presented to George H. Shellenberger, February 16, 1967, Los Angeles, Most Useful Citizen in 1966). In der Beschreibung von Christie's war zum Schlus noch vermerkt, dass von dieser Referenz nur ganze vier Exemplare bekannt geworden sind.
Was war in der Zeit vom Zuschlag bei Christie's am 15.11.2004 für 14.340 CHF bis zum Verkauf bei Antiquorum am 02.04.2006 für 21.260 CHF mit dieser Uhr passiert? Zunächst wurde das Zifferblatt dieser Uhr aufgefrischt, dies aber sehr mäßig! Dann wurde die Inschrift auf dem Boden entfernt, jedoch mit sichtbaren Spuren! Die zuvor gemachte Vermutung hat sich somit bestätigt. Am Beispiel unserer Automatik Referenz 3425 (siehe Seite 188) kann man ersehen, dass man dies alles viel besser, nämlich richtig machen kann und der nachgearbeitete Boden seine ursprünglichen Maße behält.
Was wollte der Einlieferer mit all diesen Maßnahmen vertuschen? Vielleicht den Umstand, dass diese Uhr bereits vor zwei Jahren bei Christie's versteigert worden war? Was sollte der unprofessionell gefertigte Schraubboden in diesem Spiel? Sollte dies ein weiteres Ablenkungsmanöver sein oder eine zusätzliche Wertsteigerung vorgaukeln? Weil nach Abzug von Aufgeld (Premium) und Einlieferungsgebühr von jeweils 20 % für den Einlieferer nur rund 14.160 CHF übrig geblieben wären, liegt der Verdacht nahe, dass in diesem Falle ein Sammler oder Spekulant tätig geworden ist und die Zifferblattkorrektur und sowie die Erstellung des neuen Saphirglasbodens initiiert hat. Beweisen lässt sich diese Vermutung jedoch nicht.
Eines lehrt uns aber diese Geschichte: Wenn beim Uhrenkauf nach der Checkliste dieses Buches vorgegangen wird, lassen sich solche Geschichten bestimmt vermeiden (siehe Seite 422)!

Zum Tragen: ++ Zum Sammeln: +++ Als Wertanlage: +++

Referenz 3466

Zu den sehr geschätzten Uhren von Patek Philippe gehört die höchst selten zu findende Referenz 3466. Diese Automatik wurde 1965 lanciert und nur mit Stahlgehäuse (Durchmesser 35,0 mm) sowie in geringer Stückzahl produziert. Sie besitzt einen Schraubboden. Dieser Zeitmesser ist in seiner schlichten Schönheit wohl kaum zu übertreffen. Das Kaliber 27-460 hat die Werk-Nr. 1.116.171 und das Gehäuse die Nummer 2.664.436. Das Zifferblatt ist versilbert. Der Firmenname und die Teilstriche für die Kleine Sekunde sind aufgedruckt. Die Indizes sind aufgenietet, bei der 12 zweifach. In das Gehäusemittelteil ist die Lünette integriert. Es ließ sich jedoch nicht zweifelsfrei ermitteln, wie die Bandanstöße gefertigt wurden. Die Übergangsstellen am Gehäuse waren so sauber überarbeitet, dass sie nicht als Lötstellen zu erkennen sind. Der stabile Schraubboden wurde aus dem Vollen vorgedreht, tiefgezogen, gedreht und diamantiert. Die sechs großen Nuten dienen dem sicheren Verschließen des Gehäuses.
Die Innenfläche des Schraubbodens ist perliert. Als Kennzeichnung finden wir den Firmennamen »PATEK, PHILIPPE & Co«, »≡GENEVE≡« und »SWISS«, letzteres viel größer als in den goldenen Uhren gehalten. Darunter folgen Gehäuse- und Referenznummer. Die hier vorgestellte Ref. 3466 wurde von einem Sammler am 19. November 2003 bei Sotheby's in Genf für 12.266,40 CHF ersteigert. Die sich in einem sehr guten Zustand befindliche Uhr wurde an Patek Philippe weitergereicht und eine Revision in Auftrag gegeben. Für diese Arbeiten wurden 468,64 € berechnet (Rechnung vom 02.11.2004).
Am 15.05.2006 kam bei Christie's in Genf wieder eine Patek Philippe Ref. 3466 zum Aufruf. Dieses Mal musste der Käufer jedoch mit 33.600,- CHF Zuschlagspreis viel tiefer in die Tasche greifen (Werk-Nr. 1.116.692, Gehäuse-Nr. 2.664.370). Heute werden diese seltenen Modelle im Internet für 30.000,- bis 40.000,- € offeriert.

Zum Tragen: ++ Zum Sammeln: ++ Als Wertanlage: +++

Abb. 304
Nach der Referenz 2585 (siehe Abb. 284 auf Seite 180) ist die Referenz 3466 die zweite Uhr mit automatischem Aufzug, die mit einem Stahlgehäuse verbaut ist. Hier sehen wir diese selten anzutreffende Uhr von vorne und hinten. Die Lünette ist in das Gehäusemittelteil integriert. Der Schraubboden ist tiefgezogen, gedreht und diamantiert.

Abb. 305
Diese höchst seltene Armbanduhr mit Referenznummer 3473 hat der Autor nur zwei Mal zu Gesicht bekommen. Dies ist auch die einzige Ausführung bei Patek Philippe, die eine fein kannelierte Lünette aufweist. In diesem Modell arbeitet das Kaliber 27-460 mit automatischem Aufzug. Das Gehäuse ist dreiteilig konstruiert und besitzt einen Schraubboden. Alles an dieser Uhr ist noch original, sie wurde wohl kaum benutzt. Durch einen glücklichen Zufall kam der jetzige Besitzer an diese Uhr. Der Kaufpreis, die Einfuhrgebühren und die Revision bei Patek Philippe summierten sich auf genau 9.449,36 DM. Heute ist diese Uhr nur noch zum doppelten Preis zu haben – falls man eine zu Gesicht bekommen sollte (Werk-Nr. 1.112.437, Gehäuse-Nr. 2.629.723).

Referenz 3473

Zu den Uhren, die der Autor nur zweimal zu Gesicht bekommen hat, zählt die Automatik Referenz 3473. Mit ihrer kannelierten Lünette und Schraubboden gehört sie zu den wasserdichten Uhren der Referenzreihe 3400 und ist darin vor der Referenz 3485 mit Karréegehäuse die zweitletzte Automatik. Das hier vorgestellte Modell wird vom Kaliber 27-460 bewegt, welches die Werk-Nummer 1.112.437 aufweist. Das Gehäuse hat die Nummer 2.629.723. Das Zifferblatt ist cremefarben lackiert und hat die gleichen Indizes aufgenietet wie das Zifferblatt der Referenz 3454 auf Seite 194. Dazu sind die passenden Baton-Zeiger montiert. Firmenname, das Fadenkreuz für die Kleine Sekunde sowie der Nationalnachweis »SWISS« sind aufgedruckt. Das Gehäuse besteht aus drei Teilen. Die Lünette ist fein kanneliert. Das Gehäusemittelteil wurde als Drehteil aus dem Vollen gefertigt. Der Gehäusedurchmesser beträgt 35 mm. Die Bandanstöße sind eingelötet. Der kräftige Schraubboden sorgt für die Wasserdichtigkeit.

Die hier vorgestellte und in der Tat ganz besondere Uhr weist eine interessante Geschichte auf. Zunächst wurde sie am 10.03.1998 in der Auktion von Christie's in New York unter Lot. Nr. 30 mit einem Preisvorschlag von 4.500 – 5.000 USD aufgerufen, fand aber keinen Käufer. Vielleicht trug hierzu auch das schlechte Foto im Auktionskatalog dazu bei, welches recht ungeschickt die Uhr mit herausgezogener Krone zeigte.

Der Besitzer dieser Uhr reichte sein unverkauftes Stück im Anschluss beim Mitbewerber Sotheby's New York ein. Auf der Auktion vom 22.06.1998 kam diese Patek Philippe unter Lot. Nr. 121 zum Aufruf und wurde mit 4.025 USD zugeschlagen. Ein deutscher Uhrensammler hatte telefonisch mitgeboten und den Zuschlag erhalten. Durch den damaligen $-Kurs von 1,79 DM waren für diese Uhr einschließlich Transport und Einfuhrumsatzsteuer genau 8.513,42 DM zu entrichten.

Die Uhr wurde bei Patek Philippe in München überholt und auch das Werk wieder fast in Neuzustand versetzt. Für die Revision, ein neues Krokoband sowie eine neue goldene Dornschließe mussten 936,12 DM aufgewendet werden. Die Gesamtinvestition für diese Ref. 3473 summierte sich somit auf genau 9.449,36 DM.

Auf Auktionen wurde die Referenz 3473 nur höchst selten angeboten. Bei Antiquorum in Genf kam am 14.04 2002 dieses Modell zum Aufruf und wurde für 22.800,- CHF verkauft (Werk-Nr. 1.112.289, Gehäuse-Nr. 2.629.719). Bei Christie's in Genf wurde am 13.11.2006 ein weiteres Exemplar angeboten und für 21.600,- CHF zugeschlagen (Werk-Nr. 1.112.496, Gehäuse-Nr. 2.629.734) Bis heute ist dem Autor kein drittes Exemplar begegnet!

Zum Tragen: ++ Zum Sammeln: ++ Als Wertanlage: ++

Referenz 3483

Einem Trend unserer Zeit entspricht die nächste hier vorgestellte Uhr. Denn Stahluhren edler Marken sind wieder stark im Kommen! Zu den sehr raren Modellen unserer Genfer Marke gehört auch die Referenz 3483. Diese wasserdichte Handaufzuguhr wurde nur mit Stahlgehäuse (Durchmesser 35 mm) und in geringer Stückzahl produziert. Zu dieser Uhr liegt uns ein Stammbuchauszug vor. Demnach wurde sie 1963 produziert und am 19.09. des gleichen Jahres verkauft. Die Auslieferung erfolgte mit Lederband und Stahlstiftschließe. Das Kaliber 27 SC hat die Werk-Nr. 710.826, das Gehäuse die Nummer 2.632.453. Das Zifferblatt ist versilbert, die Indizes in Balkenform sowie

Abb. 306
Eine Patek Philippe Armbanduhr in Edelstahl zu tragen, gilt heute als besonders schick. Die Referenz 3483 stellt nicht nur eine besondere Rarität dar, sondern hat mit ihrem 35 mm Gehäusedurchmesser eine immer noch aktuelle Größe! Dieses Modell wurde 1963 lanciert, aber in geringer Stückzahl. Das Gehäuse hat eine mit der Referenz 3466 (siehe Seite 196, Abb. 304) vergleichbare Konstruktion. Aufgrund der niedrigeren Bauhöhe des Kalibers 27 SC hat der Schraubboden aber eine abweichende Form.

die Baton-Zeiger in Stahl gehalten. Firmenname und Nationalnachweis »SWISS« wurden aufgedruckt.
Das Stahlgehäuse ist zweiteilig und mit einem stabilen Schraubboden versehen. Das Gehäusemittelteil mit integrierter Lünette entstand als Drehteil, die vier Bandanstöße sind eingelötet. Der Schraubboden wurde tiefgezogen sowie gedreht und verfügt zum sicheren Verschließen über sechs Nuten. Das Gehäuse ist nahezu baugleich mit jenem der Referenz 3466 und weicht nur in der Höhe des Gehäusemittelteils sowie der Gestaltung des Schraubbodens ab (siehe Seiten 196). Das Kaliber 27 SC wird von einem kräftigen Werkhaltering geführt. Die Genfer Punze ist auf der Grundplatine nahe der Schraubenunruh sowie auf der Räderwerkbrücke eingeschlagen, letztere mit Goldfarbe unterlegt. Nach einer Revision bei Patek Philippe in München strahlt dieses wunderschöne Werk nahezu wieder im Neuzustand. Bei der Beschriftung des Innenbodens, der über alle Flächen perliert ist, finden wir den Firmennamen »PATEK, PHILIPPE & Co«, »≡GENEVE≡« und »SWISS« eingeschlagen. Darunter folgen Gehäuse- und Referenznummer. Die hier dokumentierte Uhr kam am 24.03.2004 bei Antiquorum in New York zum Aufruf und wurde für 6.480,- USD verkauft. Mit Einbindung von Transportkosten und Einfuhrumsatzsteuer kam der Erwerb für den deutschen Uhrenfreund auf 6.525,17 €. Mit weiteren 880,- € schlug die Revision zu Buche, so dass sich die Gesamtinvestition auf genau 7.405,17 € summierte.
Wie schon eingangs erwähnt, sind die Handaufzugsuhren der Referenz 3483 sehr selten. Die letzten dem Verfasser bekannten Exemplare kamen bereits Ende der 90er Jahre zur Versteigerung. Im Juni 2010 stand beim Pariser Antik-Uhren-Händler ROMAIN REA eine Referenz 3483 zum Verkauf an und wurde mit 15.500,- € bzw. 18.693,- USD offeriert. Wie diese Patek Philippe schließlich verkauft wurde, ist nicht bekannt.

Zum Tragen: ++ Zum Sammeln: ++ Als Wertanlage: ++

Referenz 3514 in verschiedenen Ausführungen

Die zweite Armbanduhr mit Datumsanzeige, die Patek Philippe auf den Markt brachte, erhielt die Referenz-Nr. 3514. Sie ist auch die erste Automatik im Referenzkreis 3500. Neben dem Vorgängermodell Ref. 3445 zählt die Referenz 3514 zu den beliebtesten und am meisten verkauften Herrenarmbanduhren der Genfer Marke. Die Gehäuse mit 33,6 mm Durchmesser wurden in Gelb-, Rosé- und Weißgold sowie in Platin gefertigt. Neben zahlreichen Zifferblattvarianten konnte man dieses Modell auch mit eingehängtem oder angelötetem Milanaise-Goldband kaufen. Wegen der besonderen Bedeutung dieser Uhr haben wir drei verschiedene Ausführungen vorgestellt. Die prinzipielle Beschreibung dieses 1965 lancierten Modells nehmen wir an einer Uhr aus dem ersten Produktionsjahr vor. Nach dem vorliegenden Stammbuchauszug wurde diese Uhr 1965 produziert und am 31.03.1966 verkauft. Das Kaliber 27-460 M hat die Nummer 1.123.252, das Gehäuse die Nummer 319.417. Das aus Gold gefertigte Zifferblatt wurde erst galvanisch versilbert und dann mit Sonnenschliff versehen. Der Firmenname, die Teilstriche für die Kleine Sekunde sowie der Nationalnachweis »SWISS« sind schwarz aufgedruckt. Zu den aufgenieteten Balken-Indizes für die Stunden sind die passenden Baton-Zeiger montiert.
Das Gehäusemittelteil mit integrierter Lünette ist einschließlich der Bandanstöße aus dem Vollen gestanzt, gedreht und mit den gewünschten Oberflächen versehen. Hierbei sind Lünette und die Bandanstöße oben diamantiert und die Seitenflächen satiniert. Der das Gehäusemittelteil nach unten abschließende Konus wurde wiederum diamantiert. Der Konstruktionsdurchmesser des Gehäuses liegt – wie bereits gesagt – bei genau 33,6 mm und nicht bei 33 oder 34 mm, wie dies oft in der Literatur oder in Auktionskatalogen aufgeführt wird. Der massive

Abb. 307
Die Referenz 3514 war nach der Referenz 3445 das zweite Modell von Patek Philippe mit Datumsanzeige, es wurde 1965 lanciert. Diese Uhr wurde in zahlreichen Versionen und großen Stückzahlen gefertigt. Trotz ihres Gehäusedurchmessers von 33,6 mm war dieses Modell sehr beliebt und wurde in Gelb-, Rot- und Weißgold sowie Platin aufgelegt. Wegen der besonderen Bedeutung dieser Uhr stellen wir drei Varianten vor. Ganz links eine Ausführung mit Weißgoldgehäuse, versilberten Weißgoldzifferblatt und Indizes sowie Zeigerspiel aus 750 Weißgold. Wie in allen anderen Uhren arbeitet hier das Automatikkaliber 27-460 M (Werk-Nr. 1.126.585, Gehäuse-Nr. 322.943). Diese Uhr muss wohl mit eingehängtem Weißgoldband ausgeliefert worden sein, weil an den Bandanstößen die kleinen Einrundungen zur Aufnahme des Bandanstoß-Gegenlagers noch zu sehen sind. Die zweite Ausführung von links besitzt ein Gelbgoldgehäuse. Das Zifferblatt dieser Uhr ist aus Blech, galvanisch versilbert und silberfarben lackiert (Werk-Nr. 1.123.956, Gehäuse-Nr. 320.650). Die Uhr ganz rechts repräsentiert die Standardausführung dieser Referenz, eine schlichte Schönheit für jeden Tag (Werk-Nr. 1.123.252, Gehäuse-Nr. 319.417). Dieses Modell wurde 1965 produziert und am 31.03.1966 verkauft.

Schraubboden ist aus dem Vollen gedreht, gefräst und diamantiert. Der Zehnkant ist angefräst und hat die Schlüsselweite 29 mm. Die Materialstärke des Bodens beträgt 0,5 mm.

Das Kaliber 27-460 M strahlt nach einer Revision bei Patek Philippe in München nahezu wieder wie im Neuzustand! Für diese Revision waren einschließlich der Erstellung eines Stammbuchauszugs genau 1.743,60 € zu entrichten. Darin waren die Werksüberholung mit 445 €, die beiden Automatikbrücken mit 151 € sowie der Goldrotor im Austausch mit 260,60 € die größten Positionen (Rechnung vom 11.11.2002). Bei den zwei hier vorgestellten Varianten mit Gelbgoldgehäuse und Krokoband war die »kleine Helvetia« an der Unterseite des oberen rechten und des unteren linken Bandanstoßes eingeschlagen. Das weißgoldene Gehäuse hat keine derartige Punzierung, weil es mit einem eingehängten Weißgoldband ausgeliefert wurde. Man kann diesen Umstand an den leichten Einbuchtungen erkennen, die an der Unterseite der Bandanstöße zur Aufnahme der Gegenlager des Bandes vorhanden sind. Die Beschriftung der Innenböden sind im Prinzip identisch. Sie wurden alle vom gleichen Gehäusemacher geliefert. Die Innenfläche ist fein perlgestrahlt. Von oben nach unten sind untereinander die »große Helvetia«, der Feingehaltsnachweis »18K/0,750«, der Herstellername »PATEK, PHILIPPE & Co«, »≡GENEVE≡« und »SWISS.« eingeschlagen. Darunter folgen Gehäuse- und Referenznummern sowie die Gehäusemacherpunze. Diese gehört zur Kollektiv Verantwortlichkeitsmarke Nr. 5 mit Schlüssel Nr. 4. Dahinter steht die Firma Antoine Gerlach SA, Genéve, die 1977 gelöscht wurde.

Das zweite Modell mit Goldgehäuse besitzt ein silberfarben lackiertes Zifferblatt mit schwarzen römischen Ziffern. Passend hierzu sind die gelbgoldenen Baton-Zeiger schwarz lackiert worden. Das Zifferblatt ist aus Stahlblech gefertigt und galvanisch versilbert. Auf der Rückseite ist die Kennung 93Y3514A eingeschlagen. Die Zahl 93 steht für Patek Philippe, die 3514 für die Referenz. Es ist mit dem auf Seite 192, Abb. 299, gezeigten Zifferblatt nahezu identisch. Diese bei Patek Philippe mit Referenz 3514 J geführte Uhr hat die Werk-Nr. 1.123.956 und die Gehäuse-Nr. 320.650. Diese Uhr wurde von einem Münchner Uhrenfreund im Internet entdeckt und am 30.11.2003 für 6.301 USD (ca. 5.252,80 €) erworben. Mit Transportkosten und Einfuhrumsatzsteuer kam diese Investition auf rund 6.166 €. Eine bei Patek Philippe in München in Auftrag gegebene Revision wurde mit 1.090,40 € bezahlt (Rechnung vom 04.06.2004).

Während die zwei aufgeführten Uhren mit Gelbgoldgehäuse von Patek Philippe in München revidiert wurden, ging die weißgoldene Ausführung zum Service-aprés-vente nach Genf. Sie war am 17.10.1993 bei Antiquorum in Genf aufgerufen und für 7.000,- CHF plus Aufgeld versteigert worden Nach der Besichtigung durch Christophe Harsch, dem damaligen Serviceleiter von Patek Philippe in Genf, war der neue Besitzer dieser Uhr nicht mehr erfreut. Für die gründliche Überholung waren 1.120 CHF zu entrichten (Werk-Nr. 1.126.585, Gehäuse-Nr. 322.943).

An den Auktionspreisen gemessen scheinen Automatikuhren der Referenz 3514 heute sehr gefragt zu sein. Bei Antiquorum in Genf wurde am 2.04.2006 eine gelbgoldene Referenz 3514 aufgerufen und für 18.000,- CHF verkauft. Bei Antiquorum in New York kam am 28.03.2007 eine gelbgoldene Referenz 3514 zum Aufruf und wurde für 13.200,- USD veräußert. Beim gleichen Auktionshaus wurde am 26. September des selben Jahres wieder ein gelbgoldenes Modell 3514 angeboten und für 18 800,- USD versteigert. Bei LIVE AUCTIONEERS wurde eine Referenz 3514 mit Platingehäuse aufgerufen und mit 30.000 USD zugeschlagen (Werk-Nr. 1.124.043, Gehäuse-Nr. 320.385). Da der Trend zur »bescheidener« aussehenden Weißgolduhr geht, dürfte auch die hier abgebildete und schon vor Jahren erworbene Automatik mit Weißgoldgehäuse eine gute Investition darstellen.

Zum Tragen: + Zum Sammeln: ++ Als Wertanlage: ++

Referenz 3541

Die dritte Herrenarmbanduhr von Patek Philippe mit Datumsanzeige wurde 1967 lanciert und erhielt die Referenznummer 3541. Dieses Modell kann auf den ersten Blick leicht mit dem Vorgängermodell Referenz 3445 (siehe Seite 192) verwechselt werden. Erst die teilversenkte Krone und der größere Durchmesser lassen die Unterschiede erkennen. Die Referenz 3541 wurde mit Gelb- und Weißgold-Gehäusen produziert. Die hier vorgestellte Ausführung hat die Werk-Nr. 1.124.874 und die Gehäuse-Nr. 320.933. Das Zifferblatt wurde galvanisch versilbert und erhielt einen Sonnenschliff. Der Firmenschriftzug, die römischen Ziffern sowie die Teilstriche für die Kleine Sekunde sind aufgedruckt.
Das Gehäuse könnte eventuell aus dem Vollen gestanzt, gedreht und diamantiert sein, weil keine Löt- und Ansatzspuren an den Bandanstößen zu erkennen sind. Vielleicht entstand das

Abb. 308
Die Referenz 3541 gilt als Nachfolgemodell der Referenz 3445 und hat als drittes Modell eine Datumsanzeige erhalten. Als sicheres Unterscheidungsmerkmal dient die fast ganz versenkte Aufzugskrone. Der Gehäusedurchmesser liegt bei genau 35,60 mm und damit 0,6 mm über jenem der Referenz 3445. Die hier gezeigte Uhr sieht sehr elegant aus. Von hinten sieht man den Schraubboden mit gedrehter Oberfläche sowie den Zehnkant mit Schlüsselweite 29 mm.

Gehäuse auch als Drehteil und die Bandanstöße wurden eingelötet. Die Krone ist zu 2/3 ihrer Höhe versenkt und damit gut geschützt. Die Lünette ist im Gehäusemittelteil integriert. Letzteres ist zum großen Teil zylindrisch gehalten, dann nach unten abgesetzt und zum Schraubboden hin konisch auslaufend gedreht. Eine sehr aufwendige Konstruktion! Der Gehäusedurchmesser beträgt genau 35,60 mm, in der Literatur sowie auf Auktionen wird gerne 36 mm angegeben. Der massive Schraubboden ist aus dem Vollen gedreht und besitzt zum Verschließen einen Zehnkant, Schlüsselweite 29 mm. Der Boden ist bei der vorliegenden Uhr über Fläche und äußere Wölbung gedreht. Das Kaliber 27-460 M wurde bei Patek Philippe in München überholt, das Gehäuse wegen seines neuwertigen Zustandes so belassen. An der Unterseite des rechten oberen und linken unteren Bandanstoßes finden wir die »kleine Helvetia« eingeschlagen. Die Beschriftung des fein perlgestrahlten und noch unberührten Innenbodens entspricht bis auf Gehäuse- und Referenznummer genau jener in den Böden der dreimal aufgeführten Referenz 3514. Hier war wieder der gleiche Gehäusemacher mit Schlüssel-Nr. 4, die Firma Antoine Gerlach SA, Genéve, der Lieferant für Patek Philippe.
Das hier vorgestellte Modell wurde von einem europäischen Uhrenfreund bei Sotheby's in New York am 6.04.2004 per Telefon für 7.200 USD ersteigert. Transport und Einfuhrumsatzsteuer wurden mit ca. 936 € berechnet, für die Revision bei Patek Philippe in München weitere 770,24 € entrichtet. Auch wenn sich die Gesamtinvestition auf 8.402,24 € summiert, kann der neue Besitzer damit zufrieden sein. Bei Christie's in Genf kam am 12.05.2008 eine gelbgoldene Referenz 3541 zum Aufruf und wurde für 13.125 CHF (ca. 12.531 USD) zugeschlagen. Am 02.04.2006 wurde bei Antiquorum in Genf eine gelbgoldene Ausführung für 17.400,- CHF verkauft (Werk-Nr. 1.124.855, Gehäuse-Nr. 320.952). Beim gleichen Auktionshaus kam 15. Oktober 2006 eine Uhr mit Weißgoldgehäuse zum Aufruf und ging mit 25.200,- CHF an den neuen Besitzer (Werk-Nr. 1.128.794, Gehäuse-Nr. 321.093).

Zum Tragen: +++ Zum Sammeln: ++ Als Wertanlage: ++

Referenz 3542

Die nächste Automatik folgt mit Referenz 3542, wenn auch mit einigen Unterschieden zu der zuvor behandelten Referenz 3541. Aufgrund der geringen Stückzahlen gilt auch dieses Modell als Rarität. Der Gehäusedurchmesser liegt bei überprüften 36,0 mm, also genau 0,4 mm über dem der Referenz 3541.
Das Kaliber 27-460 hat die Werk-Nr. 1.115.027 und das Gehäuse die Nummer 321.169. Das Zifferblatt ist silberfarben lackiert. Die römischen Ziffern, der Firmenname, die Striche für die Kleine Sekunde sowie der Nachweis »SWISS« unter der 6 sind aufgedruckt.
Das Gehäuse der Referenz 3542 dürfte konstruktiv etwas anders gestaltet sein als das Gehäuse der Referenz 3541. Das Gehäusemittelteil mit integrierter Lünette scheint als Drehteil entstanden zu sein. Im Anschluss wurden die vier Bandanstöße eingelötet. Dass sie auf ihrer Unterseite beim Drehen so stark hinterstochen sind, könnte die Vermutung des Autors weiter bestärken. Der kräftige Schraubboden besitzt einen Zehnkant mit Schlüsselweite 29 mm und ist komplett überdreht. Bis auf die Nummer für Gehäuse und Referenz ist die Beschriftung des fein perlgestrahlten Innenbodens identisch mit der zuvor beschriebenen Referenz 3541. Auch hier war von Patek Philippe der gleiche Gehäusemacher als Lieferant beauftragt worden.

Abb. 309
Die Referenz 3542 wurde nur in einer kleinen Stückzahl aufgelegt. Ihr Gehäusedurchmesser liegt genau bei 36,0 mm. Die hier vorgestellte Ausführung hat ein silberfarben lackiertes Zifferblatt und schwarz lackierte Zeiger. Das solide Gehäuse wird von einem Schraubboden verschlossen. Die Aufzugkrone ist aus Sicherheitsgründen fast ganz versenkt.

Uhren der Referenz 3542 sind schwer zu finden. Am 2.04.2006 wurde bei Antiquorum in Genf eine Uhr dieses Modells in Gelbgold aufgerufen und für 15.000,- CHF verkauft (Werk-Nr. 1.116.234, Gehäuse-Nr. 321.245). Die hier vorgestellte Uhr kaufte ein Sammler am 13.09.2004 für 6.000 USD (ca. 4.894,14 €). Diese Uhr war mit einem eingehängten Milanaise-Goldband versehen. Die bei Patek Philippe in München durchgeführte Revision kostete weitere 984,26 €. Im Hinblick auf die Seltenheit dieser Uhr einerseits und dem zuvor genannten Auktionspreis dürfte der Sammler schon eine sichere Investition getätigt haben. Denn bei der bei Antiquorum für 15.000,- CHF verkauften Uhr war nicht bekannt, ob diese zuvor bei Patek Philippe überholt worden war!
In Deutschland kam bei Ebay eine gelbgoldene Referenz 3542 zum Aufruf und wurde am 14.05.2003 für 8.250 € verkauft. Der Verkäufer hatte in seinem Angebot darauf hingewiesen, dass diese Uhr bei Patek Philippe für 1.450 € überholt worden war.

Zum Tragen: +++ Zum Sammeln: ++ Als Wertanlage: ++

Referenz 3558 in zwei unterschiedlichen Ausführungen

Von allen bisher vorgestellten Uhren mit dem Kaliber 27-460 bzw. 27-460 M nimmt die hier beschriebene Referenz 3558 eine Sonderstellung ein. Ihr Goldgehäuse besitzt das größte

Abb. 310
Wie unterschiedlich Uhren gleicher Referenz wirken können, zeigt uns diese Aufnahme. Vielleicht dürfte die liegende Referenz 3558 mit Milanaise-Band die richtige für die Geburtstagsfeier, die mit dem blauem Zifferblatt in Verbindung mit den Manschettenknöpfen die passende für den Opernbesuch sein. Die frühere Vorgabe, zu solchen Anlässen nur Weißgolduhren zu tragen, hat sich überholt. So eine schöne Patek Philippe Armbanduhr verrät in Verbindung mit den passenden Manschettenknöpfen stets Stil. Erica Pappritz, die Bundesanstandsdame, zuweilen auch als Gräfin benannt, hätte ihre Freude daran gehabt.

Materialvolumen und damit das höchste Goldgewicht. Dieses Modell fand in den USA großen Zuspruch und wurde mit Gelb- oder Weißgoldgehäuse geliefert. Um einige Varianten dieser Uhr vorstellen zu können, haben wir zwei verschiedene Modelle aufgeführt. Das erste hat das Kaliber 27-460 M PM mit Werk-Nr. 1.230.449, die Gehäuse-Nr. lautet 2.695.315. Diese Uhr wurde 1971 produziert und ab Werk mit einem Lederband versehen, welches später durch ein eingehängtes, von Patek Philippe geliefertes Milanaise-Goldband ersetzt wurde. Dieses gefällige Band passt auch zu den Referenzen 3428, 3429, 3433, 3435 sowie 3444 und kostete 1961 genau 970 DM Aufpreis. In der zweiten Variante der Referenz 3558 mit blauem Zifferblatt tickt noch das Vorgängerkaliber 27-460 M mit Werk-Nr. 1.118.342. Die Gehäuse-Nr. lautet 2.689.535. Diese Uhr wurde 1970 produziert und in die USA geliefert. Beide Modelle hatten den gleichen Gehäuselieferanten, die Firma Ed. Wenger SA, Genève, die 1992 gelöscht wurde.

Das Zifferblatt der Referenz 3558 besteht aus 18 K Gelbgold und hat einen Sonnenschliff. Im zweiten Fall erhielt das Zifferblatt noch eine blaue Lackierung. Die Indizes bestehen aus 18 Karat Gelbgold, wobei diese im ersten Fall einschließlich der Zeiger schwarz lackiert sind. Firmenname, die Striche für die Kleine Sekunde und der Nationalnachweis »SWISS« sind aufgedruckt. Das Gehäuse beinhaltet eine sehr aufwendige Konstruktion. Die Lünette ist zylindrisch und konisch gedreht, diamantiert und aufgesprengt. Das Gehäusemittelteil wurde aus dem Vollen gestanzt, gedreht, gefräst und mit verschiedenen Oberflächen versehen. Der Gehäusedurchmesser beträgt genau 33,8 mm, auch wenn die Uhr wesentlich größer wirkt. Der massive Schraubboden ist auch aus dem Vollen gedreht, tiefgezogen und zweifach konisch abgesetzt. Sechs Nuten sorgen für sicheren Verschluss. Lünette, 45°-Brechung der Bandanstöße und die zwei konischen Flächen des Schraubbodens sind diamantiert, die restlichen Flächen satiniert oder gedreht.

Beide Uhren und damit auch die Werke erhielten bei Patek Philippe in München eine komplette Revision, so dass sich auch die Werke fast im Neuzustand präsentieren und ausgezeichnete Gangwerte aufweisen.

Die »kleine Helvetia« ist auf der Unterseite des rechten oberen Bandanstoßes eingeschlagen. Obwohl die Gehäuse beider Uhren vom gleichen Gehäusemacher stammen, ist bei der Beschriftung des Innenbodens ein kleiner Unterschied festzustellen. Bei der älteren Uhr sind im oberen Bereich die »große Helvetia« und der Feingehaltsnachweis »18K/0,750« nebeneinander, bei der jüngeren untereinander eingeschlagen. Dann folgen Firmenname »PATEK-PHILIPPE & Co= «, »-GENEVE-« und »SWISS«. Darunter sind in drei Reihen die Referenzbezeichnung »REF. 3558«, Gehäuse-Nr. und Gehäusemacher-Punze zu finden. Die Punze des Gehäusemachers gehört zur Kollektiv Verantwortlichkeitsmarke Nr. 5 mit Schlüssel Nr. 1, Firma Ed. Wenger SA, Genève. Beide Uhren stammen aus den USA. Einschließlich Transport und Einfuhrumsatzsteuer wurden für die erste rund 5.850 € und für die zweite rund 5.600 € bezahlt. Die Kosten für die komplette Revision lagen bei der ersten Uhr mit Goldband bei 1.241,20 €, bei der zweiten bei 1.600,55 €.

Die Referenz 3558 wird nicht so oft angeboten. Bei Antiquorum in Genf wurde am 19.11.2000 eine gelbgoldene Ausführung aufgerufen und mit 12.000 CHF verkauft. Am 13.05.2007 wurde beim gleichen Auktionshaus ein weißgoldenes Modell mit blauem Zifferblatt offeriert und mit 30.000 CHF zugeschlagen (Werk-Nr. 1.230.245, Gehäuse-Nr. 2.695.410).

Zum Tragen: ++ Zum Sammeln: ++ Als Wertanlage: ++

Referenz 3561, eine besondere Rarität

Zu den seltensten Sammlerstücken von Patek Philippe darf die Automatik Referenz 3561 gezählt werden. Nach der Referenz 3439/1 ist sie die zweite Armbanduhr von Patek Philippe, die von Haus aus einen Schraubboden mit Saphirglas erhalten hat. Damit war der Innenboden als Aufnahme aller relevanten

Abb. 311
Die Referenz 3561 wurde 1968 lanciert und gilt als Nachfolgemodell der Referenz 3439/1 aus dem Jahr 1965. Beide Uhren haben Schraubböden mit Saphirglas-Einsatz und sind weltweit die ersten Uhren mit einer transparenten Rückseite. Auch wenn heute vielleicht andere Uhrenhersteller diesen Anspruch für sich reklamieren, sollte man diese Behauptungen nicht weiter ernst nehmen. Wie schon auf anderen Gebieten war Patek Philippe auch hier wieder Vorreiter. Da die Schraubbodeninnenfläche für die üblichen Kennzeichnungen nicht zur Verfügung stand, wurde zwischen den Bandanstößen bei der 6 von links nach rechts der Feingehaltsnachweis »0,750«, die »kleine Helvetia« sowie die Punze des Gehäusemachers eingeschlagen.

Kenndaten entfallen. Für unsere Uhr liegt ein Stammbuchauszug vor. Das Kaliber 27-460 hat die Werk-Nr. 1.116.766. Die Gehäuse-Nr. lautet 2.681.327. Diese Uhr wurde 1970 produziert und am 6. Oktober 1971 verkauft. Auch die weitere Lebensgeschichte dieses Zeitmessers ist uns bekannt. Dem Garantieschein, der dem Autor im Original vorliegt, kann

Abb. 312
Unsere Referenz 3561 von hinten mit Saphir-Schraubboden sowie im geöffnetem Zustand. Der Schraubbodenring besteht aus einem Drehteil, welches im Tiefziehverfahren sechs Nuten erhalten hat. In den 60er Jahren waren Saphirgläser dieser Größenordnung nur mit beachtlichem Aufwand herzustellen und sehr teuer. Erst 20 Jahre später, als mit neuen Technologien synthetische Gläser einfacher und preiswerter herzustellen waren, fanden die Uhren mit transparentem Boden große Verbreitung.

entnommen werden, dass dieses seltene Stück vom Konzessionär »SWISS STORES LTD.« auf Jamaica am 15.03.1975 verkauft worden war.
Das Zifferblatt besteht aus 18karätigem Gelbgold, welches galvanisch versilbert und dann in Längsrichtung satiniert wurde. Der Firmenname, die Teilstriche für die Minuterie und die Kleine Sekunde sowie der Nationalnachweis »SWISS« sind aufgedruckt. Dazu wurden die passenden Baton-Zeiger montiert. Das Gehäuse ist zweiteilig ausgeführt und mit einem Schraubboden versehen. Der Durchmesser beträgt 33,5 mm. Das Gehäusemittelteil mit integrierter Lünette entstand als Drehteil, die vier Bandanstöße sind eingelötet. Neben dem zylindrischen Mittelteil ist die Lünette kehlig ausgeführt und der Anschluss für den Schraubboden konisch abgesetzt. Alle Flächen sind diamantiert. Der Schraubboden entstand als Drehteil, wurde tiefgezogen und diamantiert. Der Saphirglasboden ist eingeklebt.

Das Werk dieser Uhr wurde bei Patek Philippe in München überholt und zeigt sich wieder wie im Neuzustand. Wie dies auch der Blick durch den Glasboden verrät. Da diese Uhr wohl die meiste Zeit im Safe verbracht hatte, war eine Aufarbeitung des Gehäuses nicht notwendig.
Hervorzuheben sind die grundsätzlichen Unterschiede zu den bisher vorgestellten Uhren. Zwischen den unteren Bandanstößen sind von links nach rechts der Feingehaltsnachweis »0,750«, die »kleine Helvetia« sowie die Punze des Gehäusemachers eingeschlagen! Eine derartige Anordnung stellt ein Novum dar. Auf der Unterseite des rechten unteren Bandanstoßes sind noch »18K« eingeschlagen, vermutlich durch die Zollbehörden des Inselstaates Jamaica (Commonwealth-Mitglied, gleiche Zollvorgaben wie in Großbritannien). Noch viel offensichtlicher werden die Unterschiede nach dem Öffnen des Schraubbodens. Am Außenring des Bodens sind innen »PATEK PHILIPPE

GENEVE REF. 3561 No. 2681327« eingraviert, d. h. spanabhebend ausgeführt. Baut man das Werk aus, kann man feststellen, dass Referenz- und Gehäuse-Nr. auf der Höhe der 12 sowie der 6 noch zusätzlich und nur manuell mit einem Stahlstichel eingraviert (geritzt) sind.
Wichtig sind auch die Konsequenzen aus dieser Erkenntnis. Öfters schon sind auf Auktionen Uhren von Patek Philippe mit Glasböden aufgetaucht. Meistens waren diese Automatik-Modelle der Referenz 3445, denen man nachträglich einen zusätzlichen Schraubboden mit Saphirglas verpasst hatte. Wenn in solchen Fällen der Originalboden auch mitgeliefert wird, kann man auf dieses Geschäft beruhigt eingehen. Wenn nicht, sollte man die Hände davon lassen!
Die hier vorgestellte Uhr stammt von einem indischen Ingenieur, der von Indien nach Kanada ausgewandert war und diese Uhr am 15.03.1975 in Jamaica als Erstbesitzer erworben hatte. Nach seiner Pensionierung verkaufte er die Uhr für 6.195 USD an einen deutschen Uhrenfreund. Einschließlich Transport und Einfuhrumsatzsteuer belief sich der Kaufpreis auf genau 14.522,40 DM. Die bei Patek Philippe in München durchgeführte Revision kostete weitere 880,44 DM (Rechnung vom 07.11.2001). Aufgrund des neuwertigen Zustands dieser Uhr mussten bei der Revision nur Krone, Aufzugswelle, Zugfeder und diverse Kleinteile ersetzt werden.
Uhren der Referenz 3561 sind schwer zu finden. Bei Antiquorum in Genf wurde am 2.04.2006 diese rare Patek Philippe angeboten und für 21.500 CHF verkauft (Werk-Nr. 1.116.781, Gehäuse-Nr. 2.681.339). Sieben Monate später wurde die identische Uhr erneut bei Antiquorum in Genf aufgerufen und dies Mal für nur 18.000 CHF zugeschlagen. Für den Einlieferer ein herber Verlust! Mit den zuvor genannten Nummern lag die zweimal in Genf versteigerte Uhr beim Werk um 15 und beim Gehäuse um 12 Zahlen weiter als die hier vorgestellte. Damit dürften sie beide in der gleichen Woche produziert worden sein.

Zum Tragen: + Zum Sammeln: ++ Als Wertanlage: +++

Referenz 3563, auch Backwinder genannt

Mit keiner Uhr hatte man im Hause Patek Philippe so wenig Freude wie mit Modellen der Serie Backwinder. Ursache hierfür war das neue Kaliber 350, bei dessen Konstruktion man völlig neue Wege gegangen war. Einzelheiten wurden bereits bei der Vorstellung der Automatikkaliber am Anfang dieses Kapitels erläutert. Die Instabilität der Reglage, die geringe Gangreserve sowie die Anfälligkeit des Außenrotors führte zu derartig massiven Reklamationen, dass die Niederlassung von Patek Philippe in New York massenweise Uhren zurücknehmen musste. Gerade die Detailschwierigkeiten mit dem Kugellager des Drehkranzes sowie der Wechsler für den beidseitigen Aufzug konnten nie zufriedenstellend beseitigt werden und machten eine Weiterentwicklung dieses Kalibers erforderlich. Im Jahr 1979 erschien die neue Version mit der Bezeichnung 1-350. An die Stelle des Schwermetallgewichtes setzte man ein 18-karätiges Goldsegment. Ein neues Kugellager, der Wegfall des Wechslers und die Verbesserung des Handaufzugs- und Stellmechanismus

Abb. 313
Referenz 3563 mit angelötetem Band in 750 Weißgold. Dieses Modell wurde 1969 lanciert und war sowohl mit Kroko- als auch mit Goldband zu haben. In den USA und in Fernost galt diese Uhr aufgrund ihres neuen Designs ohne Krone als besonders schick und fand anfangs viele Liebhaber. Erst als die Probleme mit dem neuen Automatikwerk 350 immer deutlicher wurden, brach das Interesse an dieser Uhr ein. Die hier gezeigte Ausführung wurde 1974 produziert und am 14. März des gleichen Jahres nach Japan verkauft (Werk-Nr. 1.185.655, Gehäuse-Nr. 2.727.909).

erbrachten nicht nur Vorteile für den Benutzer der Uhr, sondern auch für deren Servicebedingungen. Ganz zufrieden war Patek Philippe mit diesem Kaliber jedoch nie, die Produktion lief 1985 aus. Die hier vorgestellte Referenz 3563/2 in 18 Karat Weißgold mit gleichartigem integrierten Goldband stellte uns ein japa-

Abb. 314
Mit Lünette und Zifferblatt im Nagelmuster-Dekor (Clous de Paris) sieht diese Referenz 3563 Backwinder schick aus. Obwohl der Gehäusedurchmesser nur 34,4 mm beträgt, liegt die Anstoßbreite für das Krokoband bei 20 mm. Dafür sind die Bandanstöße etwas schmal geraten.

Abb. 315
Wie eine Backwinder im geöffneten Zustand aussieht, vermittelt uns diese Aufnahme. Der außen umlaufende Rotor hat ein goldenes Schwunggewicht aufgesetzt. Auch ist ein Teil des Kugellagers unter Hinweis »NO OIL« zu sehen. Am Gehäuseboden sind am oberen und unteren Rand je eine kleine Nut zu erkennen. Wenn der Boden auf das Gehäuse gesetzt wird, müssen diese beiden Nuten in Längsrichtung genau auf die Gegenstücke im Gehäuse treffen. Damit wird die aus der Federhausbrücke ragende Aufzugswelle zentrisch genau in der Durchgangsbohrung positioniert. Erst wenn alles zueinander passt, darf die Ringmutter aufgesetzt und zugedreht werden. Ein kleines Detail auf der Federhausbrücke: Dort ist mit einem Schaftfräser eine langlochförmige Vertiefung eingefräst. Darin ist die Kaliberbezeichnung 1-350 zu finden.

nischer Uhrensammler zur Verfügung. Er hatte sie zuvor im Internet für 2.300 USD erworben. Sie wurde von Patek Philippe in Genf fachgerecht revidiert und erzielte im Anschluss jedoch passable Gangleistungen. Die Revision wurde mit 1.157,10 € berechnet (Rechnung vom 08.10.2002). Darin waren die Werksrevision mit 443,50 € und der Ersatz des Zifferblatts im Austausch mit 484 € die größte Positionen. Als diese Uhr bei Fotoarbeiten versehentlich aus ca. 30 cm Höhe auf einen Holztisch fiel, war die eben revidierte Uhr wieder total dejustiert. Es erfolgte eine nochmalige Revision bei Patek Philippe in Genf, aus Kulanzgründen jedoch ohne Berechnung.
Um einerseits die zwei Kaliber 350 und 1-350 beschreiben zu können, andererseits auch die Gegenüberstellung der Modelle mit und ohne Goldband zu ermöglichen, haben wir zwei dieser Uhren ausgesucht. Die erste wurde bereits beschrieben. Sie hat ein Weißgoldgehäuse mit angelötetem Band und das Kaliber 350 eingeschalt. Die zweite Ausführung besitzt ein Gelbgoldgehäuse mit Lederband und hat das Nachfolge-Kaliber 1-350 eingebaut. Für das erste Modell liegt uns ein Stammbuchauszug vor. Nach diesem wurde die Uhr Referenz 3563/2 1974 produziert und am 14. März des gleichen Jahres verkauft. Das Kaliber 350 hat die Nummer 1.185.655, das Gehäuse die Nummer 2.727.909. Das gelbgoldene Pendant stammt aus dem Produktionsjahr 1984. Das Kaliber 1-350 hat die Nummer 1.449.198, das Gehäuse die Nummer 2.698.334. Bei der Referenz 3563 kamen verschiedene Zifferblattvarianten zum Einbau. Bei den Modellen mit angelötetem Goldband wurden gerne blau lackierte Zifferblätter verwendet. Die Indizes für die Stunden sowie die passenden Baton-Zeiger bestehen aus Gold. Wie bei dem zweiten hier vorgestellten Backwinder mit Krokoband

waren auch gouillochierte Zifferblätter aus 18 Karat Gold sehr beliebt. Dazu wurden goldene, abgestufte Indizes montiert, bei denen die obere Fläche schwarz lackiert ist. In passendem Design wurden die Baton-Zeiger ausgeführt.
Das Gehäuse der Referenz 3563 hat 34,4 mm Durchmesser und ist recht aufwendig konstruiert. Das Gehäusemittelteil mit integrierter Lünette ist als Drehteil gefertigt, die dünnen Bandanstöße angelötet. Die Breite zwischen den Bandanstößen liegt bei 20 mm, für normale Uhren von Patek Philippe ein nicht übliches Maß. Ein topfförmiger, tiefgezogener und gedrehter Boden, der auf der Höhe der 6 und der 12 eine Passnut aufweist, wird über eine Ringmutter, die sechs Nuten besitzt, verschraubt. Die ganz genaue Positionierung des Bodens ist für die Fixierung der Stellkrone wichtig, die nach dem Aufsetzen des Bodens festgeschraubt wird. Die Materialstärke des Goldbodens liegt bei 0,50 mm. Insgesamt kommt man bei der Konstruktion des Gehäuses zum Eindruck, dass die Produktplanung bei dieser Referenz einen sparsamen Umgang mit dem Edelmetall Gold angemahnt hatte. Sonst wären die Materialstärken bei Gehäuse und Bandanstößen zum Teil nicht so spärlich dünn ausgefallen!
Die Kaliber 350 und 1-350 wurden schon vorgestellt und die wichtigsten Unterschiede beschrieben (siehe Seiten 147/148). Neben dem Unterschied zwischen Rotor mit Schwermetallsegment beim Kaliber 350 und goldenem Rotorgewicht beim Kaliber 1-350 verrät uns die Federhausbrücke ein interessantes Detail. Bei der Überarbeitung des Kalibers 350 mussten im Bereich der Federhausbrücke keine Veränderungen vorgenommen werden. Damit konnte dieses Bauteil ohne Probleme weiter verwendet werden. Weil aber bereits eine große Zahl dieses Werkteils auf Lager produziert worden war und ursprünglich niemand an eine Modifikation dieses Werks gedacht hatte, fräste man mit einem Schaftfräser die vorhandene und mit Goldfarben unterlegte Kaliberbezeichnung 350 einfach heraus und gravierte in diese Freifläche die neue Kaliberbezeichnung 1-350. Selbst beim Werk der hier vorgestellten Uhr mit Gelbgoldgehäuse wurde in der beschriebenen Form verfahren, obwohl es das Exemplar 9198 von 10.000 produzierten war. Damit wurde das hier gezeigte Werk im letzten Produktionsjahr dieses Kalibertyps hergestellt.
An der Außenseite des Bodens ist die »kleine Helvetia« eingeschlagen. Mehr verrät uns die Beschriftung des perlgestrahlten Innenbodens. Von oben nach unten ist zunächst der Feingehaltsnachweis »18K/0,750« und darunter nebeneinander die Punze des Gehäusemachers sowie die »große Helvetia« eingeschlagen. Im Anschluss folgen der Firmenname »PATEK-PHILIPPE & C°«, »–GENEVE–« und »SWISS«. Darunter finden sich die Referenznummer 3563 3 sowie die Gehäusenummer. Der hier beauftragte Gehäusemacher gehört zur Kollektiv Verantwortlichkeitsmarke Nr. 5 mit Schlüssel Nr. 1. Dahinter verbirgt sich die Firma Ed. Wenger SA, Genève, die 1992 gelöscht wurde.

Die gelbgoldene Referenz 3563 3 hatte ein deutscher Uhrenfreund per Internet in den USA für 4.000 USD (ca. 3.150,85 €) erworben. Mit Transport und Einfuhrumsatzsteuer summierte sich dieser Kauf auf 3.809 €. Bemerkenswert bei dieser Anschaffung war die Tatsache, dass weder die PPC-Stiftschließe noch ein Original-PPC-Krokoband vorhanden waren, jedoch die beiden goldenen Federstege am Gehäuse!
Uhren der Referenz 3563, insbesondere die Ausführung mit angelötetem Goldband, gelten unter Sammlern als nicht besonders gefragt. In Fernost sind sie auch heute noch begehrt. Am 3.12.2008 kam beim Auktionshaus Christie's in Hongkong eine weißgoldene Referenz 3563 3 mit Weißgoldband zum Aufruf und wurde für 9.721 USD verkauft. Zum Stichtag 20.06.2010 waren auf Internet-Auktionen in den USA eine weißgoldene 3563 3 für 11.900 USD und eine gelbgoldene 3563 2 für 10.950 USD angeboten. Ob sie auch für diesen Preis verkauft worden sind, ist nicht bekannt.

Zum Tragen: + Zum Sammeln: + Als Wertanlage

Referenz 3585

Aus der Serie Backwinder stellen wir hier noch eine Ausführung vor, die einen recht eleganten Auftritt hat. Das blaue Zifferblatt und das weißgoldene Gehäuse vermitteln dieser Uhr eine Elegance, wie man dies nur von einer Patek Philippe erwarten

Abb. 316
Die Serie Backwinder umfasst fünf Referenzen: 3563, 3569, 3573, 3585 und 3586. Das vorletzte Modell stellen wir hier vor. Das Gehäuse weist nicht nur eine sehr elegante Form auf, sondern ist auch das erste, das anstelle des bisher üblichen Plexiglases ein Saphirglas erhalten hat. Zum Weißgold des Gehäuses passen gut das blaue Zifferblatt sowie Zeigerspiel und Indizes in Weißgold.
Das Gehäusemittelteil mit einer Größe von 36,0 x 42,0 mm ist aus einem Stück gefertigt, der Boden wie bei Abb. 315 mit einer Ringmutter verschraubt.

kann. Von der Backwinder-Serie gab es insgesamt fünf Referenzen: 3563 (Seite 204), 3569, 3573, 3585 (Seite 206) und 3586. Von diesen fünf Referenzen existieren noch Untermodelle in vielfacher Ausführung. Die Referenz 3585 wurde 1970 lanciert und vornehmlich auf dem amerikanischen und fernöstlichen Markt angeboten. Das hier vorgestellte Modell wurde auch wegen einiger Besonderheiten ausgesucht und sein Stammbuchauszug ausgewertet. Aus diesem ist zu ersehen, dass hier das Automatikkaliber 350 eingeschalt wurde. Die Werk-Nr. lautet 1.188.464, die Gehäuse-Nr. 2.728.813. In dem Stammbuchauszug ist auch der Austausch des ursprünglichen Automatikkalibers gegen ein neues vermerkt. Bei einem im Jahr 1977 in Genf durchgeführten Kundendienst wurde das heute noch vorhandene Kaliber eingebaut. Wenn eine Uhr im Jahr 1970 gebaut, erst am 20.04.1974 verkauft und bereits drei Jahre nach Gebrauch schon ein Austauschwerk benötigt, entspricht dies nicht dem hohen Qualitätsstandard, der von Patek Philippe normalerweise zu erwarten ist!
Das Zifferblatt dieser Uhr ist blau lackiert. Die weißgoldenen Indizes sowie die Baton-Zeiger sind noch blau hinterlegt. Bei dieser Ausführung wurde erstmalig ein Saphirglas verbaut.
Das Gehäusemittelteil mit einer Größe von 36,0 x 42,0 mm ist aus einem Stück gefertigt, der Boden aufgesetzt und mit einer Ringmutter verschraubt. Die Bandanschlussbreite misst genau 20,2 mm.
Weil sich beim Ulmer Konzessionär diese Uhr nicht hatte öffnen lassen, konnte weder das Werk noch die Beschriftung des Innenbodens eingesehen werden.
Nun noch einige Anmerkungen zur Stellkrone dieses Backwinders. In der Position 0 läßt sich das Werk aufziehen Zieht man die Krone in Position 1 heraus, lässt sich die Zeit einstellen. Das Werk weist aber keinen Sekundenstopp auf.

Das Öffnen des Bodens erfolgt in zwei Schritten. Zunächst muss die kleine Zylinderkopfschraube, welche die Krone hält, gelöst und mit der Krone zusammen entfernt werden. Im Anschluss wird mit einem Spezialschlüssel die Ringmutter gelöst, erst dann lässt sich der durch zwei Nuten bei der 12 und der 6 positionierte Boden vorsichtig abnehmen.
Diese Uhr hatte ein Uhrenfreund für 3.979 € im Internet erworben, wegen der beträchtlichen Kosten sich jedoch nicht für die notwendige Revision bei Patek Philippe entscheiden können. Uhren der Referenz 3585 werden nur selten angeboten. Bei Antiquorum in Genf kam am 17.11.2002 eine Referenz 3585 zum Aufruf und wurde mit 6.720 CHF verkauft. Bei Christie's in Rom wurde am 1. Juni 2005 ein identisches Modell offeriert und mit 6.200 € zugeschlagen.

Zum Tragen: + Zum Sammeln: + Als Wertanlage:

Referenz 3588, die »Papstuhr«

Von einer besonderen Uhr mit etwas rätselhafter Geschichte ist hier zu berichten. Wir geben jedoch nur die Schilderungen wieder, die wir vom Besitzer dieses seltenen Stückes erhalten haben. Im Jahr 1970 erhielt die Firma Hausmann & Co, Via-del-Corso 406, Rom, vom Vatikan den Auftrag, zwölf Armbanduhren von Patek Philippe in Sonderausführung zu liefern. Als Modell wurde die neue, superflache Automatik Ref. 3588 ausgesucht. Anstelle der normalen Ausführung sollte das Zifferblatt die Farbe des Vatikans, ein besonderes Violett, erhalten. Statt der römischen Ziffern sollten die Stunden mit facettierten Indizes versehen werden. Durch die profilierte Facettierung kommt das Gold des Zifferblatts wieder zum Vorschein und verleiht diesem ein fast mystisches Aussehen. Das Dutzend Uhren wurde 1971 von Hausmann dem Vatikan übergeben. Dies war in der Zeit von Papst Paul VI., der von 1963 bis 1978 als 261. Papst auf dem Stuhl Petri in Rom saß. In der Folgezeit erhielten als besondere Ehrung verdiente Kirchenfürsten eine derartige Uhr aus der Hand seiner Heiligkeit überreicht. Dies geschah auch mit einem US-amerikanischen Kardinal, welcher der Großonkel des heutigen Besitzers war.
Auf Seite 208 sehen wir diese Uhr zusammen mit einer Ehrenkarte zur Papstmesse am 10.09.2006 in München. Die Farben stimmen genau überein. An jenem Sonntag feierte Papst Benedikt XVI. mit über 250.000 Gläubigen auf dem Freigelände der Neuen Messe München einen Gottesdienst, der als »Papstmesse in München« in die Kirchengeschichte einging.
Sicher werden sich die Leser fragen, wo wohl die anderen elf Uhren verblieben sind. Leider könnte hier wohl nur das Archiv des Vatikans eine Antwort darauf geben.

In unserer »Papstuhr« Ref. 3588 verrichtet das neue Automatikkaliber 28-255 seinen Dienst. Das Werk trägt die Nummer 1.280.422, das Gehäuse die Nummer 2.714.748. Diese Uhr wurde im Jahr 1970 produziert und im Folgejahr verkauft. Das Zifferblatt dieser Uhr besteht aus Gelbgold. Danach wurde die Oberfläche galvanisch versilbert, mit einem Sonnenschliff versehen und feinlackiert. Als nächster Schritt erfolgte der Aufdruck von Firmenname und Nationalnachweis »SWISS«. Im Anschluss wurde das Zifferblatt auf einen Teilkopf gespannt und die 12 Stunden-Indizes facettiert. Im Gegensatz zum Zifferblatt der Referenz 3415 (Seiten 182 und 184) sind die Indizes nicht in V-, sondern in W-Form facettiert. Aus der Sicht der Fertigungstechnik ist ein Zifferblatt mit Kleiner Sekunde einfacher zu facettieren, weil die Bohrung für die Kleine Sekunde als Lagefixierung dient. Das vorliegende Zifferblatt besitzt keinen Fixierpunkt und muss in Zentrumsposition mit Hilfe der beiden Zifferblattfüßchen und Unterdruck gespannt werden. Erst dann kann der Diamant die Gravur ins Gold spanabhebend vornehmen.
Unsere »Papstuhr« wurde zusätzlich per Stereomikroskop analysiert. Hierbei kam die Vermutung auf, dass das Violett des Vatikans als zweite Lackierung aufgetragen wurde und die erste Farbe wohl das bekannte Blau war. Dass nach diesem zweiten Farbauftrag erst der Firmenname und der Nationalnachweis aufgedruckt wurden, spricht jedoch wieder für die Echtheit des Zifferblatts. Es ist zu vermuten, dass man für die geringe Stückzahl von zwölf Zifferblättern auf Lagerteile zurückgegriffen und diese in der gewünschten Vatikansfarbe nachlackiert hat.
Das Gehäuse misst im Durchmesser genau 35,0 mm und ist trotz des Saphirglases nur 6,1 mm dick. Es besteht aus drei Teilen,

Abb. 317
Auf diesem Bild ist nicht nur die »Papstuhr«, sondern auch eine Eintrittskarte zur »Papstmesse« in München abgebildet. Laut Besitzer dieser Uhr hatte dessen Großonkel, ein amerikanischer Kardinal, diese Uhr als besondere Auszeichnung aus den Händen von Papst Paul VI. in Rom empfangen. Die Eintrittskarte für die Ehrengäste der am 10.09.2006 in München gefeierten »Papstmesse« trägt die gleiche Farbe wie das Zifferblatt der »Papstuhr«, das besondere Violett des Vatikans. Weitere Details zu dieser einmaligen Uhr sind im Text nachzulesen.

Lünette, Gehäusemittelteil und Druckboden. Vermutlich wurde das Gehäusemittelteil einschließlich der Bandanstöße aus dem Vollen gestanzt, gedreht, gefräst und oberflächenbearbeitet. Die Krone wurde zu ihrem Schutz leicht versenkt. Der Druckboden besitzt eine Materialstärke von 0,5 mm.

Das Kaliber 28-255 misst in seiner Höhe genau 2,55 mm und beansprucht nur 42 % der Gesamtdicke der Uhr. Der Rotor hat ein Schwunggewicht aus 21-karätigem Gold und zieht in beiden Richtungen auf.

Auf dem Druckboden ist eine »kleine Helvetia« eingeschlagen. Die Beschriftung im perlgestrahlten Innenboden ist über die ganze Höhe sauber angeordnet. Untereinander sind die »große Helvetia«, der Feingehaltsnachweis »18K/0,750« und der Firmenname »PATEK-PHILIPPE & C$^{\underline{o}}$«, »–GENEVE–« und »SWISS« eingeschlagen.

Darunter folgen Referenz- und Gehäusenummer sowie die Punze des Gehäusemachers. Dieser gehört zur Kollektiv Verantwortlichkeitsmarke Nr. 5 mit Schlüssel Nr. 1. Dahinter verbirgt sich die Firma Ed. Wenger SA, Genève, die 1992 gelöscht wurde.

Unsere »Papstuhr« wurde über Patek Philippe in München nach Genf geschickt und dort einer Revision unterzogen. Die Arbeiten wurden mit 747,62 € berechnet (Rechnung vom 26.09.2003). Der gleichfalls angefragte Stammbuchauszug wurde mit der Begründung, dass bei dieser Uhr Werk- und Gehäusenummer nicht zusammenpassen würden, vorerst versagt. Hatte auch hier der Heilige Stuhl für jene Diskretion gesorgt, die in oberen Kirchenkreisen selbstverständlich ist?

Zum Tragen: Zum Sammeln: +++ Als Wertanlage: ++

Abb. 318
Die Nautilus wurde 1976 als Sportuhr lanciert und gehört auch heute noch zu den beliebtesten Modellen. Im Frühjahr 2021 hat der Präsident von Patek Philippe Thierry Stern die Einstellung der Stahlausführung dieser Uhr veranlasst. Der Grund hierfür lag bei der übergroßen Nachfrage, die zu astronomischen Preissteigerungen geführt hatte.

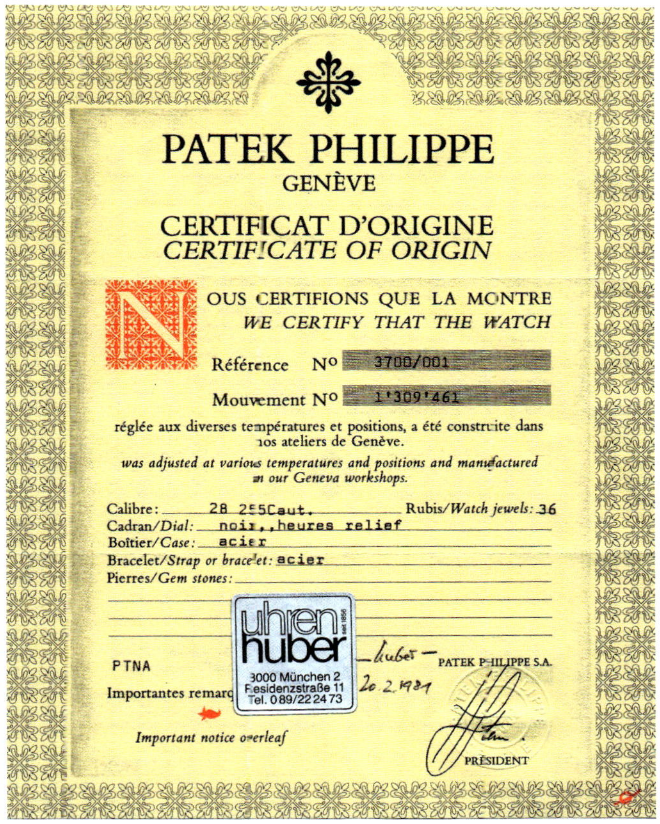

PATEK PHILIPPE
GENÈVE

CERTIFICAT D'ORIGINE
CERTIFICATE OF ORIGIN

NOUS CERTIFIONS QUE LA MONTRE
WE CERTIFY THAT THE WATCH

Référence N° 3700/001

Mouvement N° 1'309'461

réglée aux diverses températures et positions, a été construite dans nos ateliers de Genève.
was adjusted at various temperatures and positions and manufactured in our Geneva workshops.

Calibre: 28 255C aut. Rubis/*Watch jewels*: 36
Cadran/*Dial*: noir, heures relief
Boîtier/*Case*: acier
Bracelet/*Strap or bracelet*: acier
Pierres/*Gem stones*:

PTNA
Importantes remarq...

uhren huber
3000 München 2
Residenzstraße 11
Tel. 089/222473

huber
20.2.1981

PATEK PHILIPPE S.A.

Important notice overleaf

PRÉSIDENT

Abb. 319
Verkaufszertifikat der hier links abgebildeten Referenz 3700/001 Nautilus am 20.02.1981, von der Firma Uhren-Huber in München ausgestellt.

Referenz 3700/1 Nautilus

Zu den spektakulärsten Uhren von Patek Philippe gehört das Modell Nautilus. Diese Sportuhr wurde 1976 lanciert und gehört auch heute noch zu den beliebtesten Modellen. Ursprünglich war diese Stahluhr nicht geplant, sondern ging auf eine Initiative Dritter zurück. Zum einen war dies der durchschlagende Erfolg des Sportmodells Royal Oak vom Mitbewerber Audemar Piquet aus Le Brassus, zum anderen das Angebot von Gerald Genta, dem Designer der Royal Oak, auch für Patek Philippe eine noble Sportuhr zu kreieren. Obwohl es sich bei beiden Konstruktionen um Halbschalengehäuse handelt, kam das Model Royal Oak beim Publikum wegen seines überzeugenden Designs zunächst besser an. Sicher lag dies auch an den klaren Linien und dem typischen Bullaugengesicht der Royal Oak. Selbst eingefleischte Freunde unserer Genfer Marke kamen mit dem Auftritt der gewöhnungsbedürftigen Nautilus nur schwer zurecht und entschieden sich oft für das Konkurrenzprodukt aus Le Brassus. Heute hat sich das Blatt jedoch zugunsten von Patek Philippe gewendet. Für eine Nautilus Ref. 3700/1 aus den 70er und 80er Jahren, auch liebevoll »Jumbo« genannt, muss man heute oft schon tiefer in die Tasche greifen als für eine Royal Oak aus der gleichen Epoche!
Zumindest konnte Patek Philippe mit der Modellreihe Nautilus jene Kunden ansprechen, die eine neue, noble Sportuhr mit berühmtem Namen suchten.
Das Model Nautilus Ref. 3700/1 wurde in Stahl, Stahl / Gold, Gelb- und Weißgold sowie in geringer Stückzahl auch in Platin angeboten. Neben dem futuristischem Aussehen war es auch die ungewöhnliche Gehäusegröße, die jedem Betrachter sofort ins Auge fiel. Mit einer Gesamtbreite von ganzen 42 mm (ohne Krone) war die Nautilus ihrer Zeit weit voraus und ein früher Vorreiter für die üppige Dimensionierung heutiger Uhrenmodelle. Diese Stahlversion hat die Werk-Nr. 1.309.461 und die Gehäuse-Nr. 540.862. Sie wurde am 20.02.1981 bei Uhren-Huber in München, Residenzstraße 11, für genau 5.000 DM gekauft.
Das Zifferblatt weist waagrechte Streifen auf und ist anthrazitfarben gehalten. Die Indizes sowie die beiden Zeiger sind mit Leuchtmasse versehen, die in Einfräsungen aufgebracht ist. Die Datumsanzeige ist bei der 3 angeordnet. Das Gehäuse mit seiner Breite von 42 mm wirkt fast wie ein Bullauge, manche sagen auch wie ein Fernseher. Es ist aus Edelstahl gefertigt und weist eine ganz besondere Konstruktion auf. Auf Seite 212 ist eine Explosionszeichnung dieses Gehäuses sowie eine zerlegte Uhr zu finden. Aus der Sicht der technischen Mechanik sowie auch mancher Uhrmacher ist dieses Gehäuse nicht optimal konstruiert. Ein echter Schraubboden, wie bei Patek Philippe an sich üblich, wäre die bessere Lösung gewesen. Bei diesem

F
S
28-255

Abb. 320
Diese fast 15fache Vergrößerung zeigt einen Ausschnitt des Kalibers 28-255. Im Vordergrund der winkelförmig profilierte Rotorreif, der auf vier vertikal angeordneten Rubinrollen läuft. Schön zu sehen sind auch der Unruhkloben mit »KIF Ultraflex«-Stoßsicherung, Gyromax-Unruh und Flachspirale. Ganz unten links die Werk-Nr. 1.292.432, rechts davon die Kaliberbezeichnung 28-255 und ganz bescheiden das Genfer Siegel. Die sehr dünn ausgeführten Bandanstöße sind nicht gerade sauber angelötet.

Abb. 321
Die Nautilus-Referenz 3700/1 besitzt ein Einschalengehäuse mit eingehängtem Metallband. Das Werk wird mit montiertem Zifferblatt von oben eingesetzt und mit der Lünette verschlossen. An der umgedreht positionierten Lünette erkennt man die schon eingelegte Dichtung (Werk-Nr. 1.309.461, Gehäuse-Nr. 540.862).

Einschalengehäuse ist die Lünette, mechanisch betrachtet, als Brücke ausgeführt. Nach Montage des Werkes wird die Lünette auf das Gehäuse aufgesetzt und beidseitig mit je zwei Gewindestiften verbunden. Der an der Spitze dieser Gewindestifte angebrachte Kegelstumpf findet seine Negativform als Konus im Gehäuse und fixiert damit die Position der Lünette. In Verbindung mit einer besonders geformten Dichtung wird eine Wasserdichtigkeit von 120 m garantiert. Eine Verspannung über vier Konen, die genau fluchten, erlaubt keine vertikalen Kräfte. Die Wasserdichtigkeit muss somit alleine über die Flexibilität der speziellen Dichtung übernommen werden. Eine derartige Lösung kann wohl nur einem fachfremden Designer einfallen, der von der technischen Mechanik nur näherungsweise gehört hat.

Mit steigendem Außendruck, d. h. in größeren Wassertiefen, egalisieren sich die genannten Konstruktionsschwächen, weil das ganze Gehäuse von außen zusammengedrückt wird. Erstaunlich sind die Kräfte, die das Zifferblatt in 120 m Wassertiefe auszuhalten hätte. In dieser Tiefe wirkt die Wassersäule auf einen Quadratmeter Fläche mit 120 to, d. h. 120.000 kg. Bezogen auf die Fläche des Saphirglases von rund 6,7 cm^2 lasten darauf 6,7 x 12 = 80,4 kg!

Abb. 322
Diese Explosionsdarstellung der Nautilus lässt den gesamten Konstruktionsaufbau gut erkennen. Welche Last das Uhrenglas in 120 Meter Tiefe auszuhalten gehabt hätte, ist hier im Text nachzulesen.

Abb. 323
Gyromax-Unruh mit Flachspirale von dem Kaliber 28-255 C
Mit dem Drehen der sechs Masselotte-Gewichte lässt sich das Schwungmoment GD^2 und damit der Gang einstellen. Werden die Schlitze zum Zentrum, d. h. nach innen ausgerichtet, erhöht sich das Schwungmoment und die Uhr läuft langsamer. Werden die Schlitze nach außen gedreht, reduziert sich das Schwungmoment und die Uhr läuft schneller. Wegen der geringen Bauhöhe dieses Kalibers konnte keine Breguet-Spirale verbaut werden.

Das Werk trägt die Kaliber-Nummer 28-255 C und wurde schon in vielen Uhren von Patek Philippe verbaut.

Die Beschriftung des feinperlgestrahlten Innenbodens des Halbschalengehäuses fällt recht schlicht aus. Im oberen Teil befindet sich der Herstellername »PATEK PHILIPPE« und »GENEVE«, in der Mitte die Gehäuse- und ganz unten die Referenznummer 3700/1. Die beiden Gehäuseteile sind aus dem Vollen gearbeitet und dürften sehr arbeitsintensiv und teuer ausgefallen sein. Das gilt auch für das Oberteil, welches hier gut zu sehen ist.

Die Nautilus gehört heute mehr denn je zu den Erfolgsmodellen von Patek Philippe. Über die Jahre hinweg wurde das Gehäusedesign etwas überarbeitet und die beiden seitlichen Gehäuseverbindungen leicht gerundet. Zusätzliche Modelle erweiterten die Produktpalette, so dass im Katalog von Patek Philippe dieser Linie ganze 16 Seiten gewidmet sind. Die hier präsentierte Uhr gehört einem Freund des Verfassers. Nach 14

Jahren hatte er sein schönes Stück wieder zum Konzessionär Andreas Huber in München gebracht und dort eine Revision in Auftrag gegeben. Für diesen Kundendienst war laut Servicekarte Nr. 40467, datiert auf den 10.05.1995, genau 957 DM bezahlt worden. Die Garantie umfaßte einen Zeitraum von sechs Monaten.
Die Nautilus Ref. 3700/1 wird öfters auf Auktionen angeboten. Bei Antiquorum in Genf wurde am 15.11.2005 eine weißgoldene Ausführung für 78.000 CHF verkauft. Im gleichen Auktionshaus in Genf wurde am 11.11.2007 ein Modell in Edelstahl aufgerufen und mit 36.999 CHF zugeschlagen. Weiterhin wurde von diesem Auktionshaus am 14.10.2009 eine gelbgoldene Variante offeriert und ging 33.600 CHF an den neuen Besitzer.
Man ersieht hier, dass »Jumbos« aus Stahl zu einem ähnlichen Preis gehandelt werden wie Modelle in Gelbgold.
Weil bei Patek Philippe die Nautilus die einzige Uhrenlinie darstellt, die seit rd. 35 Jahren im Programm steht und das äußere Erscheinungsbild nicht geändert hat, sollen hier noch kurz auf die Nachfolgemodelle eingegangen werden. Den »Jumbo« Ref. 3700/1 folgte die etwas kleinere Ref. 3800/1. Nun wieder mit dem manufaktureigenen Automatikwerk Kaliber 335 mit Datumsanzeige und Zentralsekunde ausgestattet, zählte sie zu den bekanntesten »Dauerbrennern« des Hauses. Das Nachfolgemodell Ref. 3900/1 erhielt zunächst ein Quarzwerk und in der Folge das Automatikkaliber 330 SC eingeschalt. In der Preisliste des Jahres 1991 war die Nautilus Ref. 3800/1 in Stahl mit 9.750 DM, in Gelbgold mit 35.300 DM, in Weißgold mit 37.550 DM und in Platin mit 74.800 DM aufgeführt.
Die Nautilus Ref.-Nr. 5711/1 kostette in Edelstahl 2009/2010 genau 14.089 €. Aus diesem Preisvergleich ist auch zu ersehen, dass für eine rd. 30 Jahre alte Nautilus Ref. 3700/1 oftmals ein mehrfacher Preis gezahlt wird als für ein neues Modell. Mehr zur Technik und zur sensationellen Preisentwicklung ist im Kapitel »14. Die edlen Sportuhren« auf Seite 345 nachzulesen.

Zum Tragen: +++ Zum Sammeln: +++ Als Wertanlage: +++

Mit der Beschreibung der Nautilus endet der Reigen sammlungswürdiger Armbanduhren unseres Herstellers aus Genf.

8.8 Potpourri zum Schluss

Damit der Leser zum Abschluss dieses Kapitels auch einige aktuelle Modelle der Genfer Nobelmarke zu sehen bekommt, ist auf der nächsten Doppelseite ein Potpourri neuerer Modelle zu finden. Drei dieser Uhren wurden vom Verfasser nahezu anonym im Fachhandel erworben und als Testuhren auf Herz und Nieren überprüft. Ganggenauigkeit, Funktionssicherheit und Gebrauchstüchtigkeit waren hier gefragt, wobei alle drei Uhren die hochgesteckten Erwartungen erfüllen konnten.
In unserem Potpourri erfahren auch die Leser, wie die hier vorgestellten Uhren im Zweitmarkt gehandelt werden.

Abb. 324
Thierry Stern, der heutige Präsident von Patek Philippe, und sein Vater Philippe Stern, der heutige Ehrenpräsident, im Gespräch mit dem Verfasser.

Abb. 325

Abb. 330

Die Edelsten der Edlen
(Bildbeschreibung von oben links im Uhrzeigersinn)

Abb. 325
Die Automatik mit Ewigem Kalender, Weißgoldgehäuse und Breguet-Zahlen Ref. 5940G-001 führt unseren Bilderbogen an. Im Zweitmarkt ist dieses Modell relativ oft zu finden und wird im Mittel zwischen 57.000 und 61.000 USD angeboten.

Abb. 326
Für Vielreisende bietet sich die Nautilus Ref. 5990/1A-001 in Edelstahl an. Mit Chronographen-Werk, zweiter Zeitzone, Datums- sowie jeweilige Tag/Nacht-Anzeige liefert diese Uhr alle benötigten Informationen. Dass dieses schwer zu bekommende Modell am Zweitmarkt zwischen rund 130.000 bis 140.000 USD angeboten wird, belegt die hohe Nachfrage.

Abb. 327
Für die klassische Calatrava steht diese weißgoldene Ref. 5227G-001 mit Elfenbein-Zifferblatt und 39 mm Gehäusedurchmesser. Dieses Modell war eine unserer Testuhren. Im Zweitmarkt wird dieser feine Zeitmesser zwischen 30.000 und 35.000 USD angeboten.

Abb. 328
Als Klassiker schlechthin gilt der Chronograph mit Ewigem Kalender Ref. 3970EP mit Platin-Gehäuse. Dieser im Jahr 1985 lancierte direkte Nachfolger der Referenz 2499 wird im Zweitmarkt zwischen 130.000 und 150.000 USD angeboten.

Abb. 329
Als eine elegante Uhr zu einem Abendempfang eignet sich dieses Modell mit Ewigem Kalender und Weißgoldgehäuse Ref. 5159G-001. Mit 38 mm Gehäusedurchmesser und 12,40 mm Höhe passt sie noch gut unter die linke Hemdenmanschette. Persönlich hat der Verfasser diese Uhr aber noch nie angetroffen.

Abb. 330
Trotz anfänglicher Ähnlichkeit liegen diese zwei ansehnlichen Modelle im Alter und Wert meilenweit auseinander. Das rechte Model steht für Automatikantrieb, Jahreskalender und Roségoldgehäuse der aktuellen Referenz 5396R-011, links die Referenz 3448J aus dem Jahr 1977 mit Ewigem Kalender und Automatikkaliber 27-460. Im Zweitmarkt wird die rechte Uhr zwischen 35.000 und 55.000 USD angeboten. Die linke wurde in den vergangenen Jahren mit Preisen verkauft, die zwischen 200.000 und 500.000 USD lagen. Man kann hier leicht nachvollziehen, dass Armbanduhren des Hauses Patek Philippe nicht nur zu den edelsten, sondern auch zu den wertvollsten Vertretern der Schweizer Uhrenindustrie gehören.

Abb. 326

Abb. 327

Abb. 329

Abb. 328

Abb. 332

Abb. 333

9. Rolex

9.1 Einführung, von Gisbert L. Brunner

Rolex: Präzisionsuhren im Zeichen der Krone

Ein Kaufmann entdeckt die Armbanduhr

Wer das große Glück haben sollte, in den Archiven einer der weltweit bedeutendsten Uhrenmanufakturen nach Herzenslust stöbern zu können, wird trotz akribischer Suche keinen Menschen namens Rolex finden. Den gibt es nämlich schlichtweg nicht. Aber bei differenzierter Analyse der Geschichte des mehr als 100 Jahre alten chronometrischen Imperiums findet sich letzten Endes dann doch ein Mann, der diesen Namen sehr wohl verdienen würde. Die erste retrospektive Begegnung mit ihm findet an einem Ort statt, der mit Uhren und Zeitmessung eigentlich gar nichts zu tun hat. Das nordbayerische Kulmbach, von dem hier die Rede ist, schätzen Kenner in erster Linie wegen seiner vorzüglichen Bierspezialitäten.
Am 22. März 1881 hatte in besagter Kleinstadt ein Junge das Licht der Welt erblickt, den seine Eltern Hans Wilhelm taufen ließen. Die Jugendzeit der drei Kinder von Anna und Ferdinand Wilsdorf stand unter keinem besonders günstigen Stern, denn 1893 wurden sie Vollwaisen. Dank finanzieller Rücklagen – die Mutter entstammte einer bekannten Brauer-Dynastie – und des Verkaufs eines florierenden, bereits vom Großvater Carl Wilsdorf gegründeten Eisen- und Haushaltswarengeschäfts am Kulmbacher Marktplatz, kamen die schulische und berufliche Bildung gleichwohl nicht zu kurz. Hans Wilsdorf zog es nach Abitur und Abschluss einer kaufmännischen Lehre im nahe gelegenen Bayreuth mit 19 in die Schweiz. In Genf, seinem späteren Lebensmittelpunkt, volontierte er kurzzeitig bei einem Perlenhändler. Dann verschlug es ihn in den Westschweizer Jura, der einige landschaftliche Ähnlichkeiten mit seiner fränkischen Heimat aufwies. In der Industriemetropole La Chaux de Fonds lockte ein interessanter Job. Für die Erledigung der Korrespondenz in Englisch und allgemeiner Büroarbeiten zahlte ein erfolgreicher Uhrenimporteur dem sprachenkundigen Berufseinsteiger monatlich achtzig Franken. Ganz nebenbei hatte Hans Wilsdorf täglich mehrere hundert Uhren aufzuziehen und deren Gang zu kontrollieren. Mit solchen Produkten erlöste Cuno Korten jährlich mehr als eine Million Schweizer Franken. Dieser bemerkenswerte Umsatz mit Uhren deutscher, schweizerischer und französischer Fabrikanten weckte in Hans Wilsdorf die Lust zu eigenem Unternehmertum. Der ehrgeizige Jung-Kaufmann orderte und verkaufte drei Gold-Taschenuhren mit offiziellem Gangzeugnis des Neuenburger Observatoriums auf eigene Rechnung. Die Vorgesetzten zeigten sich über diese Eigenmächtigkeit keineswegs verärgert. Im Gegenteil: Sie übertrugen ihrem geschäftstüchtigen Angestellten neue, verantwortungsvollere Aufgabengebiete. Doch der hatte Lunte gerochen und wollte nach einem unfreiwilligen Militärdienst-Intermezzo in Deutschland mehr, weitaus mehr sogar.

Es lebe die Selbständigkeit

Sein unternehmerisches Talent konnte Hans Wilsdorf 1905 erstmals beweisen. Während einer Schiffreise nach England waren ihm 33.000 deutsche Goldmark gestohlen worden. Nach dem Verlust des Erbteils musste er seine beiden Geschwister um eine Anleihe zur Gründung des eigenen Unternehmens bitten. Nolens volens nahm der Bestohlene auch noch den deutlich älteren Partner Alfred James Davis mit ins Boot. Letzterer sollte sich später noch als handfester Filou entpuppen.
In London, Hatton Gardens 83, nahm das Startup seinen Lauf. Sinn und Zweck der Wilsdorf & Davis Ltd. bestand im Uhrenverkauf »en gros«. Wegen einer Vielzahl konkurrierender Unternehmen musste sich Wilsdorf nicht nur besonders attraktive Produkte einfallen lassen, sondern auch innovative Marketing- und Vertriebskonzepte. In diesem Zusammenhang kamen ihm die neuen Zeitmesser fürs Handgelenk gerade recht. Nach dem Umzug an den Holborn Viaduct 44 aktivierte Hans Wilsdorf seine bereits vorhandenen Kontakte zur Schweizer Uhrenindustrie. Insbesondere die 1878 gegründete Aegler SA war ihm in bester Erinnerung geblieben. »Die Firma Aegler«, schrieb er in seinen Erinnerungen, »war die erste Uhrenfabrik,

Abb. 331
Franz Wörle, der Geschäftsführer der Porsche-Vertretung »Porsche 5 Seen« in Gilching bei München, mit seinem Porsche Panamera. Wörle gilt als Freund schneller Autos und von präzise gehenden Armbanduhren.
Abb. 332 Rolex Ref. 6263 Daytona mit Handaufzug, auch BIG RED genannt. **Abb. 333** Rolex Daytona Ref. 116.520, das aktuelle Modell.

Abb. 334
Rolex-Automatik-Kaliber 1520 in rund 14facher Vergrößerung. Links vorne die Unruh mit Breguet-Spirale. Auf dem Unruhschenkel ist eines der beiden Masselotte-Gewichte zu sehen, mit der die Feinregulierung des Ganges erfolgt. Auf die roten und goldfarbenen Zahnräder der Automatikgruppe wird im Text genauer eingegangen.

SWISS
1520

welche die Herstellung einer Uhr mit 11‴-Ankerwerk aufgezogen hat. Seit dem Gelingen dieser Neuheit, welche sich in der Folge von größter Tragweite für die gesamte Uhrenindustrie erweisen sollte, konnte die Zukunft der Armbanduhr als gesichert betrachtet werden.« Also reiste Hans Wilsdorf noch 1905 nach Biel. Dort stieß seine Offerte, Armbanduhren aus Aegler'scher Produktion in Großbritannien zu vertreiben, auf positive Resonanz, welche in einen ersten Großauftrag mündete. Dieser umfasste ein Liefervolumen von mehreren hunderttausend Schweizer Franken, was dem fünffachen Betriebskapital von Wilsdorf & Davis entsprach. Der Mut machte sich schnell bezahlt, denn die Importware verkaufte sich wie die sprichwörtlichen warmen Semmeln. Weitere Bestellungen, neue Produktideen und Verbesserungsvorschläge folgten auf dem Fuß. So leistete Hans Wilsdorf, der sich in England fest etablierte und die britische Staatsbürgerschaft annahm, einen nicht unerheblichen Beitrag zum Siegeszug des damals neuen Sterns am Uhrenhimmel.

Ein Name für die Welt

Über der Freude am Erfolg lag nur ein Schatten: Bedeutende Fachgeschäfte wie »The Goldsmiths Company« oder »Asprey« wollten auf den Zifferblättern ausschließlich ihre eigenen Namen lesen. Fabrikanten und Lieferanten hatten weder dort noch auf Uhrwerk und Gehäuse etwas verloren. Mit dieser Tradition wollte Wilsdorf unter allen Umständen brechen. Doch das konnte nur durch einzigartige Produkte mit hoher Begehrlichkeit gelingen. Und eine markante Signatur brauchte es ebenfalls. Letztere ließ sich Hans Wilsdort im Jahr 1908 schützen. Um die Hintergründe des Namens Rolex ranken sich viele Geschichten. Unstrittig ist auf jeden Fall, dass er sich in allen Sprachen gleichermaßen leicht verwenden lässt. Verballhornungen gelingen selbst Amerikanern nicht. Außerdem beanspruchte der zweisilbige Begriff auf dem Zifferblatt so wenig Platz, dass die Schriftzüge der Fachhändler problemlos dazu gedruckt werden konnten. Schließlich waren prägnante, aus fünf Buchstaben bestehende Wörter sehr beliebt. Das beweist Kodak, eine andere Namenslegende jener Epoche.
Rolex, behaupten manche, sei von »horlogerie exquise«, also herausragender Uhrmacherkunst abgeleitet. Hans Wilsdorfs Witwe schilderte hingegen eine andere Version. Ihr zufolge verbirgt sich hinter Rolex nichts anderes als ein Kürzel aus Rolling Export. Und damit ist der erfolgsbedingt beinahe ununterbrochene Uhrenstrom von Aegler zu Wilsdorf & Davis gemeint. Wie dem auch sei: Die Kreation war und ist an Genialität nicht zu übertreffen.

Präzision groß geschrieben

Schon zum Zeitpunkt der Namensgebung wollte sich der junge Firmenchef partout nicht damit abfinden, dass Armbanduhren weniger genau gehen sollten als die an der Kette getragenen Pendants. Am 22. März 1910 erkannte die amtliche Uhrenkontrollstelle der Bieler Uhrmacherschule einem Rolex-Uhrwerk mit 25 mm Durchmesser nach 14 Tagen eingehender Prüfung einen Gangschein 1. Klasse zu. 1914 vergab die Sternwarte in Kew, England, nach 45tägigem Check erstmals ein Zertifikat der Klasse »A« für eine Armbanduhr. Danach lag der Schwarze Peter bei Aegler in Biel. Der musste alle Uhrwerke grundsätzlich nach Chronometer-Kriterien regulieren. 1932 schrieb die Sternwarte in Besançon, Frankreich: »Rolex als einziger in der Welt, hat an jeder der vier Sternwarten von Kew, Genf, Neuchâtel und Besançon einen Gangschein 1. Klasse für einen Armbandchronometer kleinen Formats erhalten.« 1945 konnte Rolex, heute weltweit größter Produzent amtlich zertifizierter Chronometer, bereits den 50.000. Gangschein vorweisen. Im Jahr des 40jährigen Firmenjubiläums rief der kinderlose Patron die Hans-Wilsdorf-Stiftung in Leben, welche bis heute über Rolex gebietet.

Im Sinne der Vollkommenheit

Weil unvollkommene Gehäuse den Bestrebungen um hohe Ganggenauigkeit zuwiderliefen, widmete sich Hans Wilsdorf als nächstes diesem Teil einer Uhr. Das Ergebnis umfassender Bemühungen erlangte 1926 patentrechtlichen Schutz. Ein passender Name war abermals schnell gefunden. »Oyster« beschrieb die Charakteristika des Neuen trefflich. Ihren ersten Härtetest bestand die Auster A am 7. Oktober 1927 am Handgelenk der Londoner Stenotypistin Mercedes Gleitze. Nach 15 Stunden und 15 Minuten kletterte die erschöpfte und völlig unterkühlte Amazone um 18:10 Uhr irgendwo zwischen South Foreland und St. Margaret's Bay auf die britischen Kalkfelsen. Ihre Rolex tickte so, als wäre nichts geschehen.
Genau das war Hans Wilsdorf eine flächendeckende Anzeige auf dem Titelblatt der Londoner Daily Mail wert. Der einmalige Auftritt am 24. November 1927 vor mehr als zwei Millionen Lesern kostete die für heutige Verhältnisse gigantische Summe von umgerechnet 25.000 Euro. Aber er brachte die Oyster in aller Munde und ermöglichte es Hans Wilsdorf, die Signatur Rolex bei den Konzessionären mehr und mehr durchzusetzen. Wer auf seinem Namenszug bestand, musste auf das Geschäft verzichten.
»Die logische Folge der Rolex-Oyster war die Schaffung der automatischen Uhr, deren Werk sich selbsttätig immer wieder von neuem aufzieht und einen ununterbrochenen Gang gewährleistet.« konstatierte Hans Wilsdorf in seiner Autobiographie. Nur ein selbst aufziehendes Uhrwerk unterband wirkungsvoll das tägliche Aufschrauben der Krone. Hier schlug die Stunde des Technikers Emil Borer, welcher 1931 den einseitig wirkenden Rotoraufzug für das 7,5 Millimeter hohe Kaliber NA 620 entwickelte. Anschließend leisteten die Rolex-Anwälte ganze Arbeit, denn 15 Jahre lang mussten die Mitbewerber in Verzicht üben.

Weitere Meilensteine von Hans Wilsdorf und Rolex

1945 lancierte Hans Wilsdort zum 40. Geburtstag seines Unternehmens die so genannte »Datejust«, eine Synthese aus Oyster, Automatik mit Chronometerzertifikat und gut ablesbarem Fensterdatum bei der 3, das sich um Mitternacht »just in time« auf den nächsten Tag fortbewegte.

Am 29. Mai 1953, Punkt 11.30 Uhr, erreichten Colonel Sir John Hunt, Edmund P. Hillary und der Sherpa Tenzing Norgay den Gipfel des Mount Everest. In Sachen Zeitmessung hatte das Team auf wasserdichte Automatik-Armbanduhren vertraut, die Rolex später unter dem Namen »Explorer« auf den Markt brachte.
1953 erbat das Management der Pan American Airlines von Rolex die Kreation einer Armbanduhr, welche neben der jeweiligen Orts- die Heimatzeit bewahrt. Ein Jahr später war die bahnbrechende »GMT-Master« fertig, welche Rolex ab 1955 unter der Referenznummer 6542 vermarktete.
1954 konnten die Besucher der Basler Uhrenmesse in einem von fünf Rolex-Schaufenstern »Submariner – the diver's friend«. bewundern. Dabei handelte es sich um eine Armbanduhr mit mattschwarzem Zifferblatt, überdimensionierten Leuchtziffern und -indexen sowie Leuchtzeigern für Stunden, Minuten und Sekunden. Dazu eine griffige Drehlünette mit Minuteneinteilung. Die Wasserdichte reichte bis zehn bar.
Man schrieb das Jahr 1956, als Rolex eine neue Armbanduhr mit der Referenznummer 6511 lancierte. Neben dem Fensterdatum mit Vergrößerungslupe stand im »Norden des Zifferblatts« der Name des Wochentags voll ausgeschrieben zu lesen. Die »DAY-DATE« war allerdings nur in 18-karätigem Gold oder Platin erhältlich.
Bis zum Jahr 2004 gab es, was viele möglicher Weise nicht wissen, zwei getrennte Rolex-Unternehmungen. In Biel die von der Familie Aegler durch ihre Nachkommen beherrschte Manufacture des Montres Rolex SA zur Herstellung von Uhrwerken und in Genf die 1920 von Hans Wilsdorf gegründete Montres Rolex SA, welche für die Fertiguhren verantwortlich zeichnete. Nach zähen Verhandlungen erfolgte 2004 die Vereinigung unter dem Dach des Genfer Unternehmensteils. Den unaufhaltsamen Aufstieg zum Weltkonzern konnte Hans Wilsdorf nur ansatzweise miterleben. Er starb am 6. Juli 1961.

9.2 Über die Werke

Kaum eine andere Uhrenserie kann einen so hohen Bekanntheitsgrad aufweisen wie die OYSTER-Modelle aus dem Hause Rolex. Pünktlichkeit, Wasserdichtigkeit und Robustheit zählen zu den wichtigsten Attributen dieser legendären Zeitmesser. Nur wenige Autoren haben sich an das Thema Rolex gewagt, zumal sich der Marktführer in Genf stets sehr verschlossen zeigt. Neben der bildlichen Darstellung dieser begehrten Uhren versucht der Autor in diesem Kapitel dem Thema Rolex etwas mehr Transparenz zu verschaffen und auf bisher nicht beantwortete Leserfragen einzugehen.

Über die Handaufzugswerke

Herrenarmbanduhren mit Handaufzug befinden sich heute bei der OYSTER-Linie von Rolex nicht mehr im Angebot. In den 40er und 50er Jahren waren sie aber noch ein bedeutender Bereich der Produktpalette. Heute finden wir Uhren mit diesen Kalibern nur noch auf Uhrenbörsen oder Auktionen Im Reparaturfalle könnte es bei diesen Kalibern eng werden, weil bei Rolex schon seit vielen Jahren keine Ersatzteile mehr vorgehalten werden. Zwei dieser Handaufzugswerke stellen wir hier vor.

700 10 ½''' (Abb. 335)

Bei diesem Werk bediente sich Rolex eines Fremdkalibers der Firma Gruen (dort Basiskaliber 825). Der Einbaudurchmesser beträgt 23,40 mm, die Bauhöhe 3,65 mm. Im Werk sind 18 Rubine verbaut, die Unruh arbeitet mit 18.000 Halbschwingungen/h. Es wurde 1938 lanciert. Während die Version 700

Abb 335

mit Kleiner Sekunde versehen ist, verfügt die Variante 710 über eine Zentralsekunde.

1210, 1215 und 1220

Als solides Präzisionswerk mit manuellem Aufzug wurde 1954 das Kaliber 1210 auf den Markt gebracht. Der Einbaudurchmesser liegt bei 23,80 mm, die Werkhöhe bei 4,27 mm. Im Werk sind 18 Rubine verbaut und die Unruh arbeitet mit 18.000 Halbschwingungen/h. Dieses Basiskaliber verfügt über eine Zentralsekunde. In der Version 1215 ist eine Datumsanzeige vorhanden (Werkhöhe 5,07 mm). Die Kaliber 1220 und 1225 entsprechen bis auf Verbesserungen im Schwingungssystem weitgehend den Kalibern 1210 und 1215, arbeiten jedoch mit 19.800 Halbschwingungen/h.

Chronographen Kaliber Valjoux 13‴ VZ (Abb. 336)

Dieses schon in den 30er Jahren des vergangenen Jahrhunderts häufig eingesetzte Chronographen-Werk wurde auch von anderen Schweizer Uhrenherstellern, wie z. B. Audemars

Abb. 336

Piguet, Patek Philippe und Vacheron & Constantin, gerne als Ebauche genutzt und mit firmeneigener Finissage verbaut. Der Werkdurchmesser liegt bei 29,50 mm (13‴), die Bauhöhe bei 5,85 mm und die Schlagzahl bei 18.000 Halbschwingungen/h. In der Normalausführung, wie auch hier bei Rolex, sind 17 Steine verbaut. In dem ersten wasserdichten Chronographen von Patek Philippe, der 1940 lancierten Referenz 1463, sind z. B. 23 Steine enthalten.
Das Werk verfügt über eine Kleine Sekunde und einen 30-Minuten-Zähler. Die Gangreserve liegt bei ca. 40 h.

Valjoux 727 (Abb. 337)

Das Chronographen-Kaliber 727 war ein für Rolex modifiziertes Kaliber 726. Die Reglage verfügt über eine Breguet-Spirale, die Unruh über vier Microstella-Schrauben und die Frequenz der Unruh liegt bei 21.600 Halbschwingungen/h. Der Werkdurchmesser beträgt 29,50 mm (13‴), die Bauhöhe 6,95 mm und es sind 17 Steine verbaut. Die Stoßsicherung der Unruhwelle erfolgt durch KIF. Dieses Kaliber blieb bis 1987 in Produktion und wurde durch das bei Zenith gebaute Kaliber 4030 mit automatischem Aufzug abgelöst. Dieses Valjoux-Kaliber wurde auch von zahlreichen anderen Schweizer Uhrenherstellern verwendet, jedoch nicht in der hier für Rolex veredelten Ausführung.

Abb. 337

Über die Automatikwerke

Im Vergleich mit den anderen sechs in diesem Buch vorgestellten Marken hat bei Rolex der automatische Aufzug sehr früh Eingang gefunden. Bereits Anfang der 30er Jahre wurden die ersten Zeitmesser mit Selbstaufzug angeboten. Die weitere Entwicklung der Automaten verlief langsam, aber konsequent. Einige Beispiele werden hier aufgeführt.

645 (Abb. 338)

Die Konstruktion des Kalibers 645 11¾‴ geht noch auf das erste Automatikwerk von Rolex zurück. Bei gleichem Werkdurchmesser von 26,40 mm war die Werkhöhe aber um einen Millimeter auf 6,50 mm reduziert worden. Hinzu kam noch ein Ausschnitt bei der früher fast geschlossenen Automatikbrücke hinzu, so dass nunmehr die Unruh einsehbar ist. Das Werk besitzt 20 Steine und die Unruh mit Breguet-Spirale arbeitet mit 18.000

Abb. 338

Halbschwingungen/h. Der Rotor zieht nur in einer Richtung auf. Auch für dieses Kaliber gibt es keine Ersatzteile mehr.

765 (Abb. 339)

Mit dem Kaliber 740 führte man bei Rolex im Jahre 1945 die Datumsanzeige bei der 3 ein. Damit war die bis heute noch gültige Bezeichnung DATEJUST geboren. Die hier zu beschreibende Version 765 wurde 1950 lanciert.
Der Durchmesser des Werkes bringt es auf stolze 29,50 mm, die Werkhöhe liegt bei 6,50 mm. Auch hier erfolgt der Aufzug nur in einer Richtung. Dieses Werk ist leicht an der doppelt freigefrästen Automatikbrücke zu erkennen, welche direkt über der Unruhwelle positioniert ist. Im Werk sind 20 Rubine verbaut, die Unruh besitzt eine Breguet-Spirale und arbeitet mit 18.000 Halbschwingungen/h. Das Basisuhrwerk baut konstruktiv auf dem Handaufzugskaliber 700 auf (siehe auch Seite 221).

Abb. 339

1030, 1035, 1055 und 1065 (Abb. 340)

Das Basiskaliber 1030 wurde 1950 eingeführt. Der Werkdurchmesser liegt bei 28,50 mm, die Werkhöhe bei 5,85 mm. Dieses Kaliber ging konstruktiv völlig neue Wege. Der Rotor sorgt nunmehr in beiden Drehrichtungen für Aufzugsarbeit. Die Rotorlagerung erfolgt über Stahlachse und Hartmetall-Lager. Die Rotorplatte weist nur 0,3 mm Dicke auf und ist zweifach geschlitzt. Außen befindet sich ein Schwunggewicht aus Schwermetall, welches dreifach verschraubt ist. In Verbindung mit dem Federstahl-Federring (laut Fourniturenliste »Keil für Schwingmassenachse«, Teil Nr. 7016), der die Rotorachse fixiert, wirkt die dünne Rotorplatte als Federelement, welches auf den Rotor wirkende Stöße absorbieren kann. Das Schwingungssystem besteht aus Schraubenunruh, die mit Regulierscheibchen versehen ist, Breguet-Spirale, Stoßsicherung sowie ein Kombifutter für die Ankerradlagerung (Duofix). Die Unruh arbeitet mit 18.000 Halbschwingungen/h. Im Werk sind 25 Rubine verbaut. Neu in der Automatikbrücke ist der Wechsler, der über zwei federlose Zwillings-Klinkenräder arbeitet. Erstmalig finden hier Zahnräder aus eloxiertem Aluminium Verwendung, eine fast geniale Lösung, wie wir später noch

Abb. 340

lesen werden. In der Version 1035 verfügt dieses Kaliber über eine Datumsanzeige bei der 3. Die Bauhöhe des Werkes stieg aus diesem Grund auf 6,66 mm. In der Ausführung 1055 wurde dieses Kaliber in das Modell DAY-DATE verbaut. Neben der Datums- war noch eine Wochentagsanzeige hinzugekommen. Die Werkhöhe war wegen dieser Zusatzeinbauten auf 7,00 mm gestiegen. Die Version 1065 stellt eine Überarbeitung des Kalibers 1030 dar. Geändert waren hierbei Automatikbrücke, Datumsschaltung, Unruhkloben mit Schwingungssystem und vieles andere mehr. Durchmesser, Werkhöhe und Schlagzahl waren jedoch identisch geblieben.

1520, 1530, 1555, 1556, 1565 und 1575 (Abb. 341)

Im Jahr 1957 kam das neue Basiskaliber 1530 auf den Markt. Es war so gut durchkonstruiert, dass es für einige Jahre im Programm bleiben konnte. Rein äußerlich war es leicht von seinen Vorgängern zu unterscheiden. Rotor, Automatikbrücke, Reglage und Platine hatten ein völlig neues Design erhalten.
Das Basiskaliber hatte nur eine Zentralsekunde. Der Werkdurchmesser beträgt 28,50 mm, die Höhe 5,75 mm. Die Unruh mit Breguet-Spirale arbeitet mit 18.000 Halbschwingungen/h. Im Werk sind 26 Steine verbaut.
Die Version 1556 erschien im Jahre 1965, war für das Modell DAY-DATE vorgesehen und besaß Wochentags- und Datumsschaltung. Bei gleichem Durchmesser beträgt die Werkhöhe bei diesem Kaliber 7,03 mm, die Unruh arbeitet mit 19.800

Abb. 341
Kaliber 1520

Halbschwingungen/h. Das Kaliber 1565 mit Datumsanzeige resultiert aus dem Basiskaliber 1530 und wurde seit 1959 in zahlreichen Modellen verbaut. Die Werkhöhe liegt bei 6,30 mm, der Werkdurchmesser wiederum bei 28,50 mm. Die Schlagzahl beträgt aber nur 18.000 Halbschwingungen/h. Das Nachfolgekaliber 1575 kam 1965 auf den Markt. Die Abmessungen waren mit Kaliber 1565 identisch, die Schlagzahl hatte man aber auf 19.800 Halbschwingungen/h erhöht.

Kaliber 3035 (Abb. 342)

Zehn Jahre nach der Lancierung des Automatikkalibers 1530 nahm 1977 der Nachfolger mit der Bezeichnung 3035 den Dienst auf. Dies bedeutete auch für Rolex einen riesigen Sprung nach vorne. Das gesamte Uhrwerk war neu konzipiert und bei der Auswahl der Fertigungsmethoden sowie der Werkstoffe nur die besten Lösungen akzeptiert worden. Auch bei der Gebrauchstüchtigkeit hatte man an alles gedacht. Neben dem Unruhstopp war bei der Kaliber-Variante 3055 für das DAY-DATE-Modell

Abb. 342
Kaliber 3035

Ref. 18038 auch eine Datums-Schnellschaltung installiert worden, auch »Quickset« genannt.
Bei gleichem Durchmesser von 28,10 mm (12 1/2'''), einer Bauhöhe von 6,35 mm und nunmehr 28.800 Halbschwingungen/h sind 27 Steine verbaut. Die Gangreserve beträgt 50 Stunden. Nun sorgt auch die vierschenklige Ringunruh mit vier Microstella-Regulierschrauben, ein verstellbarer Spiralklötzchenträger sowie die Ankerradlagerung als kombiniertes Duofix-Steinfutter für gleichmässigen Gang. Als Stoßsicherung für die Unruhwelle kommt KIF-Ultraflex zum Einbau.

Kaliber 3135 (Abb. 343)

Elf Jahre nach der Einführung des Kalibers 3035 wurden 1988 der Nachfolger mit der Kaliberbezeichnung 3135 vorgestellt. Wieder kamen diverse Neuigkeiten zum Einbau, von denen die offensichtlichste aus der neuen Unruhbrücke bestand. Aus der Sicht des Maschinenbauingenieurs wurden hier alle technischen Details mit einem Mix aus bisherigen Erfahrungen einerseits

Abb. 343
Kaliber 3135

und innovativen Ideen andererseits gestaltet. Das Kaliber 3135 kann als Porsche 911 der Uhrenindustrie bezeichnet werden. In Kapitel »12. Neue Automatikwerke aus der Schweiz« im Spiegel früherer Automatikkaliber wird dieses Automatikwerk als Referenz verwendet und dabei noch einmal seine Stärken genau beschrieben.
Bis zum Erscheinen des neuen Rolex Kalibers 3235 durfte das Automatikwerk 3135 als unbestrittener Marktführer gelten.

Kaliber 3235 (Abb. 344)

Schon der erste Blick auf dieses 2015 lancierte Automatikwerk verrät einem Fertigungsingenieur, der zuvor das Vorgänger-Kaliber 3135 genau in Augenschein genommen hat, die gelungene Umsetzung diverser an dieses neue Werk gestellten Forderungen. Neben den Wünschen, die Gangleistung noch besser und die Gangreserve noch höher zu gestalten, konnten auch bei

Abb. 344
Das neue Automatikkaliber 3235 wurde auf der Basel World 2015 erstmals vorgestellt und als absolute Neuentwicklung deklariert. Der größte Teil dieser Arbeiten konzentrierte sich auf das Innenleben, d. h. auf die Automatikgruppe, die Aufzugsfeder, das Räderwerk und die Reglage. Offensichtlich zeigen sich auf dieser Darstellung der neue Rotor, der jetzt aus einem Teil besteht, dessen Lagerung mittels Kugellager anstelle der früher verwendeten Kunstrubine sowie die neu konzipierte Unruhbrücke.

Abb. 345
Die Unruhbrücke des Kalibers 3135 besitzt auf beiden Seiten integrierte Rändelschrauben zur Höhenverstellung des Höhenspiels der Unruhwelle. Für die Arretierung des Spiralklötzchenträgers dient die rechts befindliche Klemmvorrichtung. Die Außenseite der Unruh wird noch von einer kleinen Vorbrücke abgedeckt.

Abb. 346
Aus der Sicht eines Entwicklungsingenieurs dürften die Innovationen an dieser Reglage als recht banale, aber pfiffige Ideen gelten. Denn auf solche, scheinbar schlichte Ideen, muss man erst einmal kommen. Die Vorbrücke ist entfallen und die Unruhbrücke als integriertes Bauteil gestaltet. Die Höheneinstellung für die Unruhwelle erfolgt nur noch rechts. Die Brücke selbst fungiert somit als einseitig eingespannter Balken. Die Höheneinstellung für die Unruhwelle erfolgt nur noch über eine Rändelschraube rechts. Die Arretierung des Spiralklötzchenträgers erfolgt nun elegant in der Verstellmechanik selbst über eine integrierte Schraube. Neu ist auch die Stoßsicherung, die nicht mehr von KIF-Ultraflex stammt, sondern unter dem Namen Paraflex-Antischock-System eine Eigenentwicklung von Rolex darstellt. Als ebenfalls neu gilt die Unruh mit blauer Parachrom-Spirale und – nicht sichtbar – die ebenfalls neu entwickelte Chronergy-Hemmung mit optimiertem Wirkungsgrad.

den Fertigungskosten diverse Potenziale ausgeschöpft werden. Allein der Vergleich der beiden Unruhbrücken der Kaliber 3135 und 3235 verdeutlicht die eindrucksvollen konstruktiven Vereinfachungen beim neuen Kaliber. Durch fast banale, aber doch pfiffige Ideen konnten allein in diesem Bereich mehr als drei Teile eingespart und die Zeiten für Montage sowie Justage erheblich reduziert werden. Ein weiteres Beispiel stellt der neue Rotor dar, der nun fertigungsgünstig nur noch aus einem Teil besteht. Mit einem Bearbeitungszentrum lassen sich solche Massenteile kostengünstig herstellen. Durch eine Materialverstärkung am Außenrand des Rotors lässt sich der nicht mehr vorhandene Schwermetallreif weitgehend kompensieren. Der beim Kaliber 3135 noch aus zwei Teilen ausgeführte Rotor konnte somit hier entfallen. Als weiteres Einsparungspotenzial wurde an den verschiedenen Werkskomponenten eine einheitlich gehaltene Oberflächenstruktur realisiert, ohne jedoch den guten Gesamteindruck dieses Werkes zu schmälern.

Ein in schlichtem silbergrau gehaltener 911 sieht ja auch gut aus, weil allein schon sein gelungenes Design genügend Harmonie ausstrahlt. Warum sollte es dann bei Rolex anders sein?

Chronographen-Kaliber 4130 (Abb. 347)

Mit dem Chronographen-Kaliber 4130 DAYTONA lancierte Rolex im Jahre 2000 das erste eigene Chronographen-Werk mit automatischem Aufzug. Die hohe Erwartungshaltung, die man mit dem Erscheinen dieses neuen Werkes verband, wurde auch im ganzen Umfang erfüllt.
Mit einem Werkdurchmesser von 30,50 mm, einer Höhe von 6,50 mm, 44 Steinen, 28.800 Halbschwingungen/a und ganze 72 Stunden Gangreserve war nicht nur das interne Entwicklungsziel

Abb. 347
Rolex-Chronographen-Kaliber 4130, das erste Werk dieser Art mit automatischem Aufzug (Aufnahme Rolex).

erreicht worden, sondern hatte auch dazu geführt, dass die Zahl der Fans der ROLEX DAYTONA noch stark zugenommen hat.

9.3 Über die Referenznummern

Wegen der Vielzahl der Rolex-Modelle einerseits und dem hier zur Verfügung stehenden Platz andererseits können zu diesem Thema nur einige Beispiele aufgeführt werden. Mit wenigen Ausnahmen sind die Referenznummern in dem hier betrachteten Zeitraum vierstellig. Um einen Einblick in die Vielzahl der Modelle zu erhalten, nehmen wir uns das auf Seite 221 abgebildete Kaliber 700 10 ½ ''' vor. Dieses weit verbreitete und von 1938 bis 1951 gebaute Handaufzugswerk war in über 120 (!) verschiedenen Modellvarianten verbaut worden. Die vierstelligen Referenznummern begannen hierbei mit den Zahlen 2, 3, 4, 5, 6 und 7. Eine Ausnahme machen die Referenzen 978, 1504 und 1873 (alle OYSTER-Modelle). Mit dem Ende der 50er Jahre erhielten die Automatiks Referenznummern, die mit einer »1« begannen. Unterversionen wurden mit einem Schrägstrich und einer weiteren Zahl (z. B. 1803/9 für Rolex OYSTER PERPETUAL DAY-DATE in 750 Weißgold) versehen. Ab 1977 folgten fünfstellige Referenznummern. Hierbei wurden beim jeweiligen Modell die ersten vier Ziffern beibehalten und am Ende rechts eine fünfte Ziffer angefügt. So hatte 1977 ein Modell der neuen DAY-DATE mit Kaliber 3055 (aus Basiskaliber 3035) die Referenznummer 18038 erhalten. Zum Vergleich werden heute bei Rolex sechsstellige Referenznummern vergeben. So führt eine OYSTER PERPETUAL DAY-DATE in 750 Weißgold mit zugehörigem President-Armband die Referenznummer 118239. In dem hier beschriebenen Zeitabschnitt sind im Regelfall bei Rolex-Herrenarmbanduhren die Referenznummern zwei Mal aufgeführt. Einmal ist diese im Gehäuseboden innen sowie ein zweites Mal zwischen den Bandanstößen bei der 12 eingraviert. In den 50er und 60er Jahren waren im Innenboden auch Hinweise auf den Produktionszeitraum aufgeführt. So bedeutet z. B. die Gravur II.58, dass diese Uhr im zweiten Quartal 1958 produziert worden war. Warum diese Angaben nur in Stahlgehäusen zu finden sind, ließ sich bei Rolex nicht mehr klären. In der Folge werden hierzu einige konkrete Beispiele aufgeführt werden.

9.4 Über die Gehäusenummern

Die Gehäusenummern sind bei Rolex sechs oder siebenstellig aufgeführt. Wir finden sie stets zwischen den Bandanstößen bei der 6 eingraviert. Bei langjährigem Gebrauch, der Verwendung von Metallbändern und unsachgemäßer Aufarbeitung des Gehäuses kann es vorkommen, dass die Zahlengravur nur teilweise lesbar oder ganz verschwunden ist. So geschehen an einer DATEJUST Referenz 1601 in 750 Rotgold, die wir auf Seite 234 bewundern dürfen. Wenn einmal die Gehäusenummer nicht mehr erkennbar ist, hilft zur nachträglichen Identifikation nur noch das Einschicken der Uhr zu Rolex.

9.5 Über die Uhren

Einer viele Jahre zurückliegenden Umfrage war zu entnehmen, dass sich Käufer von Zeitmessern mit dem »Krönchen auf dem Zifferblatt« primär vom Markennamen, dem hohen Bekanntheitsgrad sowie dem augenfälligen Aussehen leiten lassen. Die exzellente Verarbeitung von Gehäuse und Zifferblatt einerseits sowie der hohe konstruktive und fertigungstechnische Level des Automatikkalibers andererseits spielen meist nur eine Nebenrolle. Aber gerade diese zwei Kriterien sorgen bei einer Rolex-Armbanduhr für die herausragende Reputation, die sie auch unzweifelhaft verdient hat.
In diesem Kapitel werden rund 30 Uhren aus dem Hause Rolex vorgestellt. Sie repräsentieren hierzu nicht nur ein halbes Jahrhundert Uhrengeschichte, sondern vermitteln auch die Vielfalt der Modelle aus früheren Jahren. Hinzu kommt noch, dass Rolex seine weltweiten Märkte segmentierte und individuell belieferte. Wurde ein neues Modell lanciert, geschah dies erst nach umfangreicher Erprobung sowie vielseitigen Tests. Ein Beispiel sei hierfür erwähnt. Als in den 70er Jahren die mit Quarzwerk versehenen Modelle OYSTER DATEJUST (Ref. 17000) und DAY-DATE (Ref. 19000) auf den Markt kamen, hatten diese für Band und Gehäuse ein neues Design erhalten. Um diese neue Konstruktion auf Herz und Nieren prüfen zu können, wurden in ca. 900 Exemplaren (Ref. 1530 mit Saphirglas) dieser neuen Gehäuse Automatikwerke eingeschalt und als Sondermodell für den südamerikanischen Markt exportiert. Erst als der Beweis für die Zuverlässigkeit und Funktionssicherheit dieser neuen Konstruktion vorlag, wurde die Produktion der neuen Quarzuhren-Generation freigegeben.

Uhren mit Handaufzug

Referenznummer 6082, 6426, Chronograph 3525 und Chronograph Daytona 6263

Unser Kapitel beginnt mit zwei schon sehr betagten OYSTER-Modellen mit Handaufzug. Die erste mit Kaliber

Abb. 348
Anfang der 50er Jahre gab es bei Rolex noch nicht jene umfangreiche Palette von Herrenarmbanduhren im Angebot wie heute. Dafür offerierte man dem interessierten Kunden noch recht preiswerte Modelle mit Handaufzug. Die hier vorgestellte ROLEX OYSTER Referenz 6082 hat ein Handaufzugswerk Kaliber 700 10 ½''' mit Kleiner Sekunde eingeschalt. Dieses Werk wurde 1938 lanciert. Das Zifferblatt ist tiefgezogen und zweifarbig lackiert. In den Vertiefungen sind die 12 sowie die Indizes eingelassen. Bei diesem zweiteiligen Stahlgehäuse sind Boden und Krone verschraubt. Die Referenz-Nr. ist zwischen den Bandanstößen bei der 12, die Gehäuse-Nr. 814.358 zwischen den Bandanstößen bei der 6 eingraviert. Die Werk-Nr. 53.497 ist auf der Platine nahe der Unruh zu finden. Die Kaliberbezeichnung kann erst nach Ausbau des Unruhklobens abgelesen werden.

700 und Kleiner Sekunde fand ein Uhrensammler in der Auslage eines Münchner Leihhauses. Nach längerer Diskussion wechselte das rare Stück für 1.250 DM den Besitzer. Der mit Referenznummer 6082 geführte Zeitmesser besitzt ein ganz besonderes Zifferblatt und kann dem Produktionsjahr 1950 zugeordnet werden. Ein derartig aufwendiges Zifferblatt findet sich nur noch bei einer Version des Rolex-Chronographen Ref. 6034 mit Valjoux-Kaliber 72 aus den Anfängen der 50er Jahre. Das Kaliber 700 stand von 1938 bis 1951 in Produktion. Einen Hinweis verdienen auch die drei auf der Räderwerkbrücke sichtbaren Goldchatons, wobei das rechte die Lagerung des Ankerrades übernimmt. Die zweite Rolex OYSTER mit Handaufzug Ref. 6426 »OYSTER PRECISION« in Stahlgehäuse mit Rosévergoldung hat ein Uhrenfreund im Frühjahr 2001 bei einem Händler in Fountain Hills, Arizona, USA, erworben. Ob die damals bezahlten 1.125 USD auch marktgerecht waren, wollte er nicht diskutieren. Die Uhr gefiel ihm auf Anhieb so gut, dass er gerne noch weitere 520 DM für die Überholung des Werkes und Aufarbeitung des Gehäuses nachschoss. Die USA zählten in den 50er und 60er Jahren zu den wichtigsten Exportmärkten von Rolex. Die jeweiligen OYSTER-Gehäuse gab es in verschiedenen Material-Zusammenstellungen. Neben den Stahlgehäusen mit vergoldeter Lünette und Gehäusemittelteil gab es auch die Kombination von Stahl und Gold. Bei

Abb. 349
Ein weiteres Beispiel für eine erschwingliche Rolex aus den 50er Jahren gilt diese Referenz 6426 »OYSTER PRECISION« mit rosévergoldetem Stahlgehäuse. Auch hier sind Boden und Krone verschraubt. Die Dicke der Goldschicht beträgt 40 µ (0,040 mm), im stählernen Schraubboden findet sich u. a. der Hinweis »CAPRURÉ LUNETTE PLAQUÉ OR LAMINÉ 40 MICRONS«. Im Gegensatz zu dem links abgebildeten Handaufzugswerk Kaliber 700 besitzt das hier nicht sichtbare Kaliber 1210 für die Ankerradlagerung bereits ein Kombifutter (Werk-Nr. 55.334, Gehäuse-Nr. 61.473). Alle hochwertigen Uhrenmarken verwenden bei ihren Werken für die Lagerung des Ankerrades sogenannte Kombifutter. Diese fangen nicht nur ungewollte Stöße ab, sondern verbessern auch die Ölhaltung. Bei extremen Stoßbelastungen ist dies besonders wichtig.

Abb. 350
»Faszination Rolex pur« könnte man dieses Bild nennen. Der Chronograph Referenz 3525 wurde 1940 lanciert und kam in verschiedenen Zifferblatt- und Gehäuseausführungen auf den Markt. Das Gehäuse wurde in 750 Gelb- und Roségold sowie in Edelstahl angeboten. Bei diesem hier vorgestellten Modell besteht sowohl das Gehäuse als auch das Zifferblatt aus 750 Gelbgold. Im Inneren arbeitet das von Valjoux stammende Kaliber 13''' VZ mit Breguet-Spirale und 17 Steinen. Es hat keine Werknummer eingraviert. Die Gehäuse-Nr. 47.255 ist nicht zwischen den Bandanstößen, sondern auf dem Schraubboden zu finden.

letzterem bevorzugte man für die Mixte-Modelle gerne nur den Feingehalt von 585. Aber auch OYSTER-Modelle mit vollgoldenem Gehäuse in nur 14 karätiger Legierung fanden großen Zuspruch. Nur die Rolex-Produkte, die in der alten Welt zum Verkauf kamen, besaßen in der Regel Goldgehäuse mit 750/1000 Feingehalt.
Chronographen von Rolex fanden schon zu jeder Zeit ihre Liebhaber. Hinzu kam, dass gerade in den 40er und 50er Jahren die Uhren mit Stoppvorrichtung besonders in Mode gekommen

Abb. 351
Rolex Ref. 6263 Daytona in Edelstahl, auch »Big Red« genannt (Kaliber 727, Gehäuse Nr. 6.393.352).

waren. Trotz der Vielzahl der Markennamen gab es nur eine überschaubare Anzahl von rund zwei Dutzend Herstellern, welche die begehrten Chronographen-Kaliber produzierten. Auch Rolex verfügte über kein eigenes Werk und bezog seine Chronographen-Kaliber beim Lieferanten Valjoux. Da sich die Zeitschreiber von Rolex einen eigenen Liebhaberkreis geschaffen haben, wird in diesem Buch nur ein Chronograph aufgeführt. Die gezeigte Referenz 3525 stammt aus Münchner Privatbesitz und wurde vom heutigen Eigner bereits vor mehr als zwei Jahrzehnten als Kompensation für nicht beglichene Schulden entgegengenommen. Aus neutraler Sicht handelt es sich bei dem hier vorgestellten Rolex-Chronographen um eine preiswert herzustellende Uhr. Das Gehäuse besteht nur aus zwei Teilen, dem Mittelteil mit integrierter Lünette und aus dem Schraubboden. Auf einen Innenboden wurde verzichtet. Das Valjoux-Kaliber weist keine besondere Finissierung auf und wurde wohl gleich im Anlieferungszustand eingeschalt. Das Werk erhielt keine Nummer, das Gehäuse schon. Dafür ist es nicht zwischen den Anstößen platziert, sondern auf dem Außenboden eingeschlagen (siehe Abb. 350 auf Seite 227).

Im Modetrend der Zeit lagen Chronographen von Rolex schon immer. Die noch mit Handaufzug versehenen DAYTONA-Modelle der 70er und 80er Jahre sind heute sehr gefragt. Sie steigen wegen der permanenten Nachfrage in ihrem Preis stetig, wie wir hier an einer Referenz 6263, Gehäuse-Nr. 6.056.787, auch »Big Red« genannt, erläutern können.
Die sehr gut erhaltene DAYTONA Ref. 6263/0 wurde am 18.04.2010 bei KEUP Kunstauktionen in Regensburg für 20.265 Euro ersteigert. Bei dieser ROLEX OYSTER COSMOGRAPH DAYTONA waren noch Papiere, Box sowie Original-Jubilee-Metallband vorhanden.
Zur Echtheitsprüfung und Durchführung einer Revision wurde das schöne Stück an Rolex Köln weitergereicht. Nach rund fünf Monaten kam diese Uhr nahezu neuwertig aus Genf zurück. Bei dieser Überholung waren auch Krone, Zifferblatt, Zeigerspiel und Gehäuseboden ersetzt worden. Für die Überholung berechnete Rolex genau 3.302,25 Euro und wies gleichzeitig auf die große Ausnahme hin, die man mit der Revision für dieses Buch gemacht hätte.
Heute, rund zehn Jahre nach dem Erwerb dieser Uhr, werden Daytonas der Referenz 6263 »Big Red« für das Doppelte bis Dreifache des hier entrichteten Kaufpreises veräußert. Am 27.10.2018 wurde in Hongkong eine DAYTONA Ref. 6263 mit Gehäuse-Nr. 6.393.352 für rund 70.000 Euro zugeschlagen. In dieser Preisspanne bewegen sich heute auch andere Verkäufe.

Automatikuhren Referenz 6090 (2), 6305, 6309, 6605 und 6609

Schon in früheren Zeiten hatten die eleganten Damen der Schöpfung ihre Liebe für bestimmte Herrenarmbanduhren aus dem Hause Rolex entdeckt. Dazu gehörten auch die verschiedenen OYSTER-Modelle, wie diese auf Seite 229 abgebildet sind. Warum diese OYSTER-Modelle auch den Zusatz »Bombé« oder »Bombay« erhielten, haben wir bei der Bildunterschrift erläutert. Die beiden OYSTER-Ausführungen hat ein Sammler im Frühjahr 2001 erworben. Das ältere Modell mit guillochiertem Zifferblatt hatte er auf der Münchner Uhren Technik Börse für 4.850 DM gekauft. Die neuere stammt von einem Amateur aus San Diego, Kalifornien, USA, und wechselte für 2.233 USD den Besitzer. Hinzu kamen noch die üblichen Einfuhrabgaben. Gleiches Modell, gleiche Referenz, gleicher Preis – könnte das Credo zu diesen beiden »Bombés« lauten. Beim Direktvergleich und genauem Hinsehen befanden sich beide Kaliber in einem dem Alter entsprechenden guten Zustand. Auch die Anzahl der Uhrmacherzeichen war mit drei identisch. Selbst der Gehäusezustand wich nicht voneinander ab. So blieb nur noch die verschiedene Ausstrahlung der Zifferblätter übrig. Auch hierbei holte sich die »Bombé« mit guillochiertem Zifferblatt schließlich die höhere Punktzahl.
Die erste ROLEX DATEJUST wurde im Jahr 1945 unter der Referenznummer 4467 lanciert und stellte damals eine uhrmacherische Meisterleistung dar. Das Nachfolgemodell mit der Referenznummer 6305 folgte rund sieben Jahre später.
Bereits nach dem Ende des Zweiten Weltkrieges war dem Gründer der Firma Rolex, Hans Wilsdorf, die Marketingidee

Abb. 352
Zu den beliebtesten Modellen des Hauses Rolex gehören die OYSTER-PERPETUAL BOMBÉ. Der Ausdruck Bombé betrifft die geschweiften Bandanstöße und stammt aus dem Französischen (bombé, Imperfekt des französischen Verbs bomber, deutsch: wölben, schweifen, sich wölben). Aufgrund einer Wortverwechslung wird diese Modellreihe in Veröffentlichungen und auf Auktionen oft auch mit »Bombay« bezeichnet. Diese Form der Bandanstöße kennen wir auch von Uhren der Firmen IWC, Universal Genève und in einem Falle auch von der Patek Philippe Ref. 2537. Die Bombé-Modelle umfassten einschließlich der hier gezeigten Ref. 6090 insgesamt zehn verschiedene Ausführungen. Diese wurden im Laufe der Zeit von drei unterschiedlichen Kalibern angetrieben: 645, 1030 und 1560 (links: Werk-Nr. 20.587 (F 4723), Gehäuse-Nr. 967.914, rechts: Werk-Nr. 97.621 (F 24.945), Gehäuse-Nr 729.953). Die linke Bombé ist die ältere und besitzt ein guillochiertes Zifferblatt mit dem Aufdruck »SWISS« unter der 6. Die rechte hat bereits Leuchtzeiger, ein lackiertes Zifferblatt mit Minuteneinteilung und den Aufdruck »SWISS MADE« unter der 6.

eingefallen, prominenten Personen der Zeitgeschichte eine Uhr aus seinem Hause Rolex zu überreichen. Der erste Präsident der Vereinigten Staaten von Amerika, der auf diesem Weg einen Zeitmesser mit dem Krönchen aus Genf erhielt, war Dwight D. Eisenhower (34. Präsident der Vereinigten Staaten, Amtszeit 1953-1961). Diese Rolex DATEJUST in 18 K Gelbgold war eine Referenz 6305 mit besonderer Bedeutung. Hier handelte es sich auch um die 150.000ste Uhr aus dem Hause Rolex. Eisenhower soll diese Uhr bis zu seinem Lebensende getragen haben. Gehäuse und Zifferblatt der hier vorgestellten DATEJUST Ref. 6305 entspricht genau der damals überreichten Uhr, nur trug der Präsident seine Rolex nicht mit einem Kroko-, sondern mit einem goldenen Jubilée-Band.

Die hier vorgestellte Rolex OYSTER PERPETUAL DATEJUST Ref. 6305 in 750 GG besitzt auch eine interessante Geschichte. Sie stammt von einem Offenburger Uhrenfreund. Er hatte diese Uhr beim Freiburger Rolex-Konzessionär revidieren lassen. Diese Revision beinhaltete die Aufarbeitung von Werk und Gehäuse sowie Auffrischen des Zifferblattes. Nach Rückgabe dieser Uhr fielen die Gangwerte mangelhaft aus und der Rotor streifte am Schraubboden. Dies alles hatte der Besitzer aber nicht gemerkt und diese Uhr für 4.500 DM weiterverkauft. Erst dem neuen Eigner waren die gravierenden Mängel aufgefallen. Das schöne Stück wurde umgehend an Rolex Köln weitergereicht und unter den wachsamen Augen von Georg Ressel, Technischer Leiter, fachgerecht wieder auf Vordermann gebracht.

Abb. 353
Eine im Jahre 1955 produzierte Rolex OYSTER PERPETUAL DATEJUST in 750 Gelbgold präsentiert sich fast wie im Neuzustand. Diese der Referenz 6305 zugehörige Automatik erhielt bei Rolex eine Revision, die auch die fachgerechte Auffrischung des Zifferblattes mit einschloss. Das erste Modell OYSTER-PERPETUAL mit Datum wurde bereits 1945 lanciert.

Auch die Preisstellung dieser Arbeiten fiel sehr kulant aus. Der gesamte Vorgang wurde dem Freiburger Rolex-Konzessionär zur Kenntnis gebracht und um Erstattung der bei Rolex entstandenen Kosten gebeten. Die gewünschte Reaktion blieb jedoch aus, auf die Überweisung des Betrages wartet der Geschädigte noch heute.

Abb. 24
Blick auf das Kaliber 765 der links vorgestellten Referenz 6305. Bei der hier gezeigten Kaliberversion sieht man, dass bei der Automatikbrücke zum Stellen des Rückers kein Langloch, sondern eine seitliche Ausfräsung vorhanden ist (Werk-Nr. 83.777, Gehäuse-Nr. 114.630).

Die hier vorgestellte THUNDERBIRD kann gleich mit mehreren Besonderheiten aufwarten. Sie gehört zu den ersten Modellen der Referenz 6309 und hat noch das Kaliber 765 eingeschalt. Ab 1955 wurde dieses Werk durch das neue Kaliber 1065 ersetzt. Die hier gezeigte THUNDERBIRD ist ein Erbstück, das ein US-Amerikaner zur Verfügung gestellt hat. Sie stammt von seinem Vater, der als Flugzeugführer und später als Staffelkapitän bei dieser Kunstflugstaffel gedient hatte. Der im Range eines Obersten in Pension gegangene Offizier hatte in drei Kriegen gedient (2. Weltkrieg, Korea und Vietnam) und galt als Flieger par excellence. Neben der Geschichte dieses Zeitmessers verdient die Lünette besonderer Erwähnung. Anstelle der

Abb. 355
Eine ROLEX TURN-O-GRAPH (oder Thunderbird) besonderer Art ist diese Referenz 6309 in 750 Gelbgold. Sie gehörte einst einem Flugzeugführer der US-Luftwaffe in Phoenix/Arizona. Der im Range eines Obersten in Pension gegangene Offizier diente einst in der berühmten Amerikanischen Kunstflugstaffel »Thunderbirds«. Der erste ROLEX TURN-O-GRAPH mit der typischen Drehlünette erhielt die Referenz-Nr. 6202 zugeteilt und wurde 1954 auf der Basler Uhrenmesse erstmals vorgestellt. Er besaß weder Datumsanzeige noch Gangschein. Beides konnte erst das hier vorgestellte Nachfolgemodell vorweisen. Eine weitere Besonderheit besitzt dieses Modell. Weder beim Vorgänger noch bei allen Nachfolgern kam die hier verwendete Lünette zur Anwendung. Diese ist nämlich nicht kanneliert, sondern in einem feinen, »Clous de Paris« genannten Nagelmuster versehen (Werk-Nr. 70.946 (H 94.848), Gehäuse-Nr. 989.125). Typisch für diese Zeit ist auch die rote Datumsanzeige.

Kannelierung wurde die Lünette mit einem feinen Nagelmuster, auch »Clous de Paris« genannt, versehen.
In den 50er Jahren soll der deutsche Stadthalter des Hauses Rolex sehr umtriebig gewesen sein. Ihm ist es zu verdanken, dass verschiedene Ausführungen der OYSTER PERPETUAL DATEJUST von der Regelausführung abweichende Zifferblattaufschriften erhielten. In diese Gruppe von Uhren gehört auch die OYSTER PERPETUAL DATEJUST mit Stahlgehäuse und kannelierter Lünette in Gelbgold. Anstelle eines Zifferblattaufdruckes ist in diesem Falle der Schriftzug ROLEX mit erhabenen Goldbuchstaben ausgeführt. Auch der Hinweis auf die

Abb. 356
Kaliber 765 der links vorgestellten Thunderbird.

erhaltenen Chronometerweihen lautet hier auf deutsch »Superlativer Chronometer, amtlich geprüft«. Obwohl das Zifferblatt ganz erhebliche Korrosionsschäden aufweist, verfügt diese Uhr noch immer über eine besondere Ausstrahlung. Diese DATEJUST gehört der Referenz 6605 an, in ihrem Inneren arbeitet das Kaliber 1065. Der Hinweis III.56 verrät uns den Herstellungszeitraum,

Abb. 357
Deutlich in die Jahre gekommen ist dieser Chronometer ROLEX OYSTER PERPETUAL DATEJUST mit der interessanten Zifferblattaufschrift »SUPERLATIVER CHRONOMETER, AMTLICH GEPRÜFT«. Die Altersspuren sieht man nicht nur dem Zifferblatt, sondern auch dem Kaliber 1065 an. Das Rotorträgerblech ist zweifach geschlitzt und vermag dadurch von außen wirksame Stöße abzufedern. Der Zusatzinformation III.56 im Schraubboden ist zu entnehmen, dass diese Uhr Ref. 6605 im 3. Quartal 1956 produziert wurde (Werk-Nr. N 697.472, Gehäuse-Nr. 220.977).

nämlich 3. Quartal 1956. Auch für den Statistiker sind die beiden in Abb. 357 und 358 gezeigten Uhren von besonderem Interesse. Die Referenz 6605 wurde im 3. Quartal 1956, die Referenz 6609 im 2. Quartal 1958 hergestellt. Bildet man nun die Differenz aus den beiden Gehäusenummern 388.325 und 220.977, so ergibt das Ergebnis 167.348 Gehäuse. Teilt man diese Zahl wiederum durch sieben, der Anzahl der dazwischen liegenden Quartale, erhält man die vierteljährlich verbaute Zahl von Gehäusen, in diesem Falle genau 23.906. Da die Gehäusenummern fortlaufend vergeben wurden, kann man hierdurch auch auf die Anzahl der jeweils produzierten Uhren schließen. Multipliziert man die Quartalsproduktion mit vier, erhält man eine ungefähre Aussage über die Jahresproduktion, in jener Zeit somit rund 95.000 (genau 95.627) Uhren. Macht man einen Querverweis und wirft einen Blick auf die Listen der B.O.'s (Bureau Officiel, offizielle Stelle für Chronometerprüfung), finden sich interessante Aussagen. So hatte nach einer Aufstellung von Dr.-Ing. Fritz von Osterhausen (†) die Firma Rolex im Jahre 1958 90.868 Uhren zur Chronometerprüfung eingereicht. Aber nur rund 40 % davon, genau 36.347 Werke, erhielten den begehrten Gangschein. Der Rest war durchgefallen. Im darauffolgenden Jahr 1959 wurden bereits 97.095 Werke zur Chronometerprüfung eingereicht, von denen dann 42 %, d. h. 40.780 Kaliber den Titel »Superlative Chronometer, officially certified« führen durften. Im Vergleich zu den belegten Stückzahlen für die Jahre 1958 und 1959 liegen wir mit unserer zuvor angestellten theoretischen Hochrechnung für eine Jahresproduktion nicht falsch. Beim heute verbauten Kaliber 3135, aus Sicht des Verfassers eines der besten Automatikwerke überhaupt, liegt die Erfolgsquote bei sicher 100 %.

Bei der hier vorgestellten »TURN-O-GRAPH«-Referenz 6609 in Edelstahl findet sich auf dem noch sichtbar originalen Zifferblatt unter der »12« der Aufdruck »ROLEX OYSTER PERPETUAL DATEJUST«. Hinweise auf den Chronometerstatus dieser Uhr sind nicht verzeichnet, obwohl das Kaliber 1065 über die üblichen Hinweise zur Gangregulierung verfügt. Hier bleibt noch zu klären, ob zollrechtliche Gründe verantwortlich waren oder – ganz banal – zu einem späteren Zeitpunkt unsachgemäß das Zifferblatt getauscht wurde. Ein Hinweis zur Farbe der Datumsanzeige darf hier nicht fehlen. Seit Einfüh-

Abb. 358
Zu den beliebtesten Sammlerstücken gehören die verschiedenen Modelle der TURN-O-GRAPH (auch Thunderbird genannt). Hier sehen wir ein Exemplar aus den 50er Jahren Ref. 6309 in Edelstahl. Die Lünette kann in beiden Richtungen gedreht werden. Das Kaliber 1065 verfügt über 20 Steine und ist in fünf Positionen und Temperaturen reguliert. Es gehört zur Kaliberfamilie 1030 mit 12 ½''' (23,50 mm) Durchmesser und 5,85 mm Bauhöhe. Durch den Datumsmechanismus bedingt stieg die Werkhöhe beim Kaliber 1065 auf 6,26 mm an. (Werk-Nr. N 866.939, Gehäuse-Nr. 388.325). Mit dieser Kaliberfamilie wurde der beidseitig aufziehende Rotor eingeführt. Die im Schraubboden eingravierten Zahlen II. 1958 bedeuten, dass diese Rolex im zweiten Quartal 1958 produziert wurde.

rung der OYSTER DATEJUST im Jahre 1945 hatte man die Datumsziffern in zwei verschiedenen Farben gedruckt. Rot für die gerade, schwarz für die ungerade Datumsanzeige (siehe Seiten 229 und 230).

Automatikuhren Referenz 1500, 1501, 1601 (3), 1625 (3) und 1803 (2)

Manchmal sind mit Uhren auch menschliche Schicksale verbunden. Ein solches Beispiel ist auch dem Verfasser bekannt geworden. Die unten vorgestellte ROLEX OYSTER PERPETUAL DATE wurde am 30. April 1967 in den USA verkauft. Der Besitzer dieser Uhr schenkte sie wiederum seinem Sohn zum 21. Geburtstag weiter. Wie von diesem Sohn zu erfahren war, hatte der Vater seine Mutter bereits wieder verlassen, als er erst ein Jahr alt war. So wuchs er ohne Vater auf und lernte diesen erst an seinem 21. Geburtstag kennen. Mit dem Kommentar »Mein Vater hat sich ein Leben lang nicht um mich gekümmert, jetzt braucht er mir auch nicht zum 21. Geburtstag seine Uhr zu schenken!« verkaufte der Sohn fern jeglicher Gefühle diese Uhr an einen Bekannten des Verfassers weiter. Aus diesem Grund gelangte sie auch zu Rolex und erhielt dort eine fachgerechte Revision von Werk, Gehäuse und OYSTER-Band. Für die Statistiker unter den Rolex-Sammlern bringen wir noch einen interessanten Hinweis. Das in dieser Uhr verbaute Kaliber 1565 wurde 1959 lanciert. Es arbeitet mit 18.000 Halbschwingungen/h.

Das Nachfolgekaliber 1575 kam 1965 auf den Markt und hat die Schlagzahl auf 19.800 Halbschwingungen/h erhöht. Aus dem Gangschein ist zu entnehmen, dass die stählerne Ref. 1500 am 30. August 1966 die Chronometerweihen erhalten hat.

Eine weitere, rechts abgebildete Schönheit, in der das zuvor genannte Kaliber 1575 arbeitet, gehört zur Referenz 1501

Abb. 359
Von dieser klassischen ROLEX OYSTER PERPETUAL DATE Ref. 1500 ist dem Autor in der Tat alles bekannt. Dies gilt nicht nur für die technischen Einzelheiten, sondern für die komplette Uhrengeschichte. Wir sehen hier nicht nur diese damals zeittypische und beliebte Rolex Referenz 1500 in Edelstahl mit Oyster-Band, sondern auch die offizielle Chronometerurkunde sowie den Garantieschein. Noch bis Ende der 60er Jahre wurde bei allen Chronometern von Rolex auch der Gangschein (Chronometerurkunde) beigelegt. Heute spart man sich diesen Aufwand und hinterlegt den offiziellen Gangschein auf Datenträgern. Das Band trägt die Nummer 57, was die Anschlusskennbreite von 19 mm verrät. Die zweite Nummer 7205 ist die Referenz dieses vernieteten Oyster-Bandes. Warum dieses schöne Sammlerstück nicht zu einem Happy-End führte, lesen Sie im Text dieses Kapitels (Kaliber 1565, Werk-Nr. 2.113.580, Gehäuse-Nr. 1.459.862). Im Garantieschein ist die Gehäuse-Nr. eingestanzt. Als Verkäufer ist PACEX RUN, als Verkaufsdatum 30. April 1967 nachzulesen. Laut Gangschein erfolgte die Chronometerprüfung im offiziellen Prüfbüro Biel/Bienne und wurde am 30. August 1966 dort unterschrieben. Der mittlere tägliche Gang in verschiedenen Lagen betrug damals +2,2 Sekunden.

und stammt aus Athen, Griechenland. Ein Uhrenfreund hatte dieses goldene Stück von einem Schmuckhändler namens Stavros Mouflouselis im September 2000 für genau 3.030 USD erworben. Die Referenz 1501 DATE ist ein recht bekanntes Modell, insbesondere durch seine formschöne Lünette, und wurde in der Stahlversion viel verkauft. Als ganz selten darf die Ausführung in 750 Roségold, insbesondere mit dem zugehörigen Oyster-Band, gelten. Die Ernüchterung über diese schöne Rolex kam prompt, als der genannte Uhrenfreund diese bei einem Münchner Uhrmacher zur Revision einreichen wollte. Dieser erklärte unumwunden, dass sich Gehäuse und Werk noch in einem passablen Zustand befinden würden, das roségoldene Oyster-Band jedoch ausgeschlagen und irreparabel wäre. Damit könnte man hier nur noch ein Lederband montieren. Im Anschluss kontaktierte der niedergeschlagene Sammler den Verfasser und fragte diesen um Rat. Bedingt durch die Zusage, diese Uhr für diese Publikation zur Verfügung zu stellen, wurde das schöne Stück in die Obhut von Rolex gegeben. Nach mehr als einem halben Jahr Wartezeit kam die Uhr wieder zurück und präsentierte sich bis auf eine winzige Macke an der Lünette bei der 4 wie im Neuzustand. Das Oyster-Band hätte das Prädikat »fast ladenneu« verdient. Rolex machte aber keinen Hehl daraus, dass diese Revision wieder eine große Ausnahme gewesen wäre und dass man beim Oyster-Band die letzten in Genf vorhandenen Ersatzglieder verbaut hätte. Auch bat man darum, den vereinbarten Revisionspreis nicht zu publizieren.

Zu den bekanntesten und weltweit beliebtesten Herrenarmbanduhren zählen die verschiedenen Ausführungen der ROLEX OYSTER PERPETUAL DATEJUST Ref. 1601. Dieses Modell kam in Stahl-, in Stahl-/Gold- sowie in Goldausführung auf den Markt. Schon früh erlebte Ihr Autor in den USA die dortige »Kleiderordnung«. Der Jungmanager trug die Stahlversion, der Abteilungsleiter die Kombination in Stahl/Gold und der Direktor die DATEJUST in Vollgold. Dem Vorsitzenden der Geschäftsführung blieb die Referenz 1803 DAY-DATE mit President-Goldband vorbehalten (siehe Seite 240). Die drei verschiedenen Ausführungen der Ref. 1601, die auf diesen Seiten abgelichtet sind, interessieren auch die Statistiker unter

Abb. 360
Das Motto »fast zu schade zum Tragen« könnte das Credo für diese Uhr lauten. Die Rolex Referenz 1501 wurde in verschiedenen Ausführungen angeboten. Ganz bekannt war die Version in Stahl mit Oyster-Band. Im Programm stellten die Modelle in Gelb- und Roségold die schönsten Ausführungen dar. Die hier präsentierte Ausführung in Roségold und versilbertem Zifferblatt gleicht einem kleinen Star, der wohl am besten am linken Handgelenk einer sportlich-eleganten Dame aufgehoben wäre. Das Gehäuse verfügt über einen Durchmesser von 35 mm, das Oyster-Band brilliert fast im neuwertigen Zustand (Kaliber 1575, Werk-Nr. D 335.227, Gehäuse-Nr. 1.796.266).

Abb. 361
Zu den weltweit beliebtesten Herrenarmbanduhren zählen die verschiedenen Ausführungen der ROLEX OYSTER PERPETUAL DATEJUST Ref. 1601. Diese Version in 750 Gelbgold und versilbertem Zifferblatt darf schon als Nobeluhr bezeichnet werden. Als Standardantrieb der Referenz 1601 dient das Kaliber 1575 mit 19.600 Halbschwingungen/h (Werk-Nr. D 14.144, Gehäuse-Nr. 1.433.778). Dieser Zeitmesser hat bei Rolex eine fachgerechte Revision erhalten, zu der auch die komplette Aufarbeitung des Gehäuses gehörte.

Abb. 362
Zu den am meist verbreitetsten Uhren des Hauses Rolex dürfte die Ref. 1601 in der hier gezeigten Version Stahl/Gold gehören. Dieses Model besitzt ein vergoldetes Zifferblatt und hat ein Jubilée-Band montiert (Werk-Nr. D 302.435, Gehäuse-Nr. 2.005.554). Das Jubilée-Band weist die Nummern J 55 und 6251 H auf. Ersteres ist die Kennung des 20 mm breiten Anschlusses, letzteres bedeutet die Referenz-Nr. des Bandes. Die Gravur IV.68 im Innenboden verrät uns die Produktionszeit mit 4. Quartal 1968.

Abb. 363
Hier die Rückseite der links vorgestellten Ref. 1601 in 750 Gelbgold. Die Gehäuseaufarbeitung verrät uns die genaue Oberflächenbeschaffenheit. Das Gehäuseunterteil ist radial satiniert, am Bandanstoß links oben erkennt man noch die »kleine Helvetia« für 750/1.000 Feingehalt. Der zweifach abgesetzte Schraubboden hat die Schräge diamantiert und die Bodenfläche satiniert. Der Boden kann nur mit einem Rolex-Spezialwerkzeug fachgerecht geöffnet werden.

Abb. 364
Detailansicht unserer links gezeigten Datejust. Die kannelierte Lünnette und die Schraubkrone sind in 750 Gelbgold, das Gehäuse in Edelstahl gehalten. Nicht zu übersehen ist auch die Datumslupe auf dem Plexiglas. Auch diese Uhr war von Rolex revidiert worden.

den Rolex-Sammlern. Die Stahl-/Gold-Version wurde laut Gravur im Innenboden IV.68 im 4. Quartal 1968 produziert und erhielt die Gehäusenummer 2.005.554. Die auf Seite 232 vorgestellte Ref. 1500 wurde im 3. Quartal 1966 hergestellt und besitzt die Gehäusenummer 1.459.862. Bildet man nun wieder die Differenz dieser beiden Gehäusenummern, erhält man die Zahl 545.692. Teilt man diese wiederum durch 9 (9 Quartale), ergibt sich ein vierteljährliches Fertigungsvolumen von 60.632 Uhren und damit ein Jahreswert von rund 242.530 Exemplaren. Nicht alle Zeitmesser von Rolex wurden als geprüfte Chronometer verkauft, wie z. B. die Modelle Air King und Air King Date. So blieben Rolex zwei Möglichkeiten, wenn ein zur Prüfung eingereichtes Werk nicht den hohen Chronometeranforderungen entsprach. Zum einen konnte es in Modelle verbaut werden, die keine Chronometerwerke verlangten. Zum anderen wurden die Kaliber genau überprüft, nochmals reguliert und erneut zur Prüfung eingereicht. Schon aus diesem Grunde darf man die Anzahl der jährlich bei den Prüfbüros eingereichten Werke nicht mit der jährlichen Produktionszahl gleichsetzen.

Zu den beliebtesten Uhren von Rolex gehören die diversen Ausführungen des Modells »Turn-O-Graph«. Diese Bezeichnung resultiert aus der drehbaren Lünette, mit der sich Zeitabschnitte steuern oder messen lassen. Eine zehnminutenlange Rede oder auch ein Fünfminuten-Ei sind Aufgaben, die mit dieser Uhr leicht und sicher bewältigt werden können. Neben der offiziellen Bezeichnung »ROLEX OYSTER PERPETUAL DATEJUST TURN-O-GRAPH« führte diese Uhr auch einen inoffiziellen Namen, unter dem dieses Modell gerade in den USA sehr populär wurde: Thunderbird. Dieser Name resultiert aus der Bezeichnung einer Kunstflugstaffel der US-Luftwaffe, die nicht nur in den USA bekannt war. Diese Einheit mit Namen

Abb. 365
Mit »fast fabrikneu« darf man diese in 750 Rotgold gefertigte Ref. 1601 bewerten. Auch Zifferblatt mit Indizes und Zeigerspiel sind in 750 Rotgold gehalten. Eindrucksvoll kommt auch das Kaliber 1575 zur Geltung. Genau sind Rotor mit Automatikbaugruppe und vom Basisuhrwerk die Schraubenunruh zu sehen. Der Blick auf die Innenseite gibt die komplette Beschriftung und Punzierung zu erkennen (Werk-Nr. D 191.091, Gehäuse-Nr. 186... restliche Zahlen nicht mehr lesbar). Diese Uhr entstammt dem Produktionsjahr 1969. Sie wurde mit einem Jubilée-Band in 750 Rotgold ausgeliefert.

Abb. 366
Auch wenn die Stellung der Lünette nicht auf der 12 genau justiert ist, darf hier die Ausstrahlung dieser Rolex nicht leiden. Die Referenz 1625 in Stahl/Gold mit dem passenden Oyster-Band gilt als Chronometer der Superlative auch für jene Uhrenfreunde, die sich weniger vom Äußeren, sondern von den inneren Werten dieser Uhr begeistern lassen. In dieser fast neuwertigen Uhr arbeitet das Kaliber 1575 mit 19.800 Halbschwingungen/h. Dass diese Uhr bereits mehr als 30 Jahre zuverlässig und präzise ihren Dienst versah, sieht man ihr auf den ersten Blick nicht an (Werk-Nr. D 245.320, Gehäuse-Nr. 1.470.626).

»Thunderbirds« (offiziell »The United States Air Force Air Demonstration Squadron«) wurde am 25. Mai 1953 ins Leben gerufen. Als Standort wurde Luke Air Force Base, Arizona, USA, ausgesucht. Die ersten Flugzeuge waren Maschinen vom Typ Republic F-84 G Thunderjet, ein Unterschall-Jagd-Einsitzer mit geraden Flügeln. Schon zwei Jahre später erfolgte die Umrüstung auf das Muster F-84 F Thunderstreak mit nach hinten gepfeilten Flügeln. Dieses Flugzeugmuster fand auch bei der Deutschen Bundesluftwaffe als Fotoaufklärer Verwendung. Bereits 1956 erfolgte eine erneute Umrüstung, dieses Mal aber auf den ersten Überschall-Jagd-Einsitzer der USAF, die North American F-100 Super Sabre. Zum gleichen Zeitpunkt wurde diese Einheit zur Nellis Airforce Base, Nevada, verlegt. Heute fliegen die Thunderbirds-Maschinen vom Typ General Dynamics F-16 G Fighting Falcon und erfreuen sich großer Beliebtheit (Veranstaltungstermine siehe »www.thunderbirds.acc.af.mil/«).

Bei der THUNDERBIRD, die zuerst unter den Referenznummern 6202, 6309 und 6609 lanciert wurden, folgte 1959 mit

der Referenz 1625 die vierte Ausführung. In diese war bereits das Kaliber 1565 eingeschalt. Die hier unten vorgestellte THUNDERBIRD besitzt auch eine persönliche Geschichte, die durchaus lesenswert ist. Sie stammt von einem damals 82 jährigen Uhrmacher Namens Phil Harmage aus Hollywood, Kalifornien. Sie wurde im Januar 2001 per Internet von einem deutschen Uhrenfreund erworben. Für den Kauf waren 3.051 USD zuzüglich Transportkosten und den üblichen Einfuhrgebühren zu entrichten, so dass sich der Gesamtpreis schließlich auf ganze 8.000 DM summierte. Gemessen an dem ansprechenden Äußeren dieser Uhr schien der Kaufpreis nicht überzogen, sondern fair zu sein. Erst nach Messen der Gangwerte und dem Öffnen des OYSTER-Gehäuses kam die Ernüchterung. An Platine und sämtlichen Brücken einschließlich der Automatikbaugruppe fehlte größtenteils die schützende Rhodinierung (Rhodinage), so dass fast überall die blanke Messingfläche zum Vorschein kam (siehe Abb. 368). Neben anderen frappierenden Verschleißerscheinungen war auch das Rotorlager stark ausgeschlagen. Da half nur noch eine Radikalkur mit Ersatz des kompletten Werkes. Als große Ausnahme erfolgte bei Rolex Köln ein Werketausch sowie eine fachgerechte Aufarbeitung des Gehäuses. Auch für diese Arbeiten musste der Uhrenfreund nochmals tief in die Tasche greifen, obwohl sich Rolex im Hinblick auf diese Publikation sehr kulant verhalten hatte.
Auch der nächste Fall zeigt uns, dass beim Erwerb einer älteren Rolex immer Sachverstand und Vorsicht angebracht sind.
Manchmal trifft man auf Uhren, die zwar verschenkt, aber nur selten getragen wurden. Hierzu gehört auch eine TURN-O-GRAPH in Edelstahl, die der Verfasser in der Auslage eines Uhrenhändlers in Los Angeles, Kalifornien, USA, entdeckte.

Abb. 367
Eine weitere Ausführung der THUNDERBIRD ist die Referenz 1625 in 750 Gelbgold sowie dunkelbraunem Zifferblatt. Nach den Referenzen 6202, 6309 und 6609 war dies die vierte Version dieser beliebten Uhr.

Abb. 368
Das ursprünglich eingebaute Kaliber 1560 mit starken Verschleißerscheinungen. Sowohl an der Aufzugsbrücke mit der Werksbezeichnung 1560 als auch an anderen Bauteilen fehle die schonende, oberfllächenschützende Beschichtung, auch Rhodinage genannt. Den hohen Verschleiß des Räderwerkes kann man hier natürlich nicht sehen.

Abb. 369
Im Rahmen einer umfangreichen Revision bei Rolex Köln wurde als einmalige Ausnahme für dieses Buch auch das komplette Werk ausgetauscht. Im direkten Vergleich zwischen alt und neu erkennt man den drastischen Unterschied. Das Kaliber 1560, eine Version vom 1565, verfügt über einen beidseitig wirkenden Rotor und weist 18.000 Halbschwingungen/h auf. Das ursprünglich eingebaute Kaliber besaß die Nummer D 97.391. Das neue Werk trägt die Nummer D 000.970. Die Gehäusenummer ist bis auf die Endziffer 16 nicht mehr lesbar. Warum, erfahren Sie im Text dieses Kapitels.

Leider waren die zugehörigen Papiere nicht mehr vorhanden, jedoch noch die Originalbox. Wie kann man aber in einem solchen Falle das Produktionsjahr und damit das Alter einer Uhr herausfinden? Der einfachste Weg führt über eine Revision bei Rolex. Die benötigten Aussagen erhält man aber nur auf besonderen Wunsch. Eine andere Möglichkeit besteht in der Analyse des Kalibers und dessen Werknummer. In der abgebildeten TURN-O-GRAPH (Abb. 370) arbeitet ein Kaliber 1575

Abb. 370
Zu den wohl gesuchtesten Varianten der ROLEX OYSTER PERPETUAL DATEJUST TURN-O-GRAPH Referenz 1625 gehört auch jene mit Gelbgoldgehäuse und schwarzem Zifferblatt. Ein aufgefüttertes schwarzes Louisiana-Alligatorband unterstreicht noch das elegante Erscheinungsbild dieses Zeitmessers. Dass diese Uhr auch heute noch mit vorzüglichen Chronometerwerten brilliert, hat sie der im Hause Rolex durchgeführten Revision zu verdanken (Werk-Nr. D 890.944, Gehäuse-Nr. 2.793.197). Ein Blick auf das Automatikkaliber 1575 verdeutlicht, dass diese nahezu wie neu aussieht. Interessant ist auch die Großdarstellung der Stiftschließe mit aufgelötetem Rolex-Krönchen.

mit Werk-Nummer D 002.768. Aus der Fourniturenliste kann entnommen werden, dass dieses Kaliber im Jahre 1965 eingeführt wurde. Aus diesem Rolex-Dokument sind außerdem alle Referenzen zu ersehen, in die das Kaliber 1575 eingeschalt wurde. Die Aufstellung beginnt mit Referenz 1500 und endet mit Referenz 1680, im ganzen 31 Referenzen. Alle Informationen zusammengefasst und auf die jährliche Produktionszahl hochgerechnet, bedeutet dies, dass die hier gezeigte Uhr dem Produktionsjahr 1965 zugeordnet werden kann.

Zum Schluss noch einige Informationen über das »Leader-Modell« OYSTER PERPETUAL DAY-DATE, das schon seit Jahrzehnten als das Statussymbol schlechthin gilt. Die erste DAY-DATE oder PRESIDENT, wie sie gerne in den USA bezeichnet wird, kam 1955 unter der Referenznummer 6511 auf den Markt. Als Antrieb diente das 1954 lancierte Kaliber 1055 und später 1055 B. Der Unterschied zwischen den beiden Versionen bestand aus der verbesserten Datumsschaltung für Tages- und Datumssperre. Damit war die Bauhöhe von 7,00 auf 7,10 mm gestiegen. Schon fünf Jahre später, d. h. 1960, erschien die neue Modellreihe mit Referenzkreis 18XY. Grundsätzlich wurde die DAY-DATE nur in Edelmetall angeboten. Unter der Referenz 1802 wurden die Gehäuse mit glatter Lünette geführt und in Gelbgold, Weißgold und Platin gefertigt. Die Referenz 1803 erhielt die kannelierte Lünette und wurde in Gelbgold und Weißgold aufgelegt. Die Referenz 1804 besaß eine Brillant-Lünette und wurde in Geldgold, Weißgold und Platin produziert. Auch bei den zuerst genannten Ausführungen

Abb. 37
In fast neuwertigem Zustand präsentiert sich diese ROLEX OYSTER-PERPETUAL DATEJUST Ref. 1625 in Edelstahl mit Oysterband und Original-Verkaufsbox. Die Drehlünette besteht aus 18 K Weißgold, die sechs Indizes sind nicht eben, sondern leicht dachförmig gewinkelt. Im Inneren arbeitet das Kaliber 1575, welches im Gegensatz zum Vorgängerkaliber 1565 mit 19.800 Halbschwingungen/h arbeitet (Werk-Nr. D 002.768 Gehäuse-Nr. 1.503.243). Das Oyster-Band hat einen Sicherheitsverschluss. Die Nummerierung 501 B kennzeichnet die Anschlussbreite 20 mm. Die Nummer 78.790 bedeutet die Referenz dieses Stahlbandes. Warum im Schraubboden nicht die Referenz 1625, sondern 1016 eingraviert ist, lässt sich einfach erklären. Vermutlich war der Originalboden so beschädigt, dass ein Austausch notwendig wurde. In diesem Falle hatte es sich der beteiligte Uhrmacher wohl leicht gemacht und aus seiner Ersatzteilkiste den Schraubboden einer Rolex Explorer I entnommen und damit diese TURN-O-GRAPH verschraubt.

Abb. 372
Bekanntheitsgrad und Resümee sind bei der ROLEX OYSTER PERPETUAL DAY-DATE unübertroffen. Die hier vorgestellten Meisterstücke Ref. 1803 in 750 Gelb- und Weißgold gehörten stets zu den Spitzenmodellen des Hauses Rolex. In der Regel wurden diese Uhren mit Goldbändern des Typs President oder Jubilée ausgeliefert. Nur in Österreich wurden diese Zeitmesser auch mit Lederband angeboten. Der Grund dafür lag in der Sondersteuer auf Luxusgüter, die nicht jeder zu zahlen bereit war. Im Vordergrund sehen wird das zur linken DAY-DATE gehörige Goldband mit Faltschließe (links: Werk-Nr. DD 279.043, Gehäuse-Nr. 2.092.352, rechts: Werk-Nr. unbekannt, da Uhr nach Revision nicht geöffnet wurde, Gehäuse-Nr. 1.746.861). Die linke Uhr weist eine amüsante Geschichte auf, die Sie im Kapitel »11. Kaufen und Revidieren von besonderen Armbanduhren« auf Seite 294 in diesem Buch nachlesen können. Die rechte hatte ein Uhrenfreund von einem Wiener Uhrenhändler erworben. Erst bei der von Rolex durchgeführten Revision kam zu Tage, welch starker Verschleiß durch den jahrzehntelangen Gebrauch dieser Uhr entstanden war. Aber auch in diesem Falle zeigten die Meisteruhrmacher von Rolex, wie man auch in schwierigen Fällen eine Uhr fast wieder in den Neuzustand versetzen kann.

war die Brillant-Lünette stets in Platin gehalten. Die Referenz 1807 erhielt eine Lünette mit Borke-Gravur und war in Gelbgold- und Weißgold-Ausführung zu haben. Laut Modellaufstellung von Rolex gab es noch die Referenzen 1805, 1806, 1808 und 1810. Bis auf die letzte Ausführung hatte der Autor diese Referenzen noch nie wissentlich zu Gesicht bekommen. Hinzu kamen noch Exoten, wie z. B. die Referenz 1816, deren Lünette mit 24 Edelsteinen in Baguette-Form ausgelegt war. Diese Baguettes konnten wahlweise in Diamant-, Rubin- oder Saphir-Ausführung bestellt werden. Bei der Kennung der Edelmetalle hat Rolex für Platin in die Ziffer 6, für Gelbgold die Ziffer 8 und Weißgold die Ziffer 9 bestimmt. Auch auf die verschiedenen Formen der Lünette muss noch eingegangen werden. Die erste DAY-DATE Ref. 6511 besaß eine kanellierte Lünette. Unter der Ref. 6612 kam sie jedoch mit einer glatten Lünette zur Auslieferung.
Ab der Modellreihe 18XY kam ab 1960 das Kaliber 1555 zum Einbau. 1965 wurde es vom verbesserten Kaliber 1570 mit 19.800 Halbschwingungen/h abgelöst. Im Jahr 1972 erhielt das Kaliber 1570 als weitere Verbesserung noch eine Sekundenstoppvorrichtung eingebaut, die durch Ziehen der Krone ein sekundengenaues Einstellen der Uhr erlaubt. Als Nachteil wurde bei diesem Kaliber oft die Datumseinstellung angesehen, bei der man jedes Tagesdatum einzeln durchschalten musste. Erst mit Einführung des grundlegend neu konzipierten Kalibers 3055, welches im Jahr 1977 auf den Markt kam, fand bei der DAY-DATE eine Datumsschnellschaltung (Quick-Set) Einzug. Wer diese fehlende Datumsschnellschaltung als Mangel ansieht, kann mit einem Uhrenbeweger Abhilfe schaffen. Dieser wird schon für 100 bis 200 € im Internet angeboten. Denn warum sollte man sich nur wegen Kleinigkeiten die Freude an einer schönen alten ROLEX DAY-DATE trüben lassen?

Schlussakkord für Rolex

Weil die Marke Rolex stets ihre besondere Qualität, sprich Ganggenauigkeit, Robustheit, Temperaturunabhängigkeit und vieles mehr in den Vordergrund stellt, wollten wir wissen, ob diese hohen Ansprüche auch permanent erfüllt werden.
So wurden über einen längeren Zeitraum mehr als ein halbes Dutzend verschiedene Modelle dieses Herstellers auf ganz normalem Weg im Fachhandel erworben und einer intensiven Prüfung unterzogen. Umfangreiche Tragetests, die von Vertretern verschiedener Berufsgruppen durchgeführt wurden,

Abb. 373
Die ROLEX DAYTONA (Ref. 116523) ist eines der erfolgreichesten Modelle von Rolex. Fünf Jahre Lieferzeit für die Stahlversion sind keine Seltenheit. Im Jahr 2000 löste Rolex das bisher von Zenith gelieferte Basiskaliber durch das von Grund auf im eigenen Haus entwickelte Kaliber 4130 ab und machte die DAYTONA damit noch begehrenswerter. Genau wie das El Primero-Werk steuert auch das 4130 die Chronographenfunktionen über ein Schaltrad. Es wurde aber wie alle Rolex-Werke konsequent auf Servicefreundlichkeit, Robustheit und Langlebigkeit entwickelt. Dazu gehört beispielsweise die stabile Unruhbrücke, die verhindert, dass sich Vibrationen auf die Unruh übertragen, und die deutlich vergrößerte Höhe der Rotorübertragungsräder. Neben der Nullstellung wurde auch die Kraftübertragung zum Chronographen verbessert: Die patentierte vertikale Kupplung arbeitet spielfrei und kraftschlüssig und verhindert so sicher das Ruckeln des Stoppsekundenzeigers. Mit 72 Stunden kommt das Werk auch deutlich länger ohne die Energie des Rotors aus. Und natürlich verfügt das Werk über Breguet-Spirale, Glucydur-Unruh mit Microstella-Regulierschrauben und ein offizielles Chronometerzeugnis der COSC. Aber nicht nur das Werk wurde verbessert: Rolex nutzte die Chance, um auch die Schwachpunkte des Oysterlock-Bandes und die Faltschließe auszumerzen. Das Band ist nun deutlich massiver geworden, Teile der Schließe bestehen aus gefrästem Metall und nicht mehr aus dünnem, gestanztem Blech. Zudem verhilft eine Schnellverlängerung bei heißen Temperaturen dem anschwellenden Arm zu etwas mehr Luft.

Vergleich der Rolex-Kaliber 3035, 3135 u. 3235

[1] Ab 2006 Blaue Parachrom, [2] KIF Ultraflex, [3] Rotorlagerung mit Kugellager

Kaliber	3035	3135	3235
Außendurchmesser (mm)	28,50 12 1/2'''	28,50	28,50
Höhe (mm)	6,30	6,00	5,37 [3]
Spirale	Breguet	Breguet [1]	Blaue Parachrom
Stoßsicherung	KIF	KIF [2]	Paraflex
Schwingungszahl	28.800	28.800	28.800
Gangreserve h	48	50	70
Einführung	1977	1988	2015
Steine	27	31	31

erlaubten eine repräsentative Aussage über Präzision und Gebrauchstüchtigkeit dieser Zeitmesser. Durch die Prüfgeräte von Witschi (Zeitwaagen) wurden die Gangwerte dieser Uhren vor und nach den Tragetests ermittelt und mit den praxisnahen Aufzeichnungen der Versuchsträger verglichen.
Alle hier untersuchten Uhren, von der einfachen Datejust Turn-O-Graph bis hin zur sündteuren Day-Date mit Ice-Blue-Zifferblatt in Platin, erfüllten alle Uhren ausnahmslos die von Rolex proklamierte Präzision. Erstaunlich hierbei war der zwar signifikante, aber doch nicht allzu große Unterschied in den Gangleistungen zwischen den Kalibern 3135 und 3235.

Nachdem auf dieser Doppelseite die Rolex SEA-DWELLER in Edelstahl mit dem neuen Automatikwerk 3235 fast schon als Kunstwerk verstanden werden darf, werden auf der nächsten Doppelseite noch weitere Zeitmesser aus Genf vorgestellt, die beim zuvor genannten Testkauf mit von der Partie waren. Die sachkundige Beschreibung dieser eindrucksvollen Armbanduhren hat freundlicherweise Peter Braun, Chefredakteur der Zeitschrift ARMBANDUHREN, übernommen.
Sicher kann diese Uhrenparade auch als Anregung für den nächsten Uhrenkauf dienen – Schleichwerbung ausgeschlossen.

Abb. 374
Mit 44 mm Gehäusedurchmesser passt diese neue Taucheruhr SEA-DWELLER in Edelstahl wohl nur ans Handgelenk starker Männer. In dieser Referenz-Nr. 126600 arbeitet das neue Rolex-Kaliber 3235. Die bis 1.220 m Tiefe garantierte Wasserdichtigkeit wird wohl kaum ein Träger dieser Uhr praktisch nutzen. Die Aufnahmen rechts erlauben einen Blick in das Innenleben dieser Uhr. Während die untere Aufnahme die Reglage und Rotor zeigen, erschließt uns das obere Bild das in der Rolex-Werbung sonst nicht gezeigte Räderwerk, welches größtenteils zur Automatikgruppe gehört. Hier erkennt man erneut, dass das Kaliber 3235 eine komplette Neukonstruktion darstellt.

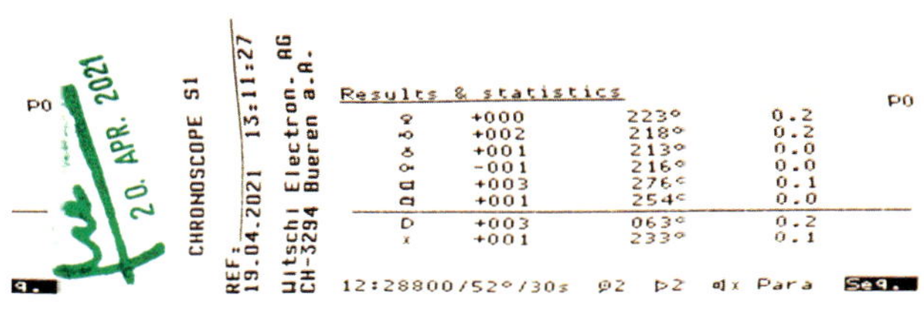

P0

20. APR. 2021

CHRONOSCOPE S1

REF:
19.04.2021 13:11:27

Witschi Electron-AG
CH-3294 Bueren a.A.

Results & statistics

P0

	+000	223°	0.2
	+002	218°	0.2
	+001	213°	0.0
	-001	216°	0.0
	+003	276°	0.1
	+001	254°	0.0
D	+003	063°	0.2
x	+001	233°	0.1

12:28800/52°/30s φ2 ▷2 ◁x Para Seq.

Abb. 375
Mess-Schrieb zur Ganggenauigkeit der hier abgebildeten Uhr. Sie geht genau eine Sekunde pro Tag vor. Der Gangunterschied D in den sechs Lagen beträgt 3 sec / 24 h.

Abb. 376

Abb. 377

Abb. 380

Gütezeugnis

Alle hier aufgeführten Modelle wurden über einen längeren Zeitraum im Fachhandel erworben. Nach dem Kauf durchliefen sie einen umfangreichen Funktions-, Gangenauigkeits- und Gebrauchstest. Die hohe Erwartungshaltung, die bei Marktführern angebracht ist, wurde voll erfüllt. Alle Uhren bestanden auf dem Witschi-Messgerät die Vorgaben der Schweizer Prüfbüros. Ein Erwerb einer dieser Uhren kann bestimmt nicht als Fehlkauf betrachtet werden.

Abb. 376
Im Jahr 2000 wurde aus der legendären »DAYTONA« ein waschechter Manufakturchronograph. Das selbst entwickelte Rolex-Kaliber 4130 ersetzte das seit 1988 im OYSTER PERPETUAL Cosmograph verwendete modifizierte Zenith-Automatikwerk. Im Bild eine Referenz 116520 in Edelstahl aus dem Jahr 2008.

Abb. 377
Die so genannten »Tool Watches« von Rolex erfreuen sich bei Sammlern besonderer Beliebtheit. Bereits in den 1950er Jahren entstanden verschiedene robuste Baumuster für spezielle Berufsgruppen wie zum Beispiel die GMT-Master mit zusätzlicher 24-Stunden-Anzeige für Flugpersonal. Das 1980 vorgestellte Modell GMT-Master II verfügte neben dem 24-Stunden-Pfeilzeiger erstmals über einen per Krone schrittweise verstellbaren Hauptstundenzeiger zur raschen Anpassung an eine neue Ortszeit. Rolex GMT-Master II Ref. 126710 BLRO wird besonders beim jüngeren Publikum sehr geschätzt und mit dem Nickname PEPSI benannt. Nur neuwertige Uhrem mit Oyster-Band werden im Zweitmarkt im Mittel bei 24.000 bis 28.000 USD gehandelt.

Abb. 378
Der Archetyp der Rolex Tool Watch ist die Taucheruhr SUBMARINER, die seit ihrer Premiere im Jahr 1953 den Branchenstandard setzt. Das gilt nicht nur für die technischen Eckdaten, sondern auch für das Erscheinungsbild einer Taucheruhr für den professionellen Einsatz, reduziert auf das Wesentliche und absolut Notwendige.
Diese ROLEX SUBMARINER ohne Datum Ref. 124060 entspricht dem Urmodell. In ihr arbeitet das neue Kaliber 3230 mit ca. 70 Sunden Gangreserve.

Abb. 378

Abb. 379

Abb. 381

Abb. 379
Die 1969 eingeführte SUBMARINER DATE machte mit ihrer Datumsanzeige das erste – und bisher einzige – Zugeständnis an den Einsatz im Alltag. In punkto Ablesbarkeit machte Rolex jedoch keine Kompromisse und stattete das Saphirglas mit einer eingeschliffenen Lupe aus, um die recht kleine Datumsanzeige besser sichtbar zu machen. In dieser Uhr Ref. 126610 ist das neue Kaliber 3235 eingeschalt. Die Preise am Gebrauchtuhrenmarkt liegen zwischen 11.000 und 13.000 Euro.

Abb. 380
Ein kleiner Sprung für das Datum, aber ein großer Sprung für die Uhrenwelt: Die ROLEX DATEJUST legte mit ihrem exakt um Mitternacht umspringenden Datum den Grundstein zur 1956 präsentierten DAY-DATE, die durch das Hinzufügen einer Wochentagsanzeige den bis dato gepflegten Vollkalender überflüssig machte. Die DAY-DATE wurde zum Archetyp einer neuen Generation von praktischen Armbanduhren für Geschäftsleute. Diese ROLEX DAY DATE Ref. 118206 mit Ice-Blue Zifferblatt und 36 mm Platingehäuse wird am Zweitmarkt mit 31.000 bis 36.000 USD angeboten. Der Neupreis liegt bei rund 54.000 Euro. Die Uhr gilt als sehr selten, weil man oftmals den hohen Neupreis scheut.

Abb. 381
Mit Diamantschnitt-Lünette und in der Kombination von Edelstahl und Roségold, bei Rolex Rolésor genannt, hat die ROLEX DATEJUST einen hohen Wiedererkennungswert. Diese ROLEX OYSTER DATEJUST Ref. 116261, auch TURN-O-GRAPH genannt, besitzt eine langjährige Tradition. Dieses Modell stammt aus dem Produktionsjahr 2005. Die Kombination von Stahl und Roségold, bei Rolex Everose genannt, sowie das schwarze Zifferblatt verleihen der Uhr einen hohen Grad an Eleganz. Am Zweitmarkt findet man dieses Modell für 10.000 bis 13.000 Euro im Internet.

Abb. 383

Abb. 384

10. Vacheron & Constantin

10.1 Einführung von Gisbert L. Brunner

Tradition ist das Fundament, auf dem Gegenwart und Zukunft bauen. Diese Erkenntnis gilt in besonderer Weise auch für die Uhrenindustrie. Aber natürlich gibt es auch hier die kleinen, aber ungemein bedeutsamen Unterschiede. Nach derzeitigem Kenntnisstand existiert in der Schweiz keine Manufaktur der absoluten Luxusklasse, welche länger und insbesondere ununterbrochen im Dienste der Zeitmessung steht als Vacheron (&) Constantin. Außerdem hat kein anderes Unternehmen dieser Art und seine hochwertigen Erzeugnisse früher mit eigenen Namen signiert. Der Blick in die Geschichtsbücher lehrt, dass alles 1751 begann, als der 20 jährige, vielseitig begabte und interessierte Jean-Marc Vacheron nach seiner Freisprechung Aufnahme in den elitären Zirkel der rund 800 Genfer Cabinotiers fand. Selbige arbeiteten in hellen »Kabinetten« direkt unter den Dächern des Stadtteils Saint-Gervais. Dort führten sie Aufträge der etablierten Etablisseure, will heißen der Fertigsteller von Uhren aus. Im Vergleich mit normalen Industriearbeitern genossen diese Handwerker einige bemerkenswerte Privilegien. Beispielsweise ein im Vergleich mit dem allgemein Üblichen doppelt hohes Einkommen. Außerdem durften sie bereits ab drei Uhr nachmittags ihre Freizeit genießen oder ein Augenmerk auf ihre persönliche Weiterbildung lenken.

Fruchtbare Partnerschaft

Unter diesen angenehmen Vorzeichen einer blühenden Epoche hätte Jean-Marc Vacheron sein Uhrmacherleben in vollen Zügen genießen können. Aber genau das wollte er nicht. Ihm schwebte Höheres vor. Deshalb eröffnete er 1755 in der Genfer Altstadt, der »Cité«, ein eigenes Uhrenatelier, in dem er einen oder gar zwei Lehrlinge beschäftigte. Logischer Weise trugen seine tickenden Erzeugnisse den Namen Jean-Marc Vacheron. Einfach gestaltete sich die zweite Hälfte des 18. Jahrhunderts für den Jung-Unternehmer infolge wirtschaftlicher und politischer Verwerfungen nicht.
1810 trat Jacques-Barthélemy (1787-1864) in die großen Fußstapfen seines Vaters. Zur Zukunftssicherung verbündete er sich 1819 mit François Constantin, dem Sohn eines begüterten Stoff- und Getreidehändlers. Dieser Zusammenschluss führte zur Gründung von Vacheron & Constantin. Durch extravagante und teilweise recht unorthodoxe Methoden gelang es François Constantin, die nach der Französischen Revolution kränkelnde Firma mit neuem Leben zu erfüllen. 1839 engagierten die beiden Georges-Auguste Leschot. Der geniale Uhrmacher und Erfinder hatte in aller Stille verschiedene Maschinen zur akkuraten Fertigung von Uhrwerken entwickelt. Mit der höheren Genauigkeit ging eine bessere Austauschbarkeit der Uhrenteile einher. Zwei Jahre später startete Vacheron & Constantin die Produktion neuer Präzisionskaliber. Damit konnte die aufstrebende Firma als echte Manufaktur gelten. Schließlich entstanden alle erforderlichen Komponenten in den Ateliers auf der Rhône-Insel mitten in Genf. Seitdem existieren auch exakte Aufzeichnungen über jede hergestellte Uhr.
Nach der überraschenden Demission des Teilhabers Jean-François Constantin, einem Neffen des 1849 ausgeschiedenen François Constantin wechselte der Firmenname 1867 in »César Vacheron & Co«. Nach dem tragischen Tod von Charles Vacheron, dem letzten Spross der Uhrmacherdynastie, wurde die Manufaktur unter dem Namen »Vve. César Vacheron & Cie« weitergeführt. Um den weithin bekannten Namen Vacheron & Constantin erneut aufleben zu lassen, überdachte Jean-François Constantin seinen Entschluss. 1875 kehrte er zurück. 1880 ließ er das berühmte Malteserkreuz als Firmenzeichen rechtlich schützen. Und 1881 stellte eine Uhr aus dem Hause Vacheron & Constantin bei einem Wettbewerb des Yale College-Observatoriums einen Rekord auf. Weitere Leistungen dieser Art folgten. Erste Armbanduhren gelangten 1910 in die Kollektion. Ganz unterschiedliche Modelle für Damen und Herren, ohne und mit Komplikationen.
In den Jahren zwischen den beiden Weltkriegen bekam auch Vacheron & Constantin die Folgen wirtschaftlicher Depression zu spüren. 1931, nach dem Ausbruch der Weltwirtschaftskrise, war Kurzarbeit angesagt. Durch herausragendes Engagement sicherten die Firmenleitung und die Angestellten das Überleben. Im Zuge der schweren Finanzkrise verkaufte Charles Constantin 1940 die Aktienmehrheit an den Berner Industriellen Georges Ketterer. Infolge einer engen wirtschaftlichen und finanziellen

Abb. 382
Der Sterne-Koch Bobby Bräuer vom Restaurant Esszimmer in der BMW-Welt in München, dahinter der BMW i4, eine echte Premiere, das neue vollelektrische Modell von BMW. **Abb. 383** Laut Expertenaussage dürfte dieser nach rund 50 Jahren wieder aufgetauchte Chronograph einer der beiden Prototypen der rechts abgebildeten Referenz 6087 sein. **Abb. 384** Vacheron & Constantin Chronograph Ref. 6087 in 18 K Gelbgold, auch »Cornes de Vache« (auf Französisch Kuhhörner) genannt, mit wasserdichtem Gehäuse.

Abb. 385
Chronographen galten schon immer als besonders eindrucksvolle Armbanduhren, im fachlichen Sprachgebrauch auch »kleine Komplikationen« genannt. Der linke »Zeitschreiber« aus Edelstahl dürfte einer der beiden Prototypen sein, der bei der Entwicklung des wasserdichten Chronographen Ref. 6087 wohl 1953 gefertigt wurde. Rechts ein aktuelles Modell Ref. 47192/000B-9352 aus dem Jahr 2012. Das Schraubgehäuse besteht aus 18 K Weißgold, Minuten-, Sekundenzeiger, Drücker und Krone sind aus 18 K Rotgold gefertigt. Das linke Gehäuse verfügt über einen Durchmesser von 37 mm, das rechte von 42 mm. In dem Prototyp arbeitet das Schaltradkaliber 492 mit 17, in der neuen Uhr das Kaliber 1141 mit 21 Steinen. Dass im neueren Modell die beiden Hilfszifferblätter so nahe zusammenstehen, hat der Konstrukteur dieses Chronographen-Kalibers vorgegeben. Der Neupreis des rechten Chronographen lag im Frühjahr 2021 bei ca. 44.000 Euro, auf dem Zweitmarkt war diese Uhr im neuwertigen Zustand schon für rund 23.000 bis 25.000 Euro zu haben. Der Prototyp in Edelstahl links dürfte wohl fast unbezahlbar sein. Eigentlich gehört er in das Museum von Vacheron Constantin in Genf.

Verflechtung mit dem Ebauchesfabrikanten LeCoultre, Le Sentier, tickten fortan vorwiegend dessen Rohwerke in den Zeitmessern mit der Signatur Vacheron & Constantin. Die Manufaktur mutierte zu einem Luxus-Etablisseur ohne eigene Werkefertigung.

1955, im Jahr des 200 jährigen Firmenjubiläums, trafen sich am 18. Juli im Genfer »Palais des Nations« die Herren Bulganin, Eden, Eisenhower und Faure, um Fragen – den Weltfrieden betreffend – zu beantworten. Zum Abschluss der Konferenz überreichten zwanzig Genfer Bürger diesen Staatsmännern jeweils eine Vacheron & Constantin mit der Botschaft »Möge diese Uhr stets glückliche Stunden anzeigen – für Sie selbst, für Ihr Volk und für den Frieden der Welt.«

Gegen Ende der 1970er Jahre entstand in den Genfer Werkstätten mit der »Kallista« die damals teuerste und deshalb im Guinness-Buch der Rekorde verewigte Armbanduhr der Welt. Das Kleinod, bestehend aus 140 Gramm Gold mit 130 Karat Edelsteinbesatz, kostete fünf Millionen Dollar. Bald darauf verlangte die gravierende Quarzuhren-Krise abermals nach einem zahlungskräftigen Partner. Dieser fand sich 1987 in Person des Scheich Yamani, einem Freundes der Familie Ketterer. Der ehemalige Erölminister Saudi-Arabiens übernahm letztlich 95% und damit die überwiegende Mehrheit an Vacheron Constantin. Das Interesse des millionenschweren Investors aus dem Mittleren Osten und seine Bereitschaft, die Traditionsmarke zur internationalen Weiterentwicklung mit den nötigen Finanzen zu versorgen, hielt sich allerdings in Grenzen. Somit waren auch die Spielräume für eine globale Präsenz der Traditionsmarke relativ eng gesteckt. Die wahre Glücksstunde schlug deswegen 1996, als die Vendôme-Gruppe (heute Richemont SA) des südafrikanischen Milliardärs Johann Rupert sein Markenportfolio durch das Haus Vacheron Constantin nach oben abrundete. Die weitere Geschichte unter dem Dach des Luxusmultis bestätigt diese Aussage voll und ganz. Speziell im Fernen Osten genießt Vacheron Constantin wieder einen sehr hohen Stellenwert. Im Genfer Vorort Plan-les-Ouates kündet

Abb. 386
Eine der bekanntesten Modellreihen von Vacheron & Constantin erhielt den Namen »Chronomètre Royal«. In dieser Uhr ist das Chronometer-Kaliber P [illegible]008/BS eingeschalt. Das Gehäuse aus 18 K Gelbgold besitzt einen Durchmesser von 35 mm und verfügt über einen stabilen Schraubboden. Neben »Chronomètre Royal« ist auf dem Gehäuseboden auch die Referenz Nr. 6105 sowie die Gehäusenummer 352.541 eingraviert. Letzteres ist jedoch eine Ausnahme.

ein gleichermaßen funktional wie futuristisch anmutendes Firmengebäude vom hohen Stellenwert des bald 260 Jahre alten Luxusuhren-Fabrikanten. Und 2013 konnte Vacheron Constantin im Vallée de Joux eine brandneue Fabrikationsstätte für Uhrwerke und komplexe Mechanismen einweihen.

Zurück zur Manufaktur

Das Thema Manufaktur schreibt Vacheron Constantin seit der Jahrtausendwende wieder groß. In diesem Sinn beanspruchen die Produktion und Terminierung eigener Kaliber mehr oder minder hoher Komplexität nicht nur qualifiziertes Personal, sondern auch einigen Platz. Weil es in Genf an beidem zunehmend mangelte, suchte Vacheron Constantin das Heil schon vor Jahren im tausend Meter hoch gelegenen Vallée de Joux. Als die angemietete Behelfs-Dependance nahe Le Sentier aus allen Nähten zu Platzen drohte, führte an einem weitläufigen Neubau mitten auf der grünen Wiese kein Weg vorbei. Die Eröffnung der 7.000 Quadratmeter großen Außenstelle in der Nachbarschaft von Le Brassus ging am 19. August 2013 über die Bühne. Dort stehen gegenwärtig rund 200 Angestellten meist französischer Nationalität auf der Gehaltsliste. Den Zeichen der Zeit entsprechend stand die Konstruktion des Neubaus unter dem Vorzeichen energetischer Effizienz. Auf jährlich 15.000 bis 20.000 Uhrwerke hat das Management die Kapazitäten der hochmodernen Fabrikationsstätte ausgelegt. Zum Fertigungsspektrum, das acht bis zehn ausschließlich mechanische Kaliberfamilien für bis zu 40 Modelle umfasst, gehören auch Module für unterschiedliche Zusatzfunktionen. Neben der Rohwerkefertigung obliegt den Mitarbeiterinnen und Mitarbeitern auch die Komponenten-Finissage sowie die Vormontage einiger Baugruppen. Übrigens gehorchen alle Erzeugnisse – sofern geboten – bereits im Stadium ihrer Konstruktion den strengen Vorgaben des 1868 eingeführten »Poinçon de Genève«. Nachdem sich Vacheron Constantin mit dem 1957 zwar verschärften, aber trotzdem weiterhin laschen Kriterienkatalog nicht mehr identifizieren konnte, drängte man ab 2009 auf eine neue, zeitgemäße Fassung. Die konfliktträchtige Aufgabe fiel dem »Timelab« zu. Angesiedelt als Abteilung »Genfer Siegel« unter dem Dach einer Stiftung des Genfer Labors für Uhrmacherei und Mikromechanik. Am 9. November 2011 erfolgte die Vorstellung der teilweise runderneuerten, teils adaptierten aber in jedem Fall deutlich strengeren Regelungen, welche mit Wirkung vom 01. Juni 2012 in Kraft traten. Wie eh und je müssen tickende Uhrwerke und Zusatzmechanismen wie zum Beispiel Kalenderwerke im Kanton Genf montiert, justiert und eingeschalt worden sein. Fortan bilden Uhrwerk und Gehäuse jedoch eine untrennbare Einheit. Zugelieferte Komponenten oder Baugruppen unterliegen den gleich strengen Richtlinien wie selbst Gefertigtes. Im Gegensatz zu modernen Siliziumkomponenten, die der Traditionalist Vacheron Constantin gegenwärtig kategorisch ablehnt, sind Kunststoffbauteile definitiv ausgeschlossen. Bezüglich der technischen und handwerklichen Ausführung gelten ähnlich strenge Maßstäbe wie zuvor. Am Ende dreht sich jedoch alles um die fertige Uhr. Gemeint sind die Wasserdichtigkeit, Funktionssicherheit, Gangautonomie und insbesondere auch die Präzision während sieben aufeinanderfolgender Tage. Nur wenn die von unbestechlichen Computern ermittelte Abweichung nicht mehr als eine Minute beträgt, finden Uhren mit dem Genfer Siegel zu den Kunden in aller Welt. Wer sich eine mechanische Vacheron Constantin aus aktueller Produktion ans Handgelenk schnallt, also zum Beispiel auch die ultraflache Minutenrepetition »Patrimony Contemporaire« mit dem Kaliber 1731, kann in jedem Fall darauf vertrauen, dass sie alle Prüfungen anstandslos hinter sich gebracht hat.

Dafür bürgen derzeit etwa 1.000 Angestellte rund um den Globus. 480 davon gehen ihrem Job im Genfer Hauptquartier nach. Das verlangt gegenwärtig ebenfalls nach signifikanter Erweiterung, denn Erfolge haben nun einmal ihren Preis.

10.2 Über die Werke

Uhren von Vacheron & Constantin gehörten stets zu den besten, die in der Schweiz gefertigt wurden. Gerade in den 50er und 60er Jahren standen die Modelle dieses alteingesessenen Genfer Herstellers jenen von Patek Philippe in nichts nach und waren in Design, Technik und Vielfältigkeit auf gleichem Niveau angesiedelt. Auch die jährlichen Produktionszahlen dieser beiden Genfer Uhrenmanufakturen bewegten sich in gleichen Größenordnungen. Bereits Anfang der 70er Jahre war zu erkennen, dass diese noble Marke sichtbar an Reputation einbüßte und die Genfer Mitbewerber sich bereits bessere Marktpositionen erkämpft hatten. Neben dem Aufkommen der Quarztechnologie und den damit verbundenen marktseitigen Veränderungen führte bestimmt auch die nachgelassene Innovationsbereitschaft im eigenen Hause zu existenzbedrohenden Markteinbußen. Durch Meinungsverschiedenheiten bedingt, kam es 1968 zu Änderungen bei den Besitzerverhältnissen, die schließlich zur Trennung vom Schwesterunternehmen Jaeger-LeCoultre führte. Die in Le Sentier beheimatete Firma hatte über Jahrzehnte hinweg als Lieferant für Rohwerke (Ebauches) gedient und so manche Innovation bewirkt. Weder über diese Trennung noch über deren Hintergründe ist je Genaues bekannt geworden. Auch in der einschlägigen Literatur ist zu diesem Thema nichts zu finden. Ein Teil dieser Geheimnisse wird in diesem Kapitel gelüftet.

Über die Handaufzugwerke

K 453/3B 12 ½''' und P 453/3C 12 ½'''

Wie alle anderen Uhrwerke von Vacheron & Constantin wurden auch diese beiden Kaliber als Rohwerke (Ebauches) von Jaeger-LeCoultre aus Le Sentier bezogen. Das Kaliber 453 gilt

Abb. 387
Kaliber K 453/3B

als Basisuhrwerk für verschiedene Varianten. Der Einbaudurchmesser beträgt 28,80 mm, die Werkhöhe 4,00 mm.
Die zweischenklige Schraubenunruh hat eine Breguet-Spirale

Abb. 388
Kaliber P 453/3C

und arbeitet mit 18.000 Halbschwingungen/h. Die Feinstellung des Rückers erfolgt über Mikrometerschraube und Schwanenhalsfeder. Das Werk verfügt über 17 Steine. Alle Oberflächen sind perliert oder mit Genfer Streifenschliff versehen.
Die Unterschiede der sonst baugleichen Kaliber liegen unter anderem darin, dass das Kaliber K 453/3B (Abb. 387) nicht nur über 18 Rubine verfügt, sondern auch bei Wärme, Kälte, für Isochronismus und in fünf Lagen reguliert ist. Weiterhin trägt es das begehrte Genfer Siegel. Hier handelt es sich somit um ein Genfer Produkt höchster Güte, wie dies in jener Zeit nur noch bei Patek Philippe zu finden war. Laut Beschriftung der Federhausbrücke besitzt das Kaliber P 453/3C (Abb. 388) die üblichen 17 Steine und ist nur in Temperaturen reguliert. Diese Unterschiede standen auch in Abhängigkeit mit den Zielländern, in die solche Uhren exportiert wurden. Genfer Siegel und Chronometer-Ganggenauigkeit waren nur für solche Kunden von Interesse, welche mit den beschriebenen Qualitätsbegriffen etwas anzufangen wussten. So waren einem argentinischen Viehbaron Chronometerwerte oder Genfer Siegel ziemlich gleichgültig. Hauptsache die Uhr besaß einen wohlklingenden Markennamen und sah gut aus.

P 454/5B 12 ½'''

Das Kaliber 454 entspricht weitgehend dem 453. Anstelle der Kleinen Sekunde bei 6 verfügt dieses Kaliber über eine Zentralsekunde. Bei gleichem Einbaudurchmesser von 28,80 mm kommt wegen des Sekundenrades die Bauhöhe auf 5,00 mm. Es sind 17 Rubine verbaut und das Werk in Temperaturen reguliert. Es gibt noch weitere Varianten des Basiskalibers 453. Das Kaliber 485 verfügt über die Anzeige von Wochentag, Monat und Datum. Die Version 495 hat zusätzlich noch eine Mondphase installiert.

P 1007/BS und P 1008/BS

Abb. 389
Kaliber P 1007/BS

Abb. 390
Kaliber P 1008/BS

Aus den Basiskalibern 453 und 454 entstanden diese beiden Chronometerwerk-Varianten. Auch hier besteht der äußerliche Unterschied aus Kleiner und Zentralsekunde. Die inneren Abweichungen betreffen Ankerrad und dessen untere Lagerung. Offensichtlicher wirkt jedoch die Sekundenstoppvorrichtung. Beim Ziehen der Krone wird über einen gut sichtbaren Bügel sowie über eine Stahlfeder (Tirette) die Unruh angehalten, so dass eine genaue Zeitstellung möglich wird. Diese beiden Chronometerwerke wurden in der Zeit von 1953 bis 1962 in einer Stückzahl von 300 Exemplaren beim P 1007/BS (Abb. 389) und von 1000 Exemplaren beim P 1008/BS (Abb. 390) produziert. Sie sind jedoch nicht alle eingeschalt worden. Laut Aussage von Rudolf Büll lag die Anzahl der verbauten Werken unter 1000. Sie sind ausschließlich in Modellen der Serie »Chronomètre Royal« (französisch) bzw. »Royal Chronometer« (englisch) zu finden. Eine vergleichbare Vorrichtung für den Sekundenstopp ist auch bei den von Jaeger-LeCoultre aufgelegten Chronometer »Geophysic« (siehe Seite 102) sowie der Fliegeruhr Mk 11 (siehe Seite 105) zu finden.

Über die Automatikwerke

477 und 477/1

Mit den Einbau dieser Kaliber begann bei Vacheron & Constantin das Zeitalter der automatisch aufziehenden Armbanduhr. Das Kaliber 477 entsprach konstruktiv dem Jaeger-LeCoultre-eigenen Automaten Kaliber 476, das bereits im Jahre 1948 lanciert wurde. Inhaltlich wies die Version von Vacheron & Constantin jedoch einige erhebliche Verbesserungen auf. So ist dieser Automat in Temperaturen reguliert, besitzt eine Breguet-Spirale sowie mit Genfer Streifenschliff und Perlage veredelte Oberflächen. Auf Seite 252 ist ein solches Kaliber abgebildet. Ein Gegenstück von Jaeger-LeCoultre findet

Abb. 391

sich in der Variante Kaliber 481 auf Seite 100. Das Kaliber 477 besitzt einen Einbaudurchmesser von 29,56 und eine Bauhöhe von 6,15 mm. Es verfügt über 17 Lagersteine und arbeitet mit 18.000 Halbschwingungen/h. Auch die Jaeger-LeCoultre-eigene Stoßsicherung gehört zur Standardausrüstung dieses Kalibers. Den automatischen Aufzug übernimmt eine begrenzte Schwungmasse, im Volksmund auch »Hammerautomatik« genannt. Der Aufzug erfolgt jedoch nur einseitig. Die Version 447/1 (Abb. 391) erhielt einige Verbesserungen. Ein Rad vom Aufzug hatte eine Brücke erhalten, der Zapfen des Hammers war verstärkt und die Dekoration des Werkes geändert worden. Nicht alle profilierten Uhrmacher waren mit diesem Kaliber zufrieden,

Abb. 392
Rund 7fache Ausschnitt-Vergrößerung des Kalibers 477/1 mit Schwunggewicht-Trägerbrücke (Werk-Teil 1341). Oben links sieht man die Aufzugswelle und am Rand der Federhausbrücke die Zylinderkopfschlitzschraube für den Winkelhebel. Die ursprünglich zylindrische Senkung für diese Schraube ist typisch beschädigt, weil wohl der mit diesem Werk beschäftigte Uhrmacher zu bequem war, einen kleineren Schraubenzieher zum Lösen dieser Schraube zu verwenden.

weil die Gangpartie sehr schwer zugänglich ist. Auch muss man zur Montage einen speziell ausgefeilten Unruhkloben nehmen, um z. B. die Höhenluft kontrollieren zu können.

498 und 499 sowie P 1019, P 1019/1 und P 1019/2

Bereits vier Jahre nach Einführung des ersten Automatikwerkes mit beschränkter Schwungmasse folgte 1953 die nächste Gene-

Abb. 393
Kaliber P 1019

ration mit Selbstaufzug, dieses Mal aber mit 360°-drehendem Rotor. Das Kaliber 498 besitzt eine Kleine Sekunde bei der 6, das Kaliber 499 eine Zentralsekunde. Damit waren die von Jaeger-LeCoultre bestimmten Kaliberbezeichnungen von Vacheron & Constantin zunächst übernommen worden. Diese Werke weisen einen Einbaudurchmesser von 29,00 mm und eine Bauhöhe von 5,40 mm auf. Breguet-Spirale und Jaeger LeCoultre-Stoßsicherung finden auch hier Verwendung.
Das Werk arbeitet mit 18.000 Halbschwingungen/h und weist eine Gangreserve von ca. 40 Stunden auf. Bereits noch im Einführungsjahr wurde die Kaliberbezeichnung 12'''-499 bei Vacheron & Constantin auf P 1019 (Abb. 393) geändert und in der Folge mit den Zusätzen /1 und /2 ergänzt. Hier sind im Vergleich zum Kaliber 499 die wichtigsten Änderungen aufgeführt:

1. Die automatische Aufzugsbrücke oben und unten (nicht austauschbar)
2. Die Schwungmasse (mit verstärkter Achse)
3. Das Aufzugrad (erst neun, dann acht Zähne, Kronrad erst 24, dann 32 Zähne)
4. Mitnehmerrad für Kronrad
5. Rückerzeiger mit Spalt

Diese Kaliberreihe blieb bis 1958 in Produktion.

K 1070 und K 1071

Diese beiden Nachfolgekaliber wurden 1959 lanciert. Sie kamen wieder als Rohwerke (Ebauches) von Jaeger-Le-Coultre und waren weitgehend identisch mit den Kalibern

Abb. 394
Kaliber K 1071

Abb. 396
Kaliber K 1072/1

K 2070 und K 2071 von Audemars Piguet (siehe Seite 31). Als Ausgangsbasis diente auch hier das Kaliber P 1019. Bei

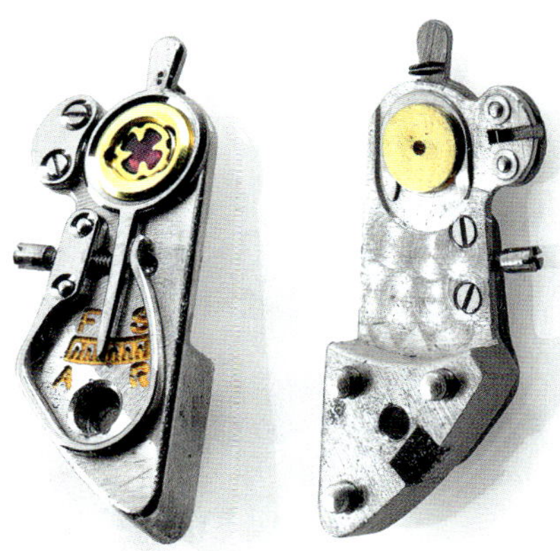

Abb. 395
Unruhkloben eines Kalibers K 1071 von Vacheron & Constantin (siehe Abb. 394 oben), links die Ober-, rechts die Unterseite. Rücker, Mikrometerschraube sowie Schwanenhalsfeder sind genau zu sehen. Die Stoßsicherung der Unruhwelle kommt von Incabloc. Wird durch die Mikrometerschraube der Rücker nach links verstellt, läuft die Uhr schneller (F). Eine Verschiebung nach rechts lässt die Uhr langsamer gehen (S). Dieser Unruhkloben stammt vom amerikanischen Gebrauchtteilehändler francis.ant ctac aus New York und kostete 250 USD plus 20,68 USD Transport, somit insgesamt 270,68 USD. Bei Vacheron Constantin in Genf ist dieses Teil nicht mehr lieferbar.

fast gleich gebliebenem Basisuhrwerk wurde die Automatikbaugruppe umfassend überarbeitet. Ganz deutlich lassen sich die Unterschiede durch die Ausführung des Rotors erkennen. Die Rotorlagerung erfolgt nunmehr über vier Rubinwalzen. Die Rotorträgerplatte verfügt über einen Sonnenschliff. Das 18 karätige Schwunggewicht ist vierfach verschraubt und schön guillochiert. Die Sperrklinke wurde geändert und ist jetzt auf einer separaten Brücke angeordnet, die wiederum von unten an die Federhausbrücke verschraubt ist. Die Stoßsicherung der Unruhwelle erfolgt nun über Parechoc »KIF« Réf. Flector. Die Kaliber 1070 und 1071 (Abb. 394) verfügen über 29 Rubine und identische Abmessungen: Einbaudurchmesser 29,00 mm, Bauhöhe 5,50 mm.
Die Schraubenunruh arbeitet mit einer Breguet-Spirale und 18.000 Halbschwingungen/h. Die Feinstellung übernimmt eine Mikrometerschraube mit Schwanenhalsfeder. Alle Flächen sind mit Sonnenschliff oder mit Perlage versehen. Diese Kaliber tragen das Genfer Siegel und sind in Temperaturen und fünf Positionen reguliert.

K 1072 und K 1072/1

Bereits im Jahr 1961 kam die Version des Kalibers K 1071 mit Datumsanzeige bei der 3 und neuer Kaliberbezeichnung K 1072 auf den Markt. Bei fast identischer Bauweise stieg damit die Werkhöhe von bisher 5,50 mm auf 6,30 mm. Ab 1966 erhielt das Kaliber K 1072 eine Gyromax-Unruh und die Ergänzungsbezeichnung K 1072/1 (Abb. 396). Im Gegensatz zu den Schwingungssystemen von Patek Philippe wurde diese Gyromax-Unruh nicht mit acht, sondern zehn Masselotte-Gewichten ausgestattet (siehe auch Seite 254).
Die Werknummern sind sechsstellig und wurden fortlaufend vergeben. Vergleicht man z. B. den Chronographen Ref. 321 aus dem Jahre 1938 mit Werk-Nr. 420.637 (Gehäuse-Nr. 264.454) mit der Automatik Ref. 6782 mit Werk-Nr. 598.456

Kaliber K 1072/1

Abb. 397
Anfang der 60er Jahre des letzten Jahrhunderts zählte das Kaliber K 1072 zu den besten Automatikwerken in der Schweiz. Sein Niveau entsprach in Konstruktion und Ausführung weithegend dem Kaliber 27-460 M von Patek Philippe und in den Gangleistungen nahezu dem etwas später gefolgten Chronometer-Kaliber 564 von OMEGA. Ab dem Jahr 1966 wurde eine Gyromax-Unruh mit zehn Masselotte-Gewichten verbaut und dieses Werk nunmehr mit K 1072/1 bezeichnet. Eine Breguet-Spirale mit hochgebogener Endkurve sorgt für gute Gangwerte.
Der Einbaudurchmesser beträgt 29,00 mm, die Bauhöhe 6,30 mm. Der Rotor mit einem Schwunggewicht aus 18 K Gelbgold läuft elegant auf vier Kunstrubin-Walzen nahezu verschleißfrei. Durch einen Wechsler zieht der Rotor in beiden Drehrichtungen auf. Alles in allem hat man in diesem Automatikwerk alles verbaut, was zu jener Zeit »State of the Art« war.
Nach einer fachgerechten Revision erbringt eine Uhr mit diesem Kaliber auch heute noch Chronometerwerte.

Abb. 398
Gyromax-Unruh mit zehn Maselotte-Gewichten aus 18 K GG und Breguet-Spirale zeugen von höchstem Uhrmacher-Niveau (ca. 8fache Vergrößerung). Ganz unten rechts sieht man noch das Genfer Siegel eingeschlagen.

Kaliber 2455

Abb. 399
Die Konstruktion des Kalibers 2455 ist rund 40 Jahre jünger als die des links gezeigten Vorgängers K 1072/1. Der Werkdurchmesser wurde von 29,00 auf 26,20, die Bauhöhe von 6,30 auf 3,60 mm reduziert. Das Dogma der niedrigen Werkbauhöhe fand im letzten Viertel des vergangenen Jahrhunderts bei fast allen Schweizer Uhrenherstellern Eingang und wurde praktisch als wichtiger Überlebensfaktor angesehen. Nur Rolex blieb den Regeln der technischen Mechanik treu und vergönnte seinem 1988 lancierten neuen Automatikkaliber 3135 volle 6,00 mm Bauhöhe!
Wenn man bei einem Automatikwerk bestimmte, technisch hochwertige Bauteile, wie z. B. Breguet-Spirale, Gyromax-Unruh, Wechsler, zweifach abgesetzte Rotorlagerung etc. weglässt und durch schlichte, zum Teil aus der Massenfertigung stammende Komponenten, wie z. B. Flachspirale, Triovis-Feinstellung und einfache Unruh ersetzt, führt dies zu erheblichen Einsparungen bei den Herstellungskosten.
Ob hier auch die hohe Erwartungshaltung eines Käufers erfüllt wird, der bereit ist, mehr als 20.000 Euro für eine besonders wertvolle Armbanduhr auszugeben, bleibt hier offen. Trotzdem ist für den Konsumenten dieses Kaliber 2455 schön anzusehen, zumal alle mit diesem Werk ausgerüsteten Uhren ein Gehäuse mit Glasboden besitzen.
Übrigens verfügen die Unruhwellen der beiden hier vorgestellten Werke über eine Stoßsicherung von KIF. Links die alte Konstruktion KIF Flector, rechts die neue Ausführung KIF Ultraflex.

Abb. 400
Mit Flachspirale, Triovis-Feinstellung für den Gang und einer einfacher Unruh kann man nur noch schwer in der Oberklasse der hochwertigen Uhrwerke mittspielen (ca. 8fache Vergrößerung).

(Gehäuse-Nr. 433.445) aus dem Produktionsjahr 1968, ergibt sich eine Differenz von 598.456 minus 420.637 gleich 177.819. Teilt man dann diese Zahl durch 30, errechnet sich eine jährliche Stückzahl von durchschnittlich 5.927 Werken.

10.3 Über die Referenznummern

Die Vergabe von vierstelligen Referenznummern in den Gehäuseböden wurde erst mit Beginn der 50er Jahre eingeführt. Die zuvor hergestellten Uhren besaßen zur internen Kennzeichnung aber auch Referenznummern. Wie ein pensionierter Mitarbeiter dem Verfasser anvertraute, wurde die vierstellige Bildnummer

Abb. 401
Innenboden einer Vacheron & Constantin Automatik Ref. 6394 Q in 18 K GG (siehe auch Abb. 442 auf Seite 276). Unter dem Firmensignet ist erst die Referenz-, dann die Gehäusenummer 409.841 eingeschlagen. Darunter folgt in Form eines Schlüssels mit der Nummer 1 der Verantwortlichkeitsstempel des Gehäusemachers Ed. Wenger SA aus Genf, der jedoch am 7.04.1992 seinen Betrieb eingestellt hat.

des Uhrenfotos sogleich als Referenznummer verwendet. Mit diesem Ordnungssystem hatte man 1940 mit der Zahl 4000 begonnen. Vor dieser Zeit waren dreistellige Referenznummern üblich. Die dahinter stehende Systematik konnte aber nicht ermittelt werden. Zum Beispiel wird auf Seite 272 eine Automatik mit der Referenznummer 4871 vorgestellt, die im Jahre 1949 produziert und deren Referenznummer aber noch nicht im Gehäuseboden zu finden ist.

10.4 Über die Gehäusenummern

In dem hier betrachteten Zeitraum wurden die Nummern der Gehäuse stets sechsstellig gehalten. Dass die Gehäusenummern nicht mit jenen der Werknummern übereinstimmen, meistens um eine Größenordnung von 160.000 auseinander liegen, resultiert u.a. aus der Historie und der Logistik der Zulieferer. Die Werke wurden in Rohform (Ebauches) angeliefert und erst bei Vacheron & Constantin finissiert und remontiert. Hierbei wurden auch die verschiedenen Kennzahlen und Gravuren einschließlich des Genfer Siegels aufgebracht. Dagegen lieferten die Gehäusehersteller ihre Produkte in einbaufertigem Zustand an. Neben der kompletten Punzierung gehörten auch die Nummern für Referenz und Gehäuse dazu.

10.5 Über die Uhren

Über die Uhren mit Handaufzug

Uhren von Vacheron & Constantin waren stets kleine Schönheiten. Gehäuse, Zifferblatt und Werk bildeten immer ein harmonisches Ganzes, auch wenn letzteres dem Auge des Betrachters verschlossen blieb. Offensichtlich beeindruckten die phantasiereich gestalteten Zifferblätter sowie die verschiedenen Gehäusevarianten stets die potentiellen Käufer.

Abb. 402
Uhren mit Edelstahlgehäusen und Schraubboden waren bei den Nobelmarken Vacheron & Constantin und Patek Philippe immer eine Seltenheit. Dieses hier vorgestellte Modell besitzt noch keine Referenznummer, kann aber über die Werk- und Gehäusenummer dem Produktionsjahr 1941 zugeordnet werden.

Als erstes Beispiel für unseren Bilderbogen stellen wir heute eine absolute Rarität vor. Das in dieser Uhr eingeschalte Handaufzugwerk mit Nummer 433.783 dürfte eine frühe Ausführung des Kalibers 453 aus dem Jahr 1941 sein. Weder verfügt die Unruhwelle über einen Stoßschutz noch die Ankerradwelle über ein Deckplättchen. Beim Rücker fehlt die später selbstverständliche Feinstellung. Die Uhr mit Kleiner Sekunde hat ein Stahlgehäuse mit Schraubboden und Staubschutzdeckel und ist somit wasserdicht. Dieses Stahlgehäuse misst im Durchmesser 35 mm, in der Höhe 10 mm. Die Gehäuse-Nr. lautet 292.877. Die kleine Erhöhung in der Mitte dieses Deckels sorgt dafür, dass

Abb. 403
Im geöffneten Zustand lassen sich alle Details dieser links vorgestellten Uhr betrachten. Unten der Staubschutzdeckel, der auf das Werk gesetzt wird, bevor der Schraubboden verschlossen wird. An der Perlierung der Innenfläche des Schraubbodens sieht man, welchen Aufwand man früher bei der Veredelung von Komponenten betrieben hat.

beim Verschließen des Schraubbodens dieser Deckel elastisch an den Werkring gedrückt wird. Interessant auch der 12-Kant des Schraubbodens, den wir schon von Uhren des Hauses IWC her kennen. Das eindrucksvolle Zifferblatt mit den aufgesetzten arabischen Ziffern aus Weissgold rundet das edle Bild dieser Uhr noch ab. Der Wert dieses Sammlerstücks dürfte wohl nicht unter dem einer vergleichbaren Uhr mit Goldgehäuse liegen.

Eine weitere Rarität dürfte die für Cartier produzierte rotgoldene Uhr mit Kaliber V 454 sein. Das Kaliber V 454 trägt die Nummer 459.958, das Gehäuse die Nummer 302.399. Dieses dreistufige Gehäuse besteht aus Lünette, Mittelteil und einem

Abb. 404
Diese für Cartier Paris produzierte Handaufzuguhr mit Gehäuse und Zifferblatt aus Roségold würde auch am Handgelenk einer feinen Dame gut aussehen. Das Gehäuse besitzt einen Durchmesser von 33,5 mm und nur einen Druckboden.

Abb. 405
Der erste Chronograph von Vacheron & Constantin mit wasserdichtem Gehäuse erhielt die Referenznummer 6087. Mit den beiden vorausgegangenen Prototypen verfolgte man zwei Ziele. Für den ersten nahm man ein vorhandenes Gehäuse der Schwesterfirma Jaeger-LeCoultre und schalte dort das Kaliber V 492 ein. Dieses Vorausmodell diente zur Funktionserprobung und zum Nachweis der Wasserdichtigkeit. Der zweite, und hier nicht gezeigte Prototyp, erhielt bereits das später »Cornes de Vache« genannte Originalgehäuse zur Bestätigung dieses doch recht ungewöhnlichen Design-Entwurfs. Wo dieser zweite Prototyp geblieben ist, wird wohl für immer ein Rätsel bleiben.

Druckboden. Obwohl der Durchmesser nur 33,50 mm beträgt, liegt die Breite zwischen den beiden Bandanstößen bei 20 mm. Das roséfarbene Zifferblatt ist mit sechs arabischen Ziffern sowie sechs pyramidenförmigen Indizes versehen. Diese seltene Uhr stammt von einem englischen Gebrauchtuhrenhändler und wurde am 5.02.2013 für 2.250 Pfund, damals 2.612 Euro, verkauft. Nach dem heutigen Zeitgeschmack dürfte dieses schöne Stück auch am Arm einer feinen Dame eine gute Figur abgeben.

Die von Vacheron & Constantin bis 1954 lancierten Chronographen waren zwar optische Schönheiten, aber nicht mit wasserdichtem Gehäuse versehen. Der Genfer Mitbewerber Patek Philippe hatte ein solches Modell mit der Referenz-Nr. 1453 bereits seit dem Jahr 1940 im Angebot.
Wie schon in der Einführung dieses Buches erwähnt, wurden für den Bau dieses Chronographen zwei verschiedene Prototypen aufgelegt. Bei dem einen wurde zur Erprobung der Funktion und Wasserdichtigkeit ein vorhandenes Stahlgehäuse der Schwesterfirma Jaeger-LeCoultre verwendet und das vorgesehene Chronographen-Kaliber V 492 darin verbaut. Bei dem anderen kam das als Prototyp erstellte Seriengehäuse mit dem erst später kreierten Namen »Cornes de Vache«, auf deutsch »Kuhhörner«, zur Verwendung.
Bevor wir hier weiter auf diesen Chronographen eingehen, sollten wir auch einen kurzen Blick auf die nur wenig bekannte Geschichte von Vacheron & Constantin werfen. Nachdem 1969 der bisherige Abschnitt der in den 50er und 60er Jahren sehr erfolgreiche Präsident und Eigner von Vacheron & Constantin Georges Ketterer verstorben war, übernahm damals sein Sohn Jacques Ketterer die Geschicke des Unternehmens. In jener für die Schweizer Uhrenindustrie recht schwierigen Zeit

Abb. 406
Nach dem Entfernen des Schraubbodens hat man einen freien Blick auf das Chronographen-Kaliber V 492. Anlässlich der Revision durch Vacheron & Constantin wurden auch einige Teile ausgetauscht, so auch der Unruhkloben. Da im Ersatzteillager nur noch ein solcher ohne Oberflächenbehandlung, d. h. ohne Rhodinage, vorhanden war und eine nachträgliche Behandlung einige Zeit benötigt hätte, wurde auf Bitten des Verfassers der Unruhkloben in der vorliegenden Form, d. h. ohne Oberflächenbehandlung, eingebaut. Auch besitzt die Unruhwelle noch keinen Stoßschutz und der Rücker noch keine Feinstellung über Mikrometerschraube und Schwanenhalsfeder.

verlangte das Aufkommen der preiswerten, aber sehr modischen Quarzuhren ein radikales Umdenken und eine völlige neue Marktstrategie.

Jacques Ketterer, dem man auch eine Vorliebe für schnelle Autos, schöne Frauen und hochprozentige Getränke aus Schottland nachsagte, war wohl mit dieser neuen Marktausrichtung überfordert. Noch im rüstigen Alter von erst 57 Jahren ereilte ihn 1987 unerwartet der Tod. Seiner Familie hinterließ er ein stark verschuldetes Unternehmen ohne jegliches Zukunftskonzept. Dieser Umstand war umso schmerzlicher, weil in den 50er und 60er Jahren des 20. Jahrhunderts die Marke Vacheron & Constantin ohne Wenn und Aber in Qualität, Technik und Umsatz auf gleichem Niveau mit seinem Marktbegleiter Patek Philippe gelegen war. Die Rettung kam durch den ehemaligen saudi-arabischen Ölminister Scheich Ahmed Zaki Jamani, der selbst großer Uhrenfreund war. Auch kannten sich Jacques Ketterer und Scheich Jamani schon von Jugend an, weil sie nicht nur das gleiche englische Internat besucht, sondern dort auch ein gemeinsames Zimmer bewohnt hatten.

Weil die folgende Geschichte in der Literatur bisher weitgehend unbehandelt ist, wollen wir die damaligen Geschehnisse in Genf näher beleuchten. Schon im Herbst 1986, also noch zu Lebzeiten von Jacques Ketterer, war in Genf bereits gemunkelt worden, dass Scheich Jamani die älteste Uhrenmarke der Welt kaufen wollte. Diese mit einem spannenden Krimi vergleichbare Geschichte wurde in der Schweizer Handelszeitung am 22. Februar 2005 veröffentlicht. Wir geben sie hier wieder:

»Vacheron Constantin, die edle Manufaktur mit sagenhaft abenteuerlicher Geschichte, sollte in ausländische Hände geraten.

Um die Tragweite des Deals zu verstehen, muss man wissen, dass Vacheron Constantin zwischen Ende des Zweiten Weltkrieges und Beginn der Uhrenkrise in den siebziger Jahren zu den großen drei gezählt worden ist. Zusammen mit Patek Philippe und Audemars Piguet verkörperte das Haus die

Schweizer Haute Horlogèrie und stand für feinste mechanische Komplikationen der obersten Liga.
Es passt zur bewegten Firmengeschichte der renommierten Uhrenmanufaktur, dass dem definitiven Verkauf an den Scheich ein spannender Übernahme-Krimi vorausgegehen musste. Weil gemäss Lex Friedrich Firmenkäufe durch Ausländer nur erlaubt waren, wenn der Wert allfälliger Firmenimmobilien nicht mehr als ein Drittel der Firmenassets ausmachte, wurde dem ehemaligen Präsidenten der Opec der Kauf zunächst verwehrt.
Jamani hatte zwar drei Gutachten vorgelegt, die den Marktwert der Firmenimmobilien auf nur 8,9 bis 11.3 Millionen Franken bezifferten, was mithin den Kauf ermöglicht hätte. Die Schätzungen waren aber dem Genfer Baudirektor Jean-Philippe Maitre derart suspekt vorgekommen, dass er eine Gegenexpertise in Auftrag gab. Prompt wurde der vermutete Preis amtlich auf 20 Millionen Franken erhöht – auf mehr als das zulässige Drittel der Assets: Scheich Jamani wird Vacheron Constantin nicht kaufen können, schlussfolgerte schadenfreudig die Lokalpresse mit üppigen Ausrufezeichen.
Doch die Zeitungen waren kaum zu Altpapier gebündelt, als der Ex-Ölminister mit einem raffinierten Coup definitiv zuschlug.

Abb. 407
Das Schaltrad ist das »Herz« eines Chronographen-Kalibers, hier in rund zehnfacher Vergrößerung.

Die Immobilien waren nun plötzlich traumhafte 43 Millionen Franken wert; für diesen Preis gingen sie an den stadtbekannten Immobilienhai Jean-Pierre Magnin. Damit hatte Vacheron Constantin zwar keine eigenen Immobilien mehr, dafür durfte Jamani, übrigens ein leidenschaftlicher Uhrensammler, endlich zugreifen.

Hätte Jamani verzichtet, wäre die Manufaktur vermutlic hopsgegangen. Wie schon oft in der Vergangenheit stand Vacheron Constantin damals abgewirtschaftet am Abgrund.« (aus Handelszeitung, 22.02.2005, Pierre-André Schmitt: Vacheron Constantin/Die verrückte Rettung einer Manufaktur). Nach diesen Finanzmanipulationen erwarb Jamani noch 1987 im zweiten Anlauf 95 % des Aktienkapitals von Vacheron & Constantin und setzte Ende 1988 den damals 44jährigen Neuenburger Wirtschaftswissenschaftler Claude-Daniel Proellochs als neuen Präsidenten ein. Damals lag die Belegschaft von Vacheron & Constantin bei nur noch 65 Personen und die Zahl der jährlich produzierten Uhren bei rund 3.400 Exemplaren.
Aber auch bei der Personalie Claude-Daniel Proellochs weiß die Handelszeitung weitere Internas zu berichten: »Der Mann, der die Wende zum Guten bringen sollte, heißt Claude-Daniel Proellochs, und nur am Rande sei hier erwähnt, dass bei seiner Abwerbung von Eterna ein Herr seine Hand im Spiel hatte, der die Branche geprägt hat wie kein zweiter: Nicolas G. Hayek, dessen Firma Hayek Engineering von Scheich Jamani als Beraterfirma zugezogen worden war. Seinen ersten Kontakt mit Vacheron Constantin hat Proellochs später gerne mit dem Fund eines alten Rolls-Royce verglichen, der vergessen in einer Scheune vor sich hin gammelt. Um die Karosserie wieder zum Glänzen zu bringen, so seine Überlegung, genüge es wohl, ein bisschen Staub abzuwischen und die Hochglanzpolitur aufzutragen. Um den Wagen starten und durch den internationalen Verkehr steuern zu können, wäre hingegen einiges mehr zu tun. Die Reifen, um beim Bild zu bleiben, waren platt und brüchig, die Batterie war tot und der Auspuff genügte den neuen Anforderungen nicht mehr. Aber das Potenzial, so viel erkannte Proellochs sofort, das Potenzial war da (aus Handelszeitung, 22.02.2005, Pierre-André Schmitt: Vacheron Constantin/Die verrückte Rettung einer Manufaktur).

Zu jener Zeit verteilten sich die Entwicklungs-, Produktions- und Vertriebsbereiche von Vacheron & Constantin in Genf auf insgesamt fünf Standorte, so dass eine effektive Führung dieses Unternehmens und der hierfür notwendige Überblick kaum noch gewährleistet war. Dass in jener kritischen Zeit, verbunden mit einem laufenden Personalabgang, nicht nur viel Know-how, sondern auch so manche Sachwerte auf nicht ganz legalem Weg das Haus verließen, ist leicht nachvollziehbar. So sind wohl auch die beiden zuvor genannten Prototypen für den Chronographen Referenz 6087 verschwunden und haben wohl einen heute nicht mehr nachvollziehbaren Weg ins Unbekannte genommen.

Wie der im Kapitel »3. Einführung« schon aufgeführte Chronograph nach Lissabon gekommen ist, lässt sich heute nicht mehr erraten. Warum aber der Verkäufer von Haus aus gleich einen für eine Stahluhr so hohen Preis von 10.000 Euro angesetzt hat, ist auch kaum nachvollziehbar. Bevor auf diese Geschichte weiter eingegangen wird, muss zunächst ein Blick auf die juristische Situation einer Ebay-Offerte geworfen werden. Nach deutschem und auch schweizerischem Recht kann ein unrechtlich erworbener, sprich gestohlener Gegenstand, nicht ver- und gekauft werden. Erst wenn er auf einer öffentlichen Auktion

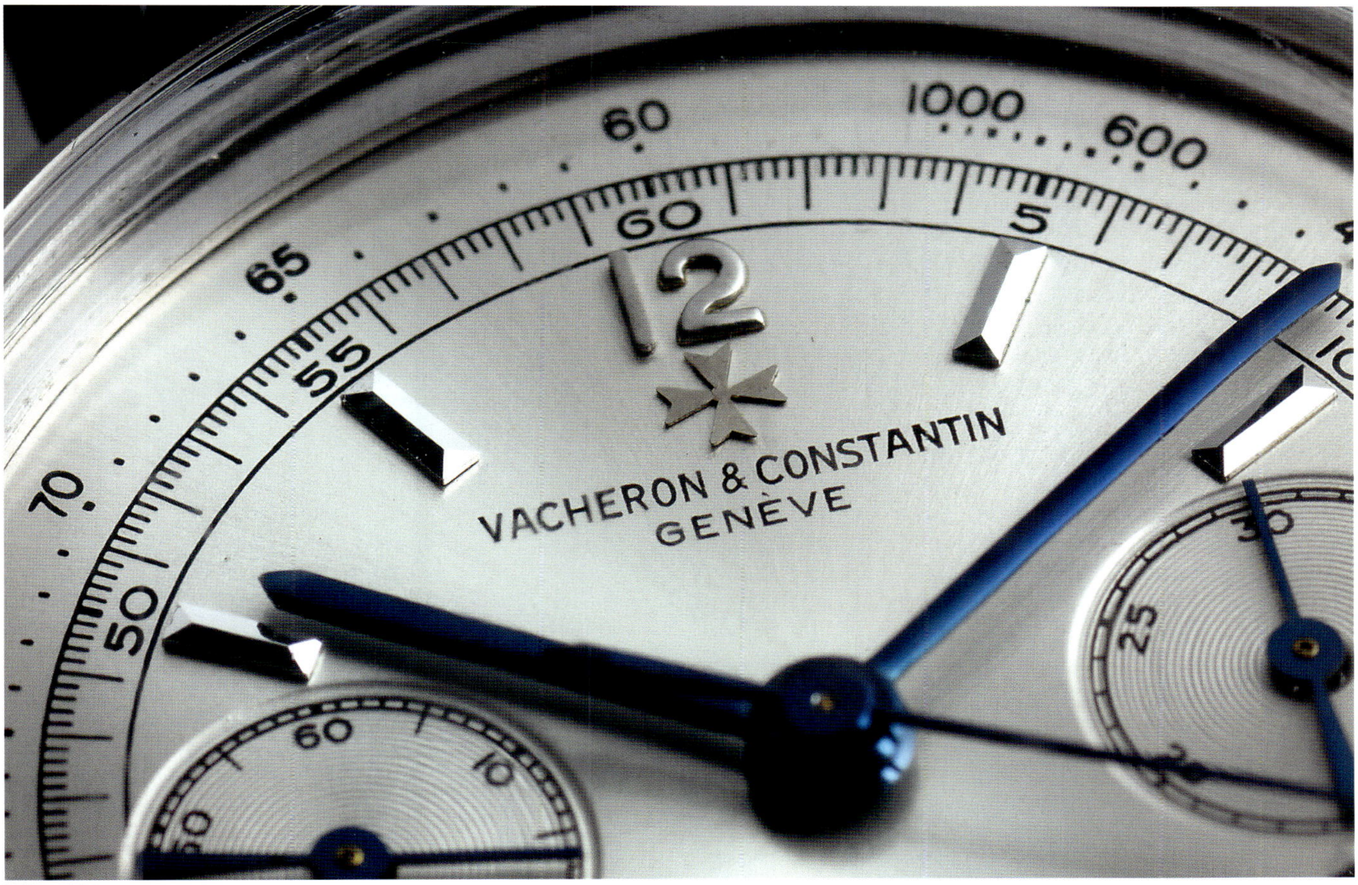

Abb. 408
Diese Ausschnittvergrößerung des Zifferblattes verdeutlicht die hohe Qualität, die bei Vacheron & Constantin selbstverständlich war. Indizes, Zahlen und Firmensignet sind aus 18 K Weißgold gefertigt, das Zeigerspiel aus gebläutem Stahl.

angeboten wird und jeder zu dieser Offerte Zugang hat, kann dieses Gut weitergegeben und rechtlich korrekt erworben werden. Da eine Ebay-Auktion mit einem öffentlich zugänglichen Angebot eines Auktionshauses gleichzusetzen ist, kann ein dort erworbener Gegenstand als juristisch korrekter Eigentumsübergang bezeichnet werden.
Da einerseits die Offerte von 10.000 Euro dem Verfasser zu hoch erschien, aber andererseits diese Uhr auch nach mehr als vier Wochen noch keinen Käufer gefunden hatte, einigte man sich auf einen Verkaufspreis von 7.500 Euro sowie auf das übliche Rückgaberecht.
Nach Eintreffen der Uhr wurde diese umgehend zu Vacheron Constantin nach Genf geschickt und um eine Bewertung gebeten. Erst nach einigen Zweifeln kam man dort zur Aussage, dass es sich womöglich doch um einen der beiden Prototypen aus dem Jahr 1953 handeln könnte. Hierauf wurde der Verkäufer in Lissabon per E-Mail über die positive Stellungnahme aus Genf informiert. Diese Nachricht kam jedoch umgehend mit der Begründung zurück, dass die hier gewählte E-Mail-Adresse nicht existieren würde. Ein anschließend an die Postanschrift des Verkäufers per Einschreiben gerichtetet Brief, der die Korrektheit des Kaufes bestätigen sollte, kam nach zwei Wochen mit der Begründung »Empfänger unbekannt« wieder zurück.

Trotz dieser fast mysteriösen Situation wurde bei Vacheron Constantin eine Revision dieses Chronographen in Auftrag gegeben. Nach fast sechs Monaten kam schließlich aus Genf die Fertigmeldung sowie die Versandankündigung nach München. Diese Revision war nicht als Routinefall, sondern als Sonderprojekt unter der fachlichen Verantwortung von Rudolf Büll, damals Assistent der Geschäftsführung, durchgeführt worden. Nach Rückkehr zeigte sich der Prototyp-Chronograph fast im Neuzustand. Dies gilt nicht nur für das wasserdichte Gehäuse mit Schraubboden, sondern auch für das meisterlich aufgefrischte Zifferblatt. Nicht nur die acht aus Weißgold gefertigten Indizes und Zahlen bei 12 und 6 imponieren, sondern auch der gelungene, präzise Druck des Zifferblattes sowie die dunkelblau brünierten Zeiger. Das Ganze hinterlässt einen professionellen Eindruck. Der Gehäusedurchmesser liegt bei 37 mm, die Höhe bei 13 mm. Wie bei jedem früheren Valjoux-Chronographen-Kaliber, hier das 23 13‴, hat der untere Drücker bei 4 Uhr einen größeren Abstand zur Krone als der obere.
Der von Jaeger-LeCoultre stammende Schraubboden besitzt einen 12-Kant mit 31 mm Schlüsselbreite. Das Maß für den Bandanstoß liegt bei 19 mm.
Bei der Revision des Kalibers V 492 waren einige Komponenten auszutauschen, die nicht mehr in kompletter Form vorlagen. Hierzu zählt auch der Unruhkloben, der nur noch als

nicht rhodiniertes Teil vorhanden war. Auf Bitten des Verfassers wurde der Kloben ohne Oberflächenschutz eingebaut und steht somit für die Kompromisse, die bei dieser Überholung unumgänglich waren. Trotzdem darf man dem damals verantwortlichen Mitarbeiter von Vacheron Constantin, vornehmlich Herrn Rudolf Büll, für diese tatkräftige, aber inoffiziell gelaufene Unterstützung an dieser Stelle noch einmal danken. Eigentlich müsste dieses seltene Stück einmal einen Ehrenplatz im Museum von Vacheron Constantin erhalten, auch wenn der Verfasser trotz der Echtheitsbestätigung aus Genf immer noch einen Rest von Zweifel an der Originalität dieses wertvollen Sammlerstücks hat. Hinzu kommt noch der Verdacht eines Veteranen von Vacheron & Constantin, dass vor der unrechtmäßigen Mitnahme dieser Uhr auch noch das Werk getauscht worden wäre, um eine spätere Identifizierung zu erschweren.

Im Jahr 1996 wurde das Aktienkapital von Scheich Jamani von der Vendôme Luxury Group, die zum Richemont Konzern gehört, übernommen. Claude-Daniel Proellochs blieb weiterhin Präsident und durfte im Jahr 2005 in Genf das vielbeachtete Jubiläum zum 250jährigen Bestehen von Vacheron Constantin zelebrieren. Zu diesem Zeitpunkt besaß das Unternehmen wieder rund 400 Mitarbeiter und produzierte ca. 15.000 Uhren pro Jahr. Mit dem ältesten Schweizer Uhrenhersteller wird man auch in Zukunft rechnen dürfen.

Referenzen 6304, 6305 und 4600

Abb. 409
Eine interessante Gegenüberstellung erlauben uns die auf dieser Seite vorgestellten Armbanduhren mit Handaufzug und kleiner Sekunde. Design von Zifferblatt und Gehäuse entsprechen dem typischen Erscheinungsbild der 50er Jahre. Das Zifferblatt dieser Ref. 6304 ist vergoldet und besitzt Strichindizes und Baton-Zeiger. Das von Jaeger-LeCoultre als Rohwerk (Ebauche) gelieferte Kaliber K 453/3B 12½''' verfügt über 18 Steine und ist bei Wärme, Kälte, für Isochronismus und in fünf Lagen reguliert. Auf Räderwerkbrücke und Platine ist das Genfer Siegel eingeschlagen. Das Gehäuse misst 36,5 mm Durchmesser und besteht aus 750 Gelbgold. Sein Mittelteil ist recht massiv gehalten und das Kaliber ohne separaten Werkhaltering direkt eingesetzt (Werk-Nr. 480.562, Gehäuse-Nr. 365.932).

Besonders bemerkenswert sind die Gehäusegrößen, die in den 40er und 50er Jahren fast 37 mm Durchmesser aufweisen. Auf dieser Seite sind zwei typische Schönheiten abgebildet.

Abb. 410
Dieser Zeitmesser wird unter Referenz 6305 geführt und ist im Vergleich der gegenüber vorgestellten Ref. 6304 das Folgemodell. Das Zifferblatt brilliert mit römischen Ziffern und aufwendig gestalteter Minuterie und Sekunderie. Auch beim Handaufzugswerk bestehen Unterschiede. Bei dieser Uhr ist das Kaliber P 453/3C 12½''' eingeschalt. Auf der Federhausbrücke ist zu lesen, dass dieses Werk 17 Steine hat und in Temperaturen reguliert ist. Im Gegensatz zum vorherigen Kaliber vermisst man beim Rücker die Feinstellung über Mikrometerschraube und Schwanenhalsfeder. Beide Komponenten waren ursprünglich vorhanden und später wohl ausgebaut worden. Auch fehlt das Genfer Siegel. In dieser numerisch jüngeren Ref. 6305 liegen im Vergleich zur links gezeigten Ref. 6304 die Nummern von Kaliber um 1409 und Gehäuse um 45 zurück. Woher diese Unterschiede kommen, erfahren wir im Text dieses Kapitels (Werk-Nr. 479.153, Gehäuse-Nr. 365.977). Recherchen von Vacheron & Constantin ergaben, dass das Werk-Nr. 479.153 ursprünglich zum Gehäuse 311.137 gehörte und eine Referenz 4195 war. Die Gehäuse Nr. 365.977 hatte ursprünglich das Handaufzugswerk-Nr. 516.147, Kaliber 454 mit Zentralsekunde, eingeschalt.

Die zuerst gezeigte Uhr stammt aus den USA und ist mit allen Details noch im Ursprungszustand erhalten. Bei dem zweiten hier vorgestellten Zeitmesser handelt es sich wider Erwarten um eine Mariage. Auch dem niederländischen Sammler, von dem dieses sonst recht edle Stück stammt, war dieser Umstand nicht bekannt. Erst die von Vacheron & Constantin in Genf durchgeführte Prüfung brachte zu Tage, dass in dem vorliegenden Gehäuse Nummer 365.977 ursprünglich ein Kaliber P 454/5 B mit Zentralsekunde (Werk-Nr. 516.147) eingeschalt war. Das hier abgebildete Kaliber P 453/3 C mit Werk-Nr. 479.153 gehörte ursprünglich zu einer Uhr Referenz-Nr. 4195 und Gehäuse-Nr. 311.137. Dieser Umstand erklärt auch den großen numerischen Abstand zwischen den Werknummern beider Uhren.

Eine weitere Uhr von Vacheron & Constantin erlangte Anfang der 50er Jahre des letzten Jahrhunderts große Beliebtheit: Die Handaufzuguhr Ref. 4600 Jubilé. Durch ein harmonisch gestaltetes Gehäuse mit 36 mm Durchmesser, nur 8,2 mm Gehäusehöhe sowie 19 mm Bandanstoßbreite passt dieses edle Stück diskret unter jede Hemdenmanschette. Auf dem Außenkonus des Druckbodens befindet sich vis-a-vis der Krone der Name JUBILÉ eingraviert. Hierauf sollte man bei einem Kauf unbedingt achten. Denn wenn diese Gravur nur noch schwach oder gar nicht mehr zu finden sein sollte, könnte der Druckboden schon mehrfach nachpoliert worden sein.

Abb. 411
Zu den schönsten Modellen Anfang der 50er Jahre des letzten Jahrhunderts zählte die Referenz 4600 mit dem Beinamen JUBILÉ. Hier eine Ausführung mit Gelbgoldgehäuse und schwarzem Zifferblatt. Der Gehäusedurchmesser (ohne Krone) liegt bei 35 mm.

Abb. 412
Dieses Jubilé-Modell verfügt über ein Gehäuse aus Roségold und stammt aus Bogota, der Hauptstadt von Kolumbien. Im Gegensatz zur linken Uhr besitzt diese Ausführung zwischen der 12 und dem Schriftzug das typische Malteserkreuz. Die Sekunderie hat nur ein Strich-Kreuz erhalten.

In diesem Modell ist das Kaliber P 453/3C mit 17 Steinen verbaut. Die Reglage besteht aus einer zweischenkligen Schraubenunruh, Breguet-Spirale, Mikrometerfeinstellung mit Schwanenhalsfeder sowie aus der Jaeger-LeCoultre-eigenen Stoßsicherung. Die Ankerradwelle ist in Deckplättchen geführt. Auch Werke von Patek Philippe konnten in jener Zeit nicht schöner sein!

Die zwei hier vorgestellten Uhren können auf eine interessante Historie zurückblicken. Die Schönheit im Roségoldgehäuse kommt aus Bogota, der Hauptstadt von Kolumbien. In den 50er Jahren des letzten Jahrhunderts waren in Südamerika Uhren in Roségold sehr beliebt und weit verbreitet. Der Vater des jetzigen Besitzers hatte diese Uhr im Jahr 1954 bei Vacheron & Constantin in Genf persönlich gekauft und bei einem sechs Jahre später erfolgten Geschäftstermin in Genf die Uhr dort noch einmal überholen lassen. Im Anschluss verbrachte diese Uhr ihre Zeit nur noch im Safe, da der Vater auf eine robuste Stahluhr der Marke Rolex umgestiegen war. Einschließlich Einfuhrumsatzsteuer und Transport wechselte dieses fast neuwertige Erbstück für 2.600 Euro den Besitzer, um in diesem Kapitel die Interessenten schöner Zeitmesser aus dem Haus Vacheron Constantin zu erfreuen (Werk-Nr. 512 887, Gehäuse-Nr. 335.043).

Das Pendant mit schwarzem Zifferblatt und Gelbgoldgehäuse besitzt eine grundsätzlich andere Ausstrahlung. Gerade als Abenduhr oder zu einem Opernbesuch dürfte dieses wertvolle Stück gut passen.

Diese Vacheron & Constantin Ref. 4600 stammt aus Italien. Einschließlich Kauf, Transport sowie professionell durchgeführter Revision mussten rund 3.200 Euro berappt werden (Werk-Nr. 487.274, Gehäuse-Nr. 317.111).

Gerade an diesen zwei Beispielen, d. h. meisterlich und hoch qualitativ gefertigten Armbanduhren, sollte der Uhrenfreund und -sammler zur Kenntnis nehmen, dass hier zweifellos das gleiche Niveau vorhanden ist wie bei Uhren des Marktbegleiters Patek Philippe. Durch diese unbegründete Fehleinschätzung kosten zur Zeit die mit Patek Philippe vergleichbaren Modelle oftmals

Abb. 413
Die Rückansicht der oben rechts gezeigten Referenz 4600 verrät die flach gehaltene Gehäuseform mit 8,2 mm Höhe. Der Druckboden schützt nur vor Spritzwasser. Wer eine solch elegante Uhr sein eigen nennt, wird damit wohl kaum sein Auto selbst waschen.

nur etwas die Hälfte. Wenn man z. B. von Patek Philippe eine Handaufzuguhr Ref. 3420 mit einer Vacheron & Constantin Ref. 4600 Jubilé vergleicht, kostet am Zweitmarkt die Patek Philippe fast den doppelten Preis wie die Vacheron & Constantin.
Im Mai 2021 waren im Internet-Portal Chrono24.com sechs Patek Philippe Ref. 3420 angeboten. Die Preise dieser Uhren bewegten sich zwischen 6.947 und 12.000 Euro.
Zum gleichen Zeitpunkt waren jedoch nur zwei Exemplare der Ref. 4600 Jubilé von Vacheron & Constantin offeriert. Die beiden Preise lagen bei 4.843 und 5.295 Euro. Das Modell von Patek Philippe besitzt nur einen Gehäusedurchmesser von 34 mm, jenes von Vacheron & Constantin gute 36 mm. Darum hinterlässt rein optisch die Uhr von Vacheron & Constantin einen weitaus nobleren Eindruck als das Pendant von Patek Philippe. Auch die beiden Handaufzugwerke 27-AM 400 und P 453/3C sind als gleichwertig einzuschätzen, auch wenn die Konstruktion des zweiten Werkes mehr als zehn Jahre älter ist als jene von Patek Philippe.
Aus rein sachlicher Sicht müsste die Ref. 4600 von Vacheron & Constantin der absolut bessere Kauf sein. Ob dieses wohlgemeinte Signal bei den Uhrenfans wohl endlich ankommen wird?
In den 40er, 50er und 60er Jahren lag der übliche Gehäusedurchmesser von Armbanduhren bekannter Uhrenmarken meist bei 35 mm, oftmals darunter, aber selten darüber. Das hier vorgestellte Meisterstück bringt es bei seinem Roségoldgehäuse auf stattliche 37,5 mm, ein für die damalige Zeit ungewöhnlicher Wert. Nur die noch in den 30er Jahren von IWC für Portugal gefertigten Armbanduhren besaßen schon Gehäuse mit 38 mm Durchmesser (siehe Seite 65, Abb. 103), aber sie besaßen trotz aller Bemühungen nicht das hohe Niveau und die edle Ausstrahlung einer Vacheron & Constantin.

Abb. 414
Mitte des letzten Jahrhunderts waren Uhren mit Gehäusedurchmesser von 35 mm Standard, oftmals auch darunter. Das hier vorgestellte Modell besitzt ein Gehäuse mit damals ungewöhnlichen 37,5 mm Durchmesser. Eine genaue Betrachtung hat auch das Zifferblatt verdient. Vier arabische Zahlen für die Viertelstundenunterteilung, Strich- und Pyramiden-Indizes für die Fünfminuten- und Stundenaufteilung. Die Kleine Sekunde passt stilgerecht zwischen die Zeigerwellen und auf der oben etwas gekürzten 6.

Dass bei dem Gehäuse dieser Uhr schon deutliche Korrosionserscheinungen zu sehen sind, liegt an ihrem hohen Alter. Eine genaue Identifikation kann nur über die Werk-Nr. 493.682 sowie die Gehäuse-Nr. 323.382 vorgenommen werden, da diese Uhr noch keine Referenz-Nr. eingeschlagen hat. Das Handaufzugwerk Kaliber P 453/3B verfügt über einen sauber eingepassten Werkhaltering. Bei der Betrachtung des Zifferblattes erkennt man noch die Fantasie, von der die damaligen Designer beflügelt waren. Vier arabische Zahlen für die Viertelunterteilung, Strich- und Pyramiden-Indizes für die Fünfminuten- und Stundenaufteilung. Die Kleine Sekunde passt stilgerecht zwischen den Zeigerwellen auf der oben etwas gekürzten 6. In der Tat eine schöne Uhr! Den guten Eindruck schließen die eleganten »Baton«-Zeiger ab. Auf Auktionen müsste dieses besondere Stück schon 7.000 bis 8.000 Euro bringen.

Abb. 415
Zu den gesuchtesten Armbanduhren gehören die verschiedenen Modelle der berühmten Linie »Chronomètre Royal«. Diese Ausführung Ref. 4838 verfügt über eine Kleine Sekunde bei 6. Das Gehäuse aus 750 Gelbgold ist zweiteilig ausgeführt und besitzt einen Druckboden.

Mit einer Modellreihe profilierte sich Vacheron & Constantin ganz besonders und nahm damit eine Spitzenposition in der Schweizer Uhrenindustrie ein. Diese Uhren erhielten den wohlklingenden Namen »Chronomètre Royal« (später auf englisch »Royal Chronometer«). Auf diesen beiden Seiten sind drei verschiedene Modelle dieser Chronometer abgebildet. Hierbei sind die Kaliber P 1007/BS oder P 1008/BS eingeschalt. Sie wurden im Jahr 1953 bis 1962 produziert und erreichten nur eine Gesamtstückzahl von 479 Exemplaren.

Unsere Raritätenshow geht jetzt mit einem Chronometer Royal Referenz 6105 in 18 K Gelbgold weiter. Im Gegensatz zu den zuvor genannten Modellen Ref. 4338 und 4907 mit Druckboden verfügt diese Uhr über ein wasserdichtes Gehäuse und Schraubboden. Auf diesem Schraubboden sind »Chronomètre Royal«,

Abb. 416
Die wohl schönste Ausführung der Linie »Chronomètre Royal«, die dem Autor begegnet ist, dürfte dieses Modell Ref. 6161 in 750 Roségold sein. Die Arrow-Bandanstöße des dreiteiligen Schraubbodengehäuses bestimmen den Auftritt dieses raren Chronometers, das versilberte Zifferblatt mit den hochkomplizierten Indizes das Gesicht dieses Zeitmessers. Auch hier ist das Kaliber P 1008/BS eingeschalt (Werk-Nr. 537.125, Gehäuse-Nr. 376.145).

die Gehäuse-Nr. 352.541 sowie die Referenz-Nr. 6105 eingraviert. Dass diese Uhr die Gehäuse- sowie die Referenz-Nr. noch zusätzlich außen eingraviert hat, dürfte in der Tat als unüblich bezeichnet werden.

Das Gehäuse selbst misst im Durchmesser 35 und in der Höhe 10,7 mm. Die pfeilförmigen Bandanstöße, auch »Broad Arrow« genannt, besitzen ein Anstoßmaß von 18 mm.

Das Chronometer-Kaliber P 1008/PS hat die Werk-Nr. 509.362. Der Verantwortlichkeitsstempel in Form eines Schlüssels mit der Zahl 23 und der Kollektivmarke 5 verrät uns den Gehäuselieferant Eggly & Cie aus Genf. Dieser hatte aber schon zum 22.03.1990 sein Geschäft aufgegeben.

Im Internet und bei bekannten Auktionshäusern war diese seltene Referenz 6105 noch nicht zu finden, wohl aber Exemplare der vergleichbaren Referenzen 6107, 6110, 6111 und 6161.

Abb. 417
Die zweite Version dieses »Chronomètre Royal« besitzt Zentralsekunde und wird unter der Ref. 4907 geführt. Die Bezeichnung »Chronomètre Royal« ist nur in den Druckboden eingraviert.

Abb. 418
Eine der bekanntesten Modellreihen von Vacheron & Constantin erhielt den Namen »Chronomètre Royal«. In dieser Uhr ist das Chronometer-Kaliber P 1008/BS eingeschalt. Das Gehäuse aus 18 K Gelbgold besitzt einen Durchmesser von 35 mm und verfügt über einen stabilen Schraubboden. Neben »Chronomètre Royal« ist auf dem Gehäuseboden auch die Referenz Nr. 6105 sowie die Gehäusenummer 352.541 eingraviert. Die hier gezeigte Uhr darf als Sonderfall gelten. Die Referenz- und Gehäusenummern, die serienmäßg im Innenboden eingeschlagen sind, wurden auch am Schraubboden außen eingraviert. Auch die sonstigen Kennzeichnungen, wie Edelmetallnachweis, Firmenlogo und Gehäuselieferant, sind aufgeführt.

Abb. 419
Die geöffnete Referenz 6105 mit dem exzellenter Chronometer-Kaliber P 1008/BS, Werknummer 509.030

Abb. 420
Zur besseren Erkennbarkeit sind hier auf dem Foto die Gehäusenummer 352.541 und die Ref-Nr. 6105 noch einmal in rund 5facher Vergrößerung wiedergegeben.

Abb 421
Auch die zusätzliche Vergrößerung des Innenbodens erlaubt einen genauen Herstellungs- und Verarbeitungsnachweis.

Die verkauften Modelle mit Schraubboden bewegten sich im Preis zwischen 11.000 und 13.000 Euro.
Dieses jetzt vorgestellte seltene Stück hat beim aktuellen Modell Fiftysix Ref.51326 Pate gestanden. Die in der firmeneigenen

Abb. 422
Dieses schöne Handaufzugsmodell Referen 6069 mit dem Malteserkreuz auf dem Zifferblatt aus dem Jahre 1956 dient als Vorlage für die aktuelle Dreizeigerautomatik Fiftysix 1326.

Abb. 423
Fiftysix Ref. 1326, eine Dreizeigeruhr mit Automatikwerk und Edelstahlgehäuse. Als Vorbild für dieses Modell dient die oben gezeigte Ref. 6069 (Bild Vacheron Constantin).

Werbung als Vorbild aufgeführte Ref. 6073 aus dem Jahr 1956 trifft nicht ganz zu. Da die neue Ausführung eine Dreizeigeruhr mit Zentralsekunde ist, müsste als Vorbild die hier vorgestellte Ref. 6069 dienen! Das Besondere an diesem schönen Stück ist das auf dem Zifferblatt per Druck eingearbeitete Malteserkreuz. Letzteres ist auch auf der Referenz 6073 zu finden, aber auf einem Zifferblatt mit Kleiner Sekunde. Warum haben hier die verantwortlichen Werbe- und Marketingmitarbeiter nicht genau aufgepasst?
Die hier vorgestellte Referenz 6069 hat das Kaliber 1002 eingeschalt. Die Werk-Nr. lautet 518.798, die Gehäuse-Nr. 346.808. Das Gehäuse besitzt einen Druckboden und hat 32 mm Durchmesser. Die Höhe beträgt nur 7,5 mm. Auch hier finden wir wieder die »Broad Arrow«-Bandanstöße, die Bandbreite misst 18 mm.
Diese Uhr stammt von einem Uhrensammler aus Antwerpen, Belgien, und wurde am 13.03.2013 für 2.550 Euro plus Versandkosten über eBay verkauft. Der Verkäufer konnte wohl nicht ahnen, dass dieses Modell sieben Jahre später ein großes Vorbild werden sollte.

Wenn ein Zifferblatt einen Schönheitspreis erhalten würde, wäre das »Gesicht« dieser Uhr ein ernstzunehmender Kandidat. Bei diesem Zifferblatt ist die Kreisfläche mit einem feinen Wellenmuster versehen, nur der Firmenname befindet sich auf einer Aussparung. Neben den Zahlen bei 3,6, 9 und 12 markieren vier Keil- und vier Punktindizes die Stundenanzeige. Die Baton-Zeiger passen sehr gut zum Gesamtbild.
Das Gehäuse ist zweiteilig aufgebaut und besitzt einen Schraubboden mit sechs tiefgezogenen Nuten. Der Gehäusedurchmesser beträgt 35,5 mm, die Höhe 9,8 mm. Die Breite zwischen den

Abb. 424
Als Kandidat für einen Schönheitswettbewerb dürfte diese Uhr mit dem besonderem Zifferblatt gelten.

Bandanstößen kommt auf 18,2 mm. Im Gehäuse ist das Kaliber P 455/5B eingeschalt. Die Werk-Nr. lautet 515.508, die Gehäuse-Nr.348.610. Eine Referenz-Nr. ist nicht vorhanden. Dafür kann aber durch das Hammerkopf-Signet mit der Nummer 141 der Gehäuselieferant Gabus Frères, Oracier, LeLocle, identifiziert werden. Diese Firma hat ihren Betrieb am 26.06.1980 eingestellt.

Als ein weiteres Schmuckstück aus der Serie »Chronomètre Royal« darf die Referenz 6340 mit Zentralsekunde und Gelbgoldgehäuse gelten. Typisch auch die verbaute, leicht konische Krone, die nur bei diesem Modell zu finden ist. In dieser Uhr ist das Chronometerkaliber P 1008/BS eingeschalt, die Werk-Nr. lautet 531.122. Das 18 K Gelbgoldgehäuse hat einen Druckboden mit 35,6 mm Durchmesser, die Gehäuse-Nr. lautet 375.985. Das gelbgoldfarbene Zifferblatt hat vier Doppel- und acht kleine Indizes. Auf dem Druckboden ist im konischen Außenbereich in Großbuchstaben mit zwei Millimeter hoher Schriftgröße »CHRONOMETRE ROYAL« graviert.
Der Verantwortlichkeitsstempel mit Kollektivmarke 5 sowie einen Schlüssel mit der Zahl 23 verrät uns den Gehäuselieferanten Eggly & Cie aus Genf. Dieser Typ von Chronomètre Royal wird relativ selten angeboten. Bei Auktionen ist mit einem Kaufpreis von 4.000 und 7.000 Euro zu rechnen.

Als letzte Schönheit unseres Bilderbogens von Armbanduhren mit Handaufzug darf noch einmal eine Referenz 6400 Jubilé auftreten. Neben dem harmonischen Roségoldgehäuse brilliert das besonders aufwendig gestaltete Zifferblatt. Drei verschiedene Oberflächen, arabische Zahlen und Keilformindizes sowie ein eingerahmter Firmenname unterstreichen die Besonderheiten dieses Zifferblattes (Kaliber P 453/3B, Werk-Nr. 500.254, Gehäuse-Nr.329.581).

Zu den edelsten Sammlerstücken aus der Genfer Manufaktur zählen die in verschiedenen Varianten gefertigten Chronographen. Als Beispiel seien die in den 40er Jahren produzierten Referenzen 4072, 4075, 4083, 4111, 4177 und 4178 genannt. Der einzige mit wasserdichtem Gehäuse versehene »Zeitschreiber« erhielt die Referenz 6087 und wurde nur in 36 Exemplaren hergestellt. Das letzte Modell dieses raren Chronographen wurde im November 1959 gefertigt und im Februar des Folgejahres exportiert. Dieses edle Stück finden wir auf den folgenden zwei Seiten 270/271.

Abb. 425
Eine weitere Variante der »CHRONOMETRE ROYAL« ist diese Dreizeigeruhr aus 18 K Gelbgold. Das Gehäuse besitzt nur einen Druckboden. Warum eine nach innen konisch ausgeführte Krone nur bei diesem Modell verwendet wurde, konnte bei Vacheron Constantin niemand sagen.

Abb. 427
Auch diese Referenz 6400 Jubilé mit einem ganz besonderem Zifferblat und 18K Roségold-Gehäuse stellt einen echten Blickfang dar. Ob man heute noch so schöne Uhren bauen kann?

Abb. 426
Bei diesem Modell ist das Logo »CHRONOMETRE ROYAL« in den Druckboden graviert.

Abb. 428
Zu den schönsten und raresten Uhren, die von Vacheron & Constantin je gebaut wurden, gehört auch dieser Chronograph Ref. 6087 in 750 Gelbgold. Er gilt als Pendant des von Patek Philippe gebauten Chronographen Ref. 1463 und ist wie dieser der einzige, der über ein Gehäuse mit Schraubboden verfügt und damit wasserdicht ist. In der Zeit von 1954 bis 1959 wurden nur 36 Exemplare dieses wertvollen »Zeitschreibers« produziert: 26 in Gelbgold, acht in Roségold und zwei in Platin. Das hier vorgestellte Exemplar ist das letzte der insgesamt 36 produzierten Chronographen. Im November 1959 fertiggestellt, am 1. Januar 1960 auf Lager genommen und im folgenden Februar nach den USA exportiert, so lautet der Archivauszug zu dieser Uhr. Der damalige Publikumspreis lag bei ca. 2.900 CHF. – Im Gegensatz zu vorangegangenen Gehäuseausführungen dieses Chronographen ist die Lünette dieses Exemplars nicht gerundet, sondern elegant abgeschrägt. Das Zifferblatt strahlt in einem warmen Silberton.

Abb. 429
Das Innenleben des schönen Chronographen mit Kaliber 492 verrät uns dieses Bild. Das Rohwerk dieses Chronographenwerkes mit Schaltradsteuerung ist ein Valjoux 23 13''' mit 17 Steinen, 29,5 mm Außendurchmesser und 5,85 mm Bauhöhe. Die Ausführung von Vacheron & Constantin besaß jedoch 19 Steine und war fein reguliert. In den letzten vier Jahren tauchten auf internationalen Auktionen genau vier Exemplare dieses seltenen Chronographen auf (Werk-Nr. 470.084, Gehäuse-Nr. 373.268). Der hier vorgestellte Chronograph wurde am 12.11.2006 beim Auktionshaus Antiquorum in Genf mit 140.000 CHF aufgerufen und für 141.000 CHF verkauft, damals rund 90.000 Euro.

Uhren mit automatischem Aufzug

Noch vor dem Marktbegleiter Patek Philippe, aber nach dem Marktführer Rolex, begann bei Vacheron & Constantin die Epoche der automatisch aufziehenden Armbanduhren. Aus den von Jaeger-LeCoultre wieder gelieferten Ebauches entstanden die Kaliber 477 und 477/1. Die hier vorgestellte Automatik in 18 K Gelbgold hat das Kaliber 447/1 mit Werk-Nr. 494.732 eingeschalt. Das zweiteilige Gehäuse mit Nummer 322.821 misst im Durchmesser 34,8 mm, in der Höhe 11,7 mm und verfügt über einen konisch abgesetzten Schraubboden mit dem üblichen 12-Kant, Schlüsselbreite 29,2 mm. Elegant fallen auch die geschweiften Bandanstöße mit Innenbreite 17 mm aus. Die Kollektiv-Verantwortlichkeitsmarke Nr. 1 mit dem Hammerkopf und der eingeschlagenen Zahl 136 verraten uns den Gehäuselieferanten C. R. Spillmann SA, Chêne-Bourg. Diese Firma wurde jedoch am 5.04.1988 geschlossen.

Abb. 430
Zu den ersten Armbanduhren mit automatischem Antrieb gehört dieses formschöne Exemplar. Das zweiteilige Gehäuse aus 18 K Gelbgold sieht durch die geschweiften Bandanstöße elegant aus (Werk-Nr. 494.732, Gehäuse-Nr. 233.321).

Abb. 431
Auf den ersten Blick kann man diese Konstruktion eines Uhrwerkes mit der sogenannten Hammerautomatik, d. h. mit beschränkter Schwungmasse, nur schwer nachvollziehen. Der Drehwinkel liegt bei nur ca. 180°, auf jeder Seite fängt eine Spiralfeder diesen Drehkörper ab. Im perlierten Schraubboden sind alle üblichen Punzierungen eingeschlagen, nur die Referenz-Nr. fehlt.

Referenzen 6038, 6307, 6378, 6394, 6426

Abb. 432
Im roségoldenen Gehäuse und versilbertem Zifferblatt präsentiert sich die Automatik Ref. 6038 aus dem Jahre 1958. Laut Aussage des Besitzers wurde diese Uhr vom eidgenössischen Bundespräsidenten dem rumänischen Botschafter als Geschenk überreicht. Warum diese Uhr Jahrzehnte später als Lebensretter fungierte, erfahren Sie im Text dieses Kapitels.

Manche Uhren schreiben auch mehrfach Geschichte, wie Sie von der oben abgebildeten Automatik Referenz 6038 erfahren können. Laut Erzählung des letzten Besitzers wurde diese 1958 gefertigte Uhr aus der Hand des eidgenössischen Bundespräsidenten dem damaligen rumänischen Botschafter als Geschenk übergeben. Rund ein Vierteljahrhundert später musste sich der bereits pensionierte Diplomat einer schweren, lebenserhaltenden Herzoperation unterziehen. Da ein solch umfangreicher Eingriff auch in seiner sozialistischen Heimat nur gegen harte Devisen möglich war, verkaufte er diese Automatik für 6.000 CHF an einen Kaufmann aus St. Gallen. Mit dieser beachtlichen Summe konnte der Ruheständler nicht nur die Kosten der Operation, sondern auch die der zugehörigen Medikamente bestreiten. Auf diese Weise hat sich die hier vorgestellte Vacheron & Constantin unerwartet als Lebensretter verdient gemacht.

Das zweite Beispiel für die Modellreihe besitzt das gleiche Gehäuse, aber in 18 K Gelbgold, und hat die gleiche Referenz-Nr. 6038. Die Zifferblattindizes und das Zeigerspiel

Abb. 433
Das zweite Automatikkaliber, welches von Vacheron & Constantin eingeführt wurde, kam auch als reserviertes Rohwerk (Ebauche) von Jaeger-LeCoultre und erhielt zunächst die Kaliberbezeichnung 498 12''' für die Ausführung mit Kleiner Sekunde und 499 12''' für jene mit Zentralsekunde. Später wurde die Kaliberbezeichnung auf P 1019 und P 1019/1 geändert. Diese Bezeichnung ist auch hier auf der Automatikbrücke eingraviert. Im Gegensatz zu den Pendants 2498 und 2499 von Audemars Piguet erhielt der Rotor kein Schwunggewicht aus Gold, sondern nur eines aus Schwermetall (siehe auch Seite 36, Audemars Piguet). Ansonsten sind beide Kaliberausführungen nahezu baugleich (Werk-Nr. 536.251, Gehäuse-Nr. 362.212).

sind ebenfalls identisch, nur das Malteserkreuz unter der 12 fehlt. Hat denn damals nur die Ausführung in Roségold das Malteserkreuz erhalten? Das Kaliber P 1019/1 ist passabel erhalten, es trägt die Werk-Nr. 528.200. Der Schraubboden ist innen gedreht. Dort ist auch die Referenz 6038, die Gehäuse-Nr. 359.427 sowie vom Gehäusemacher der Schlüssel mit der Zahl 1 eingeschlagen. Der Gehäusedurchmesser liegt bei 35 mm, die Höhe bei 11,3 mm. Dieses Gehäuse wurde von der Firma Ed. Wenger SA, Genf, geliefert.
Dieses schöne Sammlerstück stammt von einem Wiener Aukti-

Abb. 434
Uhren von Vacheron & Constantin besaßen schon immer einen unaufdringlichen, vornehmen Ausdruck. Dies gilt auch für die gelbgoldene Referenz 6038 mit den keilförmigen Indizes aus 18 K Gelbgold.

onshaus. Dass das Zifferblatt aufgearbeitet wurde, dürfte wohl nur ein Fachmann erkennen. In diesem Fall war der Lack abgebeizt und auf das versilberte Zifferblatt ein feiner Bürstenschliff aufgebracht worden. Der emaillierte Schriftzug blieb dabei erhalten und musste nur nachlackiert werden. Dabei hatte man den Schriftzug SWISS unter der 6 wohl vergessen. Auch die 60 Indexstriche für die Minuterie fehlen.
Mit der Lancierung der fortschrittlichen Kaliber K 1070 und K

Abb. 435
Das Kaliber P 1019/1 war bei Vacheron & Constantin zwar das erste Automatikwerk mit Rotor, wurde aber bereits von Anfang an schrittweise verbessert. Einer der Schwachpunkte war die Rotorlagerung über vier Stahlkugeln. Diese Konstruktion ließ sich nie bleibend verbessern. Auch sollte man bei diesem Automatikwerk auf intensives Tragen verzichten, da Automatikbrücke und Rotorlagerung nicht mehr als Ersatzteil zu haben sind (Werk-Nr. 528.200, Gehäuse-Nr. 359.427).

Abb. 436
Detailvergrößerung der Reglage des oben gezeigten Kalibers P 1019/1. Schraubunruh, Jaeger-LeCoultre-eigene Stoßsicherung und Rücker mit Mikrometerschraube und Schwanenhalsfeder sind leicht zu erkennen. Dies gilt auch für die Werk-Nr. 528.200.

1071 im Jahr 1959 sowie der Version mit Datumsanzeige K 1072 im Jahr 1961 begann bei Vacheron & Constantin eigentlich die große Zeit der Uhren mit Selbstaufzug. Bis Ende der 60er Jahre entstanden zahlreiche Modelle mit eindrucksvoll gestalteten Zifferblättern und Gehäusen. Bei den verschiedenen Referenzen fanden Gehäuse in Gelb-, Rosé- und Weißgold Verwendung. Nur ganz wenige Referenzen erhielten Stahlgehäuse, wie z. B. die oben rechts gezeigte 6307 und 6562 (siehe Seite 281).

Abb. 437
Eine sehr selten aufgetretene Automatik stellt die Referenz 6307 dar. Hier eine Ausführung mit einem Gehäuse aus Roségold. Die Krone ist auf diesem Bild herausgezogen und ragt über das Gehäuse hinweg. In eingedrückter Position schließt sie mit dem Gehäuse genau ab (Aufnahme Phillips Genf).

Abb. 438
Typisch für das damals neue Automatikkaliber K 1071 ist diese Aufnahme. Rubin-Walzen-Lagerung für den Rotor mit Goldsegment, perlierte Platinen sowie Schraubboden. Das Werk besitzt die Nummer 545.203, das Gehäuse die Nummer 365.989 (Aufnahme Phillips Genf).

Neben der aufgeführten Automatik Ref. 6307 in Edelstahl begegnete dem Verfasser nach vielen Jahren ein zweites Exemplar, diesmal in 18 K Roségold, bei einer Phillips-Auktion am 10.11.2018 in Genf. Die heutige Unterbewertung dieser Marke belegt der nur bei 10.000 CHF liegende Zuschlagspreis. Eine vergleichbare Automatik von Patek Philippe, z. B. Referenz 3415 in Roségold, hätte voraussichtlich den doppelten Preis erzielt. Auch bei Vacheron & Constantin besitzt nur dieses Modell eine Krone, die bei der Stellung Null voll mit dem Gehäuserand abschließt und damit komplett geschützt ist.
Für einen begeisterten Sammler dürfte diese Referenz eine echte Herausforderung sein!

Abb. 439
Armbanduhren in Edelstahl sind bei Nobelmarken selten zu finden. Neben Patek Philippe gilt diese Aussage auch für Zeitmesser aus dem Hause Vacheron & Constantin. Die hier abgebildete Automatik Ref. 6307 stammt aus dem Produktionsjahr 1961. Das zweiteilige Stahlgehäuse ist verschraubt und die Aufzugskrone komplett geschützt. Man kann sie nur von der Unterseite herausziehen und die Zeit stellen. Den Antrieb übernimmt das Kaliber K 1071, welches 1959 lanciert wurde (Werk-Nr. 545.689, Gehäuse-Nr. 366.067).

Ein besonderes edles Stück findet sich auf der gegenüberliegenden Seite. Die Referenz 6426 ist dem Autor in den zurückliegenden Jahren nur ein einziges Mal begegnet. Roségoldenes Gehäuse mit »Arrow«-Bandanstößen, guillochiertes, roségoldenes Zifferblatt, phantasiereich gestaltete Indizes

Abb. 440
Welch gefälliges Aussehen die hier rechts vorgestellte Mariage besitzt und dass sie auch einem Vergleich mit einer noblen Automatik von Patek Philippe bestehen kann, zeigt diese Gegenüberstellung. Wie auch die Mariage hat die Patek Philippe Ref. 2526 ein Gehäuse aus 750 Roségold (Kaliber 12'''-600 AT, Werk-Nr. 764.093, Gehäuse-Nr. 698.280)..

Abb. 441
»Zwei besondere Schönheiten in Roségold« – so dürfte man beim ersten Blick auf diese beiden außergewöhnlichen Zeitmesser denken. Links die äußerst seltene Ref. 6426 mit guillochiertem Zifferblatt und Automatikkaliber K 1071 mit Zentralsekunde, rechts die wohl einmalige Ausführung mit Kaliber K 1070 mit Kleiner Sekunde bei 6. Dass nur das linke Modell die Echtheitsprüfung bestand und sich die andere Uhr als aufwendige Mariage entpuppte, kann man im Text nachlesen (links: Werk-Nr. 557.620, Gehäuse-Nr. 383.130, rechts: Werk-Nr. 571.133, jedoch umgebaut, Gehäuse-Nr. 885.570, leider gefälsch

sowie Dauphine-Zeiger verleihen diesem Prachtstück ein ganz besonderes Aussehen. Die rechts daneben aufgeführte Automatik sollte eigentlich noch eine größere Seltenheit darstellen, weil das Zeigerspiel mit Kleiner Sekunde das bisher noch nie fotografisch publizierte Kaliber K 1070 vermuten ließ. Die von Vacheron & Constantin in Genf durchgeführten Recherchen kamen aber zum Ergebnis, dass es sich hier um eine Mariage handelt. Gehäuse und Werk gehörten somit ursprünglich nicht zusammen. Der fast kriminalistische Befund lautet demnach wie folgt: Das roségoldene Gehäuse mit Schraubboden gehörte zu einer Handaufzugsuhr mit Kaliber K 1002, die von Vacheron & Constantin im Jahre 1955 gebaut worden war. Das Automatikkaliber K 1072 (Zentralsekunde, Datum), Werk-Nr. 571.133, war ursprünglich in einer Automatik mit 750 Gelbgoldgehäuse eingeschalt gewesen. Diese Uhr, vermutlich Referenz 6378, wurde im Jahre 1965 nach Großbritannien exportiert. Wie und

Abb. 442
Die Ref. 6394 Q wurde in verschiedenen Zifferblatt- und Gehäusematerial-Varianten hergestellt. Hier die Ausführung in Gelbgold und einem versilberten Zifferblatt mit senkrecht positionierten Strichindizies.

Abb. 443
Die hier geöffnete Ref. 6394 Q mit dem darunter liegenden Schraubboden. Das Automatikkaliber K 1072 hat noch eine Reglage mit Schraubunruh und Mikrometerschraube (Werk-Nr. 582.417, Gehäuse-Nr. 409.641).

Abb. 444
Die Ref. 7397 Q in der am meisten hergestellten Zifferblattausführung, ein sehr gefragtes Modell.

Abb. 445
Die zweite geöffnete Ref. 6394 Q mit dem darunter liegenden Schraubboden. Das Automatikkaliber K 1072/1 besitzt nunmehr eine Reglage mit Gyromax-Unruh (Werk-Nr. 587.293 Gehäuse Nummer 418.936).

Abb. 446
Zu den formschönsten Automatiks, die von Vacheron & Constantin lanciert wurden, gehören die Zeitmesser der Ref. 6732 Q. Das Gehäuse ist dreiteilig und besitzt einen Schraubboden. Das Zifferblatt ist versilbert, Indizes, Zeigerspiel und Datumsfenster sind wie schon das Gehäuse in 750 Roségold gehalten. Das Kaliber K 1072/1 hat eine Gyromax-Unruh mit zehn Masselotte-Gewichten sowie auf Platine und Automatikbrücke das Genfer Siegel eingeschlagen. Zu jener Zeit gehörten Armbanduhren von Vacheron & Constantin zu den besten, die in der Schweiz zu finden waren, und standen auch den noblen Zeitmessern von Patek Philippe in nichts nach (Werk-Nr. 587.210, Gehäuse-Nr. 419.789).

wann das Automatikwerk in die uns vorliegende Uhr kam, ist unbekannt. Fakt ist, dass man bei diesem Kaliber K 1072 die Kalendermechanik und den Antrieb für die Zentralsekunde entfernt hat. Weiterhin wurde ein Sekundenrad mit langem Zapfen für den Antrieb der Kleinen Sekunde eingesetzt. In diesem Zustand wurde das Kaliber schließlich in das rund zehn Jahre ältere Rotgoldgehäuse eingeschalt. Die Nummerierung des Gehäusebodens brachte weitere Ungereimtheiten zu Tage. Hier war die erste Ziffer der sechsstelligen Gehäusenummer auspoliert und rechts eine Null hinzugefügt worden. Die erste Zahl der Referenzbezeichnung wurde ebenfalls entfernt und durch die Ziffer 2 ersetzt. Was diesen Initiator zu der beschriebenen Änderung bewegt hat, wird wohl für immer ein Rätsel bleiben. Nach dieser Enttäuschung ist auch die Jagd nach einer Vacheron & Constantin mit dem seltenen Kaliber K 1070 wieder offen!

Abb. 447
Die einzige Automatik von Vacheron & Constantin, die ein Gehäuse mit Drehlünette besitzt, ist die Ref. 6782 Q. Dieses Modell war von 1967 bis 1973 zu haben. Die Gesamtstückzahl aller gefertigten Uhren liegt bei ca. 300, wobei dem Autor sechs verschiedene Zifferblattausführungen bekannt sind. Das Gehäuse wurde nur in 750 Gelbgold hergestellt. Eine besondere Beachtung verdient die Aufzugskrone, die nur bei dieser Referenz Verwendung fand. Das Kaliber K 1072/1 galt zu seiner Zeit als non plus ultra. Breguet-Spirale, Gyromax-Unruh, Rotor mit Rubinwalzenlagerung, Rotorträger mit Sonnenschliff und guillochiertem Schwunggewicht aus 750 Gold, perlierte und anglierte Brücken und Platine, Genfer Siegel, das alles sind Attribute, die nur noch bei den Meisterwerken von Patek Philippe zu finden sind (Werk-Nr. 598.456, Gehäuse-Nr. 433.445). Laut Stammbuchauszug von Vacheron & Constantin wurde diese Referenz 6782 Q 1968 hergestellt und im gleichen Jahr verkauft.

Vergleicht man Armbanduhren von Patek Philippe und Vacheron & Constantin aus identischer Epoche, stehen sich beide in Ausstrahlung und Technik in nichts nach. Auf Seite 274 sind eine ganz seltene Patek Philippe Ref. 2526 und unsere zuvor beschriebene Mariage, beide mit Gehäusen in 750 Roségold, gegenübergestellt. Auf den ersten Blick würde es schwer fallen, eine dieser Uhren schöner zu finden als die andere. Ein sehr gefälliges Gehäusedesign besitzt die Vacheron & Constantin Referenz 6732 Q, die wir auf Seite 277 finden. Dieses Erscheinungsbild wird noch durch das daneben abgebildete, schöne Kaliber K 1072/1 unterstrichen. Neben dem dominierenden Aufzugsrotor mit guillochiertem Schwunggewicht in 18 K Gold erkennt man auch die Gyromax-Unruh mit den zehn verstellbaren Masselotte-Gewichten. Der Blick auf den Innenboden gibt die gesamte Punzierung und Nummerierung wieder. Zu den schönsten Modellen aus dem Hause Vacheron & Constantin gehört die Automatik Ref. 6782 Q, die wir auf dieser doppelseite abgebildet haben. Das Gelbgoldgehäuse besitzt als einzige Uhr von Vacheron & Constantin eine drehbare Lünette sowie eine spezielle Krone,

die ausschließlich bei diesem Modell Verwendung fand. Auch das versilberte Zifferblatt harmoniert gut mit den Dauphine-Zeigern sowie den Indizes aus Gelbgold. Betrachtet man das ausdrucksvoll präsentierte Kaliber K 1072/1 mit der Lupe, sind fast alle Details dieses exzellenten Werkes zu erkennen. Unterhalb des linken Endes des 18 karätigen Schwunggewichts erkennt man sogar den einen der beiden Pins des Zifferblatts sowie das Ende des Gewindestifts, mit dem dieser Pin arretiert wird. Zum Verständnis noch eine kurze Erläuterung zur Zifferblattarretierung. Die Zifferblätter von Armbanduhren haben auf ihrer Rückseite, zumeist gegenüberliegend, zwei Pins aufgelötet. Diese Pins werden bei der Montage in die zwei Bohrungen geführt, die in der Platine vorhanden sind. Mit zwei Gewindestiften, die mittig und im rechten Winkel zu diesen Pins angebracht sind, wird das Zifferblatt arretiert. Bei dem jetzt vorgestellten Modell kommt selbst Patek Philippe nicht mehr mit, weil der Mitbewerber aus Genf eine vergleichbare Uhr nie im Programm hatte. Von dieser TURN-O-GRAPH wurden insgesamt nur 300 Exemplare hergestellt. Dem Autor sind hierbei sechs verschiedene Zifferblattvarianten begegnet.

Abb. 448
Diese Aufnahme dokumentiert drei verschiedene Zifferblattausführungen der Ref. 6782 Q. Links ein Modell mit vergoldetem Zifferblatt und Dauphine-Zeigern. Diese Uhr wurde im November 2000 von einem Genfer Auktionshaus offeriert, aber nicht zugeschlagen. Im Nachverkauf wechselte sie für 8.500 CHF. schließlich den Besitzer. Das in recht mäßigem Zustand befindliche Schmuckstück durchlief eine gründliche Aufarbeitung von Gehäuse und Werk und wurde nahezu wieder in Neuzustand versetzt. Im April 2005 kam diese Uhr beim gleichen Auktionshaus wieder zur Versteigerung und wurde dieses Mal mit 24.150 CHF. zugeschlagen! Die Uhr in der Mitte besitzt auch ein vergoldetes Zifferblatt, jedoch schwarz unterlegte Baton-Zeiger. Sie wurde vom heutigen Besitzer auf der zuvor genannten Auktion ersteigert, hierfür waren jedoch nur 14.950 CHF. zu bezahlen. Das Modell rechts konnte schon auf den beiden vorherigen Seiten bewundert werden. Das Zifferblatt ist zwar versilbert, passt aber trotzdem gut zu den Dauphine-Zeigern und dem gelbgoldenen Gehäuse (links: Baujahr 1972, Werk-Nr. 643.782, Gehäuse-Nr. 472.376, Mitte: Baujahr 1970, Werk-Nr. 644.048, Gehäuse-Nr. 485.867).

Auf der Seite oben findet sich eine Gruppenaufnahme von drei Uhren der Referenz 6782 Q. Rechts sehen wir die schon zuvor abgebildete Version mit dem versilberten Zifferblatt und den Dauphine-Zeigern. Die Uhr in der Mitte verfügt über ein vergoldetes Zifferblatt mit Baton-Zeigern. Die links dargestellte Ausführung besitzt ebenfalls ein vergoldetes Zifferblatt und Dauphine-Zeiger. In der Bildunterschrift wird auf die besondere Geschichte dieser Uhr hingewiesen. Findet sich eine Gelegenheit, ein Exemplar dieses besonderen Modells für einen Preis um 9.000 € zu ergattern, sollte man sich dieses schöne Stück nicht entgehen lassen. Denn mehr werden diese raren Uhren nicht, aber immer wertvoller!

Im Kapitel »11. Kaufen und Revidieren von besonderen Armbanduhren anhand von konkreten Beispielen« wird über die Mariage »Royal Chronometer« berichtet (siehe Seite 302). Dass man dieser Uhr Gehäuse und Schwunggewicht aus 18 karätigem Gold genommen hat, klingt fast schon mysteriös. Erstaunlich ist aber wiederum der Eindruck, dass diese Uhr auch im schlichten Stahlgehäuse kaum an Ausstrahlung verloren hat. Interessant wird jedoch die Gegenüberstellung von Mariage und den »königlichen Chronometern«, die auf den nächsten Seite vorgestellt werden.

Abb 449
Hier das geöffnete Edelstahlgehäuse einer Ref. 6562, in der das mit Chronometerweihen versehene Kaliber K 1072/1 einschließlich des zugehörigen Zifferblattes der Ref. 6694Q eingeschalt ist (Werk-Nr. 630.082, Baujahr 1971, Gehäuse-Nr. 382.366, Baujahr 1962).

Abb 450
Beide Uhren sind in das Edelstahlgehäuse der Referenz 6562 eingeschalt. Die linke ist ein Original mit dem Kaliber K 1071 (Werk-Nr. 562.030, Gehäuse-Nr. 435.838), die rechte noch auf Seite 302 vorgestellte Mariage mit dem Zifferblatt einer Royal Chronometer mit Kaliber K 1072/1 (Werk-Nr. 630.032, Gehäuse-Nr. 382.366). Ein Royal Chronometer mit Edelstahlgehäuse gab es nie.

Abb 451
Automatiks mit Gehäuse in Weißgold waren in den 60er Jahren nicht so sehr gefragt wie ihre Pendants in Gelb- und Roségold. Die hier gezeigten Schmuckstücke mit den Referenznummern 7397 Q (links) und 6394 Q (rechts) wurden 1969 auf Okinawa (Japan) verkauft. In beiden Zeitmessern arbeitet das Kaliber K 1072/1 (/1 steht für Gyromax-Unruh), die beiden Werke liegen nur 19 Nummern auseinander (links: Werk-Nr. 629.594, Gehäuse-Nr. 436.515, rechts: Werk-Nr. 629.613, Gehäuse-Nr. 447.522). Wie man sieht, sind die kompletten Verkaufsunterlagen aus jener Zeit noch erhalten.

Abb 452
Die Gestaltungsvielfalt, die bei Automatiks der gleichen Referenz auftreten können, zeigt dieser Vergleich am Beispiel Ref. 6592. Links die Ausführung mit versilbertem Zifferblatt und rechts das Modell mit vergoldetem Zifferblatt und Datum. Auch bei der letzteren Uhr findet sich im Schraubboden nur die Referenzbezeichnung 6592 ohne das übliche Q (links: Werk-Nr. 561.443, Gehäuse-Nr. 392.54[illegible], Baujahr 1962, rechts: Werk-Nr. 570 833, Gehäuse-Nr. 408.150, Baujahr 1963). Wie Vacheron & Constantin herausfand, gehörte das Werk-Nr. 570.833 ursprünglich in das Gehäuse-Nr. 402.142 und Referenz 6594 Q. In das Gehäuse 408.150 war ursprünglich das Werk-Nr. 57[illegible].333, Kaliber K 1072, eingeschalt und hatte die Referenznummer 6592.

Abb. 453
Zu den gesuchtesten Sammlerstücken aus der Linie »Chronomètre Royal« gehören diese beiden amtlich geprüften Zeitmesser Ref. 6694 Q mit den ungewöhnlichen Bandanstößen. Dieses Modell wurde 1965 lanciert und blieb bis 1969 in Produktion. Die auffälligen Gehäuse wurden in Gelb- und Weißgold sowie in Platin gefertigt. Links ein »königliches Chronometer« aus dem Jahr 1965. Aus der Zifferblattbeschriftung waren die Chronometerweihen nicht zu ersehen. Auf dem Schraubboden ist jedoch außen »CHRONOMETRE ROYAL« sowie ein Malteserkreuz eingraviert. Die rechte Uhr wurde am 19.09.1969 auf Lager genommen und im Folgemonat verkauft. Sie gehört zur letzten Produktionsserie dieses Modells. Unser Bild zeigt nun die spätere Ausführung der Ref. 6694 Q, die bis zum Schluss beibehalten wurde. Das Malteserkreuz ziert ein Brillant, und die Aufschrift »ROYAL CHRONOMETER« weist auf den besonderen Wert dieser Uhr hin. Die Signatur auf dem Schraubboden blieb in der früheren Form erhalten (links: Werk-Nr. 582.341, Gehäuse-Nr. 407.816, rechts: Werk-Nr. 618.947, Gehäuse-Nr. 440.465).
Blick auf das Werk Kaliber K 1072/1 der brillantgeschmückten »Chronomètre Royal«. Fast jedes Detail dieses traumhaft schönen Automatikkalibers enthält künstlerische Akzente. Die Gravur auf dem Unruhkloben erläutert die Wirkungsweise der Masselotte-Gewichte, von denen zehn auf dem Reif der Gyromax-Unruh positioniert sind. Dreht man das Masselotte-Gewicht im Uhrzeigersinnum 90°, erhöht sich das Schwungsmoment (GD^2) und die Uhr läuft langsamer, dreht man es jedoch gegen den Uhrzeigersinn, reduziert sich das Schwungmoment und die Uhr geht schneller.

Von der Referenz 6694 Q sowie den Nachfolgemodellen 7258 Q (Gehäuse mit angelötetem Goldband) und 7375 Q (Tonneau-Gehäuse mit Lederband), in denen die Kaliber K 1072 und K 1072/1 eingeschalt sind, wurden nach Angaben von Vacheron & Constantin genau 1.227 amtlich geprüfte Uhren gebaut. Aus heutiger Sicht fällt es schwer, das Gehäusedesign dieser drei Modelle als besonders gelungen bezeichnen zu können. Weder die übergroßen Bandanstöße bei der Referenz 6694 Q noch das Tonneau-Gehäuse der Referenz 7375 Q, auch Spiegelei-Design genannt, kamen beim Publikum besonders gut an. Damals konnten jedoch das Markenimage sowie die hochwertigen Automatikwerke kleine Designschwächen noch wettmachen. Trotz wiederholter Darstellung kann man sich an dem ausgesprochen gelungenen und edel auftretenden Automatikkaliber K 1072/1 einfach nicht satt sehen. Darum bildete es auch den Abschluss unseres Bilderbogens klassischer Schönheiten mit den Kalibern K 1073 und K 1072.

Uhren mit den Kalibern K 1120 und K 1121

Das Aufkommen der nicht nur sehr preiswerten, sondern auch besonders flachen Quarzuhren zwang die traditionelle Uhrenindustrie, vorweg die Nobelmarken, auch Zeitmesser mit mechanischem Antrieb mit recht flachen Gehäusen zu versehen. Wie schon bei Audemars Piguet konnte auch bei Vacheron & Constantin das beim Werkelieferanten Jaeger-LeCoultre neu entwickelte Automatikkaliber 920 die Konstruktion sehr flach bauender Armbanduhren ermöglichen. Das bei V&C unter der Kaliberbezeichnung K 1120 ohne und K 1121 mit Datum eingeführte neue Automatikwerk hatte 26,00 mm Einbaudurchmesser, 2,45 mm Bauhöhe und arbeitete mit 21.600 Halbschwingungen/h. Die Version mit Datumsanzeige kommt auf eine Bauhöhe von nur 3,05 mm.
Einige Uhren mit diesem neuen, aber sehr flach bauenden Kaliber, möchten wir hier vorstellen. Die Automatik Ref. 7592

Abb. 454
Elegant, flach und aus Edelstahl. So könnte man diese etwas kleine Herrenarmbanduhr mit Ref. 7512 vorstellen. In dem aufwendig konstruierten Schraubbodengehäuse verrichtet das superflache Automatikkaliber K 1120 seine Dienste. Das Gehäuse kommt auf 33,00 mm Durchmesser, die Höhe auf nur 6,80 mm.

Abb. 455
So ein superflaches Gehäuse hängt nicht nur von der Höhe des Uhrwerkes ab, sondern auch von der Konstruktion des Schraubbodens. Für das Öffnen dieses 18-Kants mit 28 mm Schlüsselweite bedarf es eines Spezialschlüssels.

Abb. 456
Das Öffnen des Schraubbodens erlaubt einen Blick in das Innere dieser eleganten Uhr. Das Kaliber K 1120 arbeitet mit einer Gyromax-Unruh, die Stoßsicherung der Unruhwelle kommt von KIF und die Ankerradwelle wird in demontierbaren Deckplättchen gelagert (Werk-Nr. 608.033, Gehäuse-Nr. 438.610).

besitzt ein Stahlgehäuse mit Schraubboden, wobei dieser einen 18-Kant mit 28 mm Schlüsselweite aufweist. Diese Konstruktion kennen wir auch bei einigen flachen Automatiks von IWC (Seite 86). Der Durchmesser des Gehäuses beträgt 33 mm, die Höhe ganze 6,80 mm (Werk-Nr. 608.033, Gehäuse-Nr. 438.610). Mit ihrer eleganten Schlichtheit könnte man sich diese Uhr auch am Handgelenk einer Dame gut vorstellen.

Abb 457
Detailvergrößerung des Kalibers K 1120. Die Reglage besteht aus Flachspirale, Gyromax-Unruh und einer Stoßsicherung KIF. Die Ankerradwelle ist in abnehmbaren Deckplättchen geführt, auch Kombifutter genannt.

Eine weitere Schönheit aus dem Haus Vacheron Constantin mit Stahlgehäuse, jedoch nur mit Druckboden, stellen wir hier vor. Die Werk-Nr. des Kalibers K 1121 blieb genauso unbekannt wie die Referenznummer, da das Gehäuse ungeöffnet blieb.
Der Durchmesser dieser Uhr liegt bei 33,80 mm, die Höhe bei 6,20 mm. Das versilberte Zifferblatt verfügt über Indizes und Baton-Zeiger aus 18 K Gelbgold, die jeweils noch schwarz strichlackiert sind, erkennbar an APRIOR mit »Ó SWISS Ó« unter der »Sechs«.

Abb.458
Wie schon die vorherige Herrenuhr zählt auch dieses Modell zu den superflachen Ausführungen in Edelstahl, wie diese in den 80er Jahren des letzten Jahrhunderts Mode waren. Wegen des wasserdichten Druckbodens blieb diese Uhr ungeöffnet. Die Gehäuse-Nr. 465.906 ist auch am Druckboden außen eingraviert.

Abb.459
Eine spezielle Gehäusekonstruktion erlaubt auch wasserdichte Druckboden. Obwohl das Kaliber K 1121 mit Datum 0,6 mm höher baut als die Ausführung ohne Datum, liegt die Höhe dieser Uhr nur bei 6,20 mm. An dieser Höhe ist das Saphirglas mit 2,00 mm beteiligt, so dass für die Uhr selbst nur noch 4,20 mm verbleiben. Am Boden kann man die Gehäusenummer 465.906 ablesen.

Chronometre Royal

Eine Wiederauflage des früheren Erfolgsmodels »Chronometre Royal« erfolgte mit der Referenz 2215 im Jahr 1975. In die etwas gewöhnungsbedürftige Gehäusekonstruktion wurde das Chronometer-Kaliber 1096 eingeschalt. Dieses Werk basiert auf dem Kaliber 906 von Jaeger-LeCoultre, das wir auf Seite 116 vorgestellt haben. Doch war für den Sekundenstopp anstelle des giftgrünen Spritzgußteils ein Bauteil aus Metall montiert

Abb. 460
Chronomètre Royal Ref. 2215 in Edelstahlausführung aus dem Jahr 1976. Dieses Modell sollte in den 70er Jahren die zuvor gezeigte Referenz 6694 Q ablösen, der durchschlagende Erfolg blieb jedoch aus. Weder überzeugte das gemeinsam mit einem zeitgleich entwickelten Chronometer von Jaeger-LeCoultre realisierte Gehäusedesign (siehe Seite 115) noch das eingeschalte Chronometer-Kaliber 1096. Letzteres war auf der Basis des Jaeger-LeCoultre Kalibers 906 entstanden (Werk-Nr. 673.720, Gehäuse-Nr. 514.442).

Abb. 461
Nach dem Öffnen des Schraubbodens kann man die Details des Chronometer-Kalibers 1096 ersehen. Ins Auge fällt nicht nur der gewichtserleichterte Rotor-Trägerbalken, sondern das massive Rotorsegment aus 18 K Gelbgold. Bei einem Vergleich mit dem Basiskaliber 906 von Jaeger-LeCoultre wird hier die Betätigung des Sekundenstopps nicht über ein giftgrünes Spritzgußteil (siehe Seite 116), sondern über einen Metalldrehkörper mit einer Stahl-Tirette durchgeführt. Die Feinstellung der Reglage erfolgt über Triovis, die Stoßsicherung der Unruhwelle über KIF.

Abb. 462
Die Vacheron Constantin Sportuhr Modell 222 Ref. 44018 in Stahl/Gold wurde nicht gerade ein Publikumsliebling. Lag es nur am Design von Gehäuse und Metallband oder dominierten auffällige Details den Gesamteindruck, wie z. B. die als Feingewinde-Ringmutter ausgebildete Lünette? Das aufwendige, aber nicht innovativ konstruierte Gehäuse hat vermutlich ein zum Konstrukteur aufgestiegener Uhrmacher verantwortet. Das Gehäuse besteht aus einem kartuschenförmigen Innenteil, welches von unten in das Gehäusemittelteil gesteckt wird. Der obere Abschluss dieser Kartusche besitzt außen ein Feingewinde, welches dann durch die als Mutter mit Innengewinde wirkende Lünette festgeschraubt wird. Gehäusemittelteil und Kartusche müssen sich in einer genau vorbestimmten Position befinden, da das Durchgangsloch für die Reiß-Kronen-Welle am Gehäusemittelteil sich genau mit dem Durchgangsloch in der Kartusche treffen muss. Bei dieser aufwendigen, aber nicht innovativen Konstruktion kann nur eine Reißkrone zum Einsatz kommen, weil sonst die Kartusche weder wasserdicht gehalten noch nach unten ausgebaut werden kann. Ob Jacques Ketterer, der damalige Inhaber von V&C, gewusst hatte, welch großen Aufwand man hier für eine nur durchschnittliche Konstruktion betrieben hatte? Laut Auskunft eines Mitarbeiters von Vacheron & Constantin war dieses Modell am Markt nicht gefragt, also kein Erfolg. Weiter würden sich noch rund 340 unverbaute Werke im Lager befinden. Der Leser sollte sich auch dieses Chronometer-Werk in der ursprünglichen Bauform ansehen, wie dieses bei Jaeger-LeCoultre in den eigenen Chronometern eingesetzt wurde. Gerade die dortige Konstruktion des Sekundenstopps mit einem giftgrünen Kunststoff-Spritzgußteil ist einen Blick wert (Seite 116, Abb. 205).

worden. Der Rotor besteht aus einem gewichtsoptimierten Träger, an dem ein segmentförmiges Goldgewicht verschraubt ist. Die Frage, warum einerseits dieser Träger gewichtsoptimiert ist, er andererseits ein relativ schweres Goldgewicht tragen muss, so dass die ganze Gewichtsoptimierung zur Farce wird, wollte bei Vacheron Constantin niemand beantworten.
Von dieser Referenz wurden zwei Ausführungen lanciert, eine in Edelstahl und eine in 18 K Gelbgold. Auf Auktionen tauchen diese Uhren selten auf. Eine Ausführung mit 18 K Gelbgoldgehäuse wurde am 7.12.2005 bei Antiquorum für 4.716 Euro zugeschlagen, eine Stahlversion bei Christie's am 21.06.20217 für 5.349 Euro verkauft. Wie ein nun pensionierter Mitarbeiter von Vacheron Constantin dem Verfasser schon vor Jahren verriet, lagen damals immer noch über 300 Exemplare dieses nicht sehr gefragten Chronometer-Kalibers auf Lager.
Ob diese Werke heute immer noch vorhanden sind?

Sportuhr Modell 222

Es gleicht einer Gratwanderung, die ein Designer gehen muss, um den jeweils gefragten Publikumsgeschmack zu treffen. Bei Vacheron Constantin war man bei der Lancierung einer

Abb. 463
Detailvergrößerung des Bandanstosses am Gehäusemittelteil des Modells 222 von Vacheron Constantin. Das letzte Zwischenstück des Metallbandes wird über einen Gewindestift mit dem Gehäusemittelteil verschraubt. Oben sieht man noch einen Teil der Ringmutter sowie das im Gehäuse eingelassene Malteserkreuz, das Signet von Vacheron Constantin. Das besagte Zwischenstück besteht aus Stahl und hat nur ein Goldsegment, sprich Goldplättchen, aufgesetzt. Ob man mit solchen technischen Lösungen auch Herstellungskosten sparen kann, bleibt offen.

publikumswirksamen Sportuhr nach Audemars Piguet und Patek Philippe wieder einmal der Letzte. Nachdem bereits 1972 Audemars Piguet seine völlig neu konzipierte Sportuhr ROYAL OAK Ref. 5402 ST in Edelstahl herausgebracht hatte, folgte Patek Philippe 1976 mit dem Modell NAUTILUS Ref. 3700/1. Erst ein Jahr später zog Vacheron Constantin nach und präsentierte die neue Sportuhr Modell 222, hier vertreten mit der Referenz 44018/411 in Edelstahl-/Gold-Ausführung.

Diesem Modell war jedoch kein großer und dauerhafter Erfolg vergönnt. Die Version in Edelstahl blieb nur bis zum Jahr 1981 in Produktion. Die hier gezeigte Ausführung in Stahl/Gold sowie das Modell in Vollgold wurden nur bis zum Jahr 1985 gebaut. In jener Zeit, als Jacques Ketterer das Ruder für Vacheron Constantin in der Hand hielt, befand sich die Schweizer Uhrenindustrie bereits in Aufruhr, weil gegen die überwältigende Macht der Quarzuhren keine innovativen Alternativen mehr vorhanden waren.

Das Modell 222 wurde ohne jegliche Vorgaben vom jungen, damals 24jährigen Designer Jörg Hysek kreiert. Leider merkte man an den aufwendig konstruierten Gehäuse erst zu spät, worauf man sich hier eingelassen hatte. Ein Designer setzt bei der Konstruktion eines funktionellen Gegenstandes wohl ganz andere Maßstäbe als ein Absolvent einer technischen Hochschule an.

Der Durchmesser des Gehäuses beträgt 37 mm, der Innendurchmesser der als Gewindering und damit als Verschlußmutter dienenden Lünette 28 mm. Die Höhe des Gehäuses liegt bei nur 7 mm. Wenn das Kaliber K 1121, also mit Datum, nur eine Höhe von 3,05 mm aufweist, bleiben für Gehäuse und Saphirglas genau 3,95 mm Bauhöhe übrig (Werk-Nr. 521.495, Gehäuse-Nr. 549.158).

Ewiger Kalender Ref. 43031/3

Nachdem am 1.07.1978 Audemars Piguet die flachste Armbanduhr mit Ewigem Kalender und automatischem Aufzug lanciert hatte, folgte Vacheron Constantin kurz danach. Hierbei waren die Automatikwerke K 1120 und 2120 nahezu identisch, jedoch besaß das Modul der Genfer Edelschmiede auf dem Zifferblatt noch eine Schaltjahranzeige mit der Vierjahresfolge. Das hier vorgestellte Modell Ref. 43031/3 wurde über eBay am 8.02.2007 von einem Berliner Antikuhrenhändler für genau 11.270,99 Euro erworben (Werk-Nr. 689.935, Gehäuse-Nr. 626.388).

Abb. 464
Vacheron Constantin mit Ewigem Kalender Ref. 43031 in 18 K Gelbgold. Schon bald nach der Lancierung des ersten Ewigen Kalenders mit automatischem Aufzug von Audemars Piguet (siehe Seite 43) im Jahr 1978 folgte Vacheron Constantin mit einem ähnlichen Modell. Auch hier dient das K 1120 als Basiskaliber. Der Unterschied zur Ausführung von Audemars Piguet besteht darin, dass man hier noch eine Schaltjahranzeige in der Vierjahresfolge integriert hat. Das von Jaeger-LeCoultre entwickelte, ultraflache Automatikkaliber 920, das selbst im eigenen Haus nie verbaut wurde, ermöglichte mit dem Kaliber K 1120 und dem Modul des Ewigen Kalenders eine Gesamthöhe von nur 4,05 mm. So beträgt der Gehäusedurchmesser 36,00 mm, die Höhe jedoch nur 7,00 mm.

Dieser Preis war für jene Zeit günstig. Wurde doch ein vergleichbares Modell am 14.05.2006 beim Auktionshaus Antiquorum in Genf für 23.600 CHF zugeschlagen (Werk-Nr. 690.147, Gehäuse-Nr. 611.733). Das waren nach dem damaligen Kurs ca. 14.750 Euro. Nachdem die beiden Werknummern nur 242 Zahlen auseinander liegen, dürften beide Uhren dem Produktionsjahr 1988 zuzuordnen sein.

Das Kaliber K 1120 QP verfügt über 36 Steine und arbeitet mit 21.600 Halbschwingungen/h. Es ist in fünf Positionen und Temperaturen reguliert. Der Ewige Kalender wird über drei Hilfsdrücker auf der Höhe von 2, 4 und 10 Uhr eingestellt.
In den letzten Jahren lagen die Auktionspreise für die Referenz 43031 in 18 K Gelbgold zwischen 10.000 und 11.000 Euro und hatten sich damit auch nach mehr als zehn Jahren kaum verändert. Das eventuell vergleichbare Modell Referenz 3940

von Patek Philippe liegt im Regelfall bei einem dreifachen Preis. Selbst wenn man durch das von Patek Philippe verbaute Automatikwerk 240 Q mit Mikrorotor dieser Konkurrenzuhr einen Zusatzbonus von 100 % zugestehen würde, käme man nur auf den doppelten Preis.
Auch hier taucht das schon mehrfach angesprochene Phänomen mit der preislichen Unterbewertung der klassischen Uhren von Vacheron Constantin wieder auf, für das keine sachlichen Gründe zu finden sind. Darüber freuen kann sich eigentlich nur der Sammler schöner Vintage-Uhren, weil er für ein technisch nahezu ebenbürtiges Objekt längst nicht so tief in die Tasche greifen muss. Auch für den Verfasser stehen heute noch Vintage-Modelle von Vacheron&Constatin jenen des Mitbewerbers Patek Phillipe in nichts nach.

Atomatik Ref. 46014/47014

Mit dem Erscheinen des von Jaeger-LeCoultre neu entwickelten Automatikwerks 889/1 mit 26,00 mm Werkdurchmesser und 3,25 mm Bauhöhe, 28.800 Halbschwingungen/h, 33 Steinen, Datumsanzeige und 40 h Gangreserve ergaben sich auch bei Vacheron Constantin völlig neue Möglichkeiten. Hier führen wir mit der Referenz 460/47014 das erste Modell vor, in welches das neue Kaliber 889/1, bei Vacheron Constantin mit 1126 bezeichnet, eingeschalt wurde. In den 90er Jahren des vergangenen Jahrhunderts waren Herrenuhren mit nur 34 mm Gehäusedurchmesser durchaus en vogue. Die Gehäusehöhe erreichte nur 6,50 mm, so dass diese Uhr auch noch unter jede Hemdenmanschette passte. Erwähnenswert dürfte noch der

Abb. 466
Der demontierte Gehäuseboden gibt den Blick frei auf das Automatikkaliber 889/1 von Jaeger-LeCoultre. Auffällig dürfte eine mögliche Stahleinlage im Gehäuseboden sein. Für einen Werkstoffkundigen kommt der Verdacht auf, dass man aus Stabilitätsgründen konstruktiv eine stählerne Innenhaube gewählt hat, um den anteiligen Goldboden dünner halten zu können. Die Punzierung mit der kleinen Helvetia und 18 K/750 lässt jedoch darauf schließen, das dieser Innenboden zwar massiv, aber noch weißgoldfarbig nachvergoldet wurde. Der Boden wird mit vier Zylinderkopfschrauben am Gehäusemittelteil fixiert. Wenn man den Durchmesser des Werkes von nur 26,00 mm und jenen des Gehäuses mit 34,00 mm betrachtet, bleiben radial nur noch 4 mm vom Werk bis zum Gehäuserand übrig.

Abb. 465
Die Automatikreferenz 47014 bedeutete auch für Vacheron Constantin einen Neubeginn, weil hier erstmalig das neue Automatikkaliber 889/1 vom traditionellen Werkelieferanten Jaeger-LeCoultre aus Le Sentier verbaut wurde. Mit einem Gehäusedurchmesser von nur 34,00 mm sprach dieses Modell in jener Zeit nicht alle potenziellen Käufer an.

Umstand sein, dass Jaeger-LeCoultre fast zur gleichen Zeit seine neue Modellreihe Master Control 1000 Hours startete und zu Vacheron Constantin in direkte Konkurrenz trat. Die wesentlich größeren Uhren mit 37,00 mm Gehäusedurchmesser hinterließen einen deutlich besseren Eindruck als die kleineren von Vacheron Constantin und waren zudem noch wesentlich preiswerter.
Im Mai 2021 war bei eBay USA eine Vacheron Constantin Automatik Ref. 47014 in 18 K Gelbgold mit 8.500 USD angeboten. Bei einem Erwerb in Deutschland einschließlich Transport, Zollgebühren und Einfuhrumsatzsteuer hätte dies einen Gesamtpreis von rund 8.700 Euro bedeutet. Zum gleichen Zeitpunkt war auch eine Jaeger-LeCoultre Master Control 1000 Hours Ref. 140.1.89 in 18 K Gelbgold offeriert, für die der deutsche Verkäufer einen Sofortpreis von 5.998 Euro haben wollte. Neben dem Preisunterschied von rund 1.400 Euro ist noch das unterschiedliche Gehäusegewicht zu beachten, welches beim Modell von Jaeger-LeCoultre bestimmt fast 50 % höher liegen dürfte.
Welche Absichten die damalige Marketing-Abteilung von Vacheron Constantin mit dieser Modellreihe verfolgte, kann man heute nicht mehr nachvollziehen. Ein durchschlagender Erfolg war dieser fast schon zierlich ausgefallenen Automatik von Vacheron Constantin Ref. 46014/47014 nicht vergönnt.

Abb. 467
Ungefähr 5fache Detailvergrößerung eines Ausschnits des Innenbodens. Oben ist das Firmenlogo VACHERON & CONSTANTIN eingeschlagen. Obwohl das »&« schon seit vielen Jahren im Firmennamen gestrichen wurde, findet es sich immer noch in diesem Gehäuseboden. Die Zahlen für die Referenz 46014 und die Gehäuse-Nr. 591.153 sind manuell eingeschlagen.

Automatik Ref. 87172

Eine Uhr, die auf Anhieb gefällt, muss nicht spektakuläre Eigenschaften aufweisen. Die Automatik Vacheron Constantin Traditionelle in 18 K Weißgold Ref. 87172/000G-9301 verfügt über ein aufgeräumtes Zifferblatt mit einer kleinen Sekunde bei der 9 und ein Datumsfenster bei der 3. Die Dauphine-Zeiger für die Stunde und Minute sind wie auch die Indizes und das Malteserkreuz aus 18 K Weißgold gefertigt. Das Gehäuse besitzt einen Durchmesser von 38 mm, die Höhe liegt bei nur 8 mm. Das Gehäuse besteht aus Lünette, Mittelteil und Schraub-

Abb. 468
Ungefähr 5fache Detailvergrößerung der Reglage des Automatikkalibers 2455. An Stelle der früher verwendeten Gyromax-Unruh und Breguet-Spirale kommt nun mehr eine schlichte Flachspirale so wie eine einfache TRIOVIS-Feinstellung zu Einsatz. Die Stoßsicherung kommt von KIF.

boden. Letzterer verfügt über tiefgezogene Nuten sowie eine am Umfang angebrachte Rändelung. Beide bedeuten fertigungstechnisch einen großen Aufwand und sind als besondere Qualitätsmerkmale hervorzuheben. Hier eine kurze Erläuterung: Bei den meisten Uhrenherstellern, die Gehäuse mit Schraubboden anbieten, erhält der Schraubboden die sechs Nuten mittels Teilkopf und Schaftfräser eingefräst. Ein recht einfacher Fertigungsprozess, der bei der Herstellung dieses Schraubbodens im Bearbeitungszentrum einen zusätzlichen, aber einfachen Arbeitsschritt bedeutet.
Tiefgezogene Nuten bedürfen jedoch eines komplett anderen Fertigungsschrittes. Mit einem entsprechenden Werkzeug werden die sechs Nuten unter hohem Druck durch formbildende Materialverdrängung hergestellt, also ein spanloser Vorgang. In früheren Zeiten hatten die wasserdichten Model Constellation oder Seamaster Chronometer von OMEGA Schraubböden mit tiefgezogenen Nuten. Auch die vorhandene Rändelung am Schraubboden verdient eine Erwähnung. Wenn man einen Schraubboden, der eine Rändelung besitzt, mit Hilfe eines Schlüssels gelockert hat, kann man den Rest der Gewindegänge dank der Rändelung per Hand einfach und leicht aufdrehen.
Warum aber der Konstrukteur dieses Uhrengehäuses für den Schraubboden anstelle der üblichen und sinnvollen sechs Nuten sieben gewollt hat, konnte dem Verfasser niemand erklären. Diese sieben Nuten sind auch designseitig nicht überzeugend und dürfen als absoluter Nonsens bezeichnet werden, weil sie niemandem nutzen, aber in der Herstellung mehr kosten!
Bei Konzessionären wird diese Uhr für rund 25.500 Euro angeboten. Für diesen hohen Preis müsste jedoch auch das Automatikwerk erste Sahne sein. Dies trifft leider nicht zu. Die Reglage dieser Uhr ist aber recht schlicht ausgefallen. Anstelle der früher üblichen Gyromax-Unruh mit Masselotte-Gewichten wird der Gang über ein schlichtes TRIOVIS-System eingestellt. Der Aufzugsrotor zieht nur in einer Richtung auf, man hat sich

Abb. 469
Als ein Understatement-Design für Kenner kann man diese Automatik bezeichnen. Das aufgeräumte Zifferblatt, die klare Formgebung und das hochwertig konstruierte Gehäuse lassen zunächst einen Spitzenplatz auf der Liste der Schweizer Uhrenindustrie vermuten. Auch der Schraubboden mit tiefgezogenen Nuten und Rändelung stützen diese Annahme. Die erste Ernüchterung brachte dann der Schraubboden mit sieben anstelle von sechs Nuten. Auch das Automatikwerk konnte nicht mehr die anfängliche Begeisterung stützen. Reglage mit Flachspirale und TRIOVIS-Feinstellung anstelle der früheren Breguet-Spirale und Gyromax-Unruh, Aufzug des Rotors in nur noch einer Richtung und auch nicht die stilvolle Werkkonstruktion, wie man diese noch beim Mitbewerber Patek Philippe nachsehen kann. Für den Listenpreis von rund 25.500 Euro kann man z. B. beim Mitbewerber Jaeger-LeCoultre bereits eine vergleichbare Automatik, jedoch mit Vollkalender und Mondphase, erhalten. Auch hierüber sollte man bei Vacheron Constantin einmal gründlich nachdenken.

somit den Wechsler eingespart. Schließlich arbeitet in diesem Automatikwerk anstelle einer Breguet-Spirale eine einfache Flachspirale. Das Kaliber 2455 hat einen Durchmesser von 26,20 mm, eine Höhe von 3,60 mm, 27 Lagersteine und arbeitet mit 28.800 Halbschwingungen/h. Das Werk besteht aus 194 Einzelteilen, die Gangreserve kommt auf 40 h.
Vergleicht man dieses Kaliber 2455 mit dem früheren und herausragenden Kaliber K 1072/1, hat man bei ersterem bzw. bei dem neuen fast auf alle vormaligen Tugenden verzichtet.
Wie schon bei der Vorstellung der Automatikkaliber von Vacheron & Constantin nachzulesen ist, verfügt das Automatikkaliber K 1072/1 über alle guten Eigenschaften, die ein solches Werk besitzen sollte: Eine Reglage mit Breguet-Spirale und Gyromax-Unruh, einen Wechsler für beidseitigen Aufzug, einen Rotor mit Goldsegment und eine Ankerradlagerung mit demontierbaren Deckplättchen.
Keramikkugeln für das Kugellager des Rotors sind zwar manchmal nützlich, aber keineswegs innovativ und vorteilhaft, wie von einem bekannten großen deutschen Kugellagerhersteller zu hören war.

Abb. 470
Der Chronograph mit Handaufzug Ref. 47192/000B-9352 mit 18 K Weißgoldgehäuse und Zeigerspiel, Indizes, Drücker und Krone aus Roségold hinterlässt mit seinem 42 mm Gehäuse stets einen besonderen Eindruck. Der Verfasser selbst hat diesen eindrucksvollen »Zeitschreiber« bisher noch nicht am Handgelenk eines anderen erlebt. Vielleicht war der Listenpreis von rund 45.300 Euro den meisten Interessenten zu hoch. Im Zweitmarkt wird diese Ausführung in 18 K Weißgold schon ab rund 28.000 Euro, also mit fast 40 % Abschlag vom Listenpreis, angeboten.

Handaufzug-Chronograph Ref. 47192

Chronographen hatten bei Vacheron & Constantin immer schon eine große Tradition. »Zeitschreiber«, wie man Chronographen auch nennt, die auch ein wasserdichtes Gehäuse besaßen, wurden erst mit der Referenz 6087 im Jahr 1955 eingeführt.
Den Trend nach großen Uhren wollte man auch bei Vacheron Constantin nicht verschlafen und lancierte zu Beginn der zweiten Dekade dieses Jahrhunderts den Chronographen mit Handaufzug Ref. 47192 mit Weißgoldgehäuse und Zeigerspiel, Drücker und Krone in Roségold. Der Gehäusedurchmesser liegt bei 42 mm, darin arbeitet das Chronographen-Handaufzug-Kaliber 1141. Dieses Kaliber basiert auf dem Lemania-Werk 2320 und arbeitet noch mit klassischen 18.000 Halbschwingungen/h. Es hat einen Durchmesser von 27,50 mm, eine Höhe von 5,60 mm und verfügt über 23 Steine. Das ganze Werk besteht aus 164 Einzelteilen, die Gangreserve liegt bei 48 Stunden.
Der Schraubboden hat ungewöhnliche sieben Nuten, fertigungstechnisch wieder hochwertig tiefgezogen sowie über eine Rändelung. Der Saphirglasboden gibt den Blick auf das Chronographen-Kaliber 1141 frei. Die beiden Drücker in Rechteckform waren wohl eine Marketing-Entscheidung, obwohl hier kein optischer Vorteil zu erkennen ist. Aus der Sicht der technischen Mechanik besitzen flache Drücker keine funktionellen Vorteile,

Abb. 471
Ein Blick durch das Saphirglas des Schraubbodens des Chronographen Ref. 47192 verrät uns die Details des Chronographen-Kalibers 1141. Es basiert auf dem Lemania-Werk 2320 und wurde 2009 herausgebracht. Während das Uhrengehäuse auf 42 mm kommt, beträgt der Durchmesser des Kalibers 1141 nur 27,50 mm (12′′′). Auffällig am Schraubboden mit lobenswerter Rändelung sind wieder die sieben tiefgezogenen Nuten, die aus Sicht des Uhrmachers wenig sinnvoll sind. Mit dem bekannten Gehäuseöffner für Amateure mit drei verstellbaren Stiften lässt sich auch dieser Schraubboden problemlos öffnen. Interessanterweise ist die Geschichte mit den sieben Nuten wohl keinem Redakteur aufgefallen, der über diesen Chronographen berichtet hat.

sind aber bei der Fertigung und der Abdichtung im meisten Fall sehr viel aufwendiger.

Zum Schluss bleibt noch die Frage nach dem Sinn von sieben anstelle von sechs Nuten. Dass keinem Redakteur einer Uhrenzeitschrift dieser technische Nonsens aufgefallen ist, liegt wohl an den nicht allzu großen Kenntnissen auf dem Gebiet der technischen Mechanik. Aber dieser Umstand wird auch den meisten Freunden Schweizer Uhren völlig unbedeutend erscheinen.

Einen Blick sollten wir noch auf die kommerzielle Seite dieses Chronographen werfen. Sein Verkaufspreis beim Konzessionär liegt bei rund 45.300 Euro. Im Zweitmarkt wird diese Uhr mehrfach angeboten, wobei das günstigste Angebot als Sofortkauf rund 40 % unter dem zuvor genannten Listenpreis lag. Derartige Beispiele sind beim Mitbewerber Patek Philippe nicht zu finden. Ein in Größe und Funktion vergleichbares Modell von Patek Philippe Ref. 5170G-001 war im Internet erst ab einer Preislage von 58.500 USD und damit nahe dem Neupreis angeboten. Die bei Vacheron Constantin für Vertrieb und Marketing verantwortlichen Manager sollten sich bald einmal Gedanken machen, wie und wann sie das Qualitäts- und Preisniveau des zuvor genannten Mitbewerbers aus Genf wieder erreichen können.

Die Uhrensammler würden es unserer hier vorgestellten Marke bestimmt danken.

Zum Ende Nostalgie: Automatik Ref. 6441

Zum Ende unseres Bilderbogens wird hier noch ein besonderes klassisches Modell von Vacheron & Constantin präsentiert, das selbst dem Verfasser nur ein Mal begegnet ist, aber ein bemerkenswertes Sammlerstück abgibt. Eine der Besonderheiten liegt am Design des Gehäuses, hier genauer an der Draufsicht. Es ist der Referenz 4600 JUBILE nachempfunden und besitzt damit einen Durchmesser von 36,00 mm (siehe auch Seite 263). Der sofort erkennbare Unterschied zur Referenz 4600 liegt an der Sekundenanzeige, die hier zentral ausgeführt ist.

Der weitere Unterschied besteht in dem Automatikwerk und dem Schraubboden, der dieser Uhr eine Wasserdichtigkeit beschert. Da alle anderen der hier aufgeführten »Automatiks« einen Gehäusedurchmesser von 35 mm aufweisen, gilt diese Referenz 6441 mit 36 mm als eine Besonderheit.

In dieser Uhr arbeitet das Kaliber K 1071.

In Italien dürfte dieses rare Sammlerstück wohl öfters angeboten werden. Die Jagd ist somit offen!

Abb. 472
Vacheron & Constantin Ref. 6441 Automatik mit Kaliber K 1071 (Werk-Nr. 561.495 und Gehäuse-Nr. 390.201). Von oben gesehen entspricht das im Durchmesser 36 mm messende Gehäuse genau dem Modell Ref. 4600 JUBILÉ. Nur die Rückseite ist modifiziert und verfügt über einen soliden Schraubboden. Während die Ref. 4600 nur auf eine Gehäusehöhe von 8,2 mm kommt, liegen die meisten Automatikuhren von Vacheron & Constantin bei rund 12 mm, so auch in unserem Fall.

Abb. 474
Die Rückseite der Ref. 6441 zeigt uns den Schraubboden mit einem Zwölfkant und 29,5 mm Schlüsselweite. Die Kollektiv Verantwortlichkeitsmarke Nr. 1 mit dem Hammerkopf und der Nummer 136 verrät uns den Gehäuselieferanten C.R. Spillmann SA, Chêne-Bourg, der sein Geschäft zum 5. April 1988 aufgegeben hat.

Abb. 473
Juan-Carlos Torres, bis zum Jahre 2017 CEO und Chef von Vacheron & Constantin (Mitte), zusammen mit Rudolf Büll, seinem Spezialisten für klassische Uhren (links), in der Empfangshalle der neuen Fabrik beim Besichtigen einer alten Guillochiermaschine aus dem Jahre 1884. Rechts der Verfasser.

Abb. 475
Potpourrie von sechs Uhrenszenen, von denen manche nur der Uhrmacher sehen kann.

11. Kaufen und Revidieren von besonderen Armbanduhren anhand von konkreten Beispielen

11.1 Wie es früher war

Wie hätte wohl vor rund einem halben Jahrhundert ein normaler Zeitgenosse reagiert, wenn er vom Herrn Papa eine wertvolle, goldene Armbanduhr – z. B. aus dem noblen Hause Patek Philippe in Genf – geerbt hätte? In einem Falle wäre dieser wertvolle Zeitmesser ohne große Beachtung im Safe verstaut worden. Im anderen Falle, wenn der Blickpunkt mehr auf Bargeld gerichtet war, hätte der emotionslose Sohn bestimmt das nächste kompetente Uhrenfachgeschäft anvisiert und sich nach dem Verkaufswert seines Erbstückes erkundigt. Zu jener Zeit erlaubten mangelndes Interesse einerseits und weit verbreitete Unwissenheit andererseits dem engagierten Sammler oftmals noch, da oder dort ein echtes »Schnäppchen« ausfindig zu machen und die gesuchte Uhr sehr günstig zu erwerben. Diese Zeiten gehören längst der Vergangenheit an. Trotzdem gibt es auch heute noch Mittel und Wege, das begehrte Sammlerstück zu finden und verhältnismäßig günstig zu erwerben. Dass beim Kauf aber auch die werterhaltende Überholung noch zu berücksichtigen ist, wird oftmals vergessen. Wie hier die Praxis aussehen kann, haben wir in der Folge anhand von einigen konkreten Beispielen beschrieben.

11.2 Die richtige Vorbereitung

Hat man den Willen gefasst, sich eine alte noble Armbanduhr zu genehmigen, sollte man zunächst überlegen, ob diese Investition als einmalige Entscheidung zu werten ist oder der Anfang eines neuen, folgenschweren Hobbies bedeutet.
Weil Letzteres – wie Erfahrung uns lehrt – nur selten auszuschließen ist, sollte der potentielle Interessent sich schon im Klaren sein, auf was er sich zukünftig einlässt. Eine umfangreiche SWATCH-Kollektion aufzubauen, wird bestimmt nicht zum persönlichen Ruin führen. Mit Zeitmessern Schweizer Nobelmarken kann es sich jedoch konträr verhalten, denn für eine einzige Nobeluhr können schon ein oder zwei Nettogehälter eines gut verdienenden Managers auf den Tisch gelegt werden müssen. Bevor jedoch zum Kauf des gewünschten Schmuckstückes geschritten wird, sind noch einige entscheidungsrelevante Fragen zu klären:

- Marke und Modell (hierbei wollen wir nur noble eidgenössische Hersteller berücksichtigen)
- Technik und Gehäusematerial (ob Stahl oder Edelmetall, ob Automatik oder Handaufzug, ob kleine oder große Komplikation)
- Aussehen und Größe (gilt für Zifferblatt, Gehäuse, Bodenausführung, Bandanstöße etc.)
- Kaufpreis
- Folgeinvestitionen für den Werterhalt (Revisionskosten, Ersatzband und Schließe etc.)
- Wertabschätzung, Marktposition und weitere Preisentwicklung

Hat man sich über diese Fragen Klarheit verschafft, mit Gleichgesinnten oder Händlern diskutiert und den Zielbereich seiner Wünsche eingegrenzt, kann aufs Erste zur Tat geschritten werden.

11.3 Die Bezugsquellen

Bei Uhren verhält es sich ähnlich wie beim Gebrauchtwagenkauf. Nicht nur das Suchen nach dem Objekt der Begierde steht im Vordergrund, sondern auch der umfassende Vergleich verschiedener Angebote. Aber wo lassen sich diese verschiedenen Offerten finden? Die naheliegendsten Möglichkeiten bieten sich wie folgt:

- Die örtlichen Händler für alte Uhren (alleine in München gibt es über fünf Ladengeschäfte für noble alte Armbanduhren)
- Die einschlägigen Uhrenbörsen in Deutschland, der Schweiz und in den USA (wobei die Münchner Uhren-Technik-Börse nach Aussage vieler Aussteller zu den wichtigsten Veranstaltungen dieser Art zählt)
- Die nationalen und international auftretenden Auktionshäuser (Antiquorum, Christie's, Dr. Crott, Phillips, Sotheby's, u.a.m.)
- Die Offerten in den Tageszeitungen, Fachzeitschriften sowie im Internet
- Die Internet-Auktionen (z. B. Marktführer eBay etc.)

Während man bei den zwei erstgenannten Quellen noch die Möglichkeit besitzt, das gesuchte Schmuckstück persönlich in Augenschein zu nehmen und mit dem Verkäufer über Eigenschaften, Herkunft und Preis zu diskutieren, bestehen bei den drei weiteren Verkaufswegen diese Möglichkeiten entweder gar nicht oder nur mit Einschränkung. Haftung für versteckte Mängel oder Rückgaberecht sind hierbei oft ausgeschlossen, so dass der unbelastete Käufer ohnehin nur auf sein Glück hoffen kann. Diesem erhöhten Risiko stehen oftmals deutlich günstigere Preise gegenüber, so dass erst zum Schluss eine vergleichbare Bewertung erfolgen kann.
Sicher sind alle theoretischen Ratschläge, Studium der einschlägigen Literatur sowie fachkundige Anregungen von Dritten für bevorstehende Uhrenkäufe von großem Vorteil. Wir wollten es aber genauer wissen und unseren Lesern anhand von einigen praktischen Beispielen erläutern, wie man bei diesen Uhren vorgegangen ist und was man dabei alles erlebt hat!

11.4 Die hier gekauften und behandelten alten Armbanduhren

Bei der Auswahl der hier beschriebenen Neuerwerbungen wurde nicht nur darauf geachtet, dass der aktuelle Publikumsgeschmack getroffen wurde, sondern auch von Besonderheiten und Kuriositäten zu berichten war. Unabhängig von der Beschreibung der Uhren durch den jeweiligen Käufer wurden diese einer umfassenden Eingangskontrolle unterzogen. Hierbei durchliefen Zifferblatt, Gehäuse und Werk einer genauen Prüfung, die stets auch einen Gangtest mit einschloss. Zwar verfügen die meisten Uhrensammler weder über die hierfür notwendigen Vorkenntnisse noch über jene Prüfvorrichtungen, die für die Eingangstests notwendig sind. Nach Studium dieser Lektüre werden unsere Leser jedoch deutlich mehr darüber wissen, auf was beim Uhrenkauf zu achten ist und wann und wo man lieber von einem zunächst günstigen Kauf letztendlich die Finger lassen sollte!

11.5 Audemars Piguet Automatic Ref. 5112 BA (BA steht für 750 GG)

Um es vorwegzunehmen: Herrenarmbanduhren mit automatischem Aufzug, die bei Audemars Piguet in den fünfziger und sechziger Jahren gefertigt wurden, sind höchst selten zu finden. Auch ein Blick in die einschlägige Literatur kann hier nicht viel weiterhelfen. So sind in den Büchern »Automatik Armbanduhren« und »Audemars Piguet« (beide Callwey München) sowie im Chronos Special »Audemars Piguet« (Ebner Ulm) mangels anderer Optionen nur ganz wenige und zumeist die gleichen Uhren abgedruckt. Erst in Chronos 3-2003 (Ebner Ulm) wurde von ihrem Verfasser dieses Thema aufgenommen und ein kleiner Einblick in jene bisher fast unbekannte Epoche der fünfziger und sechziger Jahre gewährt.
Die Vorstellung unseres heutigen Sammlerstückes ist aber eine Premiere für sich, weil eine AP Automatic mit dem raren Kaliber K 2070 bisher noch nicht publiziert und beschrieben worden war. Dies ist für den Fachmann etwas verwunderlich, denn die wertvollen Zeitmesser von Audemars Piguet aus dem Juraörtchen Le Brassus dürfen im gleichen Atemzug genannt werden wie die beiden anderen Nobelmarken Patek Philippe und Vacheron & Constantin in Genf. Sicher wollen wir nun wissen, warum AP's mit dem Automatikkaliber K 2070 so selten sind. Seit 1953 bezog AP in der Folge Rohwerke (Ebauches) mit Selbstaufzug

Abb. 476
Fast wie aus der Fabrik präsentiert sich diese zeitlos schöne Audemars Piguet Automatic Ref. 5112 BA aus dem Jahre 1959. Das originale Zifferblatt ist zweifarbig abgesetzt, Zeigerspiel und Indizes in 750 Gelbgold gehalten. AP's mit dem Kaliber K 2070 mit Kleiner Sekunde sind nur in geringer Stückzahl produziert worden und schon seit Jahren nicht mehr zu finden.

Abb. 477
Blick auf das Kaliber K 2070 mit 29 Steinen. Der Rotor wird mit vier Rubinwalzen geführt, die Rotorträgerplatte ist mit Genfer Streifenschliff verziert. Im Vordergrund die Reglage mit Schraubenunruh, Mikrometerschraube und Schwanenhalsfeder.

Abb. 478
Rund 4fache Ausschnittvergrößerung des AP-Kalibers K 2070. Auf der Automatikbrücke ist wie folgt eingraviert: TWENTY NINE (29) JEWELS, ADJUSTET TO HEAT COLD ISOCHRONISM AND FIVE (5) POS.

von Jaeger-LeCoultre aus dem nur drei Kilometer entfernten Le Sentier. Die ersten zwei Kaliber trugen die Bezeichnung P 2498 (Kleine Sekunde bei 6) und P 2499 (Zentralsekunde). Im Gegensatz zu den Ebauches, die an Vacheron & Constantin geliefert wurden (Kaliber P 1019) und Schwunggewichte aus Schwermetall besaßen, waren die Kaliber für AP von Anfang an mit einem Rotor ausgestattet, dessen Trägerplatte mit Genfer Streifenschliff verziert war und ein aufwendiges guillochiertes 18karätiges Goldsegment besaß. Bei dem ab 1959 eingeführten Folgekaliber wurde zwar die Grundkonstruktion weitgehend beibehalten, die Sperrklinke jedoch auf eine separate Brücke angeordnet und von unten an die Federhausbrücke geschraubt.

Abb. 479
Von der Seite ist das aufwendige Gehäuse mit Schraubboden nebst Gehäusenummer 17 756 zu erkennen. Im Gegensatz zu den Uhren von Patek Philippe und Vacheron & Constantin wurde bei AP die Gehäusenummer immer außen eingeschlagen und auf die Angabe der Referenz stets verzichtet. Liegen von einer Uhr Werk- und Gehäusenummer vor, kann vom Hersteller die Referenz ermittelt werden.

Die offensichtlichste Neuerung betraf jedoch die Rotorlagerung. Anstelle der Verwendung von zunächst vier Stahlkugeln, die später durch Saphirkugeln ersetzt wurden, kamen nun vier Rubinwalzen zum Einbau. Diese Neuerung verhalf dem Rotor zu mehr Stabilität und sorgte für geringeren Verschleiß. Die neue Werkfamilie umfasste die Kaliber K 2070 (Kleine Sekunde bei 6), K 2071 (Zentralsekunde) und K 2072 (Zentralsekunde und Datum bei 3). Die zuletzt von Jaeger-LeCoultre gelieferte Version besaß anstelle der bisherigen Unruh mit Mikrometerschraube und Schwanenhalsfeder eine Gyromax-Unruh und erhielt die Bezeichnung K 2072/1.
AP-Zeitmesser mit dem erstgenannten Kaliber K 2070 waren weder in der Literatur noch auf Auktionen der letzten Jahre zu finden. Zu den wenigen Ausnahmen zählt die AP Ref. 5112 in 750 WG (!) und Firmenaufdruck Guebelin, die unter Lot Nr. 18 bei der 47. Auktion von Dr. H. Crott am 13. November 1993 zur Versteigerung kam. Hierbei war dem Auktionator wohl nicht bewusst gewesen, welche Rarität er zur Versteigerung anbot. Ob es der glückliche Käufer gewusst hatte?
Die hier vorgestellte AP war das Ergebnis einer jahrelangen Recherche. Der Amerikaner Rick Gilbert, Co-Autor des Buches »The Complete Price Guide to Watches« und engagierter Uhrensammler, bot diese Rarität im Internet zum Verkauf an. Die zunächst geforderten 3.850 USD fanden aber keine Gegenliebe. Nach längerem Hin und Her einigte man sich auf 3.250 USD, so dass diese seltene AP einschließlich Transport und Einfuhrumsatzsteuer für rund 3.250 € in die Hände des neuen Besitzers gelangte. Die fast im Neuzustand befindliche Automatic, deren Gehäuseoberflächen jedoch schon zum Teil rötlich angelaufen waren (Bildung von Goldoxid), erhielt zur Werterhaltung eine Revision von Werk und Gehäuse, die dem neuen Besitzer rund 332 € wert war. Aufgrund des exzellenten Zustandes von Zifferblatt, Zeigerspiel und Werk mussten hierbei keine Teile getauscht werden. Nur das Krokoband, an dem noch die Original-Goldschließe montiert war, wurde gewechselt. Zur Ermittlung der Geschichte dieser Uhr wurde Audemars Piguet in Le Brassus kontaktiert und um Überprüfung gebeten. Christoph Guhl, profilierter Techniker des Hauses, bestätigte die Authentizität dieser Automatic und teilte mit, dass diese Ref. 5112 mit Kaliber K 2070, Werknummer 74 754 und Gehäusenummer 17 756, am 16. Mai 1959 gefertigt worden war. Auch brachte er den Hinweis, dass die Referenz 5112 im Jahre 1956 lanciert und zunächst mit dem Vorgängerkaliber P 2498 versehen war. Der Gesamtpreis von rund 3.650 € für eine zeitlos schöne Uhr, die nicht einmal im Museum von Audemars Piguet zu finden ist, dürfte bestimmt eine vertretbare Investition sein. Und eine günstige und zukunftsträchtige noch dazu!

11.6 IWC Automatic Yacht Club Ref. R 811 AD in Stahl

Die Zeitmesser aus Schaffhausen am Hochrhein, bekannt auch durch den benachbarten und berühmten Rheinfall bei Neuhausen, zählen zu den beliebtesten Sammleruhren, zumal man hier hochwertige Technik oft noch zu einem günstigen Preis erwerben kann.

Abb. 480
Die IWC Yacht Club Ref. R 811 AD in Stahl nach ihrem Eintreffen aus den USA. Das Gehäuse wurde unprofessionell nachgearbeitet, so dass auch die Federstegbohrungen fast schon »in der Luft« liegen. Das Zifferblatt ist nicht original und gehörte ehemals zu einer Uhr mit Goldgehäuse. Die Krone stellt ein Fremdfabrikat dar.

Abb. 483
Fabrikneu könnte man unsere IWC Yacht Club nach erfolgter Revision bei IWC bezeichnen. Nicht nur Zifferblatt und Zeigerspiel, sondern auch Gehäusemittelteil mit Lünette und Krone wurden bei dieser Revision ausgetauscht.

Abb. 481
Blick auf die Rückseite des Gehäuses bei abgeschraubtem Boden. Im Dichtungsbereich ist das Gehäusemittelteil stark korrodiert. Die sieben Gummisegmente zur elastischen Lagerung des Kalibers im Gehäuse fehlen und sind durch ein gebogenes Messingprofil ersetzt worden.

Abb. 484
Kaum wiederzuerkennen ist auch das Werk. Viele Teile wurden ausgetauscht, so dass auch hier fast von einem Neuzustand gesprochen werden kann. Typisch für das Automatikwerk Kaliber C.8541 B ist die Reglage mit Exzenterfeinstellung von Abfall und Gang.

Abb. 482
Im Schraubboden ist neben der Gehäusenummer 1929857 auch die komplette Referenzbezeichnung R 811 AD zu finden.

Abb. 485
Der Gehäuseboden erfuhr eine fachgerechte Aufarbeitung, auch wenn sich nicht alle Korrosionsspuren haben entfernen lassen.

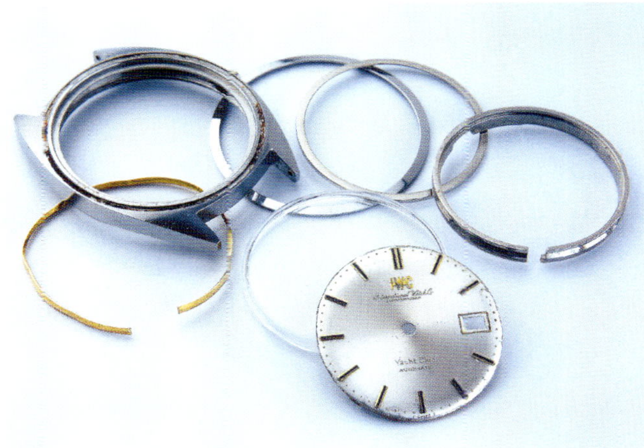

Abb. 486
Dieses Bild macht deutlich, welche Teile bei der IWC-Revision alleine beim Gehäuse ausgetauscht werden mussten. Links unten ist jenes gebogene Messingprofil zu erkennen, welches die obligatorischen sieben Gummisegmente ersetzt hatte.

Zu den bekanntesten Modellen dieser feinen Manufaktur zählt unsere heute vorgestellte Yacht Club. Nicht nur der Name dieser Uhr, sondern auch ihre robuste und strapazierfähige Konstruktion suggerierte ihrem Träger Sportlichkeit und Dynamik! Mit einer Produktion von über 45.000 Stück, etwa 10 % davon mit Goldgehäuse, stellt die Yacht Club damals die meistgebaute Herren-Automatic von IWC dar. Neben den Gehäusevarianten in Edelstahl sowie in Gelb- und Weißgold fanden sich auch unterschiedliche Zifferblattvarianten. So wurden die Zifferblätter der Stahlausführungen entweder versilbert oder mit blauem sowie schwarzem Emaillelack versehen. Bei den Ausführungen in Weiß- und Gelbgold waren die Zifferblätter entweder versilbert oder vergoldet (champagnerfarben). Unter der Referenzbezeichnung R 811 AD wurden die Modelle in Edelstahl und 750 Gold, unter R 911 AD die Modelle in der »Mixte«-Version mit Gehäuse in 585 Gelbgold und Stahlboden geführt. Nach der Neuordnung der Referenzbezeichnungen im Jahre 1971 wurde die Linie Yacht Club mit R 1811 AD bzw. R 1911 AD bezeichnet. Unsere hier vorgestellte Yacht Club R 811 AD in Edelstahl entdeckte man beim Antikuhrenhändler Alec Stromberg in Los Angeles, Kalifornien, USA (www.strombergtime.com). Die im Internet offerierte Yacht Club fand trotz des günstigen Einstiegspreises von 899 USD zunächst keinen Käufer. Im Anschluss einigte man sich über den Kaufpreis, so dass dieser Zeitmesser einschließlich Fracht und Versicherung für 855 USD (ca. 775 €) den Besitzer wechselte. Mit Einfuhrumsatzsteuer und Zollgebühren kam der Kaufpreis auf rund 900 €, ein durchaus marktgerechter Wert. Die Vorfreude auf diesen Neuerwerb war aber schnell verflogen, als die Uhr nach Ankunft der üblichen Eingangskontrolle unterzogen wurde. Die Bewertung des Verkäufers »over all condition very good with evidence of regular wear« traf in allen relevanten Bereichen leider nicht zu. Das mit Goldindizes versehene und recht mitgenommene Zifferblatt passte nicht zum Stahlgehäuse. Letzteres war mehrfach nachgearbeitet, wenn auch nicht professionell. Als kleine Katastrophe entpuppte sich jedoch Lagerung und Zustand des Werkes Kaliber C.8541 B. Anstelle der sieben Gummisegmente zur elastischen und stoßgeschützten Lagerung des Werkes kam ein kleines Messingprofil zur Anwendung, welches man entsprechend zurechtgebogen hatte. Das Automatikwerk selbst befand sich in einem eklatant schlechten Zustand. Die fast schon schrottreife Automatic wurde dem Produktionschef von IWC Schaffhausen, Ronald Jäger, persönlich übergeben und zusammen mit dem Leiter der Serviceabteilung, René Schwarz, die beabsichtigte Revision besprochen. Im Rahmen dieser Komplettüberholung wurden Zifferblatt mit Zeigerspiel sowie Gehäusemittelteil inklusive Lünette ausgetauscht und das Werk nahezu auf Neuzustand gebracht. Auch die guten Gangleistungen müssen Erwähnung finden, welche wieder die strengen Chronometerwerte aus den sechziger Jahren erreichten. Für diese beispielhaft durchgeführten Arbeiten waren einschließlich Stammbuchauszug 935 SFR (ca. 608 €) zu entrichten.
Addiert man zu diesen Kosten den Kaufpreis sowie die zusätzlichen Auslagen für Lederband und Stahlschließe, kam die Investition auf einen Gesamtbetrag von rund 1.600 €. Einerseits viel Geld für eine über 35 Jahre alte Armbanduhr, andererseits ein treuer Begleiter für die nächsten Jahrzehnte, wie man ihn bei neuen Uhren um diesen Preis und in dieser Technik bestimmt nicht mehr finden kann.
Welchen Zustand diese Uhr vor und nach der Revision aufwies, kann keine Beschreibung so klar verdeutlichen wie der hier gezeigte Fotovergleich!

11.7 Jaeger-LeCoultre Memovox Date E 855 Automatik in Stahl

Bereits in den fünfziger und sechziger Jahren gehörte Jaeger-LeCoultre zu den ganz Großen im Uhrenbusiness. Die Manufaktur in Le Sentier war vor allem als Werkeherstellerin bekannt, produzierte aber auch zahlreiche Armbanduhren selbst. Neben den bekannten Modellen FUTURMATIC und den Automatiks mit Gangreserveanzeige unter der 12 zählten gerade die verschiedenen Memovox-Varianten zu den erfolgreichsten Zeitmessern jener Epoche. Eine aus den späten fünfziger Jahren stammende Memovox Date Ref. E 855 stellen wir heute vor. Im Rahmen der Vorarbeiten für eine Dokumentation über Herrenarmbanduhren von Jaeger-LeCoultre hielt man auch international Ausschau. Zu den diversen Suchergebnissen zählt auch diese Memovox Date, die schon einige Besonderheiten vorzuweisen hat. Zum einen handelt es sich bei dieser Referenz E 855 um ein eidgenössisches Produkt. Dies bestätigt auch der Zifferblattaufdruck unterhalb der 6 mit »T Swiss Made T«. T steht in diesem Falle für die nicht radioaktive Leuchtmasse Tritium. Zum anderen besitzt diese Memovox das begehrte schwarze Zifferblatt sowie Logo und Firmenaufschrift bei der 12. Was hatte die Memovox anderen Uhren voraus und warum fand sie eine so weite Verbreitung? Neben der Zeitangabe besaß die Memovox noch eine Weckfunktion, die vielerlei verwendbar war. Ob als Erinnerung an einen wichtigen Termin, ob zur Überwachung der Parkzeit oder schlicht als morgendlicher Wecker machte sich die Memovox im Alltagsgeschehen fast unentbehrlich. Die hier vorgestellte Memovox

Abb. 487
Jaeger-LeCoultre Memovox Automatic Date Ref. E 855 mit dem gesuchten schwarzen Zifferblatt und JLC-Logo und -Schriftzug bei der 12. Ob Parkzeitenkontrolleur oder morgendlicher Wecker, diese Memovox wurde permanent gebraucht!

stammt aus den USA und wurde anlässlich einer Dienstreise von einem Uhrensammler aus Los Angeles erworben. Da kein passender Gehäuseschlüssel zur Hand war, wechselte dieser Wecker nach nur funktioneller und optischer Prüfung ungeöffnet den Besitzer. Der Kaufpreis landete nach längerer Diskussion bei 850 USD. Eine gründliche Inspektion dieses Neuerwerbs konnte erst nach Rückkehr in München erfolgen. Hierbei wurde die Referenz E 855 ermittelt und das Automatikwerk Kaliber K 825, Werknummer 1 936 863, sowie das Schraubbodengehäuse, Gehäusenummer 1 131 186, näher untersucht. Im

Abb. 488
Das Automatikkaliber 825 wird noch über eine beschränkte Schwungmasse aufgezogen, in der Umgangssprache auch Hammerautomatik genannt. Daneben sind der Boden sowie die fünfnutige Ringmutter zu sehen. Auf den Stift, der auf den Innenboden geschweißt ist, schlägt der Hammer des Läutewerkes und erzeugt über den Boden als Resonanzkörper den Weckton (Werk-Nr. 1.936.863, Gehäuser-Nr. 1.131.186).

Gegensatz zum optischen Auftritt zeigte das Automatikwerk mit Weckfunktion starke Verschleißerscheinungen. Diese waren jedoch weder konstruktiv noch funktionell bedingt, sondern resultierten wohl aus einem Jahrzehnte währenden Gebrauch, ohne die werterhaltenden Wartungszyklen zu beachten. Zwar gilt das hier eingeschaltete Kaliber K 825 mit beschränkter Schwungmasse, in der Umgangssprache auch Hammerautomatik genannt, als besonders pflegeleicht und robust, dem jahrzehntelangen Mangel an den vorgeschriebenen Schmiermitteln, verschiedene Öle und Fette, kann aber auch die beste Konstruktion nicht standhalten. Entsprechend fielen die von JLC Deutschland, damals noch in Nürnberg, durchgeführten Revisionsarbeiten aus. In einer unserer Aufnahmen dieser Uhr sind die vielen Einzelteile und Komponenten dokumentiert, die bei der Werksrevision zum Austausch kamen. Viele Positionen davon mussten vom Stammhaus in Le Sentier angefordert werden, so dass die Arbeiten sich fast über vier Monate hinzogen.

Abb. 489
Blick auf die Rückseite unserer Memovox. Um das Gehäuse sind alle Werkteile zu sehen, die bei der Revision (besser vielleicht Restauration) ausgetauscht wurden. Darunter finden sich auch Brücken, Federhäuser und eine Vielzahl anderer Komponenten, die eben nur noch im Ersatzteillager bei JLC in Le Sentier zu finden sind.

Für die Grundrevision waren 520 €, für die diversen Austauschkomponenten 467,50 € und für Krokoband mit Stahlschließe 132 € zu veranschlagen. Alles in allem 1.119,50 €, die sich nach Addition der Mehrwertsteuer auf stolze 1.298,62 € summierten. Die Memovox wurde nach Rücksendung genauer ins Visier genommen und mittels Stereomikroskop die Mechanik und mit Hilfe des Gangprüfgerätes Witschi Mikrometre Professional der Gang überprüft. Die Ergebnisse zeigten wieder einmal, welch hohes uhrmacherisches Niveau von Andreas Böhm, dem Betreuer dieser Revision, und seinen Kollegen bei JLC Deutschland erreicht wird. Aber keine Bewertung ohne Schlussbilanz. Zum Kaufpreis von rund 710 € sind noch die Revisionskosten zu addieren, so dass sich die gesamte Investition auf ganze

2.800,50 € summiert. Für manchen Uhrenfreund stellt sich hierbei schon die Frage, ob eine Überholung, die mit Faktor 1,8 fast das Doppelte des Kaufpreises ausmacht, noch als gerechtfertigt erscheint. Sicher wird ein örtlicher Uhrmacher nicht so horrende Preise anbieten und für eine Überholung vielleicht nur 150 bis 200 € berechnen. In den meisten Fällen dürfte dies auch genügen, wenn das Werk nur gereinigt und mit den erforderlichen Schmiermitteln versorgt wird. Denn Sammleruhren verbringen ihre meiste Zeit in der Vitrine oder im Safe – und werden nicht tagtäglich am Handgelenk strapaziert.

11.8 Patek Philippe Automatic Date Ref. 3445 in 750 GG

Wenn von noblen alten Armbanduhren die Rede ist, darf man den wertvollen Zeitmessern aus dem Hause Patek Philippe getrost einen Spitzenplatz einräumen. Viele jener Modelle, die in den fünfziger und sechziger Jahren lanciert wurden, sind heute gesuchte Sammlerstücke von weiterhin steigendem Wert. Die Zeit der Automatik-Armbanduhren mit Datumsanzeige begann bei PPC im Jahr 1961 mit der Vorstellung der Referenz 3445. Mit dem Automatikkaliber 27-640 M (M für Monodate) wurden in der Folge insgesamt vier verschiedene Modelle ausgerüstet (Referenzen 3445, 3517, 3541 und 3558, die IOS-Referenz 3565 nicht mitgezählt). Während für die Gehäuse ausschließlich 750 Gelb- und Weißgold sowie Platin Verwendung fanden, gab es eine Vielzahl von Zifferblattvarianten. Neben den Oberflächenausführungen »versilbert«, »vergoldet« oder »lackiert« (blau, schwarz, grau etc.) sorgten Indizes oder römische Ziffern, in wenigen Fällen auch arabische Zahlen, für die Stundenmarkierungen. Zu den schönsten »Gesichtern« zählt wohl die hier vorgestellte Zifferblattausführung »versilbert« mit schwarzen römischen Ziffern.

Bei der Suche nach dieser speziellen Variante wurde man weder auf Uhrenbörsen noch auf Auktionen fündig. Auf einer

Abb. 490
Die Patek Philippe Automatic Referenz 3445 wurde im Jahre 1961 lanciert und blieb bis Anfang der siebziger Jahre im Programm. Die Ausführung mit versilbertem Zifferblatt und römischen Ziffern ist relativ selten zu finden. Das gleiche gilt für den optischen und technischen Zustand dieses noblen Zeitmessers.

Abb. 491
Zu den schönsten Automatikwerken, die je in der Schweiz gefertigt wurden, zählt das PPC-Kaliber 27-460 M (M für Monodate). Goldrotor, sehr effizienter Aufzug über Exzenterrad und Klinkenhebel, Gyromax-Unruh, Gangreserve von über 50 Stunden sind nur einige Attribute dieser exzellenten Konstruktion. Bei dem abgebildeten Werk Nummer 1 118 030 fällt auf, dass ein Unruhkloben mit verstellbarem Spiralklötzchenträger vorhanden ist. Diese Bauweise wurde erst in der letzten Bauserie mit der Werknummer 123 XXXX verwendet. Dabei erhielt das Kaliber die Bezeichnung 27-460 M PM (PM steht für »Piton Mobil«, d. h. französisch für »verstellbarer Spiralklötzchenträger«). Mit dieser Konstruktion lässt sich der Abfall, d. h. die Symmetrie zwischen Unruh, Anker und Ankerrad herstellen, ohne die Lagerung der Breguet-Spirale zu lösen.

Münchner Uhrentechnikbörse hatte zwar ein Wiener Antikuhrenhändler eine Ausführung in Weißgold mit schwarzem Zifferblatt und hellgrauen römischen Ziffern im Angebot, die geforderten 9.500 € lagen jedoch deutlich über dem vorgesehenen Budget. Erst ein Blick ins Internet führte zum gewünschten Erfolg. Ein Leihhaus in Mönchengladbach hatte eine gelbgoldene Ref. 3445 mit römischen Ziffern angeboten. Handicap dieser Uhr war jedoch das bei der 6 beschädigte und nur amateurhaft ausgebesserte Zifferblatt. Für nur 3.710 € – ein echter Schnäppchenpreis – wechselte das Schmuckstück

Abb. 492
Rückseite der Referenz 3445 mit Schraubboden (10-Kant) und Service-Signet.

den Besitzer und wurde im Anschluss gleich der Deutschen Niederlassung von Patek Philippe in München weitergereicht. Unter dem geübten Auge der dortigen Atelierchefin Birte Zweiniger erhielt diese Ref. 3445 eine umfassende Revision. Im Rahmen dieser Arbeiten kamen auch diverse Teile zum Austausch, insbesondere ein Originalzifferblatt aus den sechziger Jahren. Einschließlich der Erstellung eines Stammbuchauszuges beliefen sich die Revisionskosten auf 1.161,50 € zuzüglich der üblichen 16 % Mehrwertsteuer. Mit neuem Band, PPC-Goldschließe sowie einer PPC-Box errechneten sich die Gesamtkosten auf genau 5.717,34 €. Ein wahrhaft guter Preis für eine PPC Ref. 3445 in Gelbgold, insbesondere für diesen neuwertigen Zustand und dieses seltene Zifferblatt.

11.9 Vacheron & Constantin Automatic Date Royal Chronometer in besonderer Ausführung

Bei Internet-Recherchen nach besonderen Armbanduhren dieser noblen Genfer Uhrenmanufaktur stieß man auf ein Angebot, welches zunächst einmal zum Nachdenken zwang. Eine Royal Chronometer in schlichtem Edelstahlgehäuse wurde hier offeriert. Hinzu kam noch der Umstand, dass dem eingeschalten Automatikkaliber K 1072/1 das goldene Schwunggewicht fehlte! Damit war der automatische Aufzug ohnehin außer Funktion gesetzt. Trotz dieses Handicaps, welches deutlich in der Offerte beschrieben war, wurde die Uhr für rund 3.800 USD verkauft. Offensichtlich hatte der Käufer den Hinweis auf das fehlende Schwunggewicht nicht richtig verstanden und später wegen Nichtfunktionieren des Aufzuges dieser Uhr den Kauf wieder rückgängig gemacht. Um diese Angelegenheit und der Geschichte dieser Uhr auf den Grund gehen zu können, wurde nach längeren Diskussionen dieses kuriose Stück für 2.300 USD übernommen, jedoch nicht, ohne sich ein Rückgaberecht eingeräumt zu haben. Einschließlich Fracht, Zoll und Einfuhrumsatzsteuer waren rund 2.300 € zu investieren. Bei der üblichen Eingangsprüfung kam schnell zu Tage, dass es sich bei diesem Neuerwerb um eine Mariage handelt, wenn auch um eine recht seltsame! Eine Rückfrage bei Vacheron & Constantin in Genf schaffte schnell Klarheit. Das Automatikwerk Kaliber K 1072/1 mit Werknummer 630 082 gehörte ursprünglich zu einer gelbgoldenen Royal Chronometer der Referenz 6694 aus dem Jahre 1971. Das Stahlgehäuse mit Nummer 382 366 dagegen entstammt einer Automatik mit Datum Ref. 6562, die 1962 produziert worden war. Was ist wohl im Kopfe jenes Menschen vorgegangen, der diese mysteriöse Manipulation vorgenommen hatte? War er auf das solide Gold von Gehäuse und Schwunggewicht aus?

Trotz aller Einschränkung wurde diese Mariage den Händen des langjährigen Vacheron-Uhrmachers Martin Becker anvertraut und eine Revision von Werk und Gehäuse in Auftrag gegeben. Weil das besagte goldene Schwunggewicht jedoch nicht mehr lieferbar ist, wurde ein solches von einem im Ersatzteillager vorhandenen Rotor einer AP-Automatik Kaliber P 2499 entnommen und an die Rotorträgerplatte des Vacheron-Kalibers geschraubt. Da in den fünfziger, sechziger und auch noch siebziger Jahren sowohl AP als auch V&C reservierte Rohwerke (Ebauches) von Jaeger-LeCoultre bezogen, waren die vergleichbaren Kaliber in vielen Bereichen identisch. Nur zwei offensichtliche Unterschiede sollen hier hervorgehoben werden. Die Werke von AP waren zum Teil nur in vier, die von V&C stets in fünf Positionen reguliert. Der Rotorträger von AP war mit Genfer Streifenschliff, jener von V&C mit Sonnenschliff verziert. Für die Revision der Mariage waren 332 € zu entrichten. Neben dem goldenen Schwunggewicht waren noch einige Schrauben und Kleinteile zu ersetzen, im zuvor genannten Preis jedoch inklusive.

Abb. 493
Vacheron & Constantin-Mariage bei ihrer Ankunft aus den USA. Zifferblatt und Kaliber K 1072/1 gehörten zu einem Royal Chronometer Ref. 6694 aus dem Jahre 1971, das Gehäuse aus Stahl zu einer Automatik mit Datum Ref. 6562 aus dem Jahr 1962.

Abb. 494
Vacheron & Constantin Ref. 6694 Royal Chronometer in original Ausführung zum Vergleich.

Abb. 495
Das Kaliber K 1072/1 von V&C ohne goldenes Schwunggewicht, darunter der komplette Rotor einer Audemars Piguet Kaliber P 2499. In beiden Fällen war Jaeger-LeCoultre Lieferant der Rohwerke (Ebauches). Die guillochierten Goldgewichte waren für beide Abnehmer identisch, nicht aber die Werke. Jene von AP waren anfangs nur in vier Positionen, die von V&C in fünf Positionen reguliert. Die Rotorträgerplatte von AP war mit Genfer Streifenschliff, die von V&C mit Sonnenschliff verziert.

Abb. 496
Blick auf das Werk Nummer 630.032 Kaliber K 1072/1. Dieses Werk ist nicht nur im falschen Gehäuse eingeschalt, es fehlt auch das Schwunggewicht aus 750 Gelbgold.

Abb. 497
Die V&C-Mariage nach der Revision. Der Rotor besitzt wieder ein Goldgewicht und beschädigte Schrauben und andere Komponenten wurden ersetzt. Neben dem zuvor beschriebenen Patek Kaliber 27-460 M gehört auch dieser Vacheron-Automat K 1072/1 zu den schönsten Schweizer Uhrenwerken. Beide Werktypen verfügen über eine Gyromax-Unruh, auch wenn die bei Patek über acht Masselotte-Gewichte und die von Vacheron über zehn verfügt.

Abb. 498
V&C Ref. 6562 in Edelstahl und unsere Mariage in einem Gehäuse des links gezeigten Modells.

Wie bei allen anderen Uhren gilt es auch hier eine Bilanz zu erstellen. Sind die für Kaufpreis und Revision einer Mariage gezahlten 2.632 € überhaupt gerechtfertigt und werthaltig? Ein professioneller Händler nobler alter Uhren könnte gegebenenfalls diese Frage verneinen, ein Sammler, der vielleicht gerne tiefstapelt, hätte wohl seine berechtigte Freude daran. Zifferblatt und Werk einer Royal Chronometer, geschützt eingebettet in einem bescheiden auftretenden und trotzdem edlen Stahlgehäuse, wäre dies vielleicht nicht der geheime Wunsch so mancher souveräner Uhrenliebhaber? Denn die Aussage »Außen Stahl, innen Gold« kennen wir schon als Motto der 1972 lancierten Sportuhr ROYAL OAK von Audemars Piguet. Eine goldene Royal Chronometer Ref. 6694 war in den letzten Jahren weder auf Auktionen noch auf Uhrenbörsen zu finden. Eine stählerne Automatik/Date Ref. 6562 wurde von einem seriösen Anbieter auf der Münchner Uhrentechnikbörse schon mehrfach offeriert, ohne dass sich ein Käufer für die mit 5.500 € angebotenen Uhr finden konnte. Damit unsere Leser zum Abschluss eine Vorstellung erhalten können, wie die Referenzen 6694 Royal Chronometer in Gelbgold und 6562 Automatik in Edelstahl in Wirklichkeit aussehen, haben wir alle diese Uhren hier abgebildet.

11.10 Rolex Oyster Day-Date Ref. 1803 in Gelbgold

Zu dieser Uhr finden sich stets zweigeteilte Meinungen. Die einen sind stolz auf ihre Traumuhr und stellen dies offensichtlich gerne zur Schau. Die anderen können sich diesen Zeitmesser nicht leisten und verdammen ihn bei jeder passenden und unpassenden Gelegenheit. Für den Dritten im Bunde, den Kenner und Tiefstapler wiederum kommt nur eine DAY-DATE mit Weißgold- oder Platingehäuse in Frage. Nur so sieht er seinen extraordinären Geschmack bestätigt. In Vorbereitung dieses Beitrags hielt man nach einer passenden DAY-DATE Ausschau und fand schließlich eine günstige Gelegenheit im Internet. Hierbei offerierte der Anbieter, ein Sammler aus Berlin, nicht nur eine neu revidierte Uhr, sondern stellte den Topzustand dieser Offerte besonders heraus. Mit 3.512,02 € erhielt

Abb. 499
Nicht nur der Traum vieler Sammler, sondern oftmals das Ziel mancher erfolgreicher Manager und Geschäftsleute: Die ROLEX OYSTER DAY-DATE! Auf dem deutschen Markt wurde dieses Modell ausschließlich mit Goldband angeboten, in Österreich wegen der Luxussteuer auch mit Krokoband. Zu den vielen Zifferblattvarianten gehört auch diese blaue Version. Zum dunkelblauen Businessanzug bestimmt die passende Begleitung.

Abb. 501
Rückansicht der ROLEX DAY-DATE mit Schraubboden, der nur mit einem Spezialwerkzeug geöffnet werden kann. An der Goldpunzierung erkennt man die Exportausführung: Am linken oberen Bandanstoß ist die kleine Helvetia, am rechten 18K eingeschlagen.

Abb. 500
Blick auf das Automatikwerk Kaliber 1556 unserer DAY-DATE. Präzision, Robustheit und Zuverlässigkeit standen im Pflichtenheft dieses technisch überragend konstruierten Werkes. Auf ein simples, aber technisch relevantes Detail möchten wir heute hinweisen, weil es in der einschlägigen Literatur noch nie richtig hervorgehoben wurde. Die Zahnräder (Klinkenräder) der Automatikgruppe sind aus einer speziellen Aluminiumlegierung gefertigt und die Oberfläche eloxiert worden. Diese Eloxalschicht ist hart wie Glas und sehr verschleißfest, auch ohne Schmierung. Die Zahnräder und -triebe des Uhrwerkes sind dagegen aus Messing und Stahl hergestellt, einsatzgehärtet und geschliffen. So stehen beim Räderwerk der Automatikgruppe nicht die Präzision, sondern die Verschleißfestigkeit und die hohen Notlaufeigenschaften im Vordergrund. Bei den Zahnrädern und -trieben des Uhrwerkes hingegen sind hohe Teilungsgenauigkeit, präzise Modulausbildung und richtige Schmierung gefordert. Somit wurde für einen effizienten, verschleißfreien Aufzug einerseits und hohe Ganggenauigkeit andererseits schon tief in die Trickkiste der Technik gegriffen.

man den Zuschlag und einige Tage später die Uhr. Rein optisch zeigte sich diese DAY-DATE in sehr gutem Zustand, wobei das blaue Zifferblatt in Verbindung mit dem gelbgoldenen Zeigerspiel und den ebenfalls gelbgoldenen Indizes eine besondere Ausstrahlung bewirkte. Desweiteren beruhigte die von einem Berliner Rolex-Konzessionär stammende Rechnung über eine komplette Revision. Für diese waren 685 DM berechnet worden. Nach der üblichen Eingangsprüfung folgte der Gangtest am Witschi Micrometre Professional. Lag der tägliche Gang (MOY) mit + 004 sec in gutem Bereich, konnte der mittlere Gang in sechs Positionen (DEL) mit 014 sec nicht befriedigen. Eine Rücksprache beim Berliner Konzessionär fiel wenig hilfreich aus und hatte die Einschaltung von Rolex Köln zur Folge. Nach Einsenden der Uhr war in Köln schnell herausgefunden worden, dass der Berliner Konzessionär das Werk selbst revidiert und nur das Gehäuse zur Aufarbeitung an Rolex gesandt hatte. Nun wurde auch das Kaliber 1556 einer fachgerechten Revision unterzogen und auf Anhieb die früheren Chronometerwerte erzielt. Nach längerer Überzeugungsarbeit übernahm der Berliner Rolex-Konzessionär die von Rolex Köln berechneten Kosten und sorgte dafür, dass sich auch dieser Kauf mit einem Happy-End abschließen ließ. Aus diesem Grunde finden weder der Name des Verkäufers noch der des Rolex- Konzessionärs hier eine Erwähnung.

Bilanziert man dieses Geschäft und ergänzt noch den Umstand, dass das zugehörige Oyster-Goldband für weitere 800 € nachgeliefert wurde, kann man mit diesem Neuerwerb zufrieden sein. Denn ganze 4.312,02 € für eine guterhaltene und neurevidierte ROLEX OYSTER DAY-DATE mit Gold- und Lederband, Papieren und Box darf als zufriedenstellende Investition bezeichnet werden. Auch wenn dieser Klassiker mit Kaliber 1556 noch über keine Datumsschnellschaltung verfügt, zum dunkelblauen Businessanzug und zu gelbgoldenen Manschettenknöpfen verhilft er stets zu einem perfekten Auftritt.

11.11 IWC Automatic Ref. 3205 in Edelstahl

Abb. 502
Auch in Edelstahlausführung wirkt diese IWC-Automatik Ref. 3205 höchst elegant. Mit gemessenen 34,3 mm Gehäusedurchmesser (Werksangabe 33,5 mm) und nur 7,30 mm Gesamthöhe verfügt sie über einen speziellen Schraubboden und ist bis 30 m wasserdicht.

Auch wenn diese Uhr auf den ersten Blick sehr bescheiden wirkt, stellt sie ein kleines technisches Wunderwerk dar. Dafür steht zunächst das aufwendig konstruierte Gehäuse mit gemessenen 34,3 mm Durchmesser (Werksangabe 33,5 mm) und nur 7,30 mm Höhe. Der Schraubboden mit Feingewinde und einem speziellen Schlüsselansatz mit 18 Kanten ermöglicht eine so flache Bauweise. Eine Ausführung dieser Referenz 3205 mit Gelbgoldgehäuse findet man im IWC-Kapitel dieses Buches auf Seite 86.
Der Hersteller dieses Uhrengehäuses, Firma C.R. Spillmann SA, Chêne-Bourg, hat auch ähnliche Gehäusekonstruktionen an Vacheron & Constantin geliefert. Ein Beispiel hierfür findet sich im Kapitel »10. Vacheron & Constantin« mit der Referenz 7512 auf Seite 283 Das hier vorgestellte Modell wurde von einem deutschen Gebrauchtuhrenhändler im Internet offeriert und für 1.600 Euro erworben. Da sich Gehäuse und Werk in gutem Zustand befanden, wurde von dem eingeräumten Rückgaberecht kein Gebrauch gemacht. Aufgrund einer wohl langen »Liegezeit« verlangte das IWC-Kaliber 3254 nach einer fachgerechten Revision und wurde hierzu persönlich bei IWC in Schaffhausen eingereicht. Ein Begleitschreiben mit genauen Regievorgaben einschließlich der Bitte, nach der Revision die Gangwerte dieser Uhr mit dem Witschi-Messgerät zu überprüfen und die Ausdrucke beizulegen, wurde wie immer mit eingereicht.
Nach mehrmonatiger Wartezeit wurde diese Uhr in der IWC-Boutique in Schaffhausen wieder persönlich in Empfang genommen und der stolze Revisionspreis von 1.627,50 CHF entrichtet. Der schon bei der Einlieferung schriftlich erbetene Messschrieb war jedoch nicht beigelegt. Nun wurde umgehend jener Uhrmacher mobilisiert, der diese Uhr revidiert hatte. Vermutlich war in Vergessenheit geraten, dass dieser Uhr schon bei Anlieferung ein Messschrieb beigelegen war, um die Gangwerte nach der Revision mit den vorherigen Messwerten vergleichen zu können.
Da dieser Nachholprozess wohl aus organisatorischen Gründen über eine Stunde in Anspruch nahm (Herstellerwerk IWC und Serviceabteilung sind jetzt zwei juristisch und organisatorisch getrennte Unternehmen), konnte der verlangte Messschrieb erst nach einer längeren Mittagspause nachgeliefert werden. Da das Chronometer-geeignete Kaliber 3254 (Basis Jaeger-LeCoultre 900) nach der kostspieligen Revision schlechtere Gangwerte aufwies als vorher, wurde dieser Umstand reklamiert und der Serviceabteilung diese Uhr zur Nachbesserung wieder zurück-

Abb. 503
IWC Referenz 3205 mit geöffnetem Schraubboden. Das IWC Kaliber 3254 basiert auf dem Jaeger-LeCoultre Automatikwerk 900, hat 34 Steine verbaut, besitzt einen Durchmesser von 26,50 mm und eine Höhe von 4,35 mm. Die Frequenz der Unruh beträgt 28.800 Halbschwingungen/h (Werk-Nr. 2.215.490, Gehäuse-Nr. 2.219.639). Um die Gehäusenummer besser lesen zu können, links noch eine Ausschnittvergrößerung.

Abb. 504
Das Gehäuse der IWC Ref. 3205 besitzt einen speziellen Schraubboden mit Feingewinde. Dieser wird über einen sternförmigen 18-Kant geöffnet, wofür auch ein spezieller Schlüssel benötigt wird. Dieses Gehäuse hat die Firma C.R. Spillmann SA aus Chêne-Bourg geliefert.

Abb. 505
Detailaufnahme der Reglage des Kalibers 12‴-600 AT in rund 5facher Vergrößerung. Die Feinstellung des Ganges erfolgt über Mikrometerschraube und Rücker. Den Gegendruck übernimmt ein rundgebogenes Federelement. Einen zweiten Weg zur Feinstellung des Ganges ermöglicht die Gyromax-Unruh mit acht Masselotte-Gewichten. Das System ist somit doppelt gemoppelt, wie mann im Volksmund sagt. Bei den nachfolgenden Automatikwerken von Patek Philippe findet nur noch eine Gyromax-Unruh Verwendung. Zwischen Unruh und Unruhkloben erkennt man noch die Breguet-Spirale. Der Unruhkloben selbst wird von zwei nicht sichtbaren Zylinderstiften auf der Platine positioniert und mit einer Zylinderkopfschraube befestigt. Der kleine Spalt zwischen Platine und Unruhkloben dient dem Uhrmacher bzw. seinem Schraubedreher zum Abheben des Unruhklobens.

gegeben. Dem Begleiter des Verfassers Dr. G. T. kam die Vermutung auf, dass man in der Serviceabteilung das Begleitschreiben und die Regieanweisung des Verfassers wohl nicht gelesen hatte. Nach weiteren drei Wochen erfolgte von IWC die Fertigmeldung und Bestätigung der Beilage der verlangten Messschriebe der Gangwerte. Aufgrund der durch die Corona-Pandemie gegebenen Besuch- und Reiseverbote wurde diese IWC Referenz 3205 von einem Vertrauten des Verfassers abgeholt und bis auf Weiteres in der Schweiz deponiert. Bis zum Redaktionsschluss lagen die Ergebnisse der erneuten Überprüfung dieser Uhr noch nicht vor. Bei der bisherigen guten Erfahrung mit IWC kann aber davon ausgegangen werden, dass das kleine Missgeschick wieder umgehend gutgemacht worden war.

11.12 Patek Philippe Ref. 2551J-200

Im Kapitel 8. Patek Philippe wurde bereits über zwei Exemplare dieser wunderschönen Automatic aus Genf berichtet. In diesem edlen Sammlerstück arbeitet das Automatikkaliber 12‴-600 AT, welches als erstes seiner Art 1953 eingeführt wurde. Von diesem Werk wurden zwischen 1953 und 1960 genau 7.100 Werke produziert. Dieses Kaliber kam in den folgenden Modellen zum Einbau: Referenz 2526, 2540, 2551, 2552, 2583, 2584, 2585, 3403 und 3415, bei letzterer nur bei der ersten Serie. Das Werk unserer Uhr mit Nummer 764.770 dürfte wohl dem Jahr 1957 zuzuordnen sein. Das hier vorgestellte Modell wurde über eBay von einem Privatmann für 11.500 Euro erworben und wegen des mitgenommenen Zustands über die Niederlassung München der Revisionsabteilung von Patek Philippe in Genf übergeben. In dem schriftlich erteilten Auftrag war auch die Auffrischung des Zifferblatts enthalten. Während die Revisionsarbeiten im Standort 1228 Plan-les Ouates durchgeführt wurden, erfolgte die Auffrischung des Zifferblatts bei Cadrans Flückiger SA, der firmeneigenen Zifferblattfabrik in St.-Imier, Kanton Bern. Nach sechs Monaten traf diese Referenz 2551 wieder frisch revidiert in München ein. Für die komplette Überholung waren genau 2.906,81 Euro zu entrichten. Die übliche Eingangsprüfung überstand diese Uhr mit Bravour, dies galt sowohl für die Gangleistung als auch für die Güte des Zifferblattes. Auch dem Sammler wertvoller Uhren aus dem Haus Patek Philippe darf empfohlen werden, alle Vorgänge bei der Beauftragung einer Revision schriftlich zu formulieren, um eventuelle Missverständnisse auszuschließen. Auch sollten einige aussagekräftige Bilder von Gehäuse, Zifferblatt und Werk vor der geplanten Revision erstellt werden, zumal die in den neuen Mobilgeräten installierten Objektive scharfe Fotos ermöglichen.

Auch wenn die Revision der Patek Philippe Ref. 2551, auch als »Disco Volante« bezeichnet, nahezu 3.000 Euro kostete, darf dieser Betrag als gute Investition bezeichnet werden. Im Internet wurden diese Modell zwischen 20.000 und 30.000 USD angeboten, wobei jedoch nicht sichergestellt ist, dass alle jenem neuwertigen Zustand entsprechen, der für unsere hier vorgestellte Patek Philippe gilt.

Abb. 506
Erstes Patek Philippe Automatikwerk 12‴-600 AT mit allen Feinheiten, die ein derartig exzellentes Kaliber beinhalten kann. Guillochierter Rotor aus massivem Gold, Reglage mit Gyromax-Unruh und Breguet-Spirale, Wechsler für zweiseitigen Aufzug und vieles mehr sorgen für beste Qualität.

Abb. 507
Patek Philippe Ref. 2551, auch als »Disco Volante« bezeichnet, nach erfolgter Revision beim Hersteller in Genf. Das Zifferblatt wurde bei der Patek Philippe-eigenen Zifferblattfabrik Cadrans Flückiger SA so aufgefrischt, dass es als neuwertig bezeichnet werden darf. Das Werk erreicht trotz seiner fast 60 Jahre nach dieser Revision wieder Chronometerwerte. Nur das Gehäuse wurde im vorliegenden Zustand belassen, weil Nacharbeiten und Polieren immer mit Materialabtragung und damit Goldverlust verbunden ist (Werk-Nr. 764.770, Gehäuse-Nr. 698.306).

11.13 Rolex Cosmograph Daytona Ref. 116.520 in Edelstahl

Auch die zur Zeit wohl gesuchteste Kultuhr sollte in diesem Kapitel nicht fehlen, die ROLEX COSMOGRAPH DAYTONA mit der Referenz-Nr. 116.520. Für dieses begehrte Modell in Edelstahl werden vom Fachhandel Lieferzeiten von rund sechs Jahren angegeben. Also sollte man sich gleich vormerken lassen. Lag der Listenpreis für diese Uhr im Jahr 2019 noch bei 11.300 Euro, mussten dafür ab 1. Januar 2020 stolze 12.250 Euro entrichtet werden, ein Preisanstieg von rund 8,4 %! Die aktuellen Verkaufspreise von gebrauchten Uhren bewegen sich bei eBay von rund 19.000 bis 24.000 Euro. Bei internationalen Offerten, z. B. bei Chrono24.com liegen die Angebote zwischen rund 24.000 und 38.000 USD.
Die hier vorgestellte DAYTONA wurde vor rund zehn Jahren im Fachhandel erworben, aber selten getragen. Trotzdem wurde dieses Zeitmessgerät aus Gründen der Funktionssicherheit der Rolex-Niederlassung Köln anvertraut und eine komplette Revision in Auftrag gegeben. Hierbei war der schriftliche Wunsch mitgereicht worden, dass diese Uhr optisch und technisch einem neuen Exemplar entsprechen sollte. Dieser Wunsch wurde auch voll erfüllt und dafür der Betrag von genau 1.113,99 Euro in Rechnung gestellt.

Abb. 508
In diesem Zustand verlässt die ROLEX DAYTONA nach erfolgter Revision die Endkontrolle in Köln. Die mittleren Glieder des Oyster-Bandes sind mit goldener Schutzfolie abgeklebt. Die nachgearbeiteten Bandanstöße sind mit einer rot-gestreiften Schutzfolie versehen. Die Lünette wird wie bei der Auslieferung einer neuen Uhr mit einem Kunststoffring abgedeckt. Diese besondere Sorgfalt erfahren wohl nur Uhren, die im Haus Rolex überholt werden.

Damit der interessierte Leser auch einmal einen Blick hinter die Kulissen einer Revision werfen kann, werden hier auch einige Details von Rolex Köln verraten. Der Verfasser hatte noch zu Zeiten des früheren Technikchefs und Prokuristen Georg Ressel mehrfach die Möglichkeit, den Werkstatt- und Produktionsbereich von Rolex Köln zu besichtigen und mit den dortigen Fachleuten zu sprechen. Alles in allem glich dieser technische Bereich einer Fabrik, in der alles für die Herstellung einer kompletten Uhr vorhanden war. Alle Handgriffe und Fertigungsschritte erfolgten in gleicher Weise wie in den Produktionsstätten von Biel und Genf.

Abb. 509
Detailvergrößerung des Rolex-Chrongraphen-Kalibers 4130. Im Mittelpunk das Schaltrad, über das alle Chronographen-Funktionen gesteuert werden (Aufnahme Rolex).

Ohne die Rolex-Konzessionäre und deren Werkstätten in Deutschland deplatzieren zu wollen, würde der Verfasser selbst es stets vorziehen, Rolex-Uhren für die Durchführung einer Revision direkt nach Köln zu senden. Denn auch Konzessionäre reichen die meisten Revisionsarbeiten nach Köln weiter. Eine unserer Aufnahmen zeigt den Zustand sowie die Kennzeichnungen, die eine DAYTONA nach einer erfolgten Revision von Werk, Gehäuse und Band erhält. Sowohl die nachgearbeiteten Seiten des Gehäusemittelteils als auch das Band erhalten nach Durchführung einer Revision spezielle Schutzfolien. Die Lünette erhält zur Protektion einen Kunststoffring.
Bei den zahlreichen Armbanduhren, die der Verfasser bei Rolex Köln hat revidieren lassen, war trotz der umfangreichen Eingangsprüfung und Endkontrolle nie etwas zu reklamieren.

Der Verfasser hat aber auch andere Uhrmacher und Gehäusespezialisten erlebt, die nach genauen Vorgaben den gleichen Qualitätsstandard erreichten, so z. B. der leider in Pension gegangene Uhrmacher Martin Becker aus Straubenhardt oder der immer noch tätige Gehäusespezialist Alfred Hermann in Neuenbürg.

Abb. 510
Seit über 20 Jahren steht die ROLEX COSMOGRAPH DAYTONA Ref. 116.520 in der Beliebtheitsskala von Uhrenfreunden ganz oben. Mit dem selbst entwickelten Chronographen-Kaliber 4130 mit automatischem Aufzug und 70 Stunden Gangreserve verfügt sie – auch aus der Sicht des Ingenieurs – über eine so fortschrittliche Technik, die wohl kaum zu toppen ist (Gehäuse-Nr. 452X3523, die Werk-Nr. konnte nicht eingesehen werden, da die Uhr nicht geöffnet wurde).

Kenndaten der vorgestellten und überholten Uhren

Marke	Modell	Referenz	Kaliber	Werk-Nr.	Gehäuse-Nr	Gehäuse-ausführung	Kaufpreis (EUR)[1]	Revisions-kosten(EUR)[1]
Audemars Piguet	Automatic	5112 BA	K 2070	74 754	17 756	750 GG	ca. 3.250,-	ca. 392,-
IWC	Yacht Club	R 811 AD	C. 8541 B	1 959 737	1 929 857	Stahl	ca. 775,-	ca. 608,-
Jaeger-LeCoultre	Memovox Automatic	E 855	825	1 936 863	1 131 186	Stahl	ca. 710,-	1.298,62
Patek Philippe	Automatic Date	3445	27-460 M	1 118 030	328 637	750 GG	3.710,-	1.347,34 [2]
Vacheron & Constantin	(Chronometer Royal)	-	K 1072/1	630 082	382 366	Stahl	ca. 2.300,-	332,-
Rolex	Oyster Day-Date	1803/8	1556	DD 279043	2 092 352	750 GG	3.512,02	685,- DM
IWC	Automatic	3205	3254	2.215.490	2.219.639	Stahl	1.600.00 €	1.627,50 CHF [3]
PPC	Automatic	2551	12-600 AT	764.770	698.306	18 K GG	11.500.00 €	2.906,81 €
Rolex	Chronograph	116520	4130	[4]	452X3523	Stahl	11.000.00 €	1.113,99 €

[1] Circa-Werte sind Umrechnungen von USD auf EUR [2] Betrag ohne Goldschließe, Band und Box von PPC [3] Revisionskosten zum IWC-Mitarbeiterpreis [4] Uhr blieb ungeöffnet

Abb. 511
Potpourri von Zifferblättern wertvoler Schweizer Armbanduhren (von links oben im Uhrzeigersinn: Audermars Piguet Royal Oak, IWC Ref. R 817 AD, Jaeger-LeCoultre Chronomètre Geomatic und Vacheron & Constantin Ref. 6782 Q).

12. Neue Automatikwerke aus der Schweiz

Neue Automatikwerke aus der Schweiz im Spiegel früherer Automatikkaliber

12.1 Wie kommt es zu einem neuen Automatikwerk?

Werfen wir zunächst einen Blick zurück. Noch Anfang der 70er Jahre, als in der Schweizer Uhrenindustrie fast 100.000 Beschäftigte in Brot und Arbeit standen, konnte fast jeder größere Uhrenhersteller über selbstentwickelte Automatikwerke verfügen. Neben der Oberklasse, zu der damals OMEGA und Rolex zählten, tummelten sich über 30 weitere autarke Hersteller in dem blühenden eidgenössischen Uhrenbusiness. Doch schon Mitte der 70er Jahre änderte sich mit dem Aufkommen der Quarztechnologie diese Situation grundlegend und bedeutete für die meisten Unternehmen das unumgängliche Aus! Damit endete auch die bunte Vielzahl der damals verbauten Automatikwerke.
Nach dieser fast brutalen, aber technologisch unumgänglichen Marktbereinigung konnte nur noch eine Handvoll eidgenössischer Uhrenfabrikanten über eigene Automatikkaliber verfügen. Neben dem Marktführer Rolex gehören hierzu u.a. Patek Philippe, Jaeger-LeCoultre und Zenith. Chopard, Girard-Perregaux und andere stießen später noch hinzu. Fast alle anderen Hersteller schweizerischer Armbanduhren bedienten sich nach dem genannten Zusammenbruch der Automatikkaliber des Großserienherstellers ETA oder in der höheren Preisklasse der Rohwerke von Frederic Piguet. Beide sind heute in Nicolas Hayek`s SWATCH Group angesiedelt und nehmen fast schon eine Monopolstellung ein.

Wenn heute ein Uhrenhersteller die Einführung eines neuen Automatikkalibers beschließt, dann will er entweder die bereits in Produktion befindlichen Werke um ein weiteres, wohl noch besseres Modell ergänzen oder sich von seinen bisherigen Rohwerklieferanten unabhängig machen. Ersteres trifft für das in der Folge betrachtete neue JLC-Kaliber 975 zu, letzteres gilt z. B. für das neue Werk von Audemars Piguet.
Natürlich fällt es dem eingefahrenen Werkehersteller leichter, ein neues Automatikkaliber zu entwickeln. Kann er doch auf die umfangreiche Erfahrung zurückgreifen, die er mit seinen bisherigen Werken gemacht hat. Ein Newcomer dagegen verfügt nicht über die genannten Vorteile und muss die Infrastruktur für Entwicklung, Konstruktion und Fertigung des neuen Automatikwerkes erst einmal schaffen. Hierzu gehört das Anwerben hochqualifizierter Mitarbeiter, die Bereitstellung geeigneter Räumlichkeiten, die Beschaffung eines umfangreichen Maschinenparks sowie die Einrichtung der für die Uhrenmontage notwendigen Ateliers. Diese hohen Investitionen mussten sowohl Vacheron Constantin als auch Audemars Piguet eingehen, um ein von Grund auf neues Automatikwerk auf den Markt bringen zu können.
Diese vielfältigen Vorgänge unterliegen einem hohen unternehmerischen Risiko, weil alle aufgeführten Maßnahmen zwar die Voraussetzungen, aber nicht die Garantie für ein erfolgreiches neues Uhrwerk sind. Darum fallen auch die Entscheidungen für solche Vorhaben in eigentümergeführten Unternehmen meist schneller und unbürokratischer als in konzerngelenkten Firmen, bei denen selbst der CEO ein in der Konzernhierarchie eingebetteter Angestellter ist – wenn auch mit großer Verantwortung.

12.2 Welche Schritte gehen diesem Vorhaben voraus?

Zunächst sind – wie bei jedem erfolgreichen Marketing – die drei folgenden Fragen zu stellen: Wo komme ich her? Wo bin ich heute? Wo will ich hin? Unter diesen Aspekten ist zunächst eine Bedarfsanalyse »Warum benötige ich ein neues Automatikkaliber?«, dann eine Marktanalyse »Was für ein Automatikkaliber ist heute und morgen gefragt und mit welcher Konstruktion würde ich noch viel besser als die Mitbewerber liegen?« und schließlich eine Machbarkeitsstudie zu erstellen. Letztere sollte den entscheidungsverpflichteten Gremien eine Aussage über Technik, Kosten und Termine liefern und auch die Erfolgschancen belegen. Bei der Entscheidungsfindung der oft computergläubigen Kaufleute ist es stets von Vorteil, wenn man diesen einen profilierten Techniker zur Seite stellt. Denn auch eine umfangreiche, bunte und dreidimensionale CAD-Darstellung verlangt eine sorgfältige Prüfung, weil selbst eine noch so eindrucksvolle Zeichnung nicht gleichzeitig auch eine gute Konstruktion sein muß!
Zur erfolgreichen Aufgabenlösung gehören auch die Kenntnisse über die neuesten Kaliber der Mitbewerber. Das Rad wurde bereits vor über 6.000 Jahren erfunden. Trotzdem versuchen manche Techniker, diese Erfindung auch heute immer wieder nachzuvollziehen.
Wenn man schließlich den genauen Stand der Technik kennt und mit den eigenen Konstruktionsentwürfen beginnt, sollte man wissen, dass in der technischen Mechanik fast schon alle Felder belegt sind. Die noch heute vorstellbaren Innovationen können nur von besonders kreativen Ingenieuren erwartet werden, liegen aber auch in der Anwendung neuer Bearbeitungstechnologien,

Abb. 512
Die Neuen sind angetreten (von links nach rechts): Audemars Piguet ROYAL OAK mit Kaliber 3120, Vacheron & Constantin mit Kaliber 2475, Jaeger-LeCoultre HOMETIME mit Kaliber 975 und IWC INGENIEUR mit Kaliber 80110.

Materialien sowie der weiteren Reduzierung der Fertigungstoleranzen. Software- und CAD-Systeme, wie z. B. Pro/Engineer, erlauben komplizierte Konstruktionen, die gleichzeitig auch Festigkeitsberechnungen beinhalten und Funktionsnachweise erlauben. Auch der hier möglichen Simulation kommt eine große Bedeutung zu.
Unter Einbindung eigener Werke aus früherer Produktion, dem Level der wichtigsten Mitbewerber und der – hoffentlich – neuen Ideen wird das angestrebte neue Produkt in eine Machbarkeitsstudie umgesetzt. Neue Ideen oder Konstruktionsprinzipien werden ausgeführt und als Komponenten oder Untergruppen Labortests unterworfen sowie ihre Funktionssicherheit und praktische Alltagstauglichkeit verifiziert. Darin enthalten sind auch nochmals die Bestätigung der Aussagen über Technik, Termine und Kosten. Auf dieser Basis kann das Management die Entscheidung über und Genehmigung für das neue Produkt treffen. Dieser Weg reduziert für das Unternehmen signifakant die Risiken und die Kosten.

12.3 Wie läuft ein solcher Prozess ab?

Caesar hat uns schon im »De Bello Gallico« (Gallischer Krieg) vorgeführt, das durchdachte Planung und umfassende Vorbereitung die wichtigsten Voraussetzungen für den Erfolg sind. Diese Regel hat sich bis zum heutigen Tage erhalten und gilt auch für die Einführung einer neuen Uhr mit einem neuen Automatikwerk. Der interne Ablauf für die erfolgreiche Produktion eines neuen Uhrwerkes lässt sich ungefähr mit den folgenden Schritten beschreiben:

- Auf der Basis eines Pflichtenheftes neue technische Konzepte erarbeiten unter Einbindung von früheren hauseigenen Werken, der marktführenden Konkurrenten (Mitbewerber) und eigenen neuen Ideen (Innovationen)
- Analytische Bewertung der eigenen Konzepte im Vergleich mit den Mitbewerbern im Hinblick auf die eigenen Zielvorgaben

Abb. 513
Die Alten waren auch schon gut (von links nach rechts): Audemars Piguet Automatik mit Kaliber K 2072, IWC Automatik mit Kaliber C. 8541 B, Vacheron & Constantin mit Kaliber K 1072/1 und Jaeger-LeCoultre GEOMATIC mit Kaliber K 883 S. Alle Uhren stammen noch aus der zweiten Hälfte oder dem Ende der 60er Jahre.

- Managementaussage über Technik, Kosten und Termine
- Managemententscheidung mit Genehmigung von Technik, Budget und Terminplanung
- Benennung des Projektverantwortlichen sowie des Projektteams
- Entwicklung, Konstruktion, Prototypenbau und Erprobung, diverse Anwendungstests, Detailverbesserungen und zusätzliche Modifikationen
- Freigabe des technischen Konzepts mit Festlegung der Prototypen, der zu produzierenden Stückzahlen und Varianten sowie Fertigungsvorbereitungen einschließlich Absicherung neuer oder zusätzlicher Fertigungsverfahren mit Einbindung der Zulieferer
- Bau und Erprobung der Prototypen
- Auswertung der Versuche und Fertigstellung der Konstruktionszeichnungen
- offizielle Freigabe der Technik und Serienproduktion
- Aufnahme der Serienproduktion und Markteinführung

Je nach Umfang kann sich ein derartiger Prozess über fünf Jahre hinziehen. Der jeweilige Zeitraum hängt von den gestellten Forderungen (Komplexität des Werkes), dem Entwicklungsaufwand, der Mitverwendung von Komponenten aus bereits in Produktion befindlichen Werken, dem vorhandenen Know-how, der Ingenieurkapazität sowie dem zur Verfügung stehenden Budget ab. Die Kosten für ein derartiges Projekt können je nach Ausbaustufe rund 5 bis 8 Mio. CHF oder auch mehr betragen.
Einerseits sei noch bemerkt, dass die Weiterverwendung und Optimierung von vorhandenen und bewährten Werkskomponenten die Entwicklungskosten sowie das Risiko deutlich reduzieren können. Andererseits besteht die Pflicht zu neuen Ideen und Innovationen, um den Nutzen der Uhr, den Abstand zu den Mitbewerbern und die führende eigene Kompetenz beweisen zu können.
Auch die größten mechanischen und thermischen Härtetests mit dem Ziel, wie in der Kfz-Branche zu den Besten der Pannenstatistik gehören zu wollen, können innovatives Schaffen nicht

ersetzen. Denn wäre dies so, würden – nur als Beispiel – viele Autofahrer den Automobilen des zeitweisen Weltmarktführers aus Japan zusprechen und nicht die beiden Edelmarken aus Stuttgart-Untertürkheim oder Zuffenhausen bevorzugen.

12.4 Effizienz und innovative Höhe

Die am erfolgversprechendsten und wirtschaftlichsten Lösungen erzielt man mit einem Projektteam, das über hohes eigenes Know-how, besonders kreative Ingenieure, genaue Kenntnisse über eigene, frühere erfolgreiche Kaliber sowie aktuelle Werke der Mitbewerber verfügt. Hinzu gehören noch Kenntnisse aus anderen technischen Branchen, die sowohl für die konstruktive Gestaltung, die Werkstoffauswahl als auch für die Fertigungstechnik von Bedeutung sein können.

Zur Anleitung dieses Teams wird ein erfolgsverpflichteter Manager verlangt, der an einer technischen Hochschule seine Ausbildung erlangt hat und durch hohe Qualifikation, persönliche Vorbildwirkung, besonnene Weitsicht, Kenntnisse aus anderen Branchen, wie z. B. Maschinen- und Leichtbau (Luft- und Raumfahrt) und konsequentes Handeln überzeugt. Mit souveräner Führungsfähigkeit sorgt er im Innenverhältnis für den notwendigen Freiraum, welchen das Team für kreatives und innovatives Schaffen benötigt und steht nach außen für den Erfolg, den das Unternehmen braucht. In enger Kooperation und Kommunikation mit Produktion, Serviceabteilung und Marketing arbeitend, nimmt dieser Posten eine Schlüsselposition im Unternehmen ein. Wie nur wenige Journalisten verfügt der Verfasser über hinreichend eigene Kompetenzen in den Bereichen Entwicklung, Konstruktion, CAD-Anwendung und Fertigung..

12.5 Die neuen Automatikwerke

Um es vorwegzunehmen: Mit der Wahl von Uhren verhält es sich oftmals wie mit guten Weinen, sie bleibt immer Ausdruck des persönlichen Geschmacks. Der eine liebt die vollen Burgunder, der andere schwört auf edlen Bordeaux und ein Dritter wird auch mit einem schlichten Trollinger glücklich. Bei den kleinen mikromechanischen Wunderwerken, die in unseren Armbanduhren tagtäglich zuverlässig und anspruchslos ihren Dienst versehen, steht jedoch mehr die Technik im Vordergrund. Und gerade diesen Part einer Uhr wollen wir an vier Beispielen genauer unter die Lupe nehmen und einen konkreten Vergleich mit früheren Werken vornehmen. Als wichtigste Kriterien werden Konstruktion, Alltagstauglichkeit, Revisionsfreundlichkeit, Gangleistungen und innovative Neuerungen in die Beurteilung mit einfließen. Hierbei wird das bekannte Automatikkaliber 3135 von Rolex als Referenz dienen, weil es in den Augen des Autors zu den konstruktiv besten Großserienwerken gehört, die am Markt zu finden sind. Die wichtigsten Funktionselemente dieses Werkes sowie jene der vier neuen werden in einer Tabelle 1 (Seite 320) aufgelistet und erlauben auch dem unvorbelasteten Leser einen interessanten Vergleich. Dass man auch bei den drei Uhrenmarken, die zum Richemont-Konzern gehören, auf unterschiedliche technische Meinungen trifft, verleiht dieser Betrachtung einen besonderen Reiz.

Als weitere Bereicherung dieses Kapitels werden dem Leser im Detail auch frühere Automatikwerke der vier Uhrenmarken vorgestellt. Dieser Vergleich verdeutlicht die wichtigsten konstruktiven Unterschiede zwischen Gestern und Heute und erlaubt auch eine Aussage, ob oder warum die neuen Automatikwerke besser ausgefallen sind oder nicht. Diese Fakten werden bestimmt auch unsere jüngeren Leser interessieren, die vielleicht vor rund 40 Jahren noch nicht auf dieser Welt weilten oder noch von der Grundschule geplagt wurden. Schauen wir uns nun an, wie sich die neuen Automatikwerke darstellen und wie sie im Spiegel früherer Kaliber zu sehen sind. Die vielen Aufnahmen, welche dieses Kapitel begleiten, beweisen nicht nur die Aussage des Verfassers, jede dieser Uhren in den Händen gehalten zu haben, sondern eröffnet dem Leser tiefe Einblicke in die verschiedenen Konstruktionen.

12.6 Audemars Piguet, Kaliber 3120

Die ersten Automatikwerke kamen 1953 zum Einsatz. Hierbei wurde nicht der Umweg über Konstruktionen mit drehbegrenzter Schwungmasse gewählt, im Volksmund auch »Hammerautomatik« genannt. Schon die ersten automatisch arbeitenden Kaliber verfügten über 360° drehende Rotoren. Und das war noch nicht alles. Guillochiertes Schwunggewicht aus 18 Karat Gold, Rotorträgerplatte mit Genfer Streifenschliff, Schraubenunruh mit Breguet-Spirale, Feinstellung über Mikrometerschraube und Schwanenhalsfeder, Aufzug in beiden Drehrichtungen und feinste Verarbeitungsgüte für Platine, Brücken, Zahnräder und Triebe, zählten zu den Attributen des Kalibers P 2498. Es wurde als reserviertes Rohwerk von Jaeger-LeCoultre aus dem nur drei Kilometer entfernten Le Sentier geliefert. Während das Kaliber P 2498 mit Kleiner Sekunde ausgeführt war, arbeitete die parallel gefertigte Version P 2499 mit einer Zentralsekunde. Ab 1959 wurden die überarbeiteten Automatikwerke K 2070 (Kleine Sekunde bei 6) und K 2071 (Zentralsekunde) eingeführt, ab 1961 folgte das Kaliber K 2072 mit Datumsanzeige bei der 3.

Ab 1967 erschien das Kaliber K 2120, damals mit 2,45 mm Gesamtbauhöhe das flachste Automatikwerk weltweit. Die Version mit Datumsanzeige (K 2121) folgte im Jahre 1970 (siehe hierzu auch Kapitel 4.). Waren bis dahin alle Kaliber von Valjoux oder als reservierte Rohwerke von Jaeger-LeCoultre geliefert worden, kam es auch in den 80er Jahren zu einem Zwischenspiel mit Kaliberdispositionen vom Rohwerkehersteller Frederic Piguet (Kaliber K 2131). Alles in allem spielten jedoch die Jaeger-LeCoultre-Rohwerke der 888- und später 889-Reihe die Hauptrolle.

Die gesamte Partnersituation zwischen Audemars Piguet und Jaeger-LeCoultre änderte sich schlagartig, als der bisherige Rohwerkelieferant von VDO/Mannesmann an die Richemont-Gruppe verkauft wurde. Der 40 %ige Anteil, den Audemars Piguet an Jaeger-LeCoultre hielt, wurde für eine stolze Summe gleich mitverkauft. Damit war der wichtigste Rohwerkelieferant dem direkten Zugriff von Audemars Piguet entzogen worden, dafür aber die Kasse für einen eigenen Neuanfang prall gefüllt.

Abb. 514
Diesem Zeitmesser könnte man das Prädikat »elegant und von schlichter Schönheit« erteilen. Diese Automatik stammt noch aus den 60er Jahren, wurde am 26.04.1964 ausgeliefert und ist äußerst selten zu finden. Erst beim näheren Hinsehen lassen sich die kleinen Finessen des Goldgehäuses erkennen (Ref. 5209, Gehäuse-Nr. 29 251, Werk-Nr. 86 332).

Abb. 515
Audemars Piguet – Kaliber K 2072, das im Jahre 1961 lanciert worden war. Rotor mit vier Rubinwalzen gelagert und guillochiertem Schwunggewicht in 750 Gold, Schraubenunruh mit Breguet-Spirale, Feinstellung über Mikrometerschraube mit Schwanenhalsfeder und weitere Attribute räumen diesem Werk einen Spitzenplatz ein. Es kam als reserviertes Rohwerk (Ebauche) von Jaeger-LeCoultre im nahegelegenen Le Sentier.

Abb. 516
Ein bekanntes Gesicht, welches auch nach vielen Jahren nicht an Ausdruckskraft verloren hat: Die neueste Version der Audemars Piguet ROYAL OAK, Referenz Nr. F 40842, hier mit dem neuen Automatikkaliber 3120.

Abb. 517
Alles vom Feinsten: Symmetrisch ausgebildete Brücke mit Gyromax-Unruh mit acht Masselotte-Gewichten zum Einstellen des Ganges, radiale Langlöcher zur Verstellung des Spiralklötzchenträgers und Rotor massiv aus 920 Gold. Stifte zur Positionierung der Brücken sind nirgends zu sehen, da hier Flanschbuchsen mit Innengewinde (in der Uhrmachersprache »Schraubenfüße« genannt) Verwendung fanden.

Zunächst wurden von Jaeger-LeCoultre Rechte und Zeichnungen für das Automatikkaliber K 2120/2121 erworben. Dann folgte die Entwicklung des ersten eigenen Handaufzugkalibers 3090. Wie der nächste Schritt aussehen sollte, war sonnenklar: Ein neues eigenes Automatikwerk, und zwar in allerhöchster Güte. Die Fachleute in Le Brassus gingen zügig ans Werk und hatten nur drei wichtige Vorgaben zu beachten. Den Einbaudurchmesser des zu ersetzenden Jaeger-LeCoultre-Kalibers 889 von 26 mm (total 26,6 mm, entspricht 11 ½ ''') sowie eine Bauhöhe von 4,3 mm einzuhalten, aber sonst alles besser zu machen. Nur in der Bauhöhe machte das Pflichtenheft wenig Zugeständnisse, obwohl etwas mehr unübersehbare Vorteile gebracht hätte. Für die verantwortlichen Techniker von Audemars Piguet war dies eine anspruchsvolle Herausforderung. Von den Nachteilen einer geringen Bauhöhe wird hier später noch einmal die Rede sein. Schon aus rein technischer Sicht kann sich das Ergebnis dieser rund fünfjährigen Arbeit sehen lassen. Zweiseitig wirksamer Goldrotor, in Kugellager geführt, genial einfacher und wartungsfreier Wippenwechsler, der sich schon im Kaliber 2120/2121 bewährt hatte, mit einer Brücke geführte Gyromax-Unruh und vieles anderes mehr.

Der konstruktive Aufbau dieses Kalibers besitzt einige interessante Aspekte. Die Automatikbrücke ist nicht aufgesetzt, sondern im Werk integriert. Auf der Platine finden sich links die Federhausbrücke, zentral die Räderwerkbrücke mit Rotorlagerung und rechts die Automatikbrücke. Schön symmetrisch hierzu fügt sich die Unruhbrücke ein und verleiht diesem mikromechanischen Wunderwerk eine besondere Elegance. Diese wird von den anglierten Kanten von Platine und Brücken, dem Genfer Streifenschliff und der Optik des goldenen, in Kugellager geführten Rotors noch unterstrichen. Besondere Beachtung verdient die neue Reglage. Wie schon im Kaliber 2120/2121 sorgte wieder eine Gyromax-Unruh (ein früheres Patent von Patek Philippe) für einen genauen Gang. Der Abfall wird durch einen verstellbaren Spiralklötzchenträger eingestellt, der wiederum in zwei Zylinderkopfschrauben in radialen Langlöchern gehalten wird, eine elegante Lösung. Neben anderen Neuerungen darf noch die konstruktive Ausführung des Sekundenstopps sowie die der Datumsschnellschaltung Erwähnung finden. Letztere erlaubt mit einer Kronenumdrehung das Schalten zweier Tage.

Die Verbindung von Brücken und Platinen erfolgt weitgehend über Flanschbuchsen mit Innengewinde, in der Uhrmachersprache »Schraubenfüße« genannt. Hierbei bestehen Platinen und Brücken im Regelfall aus Messinglegierung, die Flanschbuchsen jedoch aus Stahl. Letztere besitzen im Vergleich zu früheren Konstruktionen eine Doppelfunktion, sie sind Passstifte (»Füße«) und Schraubenverbindung in einem. Wer an der ETH Zürich oder einer anderen technischen Hochschule Maschinenbau studiert hat, kennt dieses Konstruktionsprinzip aus den Vorlesungen Maschinenelemente. Es wird seit Jahrzehnten im sogenannten »Leichtbau« angewandt. Unter Leichtbau versteht man Konstruktionen aus Aluminium oder anderen Werkstoffen geringer Dichte, die wiederum aus Festigkeitsgründen mit Flanschbuchsen und Schrauben aus Stahl zusammengehalten werden. Der zweite Aspekt dieser Technik ist die Servicefreundlichkeit. Wird eine solche Flanschbuchse einmal beschädigt, kann sie mühelos ausgetauscht und damit die Schraubverbindung ohne Nacharbeit erneuert werden. Warum diese gerade in der Luft- und Raumfahrt übliche Technik in der Uhrmacherei erst so spät Einzug gefunden hat, ist dem Verfasser ein Rätsel.

Nun noch ein Wort zur Problematik der niedrigen Bauhöhe. Dies war auch einer der Gründe, warum bei diesem neuen AP-Kaliber die Automatikbrücke in das Werk integriert werden musste. Eine separate, aufgesetzte Automatikbrücke hätte zwar mehr Bauhöhe verlangt, aber mehr Bauraum im eigentlichen Uhrwerk ermöglicht. Im Gegensatz zu allen anderen neuen Automatikwerken arbeitet unsere AP nur mit 21.600 Halbschwingungen/h. Nachdem die Gangreserve sich umgekehrt proportional der Halbschwingungszahl verhält, würde unsere AP bei 28.800 Halbschwingungen anstelle von 60 nur noch über 45 Stunden Gangreserve verfügen. Um höhere Werte erreichen zu können, wäre ein wesentlich größeres Federhaus vonnöten gewesen. Und dieser Umstand hätte wiederum mehr Bauvolumen verlangt, das in der vorliegenden Konstruktionsvorgabe nicht vorhanden war. Die für diesen Beitrag übergebene Testuhr, eine ROYAL OAK 0128 in Edelstahl (Referenz Nr. F 40842) fühlte sich am linken Handgelenk Ihres Verfassers sofort heimisch, gehört doch eine »königliche Eiche« in Stahl/Gold mit der Nummer 911 zu dessen Alltagsuhren. Der übliche Eingangstest, zu dem u.a. Funktionalität, Verarbeitungsgüte und Gangleistungen zählen, verlief positiv. Man kam hier schnell zur Überzeugung, ein in Technik und Design sehr hochwertiges Produkt vor sich zu haben. Auch der Praxistest überzeugte, wenn auch mit einem kleinen Intermezzo. Am dritten Tage blieb die Uhr beim Rasenmähen unerwartet stehen. Unser Zeitmesser gelangte umgehend wieder in die Hände eines renommierten Uhrmachers von AP, der den Ausfallgrund analysierte und das kritische Bauteil ersetzte. Und so hat auch dieser ungewollte Härtetest dazu beigetragen, die wohl letzte Schwachstelle dieses neuen Automatikwerkes zu beseitigen.

Wie sieht aber der Vergleich mit einem früheren AP-Kaliber aus? Hierzu suchten wir eine schöne Automatik aus den 60er Jahren aus. Die mit Referenz 5209 (Gehäusenummer 29 251, Werknummer 86 332, Auslieferung am 26.02.1964) geführte Rarität überzeugt durch Zifferblatt und aufwendiges Gehäuse. Aber erst nach Öffnen des Schraubbodens kann man ersehen, welch wunderschöne und aufwendige Automatikkaliber bei AP schon früher verbaut wurden. Das Kaliber K 2072 wurde 1961 lanciert und als reserviertes Rohwerk (Ebauche) von Jaeger-LeCoultre im nahegelegenen Le Sentier geliefert. Der Durchmesser dieses Kalibers liegt bei 29, 0 mm, die Höhe bei 6,3 mm. Die Automatikbrücke stellt eine separate Einheit dar und ist auf das Basisuhrwerk verschraubt. Offensichtliche Attribute dieses Werkes sind guillochiertes Schwunggewicht in 750 Gelbgold, Rotorlagerung mittels vier Rubinwalzen sowie Rotorträgerplatte mit Genfer Streifenschliff. Das in vier Positionen justierte Kaliber verfügt über eine Schraubenunruh mit Breguet-Spirale sowie eine Feinstellung mit Mikrometerschraube und Schwanenhalsfeder. Selbst die Ankerradwelle hat eine Stoßsicherung mit Deckstein erhalten. Weitere technische Daten sind der aufgeführten Tabelle 1 (Seite 320) zu entnehmen. Dieses schöne Sammlerstück wurde bei einer Auktion von Christie`s erworben und einer fachmännischen Revision unterzogen. Dies erkennt man nicht nur am äußeren Eindruck, sondern auch an den Gangwerten, die fast wieder Chronometerwerte erreichten. Vergleicht man nun die beiden über 40 Jahre auseinanderliegenden Konstruktionen, kann man beim Kaliber 3120 den technischen Fortschritt nicht übersehen. Gerade die gelungene Anordnung der drei Brücken (Federhaus-, Räderwerk- und Automatikbrücke) mit harmonischer Integration der symmetrisch ausgebildeten Unruhbrücke vermittelt einen sehr ästhetischen Gesamteindruck. Ein neues Werk aus einem Guss, welches die Tradition des Hauses Audemars Piguet würdig fortführen kann. Kompliment!

12.7 IWC International Watch Co., Kaliber 80110

Ende der 40er Jahre befassten sich viele Schweizer Uhrenhersteller mit der Entwicklung und Einführung von automatisch aufziehenden Armbanduhrwerken. Meist führt dieser Weg über Aufzugsmechanismen mit beschränkter Schwungmasse, der sogenannten Hammerautomatik. Federführend bei IWC war hier Albert Pellaton, der 1944 die technische Leitung von IWC übernommen hatte. Zwar fußten die ersten Konstruktionsentwürfe auch noch auf der Basis der zuvor genannten Hammerautomaten, doch konnte nach mehrjähriger Entwicklungszeit im Jahre 1950 eine besonders gelungene Konstruktion mit beidseitig aufziehendem Rotor zum Patent angemeldet werden. Im Jahre 1951 wurde das erste Automatikkaliber C.85 lanciert und kam in verschiedenen Automatiks zum Einbau. Der bekannteste Zeitmesser hiervon war wohl die IWC Ingenieur, die mit ihrem Weicheisenschutz gegen magnetische Felder abschirmte und über eine besonders hohe Wasserdichtigkeit verfügte. Generell war die Ingenieur für den harten Arbeitsalltag von Technikern konzipiert und wurde auch von Ärzten sehr geschätzt. Doch hatte nicht jeder Vertreter jener Berufsgruppen, die eine Ingenieur in der Tat benötigt hätten, zum Kauf das ausreichende Salär. So hätte der Monatslohn eines Lokomotivführers oder eines Kraftwerkelektrikers wohl kaum den Kauf einer Ingenieur zugelassen. Selbst für die einfache Ausführung in Edelstahl mit Lederband und Stahlstiftschließe, Ref. R 666 AD, mussten 1955 bereits 460 CHF. berappt werden. Die Produktlinie Ingenieur, die klassische Armbanduhr mit Käfig aus ferromagnetischem Weicheisen zum Schutz gegen magnetische Felder, wurde erstmals im Jahre 1954 auf den Markt gebracht. Dieses Prinzip fand auch bereits bei dem Vorgänger der Ingenieur, der Fliegeruhr Mark 11, Verwendung. Das richtungsweisende Kaliber 85, mit dem die erste Ingenieur in der Version 852/8521 ausgerüstet war, wurde konsequent weiterentwickelt und unter den Kaliberbezeichnungen 853 und 854 (Ausführung mit Datum 8531 und 8541) fortgeführt. Für den Vergleich mit dem neuen IWC-Automatikkaliber haben wir eine über 35 Jahre alte IWC Ref. R 817 AD ausgesucht. In dieser Uhr arbeitet das Kaliber C. 8541 B, der letzten Ausführung bis zur Einstellung der Produktion im Jahre 1976.

Anfang der 80er Jahre wurde IWC von VDO/Mannesmann erworben und unter neues Management gestellt. Günter Blümlein, der zunächst als Berater startete und im Anschluss die Leitung von IWC übernahm, stellte die Eigenproduktion von Uhrwerken umgehend ein und ordnete die Verschrottung aller Stanz- und Schnittwerkzeuge an. Dies bedeutete das Ende der eigenständigen Kaliberfertigung bei IWC. Nunmehr sollten nur noch zugekaufte, somit Fremdkaliber Verwendung finden. Als Werkelieferant wurde ETA in Grenchen ausgesucht, der in der Folge die Automatikkaliber 2892 und die Chronografenkaliber 7750 in verschiedenen Varianten lieferte. Später kamen auch Rohwerke von Jaeger-LeCoultre hinzu, wobei das Automatikwerk 900/901 und das Folgemodell 889 Verwendung fanden. Mit letzterem war ein Modell der IWC Ingenieur ausgestattet, auch wenn man mit diesem hochempfindlichen Kaliber bei IWC nicht immer ganz glücklich war.

Nun aber zu unserem neuen IWC-Kaliber 80110. Als der Verfasser zum ersten Mal die neue IWC Ingenieur zu Gesicht bekam, suggerierte diese erst einmal Erinnerungen an die IWC Ingenieur Ref. 1832 aus Edelstahl, auch Jumbo genannt. Dieses Modell, dessen Äußeres vom Designer Gérald Genta entworfen wurde, war die letzte Ingenieur mit eigenem IWC-Manufakturkaliber C. 8541 B. Nach diesem optischen Eindruck folgte mit Spannung die Frage nach dem ebenfalls neuen Manufakturkaliber 80110. Federnde Automatikbrücke und Pellaton-Aufzug bewiesen sofort IWC-Identität. Wie gut, dass man hier alte Tugenden beibehalten hatte. Doch der Blick auf Unruhkloben und Reglage bewirkten die ersten Irritationen. Keine Breguet-Spirale, keine Unruh mit Masselotte-Gewichten, keine Exzenterfeinstellung von Gang und Abfall? Erst das genaue Studium von Platine, Brücken und anderen Komponenten bestätigte unsere Vermutung. Ein detaillierter Vergleich mit dem ETA-Kaliber Valjoux 7750 brachte schließlich Klarheit. Hier hatte man dieser weitverbreiteten und in den Ursprüngen fast schon 30 Jahre alten Chronografen-Automatik die Chronografen- sowie die Automatikbaugruppe genommen, das Basisuhrwerk überarbeitet und zur Anpassung des IWC-Pellaton-Aufzugs modifiziert. War damit aber alles erklärt? Wir wollten es genau wissen und nahmen nicht nur die neue IWC Ingenieur sowie einen ungenannten Chronografen mit dem Kaliber ETA Valjoux 7750 zur Hand, sondern überprüften und verglichen auch die Explosionszeichnungen, die Furniturenlisten sowie die Montageanleitungen beider Kaliber. In der Folge wollen wir zwar nicht alle, jedoch für unsere Leser die wohl wichtigsten Unterschiede beider Werke aufzählen.

Aufzug-, Zeigerwerk- und Datumsmechanismus

Soweit aus den Zeichnungen erkennbar, wurde bei IWC nur das Zwischenzeigerstellrad modifiziert. Bei der Datumsschaltung finden nur einige ETA-Bauteile Verwendung (u. a. Mitnehmer-Minutenrohr, Wechselrad, Minutenrohr, Stundenrad), der Rest des Datumsmechanismus stammt von IWC.

Grund- und Zwischenplatine mit zugehörigen Komponenten

Hier finden sich einige relevante Modifikationen, die auf den ersten Blick nicht sofort erkennbar sind. Zur Aufnahme des IWC-eigenen Federhauses ist dessen Lager in Buchsen aus Kupferberyllium geführt und erhöht damit Leichtgängigkeit und Verschleißfestigkeit. Für die hintere Verschraubung der neuen Ankerradbrücke wurde das Bohrbild erweitert und eine zusätzliche Flanschbuchse mit Innengewinde installiert. Die offensichtlichsten Modifikationen sind jedoch bei der Zwischenplatine zu finden. Die obere Ankerradlagerung ist hier nicht mehr integriert, sondern wird durch eine neu konstru-

Abb. 518
Eine IWC Automatik Ref. R 817 AD mit dreiteiligem Gehäuse und Schraubboden aus 750 Gelbgold, die aus dem Produktionsjahr 1970 stammt (Werk-Nr. 1 976 636, Gehäuse-Nr. 1 788 768)

Abb. 519
Das IWC-Kaliber C. 8541 B im Detail. Vorne links die dreischenklige Unruh mit drei Gewichtsschrauben und Breguet-Spirale. Auf dem Unruhekloben befindet sich der Rücker mit Verstellung durch Exzenterschraube. Daneben die Exzenterschraube für Einstellung des Abfalls. Die Kloben für Unruhe und Ankerrad sind einfach verschraubt. Nicht sichtbar sind die je zwei Passstifte (in der Uhrmachersprache »Füße« genannt), welche diese beiden Bauteile exakt positionieren. Die Stifte sind nicht sichtbar, weil sie von unten in Sackbohrungen sitzen.

Abb. 520
Einen buchstäblich starken Auftritt liefert die neue Ingenieur von IWC. In dem 14,6 mm hohen Gehäuse arbeitet das 7,23 mm hohe Automatikkaliber 80 110.

Abb. 521
Nach Öffnen des massiven Schraubbodens lässt sich das neue Kaliber 80 110 bewundern. Hierbei können wir vier der für dieses Werk neu konstruierten Komponenten erkennen: Ankerradbrücke, Unruhkloben, Sekundenradbrücke und Rotor.

ierte Ankerradbrücke übernommen. Diese ist wiederum in einer Ausfräsung angeordnet und durch zwei Flanschbuchsen (»Schraubenfüße«) mit der Grundplatine genau positioniert. Mit dieser Konstruktion lässt sich nunmehr das Ankerrad einfach und schnell ausbauen. Beim ETA Kaliber 7750 muss hierfür die komplette Zwischenplatine mit Aufzugsbrücke und Chronografenmodul demontiert werden. Neben der Änderung der Außenkontur der Zwischenplatine verlangte eine weitere wichtige Modifikation der Anbau des kompletten IWC-Pellaton-Aufzugs. Hierzu gehören vier zusätzliche Flanschbuchsen, eine davon im geänderten Kronradkern, sowie eine neu konstruierte Sekundenradbrücke.

Unruhkloben mit Unruh und Feinstellung

Eine weitere Novität stellen der neu konstruierte Unruhkloben sowie die Reglage mit IWC-Unruh dar. Die Feinstellung erfolgt nicht mehr über zweiteiligen Rücker (ETA), sondern mittels dem aus Zahnkranzsegment und Feingewindeschraube bestehenden Triovis-System. Die dreischenklige Unruh wird von einer Flachspirale erregt und ist mit Incabloc-Lagern stoßgeschützt geführt. Die Einstellung der Symmetrie des Schwingungsvorganges (Abfall) erlaubt ein verstellbarer Spiralklötzchenträger.

Automatischer Aufzug

Der Autor macht kein Geheimnis daraus, dass er den nun über 50 Jahre alten Pellaton-Aufzug von IWC immer noch für eine der effizientesten und innovativsten technischen Lösungen hält, die ihm bisher begegnet sind. Die kinematischen Grundabläufe in Verbindung mit den einfallsreichen mechanischen Detaillösungen zählen zu den Highlights in der Welt der Uhren mit Selbstaufzug. Im neuen Ingenieur-Kaliber wurde dieses geniale System übernommen, wenn auch mit einigen Änderungen. Für die Rotorlagerung wählte einst Albert Pellaton das Lagerprinzip, welches wir aus den Vorlesungen »Maschinenelemente« kennen: »Das große Lager trägt, das kleine führt!« In dieser Konstruktionsweise sind im Prinzip auch alle Vorderräder unserer Automobile ausgeführt (siehe auch Abb. 154 auf Seite 90). Eine rein zylindrische Achse mit zwei Lagersteinen gleichen Durchmessers kommt in der Fertigung natürlich wesentlich billiger, gilt im Maschinenbau aber als »Todsünde«. Die Automatikbrücke, in der Furniturenliste des Kalibers C. 8541 B noch als »Stoßfangfeder für Automatik« zu finden, wurde laut IWC neu berechnet und so modifiziert, dass für den Rotor über den ganzen Drehbereich von 360° nahezu die gleiche Federkonstante vorhanden sein sollte. Der Wunsch des Verfassers, diese Berechnung einsehen zu dürfen, wurde leider nicht erfüllt. Laut IWC-Angaben weist die Rotorlagerung in der Drehebene einen Federweg von ca. +/- 0,025 mm auf. Axiale Stöße werden von dieser Lagerung ebenfalls abgefangen und Beschädigungen der Zwischenplatine mittels an der unteren Rotorseite eingelassenen Gummipuffer vermieden. Die Frage, wer diese Berechnung durchgeführt hat und ob diese über Finite-Elemente-Methode ermittelt wurde, blieb ebenfalls unbeantwortet. Nahezu unverändert wurde die restliche Konstruktion des Pellaton-Aufzugs übernommen. Beim Automatikrad wurde der Modul der Wolfsverzahnung halbiert. Die beiden Klinken erhielten verbreiterte Zähne. Natürlich verbessert die Verdoppelung der Anzahl der Zähne theoretisch den Wirkungsgrad. Dass aber kleinere Zähne schneller verschleißen, muss ebenfalls berücksichtigt werden. Die verbreiterten Zähne bringen im Falle axialer Stöße wohl mehr Sicherheit, sind aber in der Fertigung um ein Vielfaches teurer. Im Rahmen eines neuen Projektes beschaffte der Verfasser mehr als dreißig Automatiks mit Kaliber C.8531, 854, 8541 etc. und ließ diesen bei IWC eine Revision zukommen. In keiner dieser Uhren, die zumindest 30 oder mehr Jahre Dienstzeit hinter sich gebracht hatten, war eine Klinke abgerutscht oder das Automatikrad beschädigt gewesen. Dennoch ist die aktuelle Werkvariante laut IWC besser geschützt gegen Schläge und sonstige Belastungen. Im IWC Uhrenmagazin WATCH No. 1, April 2005, ist über die Eigenschaften des neu konstruierten Rotors wie folgt nachzulesen: »Der Rotor selbst ist ebenfalls ›in sich federnd‹ konstruiert. Er wurde mit besonders geformten Ausfräsungen versehen, damit er sich bei vertikalen Stößen und Schlägen verwinden und stoßartige Bewegungsenergie abfedern kann, ohne die Lager zu

Abb. 522
Stoßfangfeder, später Automatikbrücke genannt, vom links abgebildeten Kaliber 8541 B in ca. 9facher Vergrößerung. Beim Achtzapfen erkennt man die zwei unterschiedlichen Lagerdurchmesser.

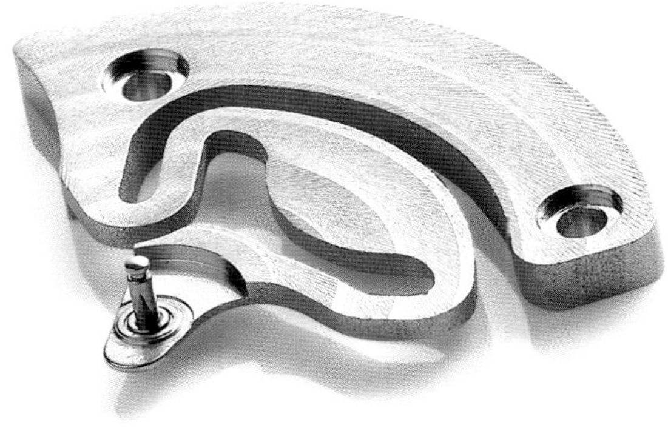

Abb. 523
Stoßfangfeder bzw. Automatikbrücke des IWC Kalibers 85110 mit einem Achszapfen, der einen durchgehenden Lagerdurchmesser besitzt.

Gegenüberstellung der wichtigsten Kenndaten von Automatikbaugruppe, Schwingungssystem und Feinstellung (Auswahl), Tabelle 1					
	AP 3120 (neu)	AP K 2072 (alt)	IWC 80110 (neu)	IWC C. 8541 B) (alt)	Rolex 3135
Werkdurchmesser D (mm)[1]	26,60 (11 3/4''')	29,00/29,50	30,00	28,00	28,10/28,50
Werkhöhe h (mm)	4,26	6,30	7,23	5,90	6,00
Rotorausführung	110° Segment, komplett in 920 Gold	180° Segment mit Schwunggewicht in 750 Gold	180° Segment mit Schwunggewicht aus Schwermetall	180° Segment mit Schwunggewicht aus Schwermetall	180° Segment mit Schwunggewicht aus Schwermetall, Rotorträgerplatte mit Federwirkung
Rotorlagerung	Kugellager	4 Rubinwalzen	2 Rubine	2 Rubine mit unterschiedlichen Durchmessern	2 Rubine mit unterschiedlichen Durchmessern
Rotorfunktion	beidseitig	beidseitig	beidseitig	beidseitig	beidseitig
Wechsler	Wippenwechsler	Wippenwechsler	Pellaton-Aufzug	Pellaton-Aufzug	Klinkenradwechsler
Automatikbrücke	integriert	aufgesetzt	aufgesetzt	aufgesetzt	aufgesetzt
Unruhtyp	zweischenklig mit Flachspirale	zweischenklig mit Breguet-Spirale	dreischenklig mit Flachspirale	dreischenklig mit Breguet-Spirale	vierschenklig mit Breguet-Spirale
Unruhfeinstellung	Gyromax	Mikrometerschraube mit Schwanenhalsfeder	Triovis	3 Masselotte-Gewichte sowie Feinstellung über Exzenterschraube	4 Gewichtsschrauben, System Mikrostella
Unruhlagerung	Brücke	Kloben	Kloben	Kloben	Brücke
Schwingungszahl (A/h)	21.600	18.000	28.800	19.800	28.800
Gangreserve (h)	60	40	44	40	50
Gangabweichung (DEL sec/Tag)[2]	008	009	005	005[3]	003
Verhältnis D/h	6,24	4,60	4,75	4,75	4,68
Anzahl Steine	40	29	28	23	31
Jahr der Einführung	2005	1962	2005	1968	1988

[1] Einbaudurchmesser/Gesamtdurchmesser [2] In sechs Positionen (Mittelwert aus drei Messungen) [3] nach Revision durch Martin Becker

belasten.« Diese Aussage konnte der Verfasser nicht nachvollziehen. Die Rotorträgerplatte besteht laut IWC aus Messing und verfügt über eine Materialstärke von 0,56 mm. Selbst wenn man nur einen der beiden Segmente in ihrer Wirklänge als »einseitig eingespannten Balken mit äußerer Punktlast« berechnet hätte, wäre es auch bei sehr hohen Kräften nicht zu einer merklichen Durchbiegung gekommen. Messing ist ein Buntmetall aus Kupfer und Zink und verfügt nicht über den hohen Elastizitätsmodul von Federstahl (Elastizitätsmodul von Messing 9.000 kg/mm^2, von Federstahl 22.000 kg/mm^2).

Doch wurden laut IWC Vibrationstests sowie die Homologation erfolgreich durchgeführt, auch vertikale Stöße und Schläge haben zu keiner Beschädigung des Werkes geführt.

Alles in allem kann man dem neuen IWC-Kaliber 80110 eine grundsolide und sehr robuste Konstruktion bescheinigen. Dass man bei Struktur und Lagerung des Rotors sowie bei der Ausführung der Reglage weitgehende Kompromisse eingegangen ist, mag aus Kostengründen verständlich sein.

Nun noch eine Frage zur Fertigung von Platinen und Brücken. Wenn beim Werkehersteller ETA in Grenchen das Chronografenkaliber 7750 in großen Stückzahlen gefertigt wird, wie lässt sich dann auch eine Kleinserie für IWC in geänderter Ausführung wirtschaftlich herstellen? Ganz einfach! Platinen und Brücken werden in der Standardausführung konventionell gestanzt und dann auf verschiedenen Maschinen in mehreren weiteren Arbeitsgängen fertiggestellt. Bei den zuletzt genannten Bearbeitungsschritten fließen dann sukzessive auch die genauen Konstruktionsdaten von IWC ein. Diesen Vorgang nennt man in der Fachsprache CAM, Computer Aided Manufacturing.

Die von IWC zur Verfügung gestellte Testuhr Ingenieur Referenz IW 3227 in Edelstahl trug mächtig auf und passte mit ihrer voluminösen Größe kaum noch unter die linke Hemdmanschette, dafür aber gut zu den weißgoldenen Manschettenknöpfen des Verfassers. Zu so gewichtigen Uhren passen wohl besser hochgekrempelte Ärmel, welche die Dynamik dieser Ingenieur noch zusätzlich unterstreichen.

Der Neuling aus Schaffhausen durchlief den üblichen Eingangstest und brillierte mit erstaunlich guten Gangergebnissen. Auch bei mehreren Messungen stellte sich gleichbleibend eine Lagendifferenz (DEL) von 005 bis 006 sec/Tag ein. Damit schlug die Ingenieur die anderen drei Testuhren deutlich und unterstrich auch die besondere Solidität dieses neuen Automatikwerkes.

Wie sieht aber der Vergleich mit dem früheren IWC-Kaliber C. 8541 B aus? Schon in früheren Veröffentlichungen hat der Verfasser gleichbleibend betont, dass das IWC-Kaliber C. 8541 zu den besten Automatikwerken zählt, die in der Schweiz je gebaut worden waren. Sicher hätte eine innovative Weiterentwicklung ohne Dogma für Außendurchmesser und Bauhöhe ein noch besseres Produkt erlaubt. Schon damals gehörte der Pellaton-Aufzug zu den robustesten technischen Lösungen. Auch die Reglage mit Breguet-Spirale, Unruh mit drei Masselotte-Gewichten sowie separate Einstellung von Gang und Abfall über Exzenterschrauben galten schon damals als »State of the Art«. Zwar kannte man beim Kaliber C. 8541 B zuweilen in ein oder zwei der sechs Positionen kritische Lagenabweichungen. Diese waren jedoch konstruktionsbedingt und durch die damaligen Fertigungstoleranzen begründet. Bei ideenreicher Überarbeitung der Grundkonstruktion unter Einbindung der heutigen Fertigungsmethoden und -toleranzen hätte IWC bestimmt einen »Volltreffer« gelandet, der der Schaffhauser Manufaktur wieder einen Spitzenplatz in der Schweizer Uhrenwelt verschafft hätte. Schon unter Günter Blümlein wurden Mitte der 90er Jahre die Weichen in eine andere Richtung gestellt, die letztendlich zum heutigen Kaliber 80110 geführt haben.

Interessant ist auch die Geschichte der zum Vergleich herangezogenen goldenen IWC-Herrenarmbanduhr, die uns erst nach Öffnen des Schraubbodens einen Blick auf das Manufakturkaliber C 8541 B erlaubt. Dieses seltene Sammlerstück wurde in England ins Internet gestellt und ging für rund 860 € an den neuen Besitzer. Ein echtes Schnäppchen! Ihre Identität bewiesen ihre Werk-Nr. 1 976 636 und Gehäusenummer Nr.1 788 768, auch die Punzierungen und sonstigen IWC-Markenzeichen waren innen im Schraubboden vorhanden. Das schöne Stück war von der IWC-Niederlassung London am 22. September 1971 verkauft worden. Mit der Referenzbezeichnung R 817 AD wurde dieser Zeitmesser im Jahre 1968 lanciert, aber nur ganze zwei Jahre in der Preisliste von IWC aufgeführt gewesen. In der besagten Liste wurde diese R 817 AD in 750 GG und Lederband mit 1.040 CHF. ausgewiesen.

Die bei IWC in Auftrag gegebene Revision wurde mit 434 CHF. verbucht, hinzu kamen noch 16 % EU-Einfuhrumsatzsteuer, Zoll und Frachtkosten. Die fast wie im Neuzustand zurückgekommene Automatik durchlief den auch hier üblichen Eingangstest und bestand mit Bravour die optische Prüfung. Nur das mäßige Gangverhalten, welches kaum besser ausgefallen war als vor der Revision, stoppte die Begeisterung. Eine Lagendifferenz (DEL) von ganzen 015 sec/Tag schien dem Verfasser doch zu hoch zu sein. Um einen nochmaligen Weg durch den Zoll zu ersparen, ging dieser Zeitmesser an den bewährten Uhrmacher Martin Becker. In enger Kooperation mit der Serviceabteilung von IWC in Schaffhausen wurde unsere Referenz R 817 AD nochmals zerlegt und analysiert. Die Remontage mit einer komplett neuen Reglage sowie die zugehörige Justage brachten die Lösung und verhalfen dem über 35 Jahre alten Sammlerstück zu souveränen Chronometerwerten. Die Lagenabweichung in den sechs Positionen kam auf einen Wert von ganzen 005 sec/Tag, der Abfall auf 0,1. Auf dieses Ergebnis war der Verfasser ganz besonders stolz, lag es doch auf der gleichen Höhe mit der neuen Ingenieur mit dem Kaliber 80110.

Zum Schluss dieser Betrachtung möchten die meisten Leser wissen, wie ein Vergleich von alt und neu ausfällt. Betrachtet man den in der Werbung herausgestellten Pellaton-Aufzug mit stoßabsorbierender Automatikfederbrücke, so sind dies keine aufregenden Innovationen, sondern bekannte Konstruktionen, die nur zum Teil eine Verbesserung erfahren haben. Manche Details können nach Ansicht des Verfassers als verpasste Chance betrachtet werden, wie z. B. die konstruktive Ausbildung der Rotorträgerplatte oder die der Rotorachse. Auch die Feinstellung der Unruh mit dem Triovis-System darf nicht unbedingt als eine Verbesserung, aber laut IWC als eine Erleichterung für die Uhrmacher gesehen werden. Das gleiche gilt auch für Unruhreif und Spirale. Die früher üblichen drei Regulierungsgewichte System Gyromax sind ebensowenig übernommen worden wie die bewährte Breguet-Spirale. Hier hat wohl der konstruktive Schwerpunkt auf Einfachheit so manche alten Tugenden verdrängt, jedoch keine echten Innovationen gebracht.

Letztendlich stellt sich hier die Frage, ob unser Kaliber 80110 als wirklich neues Werk und vor allem auch als neues Manufakturwerk betrachten werden kann? Feststeht, dass die gesamte deutsche Fachpresse dieses neue Kaliber sehr gelobt hatte. Aber keinem Redakteur war aufgefallen, dass dieses neue Werk nur zum Teil neu war und auf dem ETA-Ebauche 7750 aufgebaut worden war!

12.8 Jaeger-LeCoultre, Kaliber 975

Nobelzeitmesser von Jaeger-LeCoultre zählen heute in Deutschland zu den bekanntesten Uhrenmarken. Das in vielgestaltigen Formen auftretende Modell »REVERSO« darf hierbei schon als »Kultuhr« gelten. In den 50er und 60er Jahren war in den meisten Ländern Europas diese Marke jedoch noch nicht so weit verbreitet. An was mag das wohl gelegen haben? Zur Beantwortung dieser Frage müssen zunächst Fakten ins Feld geführt werden, welche die Produktionszahlen von Jaeger-LeCoultre in den 50er und 60er Jahren belegen. So wurde vom Handaufzugwerk Kaliber 478, welches auch in Militäruhren Verwendung fand, in den Jahren 1944 bis 1965 genau 83.000 Exemplare gefertigt. Vom Kaliber 497, dem Herz der FUTURMATIC, eine beliebte und fortschrittliche Automatikuhr mit Gangreserveanzeige und am Gehäuseboden positionierter Krone, fertigte die Manufaktur in den Jahren 1951 bis 1957 genau 52.000 Werke. Rund 80 % dieser Kaliber gingen uneingeschalt in die USA und erhielten aus zollrechtlichen Gründen die Kennung »unadjusted«. Selbst das Handaufzugwerk Kaliber 814 mit Weckvorrichtung wurde in den Jahren 1953 bis 1964 in 115.000 Exemplaren gefertigt, wobei wiederum 60 % dieser Produktion an den US-Markt gingen. Neben diesen in großer Stückzahl gefertigten Werken produzierte Jaeger-LeCoultre auch Rohwerke (Ebauches) für andere Marken, zum Beispiel für Audemars Piguet in Le Brassus, für Vacheron & Constantin in Genf und zeitweise sogar für Patek Philippe. In den ersten beiden Fällen handelt es sich um reservierte Rohwerke, bei deren Entwicklung sowohl Audemars Piguet als auch Vacheron & Constantin mitwirkten. Für Patek Philippe galten die Ebauches von Jaeger-LeCoultre nur als Helfer in der Not, bis die Produktion der neuen und wieder selbstentwickelten Automatikkaliber angelaufen war. Hier soll auch noch die wenig bekannte Besonderheit erwähnt werden, dass bis zum Jahre 1968 Vacheron & Constantin und Jaeger-LeCoultre über Familienbesitz-Verhältnisse zusammengehörten. Erbauseinandersetzungen und

Abb. 524
Diese rare Automatik stammt aus Neuseeland und brachte bei der Eingangsprüfung alle zum Erstaunen. Lag doch ihre Gangabweichung in den sechs Positionen bei nur 005 sec/Tag. Damit ging dieses fast 40 Jahre alte Chronometer deutlich genauer als unsere neue Hometime.

Abb. 525
Blick auf das Automatikkaliber K 883 S unserer Geomatic von Jaeger-LeCoultre. Keine spektakuläre Finissierung, aber dafür eine grundsolide Konstruktion mit beachtlicher Ganggenauigkeit. Wie früher üblich, so ist auch hier die Automatikbrücke auf das Basiswerk verschraubt.

Abb. 526
Die neue »Hometime« von Jaeger-LeCoultre, eine Automatik mit dem neuen Kaliber 975. Unter dem Stundenzeiger versteckt sich ein zweiter, der erst beim Einstellen einer zweiten Zeitzone zum Vorschein kommt.

Abb. 527
Beim neuen Kaliber 975 wurden nicht nur neuzeitliche Konstruktionsprinzipien angewandt, sondern auch alte Tugenden reaktiviert. So ist die Automatikbrücke wieder als separate Baugruppe aufgesetzt. Die asymmetrische Unruhebrücke verfügt über einen verstellbaren Spiralklötzchenträger, der so ähnlich geklemmt wird wie beim Rolex-Kaliber 3135. Die von einer Flachspirale angeregte Unruh ist vierschenklig ausgeführt und verfügt über vier Gewichtsschrauben. Wenn man die gegenüberliegenden Verstellschrauben in je zwei verschiedenen Farben halten oder mit unterschiedlich langen Schraubenköpfen versehen würde, könnte man beim Einstellen des Ganges die Verwechslungsgefahr verringern!

sonstige Meinungsdifferenzen der damaligen Besitzer führten die Trennung der bis dahin gut funktionierenden Unternehmensallianz herbei.
Die schwierigen, durch die »Quarzuhrenrevolution« bedingten Zeiten machten auch vor Jaeger-LeCoultre nicht Halt. Nur durch gezielte Akquisitionen neuer Geschäftsfelder, wie z. B. die der Medizintechnik, konnte das traditionsreiche Unternehmen diese schwierige Phase überleben.
Die Weichen für ein neues Manufakturkaliber wurden bereits im Jahre 1998, also noch zu Lebzeiten von Günter Blümlein, gestellt. Schon damals war klar, dass man mit dem gut eingeführten Automatikwerk 889 (in der Folge 889/1 sowie 889/2) nicht alleine die Herausforderung der Zukunft bestehen konnte. Mit 26,00 mm Durchmesser und 3,25 mm Höhe entsprach dieser Automat den Anforderungen flachbauender Herrenarmbanduhren. Unter Ingenieuren gilt diese geringe Bauhöhe in Relation zum Außendurchmesser als technische Zwangsmaßnahme, die nur auf Managementvorgaben, nicht aber auf den Gesetzmäßigkeiten der technischen Mechanik beruht. Wie gut, dass man diese Nachteile erkannt und wieder den schon früher bewiesenen Pfad der Tugend gewählt hat. Schon der erste Blick auf das neue Kaliber 975 offenbart die konstruktive Einteilung in Grundplatine, Brücken und Automatikbaugruppe.
Der Verfasser wollte es aber genau wissen und besuchte deshalb Jaeger-LeCoultre im schweizerischen Le Sentier. Hier konnte er mit den Konstrukteuren sprechen, die Entwicklungslabors besichtigen und auch die Fertigung unter die Lupe nehmen. Selbst der Blick in die Augen der tüchtigen Mitarbeiter durfte nicht fehlen. Der Neugierde blieb fast nichts verborgen. Die bei Jaeger-LeCoultre realisierte Fertigungstiefe ist sehr beachtlich und kann schon bald mit jener von Rolex verglichen werden. Ob die noch traditionell ablaufende Platinenfertigung, das Verschweißen winziger Werkskomponenten per Laser oder die mechanisierte Einstellung der neuen Nivarox-Unruh mit vier Stellschrauben – stets waren dies Lösungen vom Feinsten. Nach den vier wichtigsten Kriterien des neuen Kalibers befragt, wurden von Jaeger-LeCoultre die folgenden Statements abgegeben:

- Das präziseste Kaliber am Markt
- In der Zuverlässigkeit unschlagbar, das heißt keine Komponenten durch Schlag oder Stoß verstellbar
- Erhöhung der Serviceintervalle von bisher drei bis fünf auf sechs bis zehn Jahre
- Alle Funktionen der Uhr über die Krone verstellbar (sehr verschleißarme Lösung)

Zur Grundphilosophie der Familie 970/975 gehört nicht nur die Ergänzung des bisherigen Automatikkalibers 889/2, sondern stellt auch die Basis für die weiteren Entwicklungen und Komplikationen dar. Die Entscheidung für einen einseitigen Rotoraufzug basiert auf mehreren, umfassenden Versuchen. Zwei vergleichbare Werke, mit einseitigem und beidseitigem Aufzug versehen, wurden auf einen Uhrenbeweger gegeben und die Aufzugsleistung ermittelt. Auf diesem Beweger war der beidseitig wirkende Aufzug dem einseitigen überlegen. Bei den Tests, die am linken Handgelenk verschiedener Mitarbeiter durchgeführt wurden, war wiederum der einseitige Aufzug dem beidseitigen überlegen. Die Fachleute von Jaeger-LeCoultre ließen auch durchblicken, dass dieser einseitige Aufzug auch bald im bekannten Automatikkaliber 889/2 Verwendung finden würde. Auf die provokative Frage, warum Jaeger-LeCoultre die Keramikkugel im Rotorlager als Neuheit hinstellen würde, wo doch in den Kugellagern von Gartengeräten schon lange Keramikkugeln verwendet würden, entgegnete Jaeger-LeCoultre, dass es bisher nicht möglich war, Keramikkugeln, hier aus Zirkoniumoxid, in dieser winzigen Ausführung herzustellen.
Alles in allem ist das neue Kaliber 970/975 ein sauber und professionell durchkonstruiertes Automatikwerk. Der große Durchmesser und die vorhandene Werkhöhe gewährleisten genügend Bauvolumen, um Platine sowie Brücken stabil auszuführen und die notwendige Festigkeit zu garantieren. Für das reichlich dimensionierte Federhaus sowie das folgende Räderwerk ist genügend Platz vorhanden. Für Zahnräder und Triebe ist genügend Höhe gegeben, um ausreichend große Lagerabstände zu ermöglichen. Nach dem Abnehmen der Automatikbrücke werden das gesamte Räderwerk sowie andere Komponenten zugänglich. Unruhe und Unruhbrücke sind ebenfalls gut dimensioniert und leicht zugänglich. Der Abfall ist durch das Drehen des Spiralklötzchenträgers leicht einstellbar. Die Justage des Ganges erfolgt mittels je gegenüber positionierten vier Gewichtsschrauben. Werden diese, jeweils vis-à-vis, nach innen gedreht, reduziert sich das Schwungmoment (GD^2). Dreht man sie dagegen nach außen, erhöht sich das Schwungmoment. Da das Schwungmoment umgekehrt proportional dem Gang ist, geht die Uhr dann entweder vor oder nach. Dieses Einstellen des Ganges kennen wir schon von den vier Mikrostellaschrauben, die in der Unruh des Rolex-Kalibers 3135 für einen exakten Gang sorgen. Bei Rolex sind diese Schrauben in zwei verschiedenen Größen gehalten und werden von innen verstellt. Bei Jaeger-LeCoultre lassen sich die vier Stellschrauben von außen justieren. Übrigens eine wichtige Voraussetzung dafür, später einen solchen Arbeitsschritt auch automatisieren zu können.
Der Rotor wurde in jenem Design gehalten, das wir schon vom Kaliber 889.2 kennen, nur das Kugellager ist von anderer Konstruktion und im Außendurchmesser größer. Die Rotorträgerplatte ist im Grunde identisch und wirkt wiederum als Feder, nur das Schwunggewicht ist zweifach abgesetzt und verfügt über eine größere Masse. Was nicht gleich auffällt, aber noch Erwähnung finden muss, sind die räumlichen Reserven dieser Konstruktion. Sowohl unter dem Rotor als auch im Außenbereich der Platine findet sich noch viel ungenutzter Raum. Sicher ein guter Ausgangspunkt, diesem Kaliber noch viele zusätzliche Funktionen zu ermöglichen. Lassen wir uns überraschen!
Wie sieht aber nun hier ein Vergleich mit einem früheren Kaliber von Jaeger-LeCoultre aus? Für die Beantwortung dieser Frage wählten wir eine in Stahlgehäuse gehaltene Geomatic Ref. E 339/1 aus, ein höchst seltenes und gesuchtes Chronometer. In diesem Zeitmesser arbeitet das Kaliber K 883 S mit der Werk-Nr. 2 019 073. Diese Rarität wurde bei einem Händler in Neuseeland ausfindig gemacht und wechselte für 1.500 USD den Besitzer. Beim üblichen Eingangstest wurden auch die Gangleistungen geprüft. Was kam aber hier heraus? Souveräne Chronometerwerte! Die Abweichung in den sechs Lagen

blieb, wiederholt gemessen, artig bei (DEL) 005 sec/Tag! Nur die Amplitude von maximal 275 signalisierte Defizite bei der Schmierung der nun über 40 Jahre alten Uhr. Das äußerlich nicht gerade berauschende Automatikwerk K 883 S wurde aus dem Basiskaliber 880 entwickelt, welches 1959 lanciert worden war. Mit nur 26,00 mm Außendurchmesser, aber 6,14 mm Bauhöhe, stellt es ein grundsolides Werk dar, dessen Tugenden weniger bei Schönheitsidealen lagen, das dafür aber punktgenau lief.
Der Grundaufbau dieses Werkes beinhaltet Platine, Räderwerk- und Federhausbrücke. Die zweischenklige Unruh wird mit einem Kloben geführt und besitzt eine Nivarox-Spirale. Der Spiralklötzchenträger ist beweglich, auf eine Feinstellung für den Rücker wurde aus nicht nachvollziehbaren Gründen jedoch verzichtet. Die Automatikbrücke ist auf das Basisuhrwerk verschraubt. Der Rotor leistet in beiden Drehrichtungen Aufzugsarbeit, die über einen Wippenwechsler weitergereicht wird. Alles in allem eine sehr solide Konstruktion.
Wirft man nun einen Blick auf die nebeneinander liegenden Werke, werden die fast 40 Jahre Zeitunterschied mehr als deutlich. Die von Grund auf unterschiedlichen Konstruktionsprinzipien belegen die Modernität des neuen Kalibers 975 ohne Wenn und Aber. Unsere Testuhr Jaeger-LeCoultre Hometime Ref. 1628420 mit Kaliber 975 und Werk-Nr. 2 321 526 brillierte anfangs nicht mit den besten Gangwerten. Sie ging täglich ca. sieben Sekunden nach, auch die Abweichungen in sechs Lagen (DEL) mit 009 sec/Tag weckten keine Begeisterungsstürme. Beim zuvor geschilderten Besuch in Le Sentier konnte zwar der tägliche Gang korrigiert werden, die Abweichungen in sechs Positionen jedoch nicht.
Zum Schluss will der Verfasser unterstreichen, dass mit dem neuen Kaliber 970/975 ein großer Wurf gelungen ist. In allen relevanten Disziplinen haben die Fachleute in Le Sentier konsequent moderne Konstruktionsprinzipien berücksichtigt und sich auch neue Ideen einfallen lassen. Nur müssten jetzt noch die Gangleistungen auf Vordermann gebracht werden. Dass man bei Jaeger-LeCoultre in Le Sentier sein Handwerk auch in dieser Disziplin beherrscht, beweist nicht nur die hier vorgestellte und betagte Geomatic, sondern auch eine andere Alltagsuhr des Verfassers. Die stählerne Master mit Ewigem Kalender, Ref. 140.8.80 mit Nr. 553, dient Tag für Tag mit einer Präzision, die in den sechs Lagen gleichbleibend bei 001 bis 002 sec/Tag liegt. Vom Grand-Prix-Rennsport kennen wir Fälle, bei denen es den Hochleistungstriebwerken an nichts fehlt, bis auf die exakte Einstellung. Ist dies vielleicht auch bei unserem neuen Kaliber 975 der Fall?

12.9 Vacheron & Constantin, Kaliber 2475

Uhren von Vacheron & Constantin gehörten stets zu den besten, die in der Schweiz gefertigt wurden. Gerade in den 60er Jahren standen die Modelle dieses alteingesessenen Genfer Herstellers jenen von Patek Philippe in nichts nach und waren in Design, Technik und Vielfältigkeit auf gleichem Niveau angesiedelt. Auch die jährlichen Produktionszahlen dieser beiden Genfer Uhrenmanufakturen bewegten sich in gleichen Größenordnungen. Zum 250jährigen Jubiläum 2005 machte sich diese renommierte Genfer Uhrenmarke das schönste Geschenk selbst. Eine eigene Werkefertigung und ein eigenes Automatikwerk. Was musste jedoch alles zuvor getan werden, damit sich dieser Wunsch erfüllen ließ? Vor der Beantwortung dieser Frage wollen wir zunächst noch einen Blick in die Vergangenheit werfen. Die Stunde der ersten Armbanduhren mit Selbstaufzug schlug bei Vacheron & Constantin schon im Jahre 1949. Das Rohwerk (Ebauche) lieferte schon damals Jaeger-LeCoultre in Le Sentier. Es war weitgehend identisch mit dem Jaeger-LeCoultre-Kaliber 476, wurde bei Vacheron & Constantin jedoch unter der Werkebezeichnung 477 (modifiziert 477/1) geführt. Der noch mit begrenzter Schwungmasse ausgerüstete Automat (volkstümlich auch »Hammerautomatik« genannt) zog nur in einer Drehrichtung auf. Er wurde erstmalig mit einer goldenen Herrenarmbanduhr mit der Referenz-Nr. 4871 verbaut, die Ende 1949 lanciert worden war. Im Jahre 1955 folgten dann die ersten Automatikmodelle mit 360° drehendem Rotor. Auch in den Folgejahren blieb Jaeger-LeCoultre Lieferant von reservierten Rohwerken. Mit der Änderung der Besitzerverhältnisse im Jahre 1988 sowie der damit folgenden Neustrukturierung des Unternehmens wurde in den Kreis der Werkelieferanten zunächst Frederic Piguet und später auch Girard-Perregaux aufgenommen. Weder in Technik noch in Qualität konnten diese beiden Hersteller das Niveau von Jaeger-LeCoultre erreichen, dafür waren sie aber deutlich billiger.
Bei der Konzipierung des neuen eigenen Automatikwerkes waren Durchmesser und Bauhöhe zwingend vorgegeben, da dieses gleich drei bisher eingeschalte Werke zu ersetzen hatte. Mit einem Durchmesser von 26,2 mm und einer Werkhöhe von 3,6 mm war das Dogma der niedrigen Bauhöhe nicht verlassen worden und zwang die Konstrukteure wieder zu Kompromissen, die einem wirklichen Neuanfang deutlich im Wege standen. Somit bestehen die Grundkomponenten des Werkes aus einer recht flach gehaltenen Platine, Federhaus- und Räderwerkbrücke sowie Unruhkloben. Der automatische Aufzug wurde in die beiden Brücken integriert und wirkt nur einseitig. Ein Wechsler hätte bei den beengten Raumverhältnissen kaum noch untergebracht werden können. Die zweischenklige Unruh arbeitet mit einer Flachspirale, die Feinstellung erfolgt mittels Triovis-System. Von Vacheron & Constantin wurde jedoch deutlich gemacht, dass dieses Triovis-System nur eine Übergangslösung darstellt, bis von Nivarox jene Schraubenunruh lieferbar sein wird, die wir schon vom Jaeger-LeCoultre-Kaliber 975 her kennen. Auf der Zifferblattseite erlaubt eine separate Platine für die Anordnung der verschiedenen Zifferblattanzeigen einschließlich der Gangreserven. Die Gesamtkonstruktion des neuen Kalibers 2475 ist konventionell gehalten und zeigt unübersehbar die Handschrift des verantwortlichen Konstrukteurs. Dieser hatte in seinem bisherigen Berufsleben auch den Firmen Nivarox, Frederic Piguet und Jaeger-LeCoultre gedient. Leider waren ihm die früheren Automatikkaliber von Vacheron & Constantin nicht bekannt, sonst hätte er konstruktiv und stilseitig vielleicht einiges von diesen exzellenten technischen Lösungen übernommen. Wir denken hier insbesondere an das Kaliber K 1072/1, welches hier in der Folge noch einmal erwähnt werden soll.

Abb. 528
Zu den schönsten und nobelsten Uhren der 60er Jahre zählen wir diese Automatik Ref. 6782 Q von Vacheron & Constantin. Versilbertes Zifferblatt mit Dauphine-Zeigern und Stundenindizes aus 750 Gelbgold prägen das Gesicht dieses seltenen Sammlerstückes. Hinzu kommen noch die drehbare Lünette sowie die besondere Krone, die nur diesem Modell vorbehalten war.

Abb. 530
Für wahr ein nobler Auftritt! Hier präsentiert uns Vacheron Constantin eine der ersten Modelle mit dem neuen, manufaktureigenen Automatikkaliber 2475. Datums-, Wochentags- sowie Gangreserveanzeige verleihen diesem Schmuckstück eine hohe Wertigkeit. Selbst das Genfer Siegel, früher nur bescheiden auf Platine und Brücke gepunzt, prangt zwischen der 4 und 5 stolz auf dem Zifferblatt.

Abb. 529
Zum Vergleich das frühere Vacheron & Constantin-Kaliber K 1072/1 aus dem Jahr 1968. Es wurde als reserviertes Rohwerk (Ebauche) von Jaeger-LeCoultre bezogen. Rotorlagerung über vier Rubinwalzen, guillochiertes Schwunggewicht in 750 Gold, Gyromax-Unruh mit Breguet-Spirale und andere Details verhalfen diesem Kaliber zu einem Niveau, wie wir dies nur von Werken des Hauses Patek Philippe kennen.

Abb 531
Dieses Bild zeigt uns viele Details des neuen Vacheron & Constantin-Kalibers 2475. Im Vordergrund der zweifach verstifte Unruhkloben mit zweischenkliger Unruh und Flachspirale. Diese Werksausführung verfügt noch über eine Triovis-Feinstellung. Sobald Nivarox liefern kann, findet hier eine vierschenklige Unruh mit vier Gewichtsschrauben Verwendung, die wir schon vom neuen Jaeger-LeCoultre Kaliber 975 her kennen.

Gegenüberstellung der wichtigsten Kenndaten von Automatikbaugruppe, Schwingungssystem und Feinstellung (Auswahl), Tabelle 2					
	JLC 975 (neu)	JLC 883 S (alt)	VC 2475 (neu)	V&C K 1072/1 (alt)	Rolex 3135
Werkdurchmesser D (mm)[1)]	30,00	26,00	25,60/26,20	29,00/29,50	28,10/28,50
Werkhöhe h (mm)	5,7	6,14	3,40 (5,60)	6,30	6,00
Rotorausführung	180° Segment mit Schwung-gewicht in 920 Gold	180° Segment mit Schwung-gewicht aus Schwermetall	180° Segment, komplett in 920 Gold	180° Segment mit Schwung-gewicht in 750 Gold	180° Segment mit Schwung-gewicht aus Schwermetall, Rotorträgerplatte mit Federwirkung
Rotorlagerung	Kugellager mit Keramik-kugeln	2 Rubine	Kugellager	4 Rubinwalzen	2 Rubine mit unterschied-lichen Durchmessern
Rotorfunktion	einseitig	beidseitig	einseitig	beidseitig	beidseitig
Wechsler	-	Wippenwechsler	-	Wippenwechsler	Klinkenradwechsler
Automatikbrücke	aufgesetzt	aufgesetzt	integriert	aufgesetzt	aufgesetzt
Unruhtyp	zweischenklig mit Flach-spirale	Dreischenklig mit Flach-spirale	Zweischenklig mit Flach-spirale	Zweischenklig mit Breguet-Spirale	Vierschenklig mit Breguet-Spirale
Unruhfeinstellung	4 Gewichtsschrauben	Rücker ohne Feinstellung	Triovis	Gyromax	4 Gewichtsschrauben, System Mikrostella
Unruhlagerung	Brücke	Kloben	Kloben	Kloben	Brücke
Schwingungszahl (A/h)	28.800	19.800	28.800	18.000	28.800
Gangreserve (h)	50	40	44	40	50
Gangabweichung (DEL sec/Tag)[2)]	009	005	008[3)]	010	003
Verhältnis D/h	5,26	4,23	7,53	4,60	4,68
Anzahl Steine	29	23	27	29	31
Jahr der Einführung	2004	1967	2005	1968	1988

[1)] Einbaudurchmesser/Gesamtdurchmesser [2)] In sechs Positionen (Mittelwert aus drei Messungen) [3)] Nach Einbau einer neuen Reglage

Alles in allem stellt das neue Vacheron Constantin Kaliber 2475 eine solide Konstruktion dar, welche auch durch ihre besonders gelungene Finissierung gefällt. Wenn Vacheron Constantin heute aber wieder jene Führungsrolle erlangen möchte, die sie in den 50er und 60er Jahren innehatte, dürfte das neue Kaliber 2475 nur eine Übergangsrolle spielen, bis ein wirklich innovatives und zukunftsträchtiges Automatikwerk zur Verfügung steht.
Die noch im neuen Werk in Le Sentier übergebene Testuhr beeindruckte schon durch ihren gebührenden Gehäusedurchmesser sowie die Indikationen für Wochentag, Datum und Gangreserve. Selbst das Genfer Siegel, früher von außen unsichtbar nur auf Platine und Brücke zu finden, prangte stolz auf dem Zifferblatt. Auch der heute modische Glasboden durfte nicht fehlen und erlaubte einen Blick auf das musterhaft finissierte Automatikwerk. Beim Eingangstest lagen alle relevanten Kriterien auf der positiven Seite, nur die Gangabweichung in sechs Positionen konnte nicht überzeugen. Sie lag zwischen 012 und 014 sec/Tag und somit nicht im Rahmen unserer Erwartungen. Was war der Grund hierfür? In Absprache mit Vacheron Constantin in Genf ging das edle Stück an den Uhrmacher Martin Becker, der selbst über 16 Jahre lang für die Deutschland-Niederlassung von Vacheron Constantin den Service erbracht hatte. Dort wurde unsere Testuhr zerlegt, analysiert und hierbei eine komplett neue Reglage eingebaut. Diesen Arbeiten folgten zwischen Vacheron Constantin und Martin Becker ein reger Gedankenaustausch in Richtung möglicher Modifikationen dieses neuen Werkes. Was uns jedoch noch viel wichtiger erschien, waren die erzielten Verbesserungen. Nach Rückkehr der Uhr wurde diese erneut geprüft. Hierbei lag der Gang in sechs Lagen nur noch bei 008 sec/Tag und damit über ein Drittel besser als im Anlieferungszustand.
Aber wie sieht hier nun der Vergleich mit einem früheren Automatikwerk von Vacheron & Constantin aus? Hierzu nahmen wir ein ganz seltenes Schmuckstück aus dem Jahre 1968 zur Hand. In dem mit Referenz-Nr. 6782 Q (Werk-Nr. 598 456, Gehäuse-Nr. 433 445) geführten Zeitmesser arbeitet das Kaliber K 1072/1, ebenfalls ein reserviertes Rohwerk von Jaeger-LeCoultre. Es ist weitgehend identisch mit dem schon beschriebenen Audemars-Piguet-Kaliber K 2072. Nur die Rotorträgerplatte verfügt anstelle des Genfer Streifenschliffes über einen Sonnenschliff. Schließlich arbeitet unsere Vacheron & Constantin mit einer Gyromax-Unruh und kann auf die Feinstellung über Mikrometerschraube und Schwanenhalsfeder verzichten. Dieses rare Sammlerstück wurde bereits vor mehr als zehn Jahren vom Mönchengladbacher Uhrenhändler Manfred Josten erworben, der damalige Preis belief sich auf 7.850 DM.

Diese Uhr ist aus mehrfachen Gründen hervorzuheben. Erstens ist sie das einzige Modell von Vacheron & Constantin, welches über eine drehbare Lünette verfügt. Zweitens hat sie die Originalkrone aus dem Produktionsjahr 1968 montiert, die aus unbekannten Gründen nicht in der vorliegenden Furniturenliste von Vacheron & Constantin aufgeführt ist.
Vergleicht man nun dieses fast schon antike Kaliber K 1072/1 (/1 steht für Gyromax-Unruh) mit dem neuen Kaliber 2475, steht der Neuling in rein ästhetischer Hinsicht dem alten in nichts nach. Erst bei näherem Hinsehen merkt man die Defizite, die aus dem Dogma der flachen Bauweise resultieren. Weder wurden die Gyromax-Unruh mit zehn Masselotte-Gewichten noch die Breguet-Spirale übernommen. Auch die Materialstärke der Zahnräder sowie die Länge der Rubinlager mussten reduziert werden. Dies sind alles Maßnahmen, die unweigerlich Einbußen bei der Verschleißfestigkeit bedingen.
Nun noch ein Wort zur Verbindung von Platine und Brücken. Das Kaliber K 1072/1 ist in konventioneller Bauweise gehalten. Die jeweiligen Verbindungen bestehen aus je zwei Passstiften (»Füßen«) und einer oder zwei Zylinderkopfschrauben. Beim Unruhkloben unseres K 1072/1 ragen die beiden Passstifte zwar aus der Platine, die oberen Passungsbohrungen sind jedoch als Sacklöcher ausgeführt, so dass unsere Passstifte zwar wirksam, aber nicht zu sehen sind. Damit der Kloben mit nur einer Schraube sauber sitzt, verfügt er auf der Unterseite über eine mittig angeordnete Freifräsung. Mit dieser lässt sich der Kloben auch leicht abheben. Diese Verbindungsweise hat man auch beim neuen Kaliber 2475 übernommen, wenn auch mit nun sichtbaren Passstiften (»Füßen«). Anscheinend wurde hier bewusst auf die Konstruktionsweise mit Flanschbuchsen mit Innengewinde verzichtet, wie wir dies von den anderen drei neuen Kalibern kennen. Fasst man alle Pros und Contras der beiden Kaliber zusammen, stellt sich unwillkürlich die Frage, ob man bei der Tradition von Vacheron & Constantin einerseits und dem heutigen technischen Fortschritt andererseits bei gutem Willen beim neuen Kaliber 2475 nicht hätte mehr erreichen können? Aber was noch nicht ist, kann ja noch werden.

12.10 Rolex, Kaliber 3135

Zunächst ein klärendes Wort zuvor. Weder verfügt der Autor bei Rolex über einen Nebenjob als PR-Berater noch lässt er sich Flugkarten nach Genf bezahlen oder Revisionen ohne Berechnung durchführen. Dass unser Referenzkaliber 3135 so gut in der Bewertung wegkommt, liegt einzig und alleine an den technischen Fakten. Das Rolex-Automatikkaliber 3135 wurde mehrfach von dem Verfasser bereits andererorts beschrieben. Trotzdem soll der Grundaufbau dieses Werkes hier noch einmal zusammengefasst werden. Auf der kräftig ausgeführten Platine sind die Brücken für Federhaus, Räderwerk und Unruh angeordnet. Die Automatikbrücke stellt eine separate Einheit dar, die dem Basiswerk aufgesetzt wird. Das Schwunggewicht des beidseitig wirkenden Rotors besteht aus Schwermetall und wird von einer dünnen Platte aus rhodiniertem Messingblech gehalten. Diese besitzt versetzt angeordnete Durchbrüche und bringt damit in axialer Richtung die gewünschte Federwirkung. Die

Abb. 532
In diesem neuen Rolex-Modell TURN-O-GRAPH in Stahl/Gold ist das Kaliber 3135 eingeschalt.

Rotorachse wird mit zwei Rubinlagern unterschiedlichen Durchmessers geführt und das Höhenspiel durch einen Klemmkeil eingestellt. Im Grunde entspricht dieses Konstruktionsprinzip jener Rotorlagerung, die Albert Pellaton bereits bei seinem IWC Kaliber 85 gewählt hatte.
Der robuste Wechsler besteht aus zwei Klinkenrädern, die aus einer besonderen Aluminiumlegierung gefertigt und rot eloxiert sind. Bei dieser Funktion ist nicht die Teilungsgenauigkeit, sondern ausschließlich die Härte der Zahnflanken gefragt. Die Eloxalschicht ist nämlich glashart und erlaubt langfristig einen

Abb. 533
Unruh des Kaliber 3135 mit Breguet-Spirale und vier Mikrostella-Regulierschrauben in rund 7facher Vergrößerung.

Abb. 534
Diese Aufnahme zeigt uns die vierschenklige Unruh mit Gewichtsschrauben vom Typ Mikrostella, Breguet-Spirale und verstellbarem Spiralklötzchenträger. Auf der Brücke rechts sieht man das Plättchen, mit dem man den Spiralklötzchenträger arretiert. Rechts und links der Brücke sind die Rändelmuttern erkennbar, mit denen das Höhenspiel der Unruhwelle eingestellt wird. Der Rotorträger ist aus dünnem rhodiniertem Messingblech, seine versetzt angeordneten Durchbrüche sorgen für die gewünschte Absorption von achsialen Stößen.

Betrieb ohne Schmierung. Das Räderwerk des Basiswerkes besitzt besondere Eigenschaften. Die Lagerung von Zahnrädern und Trieben ist konstruktiv so konzipiert, dass sowohl in vertikaler als auch in horizontaler Lage fast die gleiche Lagerreibung vorhanden ist. Besondere Erwähnung verlangen Unruhbrücke und die Unruh selbst. Nicht nur, dass die Unruh symmetrisch in der Längsachse des Uhrengehäuses angeordnet ist und damit diesem Kaliber eine besondere Ästhetik verleiht, sondern auch ihre Konstruktion als besonders durchdacht gilt. Der Abfall lässt sich durch den verstellbaren Spiralklötzchenträger justieren, das Höhenspiel der vierschenkligen Unruh über zwei spezielle Rändelschrauben an der Brückenlagerung. Der Gang der Zeit selbst wird durch die vier Mikrostella-Schrauben justiert, ein mechanisches Prinzip, das sowohl dem Stellschraubensystem von Jaeger-LeCoultre als auch dem Gyromax-System von Audemars Piguet entspricht. Die Summe aller Tugenden wird durch die seit Jahrzehnten bewährte Breguet-Spirale ergänzt, welche durch das üppige Platzangebot »frei atmen« kann. Zusammengefasst bewirken alle genannten Details die große Robustheit und die hohe Präzision, die fast nur von Uhren des Hauses Rolex erreicht werden.

Abb. 535
Ausgebaute und umgedrehte Automatikgruppe des Kalibers 3135 mit Wechselgetriebe und Rotor. Die farbigen Zahnräder sind aus Spezialaluminium gefertigt und harteloxiert. Das kleine Ritzel überträgt das Drehmoment der Automatikgruppe auf den Aufzugsmechanismus.

12.11 Schlussbetrachtung und Ausblick

Ein Vergleich mit überraschenden Ergebnissen

Beim Lesen dieser Zeilen wird sich wohl so mancher Leser heimlich die Frage stellen, warum nicht alle Uhrenhersteller im Prinzip Automatikwerke wie jene von Rolex bauen. Eine Antwort dürfte mit dem Verhalten von Ingenieuren begründet werden: »Drei Ingenieure, drei verschiedene Meinungen«. Dass in der Uhrenindustrie grundlegende Meinungsunterschiede bestehen, die eigentlich nicht immer verständlich sind, darf hier an zwei Beispielen erläutert werden. Der erste Fall bezieht sich auf die Lagerung des Ankerrades. Der hierfür bei IWC Verantwortliche war der Meinung, dass in diesem Falle eine Lagerung mittels Kombifutter reine Kosmetik sei. Die Aussage hierzu war von Audemars Piguet konträr und wurde umgehend von Rolex bestätigt. Bei einer einfachen Lagerung des Ankerrades mittels Rubin würden starke Schläge zur Reduzierung oder zum kompletten Ausfall des Schmieröls führen. Beim Kombifutter wäre genügend Öl vorhanden und die Schmierung auch nach unvorgesehenen Belastungsfällen gewährleistet. Der verantwortliche Techniker von Rolex betonte noch zusätzlich die Wichtigkeit des Höhenspiels, der Justage sowie auch der Ölhaltung dieses Systems. Sein abschließender Kommentar lautete »Rolex macht nie etwas umsonst!« Der zweite Fall betrifft die Rotorlagerung. Jaeger-LeCoultre kommt hierbei zur Meinung, dass ein Wälzlager (Kugellager) mit Keramikkugeln langfristig die beste Lösung darstellt. Der bei IWC hierfür Verantwortliche hatte die Meinung, dass Kugellager nach überschaubarer Zeit auslaufen und damit Rubinlager diesem Konstruktionsprinzip weit überlegen sind.

Bei dieser Aussage stellt sich die Frage, warum Rolex bei seinem Kaliber 4130, welches in der DAYTONA eingeschalt ist, nunmehr den Rotor mit einem Kugellager geführt hat. Die Antwort von Rolex war spontan: Mit einem Kugellager kann man eine geringere Bauhöhe realisieren!

Aber wie fällt nun die abschließende Bewertung der vier neuen Automatikwerke aus? In den beiden Haupttabellen sind alle relevanten konstruktiven Daten und die gemessenen Gangabweichungen enthalten. Wer hier genau hinschaut und die Details der Werke untereinander vergleicht, wird hier schon selbst zu einer verlässlichen Aussage kommen. Natürlich stellt die ganze Betrachtung nur eine Momentaufnahme dar. Erst in vier bis fünf Jahren werden die neuen Automatikwerke aus der Schweiz den Beweis ihres Könnens erbracht haben. Dass die Automatikkaliber von Audemars Piguet und Jaeger-LeCoultre genügend Potential für weitere Entwicklungsschritte besitzen, steht außer Zweifel. Dass man sowohl bei IWC als auch bei Vacheron & Constantin nur zögerlich vorgegangen ist und die möglichen Potentiale nicht voll ausgeschöpft hat, sieht man schon aus den Vergleichstabellen. Das positive an allen technischen Lösungen ist die Chance, das Vorhandene noch besser machen zu können. Darum heißt es für die Angesprochenen, und dies gleich im doppelten Sinne, jetzt frisch ans Werk!

Abb. 536
Rolex Kaliber 4130 der DAYTONA (Aufnahme ROLEX).

Abb. 537
Die Testuhren (von links oben nach links unten): Patek Philippe Jahreskalender-Chronograph, Jaeger-LeCoultre Master Compressor Chronograph, IWC Da Vinci Chronograph sowie die als Referenz dienende Rolex Daytona Cosmograph.

13. Aktuelle Chronographen aus der Schweiz

IWC, Jaeger-LeCoultre und Patek Philippe müssen sich an Rolex messen lassen

13.1 Einführung

Der Beginn der Renaissance mechanischer Armbanduhren liegt schon mehr als 30 Jahre zurück. Hinsichtlich neuer Chronographen mit manufaktureigenen Kalibern und Selbstaufzug mussten sich die Uhrenfreunde jedoch bis in das neue Jahrtausend hinein gedulden. Wir haben uns die aktuellen Modelle von IWC, Jaeger-LeCoultre und Patek Philippe angesehen, sie zerlegt und getestet. Und mit dem Produkt des Marktführers Rolex, der DAYTONA COSMOGRAPH, verglichen.
Neben der konstruktiven, also uhrmacherischen Gestaltung der Werke standen auch Ganggenauigkeit, Gebrauchswert, Tragekomfort und Außenwirkung auf der Prüfliste.
Die Hinzuziehung von sechs fachkundigen Uhrenliebhabern als Testpersonen führte zu bemerkenswerten Aussagen.

Ein Chronograph gilt nicht nur als Zierde jedes Männerhandgelenks, sondern war auch stets als besondere uhrmacherische Leistung zu verstehen. Unter Fachleuten werden Chronographen deshalb auch gerne und zu Recht als »Komplikationsuhren« bezeichnet.
Dass die Konstruktion und Herstellung eines Chronographenwerks in der Tat eine besondere Leistung darstellt, beweist der Umstand, dass die drei Schweizer Nobelmanufakturen IWC, Jaeger-LeCoultre und Patek Philippe bis zur Lancierung der hier vorgestellten neuen Automatik-Chronographenwerke nur »Zeitschreiber« mit zugekauften Rohwerken anboten. Auch wenn Letztere kunstgerecht und technisch sehr hochwertig überarbeitet wurden, blieben sie dennoch immer »Fremdkörper« in der Manufaktur-Kaliberfamilie.
Bei IWC hatte man mit der »Da Vinci« bereits seit 1985 einen festen Platz am Chronographenmarkt, zumal diese neben dem Automatikkaliber Valjoux 7750 von ETA auch über ein selbst entwickeltes Modul für einen ewigen Kalender verfügte. Trotz großer Innovationsbereitschaft hatte man bei Jaeger-LeCoultre über Jahre hinweg kein selbst entwickeltes Chronographenwerk auf der Dringlichkeitsliste stehen. Die Freunde von Zeitschreibern dieser Marke mussten sich früher mit einer Uhr mit dem Quarzkaliber 630 zufrieden geben, welches übrigens auch bei IWC (als Kaliber 601) verbaut wurde.
Patek Philippe hat eine lange Chronographen-Tradition, jedoch fanden bei all diesen Uhren stets Handaufzug-Rohwerke von Lemania oder Valjoux Verwendung. Zur Ehrenrettung sei jedoch gesagt, dass diese »Ebauches«, wie man Rohwerke auf Französisch bezeichnet, bei Patek Philippe so modifiziert und verschönert wurden, dass ihre ursprüngliche Herkunft kaum noch zu erkennen war
Als einfachste Lösung zur Konstruktion eines neuen Chronographen mit automatischem Aufzug gilt die Verwendung eines am Markt käuflichen Moduls, das unter dem Zifferblatt auf ein vorhandenes Automatikwerk gesetzt wird. Solche Kombinationen sind leicht zu erkennen, z. B. an der sehr tief liegenden Datumsanzeige oder dem Versatz von Chronographendrückern und Aufzugkrone, die ja in zwei verschiedenen Ebenen liegen.
Unsere drei hier vorgestellten Kandidaten hatten sich für einen anderen Weg entschieden und jeweils ein komplett neues Chronographenwerk entwickelt. Ein solcher Schritt kann einen Zeitraum von rund fünf Jahren einnehmen und eine Investition in der Größenordnung von fünf Millionen Schweizer Franken bedeuten. Trotz des großen zeitlichen und finanziellen Aufwands kann nicht in jedem Fall ein großer Wurf, d. h. eine besonders gelungene Konstruktion, erwartet werden. Dies hängt auch weitgehend vom Know-how, der Größe und dem Niveau des Entwicklungsteams sowie der technischen Ressourcen der jeweiligen Manufaktur ab. Hinzu kommt noch die aktuelle Patentsituation, die Newcomern von Haus aus die technischen Möglichkeiten einengen kann. Sicher hatten auch die Entwicklungsingenieure von IWC, Jaeger-LeCoultre und Patek mit dieser Situation zurechtkommen müssen.

Abb. 538
Weil die von Rolex Köln zur Verfügung gestellte DAYTONA in 18 K Weißgold für eine sichere Bewertungsbasis nicht ausreichte, wurden zwei weitere DAYTONAS im Fachhandel bezogen. Damit konnte eine breitere Vergleichsbasis geschaffen werden.

13.2 Drei aktuelle Chronographen – mit Rolex als Referenz

Zweifellos gehören die Marken IWC, Jaeger-LeCoultre und Patek Philippe zu den besten Uhrenmanufakturen in der Schweiz. Hierbei darf man Patek Philippe getrost eine Sonderrolle zugestehen, sozusagen die »Führungsposition in der Oberliga«. Auch der von Patek Philippe vorgestellte Chronograph mit Selbstaufzug und Jahreskalender kann fast schon als Exot bezeichnet werden. Für dieses Meisterstück, welches nur in geringer Stückzahl mit Platingehäuse produziert wird, sind mehr als 50.000 € zu begleichen. Zusätzlich zu der lediglich geringen Stückzahl wartet es mit Lieferzeiten von ein, zwei bis drei Jahren auf.

Tabelle 1: Die Testuhren

Marke	Modell	Referenz-nummer	Kaliber	Gehäuse-ausführung	Werk-Ø (mm)	Werkhöhe (mm)	Anzahl der Einzelteile	Listenpreis (€) (Stand 2008)
IWC	Da Vinci Chronograph	3764	89360	Edelstahl	30,4	7,46	269 Uhrwerk 20 Kalendermodul	10.600,-
Jaeger-LeCoultre	Master Compressor Chronograph	146.8.25	751	Edelstahl	25,6 Einbau 26,2 gesamt	5,63	251 Uhrwerk 21 Kalendermodul	7700,-
Patek Philippe	Jahreskalender Chronograph	5960P	CH 28-520 IRM QA 24H	Platin 950	30 Basiswerk 33 mit Datums-scheibe	5,2 Uhrwerk 2,48 Kalendermodul 7,68 Gesamthöhe	302 Uhrwerk 154 Kalendermodul	51.370,-
Rolex	Daytona Cosmograph	116519	4130	Weißgold 750	30,5	6,5	201	15.640,-

13.3 Eingangsprüfung und Praxistest

Alle Testuhren wurden nach dem Eingang einer Funktionsprüfung unterzogen, und im Anschluss wurde ihre Präzision ermittelt. Unter Vollaufzug wurden sie am Witschi Chronoscope S1 mit Mikromat S gemessen, und aus vier Messungen wurde dann ein Mittelwert für täglichen Gang, tägliche Gangabweichung, Abfall und Amplitude ermittelt. Diese Messwerte haben wir in Tabelle 2 zusammengefasst und hierbei auch die jeweiligen Maximal- und Minimalwerte in Klammern gesetzt. Während bei Messungen im Labor für alle Uhren stets gleiche Messbedingungen herrschen, kann ein Praxistest ganz anders aussehen. Aus diesem Grund hatten wir nicht vier, sondern sechs fachkundige Persönlichkeiten ausgesucht, die für uns den Tragetest durchgeführt haben. Eine Messung ist keine Messung, lautet eine bei Ingenieuren weitverbreitete Erkenntnis: Weil wir einerseits die ROLEX DAYTONA als Referenz ausgewählt hatten, andererseits jedoch nur eine Uhr zur Verfügung hatten, wurden als Ergänzung auf anonymem Weg noch einmal je eine ROLEX DAYTONA bei einem deutschen und bei einem italienischen Konzessionär erworben. Damit konnte eine statistisch sichere Basis geschaffen werden, um eventuell möglichen Unter- oder Überbewertungen der Marke Rolex vorbeugen zu können.
Neben der Uhr erhielten die sechs Testpersonen je einen Vordruck, in dem sie die jeweiligen Messergebnisse eintrugen. So war über 14 Tage hinweg der tägliche Gang jeweils morgens und abends zu ermitteln und einzutragen. Hierbei wurde auch die tägliche morgendliche und abendliche Uhrzeit aufgeführt. Der jeweilige tägliche Gang wurde über Funkuhr oder Telefonzeit ermittelt. Die von den Testpersonen ermittelten Praxiswerte sind in den Tabellen 3a und 3b zusammengefasst. Doch nicht allein die Genauigkeit der Uhren hat unsere Uhrentester interessiert. Weiter nahmen sie zu den Bewertungskriterien »allgemeiner Eindruck, Gebrauchswert, Genauigkeit, Tragekomfort und Außenwirkung« Stellung. Diese individuellen Aussagen sowie die Testergebnisse finden Sie in der Tabelle 2 zusammengefasst. Die umfangreichen Tragetests und die hierbei ermittelten Gangwerte wichen zum Teil deutlich von den im Labor gemessenen Werten ab. So kann die Prüfposition »Krone oben« nur für fleißige Bus- und Straßenbahnfahrer von Bedeutung sein. Auch die Position »Zifferblatt unten« wird nur für jenen Zeitgenossen relevant sein, der oft zur Wahrsagerin geht und sich aus den Handlinien die Zukunft prophezeien lässt.
Nach dem 14tägigen Tragetest ging die IWC ca. + 29, die Jaeger-LeCoultre ca. + 24 und die Patek Philippe ca. + 22 Sekunden vor. Die Rolex schloss den Test mit ± 0 Sekunden ab. Die zwei zusätzlich eingebundenen Daytona-Modelle hielten sich wacker und gingen nach zwei Wochen ganze drei und sieben Sekunden vor. Unterm Strich lässt sich sagen, dass die drei Daytona-Uhren von Rolex zwischen Praxiswerten und Labormessungen die geringsten Unterschiede aufwiesen.

13.4 Die zugehörigen Chronographenwerke

Aus den Vorlesungen von Prof. Dr.-Ing. Klaus Ehrlenspiel, emeritierter Ordinarius des Lehrstuhls »Konstruktion im Maschinenbau« (heute Lehrstuhl für Produktentwicklung) an der Technischen Universität München, zitieren wir die folgende Aussage: »Eine komplexe Konstruktionsaufgabe so umzusetzen, dass im Ergebnis Funktionssicherheit, minimaler technischer Umfang, günstige Herstellungskosten, geringer Wartungsaufwand und ein ansprechendes Design erreicht werden, verlangt besondere innovative Begabung, hohe Sachkenntnis, Teamgeist und Führungsverantwortung.«
Dieses mehr als 20 Jahre alte Zitat besitzt für die Entwicklung neuer Uhrwerke auch heute noch seine Gültigkeit. Neben der rein konstruktiven Erfahrung benötigt ein Entwicklungsteam auch Kenntnisse in Werkstoffkunde, Teilefertigung, Montage und Logistik. Genauso wichtig ist das Wissen um den zeitnahen Stand der Technik sowie um die Produkte der Mitbewerber.
Zunächst stehen im Pflichtenheft eines neu zu entwickelnden Chronographenwerks mit automatischem Aufzug die wichtigsten Kriterien wie Funktionsinhalte, Ganggenauigkeit, Gangreserve, Zusatzfunktionen und Außenabmessungen. Sind die technischen Merkmale abgesichert, müssen noch Kosten und Termine bestimmt und abgesichert werden. Um auf all diese Fragen eine verlässliche Antwort zu erhalten, hatten wir nicht nur die Konstruktions- und Explosionszeichnungen der vier zu

Tabelle 2: Messungen jeweils in sechs Positionen[1)]

Fabrikat	täglicher Gang sec/t (x)	größte tägliche Gangabweichung sec/t (D)	mittlere Amplitude in Grad	Abfall [4)]
IWC	+3,7 (3,5/4,1)	+2,9 (2,4/3,6)	285 (271/291)	0,2 (0,1/0,4)
Jaeger-LeCoultre	+3,9 (2,9/4,5)	+12,7 (11,5/13,8)	260 (247/270)	0 (0/0,1)
Patek Philippe	+0,1 (0,1)	+5,7 (5,0/6,6)	261 (255/264)	0,1 (0/0,3)
Rolex (WG) [2)]	+2 (1,9/2,1)	+3,7 (3,3/3,9)	269 (252/276)	0,3 (0,3/0,4)
Rolex (SZ) [3)]	+1,3 (1,1/1,5)	+4,0 (3,3/4,8)	270 (267/273)	0,3 (0,2/0,5)
Rolex (WZ) [3)]	+0,6 (0,3/1,1)	+6,2 (5,4/7,1)	259 (252/263)	0,5 (0,2/0,9)

[1)] immer Mittelwert aus vier Messungen, jeweiliger Minimal- und Maximalwert in Klammer (Min./Max.)
[2)] Von Rolex zu Verfügung gestellte Testuhr als Referenz
[3)] Anonym im Fachhandel beschaffte Testuhren (SZ: Schwarzes Zifferblatt, WZ: weißes Zifferblatt)
[4)] Schwingungssymmetrie

betrachtenden Werke eingesehen, sondern Letztere auch bei den Herstellern demontieren und remontieren lassen.
Ergänzende technische Werte haben wir in der Tabelle 3, Seite 342, zusammengefasst. Wichtig erschienen uns auch die verschiedenen Revisionszeiten sowie die Unterschiede zwischen normalem Betrieb und eingeschaltetem Chronographen.

Abb. 540
Der Unruhkloben führt die vierschenklige Unruh mit den ebenfalls vier Masselotte-Gewichten für die Einstellung des Ganges. Über die Zylinderkopfschraube in dem Langloch wird der Spiralklötzchenträger verstellt.

13.5 Das Kaliber CH 28-520 IRM QA 24H von Patek Philippe

Auch die Konstrukteure von Patek Philippe betraten Neuland, als sie sich an die Entwicklung des Chronographen mit automatischem Aufzug machten. Zieht man das Modul für den gesamten Jahreskalender ab, verblieben ihnen 30 mm Durchmesser und 5,2 mm Werkhöhe, also 3,67 cm³ Volumen für die Realisierung der gestellten Aufgabe. Auch bei dieser technischen Lösung ist das Chronographenmodul voll im Uhrwerk integriert, und nur die Automatikbrücke neben der Federhausbrücke ist angegliedert. Als Kern des Mechanismus gilt die vertikale Kupplung, welche direkt auf der Stoppzeigerachse situiert ist. Die Chronographenfunktionen werden auch hier über ein Schaltrad gesteuert.
Das technische und ästhetische Niveau der Uhrwerke von Patek Philippe ist über jede Diskussion erhaben. Zeitmesser unter diesem Markennamen werden nur in überschaubaren Stückzahlen gefertigt. Jede Uhr versteht sich als wertvolles, unvergleichbares Einzelstück und möchte auch als ein solches gewürdigt und getragen werden. Der Jahreskalender-Chronograph von Patek Philippe ist nur mit Platingehäuse erhältlich. Die jährlichen Produktionszahlen dürften sich nur in einem dreistelligen Bereich bewegen. Als Lieferzeit waren uns vom Konzessionär zwei bis drei Jahre genannt worden. Wer dazu

Abb. 539
Blick auf das Kaliber CH 28-520 IRM QA 24 H, in diesem Werk sind 40 Steine verbaut, es arbeitet mit 28,800 Halbschwingungen/h. Das Platingehäuse wird von einem eleganten Schraubboden mit Saphirglas verschlossen. Rechts unten sieht man die drei Hilfdrücker für die Einstellung des Jahreskalenders.

Abb. 541
Patek Philippe Jahreskalender-Chronograph Ref. 5960 P in Platin. Mit der Entwicklung des ersten eigenen Chronographenkalibers mit automatischem Aufzug beschritt man auch bei der Gestaltung der Anzeige einen neuen Weg: Statt auf getrennten Hilfszifferblättern werden Chrono-Minuten und -Stunden auf einem mehrskaligen Zifferblatt dargestellt.

Abb. 542
Uhrengehäuse mit Stil gelten bei Patek Philippe immer als Selbstverständlichkeit. Gehäusemittelteil und Lünette verfügen über eine diamantierte Oberfläche.

bereit ist, für einen Jahreskalender-Chronograph aus dem Hause Patek Philippe nicht nur eine solche Wartezeit zu akzeptieren, sondern auch noch satte 50.000 € auf den Ladentisch zu legen, der muss schon ein ganz überzeugter Uhrenliebhaber sein – und über das notwendige Kleingeld verfügen.

Alles in allem kann man diesen Zeitschreiber ruhig als Exoten bezeichnen, ein absolutes Spitzenprodukt der schweizerischen Uhrenindustrie. Die Uhr brilliert sogar mit hohem Gebrauchswert und sehr guten Gangleistungen.

13.6 Das Kaliber C. 89360 von IWC

Nach dem Automatikkaliber 80110, welches in der IWC Ingenieur verbaut ist, wurde von IWC im Jahre 2007 in der Linie Da Vinci ein neues Chronographenwerk mit automatischem Aufzug eingeführt. Im Gegensatz zu dem zuvor genannten Drei-Zeiger-Kaliber 80110 handelt es sich bei dem hier beschriebenen Chronographenwerk Kaliber 89360 um eine echte Neuentwicklung. Lediglich die Außenabmessungen mit 30,4 mm Durchmesser und 7,46 mm Höhe sind mit dem bisher hauptsächlich verwendeten ETA/Valjoux Kaliber 7750 vergleichbar. Wenn ein neues Werk zu entwickeln ist, fragt sich der verantwortliche Konstrukteur zunächst einmal, wie viel Raum ihm für die Umsetzung der technischen Forderungen zur Verfügung steht. Aus Durchmesser und Bauhöhe errechnet sich das jeweilige Volumen. Beim hier beschriebenen IWC Kaliber 89360 standen üppige 5,41 cm^3 zur Verfügung. Jaeger-LeCoultre gestand seinen Entwicklern nur ganze 2,89 cm^3 zu, wenig mehr als die Hälfte der IWC-Vorgabe. Bei Patek Philippe beträgt der zur Verfügung stehende Raum 3,67 cm^3, bei Rolex Daytona 4,75 cm^3, immerhin 68 % und 88 % vom Volumen des Kalibers von IWC.

Für die Technik des IWC-Chronographenwerks gab Stefan ihnen die Richtung vor. Das Design der neuen Da-Vinci-Linie verantwortete Guy Bove, Creative Director bei IWC. Im

Abb. 543
Das IWC Chronographen-Kaliber 89360 besitzt ein Durchmesser von 30,40 mm und eine Höhe von 7,46 mm.

Pflichtenheft für den neuen Chronographen war lediglich die Verwirklichung eines völlig neuen Uhrwerks mit automatischem Aufzug gefordert, welches alle Funktionsbereiche raumsparend und funktionssicher integriert.

Im Lastenheft des Kalibers 89360 präzisierte die Geschäftsleitung u. a. die folgenden Festlegungen: Unkonventionelle Bauweise, somit integrierte Anordnung von automatischem Aufzug, Chronographenmodul und Uhrwerk, Unruh über vier Schrauben reguliert (wie beim Kaliber 5000), Federhaus für 68 Stunden Gangreserve, direkt wirkende Drücker mit gefedertem Nullstellungshebel, Nullstellung mit Flyback-Funktion, direkt angetriebene Minute und Sekunde, Doppelzählermechanismus, Chronographen-Funktionssteuerung über Schaltrad, neuer Wechsler beim automatischen Aufzug und vieles mehr. Aus Fertigungs- und Kostengründen durften auch einige Komponenten des Kalibers 5000 übernommen werden.

Bei der Realisierung dieses neuen Kalibers profitierten die Konstrukteure von dem üppigen Volumen. So sind die statischen Grundkomponenten dieses Uhrwerks, wie z. B. Grundplatine, Räderwerkbrücke und Federhausbrücke, reichlich dimensioniert und damit sehr stabil. Die Automatikfederbrücke wurde

Abb. 544
IWC Da Vinci Chrongraph Ref. 3764 in Edelstahl und Lederband. Mit dieser Neuschöpfung unterstreicht IWC überzeugend seine Position als Uhrenmanufaktur. Als Alleinstelllungsmerkmal der mächtig auftragenden Uhr dienen der Doppelzählermechanismus, der Automatikaufzug in neuer Konstruktion sowie das aufwendig gestaltete Gehäuse.

neu berechnet und etwas steifer ausgeführt. Damit konnte auch auf die beim Kaliber 80110 noch vorhandenen Gummipuffer verzichtet werden.

Weil der alte Pellaton-Aufzug recht hoch baut, kommt hier der neue Doppelklinkenaufzug zum Einbau. Diese zwei übereinanderliegenden Doppelklinken, die in einem zweifachen Kurbeltrieb geführt sind, wirken gemeinsam, aber axial und radial versetzt, auf das Automatikrad ein. Laut IWC besitzt

Abb. 545
Reglage des Kalibers 89360 mit einer Unruh, die über vier Gewichtsschrauben verfügt, mit denen man den Gang einstellt. Im Vergleich mit der Reglage von Patek Philippe fehlt es hier etwas an der Elegance. Die Ankerradwelle ist nur in einem Kunstrubin und nicht in Deckplättchen gelagert.

Abb. 546

Abb. 547

Abb. 548

Abb. 549

Abb. 550

Abb. 551

Abb. 546 bis 551, IWC Kaliber C. 89360

Abb. 546: Gesamtansicht des ausgehausten IWC Chronographen-Kaliber C. 89360. – Oben dominiert der kräftig ausgeführte Rotor. Seine Durchbrüche lassen einen Teil der Automatikbrücke erkennen. – **Abb. 547:** Das Werk bei demontiertem Rotor, im Vordergrund rechts findet sich die Automatikbrücke. Auch das Klinkenrad, die vier Klinken und die Klinkenradbrücke des neuen Doppelklinkenaufzuges sind zu sehen. Links erkennt man die komplette Automatikbrücke, ganz oben die ersten Komponenten des integrierten Chronographenmechanismus (Nullstellhebel Min./Std., Nullstellhebel Sek. etc.). Weitere Erläuterungen sind bei **Abb. 552** zu finden. – **Abb. 548:** Blick auf die Federhausbrücke nach Demontage der Automatikbrücke, links Unruhkloben mit Unruh. Zwei der vier Regulierschrauben sind noch erkennbar. Ein gelungenes, aber aufwendiges Detail: Das Aufzugsrad in Form eines Zahnkranzes, welcher mittels drei Rubinen gelagert bzw. geführt wird. **Abb. 549:** Nach Demontage der Federhausbrücke dominieren in dieser Ansicht links das Federhaus, mittig das Chronozentrumsrad und rechts unten halb verdeckt das Schalt- oder Säulenrad. **Abb. 550:** Im nächsten Schritt erkennt man jetzt das komplette Schaltrad (siehe auch Abb. 547). **Abb. 551:** Nach Abbau der Räderwerkbrücke sehen wir die Grundplatine mit den restlichen Komponenten. Bei Bildeinteilung »12 Uhr« erkennt man den Nullstellschieber sowie den Schwingtriebhebel. Bei »2 Uhr« sind Start-Stop-Schieber und darunter das Schaltrad zu finden. Das lang gezogene Teil ist der nicht in Funktionsposition befindliche Schwingtriebhebel, der am Minutenzählerrad endet. Die drei großen Zahnräder, vom Zentrum in Richtung »10 Uhr« betrachtet, sind Minutenrad, Kleinbodenrad und Sekundenrad. Links oberhalb der Unruh erkennt man noch das Ankerrad sowie eine der beiden Ankerpaletten.

Abb. 552

Automatikbrücke mit dem angeflanschten Pleuel-Getriebe für den Doppelklinkenantrieb. Weil die Klinken dieses Antriebs nicht der Höhenbewegung der Rotorachse folgen können (gemeint ist hier die Z-Richtung), wurde die Automatikbrücke nachträglich mittels einer Zylinderkopfschraube arretiert. Damit konnte ein Denkfehler bei der Konstruktion kompensiert werden. Hätte man sich vorher intensiv mit der Kinematik des Pellaton-Antriebs befasst, hätte man diesen Fehler vermeiden können..

Abb. 553

Schaltrad für die Chronographenfunktion mit sechs Nuten. Oben links das Federhaus. – Für einen Konstrukteur sind die hier zu sehenden Flanschbuchsen mit Innengewinde von Interesse. Mit diesen Bauteilen lassen sich die Funktion von Passstiften und Verbindungsschrauben zusammenfassen. Die Technik verwendete man zuerst im Flugzeugbau.

dieses verfeinerte System einen deutlich höheren Wirkungsgrad und erlaubt auch einen leichteren Rotor als der alte Pellaton-Antrieb. Aus Sicht der technischen Mechanik dürfte dieser, auch wenn er im Vergleich zur neuen Lösung einen wesentlich größeren Platzbedarf aufweist, jedoch robuster und langlebiger sein.
Auch beim Kaliber von IWC läuft der Chronographenbereich für Minuten- und Stundenzähler permanent mit und wird direkt über die Vertikalkupplung in Betrieb gesetzt. Der Sekundenzähler wird durch einen Schwingtrieb gestartet.
Alles in allem stellt das neue IWC Kaliber 89360 eine konventionelle, solide und gut dimensionierte Konstruktion dar, mit der sich guten Gewissens das schon betagte Kaliber ETA/Valjoux 7750 ablösen lässt. Innovative Höhenflüge waren kaum zu erwarten, da man bei IWC bereits vor einem Vierteljahrhundert die Entwicklung eigener Uhrwerke eingestellt und sich in den zurückliegenden Jahren auf die Entwicklung von Zusatzfunktionen und partiellen Verbesserungen konzentriert hatte.

13.7 Das Kaliber 751 von Jaeger-LeCoultre

Dieses Chronographenwerk mit automatischem Aufzug wurde laut Jaeger-LeCoultre von einem dreiköpfigen Entwicklungsteam erarbeitet. Hierzu gehörten der Konstrukteur Jean-Claude Meylan, die Designerin Magali Métrailler und der Uhrmacher Richard Rapin. Neben den Grundvorgaben für einen klassischen Chronographen mit drei Zählern und Schaltradsteuerung gehörten zu den Zielvorgaben hohe Präzision, eine vertikale Kupplung, Durchmesser 11 1/2 Linien (25,6 mm), Datumsanzeige, hohe Frequenz, drei Tage Gangreserve und Keramikkugellager für den Rotor. Ein Chronographenwerk mit automatischem Aufzug sowie einer Datumsanzeige mit nur 25,6 mm Durchmesser und 5,63 mm Bauhöhe zu realisieren, gilt als ganz besonders große und schwer lösbare Herausforderung. Niemandem wurde aber verraten, dass für dieses neue Chronographenwerk das Kaliber 1185 von Frederic Piguet zugrunde gelegt wurde (Werkdurchmesser 25,6 mm, Bauhöhe 5,55 mm). Die einzelnen Baugruppen im Hinblick auf die genannten räumlichen Bedingungen unterzubringen, war in der Tat nicht einfach. Rotor und Automatikbrücke, Chronographenmodul, Uhrwerk mit zwei Federhäusern und Datumsschaltung waren so miteinander zu kombinieren, dass eine räumlich optimierte Anordnung in Verbindung mit sicher funktionierenden Abläufen gewährleistet ist. Der automatische Aufzug erfolgt in beiden Drehrichtungen, wobei nicht der bereits vom Kaliber 889 bekannte Wechsler, sondern ein mit IWC vergleichbarer Klinkenwechsler Verwendung findet. Das Chronographenmodul ist zum größten Teil über dem Uhrwerk untergebracht. All seine Zahnräder sind bis zur Vertikalkupplung ständig im Eingriff. Die Steuerung der Chronographenfunktionen erfolgt auch hier über

Abb. 555
Jaeger-LeCoultre Master Compressor Chronograph Ref.146.8.25 mit Edelstahlband. Als fomschön und gelungen bezeichnete ein Münchner Industriedesigner den Auftritt dieses neuen Zeitschreibers aus Le Sentier. Die Bezeichnung »Compressor« bezieht sich auf den Dichtungsmechanismus: Durch Drehen des der Krone und dem Drücker jeweils vorgelagerten »Kompressionsschlüssels« wird eine spezielle Dichtung zusammengedrückt oder entlastet. Aus dieser Technik und aus der aufwendigen Gehäusekonstruktion resultiert auch die bis 100 Meter gehende Wasserdichtigkeit.

Abb. 554
Das Jaeger LeCoultre hauseigene 1000-Stunden-Prüfsignet ziert als goldfarbenes Medaillon den 4fach verschraubte Boden.

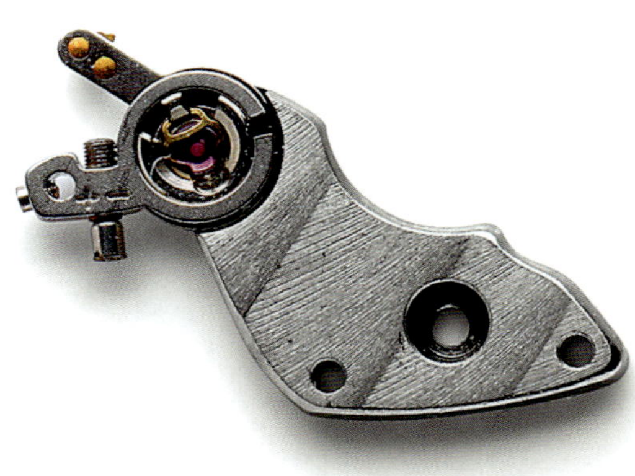

Abb. 556
Unruhkloben mit mit Triovis-Feinstellung und INCABLOC-Stoßsicherung des Chronographenkalibers 1185 von Frederic Piguet. – Dieses Chronographenkaliber wurde u. a. auch von OMEGA, Breguet, Blancpain und anderen als Ebauche verwendet. Für Jaeger-LeCoultre wurde dieses Werk umkonstruiert und mit zwei Federhäusern versehen. Unruh und Unruhkloben wurden aber bei allen Ausführungen beibehalten. Für den Einbau einer kompletten eigenen Reglage von JLC hätte der zur Verfügung stehende Platz nicht ausgereicht (siehe auch Abb. 564).

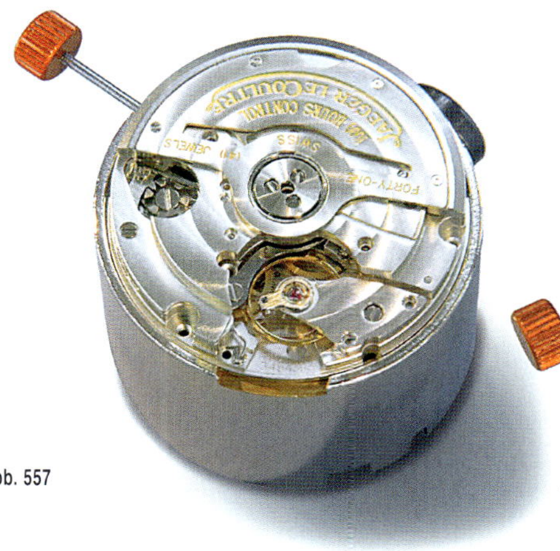

Abb. 557

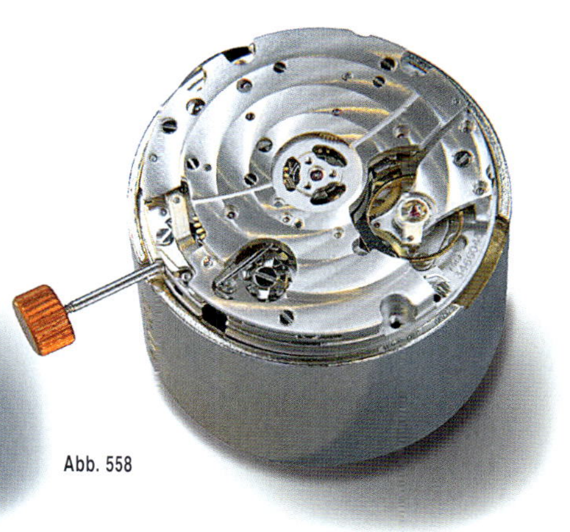

Abb. 558

Abb. 559

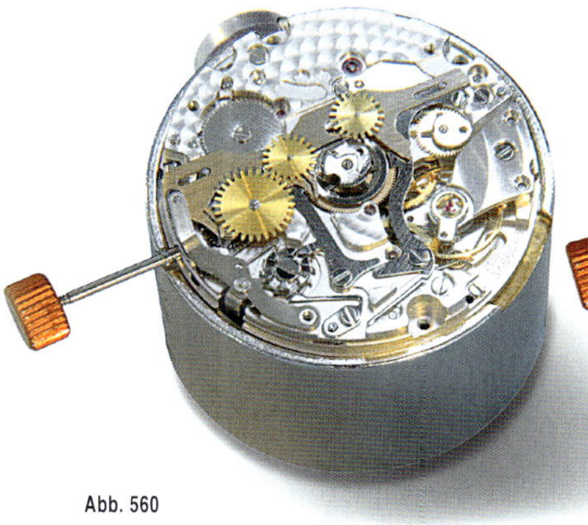

Abb. 560

Abb. 561

Abb. 562

Abb. 557 bis 562, Jaeger-LeCoultre Kaliber 751

Abb. 557: Gesamtansicht des ausgehausten Jaeger-LeCoultre Chronographen Kaliber 751. – Auf diesem Bild dominieren Rotor (leider ohne goldenes Schwunggewicht), Automatikbrücke, darunter Chronobrücke und Unruhkloben mit Unruh. Links im Durchbruch der Chronobrücke ist noch das Schaltrad zu erkennen. – **Abb. 558:** Hier das Kaliber mit demontiertem Rotor. Im oberen Teil sieht man die aufgesetzte Automatikbrücke. Start-Stop-Drücker werden jetzt bei 12-Uhr-Aufteilung dieser Abbildung jetzt bei 9, Rückstell-Drücker bei 7 positioniert. – **Abb. 559:** Nach Entfernen der Chronobrücke sind nunmehr die Komponenten des Chronographenmechanismus einzusehen. Schräg diagonal sind Herzhebel, darunter Kupplungswippe (rechts) und Kupplungshebel (links) angeordnet. **Abb. 560:** Im Zentrum der Darstellung befinden sich das Chronozentrumrad, ein recht kompliziertes Bauteil. Bei Reparaturen darf dieses nicht zerlegt, sondern nur getauscht werden. **Abb. 561:** Als Zwischenstation ist die Räderwerkbrücke vor der Abnahme zu sehen. **Abb 562:** Nach Abnahme von Räderwerk- und Federhausbrücke verbleiben auf der Grundplatine nur noch Schwingungssystem, Räderwerk sowie die beiden Federhäuser.

Abb. 563

Unruhkloben des Kalibers 751, die Feinstellung des Ganges erfolgt über das Triovis-System. Beim Vergleich mit dem Bild links (Abb. 556) erkennt man am obigen Unruhkloben, dass bei diesem Kaliber der Rohwerkehersteller Frederic Piguet Pate gestanden hat. Bei den Firmen Blancpain, Breguet und OMEGA werden ähnliche Ebauches verbaut.

Abb. 564

Reglage des Kalibers 889/1 mit Flachspirale und Feinstellung mit Triovis-System. Der Unterschied zum Unruhkloben von Frederic Piguet ist deutlich zu ersehen. Hier ist die Ankerradwelle in Deckplättchen gelagert.

ein Schaltrad. Insgesamt ist dieses Chronographenwerk sauber und überlegt durchkonstruiert, auch wenn die vorgegebenen Abmessungen viele Kompromisse in der konstruktiven Gestaltung sowie bei der Dimensionierung der Einzelteile mit sich brachten. Es liegt vielleicht auch an der auf die Spitze getriebenen Miniaturisierung dieses Kalibers, dass die Gangleistungen nicht so ausfielen, wie man dies normalerweise bei Uhren von Jaeger-LeCoultre normalerweise gewohnt ist.

13.8 Die Referenz: Kaliber 4130 von Rolex

Referenz bedeutet für einen Messwert einen Bezugswert, für ein Objekt mit definierten Eigenschaften bedeutet der Begriff einen Vergleichswert. Als Rolex im Jahre 2000 eine neue DAYTONA mit manufaktureigenem Chronographenwerk Kaliber 4130 lancierte, waren Nachfrage und Neugierde groß. Vor allem in jenen Kreisen, die das Vorgängermodell mit dem modifizierten Kaliber von Zenith nur als Kompromiss betrachteten, hatte die Freude über das eigene Kaliber geradezu euphorische Ausmaße. »Wo Rolex draufsteht, muss auch Rolex drin sein«, lautete die damalige Parole.

Für die Konstruktion des neuen Kalibers 4130 waren 30 mm Durchmesser und 6,5 mm Höhe vorgegeben. Somit betrug das zur Verfügung stehende Volumen 4,75 cm³, rund 12 % weniger als beim IWC Kaliber 89360. Den Konstrukteuren bei Rolex war von Anfang an bewusst, welche Regeln für die Realisierung dieses neuen Chronographenkalibers einzuhalten waren: Einfacher, übersichtlicher Aufbau, Herstellbarkeit in hohen Stückzahlen, konsequente Wartungsfreundlichkeit, 72 Stunden Gangreserve, Robustheit und Chronometergenauigkeit. All diese Ziele wurden offensichtlich erreicht.

In der Grundplatine des Kalibers 4130 sind bereits viele Funktionen integriert. Hierauf werden Räderwerkbrücke und Chronographenbrücke gesetzt. Im Anschluss folgt die Automatikbrücke mit dem fast genial einfachen Klinkenradwechsler. Die Brücken von Unruh und Federhaus können auch bei eingeschaltem Werk ausgebaut werden, so dass ein Zugfederwechsel nur eine halbe Stunde in Anspruch nimmt. Für eine komplette Überholung des Kalibers 4130 kommt ein geschulter Uhrmacher mit zweieinhalb Stunden aus.

Die Unruh arbeitet mit 4 Hertz sowie einer Breguet-Spirale und wird über vier Mikrostellaschrauben reguliert. Das Chronographenmodul liegt voll im Kraftfluss und wird über eine Vertikalkupplung eingeschaltet.

Abb. 565
Rolex Kaliber 4130, welches im Chronographen Daytona Cosmograph eingebaut ist. Der Rotor ist hier erstmalig mit einem Kugellager geführt. Markant auch die durch eine Brücke geführte Unruh mit Mikrostella-Reguliergewichten sowie die gebläute Breguet-Spirale mit Namen Parachrom.

Abb. 566
Rolex Daytona Cosmograph Ref. 116.519 in 18 Karat Weißgold, mit Krokodillederband und Faltschließe. Von diesem Modell geht eine zurückhaltende Eleganz aus, zu der auch die Harmonie zwischen schwarzem Zifferblatt und gleichfarbigem Lederband beiträgt. Der matte Glanz des Gehäuses verrät dem Kenner, das er es hier mit einem noblen Edelmetall und nicht mit einem auflegierten Stahl zu tun hat.

Abb. 567
Der massive Schraubboden schützt und verdeckt »bombensicher« das Chronographenwerk 4130.

Abb. 568

Abb. 569

Abb. 570

Abb. 571

Abb. 572

Abb. 573

Abb. 568 bis 573, Rolex Kaliber 4130

Abb. 568: Das Rolex Kaliber 4130 im Rolex-Werkhalter Ref. 2240. Rotor und Unruhbrücke bestimmen den ersten Eindruck dieses gelungenen Chronographenwerkes. Im Gegensatz zu dem anderen Automatikwerk 3135 von Rolex wird die Achse des Rotors nicht in zwei Rubinen gelagert, sondern mit einem Kugellager geführt. **Abb. 569:** Nach Abnahme des Rotors erkennt man den sauberen Aufbau dieser Konstruktion. Oben rechts ist die Automatikbrücke positioniert, erkennbar auch an den rot und gelb eloxierten Aluminium-Zahnrädern. In der daneben befindlichen Brücke für den Chronographen ist auch die Ref. 4130 dieses Kalibers eingraviert. **Abb 570:** Bei diesem Bild wurde die Automatikbrücke demontiert. Unten findet man die Unruhbrücke mit Unruh. Dank Breguet-Spirale und den vier Mikrostella-Gewichtsschrauben lässt sich dieses Werk genauestens regulieren. **Abb 571:** Nachdem die Brücke für den Chronograph angenommen wurde, ist links unten der fast V-förmige Herzhebel zu sehen. An seinem rechten Ende erkennt man das Stunden-, am linken Ende das Minutenzählrad. Dazwischen findet sich die aufwendige Vertikalkupplung, deren Zahnrad mit dem Sekundenrad für Chronograph in Eingriff steht. **Abb. 572:** Nach Entnahme der Chronometer-Komponenten ist die Y-förmig konstruierte Räderwerkbrücke zu ersehen. Links erkennt man das Säulenrad, ganz oben Kron- und Sperrad. **Abb. 573:** Zum Schluss noch die Grundplatine mit Schwingungssystem, Räderwerk und Federhaus. Daneben sind Minuten-, Kleinboden- und Sekundenrad positioniert.

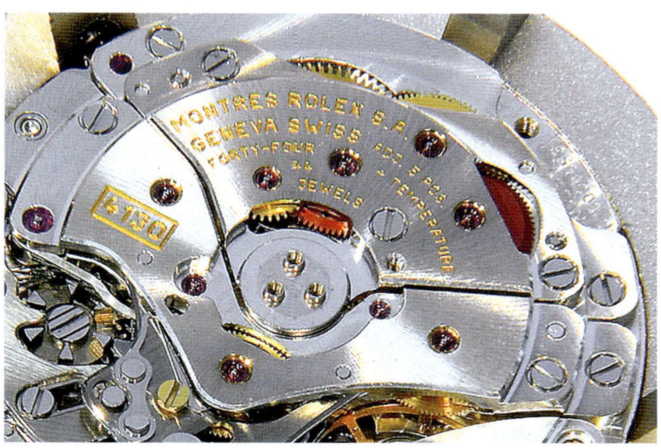

Abb. 574
Kaliber 4130 mit abgenommenem Rotor. Oben befindet sich die mit der Firmeninschrift versehene Automatikbrücke. Leicht erkennbar sind die harteloxierten Zahnräder in roter und goldener Farbe. Links davon die Chronographenbrücke mit der Kalibergravur 4130. Ganz links das Säulenrad für die Chronographenschaltung.

Abb. 575
Unruhbrücke mit Unruh, Breguet-Spirale und Mikrostella-Feinstellung. Das Arretierungsplättchen für den Spiralklötzchenträger ist nicht wie beim Kaliber 3135 rechts, sondern links auf der Brücke angeordnet. Das Höhenspiel der Unruhwelle wird nur auf der rechten Seite der Unruhbrücke eingestellt.

Abb. 576
Ohne das hohe Engagement der sachkundigen Uhrenfreunde hätten wir keinen so umfangreichen Praxistest durchführen können. Dieses Gruppenbild entstand nach Abschluss des Praxistests (von links nach rechts): Ingolf Menius, Daimler-Benz Stuttgart, Dipl.-Ing. Harald Dörenbach, GF eines mittelständischen Unternehmens, Birte Zweiniger, Servicechefin von Patek Philippe in München, Prof. Dr.-Ing. Joachim Heinzl, ehemals TU München, und Peter Braun, Chefredakteur ARMBANDUHREN.

Mit der sauberen technischen Lösung einerseits und der geringen Zahl von ganzen 201 Einzelteilen andererseits hat man bei diesem Kaliber ein in der Tat herausragendes Ergebnis erzielt. Es darf damit nicht nur als Referenz für die anderen Chronographenwerke, sondern auch ganz allgemein als Vorbild bezeichnet werden.
Prof. Ehrlenspiel hätte beim Anblick dieses Uhrwerks seine Freude gehabt.

13.9 So wurde getestet

Nach dem Eintreffen der Testuhren, die von den vier Uhrenmarken zur Verfügung gestellt wurden, erfolgte zunächst ein Eingangstest. Auf der Zeitwaage (Chronoscope S1 mit Mikromat S) wurden täglicher Gang, tägliche Gangabweichung, Abfall und Amplitude der vier Prüflinge ermittelt.
Unter dem »täglichen Gang« versteht man die Abweichung, die innerhalb von 24 Stunden von der Normalzeit eingetreten ist. Geht eine Uhr pro Tag somit zwei Sekunden vor, ist der tägliche Gang +2 Sekunden. Unter der »größten täglichen Gangabweichung« (Delta oder D) versteht man die größte Differenz der bei den in sechs Lagen ermittelten Einzelwerte. Wird z. B. bei einer Position der größte positive Wert mit +4 und bei einer anderen der größte negative Wert bei –1 ermittelt, beträgt die größte Gangabweichung fünf Sekunden.

Als »Abfall« oder »Symmetrie« bezeichnet man das an der Eingangs- und Ausgangsseite des Ankers gleichmäßige Abfallen des Ankerradzahnes von den Rubinpaletten des Ankers. Der Abfall sollte im Idealfall in allen Lagen gleich, jedoch bis maximal 0,7 Millisekunden ungleich sein. Unter »Amplitude« oder »Schwingungsweite« versteht man den größten Winkel der Amplitude einer Unruh nach beiden Seiten. Dieser Winkel sollte rund 270° betragen. Liegt das Ausschwingen der Unruh höher und geht gegen 360°, spricht man vom »Prellen« der Unruh.
Beim Beurteilen der Präzision einer Uhr kommt der größten täglichen Gangabweichung (Delta) eine primäre Bedeutung zu. Je kleiner dieser Wert ist, desto unabhängiger ist das Schwingungs- und Antriebssystems eines Werkes von der jeweiligen Lage. Der tägliche Gang selbst wird von manchen Testern oft überbewertet. Geht eine Uhr gleichmäßig vor oder nach, kann der tägliche Gang leicht über das Regulierungssystem der Unruh korrigiert werden. Der tägliche Gang allein kann keine direkte Aussage über die konstruktive Qualität eines Uhrwerks abgeben.

Bei der Suche nach geeigneten Testpersonen wollten wir nicht nur sachkundige, sondern auch besonders interessierte Uhrenfreunde für diese Aufgabe gewinnen.

Prof. Dr.-Ing. Dr. h.c. Joachim Heinzl, emeritierter Ordinarius des Lehrstuhls für Feingeräte und Mikrotechnik an der TU München, später Präsident der Bayerischen Forschungsstiftung, übernahm den Test der IWC Da Vinci Chronograph in Edelstahl. Hier sei zunächst erwähnt, dass Prof. Heinzl seit 1961 fast nie eine Armbanduhr trägt. Mit der Da Vinci am Arm kam er sich daher vor wie ein neu beringter Vogel. Von der Ganggenauigkeit war er begeistert, nicht aber vom Tragekomfort, weil das Bedienen der Dornschließe ihm nicht leicht gefallen ist. Insgesamt fand er die Uhr zu groß, zu dick, zu kantig und letztlich zu extrovertiert. Auch hätte er sich zu dieser Uhr neue Hemden mit weiteren Manschetten zulegen müssen.

Den Chronographen Master Compressor Chronograph von Jaeger-LeCoultre nahm Harald Dörenbach, Diplom-Ingenieur und Geschäftsführer eines mittelständischen Unternehmens, für zwei Wochen unter seine Fittiche.
Dörenbach fand den Tragekomfort sehr gut und die Ganggenauigkeit gut, die Außenwirkung hingegen etwas zu klobig und auffällig. Als Alltagsuhr trägt Dörenbach eine Master-Date von Jaeger-LeCoultre in Edelstahl mit Edelstahlband. Mit dieser Uhr ist er sehr zufrieden, im Gangverhalten sei sie unschlagbar.

Tabelle 3: Ergänzende technische Daten

Fabrikat	Kaliber	Halbschwingungen A/h	Anzahl der Steine	Gangreserve (h)	Revisionszeit (h)	t bei eingeschaltetem Chrono sec/Tag [2]
IWC	89360 [3]	28.800	40	68	6,0	1,4
Jaeger-LeCoultre	751 [3]	28.800	41	72	7,5	0,6
Patek Philippe	CH 28-520 IRM QA 24H	28.800	40	55	[1]	[1]
Rolex	4130	28.800	44	72	2,5	0

[1] keine Angaben [2] Mittelwerte aus je vier Messungen [3] mit Flyback-Funktion

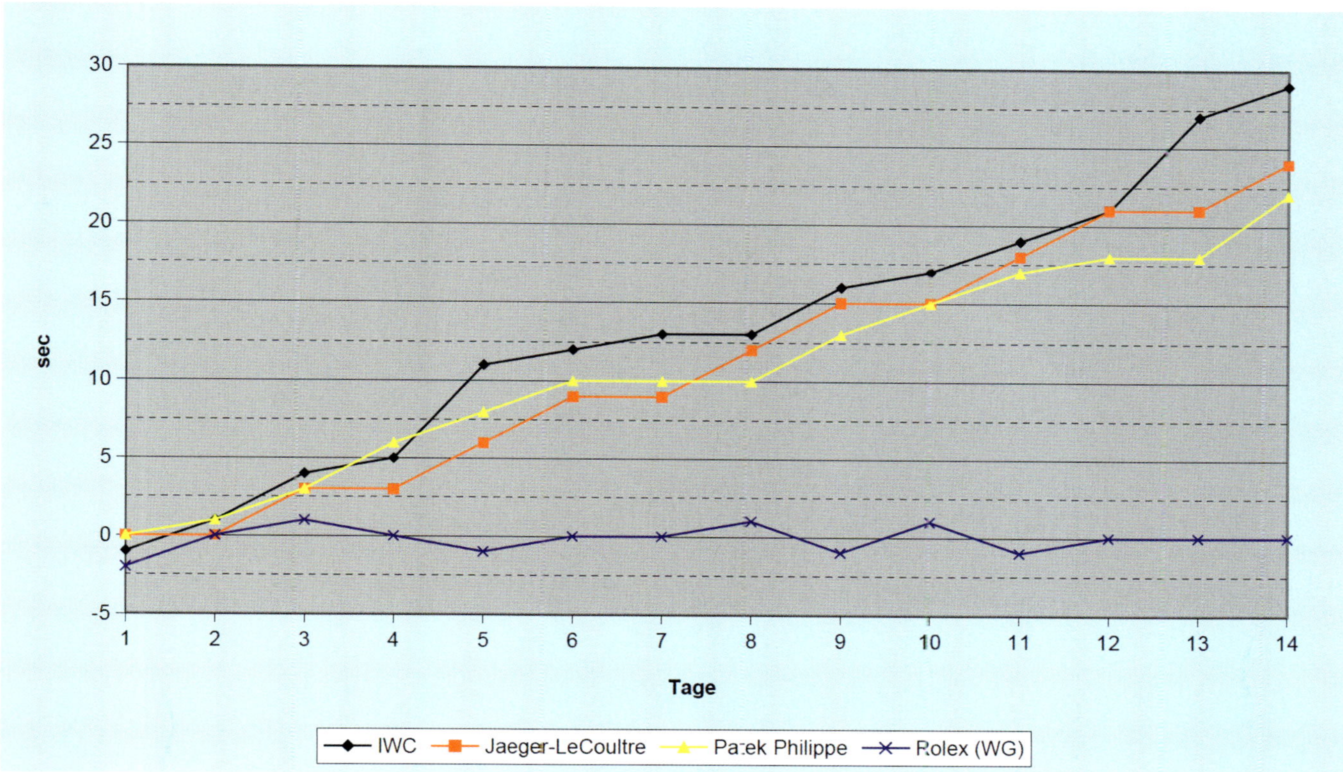

Diese Grafik verdeutlicht den täglichen Gang der vier verschiedenen Testuhren. Diese Zeitschreiber dienten den Testträgern tagsüber am linken Handgelenk, die Nacht verbrachten sie artig in Position »Zifferblatt oben« auf dem jeweiligen Nachtkästchen. Die genaue Zeit wurde täglich am Morgen und am Abend als Grundlage genommen und die jeweiligen Abweichungen aufgezeichnet.

Birte Zweiniger, Uhrmachermeisterin und Servicechefin von Patek Philippe Deutschland, nahm den Test des seltenen Schmuckstücks Jahreskalender Chronograph aus Platin in die Hand.

Frau Zweiniger enthielt sich vornehm einer Kritik der Uhr, die im Kreise der Tester durchweg positiv bewertet wurde. Den Gebrauchswert schätzten alle sehr hoch ein, die Bedienung wurde als sehr einfach bezeichnet. Die Ganggenauigkeit wurde anhand der Protokolle als sehr gut bewertet, der Tragekomfort allenthalben gelobt.

Peter Braun, Chefredakteur der Zeitschrift ARMBANDUHREN, ließ es sich nicht nehmen, den genauen Gang der weißgoldenen ROLEX DAYTONA COSMOGRAPH näher anzusehen.

Der verwöhnte Journalist fand den Chronographen angenehm zurückhaltend dimensioniert, er lag gut an seinem linken Handgelenk. Nur der Sicherheitsbügel an der Faltschließe öffnete sich gelegentlich. Die Gangleistung wurde als vorzüglich bezeichnet. Die Außenwirkung war durchaus positiv und besaß nicht den sonst üblichen »Rolex-Faktor«.

Die Überprüfung der zwei für eine statistisch verlässliche Aussage zusätzlich einbezogenen ROLEX DAYTONA übernahmen Peter Reiser, Diplom-Ökonom und Unternehmensberater aus Köln, sowie Ingolf Menius, Vertrieb Mercedes-Benz in Stuttgart. Reisers Begeisterung für die DAYTONA in Stahl/Gelbgold mit schwarzem Zifferblatt war nicht zu überhören.

Dem allgemeinen Eindruck und dem Gebrauchswert wurden nur Bestnoten erteilt. Die Ganggenauigkeit erhielt das Prädikat exzellent. Tragekomfort und Außenwirkung bekamen ebenfalls ein großes Lob. Menius bewertete den allgemeinen Eindruck und den Gebrauchswert der DAYTONA in Stahl/Gelbgold mit weißem Zifferblatt mit der Note »gut«. Ganggenauigkeit und Tragekomfort erhielten die Bestnote »sehr gut«! Auch die Außenwirkung war positiv – Kunden und Geschäftspartner vermittelten ein Gefühl von Bewunderung und Respekt, jedoch keineswegs von Neid.

Artig und zuverlässig notierten alle Testpersonen morgens und abends die jeweilige Gangsituation ihrer Uhr, schrieben dies in das vorgegebene Testblatt und legten ihre Zeitmesser des Nachts zudem immer in Position »Zifferblatt oben« auf ihrem Nachtkästchen ab.

Obwohl nur die Zeitmesser von Rolex als geprüfte Chronometer ausgewiesen waren, lagen auch die beiden Testuhren von IWC und Patek Philippe souverän im Toleranzbereich von amtlich abgesegneten Präzisionsuhren. Nur der Master Compressor von Jaeger-LeCoultre überschritt beim Prüfkriterium »größte tägliche Gangabweichung« die strengen Vorgaben der Schweizer Prüfbüros.

Je nach persönlichem Geschmack, technischer Wertung und zu Verfügung stehendem Budget kann sich nun jeder Leser für »seine« Uhr entscheiden.

Abb. 577
Patek Philippe Nautilus Ref. 3700/1 im Edelstahl, die zur Zeit wohl meistbegehrte Sportuhr.

14. Die edlen Sportuhren

Audemars Piguet Royal Oak, Patek Philippe Nautilus und Vacheron Constantin 222

14.1 Einführung

Die sensationelle Preisentwicklung, welche die Nautilus von Patek Philippe in jüngster Zeit absolviert hat, veranlasste den Präsidenten Thiery Stern im Frühjahr 2021, das Modell Nautilus in der Edelstahlversion einzustellen. Auch das erste Modell Royal Oak in Edelstahl von Audemars Piguet erzielt nunmehr Preise, die um Faktor 10 bis 15 höher liegen als die ursprünglichen Verkaufspreise. Selbst das Modell 222 von Vacheron Constantin, welches mehr die Aschenputtel-Rolle unter diesen drei Marken spielte, erlebt jetzt eine unerwartete Nachfrage.

Sensationelle Ergebnisse wurden mit diesen Uhren auf der Auktion von Phillips in Genf erzielt, die am 8./9. Mai 2021 abgehalten wurde.
Eine Patek Philippe Nautilus des Urmodells Ref. 3700/1 in Edelstahl aus dem Jahr 1981 wurde mit 113.400 CHF zugeschlagen (Werk-Nr. 1.308.247, Gehäuse-Nr. 538.817). Eine Ausführung in Gelbgold aus dem Jahr 1982, Ref. 3700/11, wurde für sensationelle 226.800 CHF verkauft (Werk-Nr. 1.310.255, Gehäuse-Nr. 559.031). Schließlich kam noch ein aktuelles Modell Ref. 5711/1A in Edelstahl zum Aufruf und fand für 138.600 CHF einen neuen Besitzer (Werk-Nr. 3.647.386, Gehäuse-Nr. 4.945.299).

Auch die drei Royal Oakes von Audemars Piguet, die auf dieser Auktion angeboten wurden, gingen zu beachtlichen Preisen weg. Das eine Exemplar der Referenz 5402ST aus dem Jahr 1973 wurde mit 69.300 CHF zugeschlagen (Werk-Nr. 127.082, Gehäuse-Nr. 67.840 und zusätzlich A 840). Das zweite Modell, vermutlich aus dem Jahr 1975, erzielte einen Verkaufspreis von 81.900 CHF (Werk-Nr. 47.117, Gehäuse-Nr. 99.015). Die dritte Royal Oak in Edelstahl aus dem Jahr 1978 erreichte einen Verkaufspreis von eigentlich unvorstellbaren 170.100 CHF (Werk-Nr. 159.322, Gehäuse-Nr. 99.954 und B 1954).

Für eine besondere Überraschung bei dieser Auktion sorgte der Aufruf einer Vacheron Constantin 222 Ref. 44018 in Edelstahl und dunkelblauem Zifferblatt. Bei einem Start von 20.000 CHF kam es zu einem unerwarteten Bietergefecht, so dass der Meistbietende für dieses früher kaum gefragte Modell bereit war, 100.800 CHF zu bezahlen (Werk-Nr. 685.208, Gehäuse-Nr. 522.120)!
Aus diesem Grund erhält unser Kapitel eine besondere Aktualität.

Im Angebotsspektrum der Schweizer Uhrenmanufakturen spielten Sportuhren oft eine wichtige Rolle. Dies galt nicht nur für die bekannten Chronographenhersteller, wie z. B. Breitling, Heuer, Zenith, Universal Geneve und andere, sondern auch für Firmen wie IWC, OMEGA, Longines, Ebel und viele mehr. Lediglich einige Schweizer Nobelmarken, von denen hier zu berichten ist, hatten sich diesem Trend bisher verschlossen gezeigt. Ihr Marktsegment bildeten die edlen, zeitlosen und konservativ geprägten Zeitmesser, die oftmals an vornehmer Schlichtheit kaum zu übertreffen waren. Diese Situation änderte sich 1972 schlagartig mit dem Erscheinen der markanten Sportuhr Royal Oak von Audemars Piguet. »Außen Stahl und innen Gold« lautete einer der damals bekannten Werbeslogans. Die wichtigste Erfolgsstory von AP hatte begonnen! Vier Jahre später wurde von Patek Philippe die Nautilus lanciert. Im Herbst 1977 erschien schließlich die Dritte im Bunde der neuen Luxus-Sportuhren, die 222 von Vacheron & Constantin.
Was hatten aber die Vertreter dieser neuen Uhrengeneration außer dem sportlichen Auftritt noch gemeinsam? Nun, die Antwort mag so manchen Leser überraschen. Erstens waren die beiden Zeitmesser von Audemars Piguet vom gleichen Designer Gerald Genta entworfen worden, zweitens arbeitete in allen drei Uhren das gleiche Automatikwerk. Im Gegensatz zur weitverbreiteten Meinung, auch das Modell 222 von Vacheron Constantin würde von Gerald Genta stammen, wurden Gehäuse und Band dieser Uhr vom damals gerade einmal 24 Jahre alten deutschen Designer Jörg Hysek entworfen.
Gerald Genta (†), der später über eine eigene Uhrenmarke verfügte, galt schon früher als begnadeter Gestalter schöner Uhren. Einer seiner ersten Erfolge war der Entwurf der bekannten Fliegeruhr Polerouter von Universal Genève. Als sein erster großer Wurf darf aber das Design der Royal Oak gelten. Im Anschluß sprach Gerald Genta bei Patek Philippe vor und erhielt

Abb. 578
Noblesse in Edelstahl – gemeinsamer Auftritt der drei hier vorgestellten Sportuhren. Nautilus Ref. 3700/1 aus dem Jahr 1978, Royal Oak Ref. 5402 SC aus dem Jahr 1982 und 222 Ref. 44018 aus dem Jahr 1981. Die jeweiligen Publikumspreise lagen bei 4.200, 3.600,- und 4.869,- Schweizer Franken!

von dort den nicht geplanten Auftrag für das Design der Nautilus. Dass auch der "Antriebsmotor" aller drei Sportuhren vom Ebauche her identisch ausfiel, hatte mehrere Gründe, wie wir später noch sehen werden. In jedem Falle war hier eine richtige Entscheidung getroffen worden, zumal dieses zwar extrem flache, aber gut durchkonstruierte Automatikkaliber dreißig Jahre nach seiner Lancierung eine unerwartete Renaissance erlebte und heute zum Produktionsprogramm von Audemars Piguet zählt.

14.2 Sportuhren – Trend der damaligen Zeit?

Beginnen wir zunächst mit einem Rückblick auf die gesamtwirtschaftliche Situation, von der die eidgenössische Uhrenbranche Anfang der 70er Jahre geprägt wurde. Der unaufhaltsame Siegeszug der Quarztechnologie einerseits sowie die unübersehbare Menge von Billigware aus Fernost andererseits hatten eine Markt- und Absatzsituation geschaffen, welcher die traditionelle Schweizer Uhrenindustrie in keiner Weise gewachsen war. Insbesondere die Billiguhren aus Fernost, durch die Anwendung von Mikroelektronik oftmals mit allem möglichen Schnick Schnack überfrachtet, fanden beim Konsumenten großen Zuspruch und ließen der aufwendigen Schweizer Mikromechanik oftmals keine Chancen mehr! Zahlreiche Schweizer Uhrenhersteller konnten dem geänderten Markt keine wirksamen Alternativen bieten und mussten – einschließlich ihrer Zulieferer – ihre Tore schließen.

Just in dieser schwierigen Zeit wagte die im Juraörtchen Le Brassus ansässige Edeluhrenschmiede Audemars Piguet den Sprung nach vorne und lancierte 1972 eine Sportuhr, die in Design und Technik einem Quantensprung glich und sich von allen Konkurrenten deutlich abhob.

Eine bis heute noch ungebrochene Erfolgsstory war geboren!

Das als Oktogon konstruierte, auch »Bullaugen«-Look genannte Gehäuse, die acht typisch platzierten, versenkten und nicht drehbaren Weißgoldschrauben sowie das integrierte Band verschafften diesem Zeitmesser unter Uhrenfreunden einen Wiedererkennungswert, wie wir dies vielleicht nur von Uhren aus dem Hause Rolex kennen.

Der erste interne Prototyp wurde in Weißgold hergestellt, da die Herstellung kostengünstiger war als die Bearbeitung in Stahl!

Als nächste Sportuhr aus noblem Hause erschien 1976 die bekannte Nautilus von Patek Philippe. Bei diesem Modell hatte Gérald Genta sich für ein oval orientiertes Gehäusedesign entschieden, bei dem sich rechts und links die Ansätze für die Verschraubung der Lünette anschlossen. Auch hier fügte sich das integrierte Band harmonisch dem Gehäuse an. Dieser gleichfalls gelungene Entwurf hat bis heute noch Bestand, zählt die Nautilus immer noch zu den erfolgreichsten Modellen von PPC, wenn auch zwischenzeitlich weitere sportliche Modellinien zum Programm hinzugekommen sind.

Den Abschluss dieser Trilogie übernahm das Modell 222, welches Vacheron Constantin 1977 lancierte. Hier bestimmte jedoch der gerade 24 Jahre junge, in Berlin geborene Designer Jörg Hysek die maßgeblichen Stilelemente. In diesem Fall war wieder ein rundes Gehäuse definiert worden, wobei das integrierte Armband sich schon etwas an den beiden Vorgängern orientierte. Hinzu kam die sonst noch abweichende konstruktive Ausrichtung des Gehäuses. Waren bei den zwei Vorgängermodellen noch Einschalengehäuse zum Zuge gekommen, fand bei der 222 ein aufwendig gestaltetes, dreiteiliges Gehäuse Verwendung. Aber auch hier hatte man den Metallbandanschluss integriert, wie bei der Nautilus im Gehäusemittelteil.
Warum dieser Sportuhrenlinie – im Gegensatz zu den beiden zuvor genannten Konkurrenzmodellen – der dauerhafte Erfolg versagt blieb, lag wohl an dem verspielteren Design der Lünette und somit auch am Publikumsgeschmack jener Zeit. Die Ausführung in Edelstahl blieb nur bis zum Jahre 1981 in Produktion, die hier vorgestellte Version in Stahl/Gold (Mixte) sowie das Modell in Gold wurden nur bis 1985 gebaut.
Vielleicht sei als Ursache für das kurze Leben dieser Kreation auch hier der bekannte Vergleich zwischen hochwertigen Uhren und dem weiblichen Geschlecht erlaubt: Ob schöne Uhren oder hübsche Ladies, es bleibt immer eine Frage des persönlichen Geschmacks.

Abb. 579

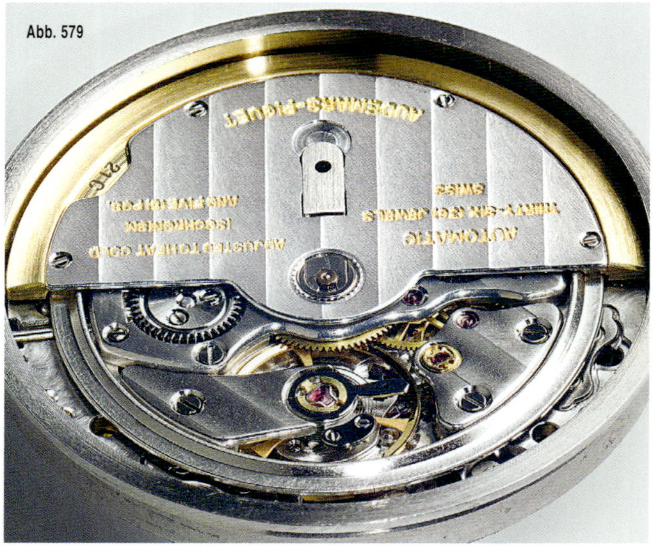

Abb. 580

Abb. 581

14.3 Die Werke – Gemeinsamkeit Nr. 1

Dem Trend der Zeit nach immer »niedriger« bauenden Antriebswerken folgend, wurde bei Jaeger-LeCoultre in Le Sentier bereits Mitte der 60er Jahre ein konstruktiv völlig neues Kaliber entwickelt. Es lief unter der Kaliberbezeichnung 920, wurde aber nie selbst verbaut und als Rohwerk (Ebauche) zunächst nur an Audemars Piguet in Le Brassus und an das ehemalige Schwesterunternehmen Vacheron Constantin in Genf geliefert. Im Jahre 1967 lancierte Vacheron & Constantin dieses Kaliber unter der Bezeichnung K 1120 als das weltweit flachste Automatikwerk mit einer Gesamthöhe von nur 2,45 mm! Die später gefolgte Version mit Datumsanzeige bei 3 erhielt die Kaliberbezeichnung K 1121 und verfügte über eine Gesamthöhe von nur 3,05 mm. Zur gleichen Zeit lancierte AP dieses Werk als Kaliber 2120 ohne Datum, jedoch mit Ewigem Kalender, in einer klassischen Lederbandversion.

Etwas später erhielt auch PPC dieses reservierte Rohwerk, wozu einige Modifikationen notwendig waren und die Kaliberbezeichnung 28-255 bzw. 28-255 C (C bedeutet Datum) lautete.

Nun wollten wir noch wissen, warum dieses Kaliber eine so vielfältige Verwendung fand.

Mangels eigener Rohwerkfertigung gehörte es bei Audemars Piguet zur Tradition, die Rohwerke (Ebauches) von Jaeger-LeCoultre aus dem nur sieben Kilometer entfernten Nachbarort Le Sentier zu beziehen.

Um dem Trend der Zeit nach möglichst flach bauenden Uhren folgen zu können, waren die bisher eingeschalten Kaliber K 2071 (Stunde, Minute und Zentralsekunde) und K 2072 (wie zuvor plus Datumsanzeige bei 3) mit Gesamthöhen von 5,5 mm und 6,3 mm schlichtweg zu mächtig ausgefallen.

Was lag da näher, als mit den neuen, superflach bauenden Automatikwerken 2120 und 2121 gleich mehrere neue Uhrenkollektionen zu kreieren? Dass dann auch die Royal Oak dieses neue Kaliber als »Antriebsmotor« erhielt, war fast zwangsläufig. Der Grund dafür, dass auch die renommierte Manufaktur Patek Philippe in Genf in großem Rahmen auf dieses Kaliber zurückgriff, wird dort heute gerne übersehen. Anfangs der 70er Jahre liefen die bewährten Automatikwerke 27-460 und 27-460 M (Monodate) aus. Ersatz sollte durch das neu entwickelte Kaliber 350 (1-350 in verbesserter Ausführung) und später durch die

Abb. 579
Blick auf das im Werkhaltering geführte AP-Kaliber K 2121. Berylliumring, Rotorträger und Schwunggewicht sind gemeinsam 4fach verschraubt. Der Berylliumring läuft auf vier vertikal gelagerten Rubinrollen. Der Rotor wird zentrisch von der Innenbohrung des mit dem Rotor vernieteten Triebes geführt, dessen Achse aus einem gut dimensionierten Beryllium-Hohlflansch besteht. Im Vordergrund die dreischenklige Unruh mit verstellbarem Spiralklötzchenträger und Rücker ohne Feinstellung.

Abb. 580
Die von Patek Philippe eingesetzte Variante mit Kaliberbezeichnung 28-255 und 28-255 C (Calendrier) weist deutliche Unterschiede auf. Die Oberflächen von Brücken und Rotor sind mit Sonnenschliff verziert. Der Rotorträger besitzt zwei Aussparungen und ist nicht als Halbkreissegment ausgeführt. Auch auf die »Hutze« am Rotorträger mit eingeschlagenen »21 C« wurde verzichtet und der Feingoldnachweis »21 K« auf der rechten Schnittfläche plaziert. Bedingt durch die geänderte Rotorkonstruktion und das höhere Schwunggewicht ist das Werk von Patek Philippe um 0,1 mm höher als die anderen und besitzt damit eine Gesammthöhe von 3,15 mm.

Abb. 581
Das Kaliber K 1121 von Vacheron & Constantin besitzt gegenüber der AP-Ausführung eine Gyromax-Unruh, die keine separate Feinstellung benötigt. Das Symbol auf dem Unruhkloben verdeutlicht ein Masselotte-Gewicht mit Verstellhinweis auf schnelleren (+) und langsameren (-) Gang. Auf dem Rotor ist noch der alte Firmenname VACHERON & CONSTANTIN eingraviert.

dortmals noch im Planungszustand befindlichen Kaliber 310 SC und 335 SC erfolgen. Da das Kaliber 350 als »Backwinder« konstruiert war, nicht die geforderte Wasserdichtigkeit ermöglichte sowie auch keine Datumsanzeige besaß, schied es für die Nautilus aus. Jene kritische, mehr als fünf Jahre währende Zeit, in der Patek Philippe über keine eigenen verlässlichen Automatikkaliber verfügte, wurde mit dem Einsatz dieses bewährten, superflachen Kalibers überbrückt. Aus den Werkeverzeichnissen von Patek Philippe ist zu entnehmen, dass in jener schwierigen Zeit rund je 20.000 Kaliber 28-255 und 28-255 C (Calendrier), insgesamt somit 40.000 Werke, an die Genfer Nobelmanufaktur geliefert worden waren! Erst das Nachfolgemodell der ersten Nautilus mit Ref. 3800/1 erhielt wieder ein selbst produziertes Automatikwerk, das Kaliber 335 SC.
Wie schon Audemars Piguet verfügte in jener Zeit auch

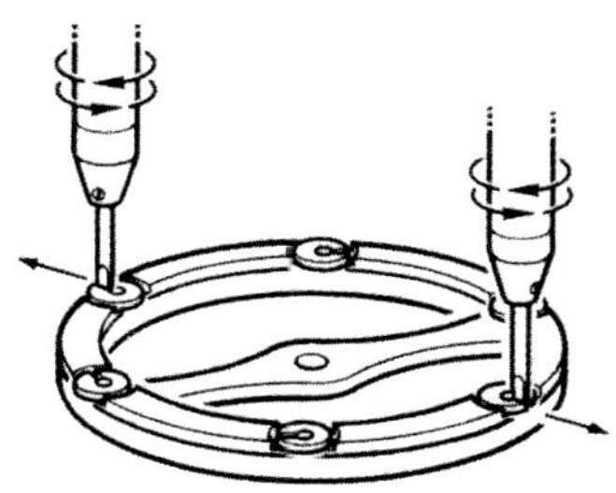

Spalte nach aussen = Vorgehen

Abb. 1

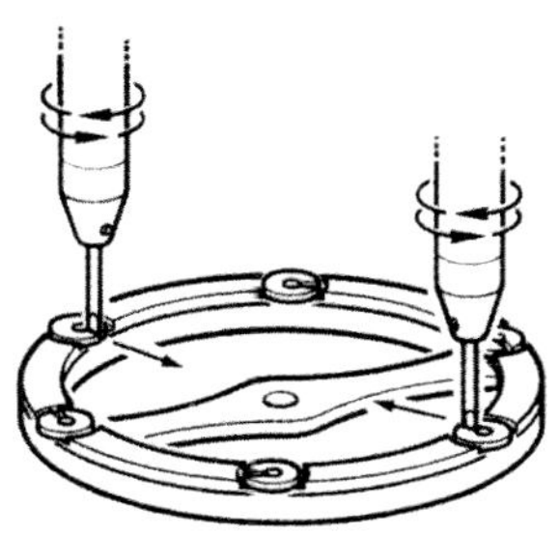

Spalte nach innen = Nachgehen

Abb. 2

Abb. 582
Mit der Gyromax-Unruh lässt sich der Gang der Uhr über die sechs Masselotte-Gewichte einstellen. Dreht man diese Gewichte – jeweils zwei gegenüberliegende – mit dem Schlitz nach außen, wird das Schwungmoment (GD^2) reduziert und die Unruh schwingt schneller. Dreht man jedoch den Spalt der Gewichte nach innen, erhöht sich das Schwungmoment und die Unruh schwingt langsamer. Im Gegensatz zu einer Regulierung über Rücker bleibt hier die ganze Symmetrie von Spiralfeder und Anker erhalten!

Vacheron & Constantin über keine eigenen Automatikkaliber, sondern stützte sich auf die bewährte Zusammenarbeit mit dem Werkelieferant Jaeger-LeCoultre in Le Sentier. Bei der Lancierung der 222 im Jahre 1977 blickte man bereits auf eine zehnjährige Erfahrung mit dem Kaliber K 1120 bzw. 1121 zurück und konnte letzteres getrost auch in der neuen Sportuhr 222 verbauen.

Obwohl beim ersten Blick die drei Werksausführungen fast gleich aussehen, sind noch zu beschreibende Unterschiede vorhanden. Zunächst aber zum konstruktiven Aufbau des Automatikwerkes. Die gesamte Konstruktion ist mit allen relevanten Komponenten strikt auf niedrige Bauhöhe ausgelegt. Das Federhaus ist fliegend in der Platine untergebracht. Unter der Federhausbrücke ist auch der Wechsler integriert. Räderwerkbrücke und Unruhkloben ergänzen die »statischen« Komponenten. Eine zweischenklige Gyromax-Unruh mit sechs Masselotte-Gewichten, Nivarox-Spirale, eine Stoßsicherung vom Typ KIF-Ultraflex sowie ein verstellbarer Spiralklötzchenträger zählen zur Standardausrüstung. Bei Audemars Piguet und Vacheron Constantin wurden zeitweise auch Werke mit normaler Unruh und Drücker verbaut. Auf eine Sekundenanzeige musste mangels Bauraum verzichtet werden.
Völlig atypisch fiel die Konstruktion des sehr flachen Rotors aus. Der Rotorträger wird von einem in L-Querschnitt gehaltenen Beryllium-Ring geführt, der wiederum mit dem 21karätigen Gold-Schwunggewicht und dem Rotorträger verschraubt ist. Vier in gleichem Teilungsabstand vertikal in der Platine gelagerte Rubinrollen übernehmen die Führung des beschriebenen Rotorringes. Die zentrische Lagerung des kompletten Rotors erfolgt über die Innenbohrung des mit dem Rotorträger vernieteten Triebes (Zahnrad). Über diesem Trieb greift dann der Sperrriegel (Riegel für Schwungmasse) in den Hohlflansch und wird durch einen Absatz axial gehalten. Die geometrische Ausführung des Riegels bewirkt in der Endposition eine Vorspannung, die diesen sicher fixiert. Mit dieser innovativen Konstruktion lassen sich die Gehäusebewegungen ohne große Reibungsverluste direkt als Aufzugsenergie an den Rotor weitergeben.
Nun zu den Abweichungen, die diese drei Automatikwerke unterscheiden. In Technik und Finissierung sind die Kaliber von AP (K 2120 und 2121) und V&C (K 1120 und 1121) bis auf Unruhvarianten und Beschriftung identisch. Bei AP fand zeitweise – wie bei der hier vorgestellten Royal Oak zu sehen – anstelle der zweischenkligen Gyromax-Unruh eine dreischenklige Unruh mit Rücker Verwendung. Hierbei besaß der Rücker wegen Platzmangel keine Feinstellung. Diese Variante wurde von AP aus technischen Gründen ins Feld geführt. Die extrem flache Bauweise führte allzu oft zu Berührung der Gyromax-Gewichte wie auch der Unruhspirale am Unruhkloben oder an dem Aufzugsrotor. Nachdem der Unruhkloben umkonstruiert wurde, setzte AP die bewährte Gyromax-Unruh wieder ein. Wie man der Furniturenliste sowie der Betriebsanleitung entnehmen kann, ist jedoch eine nachträgliche Umrüstung auf die bewährte Gyromax-Unruh möglich. Konstruktion und Funktion des Werkhalteringes fällt bei AP und V&C gleich aus, bei der Nautilus von Patek findet man diesen Ring bereits im Gehäuse integriert.
Auch sonst weicht das Patek-Kaliber 28-255 und 28-255 C von den zuvor beschriebenen Ausführungen ab. Ganz deutlich fällt dies bei der Oberflächen-Finissage auf. Während bei AP und V&C Brücken und Kloben mit Genfer Streifenschliff versehen sind, werden die Oberflächen dieser Bauteile bei Patek mit Sonnenschliff verziert. Hervorzuheben sind auch die Abweichungen beim Rotor. Der Rotorträger verfügt über zwei deutliche Aussparungen und ist nicht wie bei AP und V&C als Halbkreis segmentiert. Das 21karätige Schwunggewicht ist ohne Unterbrechung radial angesetzt und verschraubt. Auf die bei AP und V&C vorhandene »Hutze« mit dem eingeschlagenen »21C« wurde verzichtet. Dafür findet sich der Feingoldnachweis »21K« bei Patek auf der vertikalen Fläche des Schwunggewichtes.

Abb. 583

Abb. 584

Abb. 585

Abb. 586
Explosionsdarstellung des Gehäuseaufbaus der Royal Oak: Von unten nach oben: Hülsenschrauben mit Einschalengehäuse, Werkhaltering, Dichtung in aufwendiger Flanschform, Glas mit Ring und Dichtung, sowie Lünette mit Sechskantschrauben.

Abb. 587
Diese Explosionsdarstellung der Nautilus lässt den gesamten Konstruktionsaufbau gut erkennen. Das hier gezeigte Modell gehört zur Referenz 3800. Eine Wasserdichtigkeit bis 120 m wird garantiert.

Linke Spalte

Abb. 583
Die »königliche Eiche« Royal Oak Ref. 5402 SC. Ein Zeitmesser, der wie kaum ein anderer souverän Männlichkeit und Dynamik suggeriert! Das von Gérald Genta geschaffene Design verhalf Audemars Piguet zu einem überwältigenden Erfolg. Die acht Sechskantschrauben sind je in einem »Sechskantbett« gelagert, so dass die Schraubenschlitze nur als Stilelement dienen, aber ohne eigentliche Funktion sind.

Abb. 584
Im Jahre 2021 hat die Nautilus ihren 45jährigen Geburtstag feiern können. Markant und eindrucksvoll gibt sich dieser Jumbo Ref. 3700/1, der auf der Basler Uhrenmesse 2004 (Basel World) eine Renaissance erlebte. Die neue Nautilus Ref. 3711/1 in Weißgold besitzt einen Durchmesser von ganzen 42,5 mm sowie ein neues schwarzes Zifferblatt.

Abb. 585
Warum weder das Gehäusedesign mit Schraublünette noch das Zifferblatt der V&C (VC) Ref. 44018 beim Publikum gut ankamen, lag wohl am damaligen Zeitgeschmack. Schließlich handelt es sich doch um eine grundsolide Sportuhr aus der ältesten Uhrenfabrik der Welt!

Abb. 588
Diese Detailaufnahme der Referenz 3700/1 »Nautilus« vermittelt die Formen und Oberflächen ihres etwas eigenwilligen Designs. Die »Nautilus« war nicht in der Produktplanung von Patek Philippe vorgesehen gewesen, sondern wurde vom Uhrendesigner Gérald Genta angeboten. Er hatte zuvor schon bei Audemars Piguet die bekannte Sportuhr »Royal Oak« kreiert.

Bei Patek hatte man wohl erkannt, dass die bei AP und V&C am Schwunggewicht vorhandene Gold-»Hutze« nicht nur großen fertigungstechnischen Mehraufwand brachte, sondern auch rein optisch die Rotorsymmetrie beeinträchtigte.
Alle Ausführungen des Patek-Kalibers 28-255 bzw. 28-255 C waren mit Gyromax-Unruh – ein Patek-Patent – versehen. Dies gilt auch für die Verwendung der Stoßsicherung »KIF Elastor«. Abweichend fiel jedoch die Ankerradlagerung aus. Hier hatte man sich bei Patek für ein Kombifutter mit einfachem Deckstein entschieden, während die beiden anderen Hersteller auf Kombifutter mit Schließfeder (Duobil) gesetzt hatten. Ein weiterer Unterschied, der oft nachgefragt wurde, ist bei der Bauhöhe zu finden. Bei gleichen Werkdurchmessern von 28 mm werden die Bauhöhen bei AP und bei V&C mit 2,45 und 3,05 mm, bei Patek jedoch mit 2,55 und 3,15 mm angegeben (letzte Angabe jeweils für Datumsausführung). Studiert man die Konstruktionszeichnungen und den genauen Aufbau dieser Kaliber, kommt man zum Schluss, dass bei PPC diese zusätzliche 0,1 mm Bauhöhe aus der geänderten Rotorausführung resultiere. Die Gründe für diese Abweichung sind im Kapitel Patek Philippe, Kaliber 28-255 und 28-255 C, auf Seite 149 genau beschrieben.

14.4 Die Gehäuse – zwei vom schweizer Designer Gerald Genta, eines vom jungen deutschen Designer Jörg Hysek geschaffen

Bestimmt konnte bei Audemars Piguet niemand ahnen, dass mit der Patentanmeldung Nr. 559 929 vom 06.12.1971 eine Erfolgsgeschichte ohne Beispiel eingeläutet worden war. Die Royal Oak war geboren!
Abgesehen vom Jumbo-Format, haben die beiden Designer Gerald Genta und Jörg Hysek drei sich deutlich unterscheidende Uhren geschaffen. Gerald Genta war in der Schweiz bekannt und damals 46 Jahre alt, bei dem erst 24 Jahre zählenden Jörg Hysek galt die 222 als Erstlingswerk. Welches Design dieser Uhren die höchste Note verdient hat, soll hier offen bleiben. Entscheidend ist immer der Publikumserfolg. Und hier hat sich die Royal Oak den Platz Nr. 1 erkämpft! Doch später wurde sie von der Nautilus überholt!

Das Grundprinzip des Einschalengehäuses teilen sich Royal Oak und Nautilus. Völlig unterschiedlich ist jedoch die Befestigung der Lünetten gelöst. Wie den Explosionsabbildungen zu entnehmen ist, wird bei der Royal Oak das Gehäuse achtfach verschraubt. Hierbei werden die oberen Sechskant-Weißgoldschrauben je in ein Sechskantbett der Lünette gesteckt und mit »Hülsenschrauben« von unten verschraubt. Laut Aussage von Christoph Guhl, Audemars Piguet in Le Brassus, ist es schon vorgekommen, dass besonders geschickte Uhrmacher versucht hatten, die Verschraubung der Royal Oak von oben zu lösen.
Die zweiteilige Aufzugwelle ist als »Reißkrone« ausgeführt und wird nach der Verschraubung des Gehäuses eingesetzt. Der untere Gehäusepart, die Halbschale, wurde aus einem massiven Metallblock spanabhebend gefertigt und ist von besonderer Stabilität. Integriert ist dort auch die Aufnahme des Metallbandes, welches beidseitig zweifach mit Weißgoldschrauben verschraubt ist.

Zu einer völlig anderen Konstruktion hatte man sich bei Patek entschieden. Obwohl hier auch ein Einschalengehäuse Verwendung findet, ist hier die Lünette, mechanisch betrachtet, als Brücke ausgeführt. Nach Montage des Werkes wird die Lünette auf das Gehäuse aufgesetzt und beidseitig mit je zwei Gewindestiften verbunden. Der an der Spitze dieser Gewindestifte angebrachte Kegelstumpf findet seine Negativform im Gehäuse und fixiert damit die Position der Lünette. In Verbindung mit einer besonders geformten Dichtung wird eine Wasserdichtigkeit von 120 m garantiert. Aus der Sicht des Ingenieurs darf diese Konstruktion als nicht ganz unkritisch angesehen werden. Das sehr aufwendig gefertigte Metallband wird über ein Mittelglied im Gehäuse verschraubt.
Die Bandglieder sind mit Stiften verbunden, die außen vernietet und überschliffen sind. Nur bei der Faltschließe sind einige Glieder verschraubt, um die jeweilig erforderliche Länge des Bandes anpassen zu können.
Eine völlig andere Gehäusekonstruktion wurde bei V&C gewählt. Hier haben wir es mit einem dreiteiligen Gehäuse zu

Abb. 489
Detailvergrößerung des Bandanstosses am Gehäusemittelteil des Modells 222 von Vacheron Constantin. Das letzte Zwischenstück des Metallbandes wird über einen Gewindestift mit dem Gehäusemittelteil verschraubt. Man erkennt sogar noch den Schraubeschlitz. Oben sieht man noch einen kleinen Teil der Ringmutter sowie das im Gehäuse eingelassene Malteserkreuz, das Signet von Vacheron Constantin. Die Zwischenstücke des Bandes bestehen aus Stahl und haben nur ein Goldsegment, sprich Goldplättchen, aufgesetzt. Diese Goldblättchen bestehen aus 14 K Gelbgold. Ihre Oberfläche ist schon leicht oxydiert. Man hätte diese Goldsegmente bzw. Zwischenstücke auch massiv ausführen können. Ob man mit der hier realisierten technischen Lösung auch Herstellungskosten sparen kann, bleibt offen.

tun. In diesem Falle wird eine kartuschenförmige Werkaufnahme von unten in das Gehäusemittelteil geschoben und mit der als Ringmutter ausgeführten Lünette verschraubt. Hierzu bedarf es auch eines speziellen Ringschlüssels, ohne den sich die Uhr nicht öffnen lässt. Bei der hier vorgestellten 222 hatte ein voreiliger Uhrmacher doch tatsächlich den Versuch unternommen, mit dem Schalenmesser das Gehäuse unten öffnen zu wollen. Die Ausführung dieses Gehäuses darf wegen der geringen Fertigungskosten als Preiswertlösung verstanden werden.

Wie auch bei den anderen zwei Uhren verfügt die 222 über eine Reißkrone. Das Metallband wird – wie bei der Nautilus – durch ein Mittelglied in das Gehäusemittelteil eingehängt und verschraubt. Ein besonderer Hinweis ist bei der Bandausführung in Stahl-/Gold vonnöten. Im Gegensatz zur Nautilus wurden hier die Mittelglieder nicht massiv in Gold gehalten, sondern – wohl aus Sparsamkeitsgründen – nur Goldplättchen aufgesetzt. Anfangs waren diese Goldplättchen nur aufgelötet und fielen später wohl des Öfteren ab. Auf Grund dieser schlechten Erfahrung wurden in der späteren Version die Goldplättchen mehrfach verstiftet, so geschehen auch bei der hier vorgestellten 222.
Bei den Stahl/Gold-Gehäuseausführungen benutzte Audemars Piguet als erste Manufaktur eine 18 Karat Gelbgold-Speziallegierung für die Zwischenglieder und die Lünette. Aus Verschleißgründen setzte die Konkurrenz zu dieser Zeit nur 14 Karat Gelbgold ein.

14.5 Schlussbetrachtung

Nur das Ergebnis zählt! Wenn man diese klare Aussage auch für unsere drei verschiedenen Zeitmesser hernimmt, hatte die V&C 222 den geringsten Publikumserfolg zu verzeichnen. Das 1977 lancierte Modell blieb in der stählernen Ausführung nur bis 1981 in Produktion. Die Fertigung der Stahl/Gold-Version (Mixte) sowie des Vollgoldmodells lief 1985 aus.

Die Nautilus konnte anfangs zwar nicht bei den Stückzahlen der Royal Oak mithalten, hat sich aber über die Jahre hinweg stets wacker geschlagen. Dem »Jumbo« Ref. 3700/1 folgte die etwas kleiner gehaltene Ref. 3800/1. Nun wieder mit dem manufaktureigenen Automatikwerk Kaliber 335 mit Datumsanzeige und Zentralsekunde ausgestattet, zählt sie zu den bekanntesten »Dauerbrennern« des Hauses Patek Philippe SA in Genf. Das aktuelle Modell Ref. 3900/1 hat das Kaliber 330 SC eingeschalt. Anfang des Jahres 2021 wurde auf Anordnung des Präsidenten Thierry Stern die Produktion des Stahlmodells eingestellt.

Die Royal Oak von Audemars Piguet bedarf wohl keiner großen Kommentare. Das 1972 lancierte »Urmodell« befindet sich auch heute noch in Produktion. Doch kamen in den zurückliegenden Jahren immer neue Modellvarianten hinzu, so dass im »Royal-Oak-Design« heute vom einfachen Zeitmesser über Zwei-Zeitzonen-Uhren bis hin zum Chronographen und der

»Grande Complication« fast jeder Uhrenwunsch erfüllbar ist. Natürlich blieb auch bei der Werksauswahl die Zeit nicht stehen. Neben dem heute von Audemars Piguet in Le Locle produzierten Kaliber 2121 und 2126 (2125) ist auch das 2004 eingeführte neue Manufaktur-Automatikkaliber 3120 in den Uhren eingebaut.
Schließt man einmal die Qualität der hier in allen drei Uhren eingeschalten Automatikkaliber aus und nimmt zum Vergleich dieser drei Sportmodelle nur Tragekomfort, Alltagstauglichkeit und Ablesbarkeit als Bewertungskriterien, dürften alle zur fast gleichen Benotung kommen. Aus der Sicht der Fertigungstechnik dürfte die 222 als preiswerteste Version abschneiden, da deren Gehäusekonstruktion in der Herstellung nur relativ einfacher Dreh-, Fräs- und Schleifarbeiten bedarf. Viel aufwendiger dagegen gestaltet sich die Konstruktion der beiden anderen Marken, da deren Einschalengehäuse recht komplizierte Fertigungsschritte verlangen.

Für unsere Leser sind wir der Frage nachgegangen, wie genau eine schon in die Jahre gekommene Uhr gehen kann. Aus diesem Grunde wurden die deutschen Vertretungen von Audemars Piguet in Wiesbaden und Patek Philippe in München bemüht und dort jeweils eine Revision in Auftrag gegeben. Die 222 wurde dem Uhrmacher Martin Becker anvertraut, der über Jahrzehnte für Vacheron & Constantin Deutschland tätig gewesen war. Gespannt warteten wir dann auf die Ergebnisse! Nach der Rückgabe prüften wir die Gangleistungen mit dem Prüfgerät Witschi Wicometre Professional und Micromat P. Dies sind jene Messeinrichtungen, die von den Herstellern zur Schlussprüfung ihrer Uhren vor deren Auslieferung Verwendung finden.

Bevor wir auf die Ergebnisse eingehen, muss noch kurz auf die Zielausrichtung dieses superflachen Kalibers eingegangen werden. Im Pflichtenheft der Auftraggeber war dieses Automatikwerk nicht als Chronometerkaliber vorgesehen gewesen. Zu letzterem wäre auch eine Sekundenanzeige erforderlich gewesen, auf die mangels Raum verzichtet werden musste. Alle drei Zeitmesser erreichten fast vergleichbare Werte, wenn auch die Nautilus am besten reguliert worden war. Diese erreichte einen Gang von +002 sec/Tag (MOY) und wies bei sechs Lagen eine Differenz von insgesamt 10 sec/Tag (DEL) auf. Einzelheiten sind der Tabelle Abb. 591 zu entnehmen.

Dass beim Verkauf von Luxusuhren oft nicht der Preis im Vordergrund steht, wissen wir von Marketingexperten. Wie wir auch hier gesehen haben, hatten unsere drei Sportuhren nicht nur das Werk und den Designer gemeinsam, sondern weitgehend auch den Verkaufspreis.
Was hat bei diesen Modellen somit den Erfolg oder den Misserfolg bewirkt? Wohl nur das gelungene Design? Hier dürfen sich die Leser ihre eigenen Gedanken machen!
Zum Schluss wollten wir noch wissen, wie diese drei Sportuhrenmodelle auf Auktionen und Uhrenbörsen gehandelt werden. Hierbei war festzustellen, dass die Jumbos von AP nur selten angeboten werden. Die jeweiligen Preise bewegten sich meist zwischen 50.000 bis 60.000 €. Ähnlich verlief die Suche nach der großen Nautilus, wobei hier die Preise im Durchschnitt jetzt über 100.000 € liegen.
Zwar selten, aber schwer verkäuflich zeigten sich die Varianten der Referenz 44108 bzw. 222. Auf der Münchner Uhrenbörse war im Jahre 2005 schon ein Vollgoldmodell für nur 6.000 € zu haben. Dies hat sich jedoch drastisch geändert. Stahlmodelle kommen mittlerweile auf 30.000 bis 40.000 Euro, Goldmodelle auf 20.000 bis 30.000 Euro. Die hier vorgestellte »Mixte« stammt von Sotheby's und kam einschließlich Aufgeld für umgerechnet 1.950 € unter den Hammer! Im Frühjahr 2022 wurde bei Auktionen Dr. Crott ein gleiches Modell aufgerufen und für ganze 32.000 Euro plus Aufgeld zugeschlagen.
Bei wertvollen Uhren scheint es sich manchmal genauso zu verhalten wie bei teuren Automobilen. Nicht ein unter der Haube versteckte Achtzylinder entscheidet, sondern der Bekanntheitsgrad der Marke, die aktuelle Mode sowie das schicke Design.

Abb. 590 Serienanlauf
Mit diesen Nummern begannen die jeweiligen Produktserien der drei vorgestellten Modelle.

Fabrikat	Modell	Referenz	Kaliber	Werk-Nr	Gehäuse-Nr.	Produktionjahr	Publikumspreis in CHF. (in Stahlausführung)
Audemars Piguet	Royal Oak	5402 ST	2121	127 006	67 001 Serie No.001	1972	3.200,-
Patek Philippe	Nautilus	3700/1	8-255 C	1)	1)	1976	4.200,-
Vacheron Constantin	222	44018/411	K 1121	521 982	1)	1977	4.375,-

1) Konnte vom Hersteller nicht zurückverfolgt werden.

Abb. 591
Gangverhalten der drei Sportuhren nach erfolgter Revision

	PPC	AP	V&C	Erläuterungen
DEL	010	013	013	maximale Gangabweichung in sechs Positionen (sec/Tag)
MOY	+002	+014	+012	mittlerer täglicher Gang in sechs Positionen (sec/Tag)
BEAT ERROR	0,2	0,3	0,4	Abfall (oder Symmetrie: An der Eingangs- und Ausgangsseite des Ankers gleichmäßiges Abfallen des Ankerradzahnes von den Rubinpaletten).
AMPLITUDE	263	267	265	Amplitude der Unruh in Bogengraden

15. Das Geheimnis der Zifferblätter Das Gesicht einer Uhr

15.1 Bedeutung und Wert eines Zifferblattes

Bei einem bekannten Auktionshaus in Genf wurde im Jahre 2017 eine besondere Patek Philippe mit Ewigem Kalender aus den 50er Jahren mit 500.000 bis 1 Mio CHF angeboten und bei 2,911 Mio CHF zugeschlagen. Trotz der beachtlichen Summe hatte niemand bemerkt, dass das Zifferblatt dieser Uhr kein Original mehr war. Weder war dieses Zifferblatt – wie damals üblich – aus Goldblech gefertigt noch vom damaligen Lieferanten Cadrans Stern Frères SA hergestellt worden.
Dazu kamen noch handwerkliche Fehler bei Ausführung und Druck dieses Zifferblattes.
Dieser Fall wird auf Seite 395 näher beschrieben.

Dass es sich hier um keinen Einzelfall handelt, zeigt uns das zweite Beispiel. Im gleichen Genfer Auktionshaus wurde 2016 eine seltene Patek Philippe mit Chronograph und Ewigem Kalender mit einem Aufrufpreis von 600.000 bis 900.000 CHF angeboten und für 965.000 CHF zugeschlagen. Obwohl im zugehörigen Katalog neben dieser Uhr auch das Zifferblatt von hinten abgebildet ist, war niemandem aufgefallen, dass dieses Zifferblatt kein Original ist und auch nicht vom eingeführten Zifferblattlieferanten Cadrans Stern Frères SA aus Goldblech gefertigt wurde.
Weitere Details zu diesem Beispiel sind auf Seite 399 zu finden.

Dass man auch bei Patek Philippe die Frage nach der Echtheit von Zifferblättern nicht immer erschöpfend beantworten kann, wird hier am Beispiel einer antiken goldenen Armbanduhr mit der Referenz 3448 beschrieben.
Selbst bei wertvollen Armbanduhren, die heute zum Bestand des Museums von Patek Philippe gehören, hat man Überraschungen erlebt. Bei einigen Uhren, die noch vor einigen Jahren auf Auktionen erworben wurden, um den Museumsbestand zu komplettieren, hatte man erst später festgestellt, dass die dort montierten Zifferblätter keine Originale mehr waren.
Weil in der Literatur das Thema Zifferblatt bisher nicht in der vorliegenden Tiefe behandelt ist, wurde dieses Kapitel verfasst. Jetzt können sich Sammler und Experten auf eine solide Wissensgrundlage stützen, da alle Angaben genau belegt sind.

Mit dem Zifferblatt einer Uhr verhält es sich oft wie mit dem menschlichen Gesicht. Es vermittelt den ersten, bleibenden Eindruck. Auch beim Zifferblatt prägt sich dieser Eindruck sofort ein, selbst wenn man den Namenszug des Herstellers noch gar nicht gelesen hat. Zifferblätter müssen vor allem ästhetischen Kriterien genügen, so dass bei allen Marken visuelle Effekte im Vordergrund stehen.
Zifferblätter der Uhren von Patek Philippe brillieren oft von ihrer Schlichtheit, erst beim näheren Hinsehen lassen sich Hochwertigkeit und Noblesse dieser edlen Zeitmesser erkennen. Besonders gilt dies für die exquisiten Emaillezifferblätter, die bei den klassischen Referenzen 2526 und im Nachfolgemodell 3428 in den 50er und 60er Jahren verbaut wurden. Auch die höchst seltene Referenz 2577 wurde mit einem Emaillezifferblatt ausgeliefert.
Eindrucksvoll können auch Zifferblätter sein, die viele Komplikationen anzuzeigen haben, wie sie bei Chronographen und Uhren mit »Ewigem Kalender« zu finden sind. Nicht die Schlichtheit, sondern die Darstellung der vielseitigen Zweckerfüllung steht hier im Vordergrund.

15.2 Die Hersteller von Zifferblättern in der Schweiz

In der Schweiz war die Herstellung von Zifferblättern schon immer eine Domaine des Mittelstandes. Heute arbeiten noch rund 20 unabhängige, meist familiengeführte Zifferblatthersteller im Land der Eidgenossen. Doch die großen Uhrenkonzerne haben vorgesorgt und sich in ihrem Streben nach Unabhängigkeit vom Markt bisher selbständige Zifferblattfabriken zugekauft. So wurde vom Richemont-Konzern 2000 die Firma Stern Création SA in Satigny übernommen. Der Zifferblatthersteller Beyeler & Cie. in Genf wurde 2001 von Rolex einverleibt. Die Zifferblattfabrik Flückiger & Sohn SA, 1869 von Zelim Jacot (ZJ) gegründet, wurde im November 2004 von Thierry Stern, dem jetzigen Präsidenten von Patek Philippe,

Abb. 592
Sehr gut steht der Referenz 2526 auch ein schwarzes Emaille-Zifferblatt. Nach Aussage eines Mitarbeiters von Patek Philippe wurden von der Referenz 2526 genau 580 Exemplare gefertigt. 480 in Gelb-, 50 in Rosé- und 30 in Weißgold sowie 20 in Platin. Je 10 Stück in Gelb- und Roségold sollen schwarze Emaille-Zifferblätter erhalten haben. Das hier abgebildete Modell gehört dazu.

Abb. 594
Der IWC-Referenz R 817 AD steht das blaue Zifferblatt gut zu Gesicht. Dieser Zeitmesser wurde von einem israelischen Händler auf der Uhrenbörse in München angeboten. Ihr fabrikneues Aussehen verdankt sie einer komplett durchgeführten Revision.

Abb. 593
In diesem neuen Rolex-Modell Turn-O-Graph in Stahl/Gold ist unser Kaliber 3135 eingeschalt. Das Rot auf dem Sekundenzeiger, Schriftzug und Datumsanzeige erinnert an frühere Modelle aus den späten fünfziger Jahren.

Abb. 595
Die einzige Automatik von Vacheron & Constantin, die ein Gehäuse mit Drehlünette besitzt, ist die Ref. 6782C. Dieses Modell war von 1967 bis 1973 zu haben.

gekauft. Heute firmiert dieses Unternehmen unter dem Namen »Cadrans Fluckiger SA«. Im Oktober 2006 hat die SWATCH GROUP den Zifferblatthersteller MOM Le Prélet in Les Geneveys-Sur-Coffrane im Kanton Neuenburg (NE) erworben.
Trotz der genannten Übernahmen hatten die meisten Hersteller ihren bisherigen Kunden versprochen, in gehabter Form weiterhin Zifferblätter zu liefern. Aufgrund der vielen hinzugekommenen Uhrenmarken sowie der zahlreichen neuen Modelle haben auch die zuvor erwähnten mittelständischen Unternehmen genug zu tun. Dies gilt besonders auch für ausgefallene Sonderwünsche sowie für Sonderserien der Uhrenindustrie.
Hierzu gehören, jedoch ohne Anspruch auf Vollständigkeit, die folgenden Firmen:
ArteCAD SA, Tramelan; Cadrans Design SA, La Chaux-de-Fonds; Donzé Cadrans SA, Le Locle; Erma SA, Boécourt; Eurocadres Sàrl, Vevey; Fabbrica Quadranti SA, Novazzano; Fehr & Cie SA, La Chaux-de-Fonds; Fraporlux Swiss SA, Pruntrut; Gemmes-Tech SA, Chavannes-près-Renens; Les Cadraniers de Genève SA, Genf; Liss SA, Grenchen; Pieterlen, Maître Frères SA, Glovelier; Metallique SA, Biel; Montremo SA, La Chaux-de-Fonds; Natéber SA, La Chaux-de-Fonds; Pierre Galli, La Chaux-de-Fonds, RvK Guillochage SA, Chézard; Siamcad SA, La Chaux-de-Fonds; Jean Singer & Cie SA, La Chaux-de-Fonds, Taratec SA, La Chaux-de-Fonds; Vaucher Manufacture SA, Fleurier; Vicro, Pruntrut; Wintraders SA, Chêne-Bourg.
Einige der aufgeführten Unternehmen sind auch bereit, Sonder- und Einzelfertigungen herzustellen. Hierbei können die jeweiligen Preise Spannweiten von 600 bis 2.000 CHF und mehr betragen.

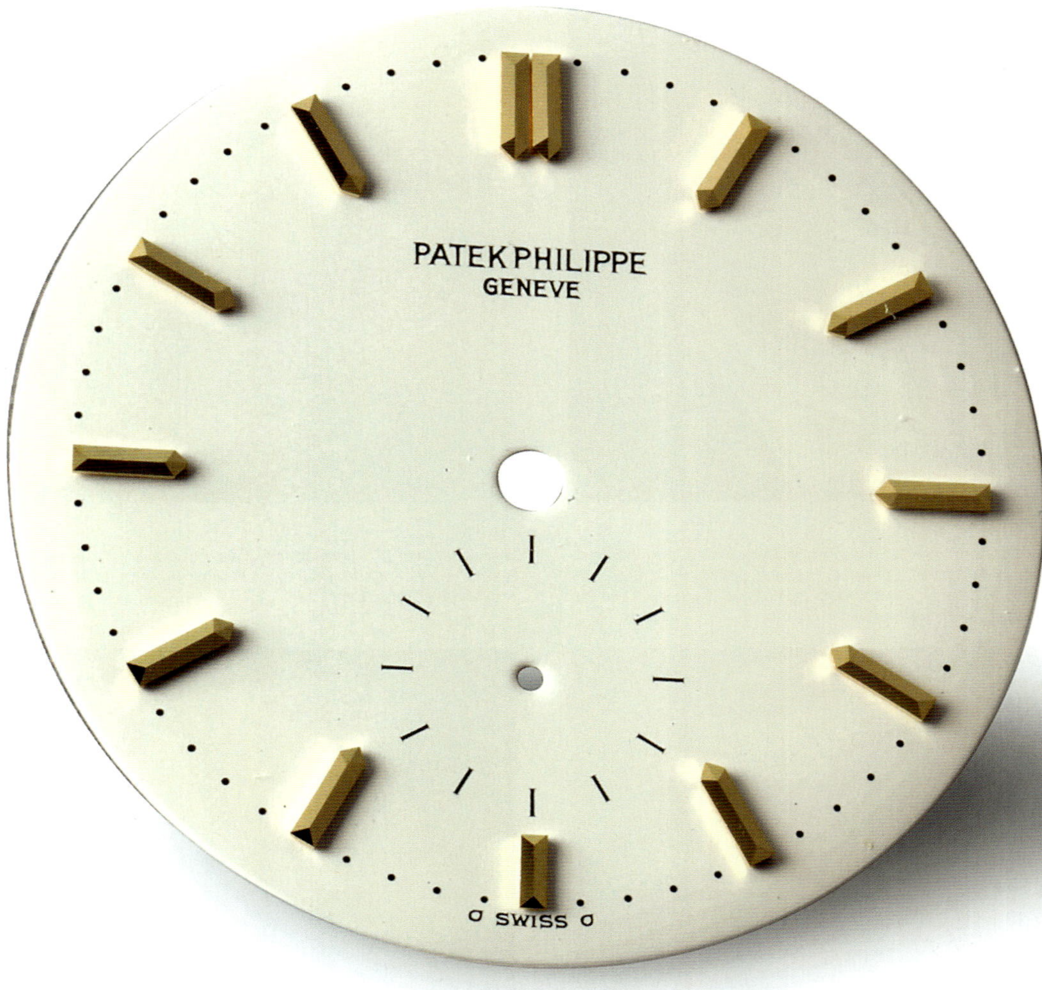

Abb. 596
Ein neuwertiges, originales Ersatzzifferblatt mit weißer Lackierung für die Patek Philippe Referenzen 2526 und 3428 ist auf dieser Aufnahme zu sehen. Hier dokumentiert der Aufdruck »Ó SWISS Ó« nur den Goldnachweis für die 13 Indizes. Das Blech selbst besteht aus einer Buntmetalllegierung. Der Aufdruck »Ó SWISS Ó« nach APRIOR belegt auch die Herstellung nach 1973.

15.3 Die Herstellung eines Zifferblattes – Design und Konstruktion

Der Herstellung eines Zifferblattes gehen Entwurf und Konstruktion voraus. Eine besondere Bedeutung kommt dem Design dieses offensichtlichsten Teil einer Uhr zu. Hier sollen beim Entwurf gleich zwei besondere Forderungen in einem erfüllt werden: Zum einen der wirksame Blickfang und zum anderen die sofortige Markenerkennung. Somit kommt dem Aussehen eines Zifferblattes eine besondere Bedeutung zu.
Steht das Design des Zifferblattes fest, kann mit der Konstruktion begonnen werden. Dazu gehört die Festlegung der Materialien, die Befestigungsart am Werk, Anzahl und Form der Durchbrüche auf der Zifferblattoberfläche, Befestigung der Indizes sowie Ablauf des Druckvorganges.

In der fertigen Konstruktionszeichnung und der zugehörigen Stückliste sind dann alle Vorgaben enthalten, die für die Herstellung eines Zifferblatts benötigt werden.
Sind alle Design- und Konstruktionsarbeiten nochmals überprüft und freigegeben, erhält der Zifferblattlieferant diese Unterlagen und geht nach Auftragserteilung an die Fertigung eines Prototypen. Nach Lieferung des neuen Zifferblattes wird es in ein Prototypgehäuse eingebaut, jedoch ohne Werk, oftmals auch Dummy genannt. Findet das Zifferblatt im Dummy das Wohlgefallen aller Entscheidungsträger einschließlich des Geschäftsführers oder CEO, kann die Fertigungsfreigabe erteilt werden. Nun darf auch die Konstruktion fertiggestellt werden. Darin sind die Materialien, die Herstellungsverfahren, die Zifferblattbefestigung und viele andere Vorgaben zu bestimmen. Soll die beiliegende Stückliste auch die Montagefolge vorgeben,

Abb. 597
Die Rückseite dieses Ersatzzifferblattes zeigt, dass dieses von Stern Création SA aus Buntmetall hergestellt wurde. Die besonders saubere Verarbeitung bzw. Verstemmung der »Füßchen« der Indizes belegt die professionelle Fertigung. In der Mitte des Bildes steht eines der beiden Füße zur Befestigung der Zifferblätter auf dem Werk.

Abb. 598
Die beiden Fensterausschnitte für Wochentag und Monat einer Patek Philippe mit »Ewigem Kalender« Referenz 3448. In der Mitte die Bohrung für Zeigerrohr und -welle.

werden die einzelnen Komponenten entsprechend der Montagefolge durchnummeriert.

15.4 Materialien für die Zifferblattherstellung

Ein einfaches Zifferblatt besteht im Regelfall aus einem Rundstück oder Basisträger, auch Blech genannt. Weiterhin gehören hierzu die Indizes (Appliken) zur Anzeige von Stunden und Minuten, Punkte für die Sekunden sowie die vorgesehenen Lackierfarben. Das Blech (Basisträger) wird im Regelfall aus Metall gefertigt. Soll das Zifferblatt das Werk vor magnetischen Feldern schützen, findet Weicheisen Verwendung. Da Weicheisen als reine Eisenlegierung sehr korrosionsanfällig ist, wird entweder ein Schutzlack aufgetragen oder das Zifferblatt galvanisch versilbert
Üblicherweise bestehen die meisten Zifferblätter aus Buntmetall, also aus Messing, einer Kupferlegierung, Silber oder auch aus Stahlblech. In besonderen Fällen, wie z. B. bei Uhren aus dem Hause Patek Philippe, wurden früher auch Zifferblätter aus Goldblech verbaut. Je nach Uhrenmodell (Referenz) erhielten diese auf ihrer Vorderseite einen Sonnenschliff oder wurden naturbelassen. Bei einigen Referenzen wurde das Goldzifferblatt mit Klarlack versehen oder sogar galvanisch versilbert.
Goldzifferblätter waren immer gestempelt. Entweder wurde der Schweizer Edelmetallstempel oder später nur noch 750 eingeschlagen (siehe Abb. Nr. 611 auf Seite 367 und Abb. Nr. 646 auf Seite 380).
In der Zeit von August 1973 bis spätestens 2007 wurde auch das Zeichen APRIOR »Ó SWISS Ó« auf das Zifferblatt unter der 6 gedruckt (siehe Abb. Nr. 605 auf Seite 362). Mit diesem Gütesiegel sollte dem Betrachter belegt werden, dass das Zifferblatt aus 18 karätigem Gold besteht. Weiterhin wurde das Zeichen APRIOR auch verwendet, wenn nicht das Blech, sondern nur die Indizes aus 18 K Gold gefertigt waren (Abb. Nr. 596 auf Seite 356).

15.5 Herstellungsverfahren und Fertigungsablauf

Hat man für das Zifferblatt ein Blech ausgesucht, wird dies als Blechrolle (in der Fachsprache Halbzeug genannt) angeliefert. Das Blechband wird abgerollt und mit Hilfe eines Stanzwerkzeugs, einem Automaten, ausgestanzt. Je nach Ausbildung des Zifferblatts werden nicht nur dessen Form, sondern auch die Bohrungen für die verschiedenen Zeiger, die Datumsfenster sowie der Ausschnitt für die Mondphase mit ausgestanzt. So eine Stanzvorrichtung nennt man in der Fachsprache Schnittwerkzeug. Im Anschluss werden die Kanten dieses Zifferblattrohlings nicht nur entgratet, sondern in speziellen Fällen die Datumsfenster auch mit Fasen versehen (Abb. 598). Weiterhin werden die beiden Zifferblattflächen leicht überschliffen, damit sich eine einwand-

Abb. 599
Rückseite des Zifferblattes eines Jahreskalenders von Patek Philippe Ref. 5146 G. Hier sind keinerlei Punzierungen zu erkennen. Es sind zwar noch die beiden »Füßchen« zur Zifferblattbefestigung vorhanden, benutzt hierfür werden jedoch die beiden Bohrungen bei der 3 und 9. Als Ausgangsmaterial wurde hier Buntmetall verwendet.

Abb. 600
Das gleiche Zifferblatt von vorne. Die Stab-Indizes sowie die arabischen Zahlen für 3, 9 und 12 sind noch nicht aufgesetzt. Die beiden Bohrungen für die Zifferblatt-Befestigung sind bei der 3 und 9 gut zu erkennen. Im Gegensatz zu früher lautet der Nationalitätsnachweis unter dem Datumsfenster »SWISS MADE«.

freie Fläche ergibt. Entsprechend den Konstruktionsvorgaben sind dann die Durchgangsbohrungen für die Indizes sowie die »Sackbohrungen« für die Minuterie anzubringen. Im Anschluss werden auf der Rückseite die »Füßchen« für die Aufnahmen Positionierung des Zifferblattes auf dem Uhrwerk aufgelötet. Seit einigen Jahren verzichten einige Uhrenhersteller auf diese Befestigungsart und schrauben die Zifferblätter direkt aufs Werk. Hierzu werden die Zifferblätter, meistens bei 3 und 9 Uhr, mit den notwendigen Bohrungen versehen (Abb. 599 und 600, oben). Bei edlen Uhren wird nach allen diesen Arbeiten das Zifferblatt galvanisch versilbert, um einen optimalen Korrosionsschutz zu erzielen. Dies gilt auch für den Fall, wenn das Zifferblatt im Anschluss noch lackiert wird.
Soll das Zifferblatt eine Lackierung erhalten, können verschiedene Verfahren genutzt werden. Die einfachste Methode stellt die Spritzlackierung dar, mit der im Regelfall eine Grundlackierung aufgebracht wird. Je nach Qualitätsanspruch und Budgetvorgaben kann die Grundlackierung noch einmal überschliffen werden, um eine besonders hohe Oberflächengüte zu erreichen. Im nächsten Schritt folgt die Feinlackierung, die aus einer oder mehreren Schichten bestehen kann.
Wie schon beim Automobil kann der Lackauftrag auch über eine Tauchlackierung erfolgen. Bei diesem elektrochemischen Lackierverfahren wird das Zifferblatt in einen elektrisch leitfähigen, wassergelösten Tauchlack eingetaucht bzw. durchfahren. Hierbei wird zwischen dem (leitfähigen) Zifferblatt und einer Gegenelektrode Gleichspannung angelegt. Die Farbe in Form eines wasserlöslichen Bindemittels legt sich an die Zifferblattoberfläche an und bildet dort einen dicken Lackfilm. Die gewünschte Schichtdicke wird über die Reaktionszeit erzielt.
Als nächster Fertigungsschritt folgt der Druck für die Minuterie, Sekunderie, den Firmenaufdruck und unter der 6 »SWISS«. Bei Chronographen werden, oft mehrfarbig, noch der Druck für die Hilfszifferblätter, der Tachometerskala und sonstige Angaben

aufgebracht. Die gesamten Arbeitsschritte werden im Tampondruck-Verfahren ausgeführt. Bei dieser Drucktechnik wird eine scharfkantige Druckform mit eingefrästem Druckbild, auch Stempel genannt, mit Farbe gefüllt, exakt abgestriffen und dann von einem Tampon 1:1 auf das Zifferblatt übertragen. Mit dem elastischen Tampon können auch Unebenheiten oder Vertiefungen fehlerfrei bedruckt werden.
Zum Schluss erhält dieses Zifferblatt noch einen Überzug aus Klarlack (Zaponlack), der es vor Oxidation schützt. Erst dann werden die Indizes (Appliken), Zahlen und Zeichen, mit ihren winzigen Füßchen in die vorgesehenen Bohrungen geführt und von hinten vernietet. Nach einer nochmaligen Sicht- und Maßkontrolle wird von der Qualitätssicherung die Freigabe zur Montage erteilt.
Bei Patek Philippe und anderen Uhrenmarken kennt man jedoch noch eine andere Technik, die bei vielen der in diesem Buch gezeigten Uhren Verwendung findet. Statt die Minuterie, Sekunderie und den Firmennamen aufzudrucken, wurden diese mit Emaille eingebrannt. Hierzu wurden die Teilstriche für die Minuten und Sekunden sowie der Firmenschriftzug zunächst eingefräst, mit Emaillepulver gefüllt und dann gebrannt. Hierdurch entstanden transparente und deutlich über die Zifferblattebene ragende Schriftzüge und Markierungen. Selbst der Schriftzug SWISS unter der 6 entstand gelegentlich mit diesem Verfahren. Erst nach diesen aufwendigen Vorarbeiten wurde das Zifferblatt mehrfach lackiert und die Indizes (Appliken) und Zahlen aufgesetzt und vernietet. Da aber auch der Lack der Erdbeschleunigung folgen muss, fließt er bei diesem Prozeß von der höher positionierten Emailleschrift ab und bleibt nur auf der ebenen Zifferblattoberfläche zurück. Auf der Seite 166, Abb. 267, sehen wir den Ausschnitt des Zifferblattes einer Referenz 2508, dessen Schriftzüge emailliert und die Oberfläche lackiert ist.

15.6 Das Emaillezifferblatt

Neben den zuvor beschriebenen Verfahren, gibt es bei A. Lange & Söhne, Patek Philippe und anderen Uhrenmarken noch die Königsklasse, das Emaillezifferblatt.
Noch vor über 100 Jahren zierte es fast jede Taschenuhr.
Zu den Traumuhren jedes Sammlers gehört wohl an erster Stelle jenes Meisterstück, mit dem bei Patek Philippe 1953 das Zeitalter des Selbstaufzugs eingeläutet wurde. Die Referenz 2526 blieb von 1953 bis 1959 in Produktion und wurde mit Gelbgold-, Roségold, Weißgold- und Platingehäuse ausgeliefert (Abb. 601, nächste Seite). Mit wenigen Ausnahmen verließen die meisten Uhren im cremefarbenen Emaillezifferblatt die Produktionsstätten in Genf. Wohl nur 20 Zeitmesser erhielten schwarze Emaillezifferblätter, wie vor vielen Jahren ein längst verstorbener Mitarbeiter dem Autor verriet. Aber warum wird um diese Emaillezifferblätter so eine Geheimniskrämerei gemacht? Der Autor ging dieser Sache auf den Grund, sprach mit einem pensionierten ehemaligem Mitarbeiter der Firma Cadrans Stern Frères SA, dem damaligen Lieferanten von Patek Philippe, und besuchte mehrere Schweizer Unternehmen, die auch heute noch Zifferblätter mit Emaillebeschichtung anbieten. Herausgefunden wurden dabei einige Methoden, mit denen diese Emaillezifferblätter in den 50er Jahren hergestellt wurden. Was die reine Emaillierung der Zifferblätter angeht, verliefen alle drei Prozesse in gleicher Weise. Zunächst wurden beim Zifferblatt Rohling die zwei Durchgangsbohrungen für das Zeigerspiel ausgeführt, dann die beiden Zylinderstifte (Füßchen) angelötet, die Kanten entgratet und die Zifferblattseite fein geschliffen. Anschließend wurden die 26 Bohrungen für die 13 Indizes (elf einzeln, zwei bei der 12) mit 0,2 mm Durchmesser mittels Bohrlehre ausgeführt. Im nächsten Schritt wurden die Vertiefungen für die Minuterie, die Striche für die Sekunderie und die Schriftzüge eingefräst und mit farbigem (goldenem) Emaillepulver gefüllt.
Nach dem Brennen von Minuterie, Sekunderie, Firmennamen und SWISS wurde die Fläche mit Kleber belegt und mit Emaillepulver gleichmäßig bestreut. Im Brennofen brannte der Kleber ab, das Emaille schmolz und verteilte sich gleichmäßig über das Zifferblatt. Dieser Vorgang wurde mehrfach wiederholt, bis die gewünschte Qualität erreicht worden war. Wegen der oft ungleichen Spannungsverhältnisse in den Emailleschichten konnte es vorkommen, dass eine der Schichten beim Abkühlen Risse bekam und das Zifferblatt zu Ausschuss wurde.
Hat das Emaillezifferblatt die gesamten Arbeitsprozesse ohne Schaden durchfahren, wurden die Löcher für die Indizes mit einem Diamantbohrer nachgearbeitet und wieder auf den richtigen Durchmesser gebracht. Im Anschluss wurden die zuvor schon genannten Indizes (Appliken) mit ihren Füßchen in die Bohrungen gesetzt und von hinten vernietet (Abb. 602).

Für die aufwendige Herstellung eines Emaillezifferblattes gab es bei Cadrans Stern Frères SA noch zwei weitere Methoden. Bei der einen wurde das Zifferblatt ohne Bohrungen für die Indizes fertiggestellt und erst dann mittels einer Bohrlehre und Diamantbohrer alle 26 Bohrungen angebracht. Die restlichen Arbeiten erfolgten wie zuvor geschildert.
Bei der dritten Fertigungsart wurde auf die 26 Bohrungen ganz verzichtet und nach der Fertigstellung der Emailleschicht alle Indizes mit Hilfe einer Schablone positioniert und auf das Zifferblatt geklebt (Abb. 601, Seite 360). Auch heute finden sich öfters Exemplare der Referenz 2526, die ein so gefertigtes Zifferblatt montiert haben. In Unwissenheit der verschiedenen Prozesse ging so mancher Fachmann von der Vermutung aus, dass diese Zifferblätter gefälscht wären.
Wer einmal ein Emaillezifferblatt in den Händen gehalten hat, dem ist wohl aufgefallen, dass die Rückseite auch emailliert ist. Diese meist rostbraun gehaltene Beschichtung nennt man Gegenemaille (Contre-Emaille, siehe Abb. 621, Seite 372). Diesen zweiten Emaillebelag auf der Rückseite bringt man auf, um ein Verspannen oder Biegen des Zifferblatts beim Brennvorgang zu verhindern (Spannungsausgleich).
Für den Laien darf zum Abschluss noch erwähnt werden, dass sich nur gerade bzw. ebene Zifferblätter emaillieren lassen. Bei außen abgerundeten, d. h. gewölbtem Rohblättern, würde das Emaille beim Brennen herunterlaufen und sich dort nicht positionieren, wo es gebraucht wird.
Emaillezifferblätter wurden bei Patek Philippe auch bei den Referenzen 2577 und 3428 verbaut. Das Modell Ref. 5078 P,

Abb. 601
Patek Philippe Ref. 2526 mit Emaillezifferblatt. An der Durchgangsbohrung für den Sekundenzeiger erkennt man die typische Einschnürung, verursacht durch das bei der Herstellung abgeflossene Emaille.

Abb. 602
Auf diesem Emaillezifferblatt muss noch der Index für die 6 eingesetzt werden. Die zwei Bohrungen für die beiden Index-Füßchen weisen gerade einmal 0,4 mm Durchmesser auf. Auch hier sind bei allen Bohrungen die Einschnürungen ersichtlich, die beim Brennen durch abfließendes Emaille entstanden sind.

Abb. 603
Bei diesem Emaillezifferblatt sind die Indizes mittels Schablone aufgeklebt. Der Index für die 9 wurde hier zur Erläuterung vom Zifferblattmacher vorsichtig abgelöst, aber nach dieser Aufnahme wieder aufgeklebt.

eine Minutenrepetition mit Automatikwerk Kaliber R 27 PS und Platingehäuse, hat auf dem Zifferblatt über der Position 6 bescheiden den Aufdruck »EMAILLE« stehen. Die römischen Ziffern, die Minuterie und die Sekunderie sind emailliert, auf transparente Indizes (Appliken), wie wir sie von der Referenz 2526 her kennen, wurde verzichtet.
Auch einige Uhren der Marke A. Lange & Söhne aus Glashütte besitzen Emaillezifferblätter. Diese aufwendigen Zifferblätter kommen von einem kleinen Zulieferer, der in Oberbayern arbeitet, der aber unbekannt bleiben möchte.
Ein weiterer Weg, Emaillezifferblätter herzustellen, erfolgt unter Verwendung von Emaillepaste. Hier wird das Emaillepulver nicht auf die feine Klebeschicht aufgetragen, sondern Emaillepaste verwendet. Hierzu werden die Emaillepigmente ebenfalls zu einem feinen Pulver zermahlen und mit Wasser oder Öl vermischt. Diese Paste wird dann äußerst vorsichtig auf das vorbereitete Zifferblattblech aufgetragen, wozu man feinste Pinsel verwendet. Im Anschluss wird das Zifferblatt gebrannt und je nach Arbeitsvorgabe eine weitere Emailleschicht aufgebracht.

15.7 Das guillochierte Zifferblatt

Das Rohzifferblatt wird in einer Guillochier-Maschine eingespannt und je nach Vorgabe mehrere Kreise und gerade Linien auf der Zifferblattfläche angebracht. Auf Abb. 604 sehen wir eine Guillochier-Maschine aus dem Jahr 1884.
Heutzutage kann man das grafische Bild eines guillochierten Zifferblattes auch mit einer speziellen Presse und einem zugehörigen Stempel herstellen. Bei diesem Vorgang ist das Negativbild des guillochierten Zifferblattes in einen Stempel eingraviert, der mit hohem Druck dem Zifferblatt die gewollten Konturen verleiht. Solche Pressen benötigen eine Schließkraft bis 300 to (!).

Der Stempel bzw. das Werkzeug für die Nachbildung eines guillochierten Zifferblattes besteht aus gehärtetem Werkzeugstahl und kann für die Fertigung von Tausenden von Zifferblättern eingesetzt werden.
Alle hier beschriebenen Herstellungsarten und -verfahren werden bei den vorgestellten Zifferblättern im Detail beschrieben.

Abb. 604
Auf dieser aus dem Jahr 1884 stammende Guillochier-Maschine lassen sich auch heute noch diese kunstvoller Zifferblätter herstellen. Hinter der Maschine steht der langjährige CEO von Vacheron Constantin, Juan-Carlos Torres, rechts der Verfasser.

15.8 Zifferblattaufdruck »SWISS« und »SWISS MADE«

Auf dem Zifferblatt besaßen fast alle Schweizer Uhren unter der 6 den Aufdruck SWISS. Je nach Ausbildung des jeweiligen Zifferblattdesigns mit Zahlen oder Indizes (Appliken) wurde dieser Aufdruck symmetrisch, d. h. in der Mitte platziert, so dass das I von SWISS immer im Achsenkreuz des Zifferblatts positioniert war.
Wenn das Zifferblatt mit Leuchtpunkten oder -zahlen versehen war, wurde links und rechts noch ein T für Tritium aufgedruckt. Der spätere Wechsel des Nationalnachweises SWISS auf SWISS MADE wurde von den in diesem Buch aufgeführten Uhrenherstellern unterschiedlich gehandhabt.
Während man bei Patek Philippe bis zur Jahrtausendwende weitgehend bei SWISS blieb, wechselte man bei Rolex bereits in den 60er Jahren zum Aufdruck SWISS MADE. Die meisten anderen Uhrenmarken blieben wie bei Patek Philippe lange Zeit beim Aufdruck SWISS und wechselten erst um die Jahrtausendwende in nicht logischer Folge zum Aufdruck SWISS MADE. Am besten kann man die zwei verschiedenen Aufdruckarten beim Betrachten der hier abgebildeten und beschriebenen Uhren nachvollziehen.

15.9 Association pour la promotion industrielle de l`or (APRIOR), ein heute nicht mehr bekanntes Qualitätsmerkmal

Dieses Thema dürfte für die Leser besonders interessant sein, weil es weder in der Literatur noch bei Google zu finden ist. APRIOR war eine nichtkommerzielle Gesellschaft, die sich die Aufgabe vorgenommen hatte, Gegenstände oder Teile dieser, die aus Gold gefertigt waren, mit einem besonderen, geschützten Siegel zu versehen. Dieses Siegel bestand aus einem Sigma Ó, welches bei Artikeln aus Gold entweder aufgedruckt oder als Punze eingeschlagen war. Auf Französisch wurde »Le sigle Sigma« auch »Goutte« genannt.
Dieser Gesellschaft waren nicht nur fast alle bekannten Schweizer Uhrenhersteller, sondern auch Schmuckproduzenten beigetreten. Hier ein Auszug aus der Satzung: »A l´origine il s´agissait d´une campagne pour la promotion du cadrans suisse avec heures en or.«
APRIOR wurde am 17.08.1973 im Handelsregister eingetragen und hatte seinen Sitz in 2300 La Chaux-de-Fonds, Avenue Leopold-Aubert 67. Für eine Armbanduhr hatte das Sigma Ó eine besondere Bedeutung. War nunmehr das Zifferblattblech und/oder die zugehörigen Indizes aus 18 K/0,750 Gold gefertigt, wurde der Aufdruck unter der 6 mit »Ó SWISS Ó« ausgeführt. Hat z. B. eine Patek Philippe Armbanduhr der Referenz 3445, erstmalig 1961 lanciert, bis 1972 produziert, ein Zifferblatt mit dem Aufdruck »Ó SWISS Ó«, lässt sich dieses zweifelsfrei als ein später montiertes Ersatzzifferblatt identifizieren (Abb. 605). Dieses hatte man wohl anlässlich einer Revision im Herstellerwerk oder in der Werkstatt eines Konzessionärs eingebaut, weil das alte Zifferblatt womöglich beschädigt war oder nicht mehr den Ansprüchen des Besitzers genügt hatte. Noch viel interessanter wird dieser Hinweis bei sehr wertvollen, sprich teuren Sammleruhren. Würde z. B. eine Patek Philippe Referenz 3448 aus dem Jahr 1977 stammen und auf dem Zifferblatt keinen Aufdruck »Ó SWISS Ó«, sondern nur SWISS besitzen, hätte man wohl später ein nicht dem Produktionsjahr entsprechendes Zifferblatt montiert. Hierbei ist noch zu prüfen, ob ein Zifferblatt im Austausch montiert worden sein könnte, welches noch vor 1972 produziert worden und noch aus Restbeständen entnommen worden war. Dieses hätte demnach unter der 6 nur den Aufdruck SWISS besessen. Denn bei den von Patek Philippe damals nur in geringen Stückzahlen gefertigten Komplikationen wurden die zugehörigen Zifferblätter auch nur in Kleinserien bestellt und geliefert.

Abb. 605
Dieses blaue Ersatzzifferblatt für die Patek Philippe Referenzen 3445, 3514, 3541 und 3558 besteht aus 18K/0,750 Goldblech, auch die Indizes sind aus Gold gefertigt. Es wurde vom Zifferblatthersteller Fritz Flückiger & Sohn SA in St. Imier geliefert. Der Aufdruck Ó SWISS Ó entspricht den Vorgaben von APRIOR und wurde demnach erst nach 1973 gefertigt.

15.10 Der Chronograph Ref. 2499/100 von Eric Clapton als Beispiel für den Aufdruck APRIOR

Da die Bedeutung von APRIOR nur noch wenigen bekannt ist, wird hier ein recht spektakuläres Beispiel vorgestellt.
Beim Auktionshaus Christie's in Genf kam am 12.11.2012 unter Lot-Nr. 151 eine Patek Philippe Ref. 2499/100 zum Aufruf. Dieser Chronograph mit dem Ewigen Kalender war in einem Platingehäuse verbaut worden. Mit Werk-Nr. 869.308 und Gehäuse-Nr. 2.817.876 wurde diese Uhr im Jahr 1987 produziert. Unter dem Minuterie-Kreis bei der 6, die natürlich von der kreisförmigen Datumsanzeige verdeckt ist, befindet sich der Aufdruck »Ó SWISS Ó« (Abb. 606, rechts). Dass dieser wertvolle Chronograph aus dem Besitz des britischen Musikers Eric Clapton entstammte, war im Auktionskatalog groß aufgeführt. Mit einem Zuschlagspreis von umgerechnet 3.655.757 USD ging diese Uhr an den neuen Besitzer.
Aus dem früheren Besitz des Verfassers stammt der auf Seite 215, Abb. 328, aufgeführte und hier gegenüber gestellte Chronograph Referenz 3970. Er wurde im Jahr 1985 als Nachfolgemodell der hier gezeigten Referenz 2499/100 lanciert. Das Gehäuse ist gleichfalls aus Platin gefertigt, lediglich der Gehäusedurchmesser wurde von 37 auf 36 mm reduziert. Mit Werk-Nr. 3.054.717 und Gehäuse-Nr. 4.025.538 wurde dieser schöne Zeitmesser im Jahr 1997 produziert. Wissenswert dürften die

Abb. 606
Dieser Chronograph mit Ewigem Kalender von Patek Philippe, Ref. 2499/100, wurde am 12.11.2012 auf der Auktion von Christie's Genf für 3.655.757 USD versteigert. Diese Uhr wurde 1987 hergestellt und trägt unter der 6 vorschriftsmäßig nach AFRIOR den Aufdruck Ó SWISS Ó. Das Gehäuse ist in Platin gefertigt, die Indizes aber nur in Weißgold gehalten. Diese Uhr gehörte dem britischen Musiker Eric Clapton (Aufnahme Christie's Genf).

Abb. 607
Das Zifferblatt des Patek Philippe Nachfolgemodells Ref. 3970P, nachdem die Produktion der Ref. 2499/100 im Jahr 1985 ausgelaufen war. Die zugehörige Uhr wurde 1997 hergestellt. Hier war auf die Vorgaben von APRIOR bereits verzichtet worden, obwohl diese noch viele Jahre Gültigkeit besaßen und die Indizes aus 18K Weißgold gefertigt waren.

Abb. 608
Der Blick auf die Rückseite des Zifferblattes der Ref. 3970P verrät uns den Lieferanten Jean Singer sowie das verwendete Material. Trotz des damaligen Publikumspreises von über 100.000 DM wurde für das Zifferblatt nur ein Blech aus Buntmetall verwendet.

Abb. 609 A
Hochinteressant dürfte diese Aufnahme einer Patek Philippe Ref. 3448, einer Automatik mit Ewigem Kalender in 750 GG, sein. Mit Werk-Nr. 1.119.009 und Gehäuse-Nr. 313.779 wurde dieses schöne Stück im Jahr 1964 hergestellt und zum 27. August des gleichen Jahres verkauft. Ganz unten am Zifferblatt findet sich der APRIOR-Aufdruck »Ó SWISS Ó«. Da das Reglement mit APRIOR erst zum August 1973 eingeführt wurde, als diese Uhr bereits neun Jahre alt war, ist der Beweis erbracht, dass hier zu einem späteren Zeitpunkt ein Ersatzzifferblatt montiert wurde. Auf den ersten Blick könnte man vermuten, dass dieses Ersatzzifferblatt von Cadrans Stern Frères SA hergestellt wurde. Leider haben sich jedoch einige kleine Fehler eingeschlichen, welche dieser Vermutung entgegen stehen. Der Druck für Wochentag, Monat sowie für Patek Philippe ist nicht typgemäß ausgeführt, d.h. nicht so prägnant wie beim Original. Auch der Aufdruck »Ó SWISS Ó« entspricht nicht der ursprünglichen Ausführung. (siehe Abb. 609 B unten).

Abb. 609 B
Bei der unteren Detailvergrößerung ist der Aufdruck APRIOR »Ó SWISS Ó« zwar aufgedruckt, aber nicht genau positioniert wie bei einem Original-Zifferblatt von Cadrans Stern Frères SA (Bild oben). Dort sind die beiden »Ó« genau unter den Minutenstrichen für »29« und »31« gesetzt. Dieser Ausschnitt stammt von einer Ref. 3448 in 750 WG mit Werk-Nr. 1.119.379 und Gehäuse-Nr. 331.540 aus dem Jahr 1974. Das Zifferblatt ist zwar noch original, jedoch hat der Lack am Rand durch mehrfaches Demontieren bereits deutlich gelitten

Alle drei Aufnahmen Antiquorum

Unterschiede am Zifferblatt sein. Obwohl auf dem Zifferblatt dieser Uhr die Indizes aus 18 K/ 0,750 Weißgold gefertigt sind, fehlt hier unter der 6 der übliche Aufdruck Ó SWISS Ó. Die Minuterie ist mit recht langen Teilstrichen ausgeführt. Der Hoheits- bzw. Nationalnachweis SWISS ist in einer ausgesparten Fläche der Minuterie eingefügt. Im Gegensatz zum rund zehn Jahre älteren Chronographen von Eric Clapton wurde hier trotz der weißgoldenen Indizes auf APRIOR verzichtet (Abb. 607, links oben).
Wie uns ein Blick auf die Rückseite dieses Zifferblattes verrät, besteht dieses aus Buntmetall und wurde vom Zifferblatthersteller Jean Singer geliefert (Abb. 608, links unten). Unter dem Korrosionsschutz erkennt man noch partiell das Basisblech aus Buntmetall (Messing).
Unter der Ära von Roland Tille (†), einst Geschäftsführer der Zifferblattfabrik Cadrans Stern Frères SA in Genf, wurden noch alle komplizierten Uhren mit Goldgehäuse stets mit Zifferblättern aus Goldblech versehen. Auf dieses Thema wird jedoch später noch einmal genauer eingegangen.

15.11 Schlussbetrachtung zum Aufdruck APRIOR

Mit dem am 17.08.1973 erfolgten Start der nicht kommerziellen Gesellschaft als Marketing-Instrument zur Hervorhebung von Artikeln und Komponenten aus Gold wurde auch bei Patek-Philippe-Uhren der Zifferblattaufdruck nach APRIOR konsequent ausgeführt.
Erst mit dem Niedergang des über Jahrzehnte tätigen, verwandtschaftlich verbundenen Zifferblattlieferanten Cadrans Stern Frères SA im Januar 1981, mussten ganz schnell andere Zifferblatthersteller einspringen. Wie bei den folgenden Ausführungen festzustellen ist, haben vermutlich nicht alle nach 1981 tätigen Zifferblatthersteller die Regeln von APRIOR gekannt, beachtet und konsequent eingehalten.
Die folgende Aufstellung soll nur als kleiner Einblick verstanden werden, verdeutlicht aber ohne Zweifel die damalige bei Patek Philippe geübte Praxis.
Die Referenz 5050 mit Werk-Nr. 1.957.350, eine Automatik mit Ewigem Kalender, wurde 1995 gebaut und trägt unter der

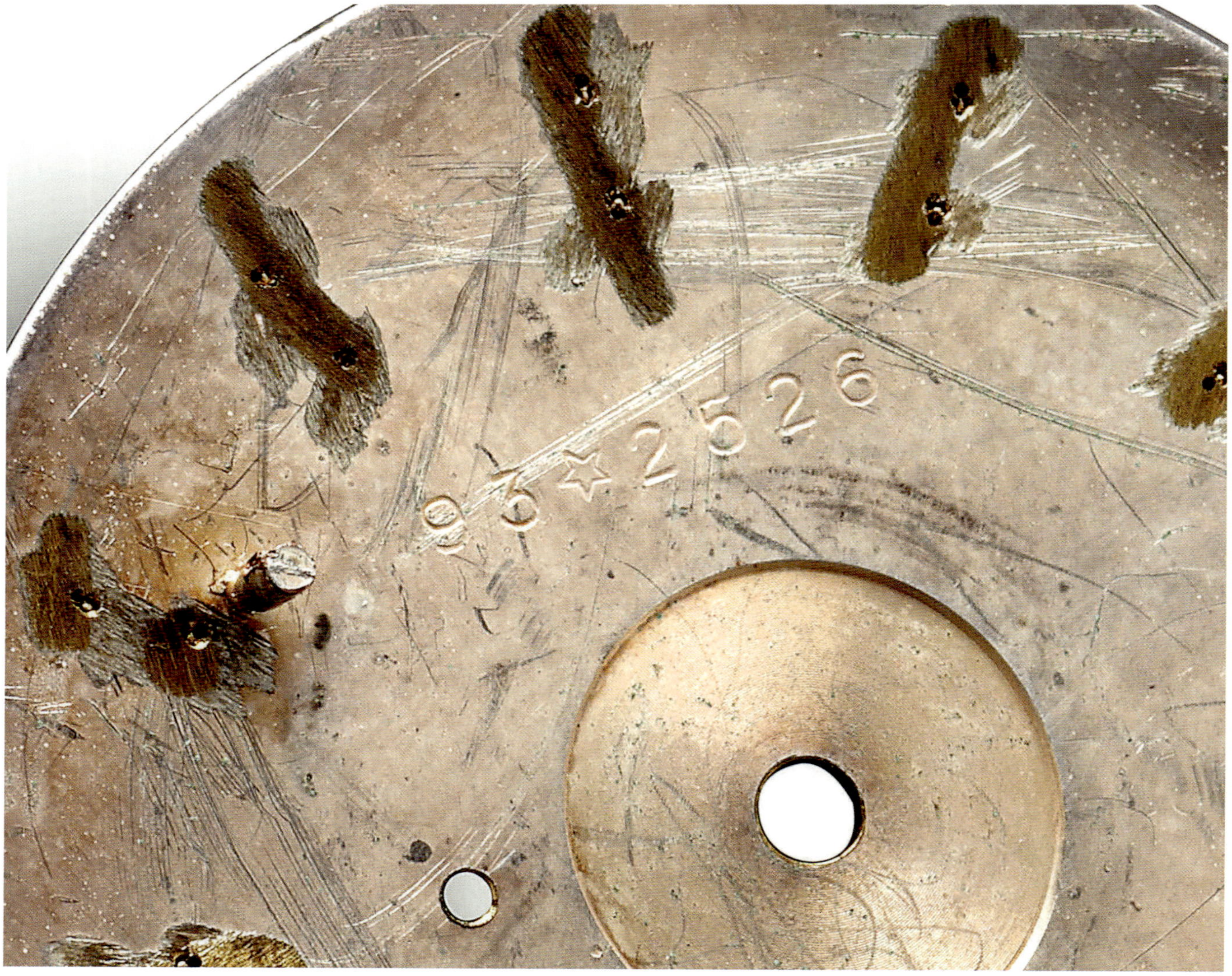

Abb. 610
Mit der Kennzeichnung 93 ☆ 2526 weiß man gleich, dass es sich um ein bei Cadrans Stern Frères SA gefertigtes Ersatzzifferblatt einer Patek Philippe Ref. 2526 handelt. In diesem Fall wurde das Zifferblatt noch einmal aufgefrischt. Dabei wurden die »Füßchen« der Indizes nur sehr nachlässig verschliffen.

6 den Aufdruck Ó SWISS Ó (siehe Seite 296 im Buch »Patek Philippe Génève« von Martin Huber und Alan Banbury, 2. Auflage 1998).
Auf Seite 365 ist eine Ref. 3448, ebenfalls eine Automatik mit Ewigem Kalender, mit Werk-Nr. 1.119.009 aus dem Jahr 1964 abgebildet. Unter dem Monatsdatumskreis ist der Druck Ó SWISS Ó zu erkennen, obwohl das Baujahr dieser Uhr mit 1964 angegeben ist, APRIOR aber erst 1973 eingeführt wurde.
Mit Sicherheit wurde hier zu einem späteren Zeitpunkt ein neues, d. h. ein Ersatzzifferblatt, montiert.
Die in diesem Kapitel noch aufgeführte Patek Philippe (siehe Abb. 659 auf Seite 383) Ref. 3448 besitzt das Werk-Nr. 1.119.500 und wurde 1977 produziert. Dass das Zifferblatt dieser Uhr zwar den damals üblichen Aufdruck Ó SWISS Ó trägt, aber kein Original ist, hat einen besonderen und auch spektakulären Grund. Über diese hochspannende Geschichte wird in diesem Kapitel noch etwas später berichtet. Auch hier zeigt sich wieder einmal, wie wichtig der Tatbestand ist, dass alle vorgestellten und beschriebenen Uhren dem Autor auch persönlich vorgelegen haben.
Am 26.06.2007 wurde die Vereinigung APRIOR im Handelsregister gelöscht. Damit war auch der bisher genutzte Aufdruck Ó SWISS Ó ab diesem Zeitpunkt offiziell entfallen.
Viele Uhrenhersteller hatten jedoch schon einige Jahre früher auf dieses Qualitätsmerkmal verzichtet. Weitere Details werden im Kapitel Zifferblattanalyse erläutert.

Abb. 611
Bei diesem Gold-Zifferblatt mit der Nummerierung 93G3514 C und der Schweizer Goldpunze wurde der Stern wohl vergessen. Es handelt sich aufgrund der 93 trotzdem um ein von Cadrans Stern Frères SA für Patek Philippe hergestelltes Zifferblatt. Die amtliche Schweizer Goldpunze ist mit 18K/0,750 eingeschlagen.

15.12 Die Zifferblattlieferanten des Hauses Patek Philippe

1. Cadrans Stern Frères SA, Genf

Bis zur Abwicklung im Januar 1981 waren die Brüder Charles († 11.10.1976) und Marcel Stern die Inhaber der Firma Cadrans Stern Frères SA in Genf.

Diese ehrenwerte Firma wurde im Jahre 1932 dadurch bekannt, dass Cadrans Stern Frères S.A., damals vertreten durch die Brüder Jean und Charles Henri Stern, den wirtschaftlich in Schwierigkeiten geratenen Uhrenhersteller Patek Philippe in Genf übernahm.

Im Rahmen einer später erfolgten Erbteilung in der Familie Stern wurden die Unternehmen Cadrans Stern Frères S.A. und Patek Philippe S.A. nunmehr getrennt geführt.

Die Zifferblätter aus dem Hause Cadrans Stern Frères SA besaßen eine besondere Signatur. Diese bestand aus der jeweiligen Kundennummer, einem eingeschlagenen Stern sowie der zugehörigen Referenznummer. Die Beispiele für die hier gezeigten Uhren sind die Zifferblätter mit Signatur 93 ✩ 2526 und 93 G 3514 C (siehe Abb. 610 und Abb. 611).

Laut dem damaligen Geschäftsführer Roland Tille (†) wurden für Uhren mit Goldgehäuse und Goldindizes (Appliken) stets Zifferblätter aus Goldblech 18 K/0,750 verwendet. Das Einschlagen der Schweizer Goldpunze war gesetzlich vorgeschrieben.

Erst zu einem späteren Zeitpunkt wurde auf den Zifferblättern die Referenz-, teilweise durch eine Auftragsnummer ersetzt. Die Zahl 93 war hierbei immer die Kundennummer von Patek Philippe.

Der Niedergang des einst vermögenden Zifferblattherstellers Cadrans Stern Frères SA begann, als sich Charles Stern mehr mit Finanzanlagen statt mit seinen Zifferblättern beschäftigte. Hinzu kam noch, dass er dem aus Bulgarien stammenden Finanzjongleur Eli Pinkas vertraute (siehe auch Pinkas-Affaire, Spiegel 36/1980) und durch diesen fast sein ganzes Vermögen verlor. Nachdem sich Charles Stern am 11. Oktober 1976 das Leben genommen hatte, musste sein jüngerer Bruder Marcel Stern das Unternehmen, leider mit wenig Vertriebserfahrung und noch weniger Fortune, weiterführen. Das Ende folgte dann im Januar 1981, als die Firma Cadrans Stern Frères SA Insolvenz anmelden musste.

2. Stern Creation SA, Rue de la Bergère, 1242 Satigny

Nach dem Ende von Cadrans Stern Frères SA hatten viele der eingeführten Uhrenhersteller ihren wichtigsten Zifferblatthersteller verloren. Schnelles Handeln war somit angebracht.
Am 14.04.1981 wurde mit finanzieller Unterstützung mehrerer Uhrenhersteller (Patek Philippe 300.000 CHF, Rolex 200.000 CHF, Corum 100.000 CHF und viele andere mehr) die neue Firma Stern Création SA gegründet. Von der insolventen Cadrans Stern Frères SA wurden damals rund 130 Mitarbeiter übernommen. Das Stammkapital der neuen Firma Stern Création SA betrug damals 1.500.000 CHF. Die neue Anschrift lautete 1242 Satigny, Rue de la Bergère 25.
Die Signatur von Stern Création SA wurde wie folgt senkrecht eingeschlagen:

S
☆
C

Bei Zifferblättern für Patek Philippe wurde die Kundennummer 93 übernommen. Mit ca. fünf Millimeter Abstand wurde dann rechts oder links daneben die Auftragsnummer eingeschlagen (Abb. 612). Zifferblätter in Gold wurden nur in speziellen Fällen hergestellt. Im Regelfall kam Buntmetall zur Verwendung, auch wenn das ursprüngliche Zifferblatt einer Referenz in Gold gefertigt worden war.
Diese Zifferblätter aus Buntmetall wurden vor der Weiterverarbeitung noch versilbert oder rhodiniert, um Korrosion zu verhindern. Musterbeispiele werden hier gezeigt. Aufgrund der unterschiedlichen Signaturen können Zifferblätter der Hersteller Cadrans Stern Frères SA und des neuen Unternehmens Stern Création SA leicht unterschieden werden.

Abb. 612
Kennzeichnung eines neuen Zifferblattes für eine Patek Philippe Ref. 5009 aus Buntmetall. Links die Punze von Stern Création SA, rechts die Kundennummer 93, daneben wohl die Auftragsnummer 468 A. Die Füßchen der Indizes sind fachgerecht verschliffen.

3. Jean Singer & Cie SA, Rue des Crêtets 32, 2300 La Chaux-de-Fonds

Zifferblätter dieses Hauses sind am Signet erkennbar. Es besteht im Regelfall aus einem großen S, in dem ein kleines J darin integriert ist (Abb. 613). Weiterhin wird der Aufdruck SINGER + SINGER + SINGER + ... verwendet. Auf der Seite 380 wird ein Zifferblatt einer Patek Philippe Nautilus vorgestellt, welches in 750 Gelbgold gefertigt ist. Auch hier ist das Signet von Jean Singer zu erkennen.

Abb. 613
Die Rückseite des Zifferblattes einer Patek Philippe Ref. 3970 P. Die Signatur JS SINGER verrät uns den Lieferanten Jean Singer & Cie. SA aus La-Chaux-de-Fonds. Obwohl das Gehäuse dieses Chronographen mit Ewigem Kalender aus Platin besteht und für diese Uhr über 100.000 DM zu bezahlen waren, ist das Zifferblatt nur aus Buntmetall gefertigt.

4. Fritz Flückiger & Sohn SA, Rue de la Chef 12, 2610 St. Imier

Gegründet wurde diese Zifferblattfabrik von Zélim Jacot im Jahr 1860. Der spätere Schwager und Mitarbeiter Fritz Flückiger übernahm im Anschluss diese Fabrik. Die Zifferblätter sind erkennbar am Signet JZ für Zélim Jacot (Abb. 615). Zum 12.11.2004 wurde die Firma Fritz Flückiger & Sohn SA. von Patek Philippe gekauft und in Cadrans Fluckiger SA umbenannt. Die heute hergestellten Zifferblätter tragen keinerlei Signaturen mehr und sind damit nur durch die Vorderseite des Zifferblattes und dessen Aussehen der jeweiligen Referenz zuzuordnen.

5. Cadrans Beyeler & Cie SA

Diese Firma residiert in Rue de deux Ponds 2, 1205 Genf und wurde am 09.10.1960 gegründet. Beyeler war über Jahrzehnte Zifferblattlieferant für verschiedene Firmen und hatte als größten Kunden die Firma Rolex in Genf.
Am 2.07.2010 wurde dieses Unternehmen von Rolex gekauft und in den Konzern einverleibt.
Beyeler ist im Handelsregister gelöscht.

Abb. 614
Rückseite des Zifferblattes einer Patek Philippe Ref. 5056, einer Automatik mit Jahreskalender. Es sind keinerlei Kennzeichnungen zu sehen. Neu sind jedoch die Bohrungen bei der 3 und der 9. Mit diesen kann das Zifferblatt direkt auf das Uhrwerk verschraubt werden (siehe auch Bild 599. auf der Seite 358).

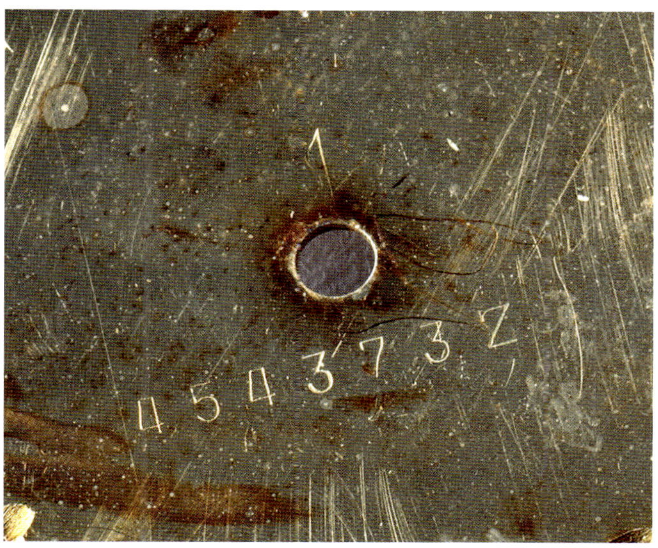

Abb. 615
Rückseite eines Zifferblattes von Fritz Flückiger & Sohn SA, welches für IWC hergestellt wurde. Über der Bohrung für die Zentralzeiger erkennt man eine 1, darunter die Kennzeichnung 454373 ZJ. ZJ steht für Zélim Jacot, dem Gründer der Firma.

6. Cadrans Fluckiger SA (Neufirmierung nach Übernahme durch Patek Philippe)

Schon vor der Übernahme durch Patek Philippe wurden die Zifferblätter nicht nur gestanzt, sondern teilweise auch »topfförmig« aus dem Vollen gedreht und durch »Kerben« oder Ausfräsungen lagenfixiert.

Wie bereits ausgeführt, besitzen die neueren Zifferblätter von Cadrans Fluckiger SA (Abb. 614) keine Signaturen mehr.

Bei diesen neuen Zifferblättern befinden sich auf der Höhe von 3 und 9 Uhr zusätzliche Bohrungen zum Verschrauben des Zifferblattes mit dem Gehäuse. Damit können die Zifferblätter jetzt lagengenau von oben verschraubt werden. Diese Befestigungskonstruktion wird jedoch von der Lünette verdeckt und ist damit für den Uhrenbetrachter nicht einsehbar.

7. Besitzerwechsel der Stern Group im Jahr 2000

Zum Juni 2000 wurde die mittlerweile als Stern Group bezeichnete Stern Création SA in Satigny mit ihren Töchtern Stern Manufacture und Stern Appliques in La-Chaux-de-Fonds, die sich im Besitz der Orior Holding SA befanden, vom Richemont-Konzern übernommen.

Damit erhielt Richemont endlich einen eigenen Zifferblattfabrikanten. Die weitere Belieferung der bisherigen Kunden wurde jedoch zugesagt und beibehalten. Hierzu gehörte auch der langjährige Hauptkunde Patek Philippe.

Dieser Besitzerwechsel, zumal an den größten Mitbewerber, führte unter anderem auch dazu, dass im Herbst 2004 Thierry Stern von Patek Philippe den langjährigen Zifferblattlieferanten Fritz Flückiger & Sohn kaufte. Diese strategische Maßnahme diente als kluger Schritt für die Zukunft von Patek Philippe und zur Beibehaltung der bisherigen Unabhängigkeit.

15.13 Definition zu Zifferblättern von Armbanduhren

Original-Zifferblatt
Dieser Begriff wird verwendet, wenn es sich um das Zifferblatt handelt, welches bei der Herstellung und Montage der Uhr verwendet wurde. Es steht somit zeitgleich mit der Fertigung der Uhr.

Originales Austausch- oder Ersatzzifferblatt
Dieser Begriff wird dann verwendet, wenn das Original-Zifferblatt im Falle einer Reparatur oder Revision ausgetauscht wird. Es stammt nicht immer aus der Produktionszeit der betreffenden Uhr, sondern kann auch aus einer späteren Bestellung resultieren, wenn die Referenz in mehreren Serien aufgelegt wurde. Üblicherweise bestellen die Uhrenhersteller immer etwas mehr Zifferblätter, als für eine Serie benötigt werden. Die restlichen werden dann nach Auslauf einer Referenz als Original-Ersatzzifferblätter auf Lager genommen.

Ersatzzifferblätter nach Original-Vorlage
Diese Zifferblätter wurden zu einem späteren Zeitpunkt, also nach dem Auslaufen der Produktion einer bestimmten Referenz, beschafft. Sie gelten als Ersatzzifferblätter für den zukünftigen Bedarf bei später anfallenden Revisionen etc.
Hier kann es vorkommen, dass der Uhrenhersteller diese Zifferblätter nicht bei dem ursprünglichen Lieferanten, sondern bei einem anderen Zifferblattproduzenten bestellt. Solche Fälle kommen dann vor, wenn ein Zifferblatthersteller seine Produktion eingestellt hat und/oder der Uhrenproduzent auf einen anderen Zifferblatthersteller ausweichen wollte oder musste. Bei der Patek Philippe Ref. 3448, Werk-Nr. 1.119.500, Gehäuse-Nr. 332.858, ist ein derartiger Fall eingetreten. Das bei der Fertigung der Uhr montierte Originalzifferblatt wurde zu einem unbekannten Zeitpunkt durch einen Fremdbezug, d. h. durch ein nicht typgemäßes Zifferblatt, ersetzt. Anlässlich einer Revision bei Patek Philippe in Genf wurde dieser Fremdbezug durch ein von einem anderen Zifferblattlieferanten später hergestelltes Zifferblatt ersetzt. In diesem Fall war der ursprüngliche Zifferblattlieferant Cadrans Stern Frères S.A. in Genf, der im Januar 1981 abgewickelt wurde und damit nicht mehr liefern konnte.
Der Lieferant des anlässlich der Revision bei Patek Philippe jetzt auf der Uhr befindlichen dritten Zifferblattes war nunmehr das Nachfolgeunternehmen Stern Création SA in Satigny. Laut Aussage von Roland Tille könnte dieses aus Gold gefertigte Zifferblatt in Rohform in der Konkursmasse von Cadrans Stern Frères SA enthalten und später von Stern Création SA übernommen worden sein.
Durch die verschiedenen Signaturen von Cadrans Stern Frères SA und Stern Creations SA lassen sich die zwei Hersteller der beiden Zifferblätter leicht und zweifelsfrei unterscheiden.

Ersatzzifferblätter durch Fremdbezug
Zifferblätter dieser Art nennt man jene, die keine Herstellersignaturen tragen und somit nicht über die Kennzeichnung verfügen, wie diese in den zuvor gemachten Ausführungen definiert sind. Die unter zuvor genannte aufgeführte Ref. 3448 war beim Erwerb mit einem Zifferblatt versehen, welches weder aus Goldblech gefertigt war noch über Signaturen in der beschriebenen Art verfügte. Ein solches Zifferblatt nennt man Fremdbezug. Man kann es auch als Fälschung bezeichnen.

Die Zifferblattanalyse, ein Novum in der Uhrenliteratur
In den vorherigen Ausführungen wurde mehrfach betont, dass für eine objektive Darstellung dem Autor die zu beschreibenden Uhren vorliegen müssen. Noch deutlicher fällt dieser hohe Anspruch aus, wenn man über Zifferblätter berichten will. Auch diese sollte man persönlich in die Hand nehmen können. Zuvor müssen diese »Gesichter einer Uhr« jedoch zuerst beim Konzessionär oder im Herstellerwerk ausgebaut werden. Dieser arbeitsintensive Prozess bedingt die Demontage des Werkes aus dem Gehäuse, das Abheben der Zeiger und schließlich das Abnehmen des Zifferblatts selbst. In der Regel stellt das Abheben des Zeigerspiels für den geübten Uhrmacher kein Problem dar. Die Gefahr, dass sich die Zeiger beim Abheben verbiegen, besteht jedoch immer. Viel schwieriger kann es beim Abheben des Zifferblattes bei älteren Armbanduhren werden. Diese sind im Regelfall mit ihren beiden »Zifferblatt-Füßchen« in zwei im Werk befindlichen Bohrungen eingesetzt und dort mit Stiftschrauben, auch ISO Gewindestift genannt, verschraubt. Diese Stiftschrauben besitzen einen Schraubenschlitz und werden mit einem kleinen Schraubendreher ein- und ausgeschraubt.
Händler antiker Uhren kennen die am häufigsten gestellten Fragen bestens, die von potenziellen Käufern zu erwarten sind. Hierbei steht das Interesse an der Echtheit des Zifferblattes oft an erster Stelle. Befindet sich das Zifferblatt zweifelsfrei noch im Originalzustand, kann ein erfahrener Händler dies meist überzeugend, aber ohne Beweisführung, vortragen. Mit einer verbindlichen Aussage könnte er jedoch erst antreten, wenn er über den Inhalt dieses Kapitels informiert gewesen wäre. Somit werden durch die Nutzung der folgenden Ausführungen sowohl der Händler als auch der Käufer profitieren. Ersterer kann mit fachlich begründeten Aussagen aufwarten und letzterer diese leicht nachvollziehen.

15.14 Ergebnisse der Untersuchungen von Zifferblättern von Patek Philippe

Bei Uhren von Patek Philippe wurden die Zifferblätter, die aus Goldblech gefertigt waren und Ziffern aufgedruckt hatten oder goldene Indizes besaßen, ab August 1973 mit der Kennzeichnung

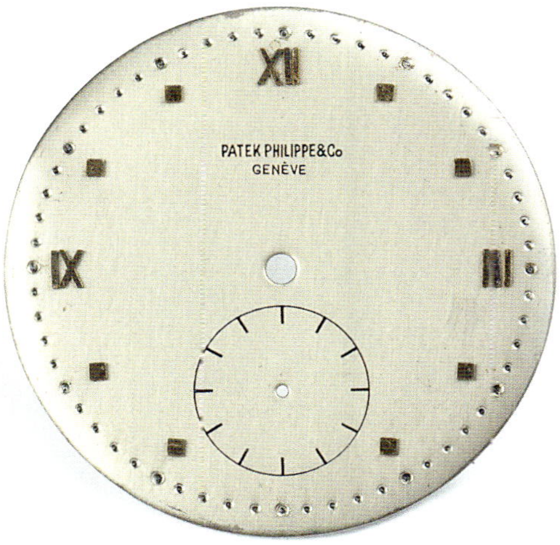

Abb. 616
Zifferblatt einer Handaufzuguhr Ref. 570, erstmalig im Jahr 1938 produziert. Dieses Zifferblatt ist zwar aufgefrischt, aber nicht typgemäß. Die Sekunderie müsste einen Doppelkreis mit Sekundenstrichen haben. Unter der 6 fehlt der Aufdruck SWISS. Mit diesem Zifferblatt würde eine sonst sehr gesuchte Ref. 570 nicht sehr hoch gehandelt werden.

Abb. 617
Rückseite des Zifferblattes der Ref. 570. 93 war bei Cadrans Stern Frères SA die Kundennummer von Patek Philippe, die Zahl 10130 vielleicht die Produktions- oder Bestellnummer. Die »Füßchen« der Indizes sind nur mäßig nachgearbeitet. Eingeritzt erkennt man noch schwach die Buchstaben PPC.

APRIOR, also mit Ó SWISS Ó, versehen. Nach 1981 wurden auch die Zifferblätter, die nur aus Buntmetall bestanden, aber goldene Indizes aufgesetzt hatten, ebenfalls mit dieser Kennzeichnung Ó SWISS Ó versehen. – In der folgenden Dokumentation werden ganz konkrete Beispiele aufgeführt, wie die jeweilige Kennzeichnung von Zifferblättern ausgeführt wurde.
Nach der Insolvenz der Firma Cadrans Stern Frères SA im Januar 1981 und dem Wegfall dieser Lieferquelle erhielten auch andere Zifferblatthersteller, wie Jean Singer & Cie SA in La-Chaux-de-Fonds, Fritz Flückiger & Sohn SA, Rue de la Chef 12, St. Imier, sowie weitere Hersteller von Patek Philippe Aufträge für die Fertigung und Lieferung von Zifferblättern. Wie ebenfalls in unserer Dokumentation aufgeführt, waren hierbei die von Patek Philippe an diese Zifferblatthersteller gegebenen Anweisungen nicht immer komplett weitergegeben oder wurden von diesen nicht immer vollständig eingehalten bzw. ausgeführt. Es war bei Patek Philippe wohl niemand mehr da, der entweder die notwendigen Fachkenntnisse besaß und/oder diese Vorgänge genau kontrolliert hat. – Von Händlern antiker Uhren ist zu hören, dass das Aussehen und die Echtheit des Zifferblattes oft die primären Gründe für die Kaufentscheidung ausmachen. Ein guter Grund, sich mit diesem Thema etwas genauer zu befassen.
In diesem Kapitel werden zum Thema Zifferblätter alle relevanten Kriterien untersucht und erläutert, so dass der potenzielle Uhrenkäufer umfassend informiert seine Kaufabsichten angehen kann.

Zifferblatt der Referenz 570

Unser erstes Zifferblatt mit Durchmesser 32,0 mm gehört zur Referenz 570, einer Handaufzuguhr, die bereits 1938 lanciert wurde. Schon beim ersten Blick ist zu erkennen, dass dieses Zifferblatt aufgefrischt ist. Erstens ist die Sekunderie, der Kreis für die Kleine Sekunde bei der 6, nicht fachgerecht ausgeführt. Es fehlt hier u.a. der innere Kreis, ohne diesen wären nur die 12 Teilstriche aufgedruckt (Abb. 616). Auch fehlt der 6 der Nachweis SWISS. Auf der Rückseite ist die Nummer 93 10130 eingeschlagen. 93 war bei Cadrans Stern Frères SA die Kundennummer für Patek Philippe. Die zweite Zahl ist nicht zu identifizieren, vielleicht war es die laufende Produktionsnummer. Wichtigstes Erkennungsmerkmal für ein aufgefrischtes Zifferblatt liefern die nachgearbeiteten Füßchen der Indizes. Diese wurden beim Wiedereinsetzen der Indizes nachträglich nur flüchtig überschliffen, ein eindeutiger Beweis für eine recht mäßige Auffrischung (Abb. 617).

Zifferblatt der Referenz 1450

Von der Referenz 1450 aus dem Jahr 1954 stammt das rechteckige Zifferblatt mit elf Brillianten. Seine Abmessungen betragen 26,5 x 19,5 mm. Auch dieses Zifferblatt wurde nicht typgemäß aufgefrischt. Die Teilstriche der Sekunderie müssten kreisrund angeordnet sein, anstelle SWISS MADE wäre der Aufdruck SWISS korrekt (Abb. 618). Die Rückseite trägt keinerlei Signatur, nur die Spuren des Wiedereinsetzens der Brillianten können sofort erkannt werden (Abb. 619).

Zifferblatt der Referenz 2526 in drei verschiedenen Ausführungen

Vermutlich landete hier eine wertvolle Patek Philippe Ref. 2526 mit der Zifferblattseite unabsichtlich auf einem Steinboden (Abb. 622). Eine Ref. 2526 mit einem wunderschönen und unbeschädigten Zifferblatt sehen wir auf Abb. 620. Ein Blick auf die Rückseite dieses Zifferblattes (Abb. 621) mit Durchmesser 29,8 mm beweist, dass es sich hier um ein Originalzifferblatt mit der Nummer 93 ☆ 165 handelt. 93 war die Kundennummer und 165 die laufende Produktionsnummer. Korrekt ist auch der Aufdruck SWISS. Ein wohl aus den 70er Jahren stammendes Ersatzzifferblatt, welches auch noch aufgefrischt wurde, zeigt Abb. 626.
Unter der 6 finden wir die APRIOR-Kennzeichnung Ó SWISS Ó und belegen so das Mindestalter dieses Blattes. Auf der Rückseite findet sich die Nummer 93 ☆ 2526, somit Kundenummer, Signatur für Cadrans Stern Frères SA sowie die Referenz 2526.

Abb. 618
Die Referenz 1450 in besonders nobler Ausführung mit Weißgold- oder Platingehäuse wurde auch mit einem Brilliant-Zifferblatt ausgestattet. Die hier gezeigte Ausführung wurde jedoch aufgefrischt und weist gleich zwei Schwachpunkte auf. Die Sekunderie müsste kreisrund ausgeführt sein und der Nationalitätsnachweis müsste SWISS lauten.

Abb. 620
Einfach schön – so könnte ein Kommentar beim ersten Blick auf das Zifferblatt einer Patek Philippe Ref. 2526 lauten. Nicht umsonst gehört diese Referenz zu den gesuchtesten Armbanduhren überhaupt.

Abb. 619
Hier die Rückseite des Brilliant-Zifferblattes. Solche Zifferblätter wurden meist von Spezialfirmen hergestellt, die sich auf das Setzen von Steinen spezialisiert hatten. Da keinerlei Kennzeichnung vorhanden ist, kann auch der damalige Lieferant nicht mehr herausgefunden werden. Cadran Stern Frères war es mit Sicherheit nicht.

Abb. 621
Diese Aufnahme zeigt uns die Rückseite dieses Emaille-Zifferblattes. 93 steht für die Kundennummer von Patek Philippe, 165 für die laufende Produktionsnummer. Interessant auch das braune Gegenemaille (Contre-Emaille), welches dem Buntmetall-Blech (Kupferlegierung) bei der Herstellung die einseitige Spannung nimmt.

Die Füßchen der nach der Auffrischung wieder eingesetzten Indizes sind nur mäßig verschliffen (Abb. 629).
Ein originales Ersatzzifferblatt für die Ref. 2526 im Neuzustand sowie in der Originalverpackung hat der Autor 2012 bei einem Antikuhrenhändler in Denver, Colorado, USA, entdeckt und erworben. Das Zifferblatt ist cremeweiß lackiert und besitzt goldene Indizes. Unter der 6 ist der Aufdruck Ó SWISS Ó zu finden (Abb. 623). Die Rückseite bestätigt uns, dass es sich um ein neu gefertigtes Zifferblatt handelt (Abb. 624 und 625). Dort findet sich die Punzierung 93 0053 A sowie der Herstellernachweis für Stern Création, also S ✫ C. Dieses Zifferblatt wurde somit von Stern Création SA in Satigny gefertigt. Die »Füßchen« der Indizes sind sauber verarbeitet und belegen den Neuzustand dieses Blattes.

Wie schon beim Zifferblatt der Ref. 3940 (Abb. 647 auf Seite 380) sind die Durchgangsbohrungen für die »Füßchen« der Indizes leicht angesenkt. Die »Füßchen« der Indizes wurden nach dem Einsetzen in diesen Bohrungen verstemmt, eine elegante Lösung. Der Kaufpreis belief sich auf 1.500 USD, vom deutschen Zoll später mit 1.287,63 € angesetzt. Die vom Logistik-Dienstleister FedEx präsentierte Endabrechnung mit 33,69 € Zollgebühren, 244,65 € Einfuhrumsatzsteuer und 12,50 € Verwaltungsgebühren kamen auf insgesamt 290,84 €. Einschließlich PayPal-Zahlung von 1.218,62 € waren für dieses Zifferblatt somit genau 1.509,46 € aufzubringen. Für eine derartig wertvolle Sonderausführung würde man heute wohl etwas mehr bezahlen müssen.

Abb. 622
Vermutlich ist diese wertvolle Ref. 2526 Automatik mit Emaillezifferblatt versehentlich auf einen Steinboden gefallen. Die Aufschlagenergie ($m/2 \cdot v^2$) des dahinter liegenden Uhrwerkes hat das Zifferblatt mehrfach brechen lassen.

Abb. 624
Hier eine Detailvergrößerung der Aufnahme 625. Mehr als deutlich erkennt man die Kennzeichnung 93 0053 A sowie rechts die Signatur von Stern ☆ Creation.

Abb. 623
Im absoluten Neuzustand präsentiert sich dieses Ersatzzifferblatt für die Referenz 2526, leider nur mit Hochglanzlackierung anstelle der früheren Emaillebeschichtung. Entsprechend der Fertigungszeit und den Goldindizes findet sich unter der 6 vorschriftsmäßig der Aufdruck Ó SWISS Ó.

Abb. 625
Auf der Rückseite dieses wie neu wirkenden Zifferblattes findet sich die Kennzeichnung 93 0053 A und rechts unten die Punzierung S ☆ C für Stern Création.

Zifferblatt der Referenz 3417 Amagnétique

Ein noch unverbautes Original-Zifferblatt aus der 2. Bauserie der 1959 lancierten Referenz 3417 zeigt uns Abb. 627 auf Seite 374. Auf den Zifferblättern der 2. Bauserie wurde der Aufdruck Amagnétique weggelassen und auch die Sekunderie vereinfacht. Auf Abb. 290 auf Seite 186 ist eine Uhr der ersten Bauserie abgebildet. Korrekt ist der Aufdruck SWISS. Der Durchmesser beträgt 29,5 mm. Die Rückseite des aus Weicheisen vom Typ Permalium gefertigten Zifferblattes besitzt noch den nach der Fertigung aufgebrachten Aufkleber mit dem Aufdruck Scientifiquement amagnétique (Abb. 630 auf Seite 374). Die Füßchen der weißgoldenen Indizes sind sauber verschliffen.

Zifferblatt der Referenz 3445

Ein Original-Ersatzzifferblatt für die 1961 lancierte Referenz 3445 vom Zifferblatt Hersteller Fritz Flückiger & Sohn sehen wir auf Abb. 628 auf Seite 374. Das Zifferblatt ist blau lackiert, besitzt weißgoldene Indizes und unter der 6 den Aufdruck Ó SWISS Ó. Auf der Rückseite finden sich ein Goldstempel 18 K/C,750 sowie die Nummern 2 303355. Die 2 war bei Flückiger die Kundennummer von Patek Philippe, die zweite sechsstellige Zahl die laufende Produktions- oder Auftragsnummer. Sauber sind auch die Füßchen der Indizes verschliffen (Abb. 631 auf Seite 374).
Der Durchmesser beträgt 29,5 mm.

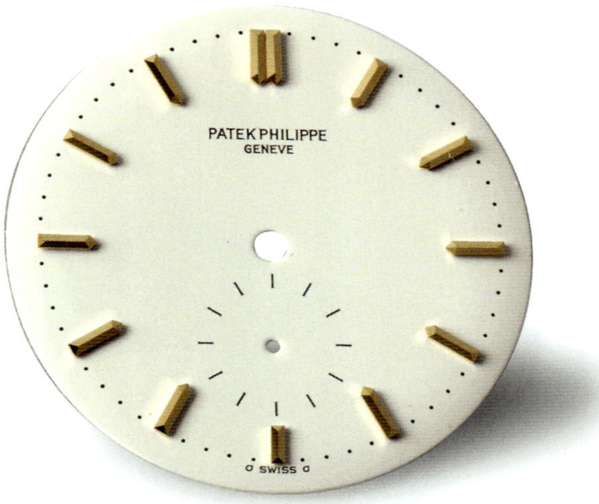

Abb. 626
Ein optisch gelungenes Ersatzzifferblatt für eine Referenz 2526, jedoch ohne die typische Emaille-Oberfläche, zeigt uns dieses Bild. Der Aufdruck Ó SWISS Ó nach APRIOR belegt zweifelsfrei, dass dieses Zifferblatt erst nach August 1973 hergestellt wurde.

Abb. 627
Zifferblatt für eine Uhr mit Handaufzug und Schutz gegen elektromagnetische Felder, Ref. 3417, zweite Bauserie. Dieses schlichte Zifferblatt mit Indizes aus Weißgold ist aus einem besonderen Weicheisenblech gefertigt, Permalium genannt.

Abb. 628
Ein nach 1973 gefertigtes Original-Ersatzzifferblatt für die bereits 1961 lancierte Referenz 3445 mit unter der 6 vorhandenem Aufdruck Ó SWISS Ó nach APRIOR. Zifferblatt, Indizes und der Datumsrahmen sind aus Gelbgold gefertigt.

Abb. 629
Die Rückseite des Ersatzzifferblattes für die Referenz 2526 verrät uns, dass dieses bereits einmal aufgefrischt wurde. Die Füßchen der Indizes sind nicht meisterlich verschliffen. Interessant die Kennzeichnung 93 ✰ 2526, die uns wissen lässt, dass dieses Zifferblatt ursprünglich von Cadrans Stern Frères SA stammt.

Abb. 630
Die Rückseite dieses aus einem spezielle Weicheisen gefertigten Zifferblattes für die Referenz 3417. Dieses Zifferblatt ist noch nicht verbaut und trägt noch den Aufkleber »Scientifiquement Amagnétique«. Es stammt nicht von Cadran Stern Frères und verfügt über keinerlei Signaturen.

Abb. 631
Auf der Rückseite sind die Kennzeichnung des Herstellers mit 2 303355 sowie der eidgenössische Edelmetallnachweis zu finden. Der ✰ für Cadran Stern Frères war nicht zu finden, denn die 2 steht für die Kundennummer von Patek Philippe bei Fritz Flückiger & Sohn SA.

Abb. 632
Eine absolute Rarität stellt dieses Zifferblatt für eine Ref. 3445 dar. Da unter der 6 der Aufdruck Ó SWISS Ó steht, wurde dieses Zifferblatt erst nach 1973 von Fritz Flückiger & Sohn SA gefertigt.

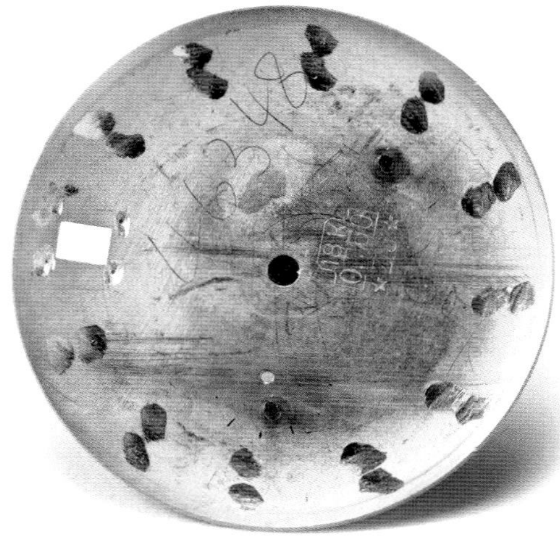

Abb. 633
Auf der Rückseite dieses besonderen Zifferblattes ist der amtliche schweizerische Goldstempel 18K/0,750 mit dem Zusatz ☆ ZJ ☆ eingeschlagen. ZJ steht für Zélim Jacot, den Firmengründer. Dieses Zifferbaltt dürfte einige tausend Euro wert sein

Ein besonderes Zifferblatt der Referenz 3445

Dieses zur Referenz 3445 gehörende Zifferblatt darf als kleine Sensation gesehen werden (Abb. 632). Es ist auch ein von Fritz Flückiger & Sohn gefertigtes Ersatzzifferblatt aus Gold und besitzt als Besonderheit unter der 12 ein eingraviertes Calatrava-Kreuz. Unter der 6 findet sich die Aufschrift Ó SWISS Ó. Der Durchmesser beträgt 29,5 mm. Auf der Rückseite findet sich nur ein Goldstempel 18 K/0,750, wobei am unteren Ende dieses Stempels die Kennzeichnung *ZJ* für Zélim Jacot integriert ist (Abb. 633).

Abb. 634
Dieser Bildausschnitt zeigt das unter der 12 eingefräste Calatrava-Kreuz von Patek Philippe.

Abb. 635
Bei diesem Zifferblatt der Referenz 3514 bestehen sowohl das Zifferblatt als auch die Indizes aus 18K Gelbgold. Dieses Zifferblatt ist baugleich mit jenem des auf Seite 199 abgedruckten Modells 3514. Unter der 6 ist SWISS abgedruckt, ein Hinweis auf die Herstellung vor August 1973.

Abb. 637
Das zweite hier aufgeführte Zifferblatt einer Ref. 3514 besitzt anstelle von aufgesetzten Indizes nur aufgedruckte römische Ziffern. Einige davon waren beschädigt und sind unprofessionell nachgebessert. Der Aufdruck SWISS wurde ebenfalls beschädigt. Die Sekunderie entspricht dem links gezeigten Zifferblatt.

Abb. 636
Auf der Rückseite wurde die Punze für den Edelmetallnachweis 18 K/0,750 sowie die Kennzeichnung 93G3514 C eingeschlagen. Die Füßchen der Indizes sind sauber verschliffen.

Abb. 638
Die Rückseite des aus Buntmetall gefertigten Zifferblattes dieser Ref. 3514 besitzt die Kennzeichnung 93 Y 3514 A, aber keinen Goldstempel. Hiermit ist eindeutig belegt, dass bis Anfang der 70er Jahre nur Zifferblätter aus Gold auch Indizes aus Gold erhalten hatten.

Zifferblätter der Referenz 3514 in zwei Beispielen, einmal aus Gold und einmal aus Buntmetall

Bei der Referenz 3514 verdeutlichen die beiden nächsten Zifferblätter die Unterschiede zwischen einer Gold- und einer Buntmetallausführung. Das erste Zifferblatt (Abb. 635) ist wie auch seine Indizes aus Gelbgold gefertigt, trägt aber nur den Aufdruck SWISS. Demnach wurde dieses Stück vor dem August 1973 gefertigt. Auf der Rückseite finden sich neben dem Goldstempel 18K/0,750 die Nummern 93 G 3514 Y. 93 steht für die Kundennummer von Patek Philippe, 3514 für die Referenz. Für die Buchstaben G und Y fand sich keine Erklärung (Abb. 636). Der Durchmesser beträgt 29,4 mm. Dieses Zifferblatt stammt vom australischen Gebrauchtuhrenhändler Harrington & Co. und kostete einschließlich Zeigespiel ca. 657 €. Hinzu kamen noch 136,05 € Einfuhrabgaben, so dass sich die Gesamtkosten auf 793,30 € beliefen. Für ein neuwertiges Goldzifferblatt einschließlich Zeigerspiel ein günstiger Preis, zumal derartige Ersatzteile bei Patek Philippe in Genf nicht mehr zu haben sind.

Das zweite Zifferblatt dieser Referenz 3514 besteht aus Buntmetall und verfügt über aufgedruckte römische Ziffern. Einige davon sind beschädigt und wurden unsachgemäß ausgebessert. Schwach ist noch der ebenfalls beschädigte Aufdruck SWISS zu erkennen (Abb. 637). Auf der Rückseite ist die Kennzeichnung 93Y3514A eingeschlagen. Auch hier ist die Bedeutung der Buchstaben Y und A nicht mehr nachvollziehbar (Abb. 638). Wichtig erscheint hier aber der Beleg, dass in der Regel Zifferblätter mit Zahlenaufdruck nicht in Gold gefertigt wurden!

Abb. 639
Auf der Rückseite dieses besonderen Zifferblattes (Abb. 635) ist der amtliche schweizerische Goldstempel 18K/0,750 mit dem Zusatz ZJ eingeschlagen. ZJ steht für Zélim Jacot, den Firmengründer. Die Bedeutung der per Hand eingeritzten Zahlen 46348 konnte nicht ermittelt werden. Vielleicht sind sie die letzten Zahlen der zugehörigen Werknummer.

Dieses Zifferblatt war unsachgemäß auf einer Patek Philippe Ref. 3445 (siehe Abb. 640, Seite 378) montiert und wurde im Rahmen einer bei Patek Philippe durchgeführten Revision gegen ein korrektes Zifferblatt ausgetauscht.

Abb. 640
Rechts unten das unrichtige Zifferblatt, links oben die Referenz 3445 mit einem passenden Ersatzzifferblatt.

Abb. 641
Zu den beliebtesten Uhren von Patek Philippe zählt seit Jahren das Modell goldene Ellypse, hier ein Zifferblatt der Referenz 3589. Unter der 6 findet sich der Aufdruck Ó SWISS Ó und belegt, dass trotz der aufgedruckten römischen Ziffern das Zifferblatt aus Gold besteht.

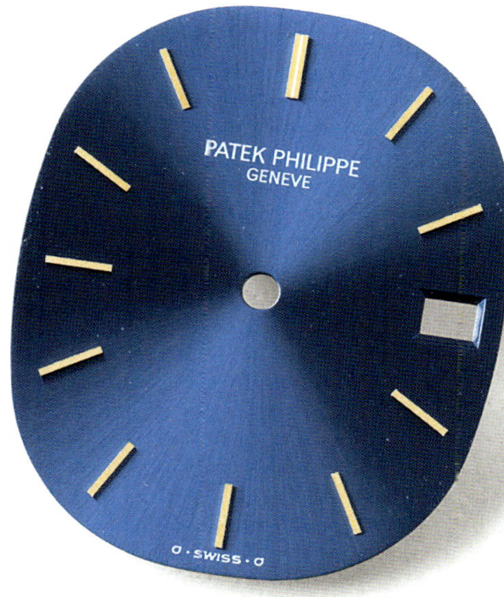

Abb. 643
Auch das Zifferblatt der goldenen Ellypse der Referenz 3788 mit dem Aufdruck Ó SWISS O und goldenen Indizes verfügt über ein goldenes Zifferblatt.

Abb. 642
Die Zifferblatt-Rückseite hat die Kennung 18K 0750 ✫ ZJ ✫ und darunter 2 101544 eingelasert. Die 2 steht für die Kundennummer von Patek Philippe, ZJ wieder für Zélim Jacot, d. h. für den Zifferblatthersteller Fritz Flückiger & Sohn SA aus Saint-Imier.

Abb. 644
Auf der Rückseite ist das Signet JS für Jean Singer sowie 750 für 18K Gelbgold eingelasert. Anstelle der früheren Goldpunze 18K/0,750 wird hier nur noch 750 verwendet.

Zifferblatt der Referenz 3589

Ein weiterer bemerkenswerter Zifferblattvergleich ergibt sich aus der Analyse der beiden Zifferblätter der Referenzen 3589 und 3788, beide vom Typ goldene Ellypse aus den 70er und 80er Jahren. Die zuerst genannte Referenz 3589 verfügt über ein mit Klarlack überzogenes Goldzifferblatt. Dieses wiederum hat aufgedruckte römische Ziffern und hat unter der 6 den Schriftzug Ó SWISS Ó (Abb. 641). Auf der Rückseite findet sich die eingravierte Kennung 18K 0750 * ZJ* 2 101 544. ZJ steht für Zélim Jacot, dem Gründer der Firma Fritz Flückiger, 2 für die Kundennummer von Patek Philippe und 101544 wohl für die laufende Produktionsnummer (Abb. 642).

Zifferblatt der Referenz 3788

Das Zifferblatt der Referenz 3788 ist in Blaugold gehalten und verfügt über elf goldene Indizes. Unter der 6 ist der Aufdruck Ó SWISS Ó angebracht (Abb. 643). In der zu diesem Zifferblatt gehörenden Uhr tickt das Automatikkaliber mit Datum 28-255 C. Auf der Rückseite ist nur die Zahl 750 und JS (für Jean Singer) eingraviert (Abb. 644). Die Füßchen der Indizes sind ordentlich verschliffen. Die zwei Zifferblätter tragen die Abmessung 24,2 x 29,3 mm (3589) und 23,5 x 28,7 mm (3788). Diese Referenzen blieben bis in die 80er und 90er Jahre im Programm, also bis weit nach dem Ende des früheren Zifferblattlieferanten Cadrans Stern Frères SA im Januar 1981.

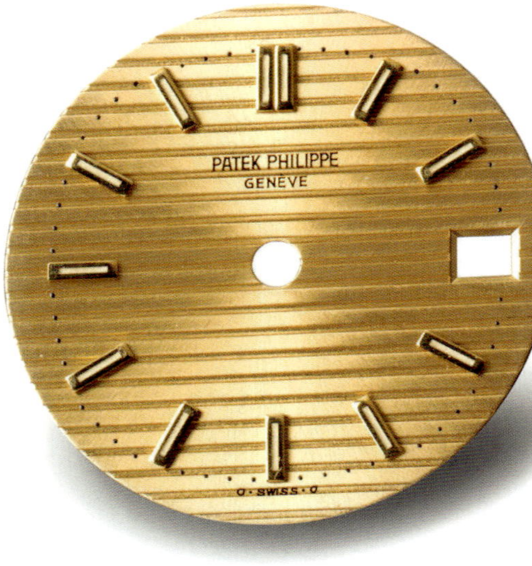

Abb. 645
Das Modell Nautilus zählt heute zu den beliebtesten Uhren von Patek Philippe. Dieses Zifferblatt besteht aus massiven Gelbgold und verfügt über Indizes mit Leuchtmasse. Unter der »6« der Aufdruck »Ó SWISS Ó«.

Abb. 647
Das Zifferblatt der Referenz 3940 J mit Ewigem Kalender, im Jahr 1985 lanciert, debüttiert mit kleinen Änderungen auch noch in dem heute aktuellen Modell 5140. Dieses Zifferblatt gehört zu einer Uhr des Jahres 1990 und zeigt unter der 6 den Aufdruck Ó SWISS Ó.

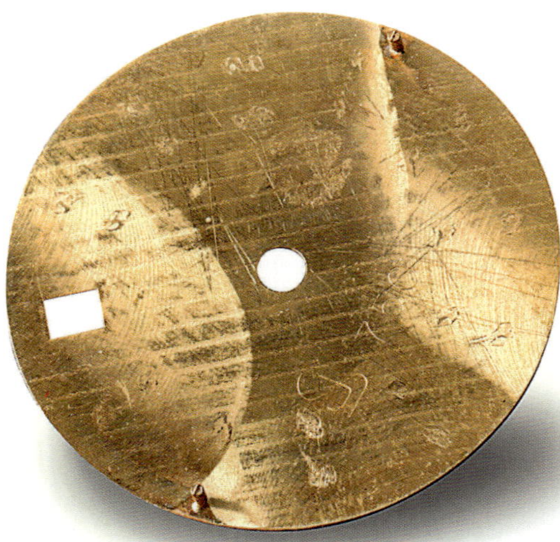

Abb. 646
Auf der Rückseite dieses mit »gemessenen« 0,5 mm recht dicken Zifferblattes ist der Schriftzug JS für Jean Singer und 750 für 18K Gold eingraviert. In diesem Fall passt das massive Goldzifferblatt gut zur »massiv« wirkenden goldenen Herrenarmbanduhr Nautilus.

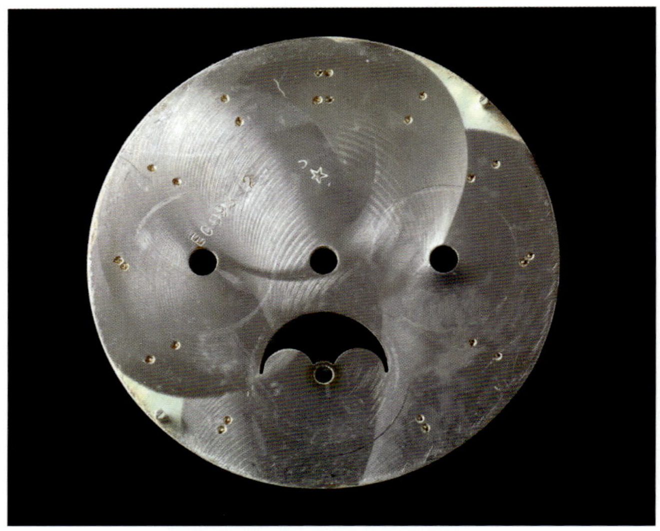

Abb. 648
Auf der Rückseite des Zifferblattes der Ref. 3940 J ist die Kennung ECO 93 2 sowie die Punze S ✫ C für den Hersteller Stern Création aufgeführt. Die 2 steht für die Zifferblattbeschriftung in englischer Sprache.

Zifferblatt Referenz 3800/1

Zu den heute gefragtesten Uhren gehört die sportliche Nautilus. Von der Referenz 3800/1 stellen wir hier ein goldenes Zifferblatt vor. Das mit 26,8 mm Durchmesser versehene, recht massive Goldblatt verfügt auch über goldene Indizes mit Leuchtmasse sowie unter der 6 den Aufdruck Ó SWISS Ó (Abb. 645). Auf der Rückseite finden sich der Goldnachweis 750 sowie die Kennzeichnung JS für Jean Singer eingraviert (Abb. 646). Hier handelt es sich wohl um ein neuwertiges Ersatzzifferblatt.

Zifferblätter der Referenzen 3940 J und 3970 P

Auch zwei Uhren des Verfassers wurden für diese Untersuchung verwendet. Die erste war eine Referenz 3940 J, eine Calatrava mit »Ewigem Kalender« in Gelbgold. Diese im Jahr 1990 produzierte Uhr (Werk-Nr. 772.398 und Gehäuse-Nr. 2.884.663) besitzt ein Zifferblatt aus Buntmetall, aber goldene Indizes. Unter der 6 prangt deutlich der Aufdruck Ó SWISS Ó (Abb. 647). Auf der Rückseite findet sich die Kennzeichnung ECO 93 2 sowie die Signatur S ✫ C für Stern Création (Abb. 648).

Auch der Chronograph Referenz 3970 P mit Ewigem Kalender, der schon auf dem Titelbild dieses Buches zu sehen ist, war die zweite Uhr des Verfassers, die in diese Untersuchung einbezogen wurde. Dieser Zeitschreiber (die vom griechischen

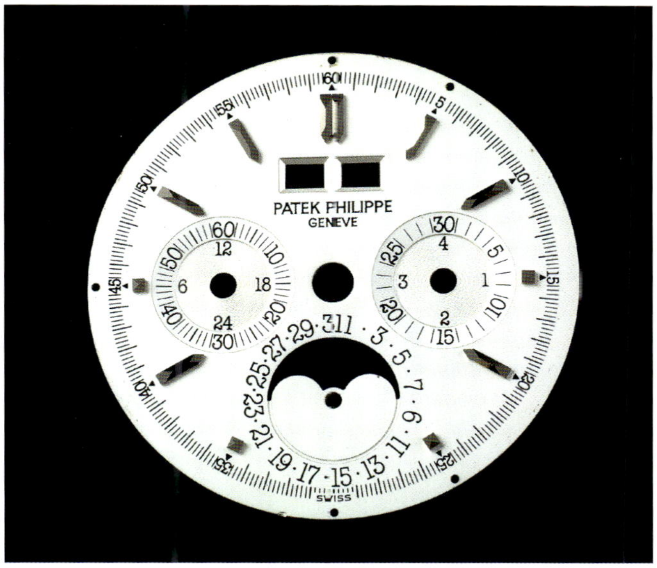

Abb. 649
Das Zifferblatt des Chronographen mit Ewigem Kalender Referenz 3970 P hat unter der 6 den Hoheitsnachweis SWISS in einer Aussparung der Minuterie gedruckt. Obwohl die zugehörige Uhr im Jahr 1997 fabriziert wurde, fehlt hier der Aufdruck Ó SWISS Ó nach APRIOR.

Abb. 651
Als schlichte Schönheit kann man das cremeweiße Zifferblatt der Referenz 5009 Gondolo mit den gelbgoldenen arabischen Zahlen bezeichnen. Für diese goldenen Zahlen steht auch unter der 6 der Aufdruck Ó SWISS Ó.

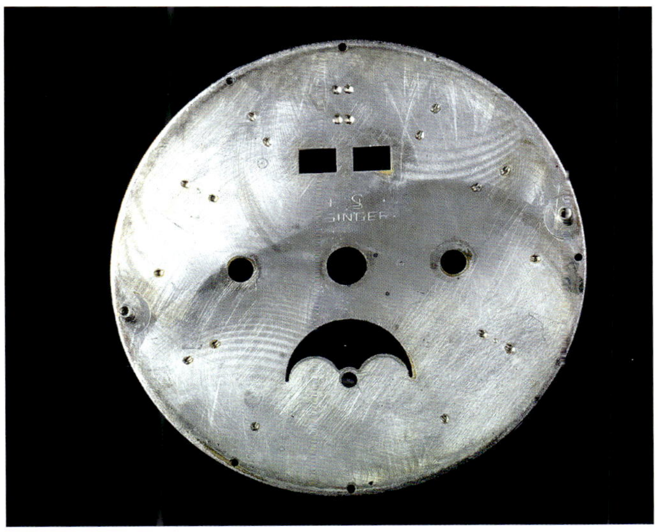

Abb. 650
Die Rückseite des nur aus Buntmetall gefertigten Zifferblattes lässt durch die Signatur JS und SINGER den Lieferanten Jean Singer identifizieren. Für eine Uhr, für die schon 1997 mehr als 100.000 DM zu bezahlen waren, hätte man eigentlich ein Goldzifferblatt erwarten können. Aber welcher kauflustige Uhrenfreund würde schon an dieses scheinbar unwichtige Detail denken?

Abb. 652
Auf der Rückseite dieses aus Buntmetall gefertigten Zifferblattes findet man die Zahlengruppe 93 468 A sowie links senkrecht die Signatur von Stern Création eingeschlagen.

abgeleitete Übersetzung für einen Chronographen) wurde im Jahr 1997 produziert. Das Gehäuse besteht zwar aus 950 Platin, das Zifferblatt selbst aber nur aus Buntmetall. Die Indizes sind aus 750 Weißgold gefertigt, der Aufdruck SWISS muss als Nationalitätsnachweis genügen und ist in einer Aussparung in der Minuterie untergebracht (Abb. 649). Auf der Rückseite dieses Zifferblattes finden sich die Signaturen JS für Jean Singer, ein davor gesetztes Pluszeichen sowie der Schriftzug SINGER. Die Vorschrift von APRIOR wurde hier wohl vergessen oder war nicht mehr vorgegeben. Auffallend sind auch die kleinen Bohrungen bei 12, 1, 5, 6 und 9, obwohl die üblichen »Füße« zur Zifferblattbefestigung noch im Einsatz sind (Abb. 650). Wahrscheinlich wollte man bei der Zifferblattbefestigung zweigleisig fahren und sowohl die ältere als auch die neuere Befestigungsweise abdecken.

Zifferblatt der Referenz 5009 Gondolo

Zum Modell Gondolo gehört das nächste Zifferblatt. Es ist neu und besitzt eine Abmessung von 19 x 26,5 mm. Das mit zwölf arabischen Zahlen aus Gelbgold versehene Zifferblatt ist aus Buntmetall gefertigt. Unter der 6 steht mit Ó SWISS Ó als Pflichtübung für die goldenen Zahlen der Aufdruck nach APRIOR (Abb. 651). Diese Referenz wurde Anfang der 90er Jahre lanciert. Auf der Rückseite findet man die Zahlengruppe 93 468 A sowie die Signatur S ☆ C für Stern Création. Die Füßchen der arabischen Zahlen sind sauber verschliffen (Abb. 652). 93 steht für die Kundennummer von Patek Philippe, 468 entweder für die laufende Produktionsnummer oder auch die Auftragsnummer für die Referenz 5009 und A wohl für die Ausführung mit gelbgoldenen arabischen Zahlen. Die letzten Hinweise sind jedoch nur Annahmen.

Abb. 653
Der cremefarbene Lack sowie die goldenen Breguet-Ziffern lassen dieses Zifferblatt der Refferenz 5040 sehr nobel aussehen. Auf dem rechten Hilfszifferblatt dienen die innen angebrachten Zahlen 1 bis 4 zur Schaltjahreserkennung. Unter der 6 findet sich der Aufdruck Ó SWISS Ó.

Abb. 655
Das cremefarbene Zifferblatt der Referenz 5056 verrät gleich eine Uhr mit Jahreskalender Referenz 5056. Nobel erscheinen die goldenen römischen Ziffern. Bei der 6 findet das Fenster für die Datumsanzeige seinen Platz. Trotz der goldenen Zahlen wurde unter dem Datumsfenster nur der Aufdruck SWISS aufgeführt.

Abb. 654
Auf der Rückseite dieses Zifferblattes finden sich rechts unten die Punze von Stern Création SA und links oben davon die Kennzeichnung ECO 93 5.

Abb. 656
Die Rückseite dieses Zifferblattes enthält keinerlei Kennzeichnungen. Auch die Füßchen zur Positionierung des Zifferblattes auf dem Werk sind entfallen. Nunmehr dienen die Bohrungen bei der 3 und der 9 zur Verschraubung des Zifferblattes auf dem Werk. Dieses Zifferblatt wurde mit Sicherheit von Cadrans Fluckiger SA gefertigt.

Zifferblatt der Referenz 5040

Das neue Zifferblatt der Referenz 5040 mit Ewigem Kalender gehört zu einer Uhr aus dem Produktionsjahr 1999. Die aufgesetzten Breguet-Zahlen sind aus 18 K Gelbgold gefertigt. Die Beschriftung des Zifferblattes entspricht der englischen Sprache. Unterhalb der Minuterie findet sich der Aufdruck Ó SWISS Ó (Abb. 653). Auf der Rückseite sind die Kennung ECO 93 5 sowie die Signatur S ☆ C von Stern Création eingeschlagen. Für ein solches neues Zifferblatt würde man anlässlich einer Revision im Austausch ca. 1.500 bis 2.000 € bezahlten müssen (Abb. 654). Vergleicht man dieses 1999 verbaute Zifferblatt von Stern Création mit dem 1997 in der Ref. 3970 eingesetzten, von Jean Singer gelieferten Zifferblatt (Abb. 649), so ist beim ersteren und jüngeren noch der Aufdruck APRIOR und beim letzteren, zwei Jahre älteren, dieser nicht mehr zu finden. Wer hat damals bei Patek Philippe die Verantwortung für diesen Prozess getragen, müsste man sich fragen. Oder waren diese Vorgaben dort nicht mehr bekannt gewesen?

Zifferblatt der Referenz 5056

Das Zifferblatt für die Referenz 5056 mit römischen Leuchtziffern ist neu, weist aber bei der 7. Minute einen kleinen Fehler auf. Unter dem Datumfenster findet sich recht klein der Aufdruck SWISS. Anfang des neuen Jahrhunderts hatten auch bei Patek Philippe die Vorgaben von APRIOR ausgedient. Bei der 3 sowie der 9 finden sich je zwei kleine Bohrungen, die zur Befestigung des Zifferblattes auf dem Werk dienen (Abb. 655). Der Durchmesser beträgt 30,0 mm. Auf der Rückseite

Abb. 657
Dieses Zifferblatt der Refferenz 5059 besitzt eine retrograde Datumsanzeige, bei der der Zeiger am Monatswechsel wieder auf die 1 zurückspringt. Das Fenster bei der 9 zeigt den Wochentag, das bei der 3 den Monat an. Unter der XII weisen die römischen Ziffern I bis IV den Schaltjahresverlauf an.

Abb. 658
Die Rückseite dieses Zifferblattes zeigt, dass es topfförmig wohl aus dem Vollen gedreht wurde. Die fünf gefrästen Aussparungen dienen den Korrekturdrückern sowie der Positionierung des Zifferblattes auf dem Werk. Leicht ist die Kennung 93 955 sowie die Punze von Stern Création SA zu sehen.

finden sich keinerlei Signaturen mehr. Weder Hersteller noch Fertigungsdetails lassen sich hier identifizieren. Auch die zwei Füßchen zur Befestigung des Zifferblattes an dem Werk sind entfallen. Laut Recherchen des Autors stammt es vom nunmehr hauseigenen Zifferblatthersteller Cadrans Fluckiger SA (Abb. 656).

Die Referenz 5056 mit Jahreskalender wurde im Jahr 1998 lanciert und blieb fast zehn Jahre im Programm von Patek Philippe. Auch im Jahr 1998 hätten noch die Vorgaben von APRIOR Gültigkeit besessen, aber sind wohl nicht mehr beachtet worden.

Dieses neuwertige Zifferblatt wurde für umgerechnet 697,07 € vom amerikanischen Gebrauchtuhrenhändler Alexander Blasik aus Erlanger, Kentucky, USA, erworben. In diesem Preis sind auch 15,07 € Zoll und 108,89 Einfuhrumsatzsteuer enthalten.

Abb. 659
Patek Philippe Ref. 3448 von der zweiten Bauserie (1973 bis 1982). Zum einen findet nunmehr ein Saphirglas Verwendung, zum zweiten beweist unter der 6 der Aufdruck Ó SWISS Ó, dass nach den Vorgaben von APRIOR das Zifferblatt sowie die Indizes aus Gold gefertigt sind.

Abb. 660
Bei dieser Teilansicht des Zifferblattes erkennt man zwischen Index 1 und 2 eine Lackabblätterung. Der Index 2 ist zudem noch beschädigt worden. Obwohl sich der Autor seit über 35 Jahren mit Uhren von Patek Philippe beschäftigt, hat er bei der Lackierung noch nie einen derartigen Schaden erlebt.

Zifferblatt der Referenz 5059

Dieses Zifferblatt stammt aus der aktuellen Produktion, es gehört zur Referenz 5059 mit Ewigem Kalender. Das Zifferblatt ist mattweiß lackiert und hat für die Zeit römische, und für die retrograde Datumsanzeige arabische Ziffern aufgedruckt. Unter der 6 erkennt man gerade noch den Nachweis SWISS (Abb. 657). Der Blick auf die Rückseite verrät uns einige Besonderheiten dieses Zifferblattes. Es ist topfförmig aus einem massiven Buntmetall-Rundling gedreht. Der Außendurchmesser liegt bei 29,6 mm, die Topfhöhe bei ca. 2,2 mm. Auffallend sind die fünf Ausfräsungen von je 2,2 mm Breite, die zur Positionierung des Zifferblattes zum Werk hin dienen. Auf der Rückseite sind die Zahlen 93 955 sowie die Signatur S ☆ C von Stern Création SA eingeschlagen. Dieser Umstand ist etwas verwunderlich,

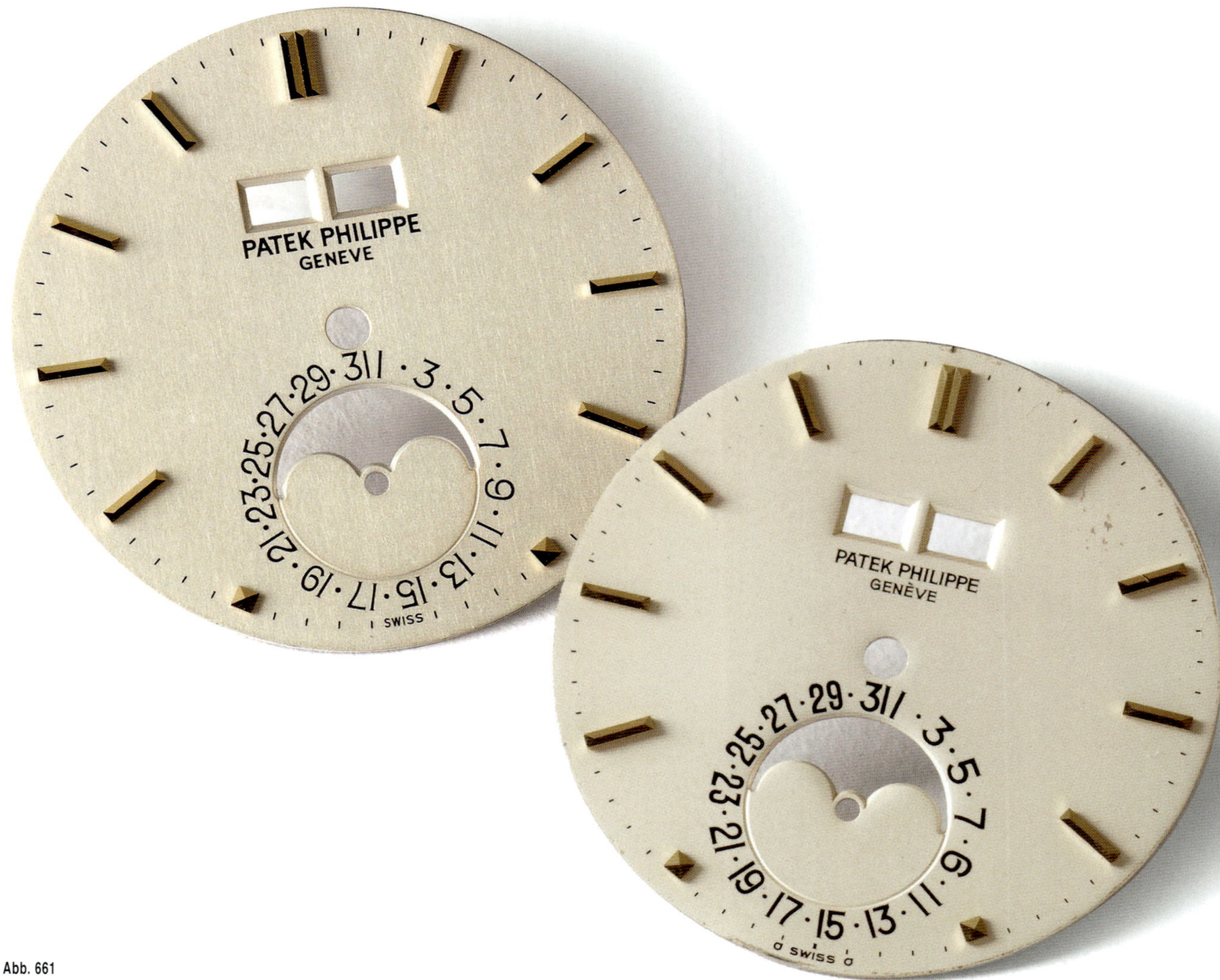

Abb. 661
Die zwei Zifferblätter im Vergleich. Rechts der Fremdbezug, das Zifferblatt, das beim Kauf auf der Uhr war, links das von Patek Philipp bereitgestellte neue Zifferblatt. Man beachte die Unterschiede bei der Druckstärke der Monatstage, bei der Ausfürung der Fenster für Wochentags- und Monatsanzeige sowie bei dem Firmenaufdruck. Beim linken, originalen Ersatzzifferblatt hätte eigentlich unter der 6 der Aufdruck Ó SWISS Ó lauten müssen, da die zugehörige Uhr im Jahre 1977 hergestellt wurde.

weil die Firma Stern Création SA zwar im Jahr 2000 von der Richemont-Gruppe aufgekauft wurde, wohl aber weiterhin Zifferblätter an Patek Philippe lieferte (Abb. 658).
Der Name Stern Création SA wurde schließlich zum 5.08.2005 im Handelsregister gelöscht.

Zifferblatt der Referenz 3448 mit Ewigem Kalender, erst ein großes Fragezeichen, dann ein aufschlussreich gelöstes Rätsel

Die wohl spannendste Geschichte zum Thema Zifferblatt einer Uhr von Patek Philippe erlebte der Autor selbst. Dabei fing das Ganze völlig harmlos an. Ein deutsches Auktionshaus hatte eine Patek Philippe Ref. 3448 in Gelbgold offeriert, ein sehr gesuchtes Modell mit Ewigem Kalender, welches über eine Zeitspanne von rund 20 Jahren nur mit 586 Exemplaren aufgelegt wurde (Abb. 659). Nachdem dieses wertvolle Stück auf dieser Auktion keinen Käufer gefunden hatte, besuchte der Autor dieses Auktionshaus beim Nachverkauf, um die besagte Uhr in Augensche in zu nehmen. Bei Besichtigung dieser Uhr fiel auf, dass das Zifferblatt zwischen den Indizes 1 und 2 Lackabblätterungen aufwies. Weiterhin war der Index 2 beschädigt. Auf der oberen Seite war durch Gewalteinwirkung eine Kerbe entstanden (Abb. 660).
Ergänzend zur im Auktionskatalog vorhandenen Beschreibung wurde vom Auktionator noch zusätzlich erwähnt, dass diese Uhr aus Erstbesitz stammt und im Mai 2001 über das Geschäft von WEMPE in Mannheim eine Revision im Stammhaus in Genf erfahren hat. Ein Angebot von WEMPE vom 21.05.2001 und die zugehörige Rechnung über 5.080 DM würden noch nachgereicht werden.

Abb. 662
Die beiden Zifferblätter von hinten gesehen. Das linke, von Patek Philippe bereitgestellte, besteht aus Gelbgold und hat die Punze von Stern Création SA sowie die Kennzahlen 93 1023 eingeschlagen. Das als Fremdbezug (= Fälschung) benannte Zifferblatt rechts besteht aus Buntmetall und verfügt über keine der üblichen Herstellerangaben.
Auch die beiden Fenster für Wochentag und Monat sind nicht sauber gearbeitet.

Nachdem sich beide Parteien auf einen akzeptablen Kaufpreis geeinigt hatten, ging diese Uhr in den Besitz des Verfassers über. Schon in der folgenden Woche wurde über Patek Philippe in München eine Revision in Genf beauftragt, in der auch ein Austausch des Zifferblattes gegen ein Originalzifferblatt aus dem Produktionsjahr dieser Uhr (1977) enthalten war. Das Angebot für diese Revision wurde am 11.08.2014 erteilt und belief sich auf genau 3.765,93 €. Als Lieferzeit wurden zwölf Monate aufgeführt. Der Auftrag wurde umgehend bestätigt, nur um die Verkürzung der Lieferzeit wurde gebeten. Auf dieses Thema wird noch im Kapitel über Patek Philippe eingegangen.
Dem Wunsch des Autors, im Rahmen der Revision sowohl das alte, also in dieser Uhr verbaute, als auch das neue, jetzt zu montierende Zifferblatt, zur Verfügung zu stellen, wurde zeitnah entsprochen. Als die beiden Zifferblätter eingetroffen waren, wurden diese genau analysiert und im Fotostudio Peter Milde ausführlich dokumentiert (Abb. 661 und Abb. 662).

Die Überraschung war groß! Das Zifferblatt, welches man zu einem wohl unbekannten Zeitpunkt auf das Werk dieser Uhr montiert hatte, war tatsächlich ein Fremdbezug und damit eine Fälschung (Abb. 663 und Abb. 664). Hatte man diese Tatsache bei der im Jahr 2001 durchgeführten Revision in Genf nicht bemerkt oder diesen Umstand aus Unwissenheit übersehen? Ein Vergleich mit dem ebenfalls mitgelieferten neuen Zifferblatt wird in diesem Kapitel umfassend durchgeführt und alle relevanten Unterschiede sowie sonstige Merkmale dokumentiert (Abb. 663 bis Abb. 666, Seite 386). Der hier mit detaillierten Aufnahmen wiedergegebene Beweis ist in der Uhrenliteratur

Abb. 663
Das als Fremdbezug (Fälschung) bezeichnete Zifferblatt hat einen einzigen Hinweis mit manuell »JJ 86« eingeritzt. Es wäre vielleicht eine Aufgabe für einen Kriminalbeamten, die Hintergründe dieses Falles zu ermitteln. Denn seriöse Zifferblatthersteller geben keine Zifferblätter ohne Herstellernachweis in den Verkehr.

Abb. 665
Das von Patek Philippe beigestellte Ersatzzifferblatt besitzt einen eindeutigen Herstellernachweis. Zum einen die Punze von Stern Création, zum anderen mit 93 die Kundennummer von Patek Philippe und mit »1023« wohl die Auftrags- oder Produktionsnummer. Auch sind die Füßchen der Indizes sauber verschliffen.

Abb. 664
Auch die Verarbeitung der Füßchen der Indizes, insbesondere vom Index 12, ist mangelhaft und hat das Prädikat Pfusch verdient. Wer ein derartiges Zifferblatt als Original von Patek Philippe verkaufen möchte, hat schlichtweg keine Ahnung.

Abb. 666
Auch die eidgenössische Punze für 18karätiges Gold mit 18K/750, ausgegeben vom eidgenössischen Finanzdepartement in Bern, Abteilung für Edelmetallkontrolle, bestätigt zweifelsfrei, dass das Zifferblatt aus Gelbgold besteht. Die neuere Goldpunze wurde nicht mehr mit 18K/0,750, sondern mit 18K/750 ausgeführt. Heute begnügt man sich oft mit 750.

sicher einmalig und sowohl für Uhrenfreunde als auch Experten ein Novum. Hilfreich bei dieser Analyse waren wieder einmal die Aussagen von Monsieur Roland Tille (†) in Genf. Als Monsieur Tille beide Zifferblätter zum Vergleich vorgelegt wurden, fielen seine Aussagen hierzu eindeutig aus. Jenes Zifferblatt, welches ursprünglich auf dieser Refererenz 3448 montiert gewesen war, stammte in keinem Fall von der ehemaligen Zifferblattfabrik Cadrans Stern Frères SA. Hier seine eindeutigen Zitate: »Die Zifferblätter, die wir früher für Patek Philippe produziert haben, waren bei komplizierten Uhren stets aus Goldblech gefertigt und trugen die bekannten Punzierungen.« Zusätzlich stellte er bei dem reklamierten, fremdbezogenen Zifferblatt noch folgende fachliche Fehler fest: »Erstens sind die Striche der Minuterie zu kurz gehalten. Zweitens ist der Druck der Zahlen des Datumkalenders rund um die Mondphase zu fett ausgeführt. Drittens wurden die Abschrägungen der Fenster für Wochentage und Monate nicht sauber und in der Höhe und Breite nicht ganz maßgerecht ausgeführt. Viertens sind die Füßchen der Indizes völlig unsauber verschliffen.«

Zum zweiten Zifferblatt konnte Monsieur Tille ebenfalls interessante Bemerkungen machen. Dieses Zifferblatt hätte wohl als Rohling noch zum Lagerbestand seiner alten Firma Cadrans Stern Frères SA gehört und wäre wohl im Zug der Übernahme von Maschinen und Material im April 1981 in die neu gegründete Firma Stern Création SA in Satigny gelangt. In der Regel wurden Ersatzzifferblätter nur in geringer Stückzahl für das Ersatzteillager gefertigt oder auch als Einzelstück in Auftrag gegeben.

Da auf diesem Zifferblatt nur noch die Kennzeichnung SWISS aufgedruckt ist und dieser Druck im Bereich der Minuterie gesetzt wurde, könnte dieses Zifferblatt erst zu einem Zeitpunkt fertiggestellt worden sein, als die Vorgaben von APRIOR keine Verwendung mehr fand. Auch mangelnde Kenntnisse der Mitarbeiter bei Stern Création SA sowie auch bei Patek Philippe könnten ein Grund sein, warum trotz des Fertigungsjahres 1977 der Aufdruck nach APRIOR nicht mehr beachtet wurde. Trotz dieser erdrückenden Beweislage blieb der damalige Servicedirektor von Patek Philippe felsenfest bei seiner Aussage, dass das ursprünglich auf der Uhr montierte Zifferblatt ein Original sei. Im Jahr 2017 hat dieser Mitarbeiter aber ganz unerwartet das Unternehmen Patek Philippe verlassen, ein für dieses Unternehmen außergewöhnlicher Vorgang.
Woher das bemängelte Zifferblatt, das sogenannte Fremdfabrikat, kam und wann es auf das Werk der hier vorgestellten Referenz 3448 montiert wurde, könnte nur jener Uhrmacher sagen, der diese Uhr damals in den Händen hatte. Und welcher Besitzer einer so wertvollen Uhr käme auf die Idee, dass der mit der Revision seines edlen Stückes beauftragte Uhrmacher ein falsches Zifferblatt montieren würde? Zumal er beim Wiederempfang seines revidierten Zeitmessers gar nicht überprüfen kann, welches Zifferblatt nun tatsächlich auf seiner Uhr montiert worden ist. Hier ist echtes Vertrauen gefragt, insbesondere bei einem solch wertvollen Sammlerstück, welches heute im Bereich zwischen 150.000 bis 200.000 € gehandelt wird. Im Zweifelsfall lohnt es sich, gegen Kostenerstattung das jeweilige Zifferblatt vom Hersteller demontieren und überprüfen zu lassen. Für eine derartige Arbeit sind rund 700 bis 1.000 € zu veranschlagen.
Hier zum Abschluss noch ein weiteres Zitat von Roland Tille: »Es muss jedoch beachtet werden, dass Patek Philippe in den früheren Jahren nicht so gut durchorganisiert war wie heute. Auch war damals die Firma in Genf auf fünf verschiedene Standorte verteilt. Wenn einmal auf die Schnelle ein Ersatzzifferblatt benötigt wurde und wir, d. h. Cadrans Stern Frères, nicht so kurzfristig liefern konnten, wurde zuweilen auch ein anderer Hersteller angefragt. Dies galt auch für jene Fälle, wenn bei Reparaturarbeiten das Zifferblatt beschädigt worden war und dieser Eigenschaden schnell wieder gerichtet werden musste. Dass dieser alternative Zifferblattlieferant zwar billiger war als wir, aber nicht immer die Qualität erreichte, die bei uns Standard war, kann man sich leicht vorstellen.«

15.15 Zifferblätter von Jaeger-LeCoultre

Zifferblatt einer Jaeger-LeCoultre Dreizeigeruhr

Dieses wohl neue Zifferblatt in versilberter Sonnenschliff-Ausführung besitzt goldene Indizes (Abb. 667). Unter der 6 ist der Aufdruck SWISS MADE platziert. Auf der Rückseite ist keine Punzierung vorhanden, nur die handschriftlich aufgebrachte Zahl 569 ist zu erkennen (Abb. 668). Die Bohrung für die Zeigerrohre und Sekundenwelle liegt bei 1,8 mm Durchmesser, der Außendurchmesser bei 30,5 mm. Somit kann der Lieferant dieses schönen Stückes nicht identifiziert werden.

Zifferblatt einer Jaeger-LeCoultre Dreizeigeruhr mit Datumsfenster

Dieses mit Sonnenschliff und deutlichen Gebrauchsspuren versehene Zifferblatt (Abb. 669) ist goldfarben. Die Indizes sind nicht aufgesetzt, sondern facettiert. Hierbei wird das Zifferblatt auf einen Teilkopf aufgespannt und mit Hilfe eines Ziehstahls mit Diamantspitze in die Vertiefungen eingebracht, das heisst, durchgezogen. Unter der 6 findet sich wieder der Aufdruck SWISS MADE. Auf der Rückseite dieses aus Buntme-

Abb. 667
Als ein wohl neues Zifferblatt könnte man dieses schöne Stück bezeichnen. Mit seinen goldenen Indizes und dem Aufdruck SWISS MADE gehört es zu einer Dreizeigeruhr.

Abb. 668
Die Rückseite dieses Zifferblattes verdient jedoch keinen Schönheitspreis. Überflüssige Fingerabdrücke und keinerlei Kennzeichnung lassen die Herkunft dieses Zifferblattes im Dunkeln.

Abb. 669
Dieses Zifferblatt mit Datumsfenster ist typisch für die Uhren, die Ende der 60er Jahre am Markt gefragt waren. Die Indizes sind nicht aufgesetzt, sondern facettiert. Diese Fertigungsart galt als preiswert, mussten doch auf dem Teilkopf die Stunden-Indizes nur aus dem Zifferblattblech durchgezogen werden.

Abb. 671
Recht aufwendig erscheint dieses Zifferblatt des Modells Odysseus mit Ewigem Kalender. Unter der 6 ist der Aufdruck SWISS MADE aufgebracht.

Abb. 670
Auf der Rückseite dieses Zifferblattes finden sich zahlreiche eingeritzte Kennzeichnungen, deren Bedeutung nicht bekannt ist. Ganz schwach ist jedoch die Signatur JS SINGER zu erkennen.

Abb. 672
Auf der Rückseite dieses Zifferblattes sind keinerlei Kennzeichnungen vorhanden.

tall bestehende und in Form tiefgezogene Zifferblatt (Abb. 670) findet sich, wenn auch ganz schwach erkennbar, die Signatur JS SINGER. Weiterhin sind manuell eingekratzte Kennungen sowie die Zahlen 591 und 11 zu sehen. Dieses Zifferblatt mit Außendurchmesser 28,0 mm müsste wohl von einer Automatik aus den 60er Jahren stammen.

Jaeger-LeCoultre - Zifferblätter für die Modelle Odysseus Perpetual mit Ewigem Kalender (Ref. 166.7.80) und Grand Reveil Perpetual mit Ewigem Kalender (Ref. 180.1.99), eine Uhr mit Weckeinrichtung

Mit diesem beiden Modellen aus den 90er Jahren wollte Jaeger-LeCoultre in die Königsklasse der Armbanduhren aufsteigen. Das erste Modell, eine Automatik mit Ewigem Kalender, darf in ihrem Design als sehr gelungen gelten, zumal der Einstiegspreis dieser Uhr im Vergleich mit anderen Marken sehr günstig ausfiel (Abb. 671). Auf der Rückseite des aus Buntmetall gefertigten Zifferblattes ist keine Punzierung festzustellen (Abb. 672). Unter der 6 glänzt der Aufdruck SWISS MADE. Die innere Bohrung für die diversen Durchleitungen besitzt einen Durchmesser von 5,8 mm, der äußere Durchmesser kommt auf 28,0 mm. Sehr sauber sind die Füßchen der goldenen Indizes verstemmt.

Das Zifferblatt der Grand Reveil, einer Uhr mit Ewigem Kalender und Weckfunktion (Abb. 673), ist noch etwas nobler gehalten. Auch hier sind die Indizes aus Gelbgold ausgeführt. Sie sind jedoch mit Leuchtmasse versehen, damit der Benutzer die eingestellte Weckzeit auch nachts erkennen kann. Hier ist das Zifferblatt ebenfalls aus Buntmetall gefertigt und lässt keinerlei Punzierung erkennnen (Abb. 674). Auch in diesem Falle sind die Füßchen der Indizes handwerklich sehr gut vernietet. Der Durchmesser dieses Zifferblattes liegt bei 31,0 mm.

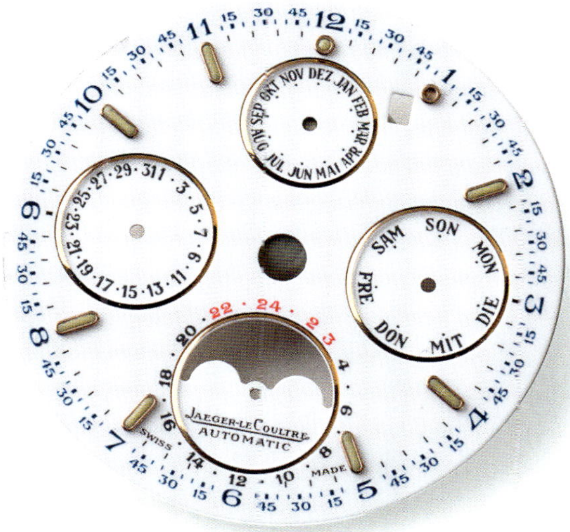

Abb. 673
Recht nobel wirkt das Zifferblatt des Modells Grand Reveil. Die Uhr mit Weckfunktion und Ewigem Kalender war in den 90er Jahren des letzten Jahrhunderts recht beliebt. Das Zifferblatt ist aus Buntmetall gefertigt, die Indizes jedoch aus Gelbgold.

Abb. 675
Das Zifferblatt der Jaeger-LeCoultre Master Ewiger Kalender in schwarz fällt stilecht aus. Der noble Glanzlack unterstreicht das vornehme Auftreten.

Abb. 674
Die Rückseite dieses Zifferblattes enthält keinerlei Informationen über den Lieferanten. Hervorzuheben ist die Qualität bei der Verstemmung der Füßchen der Indizes.

Abb. 676
Die Rückseite dieses Zifferblattes weist keinerlei Herkunftsnachweise auf. Es ist aus Leichtmetall gedreht. Die Verstemmung der Füßchen der Indizes ist besonders gut gelungen.

Zifferblatt der Jaeger-LeCoultre Master »Ewiger Kalender« Ref. 140.8.80 S

Ein ausgesprochen schönes Zifferblatt gehört zu dieser gefälligen Uhr. Das Blatt ist aus Leichtmetall gedreht und von bester Qualität. Das Zifferblatt erscheint in seiner schwarzen Farbgebung, einem besonderen Glanzlack, ganz nobel, die Hilfszifferblätter sowie die Mondphasenanzeige harmonieren gelungen miteinander (Abb. 675). Die Rückseite lässt erkennen, dass es sich hier um ein topfförmiges Drehteil handelt, welches eine Gesamthöhe von 0,8 mm aufweist (Abb. 676). Die Füßchen der Indizes sind mustergültig in die eingedrehten Vertiefungen verstemmt. Es gibt jedoch keinerlei Punzierungen. Die Herkunft dieses schönen Zifferblattes bleibt somit im Dunkeln – Die Innenbohrung dieses Zifferblattes liegt bei 1,8, der Außendurchmesser bei 30,5 mm.

15.16 Zifferblätter von IWC

Zifferblatt der IWC Yacht Club Ref. R 811 AD, frühere Ausführung

Die ersten Ausführungen dieses bemerkenswerten Schaffhausener Sportuhren-Modells besaßen auf dem Zifferblatt unter der 12 nur den Aufdruck IWC. Das hier vorgestellte Zifferblatt kann als neuwertig bezeichnet werden und kostete einschließlich Zeigerspiel rund 200 €. Es besteht aus Buntmetall und verfügt über goldene Indizes (Abb. 677). Auf der Rückseite findet sich die Kennung 454373 ZJ. ZJ steht für Zélim Jacot, somit ein Produkt aus dem Hause Fritz Flückiger (Abb. 678). Unter der 6 steht der Aufdruck SWISS. Der Durchmesser dieses Blattes beträgt 29,7 mm.

Abb. 677
Die IWC Yacht Club zählte Ende der 60er bis in die 70er Jahre zu den erfolgreichsten Sportuhren des Schaffhausener Uhrenherstellers. Dieses fast nagelneue Zifferblatt besitzt goldene Indizes und Leuchtpunkte. Das Firmenlogo IWC ist hier noch aufgedruckt.

Abb. 678
Die Rückseite dieses Zifferblattes besitzt eine Kennung. Über der Zeigerwellenbohrung ist eine 1 und darunter die Zahlenfolge 454373 ZJ eingeschlagen. ZJ steht für Zélim Jacot, somit ein Produkt von Fritz Flückiger & Sohn SA.

Abb. 679
Das zweite Zifferblatt einer IWC Yacht Club besitzt ein aufgesetztes Logo IWC, aber keine Leuchtpunkte. Auch liegt der Außendurchmesser um 1,5 mm unter dem der links gezeigten Ausführung.

Abb. 680
Auf der Rückseite dieses Zifferblattes ist nur permanent der Aufdruck Beyeler Genève und keine sonstige Kennung vorhanden. Damit stammt dieses Zifferblatt von Beyeler in Genf.

Zifferblatt der IWC Yacht Club Ref. R811 AD, spätere Ausführung

Dieses gebrauchte Zifferblatt mit aufgesetztem IWC-Logo stammt von Beyeler Genf. Der Aufdruck »T SWISS T« unter der 6 verrät uns, dass die Indizes mit Leuchtfarbe (Trithium) versehen sind. Das Zifferblatt besteht aus Buntmetall und ist versilbert sowie mit Strahlenschliff versehen (Abb. 679). Der Durchmesser dieses Blattes liegt bei nur 28,4 mm. Der Abstand der beiden Füßchen (von Mitte zu Mitte) beträgt jedoch in beiden Fällen 25 mm (Abb. 680).

Zifferblatt der IWC Portugieser mit Ewigem Kalender, Ref. IW 5022

Mit 37,5 mm Durchmesser verrät uns dieses Zifferblatt, dass das Gehäuse der zugehörigen Armbanduhr auf ganze 42 mm Gehäusedurchmesser kommt. Die goldenen arabischen Zahlen nebst zugehörigen Indizes geben der Uhr ein gefälliges Aussehen (Abb. 681). Auf der Rückseite dieses Blattes finden sich keinerlei Punzierungen (Abb. 682). Die Füßchen der Zahlen und Indizes sind sauber verschliffen. Dieses Zifferblatt besteht aus Buntmetall und stammt wohl von Stern Création SA, der jetzigen Zifferblattfabrik des Richemont-Konzerns.

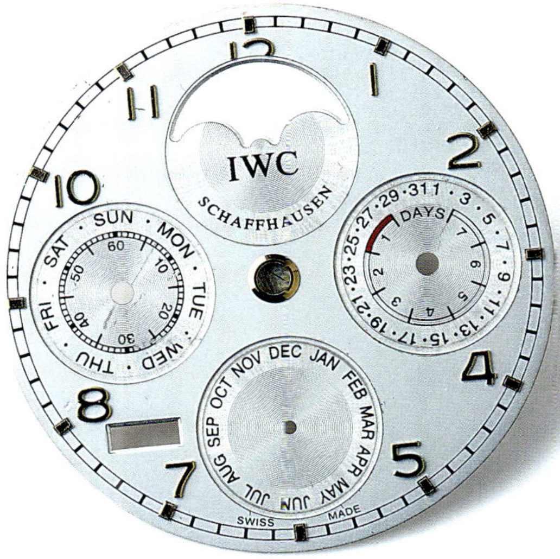

Abb. 681
Von dem großen Modell IWC Portugieser Perpetual Ewiger Kalender stammt dieses Zifferblatt. Hier wurde die Mondphase bei der 12 untergebracht. Die Gangreserve geht bis sieben Tage.

Abb. 683
Dieses schlichte, aber stilvolle Zifferblatt einer Dreizeigeruhr von Vacheron Constantin besitzt goldene Indizes, was vom Aufdruck Ó SWISS MADE Ó unterstrichen wird. Die Kleine Sekunde verrät uns das Handaufzugswerk.

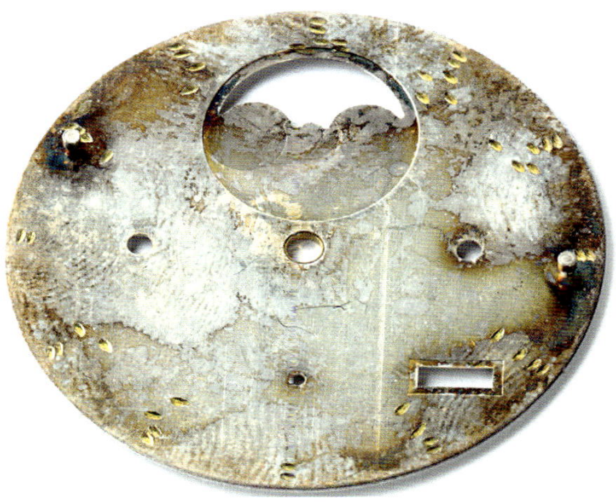

Abb. 682
Die Rückseite dieses eindrucksvollen Zifferblattes enthält keinerlei Informationen. Nur einem Fachmann für Blechverarbeitung fällt auf, dass der Kreis der Mondphase wie schon vorne auch hinten ausgedreht ist, um Materialspannungen zu vermeiden.

Abb. 684
Die Rückseite dieses Stückes lässt uns erkennen, dass es sich um ein neues Zifferblatt handelt. Nicht ermittelt werden konnte die Herkunft der Gravur MU sowie der Hersteller dieses Zifferblattes.

15.17 Zifferblätter von Vacheron & Constantin, heute Vacheron Constantin

Zifferblatt einer Vacheron & Constantin Dreizeigeruhr mit Kleiner Sekunde

Dieses stilvolle Zifferblatt verfügt über einen Durchmesser von 30,2 mm und besitzt goldene Indizes (Abb. 683). Unter der 6 findet sich der Aufdruck Ó SWISS MADE Ó. Auf der Rückseite des aus Buntmetall gefertigten Blattes sind die Buchstaben MU eingraviert. Die Füßchen der Indizes sind sauber verschliffen (Abb. 684). Die Referenz dieser Uhr war nicht mehr zu ermitteln, die Uhr selbst dürfte ein Modell aus den 90er Jahren sein.

Zifferblatt einer Vacheron & Constantin Dreizeigeruhr

Ein vorbildlich aufgefrischtes Zifferblatt von Vacheron & Constantin wäre fast komplett gewesen, wenn unter der 6 nicht das SWISS vergessen worden wäre. Die Gold-Indizes sind sauber gesetzt (Abb. 685). Auf der Rückseite finden sich die Zahlen 116 476, erlauben aber nicht auf Anhieb, den Hersteller zu ermitteln (Abb. 686).

Zifferblatt einer Vacheron & Constantin Automatik mit Datumsanzeige

Dieses neuwertige Zifferblatt mit Indizes aus Roségold gehört zu einer Uhr mit Automatikkaliber K 1072 oder K 1072/1. Unter der 6 findet sich der Aufdruck SWISS (Abb. 687). Auf der Rückseite des aus Buntmetall gefertigten Zifferblattes sind die Nummern

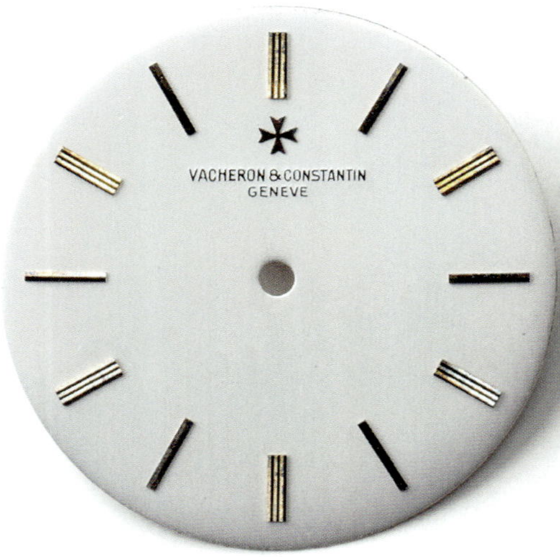

Abb. 685
Hier sehen wir ein fast neuwertig aufgefrischtes Zifferblatt der Referenz 7394, einer Automatik ohne Datum. An diesem Zifferblatt mit goldenen Indizes stimmt fast alles. Nur das SWISS unter der 6 wurde vergessen.

Abb. 687
So sieht ein fabrikneues Zifferblatt aus. Der Sonnenschliff besitzt eine besondere Ausstrahlung, sehr gelungen passen hierzu der Datumsrahmen sowie die Indizes in Roségold. Der Aufdruck SWISS unter der 6 lässt erkennen, dass dieses Zifferblatt vor 1973 produziert wurde.

Abb. 686
Die nicht mehr so vorbildlich verarbeitete Rückseite dieses Zifferblattes enthält nur die Nummerierung 116 476. Mit dieser Zahlengruppe lässt sich kein Hersteller identifizieren. Wahrscheinlich war die Zahl 116 die Kundennummer von Vacheron & Constantin bei diesem Lieferanten.

Abb. 688
Auf der Rückseite dieses aus Buntmetall gefertigten Zifferblattes sieht man nur mässig verschliffene Indizes-Füßchen. Als Kennung sind die Zahlen 116 421 1 eingeschlagen. Die Zahl 116 war wohl die Kundennummer beim beauftragten Lieferanten.

116 421 1 eingeschlagen (Abb. 688). Die Nummer 116 könnte somit die Kundennummer von Vacheron & Constantin bei dem damaligen Zifferblattlieferanten gewesen sein. Laut Verkäufer F. Q. Watches, Guayquil, Ecuador, gehört dieses Zifferblatt zur Ref. 6394. Der Kaufpreis betrug einschließlich Nebenkosten umgerechnet ca. 600 €. Für ein Zifferblatt aus Buntmetall ein vielleicht hoher Preis, aber an der Seltenheit dieses Blattes gemessen wohl akzeptabel.

15.18 Zifferblätter von Rolex

Zifferblatt einer Rolex Datejust mit Brillianten

Wohl keine Zifferblätter anderer Marken werden so oft nachgemacht wie jene von Rolex. Das hier vorgestellte neuwertige Blatt war wohl schon einmal eingebaut. Man sieht dies an den leichten Spuren am Rande des Blattes (Abb. 689). Dieses schöne Stück besitzt einen Durchmesser von 28,0 mm. Auf der Rückseite sind keinerlei Punzierungen vorhanden. Das Blatt ist jedoch sehr gut verarbeitet (Abb. 690).

Zifferblatt für Rolex Submariner Ref. 16610 in Originalverpackung

Zu diesem Zifferblatt werden auch Ersatzlünette, Dichtungsring und Zeigerspiel mitgeliefert. Die kleine Blechdose und der beschriebene Inhalt sind hier in Abb. 691 zu sehen. Das typische Submariner-Zifferblatt weist um die Indizes bereits erste Korrosionsschäden auf (Abb. 692). Die Rückseite dieses Blattes ist sauber verarbeitet. Es trägt die Nummer 121 104 1 (Abb. 693).

Abb. 689
Ein publikumswirksames Zifferblatt einer Dayjust wirkt immer noch eindrucksvoll, obwohl dieses bereits schon einmal verbaut worden war. Man sieht diesen Umstand an den geringen Verschleißspuren.

Abb. 692
Das eindrucksvolle Zifferblatt weist schon erste Korrosionsschäden auf, was bei Rolex Zifferblättern nicht sein dürfte. Nach mehr als 30 Jahren fällt aber eine Schuldzuweisung schwer. Vielleicht war dieses Zifferblatt auch nur einfach nicht vorschriftsmäßig gelagert worden.

Abb. 690
Die sauber verarbeitete Rückseite ist lobenswert, enthällt aber keinerlei Herstellerhinweise.

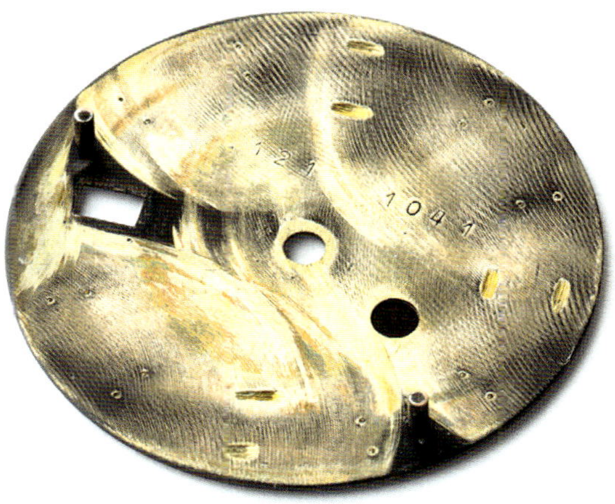

Abb. 693
Hier die sauber verarbeitete Rückseite. Die eingeschlagene Kennung 121 104 verrät uns keine verwendbare Information.

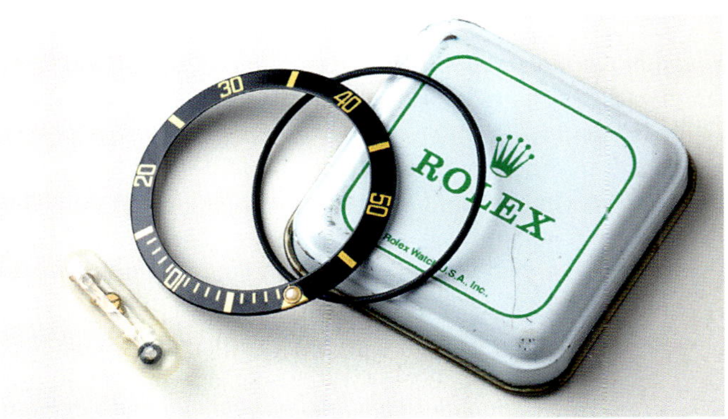

Abb. 691
Die Submariner gehört zu den beliebtesten Modellen von Rolex. Die Anlieferung der Ersatzzifferblätter erfolgte früher ordentlich verpackt in einer kleinen Blechdose. Hier sieht man die Ersatzlünette, Dichtungsring und sauber verpacktes Zeigerspiel. Das Zifferblatt selbst liegt noch wohlverpackt in dieser Blechdose.

Dieses Submariner-Zifferblatt stammt vom Internet-Händler Wristwatchseller in Dallas, Texas, USA und kostete einschließlich Fracht 71,79 €. Dass das Zifferblatt um die Indizes bereits korrodiert war, hatte der Verkäufer nicht beschrieben. Wegen der Bedeutung dieses Blattes und auch wegen der Dokumentation in diesem Buch wurde auf die Möglichkeit der Rückgabe verzichtet. Der Durchmesser dieses Blattes beträgt genau 27,5 mm.

Zifferblatt Rolex DAY DATE im Neuzustand

Um ganz sicher zu sein, dass es sich bei diesem Zifferblatt um ein Original handelt, wurde es zur Überprüfung zu Rolex Köln geschickt. Die Echtheit wurde bestätigt, zumal die Gravur B 320 vorhanden ist. Die aufgesetzten römischen Ziffern sind in 18K/0,750 Gelbgold gehalten und sehen sehr transparent aus

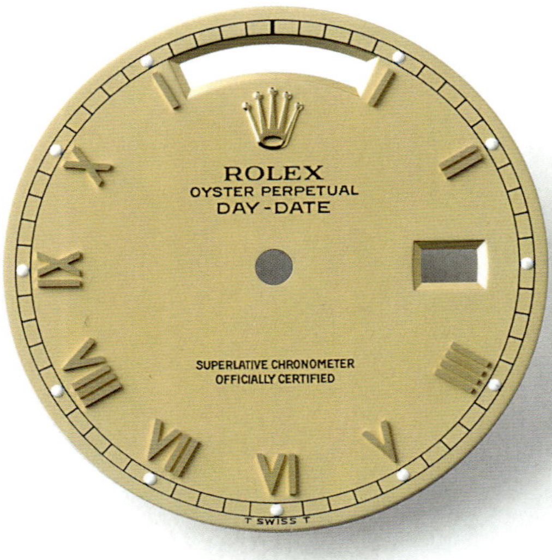

Abb. 694
Ein Zifferblatt einer DAY DATE im Neuzustand. Die römischen Zahlen sind in Gelbgold gehalten. Unter der 6 findet sich der Aufdruck SWISS. Die Echtheit dieses Zifferblattes wurde von Rolex bestätigt.

Abb. 696
Zurückhaltend elegant wirkt dieses Zifferblatt einer Audemars Piguet Ewiger Kalender. Unter der VI findet sich der Aufdruck SWISS MADE.

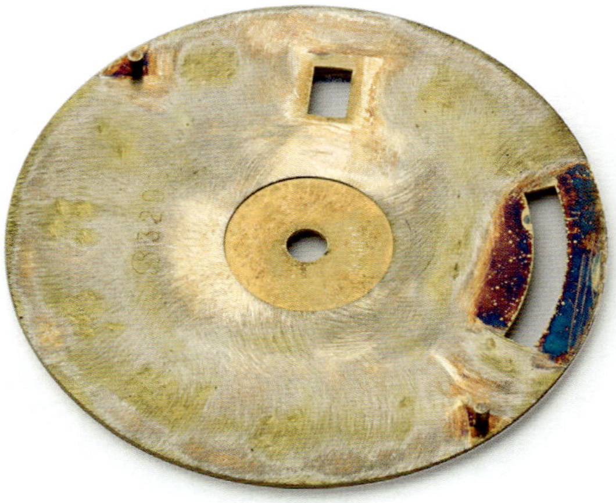

Abb. 695
Die Rückseite des DAY DATE Zifferblattes ist sauber verarbeitet, die Füßchen der Ziffern ordentlich verschliffen. Die Kennung B 320 verrät uns nur den Hersteller Beyeler in Genf.

Abb. 697
Die Rückseite dieses Zifferblattes aus Buntmetall sieht recht einfach aus. Die Punze S ☆ C mit der Kennung 6 0497 A verrät den Hersteller Stern Création SA aus Satigny.

(Abb. 694). Der Durchmesser dieses Blattes beträgt 28,7 mm. Die Rückseite ist sauber verschliffen (Abb. 695). Dieses Zifferblatt wurde im Internet in den USA für 250 USD erworben und kostete mit Fracht und allen Abgaben ca. 262 €, ein guter Preis für ein neuwertiges, originales DAY DATE Zifferblatt.

15.19 Zifferblatt von Audemars Piguet

Den Schluss unseres Zifferblattreigens bildet ein Zifferblatt für eine AP mit »Ewigem Kalender«. Das cremeweiß lackierte Blatt sieht edel aus und hat für die Stunden römische Ziffern erhalten. Die Hilfszifferblätter sind tiefer gesetzt. Unter der 6 finden wir den kleinen Aufdruck SWISS MADE (Abb. 696). Auf der Rückseite des aus Buntmetall gefertigten Blattes findet sich die Kennung 6 0497 A sowie die Punze S ☆ C für Stern Création SA. 6 steht für die Kundennummer von AP, 0497 wohl für die Auftragsnummer und A für die jeweilige Ausführung (Abb. 697 und 698).
Das noch in Originalverpackung befindliche Blatt wurde beim australischen Gebrauchtuhrenhändler Harrington & Co. in Woolloongabba für ca. 480 € einschließlich Transport und Einfuhrabgaben erworben.

Zusammenfassung

Der Leser wird sicher nachvollziehen können, warum bei dieser Untersuchung die Zifferblätter von Patek Philippe im Vordergrund stehen. Auf Auktionen erzielen Uhren dieses Herstellers die höchste Preise. Und bei diesem Spiel übernimmt das Zifferblatt oft die wichtigste Rolle. Hier ein Zitat von Stefan

Abb. 698
Details der Punzierung unseres Zifferblattes von Audermas Piguet, die 6 ist die Kundennummer dieser Marke bei Stern Création, siehe auch Abb. 697.

Muser vom Auktionshaus Dr. Crott: »Je schöner das Blatt, desto höher der Preis!« Für dieses Kapitels hat der Autor nicht nur weit über 100 Zifferblätter der hier behandelten Uhrenmarken untersucht, sondern auch über viele Jahre die Angebote der führenden Auktionshäuser ausgewertet.

15.20 Drei imposante Beispiele für die besondere Bedeutung von Zifferblättern

Ein Ersatzzifferblatt für Patek Philippe Ref. 2499/100 für 30.000 CHF

Bei einem Auktionshaus in Genf kam am 11.05.2015 ein Ersatzzifferblatt für eine Patek Philippe Referenz 2499/100 mit Ewigem Kalender zum Aufruf. Das unter LOT. +308a angebotene Blatt wurde nach einem kurzen Bietergefecht einschließlich Aufgeld für ganze 30.000 CHF zugeschlagen (Abb. 699). Die Kennung auf der Rückseite lautet 93 ✫ 255 HJ. 93 steht für die Kundennummer von Patek Philippe, ✫ für Cadrans Stern Frères SA, 255 wohl für die laufende Produktions- oder Auftragsnummer und HJ für die Kennung Heures Jaune (gelbgoldene Indizes). Dieses Blatt dürfte wohl noch einige Monate vor der Insolvenz von Cadrans Stern Frères SA hergestellt worden sein. In dieser Zeit war auch die Epoche der Goldzifferblätter längst zu Ende gegangen (Abb. 699 und 700).

Patek Philippe Ref. 2497, eine Uhr für 2.911.500 CHF, doch ohne Original-Goldzifferblatt von Cadrans Stern Frères SA

Bei einem Auktionshaus in Genf wurde am 9.11.2015 eine Patek Philippe Referenz 2497 mit Ewigem Kalender angeboten. Laut Katalogbeschreibung stammte diese Uhr aus dem Besitz des Kaisers Haile Selassi von Äthiopien. Das im Katalog stark vergrößert abgebildete Zifferblatt dieser Uhr ließ unschwer erkennen, dass es sich hier um ein Fremdzifferblatt handelt (Abb. 701). Zum einen fehlten dort die beiden Indizes in Punktform, die für die 5 und die 7 hätten vorhanden sein müssen. Zum anderen waren die Zahlen für die 31 Tage um die Mondphase von 9 bis 21 nicht »gedreht« aufgedruckt. Weiterhin

Abb. 699
Wie teuer auch Original-Ersatzzifferblätter sein können, sehen wir an diesem Beispiel. Dieses für eine Patek Philippe Referenz 2499/100 passende Zifferblatt wurde am 11.05.2015 bei einem Auktionshaus in Genf einschließlich Aufgeld für insgesamt 30.000 CHF verkauft. Der Aufdruck Ó SWISS Ó belegt, dass die Indizes aus 18K Gelbgold hergestellt sind. Das Zifferblatt selbst besteht nur aus Buntmetall (Aufnahme Christies Genf). Ein weiteres originales, aber gebrauchtes Zifferblatt von Cadrans Stern Frères SA für die Referenz 2499/100 wurde am 7.11.2021 beim Auktionshaus Antiquorum in Genf aufgerufen und für ganze 40.000 CHF zugeschlagen.

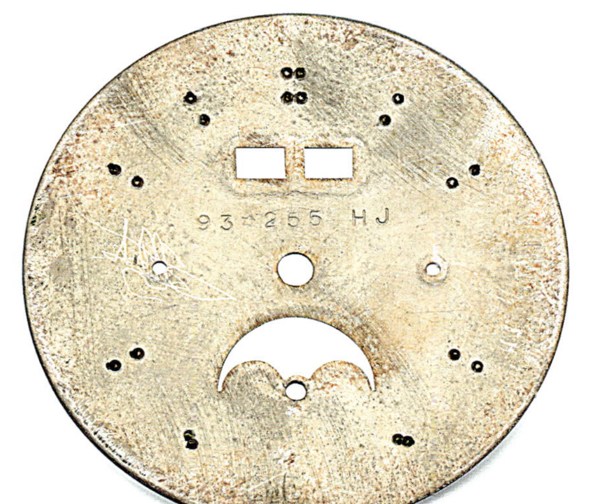

Abb. 700
Auf der Rückseite dieses Zifferblattes ist die Kennung 93 ✫ 255 HJ eingeschlagen. 93 steht für die Kundennummer von Patek Philippe, ✫ für Cadrans Stern Frères SA. 255 könnte die Auftragsnummer sein und HJ steht für »Heures Jaune«, d. h. goldene Indizes (Aufnahme Christies Genf).

Abb. 702
Patek Philippe Referenz 2497 mit einem orginalen Zifferblatt. Dieses besteht aus Goldblech und wurde von Cadran Stern Frères SA hergestellt. Bei diesem Zifferblatt kann man die Unterschiede zum rechts abgebildeten, schwarz lackierten Nachbau genau erkennen. Bei letzterem fällt auch die auf den Zahlen nachträglich und stümperhaft aufgebrachte Leuchtmasse ins Auge. So einen Pfusch hätte weder die Endkontrolle von Cadran Stern Frères SA noch der Qualitätsexperte bei Patek Philippe akzeptiert (Aufnahme RobertMaronWatches). Diese Uhr war im Patek Philippe Katalog 1961 auf Seite 21 abgebildet. In der zugehörigen Preisliste war die Ausführung in Gelbgold mit 3.555 DM, in Weißgold mit 3.880 DM und in Platin mit 6.060 DM ausgewiesen. 1961 erhielt man für 100 CHF rund 93,13 DM. - Im Jahr 2017 lag der Schweizer Franken bei 1,11 Euro, so dass der Verkaufspreis von 2.910.000 CHF rund 3.231.210 Euro entsprach.

Abb. 701
Patek Philippe Referenz 2497 mit Ewigem Kalender in Gelbgold aus dem Besitz des Kaisers Haile Selassi von Äthiopien jedoch mit nicht originalem Zifferblatt (Aufnahme Christie's Genf).

Abb. 703 (links)
Das Zifferblatt einer Patek Philippe Referenz 2497 mit Ewigem Kalender wurde als Fremdzifferblatt erkannt. Hier fehlen für die 5 und 7 die beiden Indizes in Punktform sowie der Aufdruck SWISS unter der 6. Die Zahlen für die 31 Tage um die Mondphase sind von 9 bis 21 nicht gedreht gedruckt und die Teilstriche für die Minuterie zu lang ausgefallen. Schließlich sind die beiden Fenster für Wochentag und Monat nicht sauber und fast schon stümperhaft angefasst (Aufnahme Christie's Genf).

Abb. 704 (rechts)
Die Rückseite dieses Zifferblattes hat lediglich die Werknummer 888.058 manuell eingeritzt, wie dies schon von anderen Ersatzzifferblättern her bekannt ist. In der Beschreibung dieses Zifferblattes war zu lesen: »The dial is made out of solid gold«, eine Schweizer Goldpunze ist jedoch nicht vorhanden. Letztendlich fällt noch die schwarze Lackierung der Rückseite auf, eine bei der Zifferblattherstellung völlig unübliche Praxis. Auch der Herstellernachweis von Cadrans Stern Frères mit der Kundennummer »93«, dem Stern sowie die Referenz- oder Auftragsnummer fehlen hier (Aufnahme Christies Genf).

waren die Teilstriche für die Minuterie viel zu lang ausgefallen und der Aufdruck »SWISS« vergessen worden. Auch war die Rückseite des nicht punzierten Zifferblattes völlig atypisch schwarz lackiert (Abb. 704). Im Auktionskatalog war betont worden, dass das Zifferblatt aus solidem Gold gefertigt wäre. Dies kann nicht stimmen, weil der gesetzlich vorgeschriebene Schweizer Goldstempel mit 18K/0,750 nicht vorhanden ist. Als ein weiteres Indiz darf die manuell eingeritzte Werknummer 888.058 dienen. Der damalige Zifferblattlieferant Cadrans Stern Frères SA produziert die Serien-Zifferblätter nach Vorgaben von Patek Philippe und hatte stets die Kundennummer 93, die Auftrags- oder Seriennummer und die firmeneigene Sternpunze eingeschlagen. Eine manuell eingeritzte Werknummer gab es nie, weil der Zifferblattlieferant gar nicht wissen konnte, auf welches Werk die in Auftrag gegebenen Zifferblätter gesetzt werden würden. Diese manuelle Kennzeichnung gab es eben nur bei der Herstellung von Ersatzzifferblättern, die nicht von Cadrans Stern Frères SA, sondern von einem anderen Lieferanten stammten und damit auch keine Originale waren.

Die Werknummer des in dieser Uhr eingebauten Kalibers 27SC lautete 888.058, die Gehäusenummer 679.792. Zum Vergleich wurden zwei weitere Uhren dieser Referenz 2497 aus dem gleichen Produktionszeitraum 1954/55 herangezogen. Die erste hatte die Werknummer 888.055 und die Gehäusenummer 680.304, die zweite die Werknummer 888.060 und die Gehäusenummer 683.860. Beide besaßen noch Original-Zifferblätter aus Gold und mit den bekannten Kennzeichnungen.

Für die vom Auktionshaus gebrachten Begründungen für Abweichungen bei diesem Zifferblatt sind somit schlichtweg nicht haltbar. Der Kaiser Haile Selassi selbst auch »Negus« genannt, kann zur Beweisführung selbst leider nichts mehr beitragen. Er ist im Alter von 83 Jahren am 27.08.1975 verstorben.

Abb. 705
Patek Philippe Referenz 2499 mit Ewigem Kalender und Chronograph aus dem Jahr 1956. Auf dem Zifferblatt fehlen die Indizes für die 5 und 7. Bei ganz genauer Betrachtung sieht man auch, dass der innerste Kreis der Tachymeterskala bei der 25 die erste 1 der Monatstagesanzeige 11 berührt. Weiterhin besitzt die 3 der darunter liegen Zahl 130 im oberen Bereich eine unübliche Verdickung. Diese Fehler wurden bei mehreren Uhren der Referenz 2499 gefunden und lassen auf den gleichen Zifferblattlieferanten und -Stempel schließen. Trotz des fehhlerhaften Ersatzzifferblattes, welches niemand erkannt hatte, wurde diese Uhr für 965.000 CHF verkauft (Aufnahme: Christie's Genf).

Abb. 706
Ein Blick auf das von hinten fotografierte Zifferblatt der links abgebildeten Uhr liefert den endgültigen Beweis, dass es sich nicht um ein Originalzifferblatt handelt. Es fehlen nicht nur die Kundennummer 93, die Patek Philippe vom Lieferanten Cardrans Stern Frères SA erhalten hat, sondern auch die Serien- oder Auftragsnummer sowie der Stern ☆ als Firmenpunze von Cardrans Stern Frères SA. Schließlich wurde das Originalzifferblatt aus 18K Goldblech gefertigt und mit der eidgenössischen Goldpunze versehen. Dass hier montierte Plagiat besteht nur aus Buntmetall. Eine manuell eingeritzte Werknummer, wie hier 868557 für das Kaliber 13''' Chrono Q, gab es bei Cadrans Stern Frères SA nie, weil man bei der Lieferung des Zifferblattes gar nicht wusste, wie die Nummer des einzuschalenden Werkes lautet. So etwas gab es nur bei einem Drittlieferanten von Zifferblättern. Der musste nämlich diese Einzelfertigung für seinen Auftraggeber mit der jeweiligen Werknummer kennzeichnen, um eine Zuordnung bei der Remontage der Uhr bei Patek Phillipe sicherzustellen (Aufnahme Christie's Genf).

Diese für den 9.11.2015 offerierte Uhr wurde von dieser Auktion aus nicht bekannten Gründen wieder zurückgezogen. Sie wurde jedoch in der Auktion am 15.05.2017 erneut angeboten. Hierbei wurde wieder die gleiche Textbeschreibung abgedruckt, nur die Rückansicht des Zifferblattes war entfallen. Diesmal wurde die mit 500.000 bis 1.000.000 CHF aufgerufene Uhr aber zugeschlagen. Dem neuen Besitzer war sie ganze 2.911.000 CHF wert! Vermutlich hat sich dieser Käufer nicht an der unzutreffenden Beschreibung des Zifferblattes dieser Uhr gestört.

Patek Philippe Ref. 2499 mit fehlerhaftem Ersatzzifferblatt, Auktionspreis 965.000 CHF

Beim gleichen Auktionshaus wurde am 16.05.2016 unter Lot. Nr. 174 eine Patek Philippe Ref. 2499 mit Chronograph und Ewigem Kalender angeboten (Abb. 705). Dieses wertvolle Stück sollte aus einer bedeutenden privaten Sammlung stammen. Das Lot. war mit 600.000 bis 900.000 CHF nominiert und mit 965.000 CHF zugeschlagen worden.
Aus der Katalogbeschreibung dieser Uhr mögen zwei Zitate wiedergegeben werden. Zum Einen heisst es dort »..case, dial and movement signed«. Zum Zweiten ist zu lesen »Over the course of its 60 years of existence the dial has undergone an ever so gentle cleaning and has accumulated a most charismatic, uniform ivory-coloured patina since, the hard enamel signature and scales are as raised as the connoissseur would expect«. Die Werknummer des Kalibers 13''' Chrono Q lautet 868.557, das Gehäuse trägt die Nummer 696.499. Als Produktionsjahr wird 1956 aufgeführt. Laut Christies wurde diese Referenz 2499 von 1950 bis 1985 produziert und in vier Serien mit insgesamt 349 Exemplaren aufgelegt. Das hier aufgeführte Prachtstück gehört zur 2. Serie, die mit runden anstelle der zuerst flachen Chronographendrücker ab 1955 in Produktion genommen wurde.
Schon ein prüfender erster Blick auf das Zifferblatt verrät dem Kenner, dass man bei dieser Uhr etwas vermisst: Die quadratisch und pyramidenförmig ausgeführten Indizes für die Zahlen 5 und 7. Als Vergleich wurden mehrere Exemplare der 2. Serie dieser Referenz 2499 herangezogen, die alle diese Indizes auf dem Zifferblatt besitzen. Ganz genau wurde hierzu die Uhr mit Werk-Nummer 868.747 und Gehäuse-Nr. 2.611.725 unter die Lupe genommen. Bei dieser Uhr waren die zwei zuvor genannten Indizes vorhanden. Die Uhr war am 16.11.2002 ebenfalls in Genf für 641.500 CHF zugeschlagen worden.
Den letztendlichen Beweis, dass auf der hier vorgestellten Uhr ein Zweit-Zifferblatt montiert war, liefert die im Katalog abgebildete Rückseite dieses Zifferblattes (Abb. 706). Anstelle des bei Cadrans Stern Frères SA üblichen Goldbleches war hier Buntmetall verbaut worden. Damit fehlen auch hier wieder die Kundenummer 93 von Patek Philippe, die Serien- oder Auftragsnummer sowie der ⭑ als Firmenpunze.
Auch die auf dem Zifferblatt eingeritzte Werk-Nr. 868.557 gab es bei Cadrans Stern Frères SA nie, sondern nur bei einem Drittlieferanten für Zifferblätter. Der musste nämlich diese Einzelfertigung für seinen Auftraggeber mit der jeweiligen Werknummer kennzeichnen, um eine Zuordung bei der Remontage der Uhr sicherzustellen.
Vermutlich wird der glückliche Käufer dieser Uhr wohl kaum von der speziellen Rolle des Zifferblatts seiner Uhr erfahren. Auch war die Zweijahresfrist, in der man verdeckte Mängel oder Fehler einer auf Auktionen ersteigerten Uhr noch reklamieren kann, für diese Uhr am 16.05.2018 abgelaufen.

Patek Philippe Ref. 2499 mit originalem Zifferblatt, Auktionspreis 353.000 CHF

Dass auch diese Auktion nicht ganz ohne Delikatesse verlief, sei noch zum Schluß erwähnt. Unter LOT Nr. 116 war im gleichen Katalog eine weitere Patek Philippe Ref. 2499, dieses Mal aus der 3. Bauserie, mit Aufrufpreis 250.000 bis 450.000 CHF angeboten. Die Werk-Nr. lautet 869.489, die Gehäuse-Nr. 2.700.441. Schon ein erster geübter Blick verrät dem Fachmann, dass es sich mit an Sicherheit grenzender Wahrscheinlichkeit um ein Originalzifferblatt handelt. Die Einpassung der beiden Monats- und Wochentagsfenster war in der bei Cadrans Stern Frères SA üblichen Präzision ausgeführt (7,1 x 2,6 mm Aussenmaße) und die quadratischen Indizes für die »5« und »7« typgerecht aufgesetzt. Eine schöne Uhr!
Mit einem Zuschlagspreis von 353.000 CHF, fast nur ein Drittel des Preises der zuvor beschriebenen Ausführung ohne Originalzifferblatt, dürfte der Käufer wohl rundum zufrieden gewesen sein!

Abb. 707
Dieses stilechte Emaille-Zifferblatt in der bekannten cremefarbenen Ausführung fand der Verfasser im Internet.

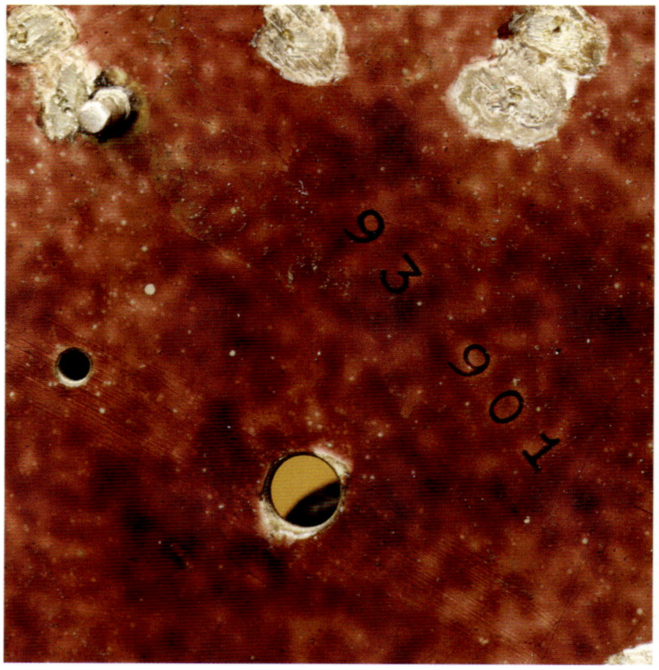

Abb. 708
Die Rückseite dieses Zifferblattes entpuppte sich als große Sensation! Da diese Emaille-Zifferblätter bei ihrer Produktion immer durchnummeriert wurden, sind bewiesenermaßen über 901 Exemplare gefertigt worden. Eine derartige Zahl wurde in der Literatur bisher noch nie erwähnt.

Das Emaillezifferblatt mit Breguet-Ziffern

Fast noch seltener wie Exemplare dieser raren Sammleruhr mit schwarzem Emaille-Zifferblatt sind die Ausführungen mit einem Emaille-Zifferblatt und den besonders einprägsamen Breguet-Ziffern.
Ein noch 2021 auf einer Auktion in Genf angebotene Uhr wurde wieder zurückgezogen, weil zu diesem Zeitpunkt der geforderte Verkaufspreis von 120.000 CHF nicht geboten wurde.
Im gleichen Jahr verkaufte der kalifornische Gebrauchtuhrenhändler Robert Maron Watches in Kalifornien, CA 91362 Thousand Oaks, eine Referenz 2526 mit Breguet-Ziffern, die früher im Besitz des Künstlers Andy Warhol gestanden hat, für eine sechsstellige Dollarsumme. Warum diese Uhr mit völlig unüblichen und damit wohl nicht so passenden Strich-Zeigern ausgestattet ist, war nicht nachzuvollziehen.

Wie rar schon vor Jahren diese Variante der Patek Philippe Referenz 2526 mit Breguet-Ziffern gehandelt wurde, zeigt die folgende Tabelle:

Datum	Auktionshaus	Werk-Nr.	Gehäuse-Nr.	Verkaufspreis CHF / USD
09.04.1989	Antiquorum Genf	762.975	694.742	Nicht bekannt 1)
23.06.2005	Antiquorum New York	764.367	681.534	23.575 USD
15.12.2004	Christie´s Genf	760.903	682.039	83.650 /95.637 2)
17.11.2008	Christie´s Genf	760.903	682.039	87.000 / 99.467 2)
23.03.2005	Antiquorum New York	764.367	681.534	23.575 USD
10.05.2010	Christie´s Genf	760.179	678.315	72.500 / 82.889
07.04.2011	Sotheby´s Hongkong	764.367	681.534	30.000 / 250.000 HKD

1) Verkaufspreis nicht bekannt, verkauft im Nachverkauf
2) Wie man aus der Tabelle ersehen kann, wurde die identische Uhr bei Christie´s verkauft und nach vier Jahren erneut versteigert, aber nur mit geringem Mehrpreis

Abb. 709
Eine absolute Rarität stellt dieses Emaille-Zifferblatt mit Breguet-Zahlen dar. Vermutlich wurde dieses edle Stück bereits vor mehr als 60 Jahren von Patek Philippe als Ersatzteil an den schwedischen Konzessionär Bo Berggren Urhandel AB in Stockholm geliefert. Später tauchte dieses Zifferblatt im Nachlass eines ehemaligen Uhrmachers dieses Konzessionärs auf und wurde von den Erben ungeachtet zur Seite gelegt. Zu einem unbekannten Zeitpunkt wurde es später von den Erben wieder entdeckt und im Internet angeboten. Die Rückseite dieses Emaille-Zifferblatts verrät uns bisher nicht bekannte Umstände. Vermutlich gab es neben Cadrans Stern Frères SA noch andere Lieferanten, die Patek Philippe mit Sonderausführungen von Emaille-Zifferblättern belieferten. Die Wiederentdeckung dieses Zifferblattes stellt somit eine kleine Sensation dar, die dem Leser nicht vorenthalten werden darf.

Die Recherchen nach dieser seltenen Patek Philippe Ref. 2526 mit Breguet-Ziffern haben gezeigt, dass gerade in den zurückliegenden 10 Jahren kein Exemplar dieser so gesuchten Uhren den Auktionshäusern eingereicht wurde. Auch das Museum von Patek Philippe in Genf besitzt kein Exemplar dieser seltenen Referenz 2526 mit Emaillezifferblatt und Breguet-Ziffern.

Wie sehr auch lose Zifferblätter gesucht und begehrt sind, zeigen die Auktionsergebnisse bei Antiquorum Genf. Dort kam am 7.05.2022 ein Zifferblatt für die Referenz 2526 mit Indizes aus Roségold zum Aufruf und wurde für ganze 50.000 CHF zugeschlagen! Dieses eindrucksvolle Zifferblatt trägt auf seiner Rückseite die Produktionsnummer 93 0 322 und befindet sich in mustergültigen Zustand. Die Zahl 93 steht für die Kundennummer von Patek Philippe bei Cadrans Stern Frères SA, 0 322 ist die laufende Fertigungsnummer. Letztere ist auch sehr unregelmäßig eingeschlagen und die vorgesetzte 0 ungewöhnlich, vermutlich steht diese 0 für Roségold.

Am 6.11.2022 wurde bei Antiquorum Genf ein weiteres Zifferblatt für eine Patek Philippe Ref. 2526 angeboten, jedoch mit Indizes aus Gelbgold. Der Zuschlagpreis lag bei 16.250 CHF. Hier lautete die Produktionsnummer 93 337 und hat im Gegensatz zum vorausgegangenen Beispiel gleichmäßig eingeschlagene Ziffern.

Abb. 710
Dieser Vergleich zweier Modelle der Referenz 2526 mit unterschiedlichen Emaille-Zifferblättern verdeutlicht den imposanten Unterschied zwischen dem Regelzifferblatt mit Strich-Indizes und dem mit Breguet-Ziffern. Der preisliche Unterschied zwischen den beiden Modellen kann heute schon bei einem Faktor drei bis vier liegen.

Abb. 711
Emaille-Zifferblätter sind äußerst schlagempfindlich und halten auch keine Druckkräfte aus. Das hier gezeigte Zifferblatt, welches erhebliche Beschädigungen aufweist, gehörte zu einer Ref. 2526, die versehentlich wohl auf einen Steinboden gefallen war. Wenn in einem solchen Falle Gehäuse und Werk noch repariert werden können, muss das Zifferblatt stets durch ein neues ersetzt werden. Für solche Fälle erhält man bei Patek Philippe nur ein Ersatzzifferblatt, welches nicht mehr emailliert, sondern nur noch lackiert ist (siehe Abb. 623 auf Seite 373).

Abb. 712
Auf der Rückseite des links abgebildeten und beschädigten Emaille-Zifferblattes ist von dem Schaden auf der Vorderseite nichts zu erkennen. Wichtig für den Uhrenfreund ist jedoch die eingeschlagene Kennzeichnung mit den Nummern 93 321, die auf den Produktionszeitraum von 1955 schließen lässt.

Im Dezember 2022 wurde im Internet bei Ebay ein cremefarbenes Emaillezifferblatt für eine Patek Philippe Referenz 2526 angeboten. Zwischen den Indizes 10 und 11 sowie 11 und 12 besaß dieses Zifferblatt an der Emaille-Oberfläche starke Ausbrücke und war damit unbrauchbar. Trotzdem wurde es für 210 USD verkauft. Dieses Blatt trug die Kennzeichnung 93 288 und wurde wohl Mitte der 50er Jahre des letzten Jahrhunderts hergestellt.

Alle dem Autor bisher vorliegenden Emaille-Zifferblätter besitzen stets Indizes aus Gelbgold und eine dreistellige Produktionsnummer.
Seit vielen Jahren unterhält der Verfasser Suchprogramme im Internet, um bestimmte und gesuchte Artikel aufspüren zu können. Im Herbst 2022 tauchte unerwartet ein Emaille-Zifferblatt für die Patek Philippe Ref. 2526 im Internet auf. Das fehlerfreie Blatt besitzt gelbgoldene Indizes (Abb. 707) und trägt – unter Kennern und Experten eine echte Sensation – die Fertigungs-Nummer 93 901 (Abb. 708). Diese erstaunliche Entdeckung belegt die Vermutung des Verfassers, dass bei Patek Philippe weit mehr Armbanduhren mit Emaillezifferblättern hergestellt wurden, als bislang bekannt. Zu den genannten 580 Exemplaren der Referenz 2526 kommen vielleicht noch ca. 300 Zifferblätter für die Nachfolge-Referenz 3428 hinzu, womit sich die Gesamtzahl auf 880 Exemplare erhöht. Geht man noch von schätzungsweise 20-30 Ersatzzifferblättern aus, die damals noch als Reparaturreserve ausgereicht wurden, ergibt sich eine Summe von 910. Mit dem vorliegenden Beispiel kann zumindest der sichere Beweis für die Fertigung von 901 Zifferblättern bildlich erbracht werden!
Bei den durchnummerierten Emaillezifferblätter muss noch beachtet werden, dass die meisten Uhren der Referenz 2526 mit Gehäuse aus Weißgold oder Platin nicht mit Emaille-, sondern mit Weißgold-Zifferblättern ausgestattet wurden. Das Rätselraten über die gesamte Fertigungszahl von Uhren der Referenz 2526 darf also weitergehen, aber erst über der Zahl 901!

Abb. 713
Auch die Rückseite des auf Abb. 709 vorgestellten Emaille-Zifferblattes mit Breguet-Ziffern verrät uns einige bisher nicht bekannte Einzelheiten. Wie schon im Text auf Seite 403 nachzulesen ist, besaß Patek Philippe in den 50er und 60er Jahren des vergangenen Jahrhunderts auch die Möglichkeit, in Ausnahmefällen Emaille-Zifferblätter auch von anderen Zifferblattherstellern zu beziehen. Die spezielle Kunst, für Uhren Emaillezifferblätter fertigen zu können, gehörte damals fast schon der Vergangenheit an, war aber als Know-how noch aus der Zeit der Taschenuhren vorhanden.
In diesem Fall verwendete der Hersteller als Contre-Emaille nicht das bei Cadrans Stern übliche Rostbraun, sondern eine hellere Farbmischung. Die Bedeutung der Kennzeichnung 4N kann heute wohl nicht mehr ermittelt werden.

Abb. 714
Ein kleines Vermögen stellen die beiden hier gezeigten Emaille-Zifferblätter der Patek Philippe Referenz 2526 dar. Sowohl die in schwarzem Emaille gehaltene Rarität als auch die mit Breguet-Ziffern versehene Seltenheit würde jeder stilvollen Armbanduhr einen besonderen Glanz verschaffen. Wie im Text auf Seite 401 schon beschrieben, wurde am 7.05.2022 ein einzelnes Emaille-Zifferblatt mit Roségold-Indizes für ganze 50.000 CHF versteigert. Der Leser möge sich nun vorstellen, zu welchem Preis diese beiden Zifferblätter wohl den Besitzer wechseln würden.

Abb. 715
Diese Aufnahme zeigt uns, wie in den 50er bis 80er Jahren des vergangenen Jahrhunderts wertvolle Zifferblätter verpackt und transportiert wurden. Sowohl der untere als auch der obere Teil dieser kleinen Plastikbox waren mit einem Folienkissen versehen, um beide Seite des Zifferblattes höchst schonend transportieren zu können.

Abb. 716
Die heutige Verpackungsweise von wertvollen Zifferblättern zeigt uns dieses Bild. Das Zifferblatt wird sowohl in der mittigen Bohrung für die Zeigerachsen als auch am Außenrand geführt. Damit lassen sich auch wertvolle Zifferblätter gefahrlos transportieren.

15.21 Die Erkenntnisse dieser Analyse

Von den 28 in diesem Kapitel analysierten Blätter der Marke Patek Philippe müssen nur zwei Exemplare eine zusätzliche Erläuterung erhalten. Das Brilliant-Zifferblatt der Ref. 1450 (Abb. 618) wird nicht von Cadrans Stern Frères SA, sondern von einem anderen Hersteller stammen. Das Setzen von Steinen, insbesondere von wertvollen Brillianten, hatte man Spezialfirmen anvertraut. Hinzu kommt der fehlerhafte Aufdruck SWISS MADE, der bei dieser Uhr fehl am Platz ist und erst um die Jahrtausendwende verwendet wurde.

Der zweite Hinweis gilt den Emaille-Zifferblatt mit Breguet-Ziffern. Wenn nur wenige Stückzahlen gefragt oder Sonderwünsche zu erfüllen waren, wie dies für das Zifferblatt auf Abb. 709 zutreffen mag, durften im Ausanahmefalle bei Patek Philippe auch bei anderen Lieferanten Emaille-Zifferblätter bestellt werden. Zu jener Zeit war das Mutter- und spätere Schwesterunternehmen Cadrans Stern Frères SA so gut ausgelastet, das Sonder- oder Ersatzteilwünsche nur mit längerer Lieferzeit erfüllt werden konnten.

Abb. 717
Anzeige in einer Genfer Tageszeitung der 50er Jahre.

Auch Zifferblätter mit amagnetischen Eigenschaften, wie dies für die Referenz 3417 zutrifft, wurden von Spezialfirmen geliefert, zumal sich die damalige Stückzahl dieser Referenz in Grenzen hielt.
Wie in aller Breite beschrieben, war beim Zifferblatt der besonderen Referenz 3448 Zeit, Geduld und tiefgehendes Fachwissen zur Klärung dieses vermeintlichen Rätsels notwendig. Diese Geschichte hat Dank des gerade noch rechtzeitigen Einlenkens des Generaldirektors Claude Peny doch noch ein gutes Ende genommen.

15.22 Zusammenfassung

Patek Philippe

Generell kann man für Zifferblätter von Patek Philippe den folgenden Schluß ziehen:
Bis auf die zuvor genannten zwei Beispiele, die als Ausnahmen gelten sollen, besitzen bis Ende der 90er Jahre alle Zifferblätter von Patek Philippe auf der Rückseite eine der hier beschriebenen Kennzeichnungen. Zifferblätter ohne diese Merkmale dürften wohl von anderen Zifferblattherstellern direkt oder als Ersatz geliefert worden sein.
Insbesondere bei wertvollen Uhren, die in ihrem Zeitwert über 40.000 € oder noch höher liegen, sollte man bei passender Gelegenheit das Zifferblatt überprüfen lassen. Die wohl beste Möglichkeit bietet sich bei einer in Auftrag gegebenen Revision. Sollte die Überholung der Uhr bei einem hierfür zugelassenen Konzessionär erfolgen, kann man einen persönlichen Blick auf die Rückseite des jeweiligen Zifferblattes werfen. Erfolgt die Revision bei einer nationalen Niederlassung oder direkt in Genf, kann man ein Foto von der Zifferblattrückseite mittels Bildübertragung per E-Mail anfordern. Die heutigen Bilderstellungs- und Übertragungstechniken weisen keine Grenzen mehr auf.
Sollten sich bei einer besonders wertvollen Uhr von Patek Philippe Zweifel zur Echtheit eines Zifferblattes einstellen, kann man ja beim lizenzierten Konzessionär oder der jeweiligen Niederlassung von Patek Philippe das zu überprüfende Zifferblatt ausbauen lassen und ansehen. Diese Möglichkeit hatte ja auch der Verfasser bei seinen Referenzen 3940 J und 3970 P genutzt. Die hierfür zu veranlagenden Kosten dürften bei rund 700 bis 1.000 € liegen, weil bei komplizierten Uhren beim Abheben von Zifferblättern die Zeiger der Hilfszifferblätter Schaden nehmen können und ersetzt werden müssen.

Vorsicht walten lassen

Anhand der vielen Uhren, die der Autor sich persönlich vorgenommen und untersucht hat, dürfte das Risiko, eine Uhr mit nicht korrektem Zifferblatt zu erstehen, im Regelfall gering sein. Vorsicht dürfte bei älteren Modellen, wie z. B. der Referenzen 130, 533, 1436, 1463, 1518, 1526, 1563, 1579, 2438, 2497, 2499, 3448 und 3450, angebracht sein. Denn Uhren, die sich schon im Rentenalter befinden oder auf dieses zugehen, müssen mit Vorsicht behandelt werden. Wenn einerseits Patek Philippe nach jeweils fünf bis sechs Jahren Laufzeit eine Revision empfiehlt, andererseits die betreffende Uhr schon ein Alter von rund 50 Jahren aufweist, müsste sie rein theoretisch bereits acht bis zehn Überholungen hinter sich gebracht haben. Blieb die betreffende Uhr auch nach so vielen Überarbeitungen im Erstbesitz, kann für den neuen Käufer ein geringes Risiko angenommen werden. Hat diese Uhr jedoch mehrere Besitzerwechsel hinter sich gebracht und wurde vom neuen Besitzer, z. B. einem Auktionshaus, aufgehübscht, um einen höheren Verkaufspreis zu erzielen, ist für den neuen Interessenten Vorsicht angebracht. Der Verfasser hat mit dem Fall seiner Referenz 3448 umfassend beschrieben, was einem neuen Besitzer alles ganz unerwartet widerfahren kann.

Jaeger-LeCoultre

Bei Zifferblättern von Jaeger-LeCoultre lässt sich keine eindeutige Zifferblattherkunft nachweisen. Wie von einem Mitarbeiter aus Sentier aus früheren Zeiten zu erfahren war, wurden die jeweiligen Zifferblätter beim Hersteller in Serien, aber ohne eine spezielle Punzierung, bestellt. Ausnahmen wurden nur bei speziellen Ausführungen praktiziert. Eine reguläre Syste-

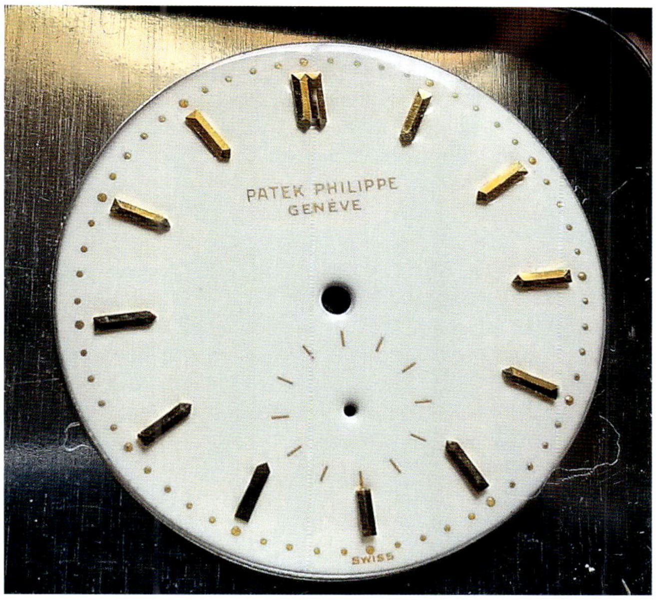

Abb. 718
Von der Fabrik »Cadrans Stern Frères« stammt dieses Emaillezifferblatt für eine Patek Philippe Ref. 2526. Es wurde auf eBay im Herbst 2018 mit der Bewertung »Mint Original« mit 17.557 USD angeboten. Nur einem geübten Auge fällt auf, dass beim Index 12 links oben und beim Index 1 rechts oben und unten die Emaille-Beschichtung leicht ausgebrochen ist.

Abb. 719
Auf der Rückseite dieses Emaillezifferblatts erkennt man das rotbraune Gegenemaille (Contre-emaille). Die Emailleschicht wurde hinten aufgebracht, um einer einseitig wirkenden Materialspannung entgegenzutreten - Die »93« stellt die Kundennummer von Patek Philippe, die »178« die Produktionsnummer dar. Die höchste dem Autor bekannte Nummer lautet 571. Sie liegt im Bereich der 580 Exemplare, die nach zuvor gemachten Angaben von der Referenz 2526 gefertigt wurden.

matik ist somit nicht erkennbar und wurde wohl auch nicht praktiziert.

IWC

Bei IWC (International Watch & Co.) kann bei der Kennzeichnung von Zifferblättern ebenfalls keine Systematik festgestellt werden. Lediglich Uhren mit goldenem Gehäuse und dem Zifferblattaufdruck De Luxe waren mit goldenen Zifferblättern versehen.

Vacheron & Constantin

Die Zifferblätter von Uhren des Hauses Vacheron & Constantin sind bis in die frühen 70er Jahre mit Zahlen punziert und damit auch identifizierbar. Die Zifferblätter der späteren Ausführung, insbesondere jene, die in Uhren nach der Neufirmierung Vacheron Constantin verbaut wurden, sind meist nicht mehr identifizierbar.

Rolex

Die Zifferblätter der Zeitmesser von Rolex erlauben wegen ihrer Vielfalt nur selten einen Herkunftsnachweis. Heute liefert die konzerneigene Zifferblattfabrik Beyeler alle benötigten Zifferblätter ohne spezielle Kennzeichnung.

Audemars Piguet

Obwohl nur ein Zifferblatt von Audemars Piguet (AP) beschrieben wird, haben alle anderen untersuchten Zifferblätter bis in die 90er Jahre einen Herkunftsnachweis besessen. Zifferblätter aus Gold wurden nur in Ausnahmefällen verbaut. Hauptlieferant für Zifferblätter war früher Cadrans Stern Frères SA, später dann Stern Création SA.

Schlussbemerkung

Zum Schluss kann festgestellt werden, dass nur bei Patek Philippe eine verlässliche Identifizierung der Zifferblätter möglich ist. Diese Feststellung hat aber nur bis zur Jahrtausendwende 2000 Gültigkeit.

Dass man heute bei der eigenen Zifferblattfabrik Cadrans Fluckiger SA andere Wege geht und die Zifferblätter der heutigen Modelle nicht mehr kennzeichnet, dürfte wohl eine unternehmerische Entscheidung sein.
Für den Leser muss zum Schluss noch ein wichtiger Hinweis hervorgehoben werden. Wenn bei der eigenen Uhr das Zifferblatt beschädigt wurde, kann der Besitzer dieses bei einem Zifferblatthersteller seiner Wahl entweder auffrischen oder neu anfertigen lassen. Hierbei ist auch der genaue Aufdruck der jeweiligen Uhrenmarke erlaubt. Aber nur für dieses Zifferblatt und nur für diesen speziellen, eigenen Fall wird dieser Weg als juristisch konform angesehen. Würden z. B. weitere Zifferblätter dieser Marke angefertigt und vertrieben werden, ist dies nach geltendem Recht nicht erlaubt. Hier würden die Markenrechte des betreffenden Uhrenherstellers verletzt werden. Ein Grund mehr, sich immer beim Hersteller zu vergewissern, welche Möglichkeiten offen stehen, wenn ein Zifferblatt beschädigt ist und ersetzt werden muss.

Zum Geleit

Zu Beginn der Renaissance wurden tragbare, federbetriebene Uhren zu einem Luxus, auf den kein Mensch von Ansehen verzichten konnte. Diese ersten mechanischen Uhrwerke, verziert mit Gravuren und Ornamenten, wurden nicht nur zum Symbol des eigenen Status, sondern ein Emblem der frühen Ingenieurskunst. Bis heute ist die technische Mechanik der Königsweg, um einen reibungslos funktionierenden Zeitmesser zu erschaffen: Präzision, hervorragende Kenntnisse der Materie und der Wille zum technischen Fortschritt zeichnen die in diesem Buch vorgestellten Armbanduhren aus. Um sprichwörtlich »mit der Zeit zu gehen« und der nächsten Generation an Visionären den Weg zu ebnen, setzen wir an der Technischen Universität München (TUM) auf Interdisziplinarität, Talentförderung und Spitzenleistungen in Forschung und Lehre. Unser Erfolg gibt uns dabei recht: Die TUM ist Exzellenzuniversität, zählt zu den besten Universitäten in Europa und ist weltweit verbunden durch starke Allianzen mit wissenschaftlichen Einrichtungen und Unternehmen. Dabei richten wir unser Handeln stets an den Werten, Bedürfnissen und Erwartungen der Gesellschaft aus. Dieser Leitgedanke durchdringt die Forschung, Innovation und Lehre »Made at TUM«.

– Präsident Thomas F. Hofmann –

Abb. 720

16. Physikalische Grundlagen zur Ganggenauigkeit von Armbanduhren

Von Dr. rer. nat. Gerhard R. Thoma

16.1 Einführung

In den fünfziger und sechziger Jahren galt es als ungeschriebenes Gesetz, dass eine Armbanduhr umso genauer ging, je höher ihr Anschaffungspreis war. Nach dem Siegeszug der Quarzuhr und der Funkuhr gilt diese Regel heute jedoch nicht mehr. Dennoch üben die mechanischen Uhrwerke auch heute noch eine Faszination aus, der sich nur wenige Menschen entziehen können. Eine Armbanduhr, die man erst nach 14 Tagen stellen muss, weil sie eine Gangabweichung von einer Minute aufweist, stellt aus mechanischer Sicht ein Meisterwerk an Präzision dar, die von keinem anderen mechanischen Gerät in Kundenhand jemals erreicht wurde.

Eine Gangabweichung der genannten Größe bedeutet einen zu schnellen oder zu langsamen Gang von ca. 5 sec. pro Tag. Das Genauigkeitsproblem einer Uhr liegt darin, dass sie ständig weiter läuft, also nicht wie bei einer Stoppuhr nach der Zeitangabe wieder auf Null zurückgesetzt wird, und sich somit der »Zeitmessfehler« immer weiter addiert. Hinzu kommt die Möglichkeit, die Gangabweichung jederzeit problemlos kontrollieren zu können.

Ein Tag hat 86.400 Sekunden, die Abweichung von 5 sec./Tag entspricht also 0,006%. Der Wegstreckenzähler in einem Premiumauto hat dagegen eine Genauigkeit von +3%. Mehr ist auch nicht sinnvoll wegen der Reifenabnutzung. Wenn also der Wegstreckenzähler 100 km anzeigt, ist das Auto in Wirklichkeit nur 97,087 km gefahren. Nur merkt man das nicht. Eine Armbanduhr mit dieser Genauigkeit hätte eine tägliche Gangabweichung 2.592 sec./Tag, also 45 min./Tag.

Ein anderes Beispiel ist der Antriebsmotor eines leistungsstarken Automobils. Fahrzeugmotoren mit 300 PS Nennleistung, gefertigt nach den exaktesten Methoden, können Unterschiede von bis zu 7 % in der Leistung aufweisen. In der Praxis entspricht dieser Unterschied der Leistung eines Kleinwagenmotors, z. B. im Trabant. Würden die Motoren die Genauigkeitsanforderungen wie die oben genannte Armbanduhr aufweisen, so würden die Streuung zwölf Watt betragen, das ist der Antrieb einer Modelleisenbahnlok.

Jedes Bauteil einer mechanischen Uhr muss also mit einer außerordentlichen Präzision gefertigt werden, um eine Genauigkeit von 0,006 % zu erreichen. Im Folgenden soll erklärt werden, mit welchen Problemen ein Uhrmacher zu kämpfen hat, und mit welchen Mitteln ein jahrhundertealter Mechanismus eine solche Perfektion erreichen konnte.

16. 2 Die Unruhfeder

Das Uhrwerk ist technisch gesehen ein geschwindigkeitsgeregeltes, intermittierend arbeitendes Federlaufwerk. Die Aufzugsfeder stellt die Antriebsenergie zur Verfügung, um die zahlreichen Zahnräder für die Zeiger und die mechanischen Vorrichtungen, z. B. zum Datumswechsel oder Wochentaganzeige, betreiben zu können. Die in ihr gespeicherte Energie bestimmt die »Gangreserve«, also wie lange die Uhr ohne einen erneuten Aufzug betrieben werden kann.

Das Herzstück der Armbanduhr, das die Drehgeschwindigkeit der Zeiger festlegt, ist die Unruh oder Reglage. Sie bildet einen Torsionsschwinger, bestehend aus einer flachen Spiralfeder und einem kleinen Schwungrad, dem Unruhkranz. Diese Anordnung sollte eine harmonische Schwingung erzeugen, die entweder an den Endamplituden oder beim Nulldurchgang mittels einer sogenannten Hemmung das Uhrwerk jedes Mal um ein kleines definiertes Stückchen weiterrücken lässt.

Eine harmonische Schwingung ist als »Taktgeber« der Uhr hervorragend geeignet. Sie erfüllt nämlich eine ganz wichtige Bedingung. Die Schwingungszeit T, also die Zeit die vergeht,

Abb. 721
Unruh mit vier Schenkeln, vier Mikrostella-Regulierschrauben und Breguet-Spirale mit aufgebogener Endkurve (Aufnahme Rolex).

Abb. 722
Reglage des Automatikwerks Kaliber 3035 von Rolex mit Unruh, Breguet-Spirale und Mikrostella-Schrauben. Die links gezeigte Breguet-Spirale ist hier eingebaut.

bis sich die Unruhe einmal hin und her gedreht hat, ist unabhängig von der Schwingungsamplitude. Gleichgültig, ob die Unruh sich um 270 Grad oder nur um 90 Grad dreht, die Zeit dafür bleibt immer konstant. Das nennt man den Isochronismus. Er ist entscheidend für die Ganggenauigkeit der Uhr, denn die Schwingungszeit T muss die eingangs erwähnte Präzision von 0,006 % aufweisen. Und das mindestens 345.600 Mal am Tag. Man müsste also »nur« eine perfekte harmonische Schwingung erzeugen, dann wäre man eigentlich theoretisch fertig. Aber eben nur theoretisch.
Die alles entscheidende Schwingungszeit einer harmonischen Schwingung beträgt

$$T = 2\pi\sqrt{\frac{J}{M}}$$

Da die Hemmung aber bei einer kompletten Schwingung den Gang zweimal freigibt, halbiert sich die Taktzeit zu

$$T = \pi\sqrt{\frac{J}{M}}$$

Das M beschreibt die Elastizität der Spiralfeder, das J das Trägheitsmoment der Schwungmasse, also des Unruhkranzes.
Damit jedoch eine harmonische Schwingung zustande kommt, muss die folgende grundlegende Bedingung erfüllt sein: Die Rückstellkraft der Spiralfeder muss exakt proportional zum Auslenkungswinkel sein. Ist dies nicht der Fall, dann ist der Isochronismus nicht gewährleistet, die Schwingungsdauer stimmt nicht. Die Genauigkeit von M muss deshalb mindestens 0,76% betragen. Dabei wiegt die aus dem Federdraht gebogene Spiralfeder nur ca. 2,5 mg. Das heißt, vierhundert Spiralfedern wiegen zusammen ein Gramm.

Die Elastizität der Spiralfeder berechnet sich zu:

$$M = \frac{E \times h \times s^3}{12 \times L}$$

Es bedeutet

E:	Elastizitätskoeffizient des Federmaterials	
h:	Breite der Feder	typisch 0,09 mm bis 0,2 mm
s:	Dicke der Feder	typisch 0,018 mm bis 0,055 mm
L:	Länge der Feder	typisch 210 mm

Besonders kritisch ist die Dicke s der Feder, da sie in die Elastizität M mit der dritten Potenz eingeht, d. h. minimale Änderungen lösen einen überproportionalen Effekt aus. Ist der Draht zu dick, läuft die Uhr zu schnell, ist er zu dünn, geht die Uhr nach. Weist der Draht Dickenschwankungen von 0,001 mm auf, ist der Isochronismus nicht mehr gewährleistet, die Spirale ist wertlos.
Aber damit nicht genug. Damit der Lauf wirklich isochron ist, muss die Spiralfeder bei ihrem Wechselspiel völlig symmetrisch wie ein sich aufblähen der Kreis arbeiten, sie muss »atmen«. Da sie in der Mitte vom Unruhkranz angetrieben wird, auf der äußeren Seite jedoch am unbeweglichen Spiralklötzchen befestigt ist, bewirken die Kräftevektoren eine Verschiebung des Schwerpunktes der Spirale, sie bläht sich nicht nur auf, sie schwingt als Ganzes sogar hin und her. Dadurch wird die Rückstellkraft der Spiralfeder nicht wie gefordert vollumfänglich zum Antrieb des Unruhkranzes, sondern auch teilweise zur Schwerpunktverlagerung der Spiralfeder verwendet, was die Ganggenauigkeit verschlechtert, da der Isochronismus verloren geht.

Teilweise Abhilfe schafft der Einsatz einer sogenannten Bréguet-Spirale. Bei ihr ist das normalerweise am Spiralklötzchen befestigte Ende der Spirale um- bzw. aufgebogen, so dass ihr Endpunkt nachgeben und damit die Schwerpunktverlagerung fast gänzlich vermieden werden kann. Die Herstellung einer Bréguet-Spirale erfordert mehr Aufwand und benötigt, wenn sie manuell hergestellt werden soll, viel Erfahrung und handwerkliches Geschick. Da man das abgebogene Ende der Spirale aus Platzgründen nur nach Innen verlegen kann, muss man es über die Spirale führen, was zu einer größeren Bauhöhe des Werkes führt.

Die geforderte Genauigkeit bei der Herstellung der Spirale hängt von der Güte der eingesetzten Werkzeugmaschinen ab, sie kann normalerweise gut genug beherrscht werden. Schwierig dagegen ist die Eliminierung der Temperaturabhängigkeit. Dabei denkt man zuerst an die temperaturbedingte dimensionelle Änderung der Bauteile. Wenn sich die Spirale in der Länge ändert, so läuft das Uhrwerk bei höheren Temperaturen langsamer, bei niedrigeren dagegen schneller. Da aber gleichzeitig die Dicke s mit der dritten Potenz ansteigt und die Dimensionsänderung in alle Richtungen isotrop ist, überwiegt der Einfluss der Dickenänderung, die Uhr würde bei Temperaturanstieg insgesamt schneller gehen.
Weit schwieriger zu beherrschen und von größerer Bedeutung ist die Temperaturabhängigkeit des Materials der Spirale. Der Elastizitätsmodul von metallenen Werkstoffen ändert sich mit der Temperatur, was jedoch im täglichen Gebrauch von metallenen Gegenständen bei Zimmertemperatur fast nicht wahrnehmbar ist. Bei der geforderten Präzision eines Uhrwerks spielen diese minimalen Änderungen jedoch eine entscheidende Rolle. Würde man z. B. die Unruhspirale aus Bronze oder Messing anfertigen, so würde eine Temperaturänderung von lediglich einem Grad C aufgrund der Änderung des Elastizitätsmoduls des Werkstoffes eine Gangabweichung des Uhrwerks von bereits zehn Sekunden pro Tag bedeuten.
So ist es nicht verwunderlich, dass den Materialeigenschaften des Unruhdrahts eine wesentliche Bedeutung zukommt. Die Materialzusammensetzung gehört daher auch zu den bestgehüteten Geheimnissen der Uhrenindustrie. Die am häufigsten eingesetzte Legierung heißt Nivarox (nicht variabel, nicht oxidierend) und besteht aus Eisen, Nickel, Chrom, Beryllium und weiteren Elementen in geheimem Mischungsverhältnis. Bei Einsatz einer Nivarox-Spirale beträgt die Gangabweichung nur noch eine halbe Sekunde pro Grad C und Tag.
Hersteller der Nivarox-Spiralen ist die schweizerische Firma Nivarox-FAR, die ca. 95% aller schweizerischen Uhren mit ihren Spiralen ausrüstet. Der Grund dafür ist einleuchtend. Die minimale Menge an Nivarox, die man einer Metallschmelze abnehmen muss, beträgt 350 kg. Das reicht für 280.000.000 Unruhspiralen. Der Materialpreis pro Spirale würde 0,2 € Cent betragen. Die Herstellungskosten und die Investitionen machen am Verkaufspreis daher den Löwenanteil aus. Durch ausgeklügelte industrielle Fertigungsmethoden und entsprechende Werkzeugmaschinen kann Nivarox-FAR eine Unruhspirale zu einem einstelligen Eurobetrag anbieten. Für einen Uhrenhersteller, der ca. 10.000 Einheiten baut, lohnt sich eine Eigenfertigung nicht.
Zum Leidwesen der Traditionalisten kommen in der Haute Horlogie in den letzten Jahren immer mehr neuere High Tech Werkstoffe zum Einsatz, die eher in der Elektronik- oder Raumfahrtindustrie Anwendung finden. Einer davon ist Silizium, ein vor allem aus der Halbleitertechnik wohlbekannter Werkstoff. Silizium ist spezifisch leicht, extrem hart, nicht ferromagnetisch, weitgehend verschleißfrei und gleitet wegen einer außerordentlichen glatten Oberfläche besonders leicht, weshalb nur sehr weniger Schmiermittel notwendig ist. Es ist auf den ersten Blick ein idealer Werkstoff zur Herstellung von Unruhfedern. Das Herstellungsverfahren hat mit der klassischen Unruhfederherstellung keine Gemeinsamkeiten mehr, was bei älteren Fachleuten teilweise für Skepsis sorgt. Anstelle des aufwendigen Ziehverfahrens des Nivarox-Drahtes mit anschließender Wicklung kommt das aus der Halbleiterfertigung gebräuchliche Ätzverfahren zum Einsatz. Grundlage ist ein hauchdünner Siliziumwafer aus dem die Spirale herausgeätzt wird. Dies eröffnet vollkommene neue Gestaltungsmöglichkeiten, da die Spirale bereits mit Anbauteilen aus einem Stück gefertigt werden kann (Abb. 713).

Abb. 723
Siliziumspirale einbaufertig.

Allerdings hat Silizium einen gravierenden Nachteil, der Elastizitätskoeffizient ist zu stark temperaturabhängig. Damit ist eine Spirale aus reinem Silizium nicht geeignet für eine Präzisionsuhr. Umfangreiche Werkstoffuntersuchungen, die an die Entwicklung der Metalllegierungen im vorigen Jahrhundert erinnern, haben ermöglicht, die Vorteile der Siliziumtechnik dennoch zu nutzen. Ein Verfahren besteht darin, die Oberfläche der Siliziumspirale leicht zu oxidieren. Es entsteht dann Siliziumoxid, bekannt als Quarz, das über einen extrem niedrigen Ausdehnungskoeffizient verfügt. Man hat die Unruhspirale praktisch »glasiert« und kombiniert damit die Vorteile von

Abb. 724
Silizium-Wafer (Aufnahme Rolex).

Silizium mit dem Ausdehnungskoeffizienten von Quarzglas. Je weiter sich die Herstellung der Bauteile vom klassischen Uhrenhandwerk entfernt und Materialien und Verfahren aus der Halbleiterindustrie zum Einsatz kommen, muss man die Frage stellen, wozu dies letzten Endes führen wird. Vielleicht gleich zur Quarzuhr?

16.3 Die Schwungmasse, der Unruhreif

Zu einem Torsionsschwingssystem benötigt man neben einer Rückstellfeder auch eine Schwungmasse, damit das Wechselspiel zwischen Federspannungsenergie und Bewegungsenergie stattfinden kann. Die Schwungmasse hat ein Trägheitsmoment,

$$J = \frac{1}{2} \times m \times \left(r_1^2 + r_2^2\right)$$

r_1 Innenradius und r_2 Außenradius des Unruhreifs, m = Gesamtmasse des Unruhreifs

berechnet. Man sieht, dass das Trägheitsmoment quadratisch zunimmt, je weiter die drehende Masse vom Mittelpunkt entfernt ist.
Bei der Herstellung ist vor allem auf das sorgfältige Auswuchten der Unruh zu achten. Ist dies nicht der Fall, so entstehen bei Senkrechtstellung aufgrund der Schwerkraft Pendelkräfte, je nachdem, ob sich die Unwucht nach oben oder nach unten bewegt. Hinzu kommt die richtige Wahl der Schwingungsfrequenz. Wenn die Uhr beim Tragen mehrfach hin und her bewegt wird, der Träger z. B. in einem Topf rührt, dann kann sich diese äußere Bewegung zur Bewegung der Unruh addieren, wenn beide in etwa im gleichen Frequenzbereich liegen. Deshalb versucht man die Unruh möglichst mit hoher Frequenz schwingen zu lassen, um keinesfalls in den Bereich solcher Störungen zu kommen. Damit erhöht sich allerdings der Energieverbrauch und die Gangreserve wird dadurch geringer. Der Kompromiss liegt bei ca. fünf bis acht Halbschwingungen pro Sekunde.
Ähnlich wie die Spirale unterliegt auch der Unruhreif dem Einfluss von Temperaturschwankungen. Die Temperaturerhöhung bewirkt eine Ausdehnung des Massekranzes. Damit wird der Radius der Unruh größer, die Masse wandert weiter nach außen, das Trägheitsmoment wird aufgrund der quadratischen Abhängigkeit vom Radius größer und die Uhr geht nach. Unglücklicherweise überlagert sich das mit der Temperaturempfindlichkeit der Unruhspirale, die wegen der »Materialerweichung« bei höherer Temperatur ebenfalls einen Nachgang erzeugt. Bei einer Messingunruh und einer Stahlfeder addieren sich beide Effekte zu einer Abweichung von ca. zwölf Sekunden pro Grad und Tag.

Abhilfe sollte eine sogenannte Kompensationsunruh bringen Der geschlitzte Unruhkranz besteht aus zwei unterschiedlichen Materialien (Abb. 715), so dass ein Bimetalleffekt entsteht. Bei Erwärmung bewegen sie die freien Enden nach innen, verlagern einen Teil der Masse auf einen geringeren Radius und verringern so das Trägheitsmoment. Das soll die nachlassende Federkraft der Spiralfeder bei zunehmender Temperatur kompensieren. Die Justierung erfolgt durch Versetzen der Gewichtsschrauben in einen Bereich stärkerer oder schwächerer Verformung. Wie dabei allerdings die Auswuchtung erhalten bleiben soll, ist eines jener gut gehüteten Geheimnisse der Uhrmacherzunft. Ein Blick auf die Abhängigkeiten zeigt zudem, dass dies nur bedingt funktionieren kann. In die Formel für die Schwingungsdauer T gehen beide Werte für M und J unter der Wurzel ein. Damit die Schwingungsdauer konstant bleibt, müssen sich Zähler und Nenner im gleichen Maße verändern.

Abb. 725
Kompensationsunruh mit geteiltem Unruhreif und 14 Schrauben.

$$T = \pi\sqrt{\frac{J}{M}} = \pi\sqrt{\frac{12 \times L \times m \times r^2}{E \times s^3 \times h}} \quad \rightarrow \quad T \sim \frac{r}{\sqrt{E}}$$

m = Masse des Unruhkranz, r = Mittelwert Radius Unruhkranz, L = Längen der Spiralfeder, s = Dicke der Spiralfeder, h = Breite der Spiralfeder, E = E-Modul der Spiralfeder

Da sich aber das Trägheitsmoment mit dem Quadrat des Radius verändert, ergibt sich eine lineare Abhängigkeit der Schwingungszeit vom Radius, in diesem Fall eine Verringerung, während sich der Elastizitätsmodul der Feder als Wurzelfunktion verringert. Eine gerade und eine konkave Linie kann man nicht zur Deckung bringen, sie schneiden sich bestenfalls an zwei Stellen; d. h. bei nur maximal zwei festgelegten Temperaturen funktioniert die Kompensationsunruhe. Die Uhrmacher nennen diesen mathematisch trivialen Sachverhalt den »Sekundärfehler der Spiralfeder«.

Bei Armbanduhren heutiger Produktion werden keine Kompensationsunruhen mehr verwendet. Die Nivarox-Spirale in Verbindung mit einem speziellen Material für den Unruhkranz erlaubt monometallische Exemplare zu fertigen. Durch sorgfältige Auswahl der Bauteile, dem sogenannten Klassifizieren, werden die betreffenden Partner so kombiniert, dass sich die Fertigungstoleranzen weitgehend ausgleichen und so die Ganggenauigkeit optimiert wird. Die Gangabweichung liegt dann theoretisch bei ca. 0,5 Sekunden pro Grad C und Tag.

16.4 Die Schmierung der Uhr

Eine ideale harmonische Schwingung ist technisch nicht darstellbar. Wegen der stets auftretenden Reibungskräfte kommt jede Schwingung ohne Energiezufuhr nach mehr oder weniger kurzer Zeit zum Stillstand. Anstelle einer harmonischen Schwingung die die Formel

$$A(t) = A_0 \times sin\left(\frac{2\pi \times t}{T}\right)$$

beschreibt, findet eine gedämpfte harmonische Schwingung statt, die der Formel

$$A_d(t) = A_0 \times e^{-\delta \times t} \times sin\left(\frac{2\pi \times t}{T}\right)$$

gehorcht. Das Dämpfungsglied $e^{-\delta \times t}$ mit dem Abklingkoeffizient δ führt zu einem stetigen Abfall der Amplitude A(t); die Schwingungsamplitude wird bei jeder Schwingung also ein bisschen kleiner. Dieser Verlust wird der Unruh bei jedem Nulldurchgang von der Hemmung wieder zugeführt. Wenn genügend Energie zur Verfügung steht, bleibt dadurch die Schwingungsamplitude praktisch konstant. Die Energie muss vom Federwerk der Uhr bereitgestellt werden, dessen Spannkraft gegen Ende der Gangreserve allerdings deutlich nachlässt. Dadurch ist der kleine Impuls, den die Unruh im Nulldurchgang erhält, nicht mehr ausreichend und die Amplitude wird zwangsläufig immer kleiner. Wird das Federwerk nicht beizeiten aufgezogen, bleibt die Uhr schließlich stehen.

Wegen der sich dadurch ändernden Schwingungsamplitude ist der Isochronismus, d. h. die Unabhängigkeit der Schwingungszeit von der Amplitude so enorm wichtig. Wäre dies nicht der Fall, so würde die Ganggenauigkeit extrem von der Restspannung der Aufzugsfeder abhängen. Der Isochronismus, den eine harmonische Schwingung aufweist, tritt glücklicherweise auch bei einer gedämpften Schwingung auf.

Dafür kommt eine neue Schwierigkeit hinzu. Wenn man die Schwingungsdauer T_c einer gedämpften Schwingung korrekt berechnet, so stellt man fest, dass sie vom Abklingkoeffizient δ abhängt.

$$T_d = \pi \times \sqrt{\frac{J}{M}} \times \frac{1}{\sqrt{1-\left(\frac{\delta}{\omega_0}\right)^2}} = \frac{T_0}{\sqrt{1-\vartheta^2}}$$

T_0 ist die Schwingungsdauer der ungedämpften, harmonischen Schwingung.

Die Schwingungsdauer T_d der gedämpften Schwingung wird größer, d. h. die Uhr geht nach.

$\vartheta = \dfrac{\delta}{\omega_0}$ ist der Dämpfungsgrad,

ω_0 ist die Frequenz der ungedämpften Schwingung.

Wegen der notwendigen Schmierung ist der Dämpfungsgrad zeitlich nicht konstant und für dieses Problem gibt es keine zufriedenstellende technische Lösung. Das Lager der Unruh und die Hemmung müssen geschmiert werden, um einen verschleißfreien Gang der Unruh zu gewährleisten. Die Viskosität des Schmiermittels bestimmt die Höhe des Dämpfungsgrad und damit direkt die Gangabweichung. Das Schmiermittel sollte daher keine merkliche Viskositätsänderung in Abhängigkeit von der Temperatur aufweisen. Bei Alterung des Schmiermittels können Verharzungen durch Oxidation durch den Luftsauerstoff auftreten oder leichtflüchtige Bestandteile können migrieren. Beides verlangsamt den Uhrengang.

Das ideale Schmiermittel muss also alterungsbeständig sein und gleichzeitig eine temperaturunabhängige Viskosität aufweisen. Dieses Schmiermittel wurde bisher leider noch nicht entwickelt. Ein Grund dafür könnte sein, dass eine mittelgroße Uhrenmanufaktur davon lediglich einige Kilogramm pro Jahr benötigt und damit die Entwicklung für die chemische Industrie nicht erste Priorität hat.

Erschwerend kommt hinzu, dass beim Betrieb der Uhr aufgrund von Verschleiß feinster Staub entsteht, der für die extrem feinen Lager tatsächlich »Sand im Getriebe« darstellt. Hauptverursacher für den Abrieb ist der automatische Aufzugmechanismus,

der über verschiedene Hebel und Zahnräder die Spannung für die Antriebsfeder herstellt und dabei relativ hohe Kräfte überträgt. Die Uhrenindustrie begegnet diesem Problem durch verstärkten Einsatz von keramischen Werkstoffen, die zum einen weniger Schmierung benötigen und anderseits nur minimalen Abrieb erzeugen sollen.
Damit die am Anfang genannte Präzision von 0,006 % dauerhaft erhalten bleibt, muss daher die Uhr spätestens alle vier bis fünf Jahre zur Revision ins Herstellerwerk eingesandt und dort sorgfältig gereinigt, neu geölt und wieder feinjustiert werden. Dies ist mit nicht unerheblichen »Cost of ownership« verbunden.

16.5 Die Abhängigkeit vom Luftdruck

Eine weitere Reibungskraft, die den Lauf der Uhr beeinflussen kann, ist der Luftwiderstand der Unruh bei der Drehbewegung. Hierbei denkt man zuerst an die Abhängigkeit vom Luftdruck. Diese Abhängigkeit kann durch hermetische Abdichtung des Gehäuses, die für die Wasserdruckdichtigkeit sowieso benötigt wird, praktisch eliminiert werden. Die täglichen Luftdruckänderungen, selbst wenn man vom Flachland in die Berge fährt sind stets viel kleiner als eine Atmosphäre, was der Wassertiefe von zehn Metern entspricht.

Es lohnt sich dagegen, einmal in das Innere der Uhr zu blicken. Für den Luftwiderstand gilt allgemein die folgende Formel:

$$K_L = \frac{1}{2} \times c_x \times F \times \rho \times v^2$$

F = Stirnfläche , c_x = Luftwiderstandsbeiwert,
ρ = Dichte der Luft, v = Geschwindigkeit

Da Stirnfläche und Luftwiderstandsbeiwert nicht variabel sind, fassen wir die Formel zu

$$K_L = C_1 \; x \, \rho \; x \, v^2$$

zusammen.

Für die Geschwindigkeit oder Schnelle einer harmonischen Schwingung $A(t) = A_o \, x \sin(\omega t)$ gilt

$v(t) = A_0 x \cos(\omega t) \, x \, \omega$ und damit für den Luftwiderstand der Unruh

$$K_L = C_1 \; x \; \rho \; x \; A_0^2 \; x \; \omega^2 \; x \; (\cos(\omega t))^2$$

Der Luftwiderstand ist also vom Quadrat der Amplitude und der Schwingfrequenz abhängig. Das ist dann kritisch, wenn sich die Amplitude aufgrund nachlassender Aufzugsfederspannung verändert. Die Sache wird komplex: Eine kleinere Amplitude hat sofort einen kleineren Luftwiderstand zur Folge. Damit würde die Frequenz ansteigen, da die Frequenz von der Dämpfung abhängt. Die höhere Frequenz hat aber sofort wieder einen höheren Luftwiderstand zur Folge, was den Gang der Uhr wiederum bremst. Die beiden gegenseitigen Effekte halten somit die Gangabweichung in Grenzen. Allerdings kommt eine Schwierigkeit hinzu. Der Isochronismus einer gedämpften Schwingung kommt nur zustande, wenn die Dämpfung proportional der Geschwindigkeit, hier der Schnelle, ist. Beim Luftwiderstand überlagert sich der Proportionaldämpfung eine Dämpfung, die quadratisch von der Schnelle abhängt. Dies stört prinzipiell den Isochronismus.
Aus physikalischer Sicht bietet sich daher eine andere Lösung an: Der Unruhkranz besteht aus einem Torus, der mit der Achse nicht durch Speichen, sondern durch eine dünne Fläche verbunden ist. Dadurch wird bei der Drehung keine Luft bewegt, und somit fällt die quadratische Abhängigkeit von der Geschwindigkeit weg. Es bleibt eine laminare Umströmung, deren Widerstand nur von der Viskosität der Luft und deren Dichte abhängt und die proportional der Geschwindigkeit ist. Deshalb tritt keine Störung des Isochronismus auf und die Welt ist wieder in Ordnung.
Auch der Energiebedarf einer Schwingung, der sich zu

$$E = \frac{4}{3} \times A_0^3 \times \omega^3 \times \rho \times C_1$$

ergibt, würde sich beträchtlich verringern, was der Gangreserve zu gute kommen würde.

16.6 Die Feinjustierung der komplettierten Uhr

Über 90% aller schweizerischen Uhrwerke sind mit einer Hemmungsgruppe, d. h. Unruhspirale, Unruh, Anker und Ankerrad, der Fa. Nivarox-FAR ausgerüstet. Je nach gewünschter Qualität werden Standard-Unruhen exécution normalisée zu ca. 12 CHF/Stück und Chronometer Unruhen exécution chronomètre zu ca. 24 CHF/Stück geliefert. Weshalb die Uhrenhersteller dem Endkunden als Ersatzteil für eine Hemmungsgruppe bis zu CHF 1200.– berechnen, wird wohl auch weiterhin ein Fabrikationsgeheimnis der eidgenössischen Uhrenindustrie bleiben.
Die von Nivarox-FAR gelieferten Hemmungsgruppen weisen alle eine einigermaßen einheitliche Gangabweichung von -120 sec/d auf. Sie werden beim Uhrenhersteller nach der Komplettierung einer Feinjustierung unterzogen. Da die meisten Uhrwerke die gleiche Hemmungsgruppe aufweisen, ist es nicht verwunderlich, dass, wie ein aufwendiger Tragetest bewiesen hat, die Gangunterschiede zwischen den einzelnen Exemplaren eines Herstellers genau so groß sind wie die zwischen den Herstellern untereinander.
Die Feinjustierung einer Armbanduhr ist ein extrem zeitraubender Arbeitsschritt bei der Fertigung einer Präzisionsuhr. Der Grund liegt in der Lageabhängigkeit des Gangs. Je nach Lage der Uhr, man unterscheidet normalerweise sechs, werden die Lager unterschiedlich belastet, die Lagerreibung ist nicht in allen Ebenen gleich und so entsteht ein von der Lage abhängiger Dämpfungsgrad. Damit ändert die Uhr ihren Gang je nach Lage. Die Kunst besteht nun darin, einen praxisnahen Kompromiss für die Mehrzahl der Uhrenträger zu finden, bei dem sich die

Gangunterschiede im täglichen Gebrauch der Uhr möglichst kompensieren.
Seit Anfang des neunzehnten Jahrhunderts gibt es für dieses Problem eine teilweise Abhilfe. Damit wenigstens die Lageabhängigkeit in einer Ebene vermieden werden kann, wurde das Tourbillon entwickelt (Abb. 716). Man baut die Hemmungsgruppe, also Unruh, Unruhfeder, Anker und Ankerhemmung in einen Käfig, der sich in der Zeigerebene drehen kann und vom Sekundenrad angetrieben wird. Mit dem Sekundenzeiger dreht sich der Käfig einmal in der Minute um die Zeigerachse. Damit ist die Lageabhängigkeit in der Zeigerebene vermieden, da der Käfig keine bevorzugte Lage einnehmen kann. Ursprünglich wurde das Tourbillon für Taschenuhren entwickelt, weil diese Art von Uhren immer senkrecht und mit der Krone nach oben getragen wird und sich somit der Käfig immer nur um die horizontale Achse dreht. Für eine Armbanduhr, die beim Tragen dauerhaft keine bevorzugte Lage einnimmt, ist das Tourbillon deshalb eher eine technische und meist auch optische Raffinesse. Tourbillons sind technisch sehr aufwendig zu fertigen und dazuhin schwierig zu warten, wobei der Gewinn an Genauigkeit in keinem Verhältnis zum Aufwand steht.

Die Möglichkeiten der Feinjustierung sind allerdings recht beschränkt.

Die harmonische Schwingung hat eine Schwingungszeit

$$T = \pi \times \sqrt{\frac{J}{M}},$$

man kann also nur J und M verändern, um die Schwingungszeit zu beeinflussen. Die Elastizität der Feder ist durch

$$M = \frac{E \times h \times s^3}{12 \times L}$$

gegeben. Verändern kann man nur die Länge L, die anderen Größen sind bei der fertigen Feder nicht mehr justierbar. Die Längenänderung wird mit Hilfe eines sogenannten Rückers vorgenommen (Abb. 717). Hier wird einfach das hintere Ende der Feder zwischen zwei bewegliche Stifte eingeklemmt und so die wirksame Länge L verändert. Damit ändert sich reziprok die Elastizität, die Schwingungsdauer ändert sich proportional zur Wurzel $T \sim \sqrt{L}$.

Die andere Möglichkeit besteht in der Veränderung des Trägheitsmoments J. Das Trägheitsmoment berechnet sich physikalisch zu:

$$J = \int r^2 \times dm$$

Für eine punktförmige Masse m mit dem Radius r von Rotationspunkt ergibt sich

$J = m \times r^2$ und für einen Unruhkranz $J_u = \frac{1}{2} \times m\,(r_1^2 + r_2^2)$

Auf den ersten Blick wäre es naheliegend, die Gesamtmasse

Abb. 726
IWC Portugieser mit Tourbillon.

m des Unruhschwingers zu verändern, z. B. durch Anbringen oder Entfernen von zusätzlichen kleinen Gewichten, ähnlich wie beim Auswuchten der Räder eines Automobils. Der Nachteil besteht darin, dass dies nicht kontinuierlich erfolgen kann, sondern eben nur in den gewählten Masseeinheiten. Bei Uhren der oberen Preisklasse geht man daher einen anderen eleganteren Weg. Man lässt die Gesamtmasse konstant und verändert den Abstand von kleinen Teilmassen vom Mittelpunkt.

In der Praxis benutzt man dazu sogenannte Masselotte-Gewichte (Abb. 718). Auf dem Unruhkranz sind halbkreisförmige kleine horizontal drehbare Massen angeordnet. Man kann den Halbkreis so drehen, dass er nach außen zeigt; das Trägheitsmoment, das eine Integration aller Massen darstellt, würde dadurch größer, weil die kleinen Zusatzmassen auf einem größeren Radius drehen. Das Uhrwerk würde langsamer gehen. Der Vorteil ist nun, dass man alle Positionen zwischen der Masselotte- Drehung nach außen und der gänzlichen Drehung nach innen einstellen und damit das Trägheitsmoment J kontinuierlich verändern kann.

Abb. 727
Unruhkloben mit Rücker, Mikrometerschraube und Schwanenhalsfeder, rechts die Stoßsicherung vom Typ KIF, von einem Kaliber K 1071 des Herstellers Vacheron & Constantin aus den 60er Jahren.

16.7 Ergebnis des Tragetests

Neuzeitliche Fabrikationsmethoden haben in den letzten Jahrzehnten auch in der Uhrenindustrie Einzug gehalten. Mithilfe modernster, numerisch gesteuerter Werkzeugmaschinen ist es laut Aussage des Generaldirektors eines namhaften schweizerischen Uhrenherstellers gelungen, eine hochpräzise Fertigungsgenauigkeit darzustellen, die zu einer dramatischen Reduzierung der Gangabweichung führen kann. Hinzu kommt die Verarbeitung von synthetischen Materialien, die durch geringere Abnutzung diese Gangpräzision über einen längeren Zeitraum gewährleisten sollen. Sorgfältige Qualitätskontrollen mit z.T. für die Uhrmacherzunft neuartigen optischen Messgeräten können bereits minimale Toleranzen erkennen und bieten beim »Klassifizieren« einen enormen Vorteil. Würde ein Uhrenhersteller diese Möglichkeiten auch tatsächlich ausschöpfen, so müssten diese Vorteile für den Kunden auch in Form einer geringeren Gangabweichung zu beobachten sein.

Dieser Test wurde mit einer IWC Portugieser Ref. IW500114 Baujahr 2018 und einer IWC Ref. R 817 AD Baujahr 1969 durchgeführt.

Das Kaliber der IWC von 1969 galt zu seiner Zeit als eines der präzisesten Uhrwerke aus schweizerischer Produktion.
Der Vergleichstest wurde über einen Zeitraum von 16 Tagen durchgeführt.
Gemessene Gangabweichung nach 16 Tagen (1.382.400 sec):
1. IWC Portugieser (Baujahr 2018), Abweichung 108 sec, d. h. 6,8 sec/Tag
2. IWC Ref. R 817 AD (Baujahr 1969), Abweichung -1 sec, d. h. -0,09 sec/Tag

Dies sind die für den Träger relevanten Daten, denn sie zeigen, wie oft die Uhr gestellt werden muss. Wenn die Abweichung von einer Minute gerade noch toleriert werden kann, so muss die IWC Portugieser alle sieben Tage, also einmal pro Woche gestellt werden. Die IWC von 1969 zeigte praktisch keine Gangabweichung und übertraf damit sogar die einer Quarzuhr. Fortschritt?
Ein weiteres, für den Kunden eher zweitrangiges Qualitätsmerkmal ist die Stabilität des Ganges. Das Uhrwerk hat nicht immer einen gleichmäßigen Lauf, da dieser durch die in den vorigen Kapiteln gezeigten Umweltbedingungen beeinflusst wird. Tatsächlich gleichen sich diese Schwankungen jedoch wie beabsichtigt teilweise wieder aus.
Die Ergebnisse wurden nach statistischen Methoden errechnet, wobei der Industriestandard von 95% Wahrscheinlichkeit herangezogen wurde.

Gangabweichung IWC Portugieser:
Abweichung total über die Laufzeit:
5,4 sec/Tag ≤ 7,1 sec/Tag ≤ 8,8 sec/Tag
Abweichung beim Tragen:
3,5 sec/Tag ≤ 5,4 sec/Tag ≤ 7,3 sec/Tag
Abweichung beim Liegen:
5,7 sec/Tag ≤ 8,2 sec/Tag ≤10,6 sec/Tag
(zum Verständnis der Aussage: Die Gangabweichung liegt mit einer Wahrscheinlichkeit von 95 % z. B. zwischen 5,4 sec/Tag und 8,8 sec/Tag)

16.8. Lageabhängigkeit

Zifferblatt oben: 6,2 sec/Tag ≤ 8,2 sec/Tag ≤10,2 sec/Tag
Zifferblatt unten: Durchschnitt ca. 11 sec/Tag*)
Krone unten : Durchschnitt ca. 16,8 sec/Tag*)
Krone nach vorn: Durchschnitt ca. 7,1 sec/Tag*)
*) zu kleine Datenmenge

Gangabweichung IWC Baujahr 1969:
Abweichung total über Laufzeit
-1,9 sec/Tag ≤ -0,07 sec/Tag ≤ 1,7 sec/Tag

Abb. 728
Ausschnit einer Unruh mit Masselotte-Gewichten.

Abb. 729
IWC Automatik Ref. R 817 AD in Edelstahl mit Automatikkaliber C. 8541 B, eine sehr wertvolle und höchst seltene Sammleruhr.

Gangreserve:
IWC Portugieser Ref. IW500114: Laufzeit ohne Aufzug 6 Tage. Keine Beeinflussung der Gangabweichung
IWC Ref. R 817 AD: Stillstand nach 36 Stunden
Aufzugseffizienz: IWC Portugieser gewinnt pro Tag 1,5 Tage an Gangreserve, d. h. sie ist bei täglichem Tragen immer mit sieben Tage Gangreserve aufgezogen.

16.9 Qualitätseindruck

IWC von 1969 ohne negativen Befund.
IWC Portugieser Datumswechsel wird beanstandet: Datumswechsel ohne Schnellschaltung. D. h. der Datumswechsel beginnt bereits ab 23.30 Uhr und ist teilweise um 10.00 Uhr des folgenden Tages noch nicht vollkommen abgeschlossen. Das neue Datum steht nicht mittig im Fenster. Erst durch Anklopfen an die Uhr schnellt die Datumsanzeige in die Endstellung.

Abb. 730
IWC Automatik Ref. IW500114 mit Datumsanzeige und 7 Tage Gangreserve, eine der Testuhren.

Vermutlich steht irgendwo ein kleiner Grat oder eine unebene Gleitbahn dem einwandfreien Datumswechsel im Wege. Irritierend bei einer Armbanduhr in der Preisklasse um 14 000 €. Wo bleibt die hochpräzise Qualitätssicherung?
Das Armband der Uhr vereinigt in sehr formschöner Art die Nachteile der Faltschließe mit denen der Dornschließe. Die Faltschließe ist dann nachteilig, wenn ein Träger relativ große Hände und dafür aber ein schmales Handgelenk hat. Das Anlegen der Uhr ist dann sehr mühsam. Die Verstellung der lichten Weite erfolgt über eine zusätzliche Dornschließe, deren Nachteil bereits beim ersten Tragen aufgefallen ist. Da die Faltschließe bei der neuen Uhr relativ schwergängig ist, hat sich beim Ablegen der Uhr aufgrund der Krafteinwirkung die Dornschließe gelöst und das Armband hat sich schlagartig auf der ganzen Länge geöffnet. Dabei wäre die nagelneue Uhr fast um Haaresbreite zu Boden gefallen.
Durch ihre enorme Höhe rutscht die Uhr beim Tragen ständig aus der Manschette hervor und gleitet nicht mehr von alleine zurück. Sie ist deshalb hervorragend geeignet zur sozialen Distanzierung, vorausgesetzt, das Gegenüber versteht etwas von Armbanduhren.

16.10 Zusammenfassung

Der Isochronismus ist der Schlüssel zur Ganggenauigkeit einer Armbanduhr. Nicht nur durch Fertigungstoleranzen, sondern vor allem auch durch äußere Einflüsse kann ein absolut perfekter Isochronismus nicht dargestellt werden. Dennoch ist es durch enorme Anstrengungen sowohl von der fertigungstechnischen Seite als auch von der Materialauswahl mit jahrhundertelanger Erfahrung den Uhrmachern gelungen, ein mechanisches »Wunderwerk« mit einer Präzision von 0,006% herzustellen. Obwohl es heute Quarzuhren gibt, die eine Zehnerpotenz höhere Ganggenauigkeit aufweisen, die als Wegwerfartikel gelten, schmälert dies nicht die Leistung der Uhrmacher. Gerade eine hochpreisige Uhr mit allen Komplikationen und feinsten Gravuren ist das ideale Produkt einer spätindustriellen Gesellschaft. Der Materialbedarf ist minimal, daher gibt es keine Rohstoffprobleme und daraus resultierende Umweltbelastung. Dagegen ist der handwerkliche Aufwand, der nicht maschinell darstellbar ist, enorm und sichert vielen Facharbeitern ihren Arbeitsplatz ohne großen Energiebedarf und ohne problematischen Abfall. Der Käufer erhält ein Präzisionsinstrument, das, wenn die Verarbeitungsqualität stimmt, ihm über lange Jahre Freude bereiten wird und einen Gegenpol zu unserer Wegwerfgesellschaft darstellt. In diesem Sinne ist der klassischen Uhrenindustrie für die Zukunft weiterhin viel Erfolg zu wünschen.
Hier noch unser Abschlussbild, High-Tech aus Schaffhausen.

Abb. 731
Hohe Uhrmacherkunst bezeugt diese IWC Ingenieur mit Ewigem Kalender und 68 Stunden Gangreserve. An den früheren erfolgreichen Pellaton-Antrieb errinern nur noch die nicht sehr innovativen Doppelklinken und das golden glänzende Automatikrad.

rexroth
A Bosch Company

FMS
MONTAGETECHNIK

Certified Excellence
rexroth
A Bosch Company

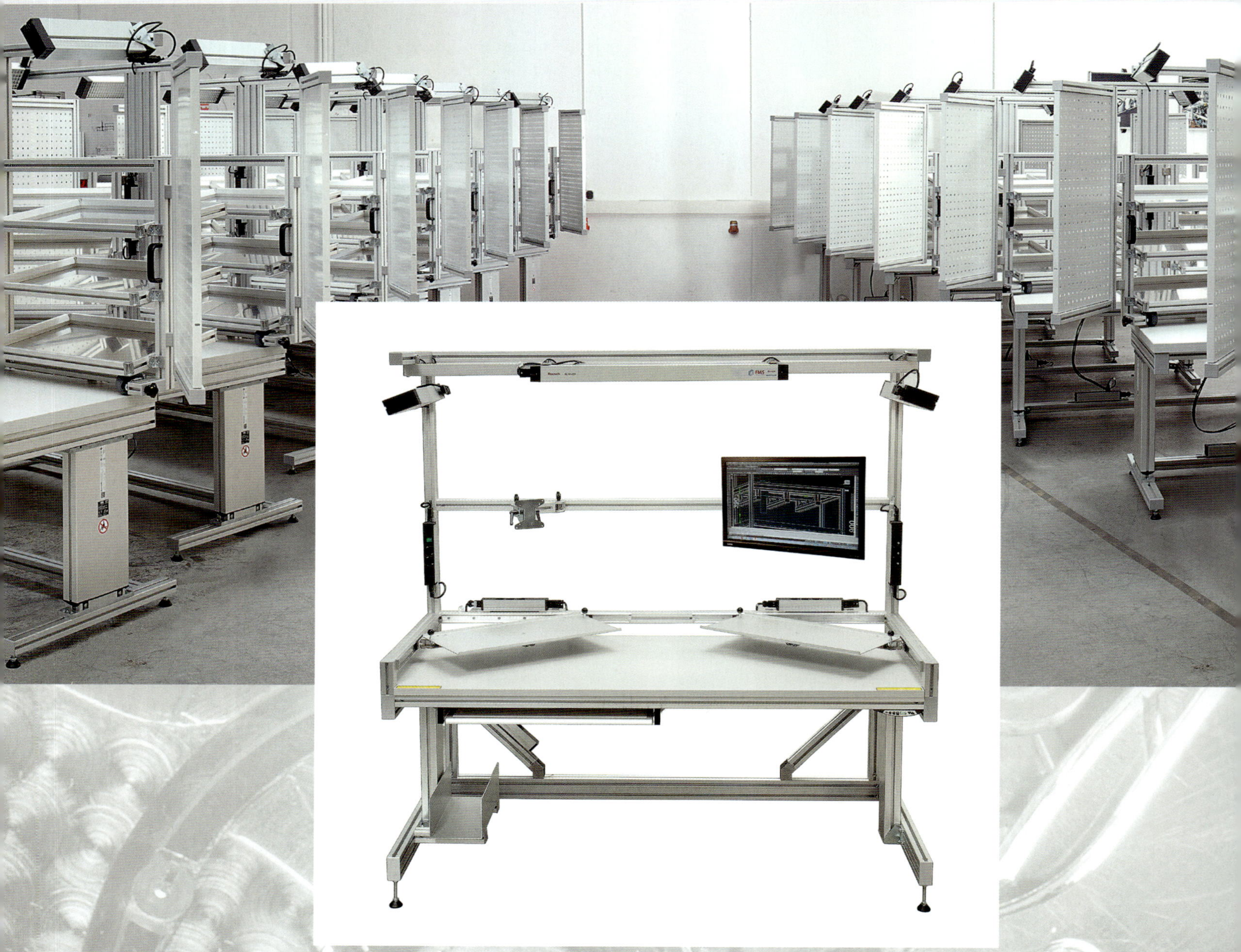

Abb. 732
Das Zusammenbauen von mechanischen Armbanduhren gilt stets als technisch hochkomplexer Prozess und erfolgt seit jeher noch per Hand, somit in manueller Montage. Nicht immer sind alle relevanten Kriterien für diese anspruchsvolle Tätigkeit zufriedenstellend beachtet und umgesetzt. Auch wenn bei manchen Herstellern die Uhrmachertische hochwertig aus Mahagoniholz bestehen und Besucher der Uhrenfertigung von dieser Einrichtung sehr beeindruckt sind, ist noch längst nicht sicher gestellt, dass alle wichtigen Voraussetzungen für eine gesamtwirtschaftlich erfolgreiche Produktion erfüllt sind. Oftmals bestehen bei den Themen Ergonomie, Montage-Ablaufsteuerung und Logistik diverse Lücken. Auch mangelt es häufig an erfolgversprechenden und innovativen Optimierungsideen.
FMS Montagetechnik GmbH befasst sich mit der Erarbeitung von solchen neuen Techniken und hat in den letzten Jahren hierzu über 16 Patente erworben. Als Vertriebspartner von Produkten der Montagetechnik ist FMS der Certified Excellence Partner von Bosch Rexroth AG für das Gebiet Südbayern. Oben rechts und links sind höhenverstellbare Handarbeitsplätze zu sehen, die mit dem hochergonomischen System EASY TOUCH ausgestattet sind. In der Mitte steht ein Handarbeitsplatz mit EASY TOUCH-System, ebenfalls höhenverstellbar. An diesem Arbeitsplatz werden sehr präzise Mess- und Kontrollaufgaben durchgeführt.
Für die Digitalisierung der Montage – auch in der Uhrenindustrie – stellt das EASY TOUCH-System eine bedeutende Zukunftskomponente dar, weil es im Gegensatz zu am Markt angebotenen Handarbeitsplatz-Systemen aufgrund seiner Funktion und Geometrie voll digitalisierbar ist (www.fms-montagetechnik.de).

17. Technische Hinweise - Aus der Sicht des Ingenieurs

Der Kauf einer Armbanduhr ist für die meisten Liebhaber eine emotionale Angelegenheit. Zifferblatt, Gehäuseform und Image spielen bei dem Entscheidungsprozess die Hauptrolle. Auch wenn man bei teuren Uhren oft durch den Glasboden ein schön verziertes Werk einsehen kann und dieses wohlwollend lobt, bleiben die meisten technischen Inhalte dem Betrachter verborgen.
Aus diesem Grund wird es für einen Freund schöner und wertvoller Armbanduhren durchaus wissenswert sein dürfen, wenn diese Zeitmesser auch einmal aus technischer Sicht betrachtet werden.

17.1 Die Ganggenauigkeit – Eine Königsdisziplin der Armbanduhr

Wie wir schon mehrfach erwähnt haben, handelt es sich bei einem Uhrwerk um eine Maschine, wenn auch um eine recht kleine.
Aus dieser Sicht sind auch die folgenden Betrachtungen und Untersuchungen zu sehen.

Zunächst ein Blick zurück:
In den 60er Jahren des letzten Jahrhunderts galt in der Uhrenindustrie die Firma OMEGA noch als unbestrittener Marktführer, auch vor Rolex.
Die Konstruktion der Uhrwerke erfolgte noch am Zeichenbrett, sehr übersichtlich und transparent. Platinen, Brücken, Kloben und andere Bauteile wurden meist mit Stanzwerkzeugen, auch Schnittwerkzeuge genannt, in Massen, aber hochpräzise produziert. Gerade die Fertigung dieser Schnittwerkzeuge erforderte besonders qualifizierte Werkzeugmacher, die weit höher bezahlt wurden als die in der Uhrenfertigung beschäftigten Fachleute.
Als Beweis für diese erfolgreiche Arbeitsweise dienen 100.000 Automatikwerke, 10.000 davon vom Kaliber 551 und 90.000 vom Kaliber 561, die im Jahr 1966 in einem Zug produziert wurden und alle lückenlos die Chronometerprüfung mit Auszeichnung bestanden haben. Dieser einzigartige Rekord von Serien-Ganggenauigkeit, ausgestellt am 28.02.1966 und unterzeichnet von Max Wyss, dem Präsidenten des Verbands der Schweizerischen Institute für amtliche Chronometerprüfungen, belegt das hohe Niveau der damaligen Konstruktionen, der präzisen Teilefertigung sowie der nahezu perfekten Uhrenmontage.

Auch wenn in der Uhrenindustrie heute die Konstruktion nur noch über CAD (Computer Aided Design) durchgeführt wird, bedeutet dies eine zeitgemäße, hilfreiche und technisch hochpräzise Arbeitsweise, aber längst noch nicht ein von Innovationen geprägtes, ideenreiches Schaffen! Denn besonders gute Einfälle lassen sich selbst bei gut ausgebildeten Ingenieuren nicht erzwingen und sind auch heute in einer von Technik bestimmten Welt immer noch Mangelware.

Als Alltagsuhr trägt der Verfasser gerne eine OMEGA Seamaster Chronometer Ref. 168 022 in Edelstahl. In dieser ist das Chronometerkaliber 564 eingeschalt. Mit 27,90 mm Werkdurchmesser, 5,05 mm Bauhöhe, 19.800 Halbschwingungen/h und rund 50 h Gangreserve kann dieses Kaliber bei der Ganggenauigkeit auch heute mit neuen Uhren, selbst mit denen des Hauses Rolex, mithalten.
Die aus dem Jahr 1967 stammende Präzisionsuhr wurde bei OMEGA in Biel revidiert und läuft in sechs Lagen mit einem Delta von 5,0 sec/Tag, also genauso gut wie eine parallel hierzu getragene, rund drei Jahre alte Rolex GMT-Master II. Trotz der 50 Jahre Altersunterschied laufen beide Uhren gleich gut.

17.2 Was tragen Konstruktion und Fertigungstechnik zur Ganggenauigkeit bei?

Im Kapitel »16. Physikalische Grundlagen zur Ganggenauigkeit von Armbanduhren« von Dr. rer. nat. Gerhard R. Thoma ist dieses Thema wissenschaftlich und umfassend behandelt.
Die folgenden Hinweise und Betrachtungen sind ohne direkte Verbindungen oder Zusammenhänge, sondern mehr oder weniger Zufallsprodukte, die dem Verfasser bei seinen zahlreichen Besuchen bei Schweizer Uhrenherstellern begegnet sind.
Zunächst wollen wir die Voraussetzungen für eine hochpräzise Fertigung beleuchten. Bei der Herstellung von Komponenten beginnen wir mit der spanabhebenden Bearbeitung, d. h. Fräsen, Drehen und Schleifen. Beim Fräsen werden durch zahlreiche

Fräswerkzeugtypen Flächen, Vertiefungen und Kurven hergestellt. Beim Drehen werden Wellen, Räder, Flansche und vieles mehr gedreht, was in runde Formen gebracht werden soll. Beim Schleifen werden mittels der Schleifscheibe hochpräzise Oberflächen erstellt.
Daneben gibt es noch elektroerosive Bearbeitungsverfahren, auch EDM (Electrical Discharge Machining) genannt. Werden besonders komplizierte Formen benötigt, die durch konventionelles Zerspanen nicht herzustellen sind, wird dieses Verfahren verwendet. Hierzu kommt noch der Vorteil, dass z. B. bei der Draht- und Funkenerosion die Materialhärte keine Rolle spielt. Eine wichtige Bedeutung kommt auch dem Lasereinsatz zu. Mit dem Laserstrahl kann man z. B. schneiden, schweißen und Material auftragen.
Ergänzend sei hier noch das spanlose Verformen genannt, wie z. B. das Tiefziehen von Nuten an einem Schraubboden eines Uhrengehäuses. Diese Technik kennen wir schon bei der OMEGA Seamaster Chronometer aus den 60er Jahren oder beim aktuellen Modell CLUB SPORT von NOMOS aus Glashütte. Auf diese Uhr werden wir später noch einmal eingehen.
Das Tiefziehverfahren hat man auch bei der Herstellung von Uhrengehäusen verwendet, wenn es besonders preiswert hergehen sollte. Als Beispiel zählt hier das Modell 5000 von Jaeger-LeCoultre, das auf Seite 117 vorgestellt wird.
Bei der heutigen Uhrenfertigung, insbesondere der Herstellung der Werke, haben überall Bearbeitungszentren Einzug gefunden. In diesen universell arbeitenden Maschinen kann vollautomatisch gedreht, gefräst, gebohrt und geschliffen werden. Sie können 24 Stunden pro Tag und sieben Tage die Woche ohne Unterbrechung arbeiten. Für diese permanent laufende Produktion muss nur noch an die Versorgung mit Material und den Abtransport fertiger Teile gedacht werden. Auch der Werkzeugwechsel läuft automatisch mit.
Bei der Teilefertigung können zwischenzeitlich Komponenten auf ein µ genau gefertigt werden, z. B. auf Bearbeitungszentren der Firma Kern Microtechnik in Eschenlohe, Oberbayern. Auch Rolex zählt zu den guten Kunden dieses Unternehmens.

Bei der Auflage von großen Serien spielen die Stanz- und Schnittwerkzeuge immer noch eine bedeutende Rolle, weil sie in der Lage sind, Komponenten in großen Stückzahlen preiswert und präzise herzustellen.
Somit kann es bei der heutigen Fertigungsqualität und der damit verbundenen Wiederholgenauigkeit bestimmt nicht mehr am Herstellungsprozess liegen, gute oder sogar herausragende Automatikwerke zu produzieren.

Die besonderen Inhalte und Eigenschaften, die einem automatisch arbeitenden Uhrwerk zu einem Spitzenplatz verhelfen, bestimmen demnach alleine Entwicklung und Konstruktion und damit letztendlich die verantwortlichen Ingenieure. Hier sei auf das Kapitel »13. Aktuelle Chronographen aus der Schweiz« auf Seite 331 verwiesen. Dort ist belegt, dass das Chronographenkaliber 4130 von Rolex zwar über die wenigsten Bauteile verfügt, aber in den Disziplinen Präzision, Gebrauchstüchtigkeit und Wartung jedoch am besten abschneidet.

17.3 Die neue Rolex SEA DWELLER Ref. 126600 mit neuem Kaliber 3235 und NOMOS CLUB SPORT NEOMATIC 42 Datum Ref. 781 mit Manufakturkaliber DUW 6101 Ein etwas ungewöhnlicher Vergleich

Es dürfte schon eine Herausforderung sein, ein Uhrenfabrikat zu finden, das es tatsächlich mit dem Marktführer aufnehmen könnte. Wenn man sich die jährlich herausgegebenen

Abb. 733
Rolex SEA DWELLER Ref. 126600, ein sehr gefragtes Modell.

Abb. 734
NOMOS CLUB SPORT Ref. 781. Eine eindrucksvolle Sportuhr aus Glashütte/Sachsen mit erstaunlich guten Gangwerten.

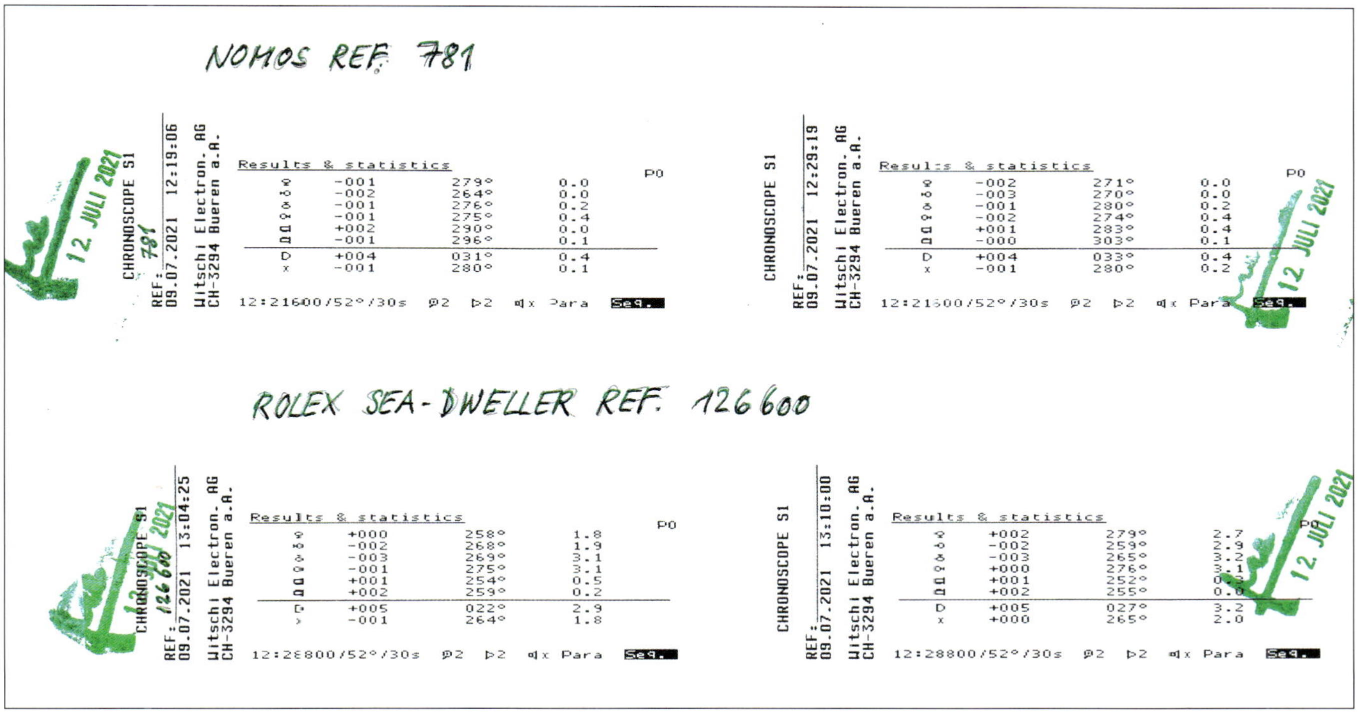

Abb. 735
Vergleich der Gangleistungen am Witchi-Messgerät zwischen Rolex SEA DWELLER Ref. 126600 und NOMOS CLUB SPORT Ref. 781. Wie man ersehen kann, laufen die zwei Uhren mit gleicher Präzision. Beide Automatokwerke wurden von Ingeneuren entwickelt und konstruiert.

Uhrenkataloge der deutschen Fachzeitschriften vornimmt und nachsieht, wie viele Fabrikate sich am Markt zwischenzeitlich tummeln, fällt es schon schwer, ein passendes Modell für diesen Vergleich zu finden. Bei dieser Suche nahm sich der Verfasser mehrere Uhrenhersteller vor, die auf dem Sektor der Entwicklung neuer Werke positiv aufgefallen waren. Bei den Bewertungskriterien Innovationshöhe, Ganggenauigkeit und pfiffige konstruktive Einfälle machte das neue Automatikwerk DUW 6101 von NOMOS das Rennen, obwohl auch hier bei einer Werkhöhe von nur 3,60 mm und einem Werkdurchmesser von 35,20 mm (35,20:3,60 = 9,78!) die Regeln der technischen Mechanik stark strapaziert worden waren!

Abb. 736
NOMOS CLUB SPORT von der Rückseite. Unter dem Schraubboden mit sechs tiefgezogenen Nuten arbeitet das Manufakturkaliber DUW 6101.

Bei der Ermittlung der Gangwerte wurden die Rolex SEA DWELLER und die NOMOS CLUB SPORT mehrfach auf dem Witschi-Messgerät geprüft und jeweils vergleichbare Ergebnisse erzielt. Offen bleibt alleine die Frage, ob auch in fünf Jahren das NOMOS Kaliber DUW 6101 immer noch diese exzellenten Gangwerte erzielen würde. Bei Werken von Rolex gibt es daran wohl keine Zweifel.

Fazit: Wer sich eine genau gehende Armbanduhr in auffälliger Gehäusegröße sowie einem innovativ konstruierten Automatikwerk zulegen möchte, braucht sich nicht unbedingt einer Schweizer Marke bedienen. Mit einer NOMOS CLUB SPORT, in der das neue Kaliber DUW 6101 verbaut ist, wird der Uhrenfreund, der sich von den zuvor genannten Kriterien leiten lässt, genauso zufrieden sein, nur ohne lange Lieferzeiten sowie zu einem Einstandspreis von nur etwas mehr als 3.000 Euro. Hinzu kommt noch die besondere Qualität des Stahlgehäuses dieser NOMOS, nicht nur, weil die zulässige Tauchtiefe 300 m beträgt. Besonders hervorzuheben ist der Schraubboden mit Feingewinde und sechs tiefgezogenen Nuten.

Diese aufwendige spanlose Verarbeitungsform findet man heute fast nur noch bei Schraubböden von Uhrengehäusen

Abb. 737
Vergleich eines Modells des Markführers Rolex mit einem anderen Fabrikat.

Merkmale	ROLEX	NOMOS
Kaliber	3235	DUW 6101
Durchmesser	28,5	35,2
Höhe	5,37	3,60
Gangreserve	70	42
Steine	31	27
Unruhlagerung	Brücke	Brücke
Preis in Euro	ca. 13.500 im Zweitmarkt	ca. 3.220

edler Schweizer Uhrenhersteller, wie z. B. bei der Calatrava Pilot Travel Time von Patek Philippe oder Vacheron Constantin Automatik Ref. 87172.

Abb. 738
NOMOS Kaliber DUW 6101 mit abgehobener Reglage. Diese Eigenentwicklung wird NOMOS-Swing-System genannt.

Diese besondere Ausführung des Schraubbodens ist laut Aussage von NOMOS jedoch keinem der bisherigen Tester dieser NOMOS CLUB SPORT aufgefallen.

17.4 Konstruktive Ideenfindung, zwei Beispiele

17.4.1 Die Reglage des neuen Rolex-Kalibers 3235

Diese neue Reglage ist nur ein Teil der Verbesserungen und darf als fast banale, aber pfiffige Idee gesehen werden. Diese Vereinfachung zählt zu den Spielregeln der technischen Mechanik und ist in Dubbels Taschenbuch für den Maschinenbau (Band 1) unter der Rubrik »Festigkeitslehre – Biegung« nachzusehen. Wie im Kapitel 9. Rolex auf Seite 217 wiedergegeben ist, wurde im Vergleich zum Kaliber 3135 die Unruhbrücke des Kalibers 3235 stark vereinfacht und dabei viele Teile eingespart. Durch diese Vereinfachung wurden auch die Montage- und Justage-Zeiten signifikant reduziert. Kern dieser Neuerung ist die andere Gestaltung der Unruhbrücke, die nunmehr nach dem Prinzip des »einseitig eingespannten Balkens« ausgeführt ist. Dies hat zur Folge, dass das Höhenspiel der Unruhachse nur noch über die rechts angebrachte Höhenverstellung erfolgt. Da die Unruhwelle beidseitig in einer Spitzenlagerung geführt wird,

Abb. 739
Rolex Kaliber 3235. Im Vordergrund links die neu konstruierte Reglage. Die Unruhbrücke ist nach dem System des »Einseitig eingespannten Balkens« ausgeführt. Das Höhenspiel der Unruhwelle wird nicht mehr wie bisher beidseitig, sondern nur noch auf der rechten Seite eingestellt.

spielt die geringe Winkelabweichung beim oberen Lagerstein der Stoßsicherung keine Rolle.
Auch die Arretierung des Spiralklötzchens wurde stark vereinfacht. Zusätzlich wurde die Konstruktion der Automatikbaugruppe einschließlich des Rotors sowie dessen Lagerung neu gestaltet. Da die bisher eingesetzte Rotorlagerung über zwei Kunstrubine mit unterschiedlichem Durchmesser zu hoch baute, wird nunmehr ein Kugellager verwendet. Damit reduziert sich die Werkhöhe laut Rolex von 6,00 auf 5,37 mm. Alle zuvor genannten Maßnahmen dürften hoffentlich nicht nur zu Funktionsverbesserungen, sondern auch zu maßgeblichen Einsparungen sowohl bei der Teilefertigung als auch der Montage führen. Die hier geschilderten Vorgänge und konstruktiven Änderungen wurden in den zahlreichen Berichten der Fachpresse über das Rolex-Kaliber 3235 jedoch nie erwähnt.

17.4.2 Keramikeinsatz in Uhrwerken

Ein weiteres Thema, welches wohl die meisten Leser noch nicht so genau kennen, dürfte die Verwendung von Keramikwerkstoffen in Uhrwerken angehen.
Technische Keramik findet in der Industrie vielfältige Anwendung. Wegen ihrer großen Härte, hoher Verschleißfestigkeit, enormer Temperaturbeständigkeit, Säureunempfindlichkeit etc. werden aus Keramik Schneidplatten für Drehstähle, Hitzeschilder am Bug des Space Shuttle, Kunstgelenke für Menschen und viele andere Dinge hergestellt. Als Pionier für die Verwendung von Keramik darf der Uhrenhersteller RADO Watch Co. Ltd. in Lengnau bei Biel im Kanton Bern gelten. Bereits vor rund 30 Jahren brachte RADO Uhren auf den Markt, bei denen Gehäuse und Band aus Keramik gefertigt sind. Als der Verfasser zum ersten Mal vom damaligen IWC-Produktionsdirektor hörte, dass man in den IWC-Automatikwerken beim Pellaton-Antriebsmechanismus Klinken aus Vollkeramik einsetzen möchte, begann er sich einmal umzusehen, wer außer der Firma RADO in der Uhrenbranche Keramik oder ähnliche Werkstoffe einsetzt.

Abb. 740
Werksansicht vom ausgeschalten Kaliber C. 52010. Das Rotorlager mit Exzenter ist mit dem Rotor durch zwei Durchgangsschrauben mit runden Muttern verbunden.

Abb. 742
Nach Abbau des Rotors sieht man die Details des Pellaton-Aufzugs sowie die zugehörigen Klinken und das Automatikrad aus Keramik. Der Achslagezapfen ist fest verschraubt und erlaubt keine ausweichenden Bewegungen wie beim Original-Pellaton-Antrieb (siehe auch Abb. 155 auf Seite 91).

Ausgangspunkt dieser Analyse war die Automatikgruppe der Rolex-Kaliber, die mit harteloxierten Aluminiumrädern arbeitet. Harteloxal ist eine keramische Aluminiumoxidschicht, die als sehr verschleißfest gilt.
Zur Ermittlung eventueller Verschleißvorgänge wurden die betreffenden Zahnräder eines neuen Werkes Kaliber 3135 und die baugleichen Zahnräder eines bereits seit 25 Jahren in Betrieb befindlichen Werkes gleichen Typs ausgebaut und am Rasterelektronenmikroskop (REM) eines Münchner Institutes untersucht. Rasterelektronenmikroskope werden für wissenschaftliche Untersuchungen und materialrelevante Analysen eingesetzt.
Bei der Betrachtung und dem Vergleich der neuen mit den über 25 Jahre im Einsatz gewesenen Zahnräder war das Erstaunen unerwartet groß! Auch die ein Vierteljahrhundert gelaufenen Zahnräder wiesen keinerlei Verschleißerscheinungen auf und waren von den neuen nicht zu unterscheiden!

Abb. 741
Unterseite des Rotors mit Zirkonoxid-Lager, welches in einem Stück auch die Rotoraufnahme sowie den Exzenter enthält. Der Rotor wird durch zwei Durchgangsschrauben mit Muttern gehalten, wobei diese Muttern in Form von Unterlegscheiben mit Innengewinde ausgeführt sind (keine Normteile). Davor ist ein ausgebautes Lager aus Zirkonoxid zu sehen. Für die kleine Fläche, die am engsten Teil des Exzenters angebracht ist, fand niemand eine Erklärung. Sie ist auch von der Kinematik des Systems ohne nachvollziehbaren Sinn.

Der Verfasser informierte den damaligen Produktionschef von IWC von dieser eindrucksvollen Untersuchung und sagte ihm die notwendige Unterstützung bei der Firmenleitung zu. Hierauf erfolgte bisher noch keine Antwort.
Vielmehr wurden bei IWC die Arbeiten mit keramischen Bauelementen weitergeführt und nach den Klinken und dem »Automatic-Rad« auch noch die Rotorlagerung einschließlich des Exzenters aus Zirkonoxidkeramik hergestellt. Ob jetzt die Lager aus Kunstrubinen oder aus Zirkonoxidkeramik bestehen, ist für die darin laufende Stahlachse nicht relevant.
Eine aber so vielgestaltige Komponente, die Exzenter, Rotoraufnahme und -lagerung in einem Stück aus Zirkonoxidkeramik herzustellen, bedeutet schon einen beachtlichen technischen Aufwand. Hierzu wird erst einmal eine Form gefertigt, in der dieses Teil in Pulverform zunächst »thermisch gebacken« werden muss. Die vorgesehene Kontur schrumpft hierbei fast um ein Drittel der Ausgangsmasse. Dieser Rohkörper muss dann mittels verschiedener Diamantschleifscheiben in mehreren Schritten auf die gewünschte Form und die notwendigen Abmaße gebracht werden. Das Ganze bedeutet fertigungstechnisch einen sehr großen Aufwand, der oftmals in keinem vertretbaren Verhältnis zum Nutzen steht, denn die darin laufende Stahlachse bildet das dünnste Glied in dieser Verschleißkette. Für diese Stahlachse ist es letztendlich nicht relevant, ob sie nun in Lagern aus Kunstrubinen oder Zirkonoxidkeramik läuft, wie bereits zuvor schon ausgeführt wurde. Natürlich unternimmt und verantwortet ein so renommierter Uhrenhersteller wie IWC derartige Lösungen und Entscheidungen niemals unbegründet.

Deswegen wurde die Entwicklungs- und Konstruktionsabteilung kontaktiert und nach Gründen und Fakten der hier gewählten technischen Lösung befragt. Die gewünschten Fragen wurden

Abb. 743
Aufnahmen von neuen Zahnrädern der Automatikgruppe mittels Rasterelektronenmikroskop (REM) in 100- und 300facher Vergrößerung. Die zum Teil leichten, aber nicht relevanten Beschädigungen der Zahnköpfe resultieren vermutlich von Transport oder Einbau.

Abb. 744
Aufnahmen von Zahnrädern einer Automatikgruppe, die rund 25 Jahre im Einsatz waren. Im Vergleich mit den neuen Zahnrädern weisen sie keinerlei Verschleißerscheinungen auf. Nur an den Ecken einiger Zahnköpfe finden sich ähnliche Beschädigungen wie an den neuen Zahnrädern. An den Zahnflanken selbst finden sich nicht die sonst üblichen Einlaufspuren.

Abb. 745
Ausgebauter Klinkenträger mit Rollengabel und den beiden Keramikklinken. Rechts daneben ist das obere Blech des Klinkenträgers abgenommen und die beiden Klinken nach hinten gedrückt (Ruheposition). Eine innovative, speziell gebogene Blattfeder erlaubt für die beiden Klinken zwei sichere Positionen. In der einen werden sie funktionsgerecht an das Automatikrad gedrückt, in der anderen in Ruheposition gehalten. Die erst später hinzugekommene, halb geschwungene Blechnase sorgt dafür, dass die längere Klinke seitlich nicht abrutschen kann, auch eine kleine Innovation.

dort auch gerne beantwortet.
Ein Hauptgrund für diese Entscheidung war der Vorschlag des Lieferanten, das Rotorlager und den Exzenter aus einem einzigen Teil aus Zirkonoxid zu gestalten. Dieses Unternehmen hatte auch die bisher eingesetzten Keramikkomponenten geliefert. Als Vorteile wurden hierzu von IWC genannt:

1. Die Toleranz-Addition
Die Toleranz-Addition, die sich beim Zusammenbau verschiedener Komponenten ergibt, entfällt.

2. Fluchtungsfehler zwischen Exzenter und Rotor
Bei der alten Konstruktion ergaben sich bei der Verschraubung des Exzenters auf die Rotorplatte oftmals Fluchtungsfehler zwischen den beiden Rubinlagern, so dass der Rotor leicht schräg stand und nicht so leicht lief. Bei der jetzt gewählten Konstruktion kann dieser Fehler nicht mehr auftreten.

3. Marketing-Gründe
Die Marketingabteilung wünschte den verstärkten Einsatz neuartiger Werkstoffe und Materialien, daher auch der Slogan und Aufdruck »Keramik-Technologie«.

Abb. 746
Ältere Ausführung des Klinkenträgers (Kaliber 85110)
Hier sind die beiden Klinken noch aus Kupfer-Beryllium gefertigt. Die beiden Zähne sind seitlich verbreitert und greifen jetzt versetzt in das Automatikrad ein. Diese aufwendige Technik bedingt, dass die Klinken in voller Materialstärke der Zähne hergestellt und im Anschluss nach dem Zahn über die restliche Länge abgefräst werden muss.

4. Vermarktungsstrategie
Dass sich mit dem Einsatz von Keramik als bedeutendem und modernen Werkstoff überzeugende neue Vermarktungsstrategien ergeben, kann auch aus technischer Sicht bestätigt werden.

Auch wenn die Herstellungskosten dieser neuen Komponenten aus Zirkonoxidkeramik sehr hoch liegen, können diese bei der von IWC angesetzten Preisschiene für die »Upper Class«-Uhren wohl noch akzeptiert werden. Immerhin bewegen sich die mit Keramiktechnologie ausgestatteten Uhren im ähnlichen Preissegment wie Zeitmesser aus dem Haus Rolex.
Laut IWC bestätigt auch der große Verkaufserfolg die von der Marketingabteilung getroffene Entscheidung.

17.4.3 Alternativen

Natürlich gibt es für die hier gewählte Lösung auch Alternativen, die hier sowohl aus Sicht der Technik als auch unter dem Aspekt der Gesamtkosten aufgezeigt werden sollen:

1. Montage von Rotor und Exzenter
Um bei der Montage dieser beiden Komponenten eine genaue Fluchtung der beiden Rubinlager zu garantieren, muss vor der Verschraubung nur ein senkrecht geführter Lehrdorn eingesetzt werden. Damit ist ein einwandfreier Lauf im Achszapfen garantiert. Die Befestigung erfolgt im Anschluss über zwei Zylinderkopfschrauben, wobei im Exzenter zwei Durchgangsbohrungen und in der Rotorplatte die zwei Gewindebohrungen vorhanden sind.

2. Vergleich der Montagezeiten
Da bei der Keramikeinheit von IWC kein Feingewinde möglich ist, muss die Verschraubung dieser Einheit mit dem Rotor über zwei durchgehende Zylinderkopfschrauben mit scheibenförmigen Muttern erfolgen. Da diese Verschraubung keine genaue Positionierung ermöglicht, muss bei der Keramikeinheit oder am Rotor noch ein passender Flanschsitz vorgesehen werden. Auch dies bedeutet einen zusätzlichen Fertigungsaufwand

3. Lagersitz nach den Regeln des Maschinenbaus
Der Achszapfen des IWC-Kalibers 8541 B sowie jener der Rolex-Ausführung Kaliber 3135 haben zwei verschieden große Durchmesser (siehe auch Abb. 156 auf Seite 91), um eine technisch korrekte Lagerung zu realisieren. Bei Lagersitzen aus Zirkonoxidkeramik kann diese funktionelle Abstufung der Lagerdurchmesser wohl kaum erfolgen, weil dort nur durchgehende Bohrungen wirtschaftlich herstellbar sind.

4. Schlagfestigkeit von Harteloxal
Die mechanischen Eigenschaften von Harteloxal wurden untersucht. Wie die Abb. 737 verdeutlicht, konnten zwei kräftige Hammerschläge auf ein harteloxiertes Aluminiumprofil dieses zwar leicht aus der Form bringen, die Eloxalschicht blieb aber beschädigungsfrei.

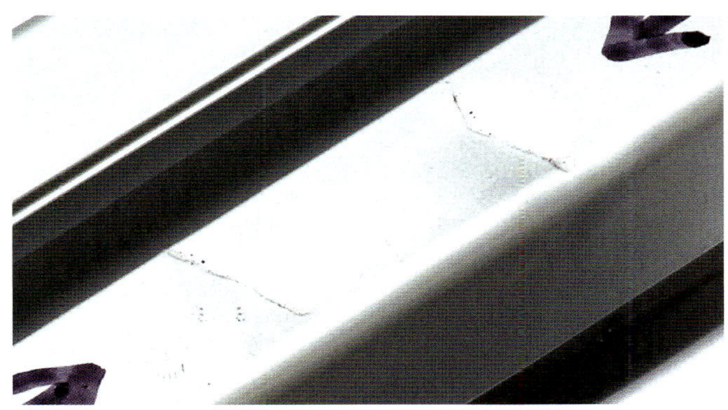

Abb. 747
Aluminiumprofil 45x45 mm von Bosch Rexroth AG, welches mit kräftigen Hammerschlägen traktiert worden war. Zwar zeigt das Aluminium leichte Beulen, bei der Eloxalschicht sind jedoch keine Risse aufgetreten.

Hinweise von IWC und Rolex

Vom ehemaligen Service-Chef von IWC und später auch von Richemont, René Schwarz, war zu hören, dass er in seiner mehr als 25jährigen Praxis kein einziges Mal erlebt hätte, dass beim IWC-Kaliber 8541 ein Achszapfen gebrochen oder ein Rubinlager beschädigt worden wäre. Ähnliches war auch von Georg Ressel, ehemals Leiter technik von Rolex Köln, zu hören. Auch beim Rolex-Kaliber 3135, welches eine vergleichbare Lagerung des Rotors verwendet, war nie ein Bruch einer Achse oder eine Beschädigung der Rubine zu verzeichnen.
Leider lassen sich so wenig spektakuläre Aussagen marketingseitig nur schwer verwenden. Werbebotschaften mit neuer Keramiktechnologie kommen eben besser an!

Fazit und Empfehlung an Technik und Marketing

Aus technischer Sicht könnte man das Grundprinzip des Pellaton-Antriebs beibehalten und die beiden Klinken sowie das Automatikrad aus harteloxiertem Aluminium herstellen.
Da es beim Zusammenwirken von Klinken und Automatikrad nicht auf Teilungsgenauigkeit ankommt, wie dies von Zahnrädern eines Uhrwerkes verlangt wird, sondern nur Funktionssicherheit gefordert wird, steht harteloxierten Komponenten

aus Aluminium nichts im Weg. Diese Bauteile sind auch wesentlich bruchfester als solche aus Keramik. Weiterhin ist zu beachten, dass sich das Harteloxal in einer Schichtstärke von ca. 10-20 µ gleichmässig auftragen lässt und dabei glatte Funktionsflächen entstehen.

Hinzu kommt noch der zusätzliche Vorteil, dass man diese Komponenten in verschiedenen Farben, z. B. rot, blau oder goldgelb, eloxieren kann. Wie schon bei gebläuten Schraubenköpfen ließen sich bei Uhren mit Saphirglasboden zusätzliche Blickpunkte schaffen, die optisch beim Uhrenliebhaber gut ankommen würden.
Die ganze Technik ließe sich zu einem Bruchteil der Fertigungskosten von Massiv-Keramik-Lösungen realisieren. Die höhere Bruchbelastung und einfachere Verarbeitung von Aluminium würde noch weitere Vorteile bringen.
Auch in die anderen Werke von IWC, die noch mit den bisher verwendeten Komponenten aus Kupfer-Beryllium ausgestattet sind, könnten mit dieser neuen Technik problemlos nachgerüstet werden.
Und sollte die Marketingabteilung weiter auf die Verwendung des Slogans »Ceramic-Technology« bestehen, kann dieser locker beibehalten werden. Auch harteloxierte Bauteile zählen zum Oberbegriff »Ceramic-Technology«.

17.5 Verwendung von Fremdkalibern (Ebauches)

Uhrenhersteller, die entweder über keine eigene Werkeproduktion verfügen oder nicht alle ihre Uhren mit selbst hergestellten Werken ausstatten wollen, verwenden Rohwerke bekannter Lieferanten, wie z. B. der Firma ETA SA Manufacture Horlogère Suisse in Grenchen, Kanton Solothurn, Schweiz.
Für normale Automatikuhren wird gerne das Kaliber 2892 A2 verwendet. Mit 25,60 mm Außendurchmesser, 3,60 mm Höhe, Datumsanzeige mit Schnellkorrektur, Sekundenstopp, beidseitigem Aufzug, 28.800 Halbschwingungen/h, 21 Steinen und rund 50 Stunden Gangreserve besitzt dieses Werk alle notwendigen Eigenschaften, die für eine Armbanduhr relevant sind.

Abb. 748
Rohkaliber (Ebauche) ETA 2892 A2 in einbaufertigem Zustand.

Als Rohwerk wird dieses Ebauche in drei Qualitätsstufen angeboten und kann auch als Chronometerwerk geliefert werden. So findet dieses Kaliber auch in der IWC Ingenieur mit Ewigem Kalender Ref. 9240 (Abb. 141, Seite 85) Verwendung.

Viel begehrt von ETA ist auch das zahlreich verwendete Chronographen-Rohwerk 7750, welches in zwei Qualitätsausführungen angeboten wird und auch als Chronometerwerk zu haben ist. Zahlreiche Uhrenhersteller wie Breitling, IWC, TAG Heuer,

Abb. 749
Chronographenkaliber Valjoux 7750 von ETA in einfacher Ausführung.

Junghans und andere verwenden dieses bewährte Ebauche mit 30,00 mm Außendurchmesser, 7,90 mm Höhe, 25 Steinen, 28.800 Halbschwingungen/h, 48 h Gangreserve, Datumsanzeige und drei Hilfszifferblättern.
Dieses Chronographenkaliber darf schon als lange bewährtes und robustes Produkt bezeichnet werden. Viele Anwender nehmen dieses Ebauche als Ausgangsbasis, um ihre eigenen

Abb. 750
Das Chronographenkaliber IWC C.79350, ein veredeltes Ebauche der ETA-Ausführung 7750. Hier ist die ETA-eigene Feinstellung des Ganges entfallen und durch eine Unruh mit vier Gewichtsschrauben ersetzt worden. Die Oberflächen des Unruhklobens und andere Bauteile wurden mit einer Perlierung versehen. Auch die Trägerplatte des Rotorgewichts trägt nun eine IWC-Beschriftung.

Abb. 751
Reglage des ETA-Valjoux-Kalibers 7750. Alle sichtbare Bauteile entsprechen dem normalen Fertigungsstandard.

Modifikationen zu treffen, d. h. dieses Werk mit eigenen Bauteilen zu verfeinern oder zu spezialisieren. Als Beispiel haben wir ein original ETA 7750 und ein von IWC verfeinertes Chronographenwerk dieser Baureihe aufgeführt. Das Modell von IWC verfügt über einen abgeänderten Rotor, eine komplett neu gestaltete Reglage sowie diverse perlierte, also oberflächenveredelte Bauteile.

Dass auch Fälscher sich des Chronographen-Kalibers ETA Valjoux 7750 bedienen, sieht man an dem Fälschungsversuch einer Rolex Daytona. Bei dieser Uhr wurde das Werk um 90° im Gegenuhrzeigersinn gedreht eingebaut, um die Rolex-An-

Abb. 752
Eine recht plumpe Fälschung eines Rolex-Daytona-Werkes mit Zifferblatt zeigt diese Aufnahme. Der Firmenaufdruck ist zu dick aufgetragen, das Gleiche gilt auch für die Zacken der Krone. Den Aufdruck »T« für Tritium bei der 6 hat es bei einer Rolex Daytona noch nie gegeben.

ordnung der drei Hilfszifferblätter in die richtige Position zu bringen. Beim Zifferblatt hat der Fälscher aber übersehen, dass beim Original von Rolex nahe der 6 beidseitig kein »T« für Tritium aufgedruckt ist.
Zusammenfassend kann resümiert werden, dass eigentlich nichts gegen den Einsatz von Ebauches, wie z. B. das Automatikwerk 2892 A2 oder das Chronographenwerk Valjoux 7750 spricht, wenn es um die Produktion einer genau gehenden Armbanduhr mit verlässlichem, aber preiswerten Uhrwerk geht.

Abb. 753
Reglage der IWC-Ausführung des Kalibers 7750 mit der IWC-Bezeichnung C. 79350. Die Oberfläche des Unruhklobens und die anderen Bauteile sind perliert. Die Feinstellung des Ganges erfolgt über ein Triovis-System.

Abb. 754
Detailvergrößerung der Triovis-Feinstellung des Ganges. Mit der Drehung der Zylinderkopfschraube kann der Gang vor- oder nachgestellt werden (+/-). Erst bei späteren Kalibern von IWC wurde das Triovis-System durch vier Gewichtsschrauben im Unruhreif ersetzt (ca. 8fache Vergrößerung)..

Theoretisch könnte man ein Kaliber Valjoux 7750 mit einer Breguet-Spirale und einer Gyromax-Unruh ausrüsten und mit einem entsprechenden Zifferblattaufdruck auf diese Wertigkeitssteigerung hinweisen.
Die Porsche-Entwicklungsabteilung in Weissach besaß früher auch einen fast normalen VW-Bus, der mit einem Vier-Liter-Boxermotor eines 911 Carrera S ausgerüstet und nach Verstärkung von Fahrwerk und Bremsen sogar eine Zulassung vom TÜV Stuttgart erhalten hatte. Dass dieser leistungsgesteigerte VW-Bus mit seinen rund 400 PS so manchen Autobahnbenutzer verschreckt hat, wird von den Mitarbeitern aus Weissach nicht dementiert.
Warum sollte eine vergleichbare Geschichte nicht auch bei Armbanduhren vorstellbar sein?

Abb. 755
Patek Philippe Calatrava Ref. 5227G-001 mit einem Gehäuse aus 18 K Weißgold, Elfenbeinzifferblatt und 39 mm Gehäusedurchmesser, die klassische Calatrava schlechthin. In dieser Uhr ist das Automatikkaliber 324 SC eingeschalt, SC steht für »Seconde Centrale«, somit Zentralsekunde.

18. Der Kauf von alten Armbanduhren – Chancen und Risiken

18.1 Checkliste für den Uhrenkauf

Wer bereit ist, einen fünf- oder sechsstelligen Betrag für eine Armbanduhr zu investieren, sollte seine Vorgehensweise gründlich planen. Dazu wurde die folgende Checkliste erstellt. Wenn ein potentieller Verkäufer nicht auf die genannten Fragen eingehen will, hat er es vielleicht nicht nötig oder aber etwas zu verbergen. Hier sollte man sich als Käufer in jedem Falle Zeit nehmen und konsequent die Checkliste abarbeiten. Denn eine Uhr ist schnell gekauft, aber oft schwer wieder zu verkaufen. Der Grund liegt auf der Hand. Auch der nächste potentielle Käufer wird womöglich nach dieser Checkliste vorgehen!
Hier die Fragen und Prüfkriterien:

Zifferblatt
- Oberfläche lackiert, vergoldet, Massivgold, Emaille etc.?
- Gestaltung: Indizes, römische oder arabische Zahlen, Breguet-Ziffern etc.?
- Originalzustand, Originalersatz oder aufgefrischt?
- Wenn aufgefrischt, über Hersteller (mit Nachweis) oder Drittfirma?
- Wenn Austauschzifferblatt, wann und anlässlich einer Revision beim Hersteller montiert?

Werk (Handaufzug und Automatik)
- Sind Kaliberbezeichnung und Werknummerschreibweise vergleichbar mit den in diesem Buch aufgeführten Uhren?
- Ist der optische Zustand des Werks nahezu neuwertig?
- Wie ist der Verschleißzustand des Werks? Fehlen Werkhalteschrauben oder sonstige Schrauben, sind Triebe und Zahnräder eingelaufen, ist das Rotorlager ausgeschlagen, bestehen Rotorschleifspuren an Platinen oder am Gehäuseboden?
- Ist die Öl- und Fetthaltung mangelhaft?
- Fehlt auf Platinen und Brücken schon teilweise die Rhodinage (Oberflächenbeschichtung) und schaut schon das Messing hervor?
- Sind irgendwo Roststellen zu finden oder gar Spuren von Wasserschäden vorhanden?
- Wie sehen die Gangwerte aus (Witschi-Zeitwaage)?

Gehäuse (zwei- oder dreiteilig, mit Schnapp- oder Schraubboden)
- Sind Referenz- und Gehäusenummern korrekt nach Beispielen dieses Buches vorhanden und richtig positioniert?
- Entsprechen Durchmesser und sonstige Maße noch den ursprünglichen, im Buch aufgeführten Beispielen und Abmessungen?
- Sind Punzierungen und sonstige Angaben im Innenboden korrekt nach Beispielen dieses Buches enthalten?
- Wenn im Gehäuseboden Reparaturzeichen vorhanden sind, wieviele sind es und können diese interpretiert werden?
- Ist der Innenboden ausgeschmirgelt oder nachgedreht, um eventuelle Reparaturzeichen zu entfernen?
- Stimmt die Materialstärke noch oder ist der Boden abgedreht?
- Sind noch alle Gehäusekanten scharf oder bereits abgerundet?

Funktion
- Kann die Krone in die verschiedenen Stellpositionen gezogen werden?
- Kann die Einstellung von Zeit und Datum exakt vorgenommen werden?
- Ist die Krone noch scharfkantig und damit wenig benutzt oder bereits abgegriffen?

Modell
- Gehört dieses Modell zu den hier aufgeführten Klassikern?
- Hat das Modell ein dem heutigen Zeitgeschmack entsprechendes Design?
- Wurde dieses Modell in großen Mengen hergestellt oder nur in geringer Stückzahl aufgelegt?
- Bei aktuellen Uhren: Gehört dieses Modell zu den aktuellen limitierten Ausführungen, wie z. B. der Jahreskalender »125 Jahre Wempe«?

Abb. 756
Detailvergrößerung des Eidgenossischen Edelmetallnachweises für 18 K Gold. Mit kleiner Helvetia und Materialangaben (ca. 9fache Vergrößerung). Im Gegensatz zu dem manipulierten Boden mit eingravierten Daten sind diese Angaben mittels Stempel eingeschlagen. Dadurch ist eine Materialverdichtung eingetreten, die sich auch durch Röntgen nachweisen lässt.

Abb. 757
Gegenüberstellung eines echten und eines manipulierten Druckbodens. Der untere Druckboden stammt von der roségoldenen Referenz 96 auf Seite 153, Abb. 250, und ist original. Alle Informationen sind mit verschiedenen Stempeln eingeschlagen. Der gelbgoldene Druckboden links oben ist manipuliert. Buchstaben, Zahlen und sonstige Kennzeichnungen sind eingraviert, d. h. spanabhebend bearbeitet. Bis auf das fehlerhafte »i« bei »SWISS« und einigen anderen Abweichungen wurde fast alles fachgerecht kopiert. Der Unterschied fällt nur dem Fachmann auf. Der Laie kann aber mit Hilfe eines Stereomikroskops oder mittels Röntgen diese Manipulation feststellen. Dieser manipulierte, d. h. gefälschte Boden wurde am 26.01.10 bei eBay für 531 USD (390,15 €) vom Händler »The Guildmark Group« veräußert.

Papiere und sonstige Dokumente

- Sind Kauf- und Garantiepapiere vorhanden und vom Konzessionär ausgestellt und abgestempelt?
- Gibt es einen Stammbuch-Auszug von Patek Philippe? Wurde dieser unter Vorlage der Uhr ausgestellt oder nur die Nummern von Referenz, Werk und Gehäuse eingereicht? Nur im ersten Fall lässt sich überprüfen, ob alle Angaben korrekt und vollständig sind.
- Gibt es sonstige Kaufnachweise von Antik-Uhren-Händlern, Reparatur- bzw. Revisions- Rechnungen vom Hersteller oder sonstige Unterlagen, die über den Zustand und die Wartung der Uhr eine verlässliche Aussage erlauben?
- Wurde die Uhr auf einer öffentlichen Auktion erworben?

Band und Schließe

- Ist das Band original oder ein Ersatzband vom Zweitmarkt?
- Wenn das Band noch original ist, wurde es wenig benutzt und sieht noch appetitlich aus?
- Sind bei einer goldenen Uhr mit Lederband noch die goldenen Federstege montiert (mit feinem Holzstift oder auch Zahnstocher beim Federsteg nach der Seite mit dem »Pin« suchen)?
- Ist bei einem Lederband noch die originale (goldene) Dornschließe vorhanden?
- Ist bekannt, dass eine Faltschließe neuerer Bauart gut und teuer ist (Ladenpreis ca. 1.800 bis 1.900 €)?

Aus erster Hand oder mehrere Vorbesitzer

- Wieviele Vorbesitzer sind bei dieser Uhr nachweisbar?
- Können bei alten Uhren Aussagen über Herkunft und Geschichte nachgewiesen werden?

Ganggenauigkeit, eine wichtige Aussage

- Liegt von der Uhr ein aktueller Messschrieb eines Witschi-Messgerätes vor, der in fünf oder sechs Positionen Aussagen über Gang, Gangabweichung, Amplitude der Unruh sowie Symmetrie des Schwingungssystems (Abfall) wiedergibt?
- Sollten diese Angaben nicht vorliegen, kann diese Messung bei einem Konzessionär mit entsprechender Ausrüstung nachgeholt bzw. durchgeführt werden?
- Liegen Nachweise über früher durchgeführte Revisionen und zugehörige Gangprüfungen vor?
- Liegen Messungen über die Wasserdichtheit des Gehäuses (Messschrieb) vor?

Die hier gezeigten Messschriebe geben die Ganggenauigkeit verschiedener Uhren von Patek Philippe wieder. Zunächst wird der mittlere Gang in sechs Lagen über 24 Stunden aufgeführt. An zweiter Stelle wird die mittlere Amplitude erfasst. Ganz rechts ist der Abfall, d. h. die Symmetrie des Schwingungssystems, aufgeführt.

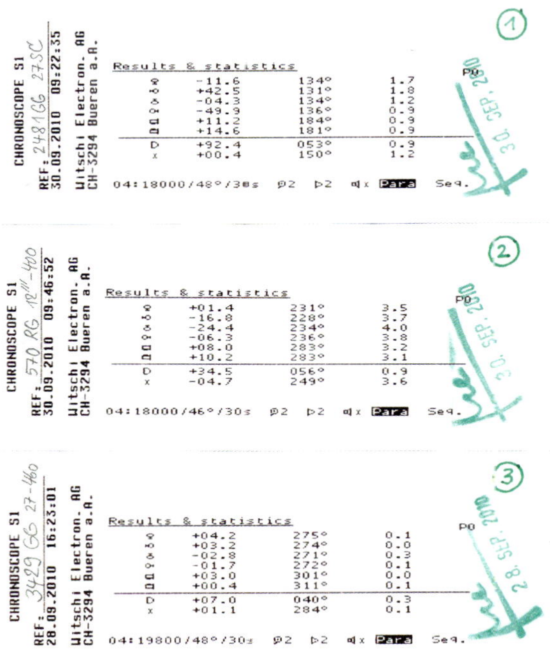

Abb. 758
Ein Test auf dem elektronischen Gang-Messgerät von Witschi bedeutet für eine Uhr immer die Stunde der Wahrheit. Die Uhr nach dem oberen Messschrieb benötigt dringend eine Überholung. Die Gangleistung der Uhr des mittleren Messschriebs ist nicht schlecht, erreicht aber keine Chronometerwerte. Auch hier sollte der Weg zum guten Uhrmacher eingeschlagen werden. Die Gangwerte im unteren Messschrieb entsprechen den Chronometervorgaben und zeugen von bester Handwerksarbeit.

Der erste Messschrieb stammt von der Referenz 2481 in Gelbgold, die auf Seite 162 abgebildet ist (Kaliber 27 SC, Hebewinkel 48°). Der tägliche mittlere Gang (x) liegt zwar bei +0,4 sec und damit fast punktgenau, die tägliche mittlere Gangabweichung (D) jedoch bei 92,4 sec und damit jenseits von Gut und Böse. Die Amplituden in den vier senkrechten Lagen liegen nur beim halben Sollwert. Diese Uhr wartet wohl seit vielen Jahren auf die fällige Revision!

Der zweite Messschrieb gehört zur Referenz 570 in Rotgold, die auf Seite 156 zu finden ist (Kaliber 12'''-400, Hebewinkel 46°). Diese Uhr geht täglich 4,7 sec nach. Die mittlere Gangabweichung von 34,5 sec ist nicht akzeptabel. Die Amplituden im vertikalen Bereich sind zu niedrig. Der Abfall von 3,6 belegt die mangelnde Symmetrie des Schwingungssystems. Diese Uhr müsste umgehend eine Überholung erhalten.

Das dritte Beispiel gibt die Messwerte der Referenz 3425 (Kaliber 27-460, Hebewinkel 48°) wieder, die auf Seite 188 abgebildet ist. Diese Uhr hatte im Jahr 2003 bei Patek Philippe in München eine Revision erhalten und die Folgejahre im Safe verbracht. Trotz dieser langen Zeit erreichte diese Uhr zum Zeitpunkt dieser Messung noch Chronometerwerte. Sie geht rund eine Sekunde pro Tag vor, erreicht ein Delta von 7,0 sec und weist ordentliche Amplituden auf. Auch die Symmetriewerte des Schwingungssystems sind noch korrekt.

Eine Patek Philippe garantiert Chronometer-Qualität und sollte bei der mittleren Gangabweichung in sechs Lagen nicht über 8 sec/Tag liegen. Die Amplitude müsste in den vertikalen Lagen ca. 280° oder darüber und in den horizontalen Lagen ca. 260° betragen. Der Abfall soll bei einer revidierten Uhr bei 0,1 bis 0,2 liegen.

Rechtliche Betrachtungen

- Ist bei privaten Käufen die Uhr frei von Rechten Dritter?
- Entspricht der Status der Uhr den nationalen Zoll- und Steuerbedingungen?
- Wenn die Uhr aus dem Ausland (außerhalb des EU-Bereichs) eingeführt wurde, sind Zollabgaben und Einfuhrumsatzsteuer entrichtet worden? Wenn ja, liegen hier die entsprechenden amtlichen Nachweise vor?

Kaufvertrag

- Wird vom Verkäufer ein (formloser) Kaufvertrag offeriert?
- Sind in diesem Kaufvertrag alle relevanten Angaben des Verkäufers mit Adresse, Objekt, Steuerstatus etc. aufgeführt?
- Sind in diesem Kaufvertrag alle technischen Daten, Verkaufspreis und Alter der Uhr verzeichnet?
- Räumt der Verkäufer in diesem Vertrag eine Gewährleistung sowie ein Rückgaberecht innerhalb einer bestimmten Frist ein?
- Garantiert der Verkäufer auf dem Kaufvertrag den weitgehenden Originalzustand?

Allgemeines zum Schluss

- Hat der Käufer bzw. Uhrenfreund wirklich eine bleibende Affinität und besondere Vorliebe für das in Frage kommende Modell?
- Hat sich der Interessent am Markt orientiert und über Verkäufe bzw. Preise vergleichbarer Modelle bei anderen Einkaufsquellen erkundigt?
- Hat sich der Käufer vor dem Abschluss über Marktposition, möglichen Wertzuwachs sowie Bekanntheitsgrad des ausgewählten Modells informiert?

Der potentielle Käufer sollte sich auf keine Kompromisse einlassen, denn er zahlt ja auch ohne Wenn und Aber den geforderten Preis!

18.2 Kauf beim Antik-Uhren-Händler

Ein Uhrenkauf beim Antik-Uhren-Händler (Vintage-Uhren-Händler) gehört oft zu den naheliegendsten Möglichkeiten, eine alte Armbanduhr, z. B. von Patek Philippe zu erwerben. Aber auch hier müssen Regeln beachtet werden, wie wir in der Folge auflisten können.

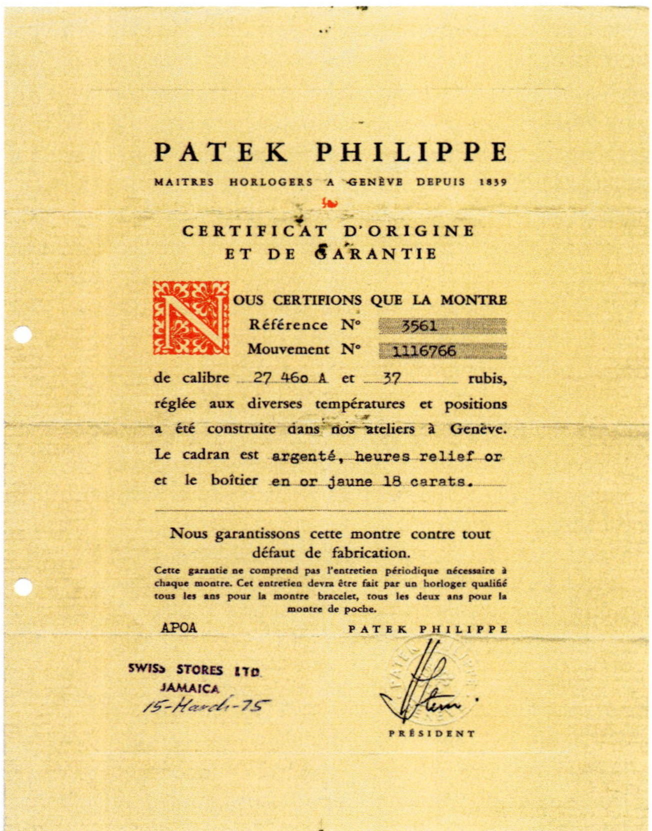

PATEK PHILIPPE
MAITRES HORLOGERS A GENÈVE DEPUIS 1839

CERTIFICAT D'ORIGINE
ET DE GARANTIE

NOUS CERTIFIONS QUE LA MONTRE
Référence N° 3561
Mouvement N° 1116766
de calibre 27 460 A et 37 rubis,
réglée aux diverses températures et positions
a été construite dans nos ateliers à Genève.
Le cadran est argenté, heures relief or
et le boîtier en or jaune 18 carats.

Nous garantissons cette montre contre tout défaut de fabrication.
Cette garantie ne comprend pas l'entretien périodique nécessaire à chaque montre. Cet entretien devra être fait par un horloger qualifié tous les ans pour la montre bracelet, tous les deux ans pour la montre de poche.

APOA

SWISS STORES LTD
JAMAICA
15-March-75

PATEK PHILIPPE
PRÉSIDENT

Abb. 759
Garantieurkunde der auf Seite 203, Abb. 311, gezeigten Uhr Referenz 3561. Diese wurde am 15.03.1975 von der Firma SWISS STORES LTD, Jamaica, verkauft.

Vor fast 30 Jahren schaute sich ein Uhrenfreund nach einer alten Armbanduhr um und erwarb bei einem Vintage-Uhren-Händler in der Münchner Innenstadt für genau 11.000 DM eine Patek Philippe Referenz 3514 in Gelbgold (siehe Seite 199) Auf der Rechnung dieses Händlers war handschriftlich der folgende Text vermerkt: »1 Herrenu. Patek Philippe 18 ct. Automatik mit Lederband u. Goldschl. 60er Jahre.« Weder war eine Referenz vermerkt noch die Nummern für Werk und Gehäuse aufgeführt. Rund drei Monate später kaufte der gleiche Uhrenfreund beim zuvor genannten Händler eine weitere Automatik von Patek Philippe und entschied sich dieses Mal für eine Referenz 2552 in Gelbgold. Die Rechnung über wieder 11.000 DM war wie zuvor handschriftlich mit folgendem Text ausgestellt: »1 Herrenu. Patek Philippe 18 ct. Autom.« Auch hier fehlten die wichtigsten Angaben, die beim Kauf eines so teuren Zeitmessers nicht fehlen dürfen. In beiden Fällen unterstrich der Uhrenhändler, selbst Uhrmacher von Beruf, im tiefsten Brustton der Überzeugung, dass sich die Uhren in vorzüglichem technischen Zustand

Abb. 760
Patek Philippe Automatikkaliber 27-460 mit 27,00 mm Werkdurchmesser, Höhe 4,60 mm und 19.800 Halbschwingungen/h. Dieses Werk war der Nachfolger des Kalibers 12‴-600 AT und wurde 1960 lanciert.

befänden und auch die Zifferblätter noch Original seien. Frei nach einem Zitat, das Lenin nachgesagt wird »Vertrauen ist gut, Kontrolle ist besser«, suchte der stolze Uhrenbesitzer wenige Wochen nach dem Kauf der zweiten Uhr den Kundendienst von Patek Philippe in Genf auf. Dort legte er die beiden Uhren vor und fragte nach, ob bei diesen eine Revision vonnöten wäre. Erst nach einer längeren Diskussion fand sich der diensthabende Servicemitarbeiter von Patek Philippe bereit, mit den beiden Automatikuhren die Werkstatt aufzusuchen und den Rat seiner Kollegen einzuholen.

Nach mehr als einstündigem Warten kam Christophe Harsch, so der Name dieses Servicemitarbeiters, mit den beiden nun geöffneten Uhren zurück und trug die Aussage seiner Kollegen vor. Und diese war vernichtend ausgefallen. In beiden Fällen seien die Zifferblätter aufgefrischt, aber nicht typgemäß. Bei der Referenz 3514 Baujahr 1965 würde der Rotor am Schraubboden streifen. Auch wären dort acht Reparaturzeichen vermerkt, ein Beweis für regen Gebrauch. Bei der Referenz 2552 Baujahr 1957 befände sich das Automatikwerk 12‴-600 AT in einem denkbar schlechten Zustand. Inklusive Zifferblattaustausch, Werksrevision und sachgemäßer Aufarbeitung des Gehäuses wäre in beiden Fällen mit Kosten von rund 1.200 bis 1.500 CHF zu rechnen. Mangels Alternative wurden die Uhren bei Patek Philippe in Genf belassen und eine Überholung in Auftrag gegeben. Fünf Monate später wurden sie wieder vor Ort in Empfang genommen. Bei der Automatik Referenz 3514 beliefen sich die Gesamtkosten auf 1.260 CHF, wobei die Revision des Werks mit 750 und der Ersatz des Zifferblatts im Austausch mit 465 CHF ausgewiesen waren. Bei der Referenz 2552 kamen die Revisionskosten sogar auf 1.530 CHF, wobei für die Überholung des Werks 980 CHF und die »bestmöglichste Restaurierung des Zifferblattes« 490 CHF berechnet wurden. Weil nach diesem Erlebnis die Freude an diesen beiden Uhren nicht mehr die größte war, wurde die Referenz 3514 beim Kauf einer wesentlich wertvolleren Patek Philippe von einem Verkäufer für 12.000 DM in Zahlung genommen. Die schon antike Referenz 2552, die

Abb. 761
Detailvergrößerung des links vorgestellten Kalibers 27-460. Im Vordergrund der Unruhkloben mit Gyromax-Unruh und Breguet-Spirale. Die acht Masselotte-Gewichte sind im Unruhreif integriert. Links oben erkennt man noch einen Teil des Ankerrades sowie die zwei Kunstrubin-Paletten des Ankers.

nach dem Aufenthalt in Genf wieder wie neu aussah, wurde für 12.500 DM an einen niederländischen Hochseefischer weitergereicht. Für den Münchner Uhrenfreund hielt sich somit der Schaden in Grenzen.
Und die neuen Besitzer dieser beiden Uhren durften mit ihrem Kauf in der Tat zufrieden sein.
Der hier erwähnte Münchner Uhrenfreund war übrigens der Autor dieses Buches. Hätte ihm schon vor 20 Jahren die hier aufgeführte Checkliste vorgelegen, wäre es wohl nicht zum Kauf dieser beiden Uhren gekommen!

Alles in allem birgt der Kauf beim Händler klare Vorteile. Man kann die anvisierte Uhr in die Hand nehmen, das Innenleben begutachten und alle relevanten Fragen stellen. Dass vergleichbare Uhren beim Händler oftmals teurer ausfallen als bei einem Kauf im Internet, hat seine Gründe. Wenn es sich nicht um Kommissionsware handelt, muss der Händler die Uhren selbst einkaufen und bezahlen. Aus Betriebskosten, Kapitaldienst und Gewinnspanne resultiert dann der Mehrpreis, den der Händler für seinen geschäftlichen Erfolg benötigt.
Wenn man die Wunschuhr beim Händler gefunden hat, sollte man nicht über deren Preis, sondern zuerst über deren Eigenschaften sprechen. Hier wird es bestimmt von Vorteil sein, wenn man die zuvor aufgeführte Checkliste zur Hand nimmt und diese der Reihe nach durchgeht. Denn wenn ein fünf- oder sechsstelliger Eurobetrag zur Diskussion steht, sollte sich auch der Händler die notwendige Zeit für dieses potentielle Geschäft nehmen. Andere Kunden warten oft gerne, wenn sie einem informativen Verkaufsgespräch folgen und damit etwas lernen können. Und schließlich bedeutet ein für beide Seiten zufriedenstellendes Geschäft die beste Voraussetzung für den nächsten Kauf. Denn wer einmal vom Patek-Philippe-Virus angesteckt wurde, wird sich in nächster Zukunft bestimmt nicht mit einer einzigen Uhr zufrieden geben.

18.3 Kauf bei nationalen und internationalen Auktionen

Zu den bekannten Auktionshäusern, die auch wertvolle Herrenarmbanduhren offerieren und international aufgestellt sind, zählen Christie's, Sotheby's und Antiquorum, Patrizzi in Genf, Ineichen in Zürich und Bonhams in London, Edinburgh, Los Angeles, New York und in vielen anderen Städten. Hinzu kommen noch die Versteigerer Heritage in den USA sowie Dr. Crott in Mannheim und Henry's in Mutterstadt, beide in Deutschland.
Für den Uhrensammler stellen die zu den Auktionen rechtzeitig erscheinenden Auktionskataloge echte Leckerbissen dar. Insbesondere darum, weil diese Kataloge exzellente Fotos und gelegentlich tiefgehende Informationen enthalten und auch

Abb. 762
Jaeger-LeCoultre Chronometer Geophysic Ref. E168 aus dem Jahr 1958 mit Originalgarantieschein und Originalverkaufsbox.

Abb. 763
Jaeger-LeCoultre Chronometer Geophysic Ref. E168 in Edelstahl. Von diesem Modell mit Schraubboden wurden insgesamt nur 1.390 Exemplare produziert (1.038 Stück in Stahl, 222 in Gelbgold und 30 in Roségold).

über das Internet eingesehen werden können. Diese Einblicke erlauben eine rechtzeitige Disposition der beabsichtigten Käufe. Wer sich vor Ort befindet, kann vor der Auktion die in Frage kommenden Uhren (LOTs) persönlich begutachten und interessierende Fragen stellen. Wer nur per Telefon oder Internet mitbieten kann, muss sich auf die Beschreibungen in den Katalogen verlassen.

Sollten die jeweiligen Zustandsbeschreibungen, die oft in einer eigenen funktionalen Sprachgebung formuliert sind, nach dem Kauf nicht ganz zutreffen, hat man als Käufer schlechte Karten. Insbesondere darum, weil das Auktionsunternehmen immer Uhren Dritter versteigert und damit nur als Vermittler auftritt. Ist eine Uhr erst einmal gekauft und der Kaufpreis entrichtet, werden später erst festgestellte Mängel und zugehörige Fehler möglicherweise nur schwer reklamiert und anerkannt.

Als der Autor vor mehr als 30 Jahren selbst noch hochwertige Armbanduhren sammelte, genauer gesagt nur Uhren von Patek Philippe und Vacheron & Constantin mit automatischem Aufzug, besuchte er in Genf, London, New York und Hongkong zahlreiche Auktionen von Christie's, Sotheby's sowie Antiquorum. Gerade bei solchen Gelegenheiten kann ein fachlich geschultes Auge die Unterschiede zwischen dem tatsächlichen Zustand einer Uhr und ihrer Beschreibung im Katalog feststellen. Denn es lässt sich ja nie ganz genau nachvollziehen, was eine alte Armbanduhr in 40 oder 50 Jahren alles erlebt oder mitgemacht hat.

Will man bei einer Auktion als Anbieter per Telefon oder über das Internet eine bestimmte Uhr ersteigern, sollte man dem Auktionshaus rechtzeitig eine Liste mit den relevanten Fragen zu der zu ersteigernden Uhr zukommen lassen. Wird darauf hin vom Auktionshaus als Antwort nur der routinemäßig erstellte »Condition Report« geschickt, sollte man nochmals nachhaken. Hilfreich hat sich auch ein Telefongespräch mit dem zuständigen »Watch Expert« erwiesen. Bei einem solchen Dialog hat der zuständige Experte die besagte Uhr selbst in der Hand und kann die gestellten Fragen umfassend beantworten. Hier kann es auch nicht schaden, wenn man die wichtigsten Aussagen in einer Telefonnotiz festhält. Denn wenn es um viel Geld geht, z. B. um eine Uhr für 20.000 oder 30.000 USD, sollte man auch das betreffende Auktionshaus fordern und sich in keinem Fall mit Pauschalaussagen zufrieden geben!

Ist nun die Wunschuhr gefunden, geprüft und ersteigert worden, muss nur noch bezahlt sowie die genaue Abwicklung dieses Geschäfts geregelt werden. Erfolgte die Versteigerung im Bereich der Europäischen Union, wird die Uhr nach Bezahlung an den Bieter problemlos per versichertem Werttransport versandt. Bei internationalen Auktionen nutzen die Auktionshäuser oft Spezialfirmen, welche den Transport sowie die Zollabwicklung übernehmen. Solche Zusatzdienste werden oftmals mit 150 bis 250 USD berechnet.

In Deutschland werden die Zollabgaben auf den Rechnungswert und auf die Transportkosten erhoben und bei Zustellung oder Abholung in Rechnung gestellt und sofort kassiert. Diese Gebühren betragen derzeit 19 % Einfuhrumsatzsteuer sowie Zollabgaben zwischen 0,30 und 0,80 € pro Uhr. Hat ein Uhrenfreund persönlich eine Uhr beispielsweise in Hongkong oder New York ersteigert und liegt deren Wert über derzeit 430 €, muss diese Uhr bei der Einreise beim Zoll deklariert und versteuert werden. Hält man diese gesetzlichen Vorgaben nicht ein, begeht man Steuerhinterziehung!

Abb. 764
Patek Philippe Automatik mit Ewigem Kalender Ref. 3448 in 18 K Gelbgold, die erste Uhr mit Ewigem Kalender und Automatikwerk des Genfer Herstellers. Rechts die komplette Aufnahme mit der Verkaufsbox aus Edelholz, Uhr und Stellstift.

Kurz erwähnt werden soll hier noch ein Sonderfall
Will ein Käufer seine Uhr, die er z. B. bei Sotheby's in New York ersteigert hat, in Deutschland nur zur Prüfung und Bewertung in Empfang nehmen und bereits ein halbes Jahr später diese Uhr zu Christie's nach Genf weiterleiten, kann er das wertvolle Stück auch vorübergehend einführen lassen. Zur Abwicklung benötigt er aber dazu eine autorisierte Spedition, die sich auf die Durchführung solcher Geschäfte spezialisiert hat und von den Zollbehörden zugelassen ist. Die dafür zu bezahlende Gebühr ist jedoch nicht unerheblich

18.4 Kauf auf Uhrenbörsen

Als größter Handelsplatz für Kauf, Verkauf und Tausch von Armbanduhren gilt mittlerweile die Uhren-Technik-Börse in München. Sie findet in regelmäßigen Abständen im Hotel Infinity in Unterscheißheim bei München statt. Genaue Termine dieser Veranstaltung und Hinweise auf andere Uhrenbörsen findet man im Internet. Nach Meinung des Verfassers ergänzen sich Uhrenauktionen und Uhrenbörsen sehr gut. Auf Auktionen steht eine Fülle von zuvor geprüften Uhren einem breiten Publikum zur Auswahl. Entsprechend hoch fallen oft die Preise aus. Auf Uhrenbörsen können seltene Stücke auftauchen, die nur von Experten oder spezialisierten Liebhabern entdeckt oder erkannt werden. Leider gehen diese Chancen immer mehr zurück. Das umfangreiche Informationsangebot über Literatur und Medien sowie das zunehmend steigende Interesse an alten Uhren haben dafür gesorgt, dass solche »Glücksgriffe« nur noch selten gelingen. Nichtsdestotrotz verfügen Uhrenbörsen für den Sammler schöner Zeitmesser über viele Vorteile! Man kann das gewünschte Stück persönlich ansehen, bei mehreren Angeboten der nämlichen Referenz Preis und Zustand vergleichen und sich schließlich für eine Uhr entscheiden. In einigen wesentlichen Punkten besitzt der Kauf auf Uhrenbörsen gegenüber dem auf einer Auktion klare Vorteile. Im Gegensatz zum Auktionshaus kann auf der Börse über den Preis verhandelt und ggf. auch eine andere Uhr in Zahlung gegeben werden. Dies gilt insbesondere dann, wenn das momentane Budget zum Erwerb der neuen Traumuhr nicht ausreicht und man einen anderen, nicht mehr so hoch geschätzten Zeitmesser in Zahlung geben kann.
Das Risiko, einer »geschönten« oder »gefälschten« Uhr zu begegnen, dürfte bei Uhrenbörsen um ein mehrfaches größer sein als auf Auktionen. Auch hier sollte man ohne Kompromisse die aufgeführte Checkliste nehmen und vor der Entscheidung diese konsequent abarbeiten. Sollte in diesem Fall der angesprochene Verkäufer kein Verständnis dafür haben, hat dies sicher seine Gründe. Niemand hat heutzutage etwas zu verschenken, am wenigsten wohl Händler antiker Uhren!

18.5 Kauf über das Internet

Nimmt man die Aussage des zuständigen Dezernatsleiters im Polizeipräsidium München ernst, dass bereits 40 % aller Betrugsanzeigen Fälle aus dem Internet sind, ist hier besondere Vorsicht geboten. Trotz dieser Warnung vorab darf nicht übersehen werden, dass bei keinem anderen Erwerbsweg Chancen und Risiken so nahe beieinander liegen, wie bei Käufen im Internet. Dies gilt für die Angebote über eBay (www.eBay.de) genauso wie für die Offerten, die man sich über Google (www.google.com) besorgen kann. Auch die bereits

Abb. 765
Patek Philippe Calatrava, wie sie bereits auf Seite 422 zu sehen ist, mit Original-Verkaufszertifikat. Dieses Dokument ist stets vom jeweiligen Präsidenten von Patek Philippe unterschrieben.

genannte Uhrenplattform www.chrono24.com kann zu dem gesuchten Sammlerstück führen.
Als Test wurde innerhalb weniger Stunden nach einer Patek Philippe Referenz 2526 bei den zuvor genannten Internetadressen gesucht. Bei eBay war weltweit keine Uhr gelistet. Die Suche über Google verlief dagegen schon erfolgreicher. Nach vier gefundenen Gelegenheiten wurde die Suche wieder abgebrochen. Das interessanteste Exemplar der Referenz 2526 war aber im Internet-Auktionshaus LIFEAUCTIONEERS auf www.lifeauctioneers.com gefunden worden. Dies war ein Modell für »Tiffany & Co« mit Werk-Nr. 760.001 und Gehäuse-Nr. 674.917, welches am 30.06.1953 verkauft worden war. Diese Werk-Nr. 760.001 verrät uns, dass es sich um das zweite produzierte Werk dieses berühmten Kalibers handelt. Diese Uhr wurde für 42.000 USD verkauft.
Bei www.chrono24.com waren zu diesem Zeitpunkt sechs Ausführungen der Referenz 2526 angeboten, fünf davon in Gelbgold, eine in Platin. Während sich die Preise der gelbgoldenen Versionen zwischen 21.972 und 24.500 € bewegten, hatte der römische Händler für seine Platinuhr nur den Hinweis »Preis auf Anfrage« aufgeführt.
Bei Käufen im Internet gelten im Prinzip die gleichen Regeln wie bei anderen Erwerbswegen. Käufe im Internet setzen grundsätzlich noch größere Fachkenntnisse voraus. Wer bei Uhren von Patek Philippe oder anderen Marken keinen Reinfall erleben möchte, sollte das vorliegende Buch genauestens lesen und erst nach einer vergleichenden Bewertung seine Entscheidung treffen.
Die folgenden Empfehlungen sollten unbedingt beachtet werden, damit ein Kaufversuch auch erfolgreich beendet werden kann.

Beantwortung zusätzlicher Fragen
Wenn in der Offerte des Verkäufers nicht alle relevanten Informationen aufgeführt sind, schickt man dem Verkäufer per E-Mail die noch offenen Fragen zur Beantwortung.

Überprüfung von Werk- und Gehäusenummer
Wenn es sich um eine sehr teure Uhr handelt, lässt man sich die Nummern von Werk und Gehäuse zuschicken und gleicht die Daten mit dem Archiv des Herstellers, z. B. mit dem von Patek Philippe in Genf, ab.

Nachweis der tatsächlichen Existenz der Uhr
Damit im Zweifelsfall die Existenz der Uhr bewiesen wird, fordert man vom Verkäufer ein Bild an, welches die Uhr auf dem Titel einer aktuellen Tageszeitung liegend zeigt.

Erfassung aller persönlichen Daten des Verkäufers
In jedem Fall sollte vor Kaufabschluss mit dem Verkäufer per Telefon kommuniziert, Adressen und Telefonnummern ausgetauscht sowie die Regelung von Verpackung und Versand geklärt werden.
Es sollte auch telefonisch angefragt werden, ob der Käufer die Uhr persönlich abholen könnte.

Vorsicht bei Staaten mit Risiken
Bei Ländern mit erhöhtem Risiko, wie z. B. Indonesien, sollte man von einem Kauf besser ganz Abstand nehmen.

Sofortige Kaufbestätigung
Hat man bei eBay in den letzten Sekunden sein Gebot plaziert und den Zuschlag erhalten, sollte man sich umgehend beim Verkäufer melden und sich die vereinbarten Bedingungen bestätigen lassen.

Bezahlung über PayPal
Bei der Bezahlung sollte man nur den Weg über PayPal, ein Unternehmen von eBay, wählen. Bei dieser Bezahlungsweise hat man die Möglichkeit der Reklamation, wenn die gekaufte Uhr nicht den beschriebenen Eigenschaften entspricht oder aus irgendwelchen Gründen nicht eingetroffen ist. Innerhalb von 30 Tagen lassen sich alle Konflikte klären und eine eventuelle Rückabwicklung des Geschäfts durchführen. Das Geld dürfte dann auch bei einem Fehlkauf nicht verloren sein. Voraussetzung für diese Zahlungsweise ist die Mitgliedschaft bei PayPal, die einfach zu erwerben ist. Wichtig dürfte hierbei jedoch der Umstand sein, dass beide Handelspartner zertifizierte Mitglieder von PayPal sind. Zahlungen per Banküberweisung oder Western Union sollten in jedem Fall vermieden werden!

Klärung von Versandweg, Transportkosten und Einfuhrbedingungen
Vor Bezahlung und Versand sollten auch Versandweg, -kosten und Zollerklärung geregelt sein. Obwohl von Haus aus deutlich teurer, bieten alternativ zur Post die Firmen FedEx, UPS und DPD (Deutscher Paketdienst) den Transport (Shipping) an. Die drei genannten Firmen übernehmen bei Auslandssendungen

Abb. 766
Patek Philippe Calatrava Ref. 5227G-001 von hinten mit aufgeklapptem Schutzdeckel. Hinter dem Saphirglasboden erkennt man das Automatikkaliber 324 SC mit Goldrotor, welches sich im weißgoldenen Schutzdeckel spiegelt.

auch die Einfuhr- und Zollabwicklung und sind als gewerbliche Serviceunternehmen in der Regel viel schneller als die gute alte Post. Daneben gibt es auch Firmen, die sich auf Werttransporte spezialisiert haben. Diese sind im Internet zu finden.

Einfuhrabgaben wie Zoll, Einfuhrumsatzsteuer etc.
Bei der Einfuhr sind die Zollabgaben und die Einfuhrumsatzsteuer zu entrichten. Wird z. B. aus den USA eine Uhr per USPS (United States Postal Service) verschickt, kann es oft Wochen dauern, bis man vom nächsten Post-Zollamt eine Nachricht über das Eintreffen der erwarteten Sendung erhält. Man muss im Regelfall dort die Sendung persönlich in Empfang nehmen und auf der Basis der vom Käufer ausgestellten Rechnung die Einfuhrabgaben entrichten. Um Schummeleien zu vermeiden, verlangt der Zoll mittlerweile einen Zahlungsnachweis, z. B. von PayPal, um die Einfuhrgebühren zu berechnen. Ehrlichkeit währt am längsten!

Warenannahme und Objektprüfung
Ist die Sendung eingetroffen und die Uhr unter Zeugen ausgepackt, sollte man eine gründliche Prüfung, bei teuren Uhren mit Hilfe eines Experten, durchführen. Bei ernsthaften Zweifeln an Echtheit oder Zustand der Uhr sollte man umgehend Patek Philippe kontaktieren und einen Besichtigungstermin vereinbaren.

Rückgabemöglichkeit
Bei Bezahlung über PayPal hat man 30 Tage zur Verfügung, um Konflikte zu beheben. Im schlechtesten Fall geht die Uhr an den Verkäufer zurück und man sollte den Kaufpreis auf seinem PayPal-Konto gutgeschrieben erhalten.

Verkäuferbewertung
Wenn der Kauf der neu erworbenen Uhr erfolgreich abgeschlossen werden konnte, sollte man dies den Verkäufer wissen lassen. Bei eBay reicht hier eine positive Bewertung, bei anderen Verkäufen eine freundliche E-Mail.

Bei Käufen, die sich im höheren Preissegment bewegen, z. B. über 10.000 oder 20.000 €, sollte man stets einen persönlichen Übergabetermin vereinbaren, z. B. in den Räumen einer Bank vor Ort oder beim nächsten Patek Philippe Konzessionär. Hier besteht auch die Möglichkeit, diesen Kauf nach dem Prinzip »Geld gegen Ware« abzuwickeln und so unnötige Risiken auszuschließen. Ein Billig-Flugticket nach Hongkong oder New York kostet zwar zwischen 700 und 1.200 €, kommt aber immer noch viel billiger als ein großer Verlust, den man bei einem vermeintlich guten Geschäft erlitten hat.

Abb. 767
Komplette Reglage eines IWC-Automatikkalibers C. 8541 B mit separater Einstellmöglichkeit für Gang und Abfall, Incabloc-Stoßsicherung, Unruh mit Breguet-Spirale und drei Maselotte-Gewichten. Dieser hohe technische Aufwand wird in den meisten heutigen Uhrwerken nicht mehr betrieben (ca. 18fache Vergrößerung).

19. Die fachgerechte Überholung

Wer einen Personenkraftwagen fährt und auf dessen Zuverlässigkeit und guten Erhaltungszustand Wert legt, gönnt seinem Gefährt auch die vom Hersteller empfohlenen Wartungszyklen. Und dieser Grundsatz gilt sowohl für den sparsamen Vierzylinder aus Wolfsburg als auch für den noblen Achtzylinder aus Untertürkheim.
Wird der Motor eines Automobils mit einer durchschnittlichen Drehzahl von 3.000 U/min betrieben, kommen pro Stunde 180.000 Umdrehungen zusammen. Bei drei Betriebsstunden pro Tag und 365 Tagen pro Jahr summiert sich das Ganze auf genau 157.100.000 Umdrehungen! Wenn eine Uhr mit 28.800 Halbschwingungen pro Stunde (A/h) arbeitet, kommen pro Tag – eine Uhr macht ja keine Pause – 691.200 und pro Jahr 252.288.000 Halbschwingungen zusammen. Verschiedene Öle und Fette sorgen für die richtige Schmierung und halten den Verschleiß in Grenzen. Hinzu kommt noch die bewusst sorgsame Behandlung der Uhr sowie die Vermeidung unnötiger Belastungen. Vor dem Baden sollte sie abgelegt und sicher verwahrt werden, auch wenn der Hersteller Wasserdichtigkeit bis 120 Meter Tiefe verspricht. Auch beim Golfspielen legt der weitsichtige Golfer seine Uhr ab. In ein Woll- oder Seidentuch eingewickelt und in einer Nebentasche des Bags sicher verstaut, wird auch eine wertvolle Uhr die 18 Löcher unbeschadet überstehen. Wer jedoch die Uhr, selbst wenn diese als Sportmodell firmiert, anbehält, riskiert, dass bei jedem Golfschlag die Unruhwelle und andere empfindliche Bauteile eine schockartige, übergroße Belastung erfahren!
Zum Schluss noch ein Wort zum Thema Temperatur. Natürlich hält eine gute Armbanduhr etliche Grade unter Null und auch Saharahitze aus. Für diese Extremfälle ist aber eine Armbanduhr, z. B. von Patek Philippe, weder gebaut worden noch angebracht. Die noblen Uhren aus der Schweiz sollen ihrem Besitzer beim Tragen Freude bereiten und auf die schönste Weise die genaue Zeit vermitteln. Damit diese kleinen Wunderwerke der Mikromechanik auch über Jahrzehnte hinweg ihre besonderen Eigenschaften behalten, sollte man sie auch bei nur gelegentlichem Gebrauch alle fünf bis sechs Jahre zur Überholung geben. Sollte die Uhr jedoch ständig getragen werden, sind Servicezyklen von vier bis fünf Jahren von Vorteil. Ein geübtes Auge erkennt bei geöffneter Uhr mit einem Blick die Ölhaltung in der oberen Stoßsicherung der Unruhwelle. Wenn dort keine Schmiermittel mehr vorhanden sind, fehlen diese auch anderenorts. Eine Überholung wird somit unumgänglich!

19.1 Eine Überholung bei Patek Philippe

Die deutsche Niederlassung von Patek Philippe residiert im Herzen von München. Sie ist seit 2005 auch auf Publikumsverkehr eingestellt. In der Hauptsache konzentriert sie sich aber auf die Betreuung und Versorgung der Konzessionäre in Deutschland. Damit trägt sie die Hauptverantwortung für das Deutschlandgeschäft. Wer seine Armbanduhr dieser Niederlassung anvertrauen möchte, der Weg aber zu weit ist, kann diese per Wertsendung dorthin senden. Er erhält umgehend eine Eingangsbescheinigung und einige Tage später ein Kostenangebot für die gewünschten oder notwendigen Arbeiten. Heute kann ein Großteil der Uhren im Münchner Atelier überholt

Abb. 768
Patek Philippe Armbanduhr mit Handaufzug, Ref. 565 in 750 Gelbgold, das zweite Modell mit Schraubboden, im Jahre 1938 lanciert.

Abb. 769
Patek Philippe Ref. 565. Das geöffnete Gehäuse erlaubt einen Blick auf das Handaufzugwerk 12‴-120 mit Kleiner Sekunde. Die Werknummer lautet 961.488, die vom Gehäuse 649.615. Über dem Schraubboden erkennt man noch den Staubdeckel.

werden. Lediglich einige Komplikationen und ältere Uhren werden zur Überholung nach Genf weitergereicht.

Im Stammhaus in Genf (Anschrift: Salon Patek Philippe, Rue du Rhône 41, CH-1204 Genève, Tel. +41 22 809 50 50), welches sich nach dem Umbau 2006 in neuem Glanz präsentiert, können wie eh und je Uhren zur Überholung und Reparatur persönlich übergeben werden. Dort kann auch stets ein Uhrmacher zu Rate gezogen und nach fachlichen Themen befragt werden. Weitere Servicecenter lassen sich über das Internet ermitteln (www.patek.com).

Wer in München seine geliebte Armbanduhr unserer Genfer Marke bei einem Konzessionär übergeben möchte, kann dies beim Juwelier Bucherer, ehemals Huber, in der

Abb. 770
Patek Philippe Ref. 565 erhielt nach der Fertigstellung der Reivision den üblichen Serviceaufkleber.

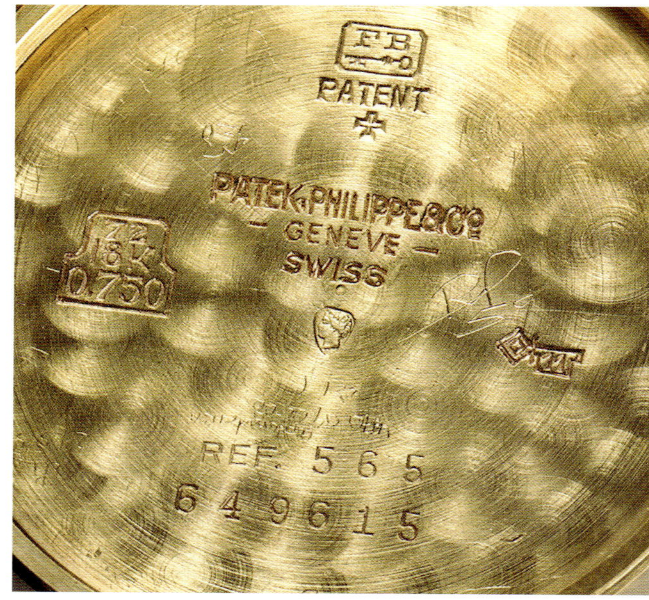

Abb. 771
Der perlierte Innenboden enthält die übiche Punzierung und Kennzeichnung. Der Firmenschriftzug PATEK-PHILIPPE & Cº, die kleine Helvetia, die Referenz 565 sowie die Gehäusenummer 649615 sind gut lesbar. Links der Stempel für Edelmetall 750 Gold. Die Angaben über Werk- und Gehäusenummer sollte man stets gesichert aufbewahren.

Residenzstraße 11, gegenüber der Staatsoper, erledigen. Ein Mitarbeiter der zugehörigen Werkstatt von Bucherer ist auf Uhren von Patek Philippe und Rolex geschult und kann bis zum Level 2 diese wertvollen Uhren im eigenen Haus überholen.

Aber wo liegen die Vorteile einer bei Patek Philippe in München oder Genf überholten Uhr? Hier stehen zwei Argumente im Vordergrund, die nicht so leicht zu widerlegen sind. Zum einen befassen sich die bei Patek Philippe tätigen Uhrmacher immer und nur mit den Erzeugnissen ihres Hauses. Jeder Griff wird täglich mehrfach wiederholt und kann fast blind ausgeführt werden. Zum anderen gibt es bei einem Tausch von Werksteilen keine bürokratischen Aufwände oder Hürden. Hier müssen keine Kaliberbeschreibungen umfassend studiert und mühsam alle Tauschteile disponiert werden. Bei Patek Philippe geht der Uhrmacher an den betreffenden Schrank und entnimmt dort alle benötigten Ersatzteile. Für diesen Schritt braucht er nur wenige Minuten! Und viele Funktionsteile, die ihre Aufgaben noch oftmals voll erfüllen, werden schlichtweg schon präventiv ersetzt.

Zum Schluss steht noch das Ehrenwort des Altpräsidenten Philippe Stern, das besagt, dass jede Uhr, auch solche aus früheren Produktionen, höchsten Anforderungen an Präzision und Ganggenauigkeit erfüllen muss!

Was wollen die Träger schöner Uhren von Patek Philippe mehr? Nach dem Thema Qualität sind für den Kunden von Patek Philippe noch die Fragen nach Preis und Lieferzeit relevant. Die erste Frage können wir mit den zahlreichen und genau beschriebenen Reparaturbeispielen beantworten, die interessante und detailreiche Einblicke in solche Arbeiten erlauben. Bei der zweiten Frage fällt die Antwort für Patek Philippe nicht so leicht aus. Je nach Uhrentyp und Umfang der Revision sind Lieferzeiten von fünf bis acht Monaten üblich. Und wenn noch

ein Zifferblatt restauriert werden muss, weil kein passendes Ersatzteil mehr auf Lager ist, können die Wartezeiten noch länger dauern.
Zum Schluss noch der Aspekt Werterhalt. Wenn eine Armbanduhr von Patek Philippe in eigenen Ateliers revidiert wurde und die zugehörige Rechnung vorliegt, beeinflusst dieser Umstand den Wiederverkaufswert ganz entscheidend. In einem solchen Fall kann die gleichfalls wertvolle Arbeit eines Konzessionärs bzw. dessen lizenzierte Werkstatt nur den zweiten Rang erhalten.

19.2 Eine Überholung beim Konzessionär

Bei der Revision von Armbanduhren hat Patek Philippe verschiedene Level festgelegt. Diese umfassen sowohl das Alter der Uhr als auch die Komplexität der Werke. Diese Vorgaben betreffen sogar die eigenen Niederlassungen von Patek Philippe, bei denen zwar viele, aber noch längst nicht alle Referenzen revidiert werden dürfen. Dies gilt auch für den Standort München.
Trotzdem hat der Besuch eines Konzessionärs und die dortige Durchführung einer Revision manche Vorteile. Zum ersten sind in einem solchen Fachbetrieb die Wege kurz, weil die hauseigene Werkstatt meistens im gleichen Gebäude angesiedelt ist wie das Ladengeschäft. Man kann somit den jeweiligen Fachmann herbei bitten und zu Rate ziehen. Der gerufene Uhrmacher kennt die Besonderheiten der Kaliber und kann kompetent die gewünschte Auskunft geben. Bei der Reparatur hat er im Regelfall die wichtigsten Ersatzteile

Abb. 773
Dornschließe einer Vacheron & Constantin aus 750 Gelbgold. Bei einem Tausch des Lederbandes einer Uhr beim Konzessionär sollte stets darauf geachtet werden, dass hierbei die vorhandene Goldschließe auch wieder an das neue Band montiert wird.

Abb. 772
Zifferblattausschnitt einer Patek Philippe Ref. 2551 nach einer Auffrischung beim Herstellerwerk. Der Zustand darf als fast neuwertig bezeichnet werden.

Abb. 774
Originale, alte Uhrenetuis sind gesuchte Sammlerstücke und sollten bei der Abgabe einer Uhr zur Revision stets wieder mitgenommen werden. Hier als Beispiel ein wertvolles Lederetui aus den fünfziger Jahren, in dem damals Vacheron & Constantin seine wertvollen Uhren ausgeliefert hat.

19.3 Eine Überholung beim Uhrmacher Ihres Vertrauens

Das Erfolgsgeheimnis des persönlich bekannten Uhrmachers darf oftmals wie eine besondere Marketingstrategie verstanden werden. Wer neben fachlicher Kompetenz und guter Arbeit auch noch Zeit für ein persönliches Gespräch findet, kommt den speziellen Bedürfnissen eines Uhrenfreundes sehr entgegen. Die Voraussetzung für eine lange Kundenbeziehung basiert immer auf guter und nachvollziehbarer uhrmacherischer Leistung. Ein Sammler, der auch Uhren für dieses Buch zur Verfügung stellte, hat einige Uhren bei einem Münchner Antik-Uhren-Händler überholen lassen. Als diese nach Ausführung und Bezahlung bei Patek Philippe auf einer Zeitwaage bzw. auf einem Witschi-Messgerät nachgemessen wurden, fielen die Ergebnisse sehr enttäuschend aus. Zwar stimmte der mittlere Gang einigermaßen, aber die mittlere tägliche Gangabweichung, die Amplituden und der Abfall in sechs Lagen waren in keiner Weise akzeptabel (siehe Beispiele Seite 425, Abb. 748). Ein anderer Uhrmacher aus der Nähe von Pforzheim überholt schon seit Jahren erfolgreich Uhren herausragender Marken vor Ort und muss in Genf nur spezielle oder seltene Komponenten bestellen. Je nach Größe der Werkstatt sind ein oder zwei Mitarbeiter speziell auf Patek Philippe geschult, führen zwangsläufig aber auch Revisionen an Uhren anderer Hersteller durch.
Hier hat eine Uhr von Patek Philippe vieles mit einem schnellen, Heckmotor getriebenen Automobil aus Zuffenhausen gemeinsam. Bei diesen hohen Qualitätsanforderungen sollten nur besonders qualifizierte Experten Hand anlegen dürfen, damit das geforderte hohe Markenniveau kompromisslos eingehalten wird.
Diese Herausforderung kann jedoch für den Konzessionär eine besondere Chance bedeuten. Wenn er in seiner Werkstatt einen oder zwei begabte Uhrmacher hat und diesen bei Patek Philippe in Genf fortlaufende Schulungen erlaubt, kann er sich über die Zeit die gleiche Kompetenz aufbauen, wie sie bei Patek Philippe selbst vorliegt. Hier ist jedoch vom Konzessionär strategisches Denken angesagt.
Im Grunde genommen dürften bei vergleichbaren Arbeiten beim Konzessionär kürzere Lieferzeiten machbar sein. Auch bei den Revisionskosten könnte er günstiger liegen, wenn er nicht nach vorgegebenen Arbeitswerten, sondern nach dem tatsächlichen Zeitaufwand abrechnet. Ein weiterer Vorteil des Konzessionärs besteht in der Marketingkomponente. Durch die direkten Wege und persönlichen Kontakte mit dem Kunden kann sich eine Beziehungsebene aufbauen, die weit über die nachgewiesene Kompetenz sowie die genauen Gangwerte geht. Und warum sollte sich ein mit der Revision seiner Uhr zufriedener Kunde nicht auch vor Ort umsehen und nach einer neuen Uhr Ausschau halten? Wo sich ein Kunde wohlfühlt, kommt das nächste Geschäft ganz bestimmt zustande!

Abb. 775
Detailvergrößerung eines Uhrwerks mit automatischem Aufzug, IWC Kaliber C. 8541 B mit Werknummer 2.153.521. Der Uhrmacher Ihres Vertrauens könnte dieses Werk genauestens erklären. Der Unruhkloben mit separater Einstellung für Gang und Abfall, die Unruh mit Breguet-Spirale, Masselotte-Gewichte und vieles mehr lässt sich auf diesem Bild erkennen.

Abb. 776
Ausgeschaltes IWC Automatikkaliber C. 8541 B mit noch montiertem Zifferblatt. Zeigerspiel und Indizies bestehen aus 18 K Gelbgold. Am Zifferblattaufdruck SWISS unter der 6 erkennt man, dass dieses Zifferblatt vor dem August des Jahres 1973 gefertigt wurde. Der Grund hierfür ist unter APRIOR im Kapitel über Zifferblätter auf Seite 362 nachzulesen.

wie Rolex, Patek Philippe und Vacheron & Constantin. Auch einige in diesem Buch vorgestellte Uhren hat dieser Uhrmacher vorzüglich überholt und seine besondere Kompetenz bewiesen.

Mit einem kleinen Handicap muss der Uhrmacher Ihres Vertrauens leben. Wenn das Werk einer Uhr keine Schadteile enthält und nur eine normale Revision durchzuführen ist, kann dieser Uhrmacher gute Arbeit leisten. Wenn Teile benötigt werden, die über den Ersatzteilhandel der Uhrenindustrie bezogen werden können (z. B. Schrauben, Federn etc.), hat der Uhrmacher Ihres Vertrauens ebenfalls keine Probleme. Erst wenn Originalersatzteile benötigt werden, wird es für den Uhrmacher eng. In Deutschland erhalten nur Konzessionäre von Patek Philippe Ersatzteile, und diese noch differenziert. Hier kommt es darauf an, welche der angebotenen Ausbildungsstufen (Level) der zuständige Mitarbeiter bei Patek Philippe in Genf schon absolviert hat.
Im Grunde kommt es auf die Kenntnisse sowie die Befähigung des jeweiligen Uhrmachers an, denn bei unseren Uhrmachern gilt die Gaußsche Verteilung genauso wie bei Ärzten und Ingenieuren: Nur rund 10 % aller Beteiligten finden ganz rechts einen Platz!
Aber was lernen wir daraus? Wenn eine alte Armbanduhr von Patek Philippe bereits über Jahrzehnte keinen Fachmann mehr gesehen hat und Arbeiten an Zifferblatt, Werk und Gehäuse nötig sind, würde der Autor dieses schöne Stück nur Patek Philippe direkt anvertrauen. Denn für die Herstellung einer Uhr kommen die gleichen Berufsgruppen zusammen wie für eine umfangreiche Revision. Der Uhrmacher ist für das Werk und die Montage der Uhr verantwortlich. Der Gehäusemacher steht für die Herstellung des Gehäuses und führt auch die mit dem Gehäuse verbundenen Reparaturen aus. Der Polisseur sorgt für die richtigen Gehäuseoberflächen sowie die scharfen Kanten. In der Schweiz absolviert jeder Vertreter dieser drei Berufsgruppen eine eigene Ausbildung, die im Hause Patek Philippe ganze drei bis vier Jahre dauert. Dort achtet man bei der Durchführung von Revisionen streng auf die strikte Trennung dieser drei Tätigkeitsbereiche, damit auch bei der Überholung einer Armbanduhr der gleiche hohe Qualitätsstandard des Hauses eingehalten wird wie bei der Produktion neuer Uhren!
Wenn eine normale Revision ansteht und man den Werkstattleiter des nächstgelegenen Konzessionärs persönlich kennt, darf man diesem schon guten Glaubens seine Uhr anvertrauen.
Wenn an einer Uhr Arbeiten anstehen, bei denen keine Ersatzteile gebraucht werden und die uhrmacherische Leistung im Vordergrund steht, ist der Uhrmacher Ihres Vertrauens die richtige Adresse. Und weil die meisten Vintage-Uhren-Geschäfte von Uhrmachern betrieben werden und dort häufig ein umfangreiches Angebot von älteren Uhren vorliegt, kann es auch oft zu einem Kauf einer weiteren Uhr kommen.
Somit hat jeder dieser drei genannten Wege seine Chancen und Risiken.

Ein Wort noch zum Schluss

Bei sehr mitgenommenen Gehäusen neigen manche Uhrmacher dazu, auch tiefe Kratzer und andere Beschädigungen mittels Schwabbelscheibe einfach herauszupolieren. Dies dürfte jedoch der völlig falsche Weg sein, weil eine derartige Bearbeitung des Gehäuses dessen ursprüngliche Form verändert und viel wertvolles Edelmetall abgetragen wird. Beim Beispiel der Referenz 3425 (siehe Seite 188) hat der beauftragte Gehäusemacher überzeugend belegt, wie man Schäden beheben und die Uhr wieder in den Ursprungszustand zurückversetzen kann. Dies gilt nicht nur für die Formkorrektur, sondern auch für die Wiederherstellung der ursprünglichen scharfen Gehäusekanten. Das unprofessionelle Nachpolieren mit der Schwabbelscheibe sorgt zwar für oberflächlichen Glanz, ist jedoch stets mit dem Nachteil gerundeter Kanten und hohem Materialverlust verbunden (siehe Seite 185). Hier sollte bei allen drei der beschriebenen Revisionswege die auf Seite 188 erläuterte Arbeitsweise mittels Auflasern von Material mit anschließender korrekter Formgebung genutzt werden. Die beschriebene Technologie mit Materialauflasern, Drehen, Fräsen und Diamantieren beherrschen nur einige wenige Firmen. Man findet diese sowohl im Raum Pforzheim als auch in den Uhrenhochburgen der französischen Schweiz.

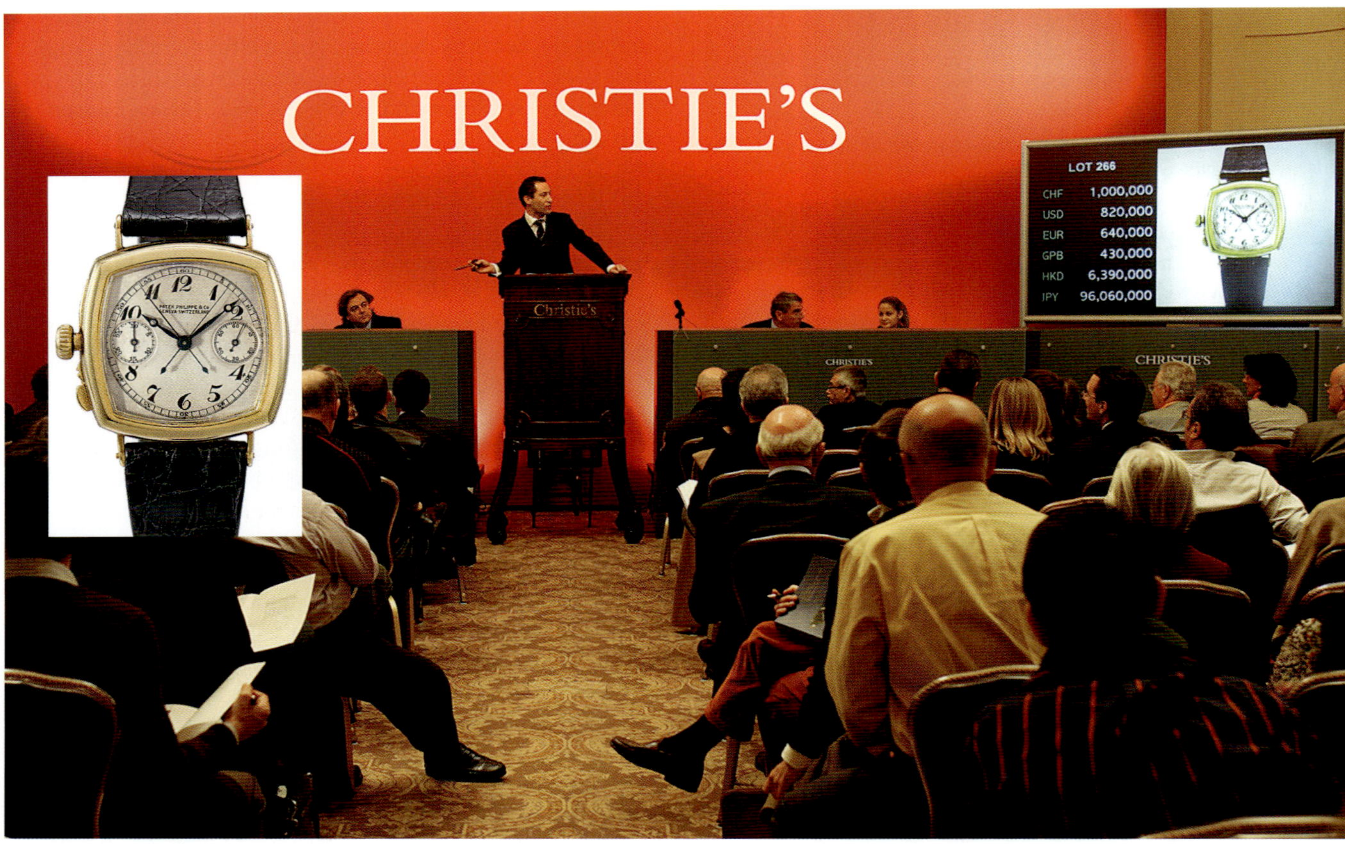

Abb. 777
Auf einer Auktion bei Christie's in Genf. Dort kam am 13.11.2006 ein seltenes Unikat zum Aufruf. Der Doppelchronograph mit einem Drücker war 1925 für einen Linkshänder produziert und am 4.01.1927 verkauft worden. Der damalige Chefauktionator Aurel Bacs schaut auf die Anzeigetafel, die die Uhr und den aktuellen Versteigerungsstand von gerade 1 Mio. CHF anzeigt. Am Ende wurde das auch links eingeblendete Sammlerstück für 2.372.000 CHF zugeschlagen (Aufnahme Christie's).

20. Wert und Wertsteigerungspotenzial

Schon im Vorwort wurde das Beispiel eines einfachen Chronographen Referenz 1463 in Edelstahl aufgeführt. Nach dem deutschen Verkaufskatalog von 1961 war dieser schlicht aussehende Zeitschreiber für genau 1.350 DM zu haben. Bei einer Auktion von Christie's am 12.11.2007 in Genf wurden für ein Exemplar dieser Referenz stolze 529.000 CHF bezahlt (LOT 35, Werk-Nr. 868.840, Gehäuse-Nr. 660.184, produziert im Jahr 1955, Verkäufersignatur »FRECCERO«, mit Stahlband, Abbildung Seite 194). Beim gleichen Auktionshaus in Genf wurde am 19.11.2009 wieder ein Exemplar dieser Uhr angeboten und mit 459.813 CHF verkauft (LOT 85, Werk-Nr. 863.724, Gehäuse-Nr. 640.561, Edelstahl, Verkäufersignatur »WALSER WALD«, produziert im Jahr 1945).
Legt man in beiden Fällen ein Sparkonto mit 5 % jährlichem Zinssatz oder ein Depot mit garantierter jährlicher Rendite von 10 % an, hätte man bei einem Startkapital von 1.350 DM nach der Zinseszinsformel von Leibnitz Kn = K0 (1 + p/100)n = K0 qn für diese zwei Fälle die folgenden Beträge erhalten (Kn = Endkapital, K0 = Anfangskapital, n = Jahre, p = Zinssatz):

Beispiel 1 (nach 46 Jahren)
Kauf bei FRECCERO
(5 % Verzinsung über das Sparbuch oder 10 % Rendite für das Depot)
Kn = K0 (1 + p/100)n = 1.350 (1 + 5/100)46 = 12.736,25 DM
Kn = K0 (1 + p/100)n = 1.350 (1 + 10/100)46 = 108.242,34 DM

Beispiel 2 (nach 48 Jahren)
Kauf bei WALSER WALD
Kn = K0 (1 + p/100)n = 1.350 (1 + 5/100)48 = 14.041,71 DM
Kn = K0 (1 + p/100)n = 1.350 (1 + 10/100)48 = 130.973,27 DM

Beim Beispiel 1 hat sich das Kapital um Faktor 9,43 bzw. 80,18 vermehrt. Beim Beispiel 2 liegen die Werte bei Faktor 10,4 bzw. 97,02!
Was wohl ein Anlageberater zu diesen Zahlen sagen würde?
Und wenn wir als weiteres Beispiel die Referenz 2585 in Edelstahl bringen, würde auch in diesem Fall der Banker ins Staunen geraten (siehe Seite 180). Diese Uhr wurde am 28.10.1996 bei Sotheby's in New York für 11.500 USD verkauft. Am 16.05.2005 tauchte diese Uhr bei Christie's in Genf auf, wurde mit 40.000 CHF offeriert und schließlich für 104.400 CHF (ca. 85.195 USD) veräußert. Zieht man von dieser Summe die Einlieferungsgebühr und das Aufgeld ab, blieben dem Verkäufer immer noch rund 73.080 CHF bzw. 59.636,50 USD übrig. Abzüglich der vorherigen Investition von 11.500 USD in New York kommt der Nettogewinn auf 48.136,50 USD. Dies bedeutet eine 4,2fache Kapitalvermehrung in knapp neun Jahren!

20.1 Uhren von Auktionshäusern

Zu Beginn von Kapitel 18.3 wurden schon die bedeutendsten Auktionshäuser aufgeführt. Der für eine Uhr zu erzielende Preis hängt von mehreren Kriterien ab. Zunächst ein Wort zum Trend der Zeit, der einerseits von der gesamtwirtschaftlichen Situation, andererseits vom jeweiligen Uhrenmodell abhängig ist.
Erst Mitte der 80er Jahre des letzten Jahrhunderts stieg das Angebot wertvoller Uhren signifikant an. Die Preise besonderer Armbanduhren erreichten um 1990 einsame Spitzenwerte und gingen mit dem Einbruch der Konjunktur 1993 fast wieder um die Hälfte zurück. Im Anschluss stiegen die Preise wieder langsam, aber kontinuierlich an.

Abb. 778
Untere Partie eines Zifferblattes einer Patek Philippe Referenz 3448 mit Automatischem Aufzug und Ewigem Kalender. Der Aufdruck SWISS unter der 6 verrät, dass diese Uhr vor dem August 1973 gefertigt worden war. Wäre dieses wertvolle Stück nach 1973 gebaut worden, hätte das Reglement von APRIOR den Aufdruck Ó SWISS Ó (gemeint ist Sigma SWISS Sigma) vorgegeben. Im seltesten Falle könnte es sich auch um ein Ersatzzifferblatt handeln, welches als Einzelstück nach 2007 von Cadrans Flückiger SA hergestellt wurde. Die Uhr hat ein Saphirglas montiert. Die Kosten für ein solches Zifferblatt durften bei rund 7.000 € liegen.

Wer auf Auktionen Armbanduhren, in diesem Fall solche der Marke Patek Philippe, kaufen möchte, muss das jeweilige Angebot genau kennen sowie die Nachfrage nach der eventuell zu erwerbenden Uhr abschätzen können. Die Teilnehmer einer Auktion rekrutieren sich aus verschiedenen Interessengruppen. Zum einen sind es Händler, die ihr Angebot aufstocken und die ersteigerten Uhren schnellstens wieder verkaufen möchten. Zum anderen sind es Sammler, die ihre Kollektion erweitern wollen. Weiterhin sind es auch die Raritätenjäger, die weitgehend unbekannte, aber wertvolle Uhren aufspüren und kaufen möchten. Schließlich gibt es noch die Gruppe von Bietern, die Uhren im Auftrag Dritter ersteigern und dabei meist genaue Direktiven ihrer Auftraggeber einzuhalten haben. Dazu gehören auch die von Museen gesandten Bieter.
Bei solchen Auktionen darf man als Sammler keine Schnäppchen erwarten, sondern nur solide, preis- und wertgerechte Einkäufe für die eigene Kollektion. Diese sind im Regelfall auch nicht zum alsbaldigen Verkauf geeignet. Denn andere Teilnehmer der Auktion hätten mit einem geringfügig höheren Angebot den Zuschlag erhalten, wenn sie dies gewollt hätten.

Der Rat zum Schluss

- Gehen Sie bei teuren Uhren einen Tag früher zur Auktion und nutzen Sie die Gelegenheit zur Vorbesichtigung.
- Nehmen Sie die Checkliste dieses Buches zur Hand und gehen Sie mit dem Experten des Auktionshauses die für Sie wichtigsten Fragen durch. Erst wenn Sie zur Überzeugung gekommen sind, die richtige Uhr gefunden zu haben, sollten Sie bei diesem LOT auch mitbieten.
- Stellen Sie für die zu bietenden Uhren eine Zahlentabelle auf, in der die drei bis vier letzten eigenen Gebote (einschließlich Aufgeld) von links nach rechts dargestellt sind.
- Vervollständigen Sie diese Gebotstabelle mit den drei folgenden Bieterstufen und markieren Sie diese rot. Denn wenn Sie im letzten Augenblick noch ein Gebot höher gehen wollen, kennen Sie bereits ihren kompletten Endpreis.

Beispiel: LOT 242 (+ 20 % Aufgeld)						
ohne Aufgeld	2.000	2.200	2.400	2.600	2.800	3.000
mit Aufgeld	2.400	2.640	2.880	3.120	3.360	3.600
geplantes Höchtsgebot						

- Warten Sie aber mit Ihrem letzten Gebot bis kurz vor dem Hammerschlag!
- Wenn Sie nach Ende der Auktion das ersteigerte Stück nicht gleich mitnehmen wollen, regeln Sie bei der Bezahlung auch gleich Versand und Versicherung des ersteigerten LOTs. Damit können Sie sich zusätzliche Korrespondenz ersparen.
- Ein Umtausch ist nur im Fall einer Mariage oder Fälschung möglich. Eventuelle spätere Reparaturen gehen zu Lasten des Käufers, weil gekauft wie besichtigt.

Abb. 779
Patek Philippe Chronograph mit Ewigem Kalender Referenz 3970 P mit Handaufzugwerk Kaliber CH 2770 Q und Platingehäuse, eine sehr gesuchte Armbanduhr.

Somit kann der Kauf von wertvollen alten Uhren über Auktionshäuser ein einigermaßen sicherer, aber nicht unbedingt ein sehr gewinnbringender sein. Denn wenn Sie eine gerade ersteigerte Uhr zwei bis drei Jahre später wieder über ein Auktionshaus versteigern lassen wollen, wird Ihnen vom Zuschlagspreis rund 20 % Einlieferungsgebühr abgezogen. Und der neue Besitzer darf rund 20 % Aufgeld entrichten. Rein rechnerisch kommen hier ca. 40 % vom Zuschlagspreis zusammen, die zwischen Ihren Einnahmen und den Ausgaben des neuen Besitzers liegen. Ein gutes Beispiel hierfür gibt die Referenz 3454 ab (siehe Seite 194).

20.2 Uhren von Uhrenbörsen

Der Erwerb einer Uhr auf einer internationalen Uhrenbörse kann oftmals eine gute Gelegenheit sein, eine seltene Uhr zu günstigen Konditionen einerseits und mit beachtlichem Wertsteigerungspotential andererseits zu erwerben. Ein passendes Beispiel dürfte die Referenz 3433 sein (siehe Seite 190). Diese Uhr hatte ein Sammler auf der Uhren-Technik-Börse in München für 4.800 € erworben. Kritisch an dieser Patek Philippe war der Umstand, dass ein inkompetenter »Manipulator« ein Zifferblatt ohne Kleine Sekunde montiert hatte und die Uhr nur durch die Beschriftung des Innenbodens zu identifizieren war. Für die meisterliche Wiederherstellung dieses schönen Stücks hatte danach Patek Philippe genau 3.031,20 € berechnet. Mit einer Gesamtinvestition von 7.831,20 € hat der Sammler nicht schlecht gehandelt. Denn im freien Verkauf sind die Vertreter der Referenz 3433 nicht unter 10.000 € zu finden.

Zum Beispiel hat ein Händler eine unüberholte Referenz 3433 für 12.588 € angeboten. Nach längerem Verhandeln hätte er diese Uhr für 11.000 € hergegeben.
Weitere Modelle der Referenz 3433 befanden sich zu diesem Zeitpunkt weltweit nicht im Angebot.
Trotz allem gilt beim Kauf von Uhren mit großem Wertsteigerungspotential die schon mehrfach genannte Checkliste. Was nützt ein günstiger Einkauf, wenn aufgrund versteckter technischer Mängel die Uhr nicht mit Gewinn, sondern nur mit Verlust weiterverkauft werden kann!

Abb. 780
Detail des Chronographenkalibers CH 2770 Q mit Unruhkloben, Gyromax-Unruh und Breguet-Spirale. Das zur Unruhachse radial ausgerichtete Langloch mit Zylinderkopfschraube dient der Verstellung des Spiralklötzchenträgers (französisch »Le piton mobile«).

Abb. 781 (Bild rechts)
Ausschnittvergrößerung aus dem unteren Bild mit der Hand des Trägers der Rolex SEA-DWELLER Ref. 126.600.

Abb. 782
Der stolze Besitzer einer neuen Rolex SEA-DWELLER und erfolgreicher Unternehmer Josef W. hat gut lachen. Seine weltweit tätigen Firmen produzieren modernste Fertigungsanlagen.

Abb. 783
Bei Uhren, die z. B. 40 Jahre oder älter sind, sollte die Echtheit bzw. Originalität des Zifferblattes überprüft werden. Sollte das Zifferblatt der Uhr beim Verkauf als Original benannt worden sein und sich jedoch später herausstellt, dass diese Aussage nicht zutrift, gilt hier der Begriff "Versteckte Mängel". Damit kann der Kauf innerhalb eines Jahres, ggf. auch länger, wieder gewandelt, das heißt wieder rückgängig gemacht werden. Bei Privatkäufen ist jedoch Vorsicht angebracht, weil man dabei nicht immer davon ausgehen kann, das der Verkäufer diese Rückabwicklung auch noch durchführen kann.

Abb. 784
Auch der Zahnarzt des Verfassers, Dr. med dent. Dietmar H. aus München, gilt als großer Uhrenfreund. Neben seiner Tätigkeit als gefragter Zahnarzt wird er auch als Gutachter sehr geschätzt.

20.3 Uhren aus dem Internet

Eines vorweg: Wo die höchsten Renditen locken, wartet auch das größte Risiko! Ein Münchner Uhrenfreund hatte in Australien eine Patek Philippe Referenz 2438 in Gelbgold erworben und dafür 36.000 USD bezahlt. Als die Uhr über PayPal mit vier Teilüberweisungen bezahlt und eine Woche später eingetroffen war, kamen dem vermeintlichen Schnäppchenjäger die ersten Zweifel. Hilfesuchend wandte er sich an den Autor und bat diesen um Rat. Schon beim ersten Blick war zu erkennen, dass es sich um eine mittelmäßige Mariage handelte. Echt war nur das Kaliber 27 SC, das Modul für den Ewigen Kalender hatte man von der Uhr eines anderen Fabrikats übernommen. Das Gehäuse sowie das Zifferblatt hatte man nachgemacht, wenn auch auf billigste Weise. Trotz dieser Erkenntnisse musste die Uhr zu Patek Philippe nach Genf geschickt und dort um eine Stellungnahme gebeten werden. Nur mit neutraler Beweisführung lässt sich bei PayPal ein Geschäft rückabwickeln. Nach Rücksendung der Uhr und rund 20 Tagen Wartezeit hatte der Münchner Sammler sein Geld wieder auf seinem PayPal-Konto gutgeschrieben bekommen. Hinter dieser Geschichte stand aber eine kleine Tragödie, wie später zu erfahren war. Ein Koreanischer Bauingenieur, der in Australien arbeitete, hatte anlässlich eines USA-Aufenthalts in Los Angeles diese Uhr bei einem Händler erworben. In völliger Unkenntnis hatte er sich von diesem überreden lassen, das als Rarität und Schnäppchen bezeichnete Sammlerstück für 25.000 USD zu erwerben. Weil er in der Zwischenzeit jedoch unsicher

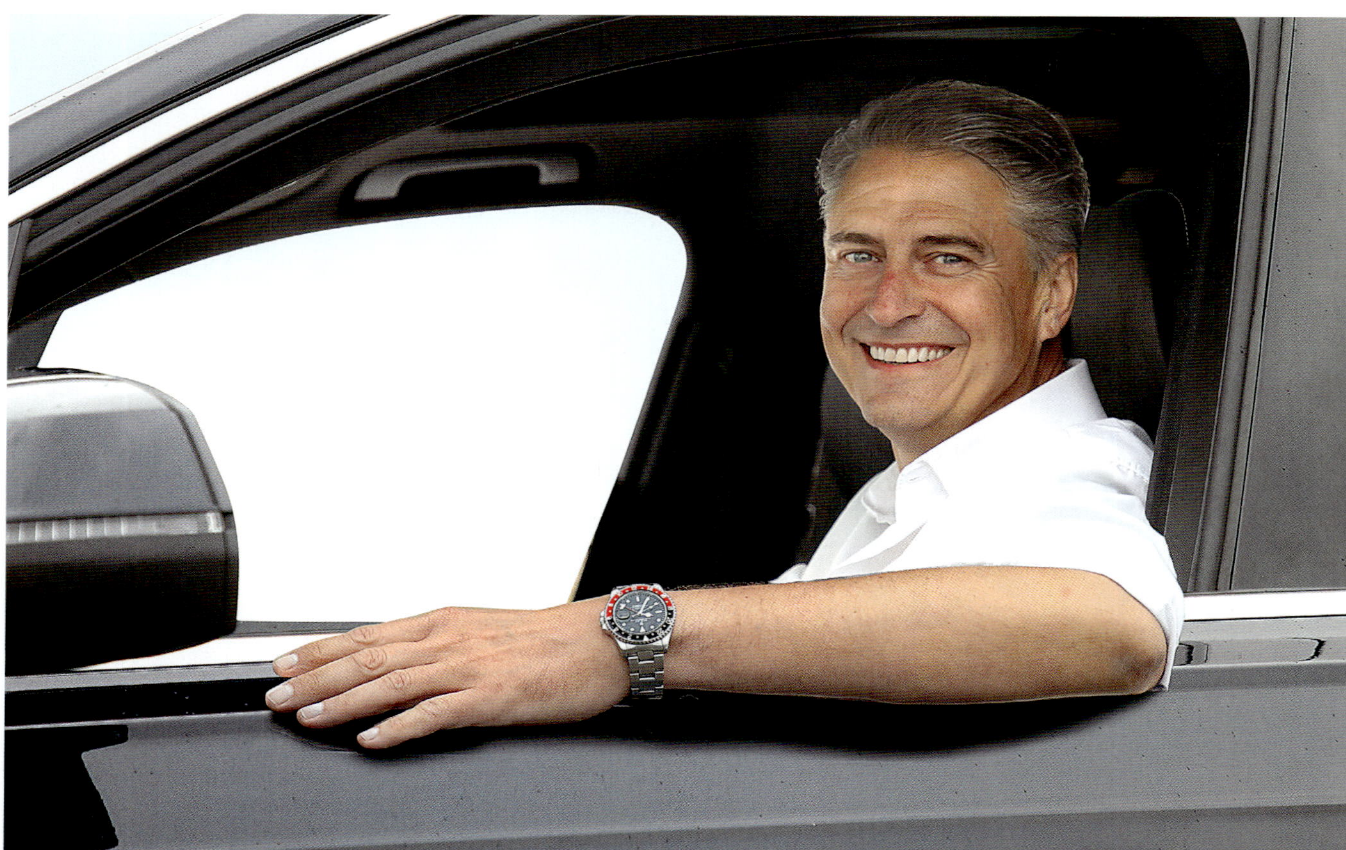

geworden war und auch Geld für seine bevorstehende Hochzeit benötigte, wollte er diese Mariage wieder loswerden. Leider ohne Erfolg, wie wir hier erfahren haben.
Wie wir bei Internetkäufen vorgehen sollten, haben wir in Kapitel »18.5 Kauf über das Internet« bereits im Detail erfahren. Nun noch zwei Beispiele, wie man zwar einen bescheidenen, aber prozentual interessanten Ertrag erwirtschaften kann.
Ein Sammler hatte in den USA eine Referenz 2508 in Gelbgold erworben. Mit einem eBay-Preis von ca. 6.077,06 € und 1.155 € Einfuhrgebühren hatte diese Uhr rund 7.232 € gekostet (siehe Seite 166). Unter www.chrono24.com waren kurz vor Redaktionsschluss zwei weitere Exemplare dieser Referenz in Europa angeboten. Diese Offerten lagen bei 18.000 und 19.000 €. Will nun der Sammler nach Ablauf der Spekulationsfrist von 12 Monaten die Uhr mit ungefähr 50 % Aufschlag wieder verkaufen, muss er bei einem Direktverkauf nur 11.000 € erwirtschaften. Dies dürfte nicht schwer sein, weil parallel zu www.chrono24.com in eBay in den USA drei Uhren der Referenz 2508 angeboten waren. Zwei mit Gelbgoldgehäuse und eine in Weißgold. Sofortpreis 19.800, 18.950 und 40.000 USD, natürlich noch ohne Überholungskosten und Einfuhrabgaben!
Zu den aktuellen und sehr gefragten Kultuhren gehört auch das Handaufzugsmodell Referenz 570. Ein Sammler aus Heidelberg hatte bei eBay in den USA eine roségoldene Referenz 570 mit Kleiner Sekunde für 6.766 USD (ca. 5.100 €) erworben (siehe Seite 156). Einschließlich Transport und Einfuhrgebühren musste er für dieses Stück rund 6.136 € entrichten. Bei www.chrono24.com war im Sommer 2010 nur ein roségoldenes Exemplar der Referenz 570 aufgeführt. Der Anbieter Interwatches aus Miami, Florida, USA, wollte hierfür 18.500 USD, natürlich ohne Transportkosten und Zollabgaben. Das nächste Angebot einer Referenz 570 in Roségold, aber mit »Preis auf Anfrage«, lag schon über der letzten Preisnennung von 23.500 € angesiedelt und entsprach genau dem auf Seite 156 gezeigten Modell. Dieses Angebot kam von einem Verkäufer aus Lugano. Bei eBay war zum gleichen Zeitpunkt nur eine Referenz 570 in Roségold und Kleiner Sekunde zu finden. Diese Offerte stammte jedoch auch vom Händler Interwatches wie zuvor bei www.chrono24.com. Der Sofortkaufpreis lag hier auch bei 18.500 USD.
Rechnet nun unser Uhrensammler noch runde 1.600 € für eine Revision bei Patek Philippe mit ein, so kommt sein Gesamtinvest bei dieser Uhr auf rund 7.736 €. Wenn er dieses überholte Stück nach Ablauf der Spekulationsfrist von zwölf Monaten mit 50 % Aufpreis weitergeben möchte, müsste er bei einem Direktverkauf nur 11.600 € für dieses schöne Stück verlangen. Vor geraumer Zeit boten die Händler Bachmann & Scher eine weißgoldene Referenz 570 mit Kaliber 27 SC für 23.500 €, die Firma PrimetimeWatches eine gelbgoldene Ausführung zum Sofortkaufpreis für 12.800 € an. In keinem der beiden Fälle war bei Patek Philippe eine Revision durchgeführt worden.

20.4 Uhren von privat

Ein Kauf von privat kann nicht unproblematisch sein. Sollte aber bei einer Erbschaftsauflösung eine wertvolle Patek Philippe auftauchen und die Preisvorstellung des Abwicklers Ihrem Budget entsprechen, schlagen Sie sofort zu! Denn bei mehreren Uhren geht der Abwickler erst einmal zu einem Händler und lässt von diesem die Uhrenkollektion taxieren. Im Regelfall wird der Sachverwalter einem sofortigen Verkauf aber nicht zustimmen, weil bei höheren Summen mindestens zwei Angebote erforderlich sind.
Bei Geschäften mit Freunden und Bekannten gelten andere Regeln. Nehmen Sie nur eine Offerte an, wenn der Angebotspreis eindeutig und nachvollziehbar ist und Sie nicht den Eindruck gewinnen, Ihr Gegenüber will mit Ihnen ein für ihn lukratives Geschäft abwickeln. Unter Freunden und Bekannten macht man keine Geschäfte, sondern reicht einen günstigen Preis 1 zu 1 weiter. Vertrauen stärkt die Freundschaft.
Sollte sich ein Bekannter aus finanziellen Gründen von einigen wertvollen Uhren trennen müssen, sollten Sie diese Situation nicht ausnützen. Fragen Sie bei einigen Händlern die aktuellen Einkaufspreise dieser Uhren nach und bieten Sie Ihrem Bekannten diesen Preis an. Wenn er auf Ihre Preisvorstellung eingeht, brauchen Sie kein schlechtes Gewissen bekommen. Der Bekannte hat umgehend einen fairen Preis für seine Zeitmesser erhalten und kann sich aus seiner temporären Finanzlücke befreien. Und der Käufer hat Uhren zu Preisen erhalten, die er auch bei einem späteren Verkauf oder Eintausch wieder realisieren kann. Doch sollte man auch bei einem solchen Kauf die schon oft genannte Checkliste konsequent beachten.

Abb. 735
Oldtimer- und Uhrenfreund Hanns-Peter K. kann zufrieden in die Zukunft schauen. Sowohl das schöne Cabriolet vom Typ 250 SE als auch die bemerkenswerte Patek Philippe Ref. 3445 dürfen als gute Wertanlagen gelten. Bei einem Wiederverkauf könnten die zwei aus dem Jahr 1966 stammenden Kultobjekte mehr als den doppelten Einstandspreis erbringen.

21. Stichwortverzeichnis

22. Literaturhinweise

1. Brückner, Michael, Uhren als Kapitalanlage, München 2007
2. Ehrhardt, Roy und DeMesy, Joe, Patek Philippe, Book 1, 1995
3. Hampel, Heinz, Automatic Armbanduhren, München 1992
4. Goldberger John, Patek Philippe Steal Watches, Bologna 2010
5. Huber, Martin und Banberry, Alan, Patek Philippe Genève Armbanduhren, Genf 1998
6. Kahlert, Helmut, Mühe, Richard und Brunner, Gisbert L., Armbanduhren, München 1996
7. Mehltretter, J. Michael, Die Noblen aus der Schweiz, Königswinter 2006
8. Mehltretter J. Michael, Patek Philippe Armbanduhren, Kultobjekt & Wertanlage, Königswinter 2011
9. Meis, Reinhard, A. Lange & Söhne: Eine Uhrmacher-Dynastie aus Dresden, München 2001
10. Negretti, Giampiero und De Vecchi, Paolo, Patek Philippe, Komplizierte Armbanduhren, Mailand 1997
11. Osterhausen, Fritz von, Wie kaufe ich eine alte Armbanduhr, 2. Auflage 1997
12. Patrizzi, Madeleine und Osvaldo, Collezionare Orologi Patek Philippe, Genf 1995
13. Patrizzi, Osvaldo, Collecting Patek Philippe Wristwatches, Band 1 und 2, Genf 2004
14. Stern, Michael, Handbuch für das Uhrmacherhandwerk, Königswinter 2010
15. Theorie der Uhrmacherei, Le Sentier, 2001
16. Wehrle, Martin, K., Royal Oak, Le Brassus, Audemars Piguet 2012

Zeitlose Kunstwerke aus dem Hause Patek Philippe

Abb. 786
Fast wie ein Kunstwerk mutet dieser Ausschnitt des Automatik-Kalibers 27-460 M an. Die rund 17-fache Vergrößerung verrät alle Details dieses kleinen Wunderwerks. Gyromax-Unruh mit den Masselotte-Gewichten, Breguet-Spirale, »KIF«-Stoßsicherung und Unruh-Kloben mit Stellnachweis sind bis ins kleinste zu erkennen. Daneben sieht man die verschiedenen Oberflächenausführungen, wie rechts unten die Perlage sowie auf Brücken, Kloben und Rotor den Genfer Streifenschliff. Im Vordergrund auch die Genfer Punze, vornehm mit Goldfarbe unterlegt.

Abb. 787
Die markante Nautilus hat auch nach über 40 Jahren nichts von ihrer Faszination verloren. Oben sehen wir die Referenz 3700/1, unten das 2006 lancierte Jubiläumsmodell Ref. 5711/1A. Neben der Zentralsekunde hat die neue Ausführung leicht gerundete Seiten und anstelle des Einschalen- ein dreiteiliges Gehäuse beibehalten.

Abb. 788
Die Nautilus mit Chronograph Referenz 5980/1A imponiert nicht nur durch ihren großen Auftritt, sondern auch durch das neue, dreiteilig konstruierte Gehäuse. Lünette und Gehäuseboden werden mittels vier Gewindestiften mit dem Gehäusemittelteil verbunden.

Abb. 789
Jahreskalender mit Chronograph Referenz 5960 R von der Vorder- und Rückseite. – Interessant die neue Gyromax-Unruh, die nunmehr vier Schenkel, aber nur noch vier Masselotte-Gewichte aufweist.